国际电气工程先进技术译丛

电力系统稳定性：建模、分析与控制

Power System Stability: Modelling, analysis and control

[埃及] 阿布德哈伊·撒拉姆（Abdelhay A. Sallam）
[加拿大] 欧姆·马利克（Om P. Malik） 著
李勇 曹一家 蔡晔 谭益 译

机械工业出版社

本书系统阐述了电力系统稳定性建模、分析与控制的理论与方法。全书共15章，包括电力系统的建模、潮流、稳定性分析和稳定性的提高与控制四个部分。第Ⅰ部分描述同步电机和其他电力系统元件的模型，第Ⅱ部分讨论计算潮流及最优潮流的方法，第Ⅲ部分介绍稳定性计算和评估的方法，第Ⅳ部分给出增强稳定性的措施。本书可供从事电力系统研究、设计、分析与控制的科研工作者及高校电力工程相关专业高年级师生参考。

译者序

电力系统是一个巨维的复杂人工动力系统，具有非线性、时变性以及参数不确定性。随着电力系统规模的日益扩大、可再生能源的规模化接入、多类型储能装置的应用，现代电力系统的动态行为及面临的稳定性问题更趋复杂。目前关于电力系统稳定性方面的书籍大多关注于传统的电力系统角度，在稳定性新问题研究方面有待完善。

本书作者由浅入深地阐述了电力系统稳定性分析与控制的理论与方法，不仅保留了传统、成熟的方法，还探讨了当前的热点方向，如人工神经网络在电力系统中的应用。作者介绍了电力系统稳定性问题，然后从建模、潮流、稳定性分析和稳定性的提高与控制四个方面对问题进行详细的阐述。本书可作为高等院校本科生与研究生专业课程的参考书，对于从事电力系统研究、设计、分析和控制的同行、学者们也有较高的学习参考价值。

本书由湖南大学电气与信息工程学院李勇教授、曹一家教授、谭益副教授、长沙理工大学蔡晔博士翻译成稿，研究生贺悝、冯玉始、欧阳黎、朱弘祺、夏秋萍、王雅慧、杨佳康、陈治宇、赵普、李景为本书的稿件整理做出了不少的贡献，在此一并表示衷心的感谢。

译者在翻译过程中力求准确、严谨，但由于本书翻译时间仓促及译者水平有限，译文中难免存在错误和欠妥之处，欢迎广大读者批评指正。

译者

原书前言

现代大型电力系统本质上是动态系统，它对于供电的连续性和可靠性有着极高的要求。电力系统稳定性方面的研究已发展了几十年，这期间有新的发展，也出现了很多新的问题有待研究。本书则是在保留传统有效的方法的同时提出了新的发展。

为了保证电力系统的稳定运行，我们有必要对各种运行条件下的电力系统性能进行分析，包括潮流、稳态和瞬态稳定性的研究。要进行这些研究需要具备综合电力系统各元件模型方面的知识。在有失稳风险的情况下，有必要对其进行控制，以保证干扰下的稳定不间断供电。

因此，稳定性主要包括：建模、输电网的潮流计算、稳态和干扰下的稳定性分析及其控制。本书涵盖了以上所有问题，以给电力系统稳定研究提供综合解决方案。本书所介绍的内容可供从事电力系统研究、设计、分析和控制的学生、专家以及工程师参考。

第1章给出了电力系统稳定性的概述，其后的内容分为四个部分，每一部分都有其特定的研究内容：建模、潮流、稳定性分析和稳定性的提高与控制。

第Ⅰ部分建模由3章组成。首先全面地描述了同步电机的模型，其次介绍了变压器、输电线路以及负载的模型。

第Ⅱ部分电力系统潮流由2章组成。首先介绍了潮流的基本概念，然后给出了计算潮流及最优潮流的常见方法。

第Ⅲ部分稳定性分析由3章组成。第7章和第8章分别介绍了小信号稳定性和暂态稳定性评估的常规方法。第9章讨论了采用暂态能量函数法的暂态稳定性计算，这些方法对于大型电力系统的暂态稳定性在线评估十分有效，它们可以实现对电力系统状态的连续评估，方便在电力系统安全操作出现显著退化的情况下提前采取措施。

第Ⅳ部分稳定性的提高与控制共分为6章。这一部分介绍了提高稳定性的各种措施，包括电力系统稳定性的提高与控制方面的传统技术和新兴技术。电力系统稳定器，在20世纪50年代开始发展，是在电力系统提供阻尼干扰最常见的设备。电力系统稳定器方面开发了新的算法，提出了采用自适应控制和人工智能（AI）技术。第10章简短地描述了人工智能技术。第11章描述了传统的电力系统稳定器及其应用和基于人工智能的电力系统稳定器。第12章和第13章分别介绍了电力电子补偿、串并联补偿。第14章介绍了FACTS设备。

随着卫星的部署和通信技术（如GPS）及其他研究的发展，这些新技术也逐渐被用于提高电力系统稳定性。此外，可再生能源发电的重大举措，带来了许多新的发展，特别是能源存储方面。第15章给出了新兴技术的简要介绍。

附录Ⅰ~Ⅳ给出了支撑资料。

本书涵盖了广泛的研究课题，所涉及的材料只是本书作者过去40年研究中很有限的一部分。同样，由于涉及的范围广，有些课题只做了简要介绍。但本书各章都附有参考文献，为那些对某些课题有兴趣深入研究的读者提供参考。

本书的编写不是个人的努力，而是很多人共同合作的成果。在此要感谢研究生、同事以及所有相关人员给予的帮助和指导。

最后，作者希望读者们能从阅读本书中获益，并祝他们在努力中取得成功。

目　录

第Ⅲ部分　稳定性分析

第Ⅳ部分　稳定性的提高与控制

第1章 电力系统稳定性综述

1.1 概论

一般来说，动态系统必然包括对相互关联概念的详尽研究。在电力系统规划中，这些概念包括系统可靠性、安全性和稳定性。这些概念的定义会有助于理解它们之间的关联和差别[1,2]。

系统可靠性是指在生命周期内，系统在特定运行环境下能够提供所需功能的概率。

系统安全性是指其在抵御意外事故时不中断系统功能承受风险的程度，它和系统对于意外事件的鲁棒性有关。因此，系统安全性取决于系统的运行环境和意外事故发生的概率。

系统稳定性是指系统受到扰动后继续正常运行并保持稳定的能力。因此，它取决于系统运行环境和机械扰动的性质。

电力系统与其他动态系统相似。它的功能是尽可能不中断地为负载供应所需质量的电能。电力系统运行时通常会受到扰动。根据以上定义的三种概念，在电力系统设计和运行中，系统可靠是首要目标。为了保证系统可靠，在故障期间以及故障之后的大部分时间，系统必须是安全的。这就要求系统必须是稳定的。因此，系统的安全性和稳定性具有随时间变化的属性，而我们可以在一系列特定的条件下，通过分析电力系统性能来判断。另一方面，系统可靠性由电力系统在一段时间内的平均性能来决定，并且我们可以通过研究这段时间之后系统的表现来判断。

1.2 电力系统稳定性的理解

在互连电力系统中，同步发电机是产生电能的主要来源。电能传输和交换的必要条件是所有的发电机必须保持同步旋转，也就是说，电力系统中所有发电机的平均电气角速度必须保持一致。每台发电机均由原动机驱动。原动机将机械能传输到发电机中，而发电机将电能输送到相连的系统中。在稳态运行时，输入到发电机的机械能与输出的电能相平衡。输入的机械能和输出的电能分别产生机械转矩和电磁转矩，它们分别作用于转轴。机械转矩和旋转方向相同而电磁转矩和旋转方向相反。

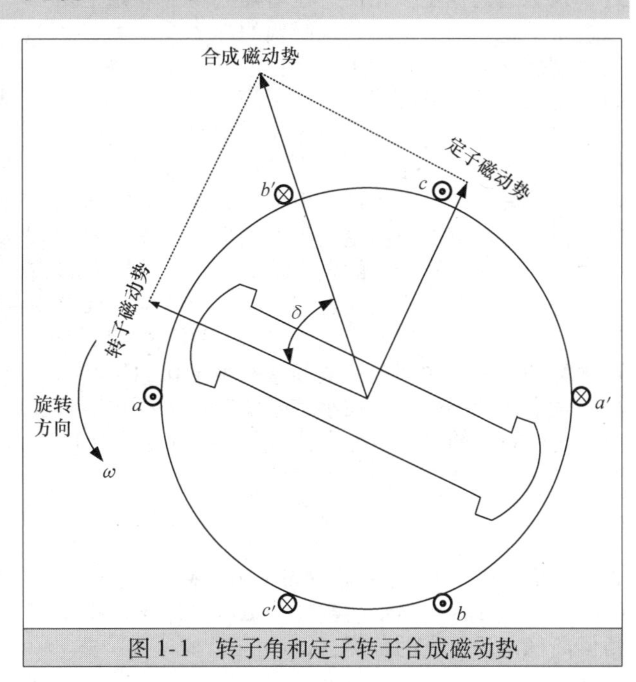

图1-1 转子角和定子转子合成磁动势

当电力系统发生故障，输出的电能比输入的机械能以更快的速率快速变化。这是因为发电机的励磁系统快速响应而原动机的控制器响应速度较慢。因此，能量的暂态不平衡造成作用于转轴上的转矩不同，导致转子转速的变化（增加或降低）及相对转角的变化。转角 δ（也被称作转矩角或者功角）是指转子磁动势和定子转子合成磁动势之间的夹角（见图1-1）[3]。

如果转子速度持续变化，也许会超越发电机同步运行极限，继电保护系统会将该发电机从系统中切除，导致剩余系统由于发电机的减少而受到扰动。该扰动也许会造成更多机组跳闸而脱离系统，甚至导致大停电。因此，电力系统稳定性的概念与系统中发电机保持同步的能力和系统扰动后恢复到稳态运行工作点的趋势有关[4]。

1.3 电力系统稳定性的分类

电力系统稳定性的分类是基于扰动的类型。扰动可以分为两种类型：小扰动和大扰动。小扰动导致系统运行状态产生微小的变化，比如负载的微小变化和带非重要负载的线路跳闸。系统的动态可以通过线性化方程进行分析，这也被称作小信号分析。大扰动导致系统的一些参数突然发生大的变化。系统的动态可以通过非线性化方程进行研究。比如，负载的突然变化，发电机的缺失，切除过载的输电线，对称和非对称故障以及雷击可以认作大扰动。

因此，为了分析系统稳定性，可以将系统稳定性分为两种：小信号稳定性和暂态稳定性。

1.3.1 小信号稳定性 ★★★

为了进行稳态分析，互连电力系统中的同步电机可以简化为一个内部的电压源 E_g，落后于发电机电抗 X_g，等同于同步电抗 X_d。更多的发电机阻抗的阐述及其变化见第 2 章。稳态时，输出电功率 P_e 近似表达为

$$P_e = P_{\max}\sin\delta = \frac{E_g E_t}{X_g}\sin\delta \tag{1-1}$$

式中，E_t 是指机端电压；δ 是指功角（机端电压和电机电动势之间的角度）；$P_{\max} = (E_g E_t / X_g)$，被称作静态稳定极限，它等于 $\delta = 90°$ 时的输出功率。式(1-1)作图如图 1-2 所示。

如图 1-2 所示，假设同步电机在◙点稳定运行，在该点输入的机械功率 P_m 等于输出的电功率 P_e，功角为 δ_o。当出现一个小的临时扰动，比如负载小幅度减小，会造成输出电功率暂时减小到 P_{e1}（点#1），当 P_m 大于 P_e 时转子加速。因此，转子速度首先增加来吸收转子惯性多余的能量，转子角随着增加到点#2。从点◙到点#2，P_m 小于 P_e，转子减速来尽量消除惯性的影响，而在点#2 处惯性消失。由于输出功率 P_{e2} 大于 P_m，转子减速，功角减小，运行点再一次回到点◙。运行点在点#1 与#2 之间振荡。注意，功角在点#1 和点#2 的变化率是零。如果振幅随着时间衰减（阻尼振荡），运行点停留在点◙或者在平衡点附近，系统达到稳定。相反，在增幅振荡（非阻尼振荡）的情况下，系统不能达到平衡的运行点，因此系统是不稳定的。电力系统减幅的能力受一系列因素影响，比如发电机设计，机器与网络互连的强度以及励磁系统的设置。正常运行情况下电力系统一般可以有效地抑制振动幅值。特殊情况下会出现电力系统在扰动下减幅能力明显下降，而最糟糕的情况是阻尼也许会变成负的，从而，振幅增加最终导致失去同步。这种不稳定被称作小信号不稳定。因此，小信号稳定性是指小扰动下电力系统保持稳定的能力。小信号稳定性的缺失导致一种或多种类型的振荡，这些类型的振荡曾在涉及转子的大型互连电力系统发生过。转子摆动也许会无边界增长或者需要很长时间才能衰减。我们可以使用小信号稳定性分析的方法解决三种主要类型的振荡。第一种是局部振荡，它是指电厂内一台或者多台同步电机一起摆动，对抗相对较大的电力系统或者负荷中心，它们频率变化范围是 0.7～2Hz。第二种是单元间振荡，它是指一个电厂内或者相邻电厂间的两台或者多台同步电机互相对抗，它们频率变化范围是 1.5～3Hz。第三种是区域间振荡，它通常是指电力系统的一个区域的发电机组和另一区域的机组相互对抗，这种类型的振荡频率变化范围一般小于 0.7Hz。

发电机的振荡阻尼在小信号稳定性分析中有突出的作用。电力系统包含固有的阻尼效应来抑制动态振荡。系统的自然阻尼在式（1-2）中表示为正项 D。它通常有利于抑制持续振荡，除非有负阻尼源产生。

$$\frac{2H}{\omega_s}\frac{\mathrm{d}^2\delta}{\mathrm{d}t^2} + \frac{D}{\omega_s}\frac{\mathrm{d}\delta}{\mathrm{d}t} + K\Delta\delta = 0 \tag{1-2}$$

式中，$H \triangleq$ 转子惯性常数（MW · s/MVA）；$\omega_s \triangleq$ 同步速度（rad/s）；$D \triangleq$ 阻尼系数（pu power/pu freq. change）；$K \triangleq$ 同步系数（pu ΔP/rad）= 功率斜率 − 特殊稳定运行点处的功角特性曲线；$\Delta\delta \triangleq$ 转子角偏离稳定运行点的角度（rad）。

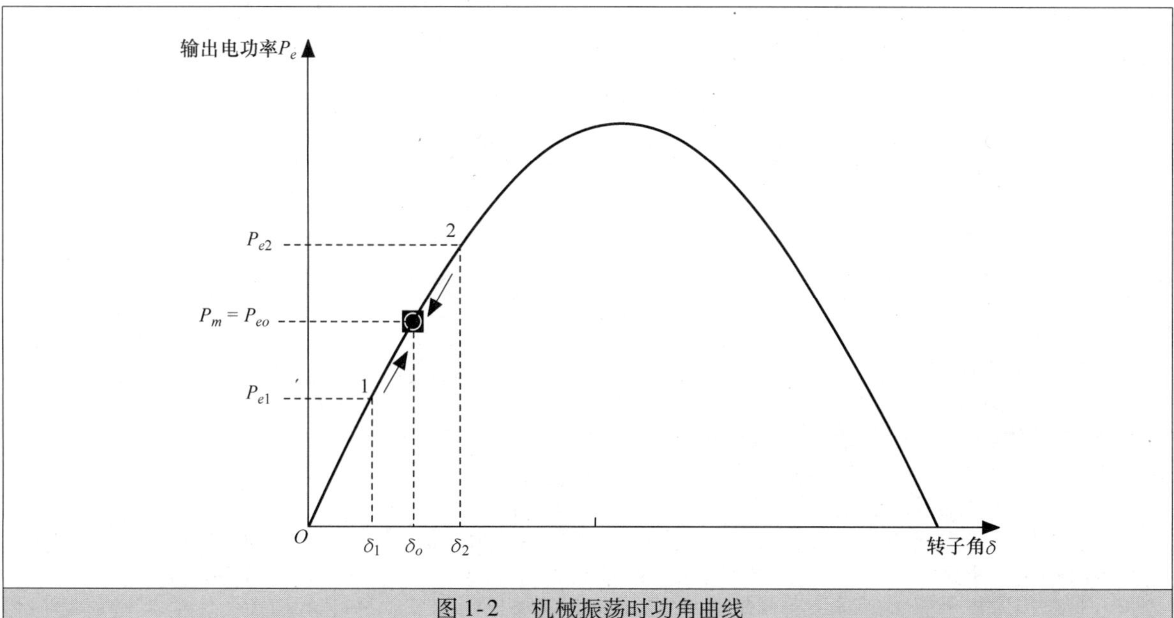

图 1-2　机械振荡时功角曲线

负阻尼的一个主要来源就是快速励磁系统的高效稳压器。稳压器的主要功能是不断调整发电机的励磁水平以适应机端电压的变化，旨在使发电机电压保持在一个期待值并且改变励磁水平以应对系统受到的扰动。研究发现，增加强制能力和降低励磁系统的响应时间对暂态稳定性（详见 1.3.2 节）有巨大的作用。另一方面，这样会提供大量的振荡负阻尼，因为它减小了阻尼转矩。因此，励磁系统可能有助于增强电力系统的小信号稳定性。另一方面，稳压器的正反馈控制和发电机组的调速器有可能提供负阻尼，造成无阻尼动态振荡。

进一步理解高效稳压器的正负效应，励磁系统可以通过转子转矩分量的相位关系进行描述。

同步发电机的输出电功率 P_e 由电磁转矩 T_e 和角速度 ω 产生。伴随扰动，电磁转矩的变化 ΔT_e 可以由两部分之和描述：随着转子角变化的同步相位分量($K_s\Delta\delta$)和随速度变化的衰减相位分量（$K_D\Delta\omega$）。

$$\Delta T_e = K_s\Delta\delta + K_D\Delta\omega \tag{1-3}$$

式中，$K_s \triangleq$ 同步系数（pu ΔT/rad）；$\Delta\delta \triangleq$ 转子角变化（rad）；$\Delta\omega \triangleq$ 转子角速度变化（rad/s）；$K_D \triangleq$ 衰减系数（pu $\Delta T \cdot$ s/rad）。

可以看出同步转矩分量 K_s 的正值阻止转子角从平衡点偏离，这意味着转子角的增加引起减速转矩，最终导致该机组相对于电力系统减速。这个减速会一直持续到转子角回到平衡点并且转子角不再变化。

同样地，阻尼转矩分量 K_D 的正值会阻止转子角速度从最初的稳定运行点偏离。因此在全部运行条件下，当足够的正的同步转矩和阻尼转矩作用在转子上时，发电机会保持稳定状态。图 1-3 和图 1-4 描述了两个转矩分量和相应的电力系统状态之间的关系。小信号稳定性的计算方法详见于第 7 章。

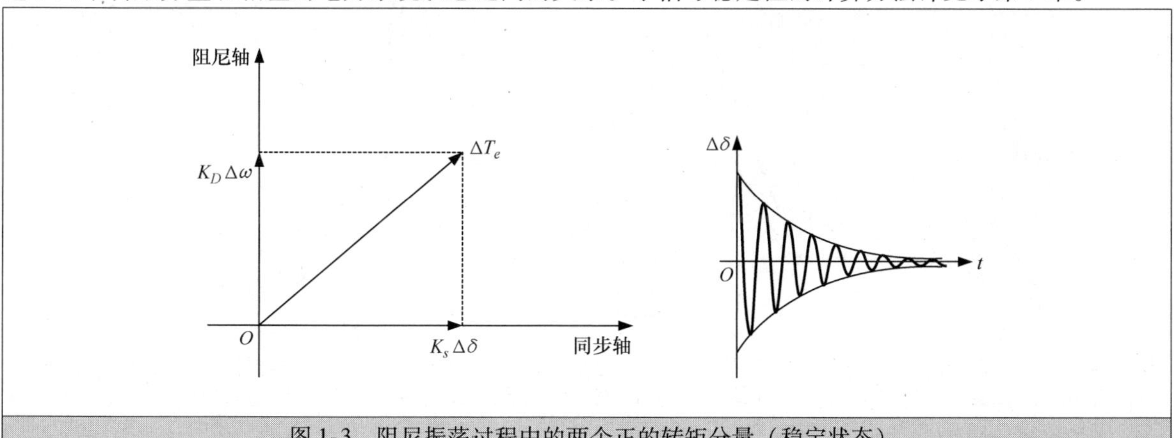

图 1-3　阻尼振荡过程中的两个正的转矩分量（稳定状态）

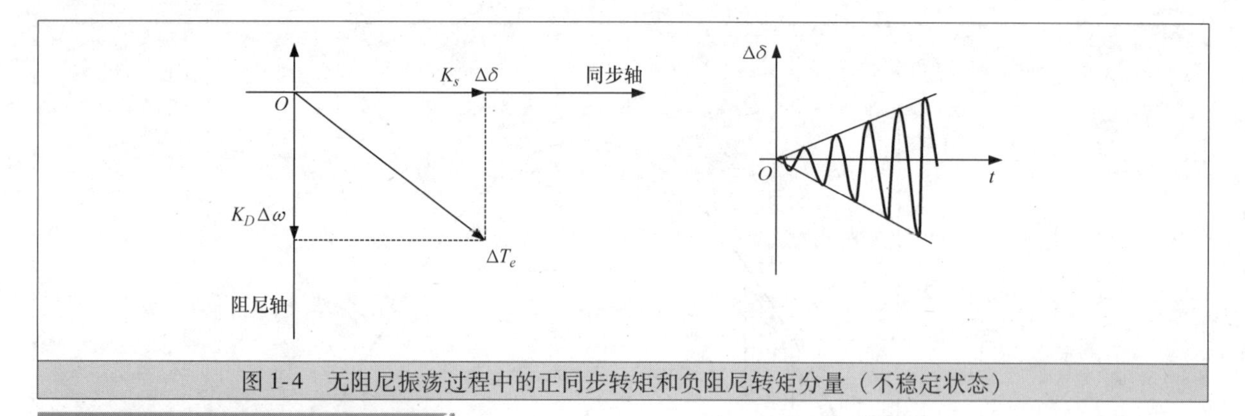

图 1-4　无阻尼振荡过程中的正同步转矩和负阻尼转矩分量（不稳定状态）

1.3.2　暂态稳定性 ★★★

当系统发生大扰动时，比如输电线路故障，暂态稳定性与发电机第一次摇摆的稳定性相关。如式(1-3) 所示，电磁转矩的变化可以分解为同步转矩和阻尼转矩两个分量，分别作用于系统的发电机。如果同步转矩不足以阻止转子角的变化，发电机也许会失去同步。我们可以通过增加磁通量来解决，这部分磁通由一个励磁系统提供，这个励磁系统能够快速响应并且有足够的能力阻止发电机加速或者减速。当机械转矩大于电磁转矩时，转子随着定子磁通变化而加速，转子角增大，励磁系统必须尽可能快地给发电机磁场提供正电压来增加励磁。另一方面，当机械转矩小于电磁转矩时，转子减速，转子角减小。因此，励磁系统必须快速提供给发电机磁路一个大的负电压。

参考图 1-5，与电网相连的发电机应该在 P_m 等于 P_{eo} 运行点◙处稳定运行。输电网中的发电机附近的大扰动（暂态扰动）会导致输出电功率从 P_{eo} 衰减到零。该衰减会导致转子相对于系统加速并且功角从δ_o增加到δ_1，在δ_1处故障被清除。故障后（点#1），电功率恢复到功角曲线上对应的水平。该曲线低于故障前的功角曲线，由于故障线路的隔离，系统也许会变成更脆弱、高阻抗的传输网。清除故障之后，电磁功率大于机械功率，造成发电机转子故障期间获得的动量衰减速度变慢（点#3）。如果存在足够大的制动转矩，发电机回到它的运行点，并且第一次摇摆时，发电机是暂态稳定的。如果制动转矩不够大，功率角会持续增加到发电机与电网失去同步。这种情况下发电机的稳定性很大程度上取决于故障清除时间。故障清除越快，发电机稳定的可能性越高。

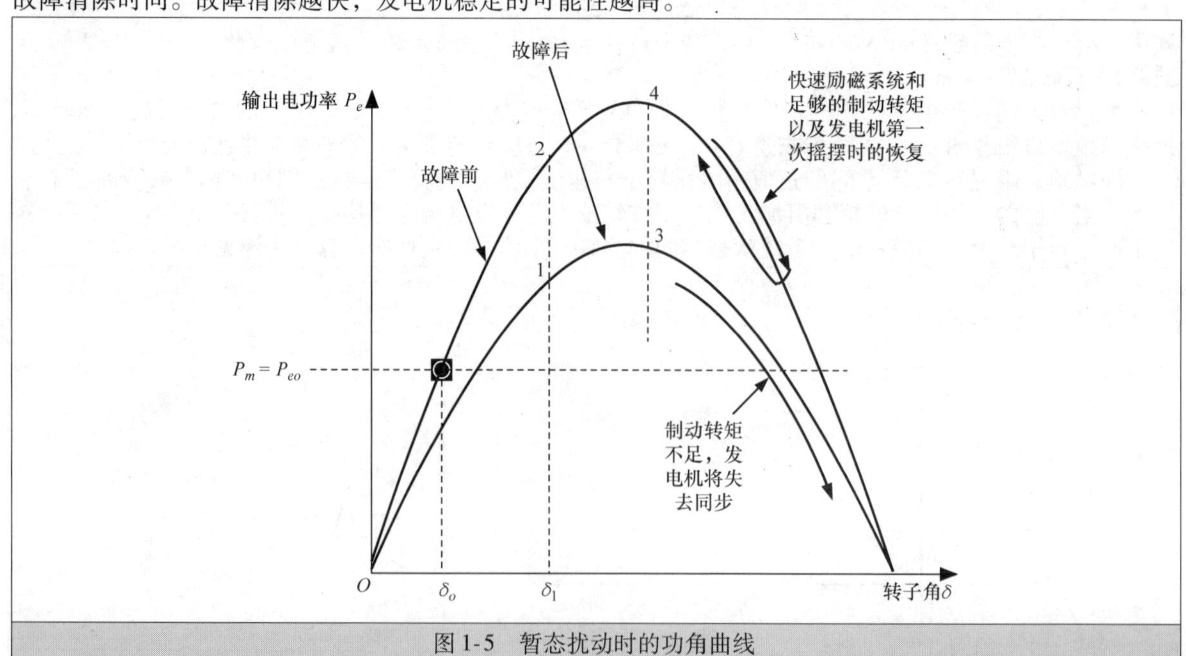

图 1-5　暂态扰动时的功角曲线

研究发现，在励磁系统的影响下，系统稳定性的维持也取决于励磁系统性能和响应速度。因此，增加励磁能力或者减小响应时间有助于发电机恢复到故障前的功角曲线，即消除输电网的脆弱性。在这种情况下，点#1 和#3 分别对应点#2 和#4，发电机第一次摇摆时的稳定性大幅度提高。更多详情见于第Ⅲ部分中的第 8 章和第 9 章。

1.4 建模需要

如 1.1 节所述，电力系统安全性和稳定性的评估是必不可少的，它有利于避免电力系统波动而造成灾难性的后果，比如停电。安全性和稳定性的准确评估是建立在电力系统各元件的精确建模之上的。由于系统运行和控制的复杂程度增加，如今的电力系统变得越来越复杂，这是一个需要我们投入更多精力的巨大挑战。电力系统元件的模型是分析方法的基础。它们由反映各元件物理特性的数学关系组成。对于稳态分析，模型主要包括网络结构和发电机和负荷的分布；而对于动态计算，模型还包括发电机的参数、负荷的静态和动态参数。

比如，负荷模型之所以困难是因为负荷特性的随机性和需要大量测量数据的累积。它涉及两大问题：建模和参数识别。测量数据用于负荷节点上的综合负荷的参数识别。综合负荷的动态部分由感应电机表示。电力系统的稳定性受连接到系统的动态电动机负荷总和的影响，所以负荷特性随系统状况变化而变化。这表明选择准确的感应电机模型对系统稳定分析的精确度至关重要[5]。

电力系统分析与计算的方法是建立在恰当设计系统各元件之上的，这一般是时域分析，主要包括系统过去、现在和将来的运行特性的计算[6,7]。对于系统过去的运行进行分析主要集中在历史数据的分析、经验的总结、发生过的扰动辨识以及固有特性的研究，这有助于改善系统运行状况。对于目前系统的分析就是实时计算[8,9]，主要包括估计未测量的数据和为了剔除测量系统中的错误数据进行状态估计[10,11]。此外，还包括潮流分析从而计算系统的实时潮流分布。对于系统未来的分析是通过仿真来分析假定的系统，为系统发展计划、系统运行和紧急控制策略提供决策。总之，这所有的计算对于电力系统研究来说都是极其重要的，尤其对于电力系统稳定性研究。这些计算的准确性可以通过比较计算结果和真实系统之间的一致性来进行判断。选择合适的系统元件模型可以很大程度上提高准确性。

1.5 稳定裕度增加

电力系统在接近稳定边界运行时，增加稳定裕度对于保持系统小信号稳定和暂态稳定尤为重要。小信号稳定性可以通过增加系统阻尼得到提高，这有利于抑制小信号扰动或者进一步的严重扰动造成的振荡。不幸的是负阻尼的主要来源是稳压器，而稳压器的使用是不可避免的。将稳压器从系统中移除是不现实的解决方案，因为我们需要改良它的特性。幸运的是通过提供附加控制增加正阻尼来稳定振荡角，我们解决了稳压器产生的负阻尼影响的问题。这些控制就是电力系统稳定器（PSS）（见图 1-6）。详情见于第Ⅳ部分第 11 章。

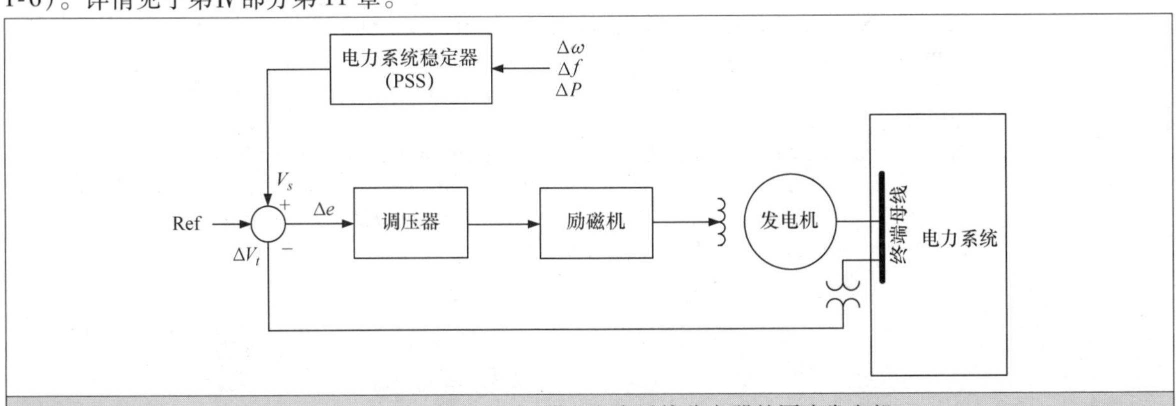

图 1-6 配备励磁机调压器和电力系统稳定器的同步发电机
（V_s = 电力系统稳定器的输出电压；$\Delta\omega$ = 转轴速度变化；Δf = 发电机电频率变化；ΔP = 电功率变化；ΔV_t = 终端电压变化；Δe = 电压偏差）

增加稳定极限提高系统的稳定性，同时增加了稳定裕度。参考 1.1 节，我们可以通过调节母线电压或者改变线路电抗来增加稳定极限（$P_{\max}$）。并联补偿可以调节补偿器处的电压，而串联补偿可以改变线路电抗。晶闸管投切电容器、晶闸管控制电抗器、静态无功补偿器和静态同步补偿器可用于并联补偿。而固定串联电容器、晶闸管控制串联电容器、静态串联同步补偿器、统一潮流控制器、相间功率控制器可用于串联补偿。第Ⅳ部分讲述了更多与电力系统稳定性相关的电力系统补偿的细节。此外，该部分还讲述了柔性交流输电系统。

参考文献

1. Kundur P., Paserba J., Viter S. (eds.). 'Overview on definition and classification of power system stability'. *Quality and Security of Electric Power Delivery Systems 2003. CIGRE/PES 2003. CIGRE/IEEE PES International Symposium*; Montreal, Canada, Oct 2003. pp. 1–4
2. Kundur P., Paserba J., Ajjarapu V., Andersson G. 'Definition and classification of power system stability'. *IEEE Transactions on Power Systems*. 2004; **19**(3):1387–401
3. Basler M.J., Schaefer R.C. 'Understanding power system stability'. *IEEE Transactions on Industry Applications*. 2008;**44**(2):463–74
4. IEEE Task Force on Power System Stabilizers (eds.). 'Overview of power system stability concepts'. *Proceedings of IEEE PES General Meeting*; Toronto, Canada, Jul 2003, vol. 3. pp. 1–7
5. Dahal S., Attaviriyanupap P., Kataoka Y., Saha T. (eds.). 'Effects of induction machines dynamics on power system stability'. *Power Engineering Conference, AUPEC 2009, Australasian Universities*; Adelaide, SA, Sept 2009. pp. 1–6
6. Anjia M., Zhizhong G. (eds.). 'The influence of model mismatch to power system calculation, Part II: On the stability calculation'. *Proceedings of Power Engineering Conference, IPEC 2005, The 7th International*; Singapore, Nov/Dec 2005, vol. 2. pp. 1127–32
7. Avramenko V.N. (eds.). 'Power system stability assessment for current states of the system'. *Power Tech Conference, IEEE*; St. Petersburg, Russia, Jun 2005. pp. 1–6
8. Fishov A.G., Toutoundaeva D.V. (eds.). 'Power system stability standardization under present-day conditions'. *Strategic Technology, IFOST 2007, International Forum on*; Ulaanbaatar, Mongolia, Oct 2007. pp. 411–5
9. Shirai Y., Nitta T. (eds.). 'On-line evaluation of power system stability by use of SMES'. *Proceedings of IEEE Power Engineering Society Winter Meeting*; New York, USA, Jan 2002, vol. 2. pp. 900–5
10. Youfang X. (ed.). 'Measures to ensure the security and stability of the central China power system'. *Power System Technology, 1998. Proceedings. POWERCON '98. 1998 International Conference on*; Beijing, China, Aug 1998, vol. 2. pp. 1374–7
11. Dai Y., Zhao T., Tian Y., Gao L. (eds.). 'Research on the influence of primary frequency control distribution on power system security and stability'. *Industrial Electronics and Applications, ICIEA 2007, 2nd IEEE Conference on*; Harbin, China, May 2007. pp. 222–6

第Ⅰ部分　建　　模

第2章 同步电机的建模

2.1 简介

同步电机是一个非常重要的电力系统元件，必须以适当的方式进行数学建模，以进行动态和稳定性研究。目前，基于运算方程的状态空间模型化方法已经建立了两个模型，分别使用电流或者磁链作为状态变量[1,2]。

本章将同步电机视作有六个磁耦合的线圈：三个定子电枢绕组和三个转子绕组，图2-1中展示了“其中一个转子绕组用于磁场电路，另外两个用于阻尼电路”。磁场电路和两个阻尼电路中的一个在同一个坐标轴上，该轴称为直轴或者 d 轴。第二个阻尼电路在落后于 d 轴 90°电磁角度的轴上，该轴称作横轴或 q 轴。d 轴作为设定一个固定参考基准，定义了转子某时刻在空间中的位置（电角度 θ）。在有大量的阻尼绕组的情况下，由于两轴上各有一个阻尼绕组，同样的推导方法也能运用到同步电机的建模中。这种建模过程建立在考虑气隙中正弦磁动势分布一致且无谐波的基础上。为了简化，首先忽略磁饱和现象。

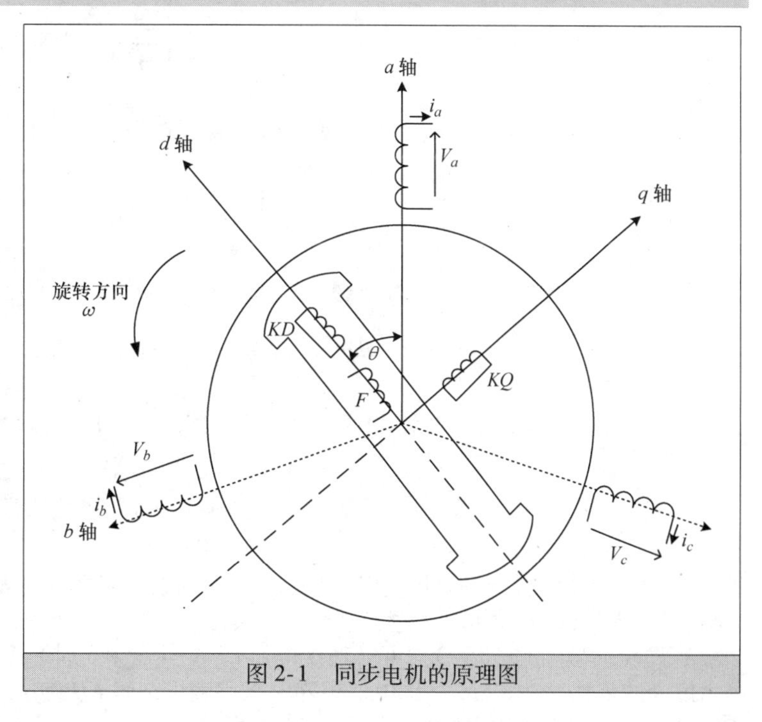

图2-1　同步电机的原理图

2.2 同步电机方程

2.2.1 磁链方程 ★★★

如图2-1所示，同步电机由三相定子绕组 a、b、c 和三个转子绕组组成。其中，F 代表磁场绕组，KD 和 KQ 代表阻尼绕组。向量和矩阵用加粗的斜体字母表示，定子和转子的符号分别加上下标“s”和“r”。磁链 $\boldsymbol{\Psi}$ 的方程写成矩阵形式为

$$\begin{bmatrix}\boldsymbol{\psi}_s\\ \boldsymbol{\psi}_r\end{bmatrix}=\begin{bmatrix}\boldsymbol{L}_{ss} & \boldsymbol{L}_{sr}\\ \boldsymbol{L}_{rs} & \boldsymbol{L}_{rr}\end{bmatrix}\begin{bmatrix}\boldsymbol{i}_s\\ \boldsymbol{i}_r\end{bmatrix} \tag{2-1}$$

式中，

$$\boldsymbol{\psi}_s=\begin{bmatrix}\psi_a\\ \psi_b\\ \psi_c\end{bmatrix},\ \boldsymbol{\psi}_r=\begin{bmatrix}\psi_f\\ \psi_{kd}\\ \psi_{kq}\end{bmatrix},\ \boldsymbol{i}_s=\begin{bmatrix}i_a\\ i_b\\ i_c\end{bmatrix},\ \boldsymbol{i}_r=\begin{bmatrix}i_f\\ i_{kd}\\ i_{kq}\end{bmatrix},\ \boldsymbol{L}_{rs}=\boldsymbol{L}_{sr}^t,$$

$$\boldsymbol{L}_{ss}=\begin{bmatrix}L_{aa} & L_{ab} & L_{ac}\\ L_{ba} & L_{bb} & L_{bc}\\ L_{ca} & L_{cb} & L_{cc}\end{bmatrix}$$

当 $k \neq j$ 时，定子绕组之间互感的关系为 $L_{jk} \neq L_{kj}$，第 j 个绕组的自感表示为 L_{jj}。另一方面，L_{ss} 表示定子绕组的自感和互感，其表达式如下：

$$\boldsymbol{L}_{ss}=\begin{bmatrix}L_s & M_s & M_s\\ M_s & L_s & M_s\\ M_s & M_s & L_s\end{bmatrix}+L_m\times\begin{bmatrix}\cos 2\theta & \cos\left(2\theta-\frac{2\pi}{3}\right) & \cos\left(2\theta+\frac{2\pi}{3}\right)\\ \cos\left(2\theta-\frac{2\pi}{3}\right) & \cos\left(2\theta+\frac{2\pi}{3}\right) & \cos 2\theta\\ \cos\left(2\theta+\frac{2\pi}{3}\right) & \cos 2\theta & \cos\left(2\theta-\frac{2\pi}{3}\right)\end{bmatrix} \tag{2-2}$$

式中，L_m、L_s 和 M_s 是常数。

$$\begin{aligned}\boldsymbol{L}_{sr}&=\text{定子绕组对转子绕组的互感矩阵}\\ &=\begin{bmatrix}M_{af} & M_{akd} & M_{akq}\\ M_{bf} & L_{bkd} & M_{bkq}\\ M_{cf} & M_{ckd} & L_{ckq}\end{bmatrix}\\ &=\begin{bmatrix}M_f\cos\theta & M_{kd}\cos\theta & M_{kq}\cos\theta\\ M_f\cos\left(\theta-\frac{2\pi}{3}\right) & M_{kd}\cos\left(\theta-\frac{2\pi}{3}\right) & M_{kq}\cos\left(\theta-\frac{2\pi}{3}\right)\\ M_f\cos\left(\theta+\frac{2\pi}{3}\right) & M_{kd}\cos\left(\theta+\frac{2\pi}{3}\right) & M_{kq}\cos\left(\theta+\frac{2\pi}{3}\right)\end{bmatrix}\end{aligned} \tag{2-3}$$

$$\boldsymbol{L}_{rr}=\begin{bmatrix}L_f & L_{ab} & 0\\ L_{fkd} & L_{kd} & 0\\ 0 & 0 & L_{kq}\end{bmatrix}=\text{常数矩阵} \tag{2-4}$$

式中，L_f、L_{kd}和 L_{kq} 分别是磁场绕组 F 的自感、d 轴上的阻尼绕组 KD 的自感和 q 轴上的阻尼绕组 KQ 的自感。L_{fkd}是 F 和 KD 之间的互感。

从式（2-2）和式（2-3）可以观察得到 $\boldsymbol{L}_{ss}$（当 $L_m \neq 0$ 时）和 $\boldsymbol{L}_{sr}$ 是随时间变化的，并得到转子位置角度 θ 的函数。在式（2-4）中，矩阵元素代表了绕组 KQ 和绕组 F 以及绕组 KQ 和绕组 KD 之间的互感等于0，这是因为它们之间的夹角是90°电角度。

2.2.2 电压方程 ★★★

在考虑发电机惯例为正的情况下，定子和转子绕组的电压方程可以表示如下：

$$\begin{bmatrix}\boldsymbol{v}_s\\ \boldsymbol{v}_r\end{bmatrix}=-\begin{bmatrix}\dot{\boldsymbol{\psi}}_s\\ \dot{\boldsymbol{\psi}}_r\end{bmatrix}-\begin{bmatrix}\boldsymbol{R}_s & 0\\ 0 & \boldsymbol{R}_r\end{bmatrix}\begin{bmatrix}\boldsymbol{i}_s\\ \boldsymbol{i}_r\end{bmatrix}=-\begin{bmatrix}\dot{\boldsymbol{\psi}}_s\\ \dot{\boldsymbol{\psi}}_r\end{bmatrix}-\boldsymbol{R}\begin{bmatrix}\boldsymbol{i}_s\\ \boldsymbol{i}_r\end{bmatrix} \tag{2-5}$$

式中，

$$\boldsymbol{v}_s=\begin{bmatrix}v_a\\ v_b\\ v_c\end{bmatrix},\ \boldsymbol{v}_r=\begin{bmatrix}-v_a\\ 0\\ 0\end{bmatrix},$$

$$\boldsymbol{R}=\begin{bmatrix}\boldsymbol{R}_s & 0\\ 0 & \boldsymbol{R}_r\end{bmatrix},\ \boldsymbol{R}_s=\begin{bmatrix}R_a & 0 & 0\\ 0 & R_b & 0\\ 0 & 0 & R_c\end{bmatrix},\ \boldsymbol{R}_r=\begin{bmatrix}R_f & 0 & 0\\ 0 & R_{kd} & 0\\ 0 & 0 & R_{kq}\end{bmatrix}$$

符号上加一点表示微分。

通常 $R_a=R_b=R_c$。因此 $R_s=R_a\boldsymbol{U}_3$，其中 $\boldsymbol{U}_3$是 3×3 的矩阵。

在定义了定子电压 v_a、v_b、v_c的中性点电压的情况下，电压方程可以改写为

$$\begin{bmatrix}\boldsymbol{v}_s\\ \boldsymbol{v}_r\end{bmatrix}=-\begin{bmatrix}\dot{\boldsymbol{\psi}}_s\\ \dot{\boldsymbol{\psi}}_r\end{bmatrix}-[\boldsymbol{R}]\begin{bmatrix}\boldsymbol{i}_s\\ \boldsymbol{i}_r\end{bmatrix}+\begin{bmatrix}\boldsymbol{v}_n\\ 0\end{bmatrix} \tag{2-6}$$

式中，

$$\begin{aligned}\boldsymbol{v}_n&=-R_n\begin{bmatrix}1&1&1\\1&1&1\\1&1&1\end{bmatrix}\begin{bmatrix}i_a\\ i_b\\ i_c\end{bmatrix}-L_m\begin{bmatrix}1&1&1\\1&1&1\\1&1&1\end{bmatrix}\begin{bmatrix}\mathrm{d}i_a/\mathrm{d}t\\ \mathrm{d}i_b/\mathrm{d}t\\ \mathrm{d}i_c/\mathrm{d}t\end{bmatrix}\\&=-\boldsymbol{R}_n\boldsymbol{i}_s-L_np\boldsymbol{i}_s\end{aligned} \tag{2-7}$$

式中，p 是算子 d/dt；R_n和 L_n分别是中性点对地的电阻和电感。

需要注意的是，正向惯例是定子电流流出电机端的情况，即电机运行在发电机模式。

2.2.3 转矩方程 ★★★

转子的运动方程可以写成

$$J\ddot{\theta}_m+D\dot{\theta}_m=T_m-T_e\text{ 或者 }\frac{2}{p}(J\ddot{\theta}+D\dot{\theta})=T_m-T_e=T_a \tag{2-8}$$

式中，p 表示极数；D 表示阻尼系数；θ 表示转子角的电弧度；J 表示转动惯量（kg·m^2）；θ_m表示转子与固定参考系的机械角度 $=(2/p)\theta$；T_m表示旋转方向上的机械转矩（N·m）；T_e表示与机械转矩相对的电磁转矩（N·m）；T_a表示加速转矩（N·m）。

$$T_e=-\frac{\partial W}{\partial\theta_m}=-\frac{p}{2}\frac{\partial W}{\partial\theta}=\frac{p}{2}T'_e \tag{2-9}$$

$T'_e=\dfrac{\partial W}{\partial\theta}$表示等效的两极电机的电磁转矩，$W$ 代表余能量，用下式表示：

$$W=\frac{1}{2}[\boldsymbol{i}_s^t\quad \boldsymbol{i}_r^t]\begin{bmatrix}\boldsymbol{L}_{ss}&\boldsymbol{L}_{sr}\\ \boldsymbol{L}_{rs}&\boldsymbol{L}_{rr}\end{bmatrix}\begin{bmatrix}\boldsymbol{i}_s\\ \boldsymbol{i}_r\end{bmatrix} \tag{2-10}$$

因此

$$T'_e=-\frac{1}{2}\left[\boldsymbol{i}_s^t\left(\frac{\partial\boldsymbol{L}_{ss}}{\partial\theta}\right)\boldsymbol{i}_s+2\,\boldsymbol{i}_s^t\left(\frac{\partial\boldsymbol{L}_{sr}}{\partial\theta}\right)\boldsymbol{i}_r\right] \tag{2-11}$$

根据式（2-8）和式（2-9），运动方程可以改写为

$$\left(\frac{2}{p}\right)^2(J\ddot{\theta}+D\dot{\theta})=\frac{2}{p}T_m-T'_e \tag{2-12}$$

式（2-12）表示了一个 p 极的电机转换成一个 2 极的电机的过程。这个方程的标幺值形式见附录Ⅰ。将电机假设成两极，这个结论不失一般性，具体解释见 2.6 节。

2.3 派克变换

式（2-6）可以改写成为下式

$$\dot{\boldsymbol{\psi}}=-[\boldsymbol{R}]\boldsymbol{i}-\boldsymbol{v} \tag{2-13}$$

式中，

$$\dot{\boldsymbol{\psi}}=\begin{bmatrix}\dot{\boldsymbol{\psi}}_s\\ \dot{\boldsymbol{\psi}}_r\end{bmatrix},\ \boldsymbol{i}=\begin{bmatrix}\boldsymbol{i}_s\\ \boldsymbol{i}_r\end{bmatrix}=\boldsymbol{L}^{-1}\boldsymbol{\psi},\ \boldsymbol{v}=\begin{bmatrix}\boldsymbol{v}_s\\ \boldsymbol{v}_r\end{bmatrix}$$

且

$$\dot{\boldsymbol{\psi}}=\frac{\mathrm{d}}{\mathrm{d}t}(\boldsymbol{L}i)=\boldsymbol{L}\frac{\mathrm{d}i}{\mathrm{d}t}+\boldsymbol{i}\frac{\partial\boldsymbol{L}}{\partial t}\frac{\mathrm{d}\theta}{\mathrm{d}t} \tag{2-14}$$

联立式（2-13）和式（2-14）得到

$$\frac{\mathrm{d}\boldsymbol{i}}{\mathrm{d}t}=\boldsymbol{L}^{-1}\left\{-\boldsymbol{R}\boldsymbol{i}-\boldsymbol{i}\frac{\partial \boldsymbol{L}}{\partial \theta}\frac{\mathrm{d}\theta}{\mathrm{d}t}-\boldsymbol{v}\right\} \tag{2-15}$$

由于式中电感值是随时间变化的，导致表达式（2-15）难以求极解。使用派克变换，可以将该方程所有量转换至转子参考系进行简化，此时随时间变化的量变成常量[3]。所以，这个变换同时实现了稳态和瞬时计算的简化。

定义$\boldsymbol{f}_{abc}$为在abc坐标下的定子绕组的电压或电流或磁链，$\boldsymbol{f}_{dqo}$表示在dqo坐标下的相同量，派克变换“$\boldsymbol{P}$”可以用下式表示

$$\boldsymbol{f}_{abc}=\boldsymbol{P}\boldsymbol{f}_{dqo} \tag{2-16}$$

式中，

$$\boldsymbol{f}_{abc}=\begin{bmatrix} f_a \\ f_b \\ f_c \end{bmatrix},\ \boldsymbol{f}_{dq0}=\begin{bmatrix} f_d \\ f_q \\ f_0 \end{bmatrix},\ \boldsymbol{P}=\sqrt{\frac{2}{3}}\begin{bmatrix} \cos\theta & \sin\theta & \frac{1}{\sqrt{2}} \\ \cos\left(\theta-\frac{2\pi}{3}\right) & \sin\left(\theta-\frac{2\pi}{3}\right) & \frac{1}{\sqrt{2}} \\ \cos\left(\theta+\frac{2\pi}{3}\right) & \sin\left(\theta+\frac{2\pi}{3}\right) & \frac{1}{\sqrt{2}} \end{bmatrix}$$

因此

$$\boldsymbol{f}_{dqo}=\boldsymbol{P}^{-1}\boldsymbol{f}_{abc} \tag{2-17}$$

式中，

$$\boldsymbol{P}^{-1}=\sqrt{\frac{2}{3}}\begin{bmatrix} \cos\theta & \cos\left(\theta-\frac{2\pi}{3}\right) & \cos\left(\theta+\frac{2\pi}{3}\right) \\ \sin\theta & \sin\left(\theta-\frac{2\pi}{3}\right) & \sin\left(\theta+\frac{2\pi}{3}\right) \\ \frac{1}{\sqrt{2}} & \frac{1}{\sqrt{2}} & \frac{1}{\sqrt{2}} \end{bmatrix}$$

2.4 同步电机方程的变换

2.4.1 磁链方程的变换 ★★★

将式（2-16）的派克变换运用到磁链方程中，将得到

$$\begin{bmatrix} \boldsymbol{\psi}_s \\ \boldsymbol{\psi}_r \end{bmatrix}=\begin{bmatrix} \boldsymbol{P} & 0 \\ 0 & \boldsymbol{U}_3 \end{bmatrix}\begin{bmatrix} \boldsymbol{\psi}_{dqo} \\ \boldsymbol{\psi}_r \end{bmatrix} \tag{2-18}$$

式（2-18）可以变换为

$$\begin{bmatrix} \boldsymbol{\psi}_s \\ \boldsymbol{\psi}_r \end{bmatrix}=\begin{bmatrix} \boldsymbol{L}_{ss} & \boldsymbol{L}_{sr} \\ \boldsymbol{L}_{rs} & \boldsymbol{L}_{rr} \end{bmatrix}\begin{bmatrix} \boldsymbol{P} & 0 \\ 0 & \boldsymbol{U}_3 \end{bmatrix}\begin{bmatrix} \boldsymbol{i}_{dqo} \\ \boldsymbol{i}_r \end{bmatrix} \tag{2-19}$$

联立式（2-18）和式（2-19）得到

$$\begin{bmatrix} \boldsymbol{\psi}_{dqo} \\ \boldsymbol{\psi}_r \end{bmatrix}=\begin{bmatrix} \boldsymbol{L}'_{ss} & \boldsymbol{L}'_{sr} \\ \boldsymbol{L}'_{rs} & \boldsymbol{L}_{rr} \end{bmatrix}\begin{bmatrix} \boldsymbol{i}_{dqo} \\ \boldsymbol{i}_r \end{bmatrix} \tag{2-20}$$

式中，

$$\boldsymbol{L}'_{ss}=\boldsymbol{P}^{-1}\boldsymbol{L}_{ss}\boldsymbol{P}=\begin{bmatrix} L_d & 0 & 0 \\ 0 & L_q & 0 \\ 0 & 0 & L_o \end{bmatrix} \tag{2-21}$$

$$L_d = L_s - M_s + \frac{3}{2}L_m,\ L_q = L_s - M_s - \frac{3}{2}L_m,\ L_o = L_s + 2M_s$$

$$\boldsymbol{L}'_{sr} = \boldsymbol{P}^{-1}\boldsymbol{L}_{sr} = \sqrt{\frac{3}{2}}\begin{bmatrix} M_{kd} & M_{kd} & 0 \\ 0 & 0 & M_{kq} \\ 0 & 0 & 0 \end{bmatrix} \tag{2-22}$$

$$\boldsymbol{L}'_{rs} = \boldsymbol{L}_{rs}\boldsymbol{P} = \sqrt{\frac{3}{2}}\begin{bmatrix} M_f & 0 & 0 \\ M_{kd} & 0 & 0 \\ 0 & M_{kq} & 0 \end{bmatrix} \tag{2-23}$$

由式（2-22）和式（2-23）可得 $\boldsymbol{L}'_{sr} = \boldsymbol{L}'^{t}_{rs}$。

如式（2-4）中没有转子电流和磁链的变换，矩阵 $\boldsymbol{L}_{rr}$ 是一个常数矩阵，其元素是转子绕组的电感值。

从式（2-20）可以得出如下结论：

- 在运用派克变换时，定子绕组 a、b、c 被虚拟绕组 d、q、o 代替。
- 在平衡情况下可以忽略“o”绕组，因为此时和转子绕组没有耦合，并且没有零序电流 i_o。
- 因为变换后的两者之间的互感是常数，因此 d 轴和 q 轴的绕组旋转的转速和转子一样。
- d 绕组和在 q 轴上的转子绕组之间的互感，以及 q 绕组和 d 轴上的转子绕组之间的互感为0。因此，d 绕组对准 d 轴，q 绕组对准 q 轴。
- 电机方程中已经除去了时变系数。

因此，同步电机如图 2-2 所示。

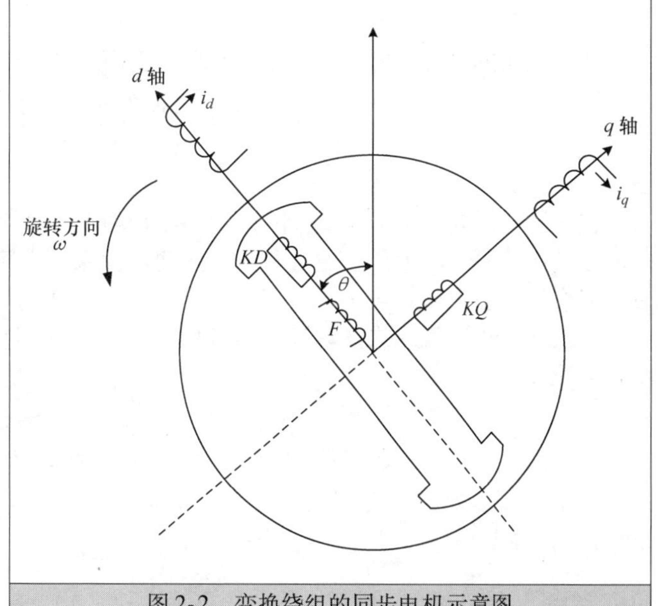

图 2-2　变换绕组的同步电机示意图

2.4.2　定子电压方程的变换 ★★★

经过派克变换，定子电压表达式（2-6）可以改写为如下方程式

$$\boldsymbol{Pv}_{dqo} = -\frac{\mathrm{d}}{\mathrm{d}t}(\boldsymbol{P\psi}_{dqo}) - \boldsymbol{R}_s\boldsymbol{Pi}_{dqo} + \boldsymbol{Pv}_{n(dqo)} \tag{2-24}$$

公式中右边第一项是

$$\frac{\mathrm{d}}{\mathrm{d}t}(\boldsymbol{P\psi}_{dqo}) = -\dot{\theta}\frac{\mathrm{d}P}{\mathrm{d}\theta}\boldsymbol{\psi}_{dqo} - \boldsymbol{P}\frac{\mathrm{d}\boldsymbol{\psi}_{dqo}}{\mathrm{d}t} \tag{2-25}$$

式中，

$$\frac{\mathrm{d}\boldsymbol{P}}{\mathrm{d}\theta} = \sqrt{\frac{2}{3}}\begin{bmatrix} -\sin\theta & \cos\theta & 0 \\ -\sin\left(\theta - \frac{2\pi}{3}\right) & \cos\left(\theta - \frac{2\pi}{3}\right) & 0 \\ -\sin\left(\theta + \frac{2\pi}{3}\right) & \cos\left(\theta + \frac{2\pi}{3}\right) & 0 \end{bmatrix} = \boldsymbol{PP}_1 \tag{2-26}$$

且 $\boldsymbol{P}_1 = \begin{bmatrix} 0 & 1 & 0 \\ -1 & 0 & 0 \\ 0 & 0 & 0 \end{bmatrix}$

将式（2-25）和式（2-26）代入到式（2-24）中，可以得到如下式子

$$\boldsymbol{P}\boldsymbol{v}_{dqo} = -\omega \boldsymbol{P}\boldsymbol{P}_1\boldsymbol{\psi}_{dqo} - \boldsymbol{P}\frac{\mathrm{d}\boldsymbol{\psi}_{dqo}}{\mathrm{d}t} - \boldsymbol{R}_s\boldsymbol{P}\boldsymbol{i}_{dqo} + \boldsymbol{P}\boldsymbol{v}_{n(dqo)}$$

因此，

$$\boldsymbol{v}_{dqo} = -\omega \boldsymbol{P}_1\boldsymbol{\psi}_{dqo} - \frac{\mathrm{d}\boldsymbol{\psi}_{dqo}}{\mathrm{d}t} - \boldsymbol{P}^{-1}\boldsymbol{R}_s\boldsymbol{P}\boldsymbol{i}_{dqo} + \boldsymbol{v}_{n(dqo)} \tag{2-27}$$

式中，$\omega = \mathrm{d}\theta/\mathrm{d}t$ 为转子角速度（rad/s）。

$\boldsymbol{v}_{n(dqo)}$ 可以写成如下表达式。

将派克变换运用到式（2-7）

$$\boldsymbol{v}_{n(dqo)} = -\boldsymbol{P}^{-1}\boldsymbol{R}_n\boldsymbol{P}i_{dqo} - \boldsymbol{P}^{-1}L_n\boldsymbol{P}\frac{\mathrm{d}\boldsymbol{i}_{dqo}}{\mathrm{d}t} = -\begin{bmatrix}0\\0\\3R_ni_o\end{bmatrix} - \begin{bmatrix}0\\0\\3L_ni_o\end{bmatrix} \tag{2-28}$$

转子电压方程没有变化。于是，转子和定子的合成电压方程可以表示为如下形式

$$\begin{bmatrix}\boldsymbol{v}_{dqo}\\ \boldsymbol{v}_r\end{bmatrix} = -\begin{bmatrix}\dot{\boldsymbol{\psi}}_{dqo}\\ \dot{\boldsymbol{\psi}}_r\end{bmatrix} - \begin{bmatrix}\omega \boldsymbol{P}_1\boldsymbol{\psi}_{dqo}\\ \boldsymbol{0}\end{bmatrix} - \begin{bmatrix}\boldsymbol{R}_s & \boldsymbol{0}\\ \boldsymbol{0} & \boldsymbol{R}_r\end{bmatrix}\begin{bmatrix}\boldsymbol{i}_{dqo}\\ \boldsymbol{i}_r\end{bmatrix} + \begin{bmatrix}\boldsymbol{v}_{n(dqo)}\\ \boldsymbol{0}\end{bmatrix} \tag{2-29}$$

式中，$\boldsymbol{R}_s = R_a\boldsymbol{U}_3$。

在磁链和电流在 dqo 参考系下作为状态变量时，式（2-29）同时决定了同步电机的定子电压和转子电压。运用式（2-20）中磁链和电流之间的关系，电机电压能只以电流或者只以磁链的形式表达。以电流作为状态变量 $x^t = [i_d, i_q, i_o, i_f, i_{kd}, i_{kq}]$，电机电压的公式可以写成如下形式。

将式（2-28）代入式（2-29），下列方程组可用展开的形式表示，值得注意的是，经过派克变换，$\boldsymbol{v}_r$没有变化。

$$\left.\begin{aligned}
v_d &= -\dot{\psi}_d - \omega\psi_q - R_ai_d\\
v_q &= -\dot{\psi}_q + \omega\psi_d - R_ai_q\\
v_o &= -\dot{\psi}_o - 3L_npi_o - 3R_ni_o\\
v_f &= \dot{\psi}_f + R_{kd}i_{kd}\\
v_{kd} &= 0 = \dot{\psi}_{kd} + R_{kd}i_{kd}\\
v_{kq} &= 0 = \dot{\psi}_{kq} + R_{kq}i_{kq}
\end{aligned}\right\} \tag{2-30}$$

式（2-20）的展开形式为如下方程组

$$\left.\begin{aligned}
\psi_d &= L_di_d + kM_fi_f + kM_{kd}i_{kd}\\
\psi_q &= L_qi_q + kM_{kq}i_{kq}\\
\psi_o &= L_oi_o\\
\psi_f &= kM_fi_d + L_fi_f + L_{fkd}i_{kd}\\
\psi_{kd} &= kM_{kd}i_d + L_{fkd}i_f + L_{kd}i_{kd}\\
\psi_{kq} &= kM_{kq}i_q + L_{kq}i_{kq}
\end{aligned}\right\} \tag{2-31}$$

式中，$k = \sqrt{\dfrac{3}{2}}$。

从式（2-30）和式（2-31）可得，以电流形式表示的电机电压方程为

$$\begin{bmatrix}v_d\\ v_q\\ v_o\\ -v_f\\ v_{kd}=0\\ v_{kq}=0\end{bmatrix} = -\left[\begin{array}{ccc|ccc}
R_a & \omega L_q & 0 & 0 & 0 & \omega kM_{kq}\\
-\omega L_d & R_a & 0 & -\omega kM_f & \omega kM_{kd} & 0\\
0 & 0 & R_a+3R_n & 0 & 0 & 0\\ \hline
0 & 0 & 0 & R_f & 0 & 0\\
0 & 0 & 0 & 0 & R_{kd} & 0\\
0 & 0 & 0 & 0 & 0 & R_{kq}
\end{array}\right]\begin{bmatrix}i_d\\ i_q\\ i_o\\ i_f\\ i_{kd}\\ i_{kq}\end{bmatrix}$$

$$
-\left[\begin{array}{ccc:ccc} L_d & 0 & 0 & & & 0 \\ 0 & L_q & 0 & 0 & 0 & \\ 0 & 0 & L_o+3L_n & 0 & 0 & 0 \\ \hdashline & 0 & 0 & L_f & L_{fkd} & 0 \\ & 0 & 0 & L_{fkd} & L_{kd} & 0 \\ 0 & & 0 & 0 & 0 & L_{kq} \end{array}\right]\begin{bmatrix} i_d \\ i_q \\ i_o \\ i_f \\ i_{kd} \\ i_{kq} \end{bmatrix} \tag{2-32}
$$

从式（2-32）可以得到如下信息：

- 定子，即电枢，除了 v_o 之外的方程都包括速度电势项 ωL_i 和 ωM_i，速度电势是和无源网络的区别之一。
- d 轴的速度电势项方程只由 q 轴电流决定，q 轴的速度电势只由 d 轴电流决定。
  - ○ 零序电压 v_o 仅由 i_o 和其一阶导数决定，即在已知 i_o 初始值时该方程可以求解。
  - ○ 在平衡条件下，$v_o=0$，即可以忽略对应的行和列。因此，方程组可以表示成图 2-3 所示的等效电路示意图。
- 值得注意的是，定子绕组在 d 轴和 q 轴的自导分别是 L_d 和 L_q。定子绕组和任意转子绕组之间的互导，例如和第 j 个转子绕组，记为 kM_i。第 i 个转子绕组的自导以及第 i 个转子绕组和第 j 个转子绕组之间的互导分别表示为 L_i 和 L_{ij}。在 d 轴和 q 轴的等效电路包括作为受控电源的速度电势项。
- 若忽略角速度 ω，所有系数矩阵的其他项都是常数，即不像式（2-5）中在 abc 坐标下的系数随时间变化。在变量 ω 随时间变化的情况下，式（2-32）变成非线性的，其状态空间方程如下：

$$
\dot{\boldsymbol{x}}=\boldsymbol{f}(\boldsymbol{x},\boldsymbol{u},\boldsymbol{t}) \tag{2-33}
$$

式中，$\boldsymbol{f}$ 是一系列非线性函数，$\boldsymbol{x}$ 是状态变量的矢量，$\boldsymbol{u}$ 是系统驱动函数。

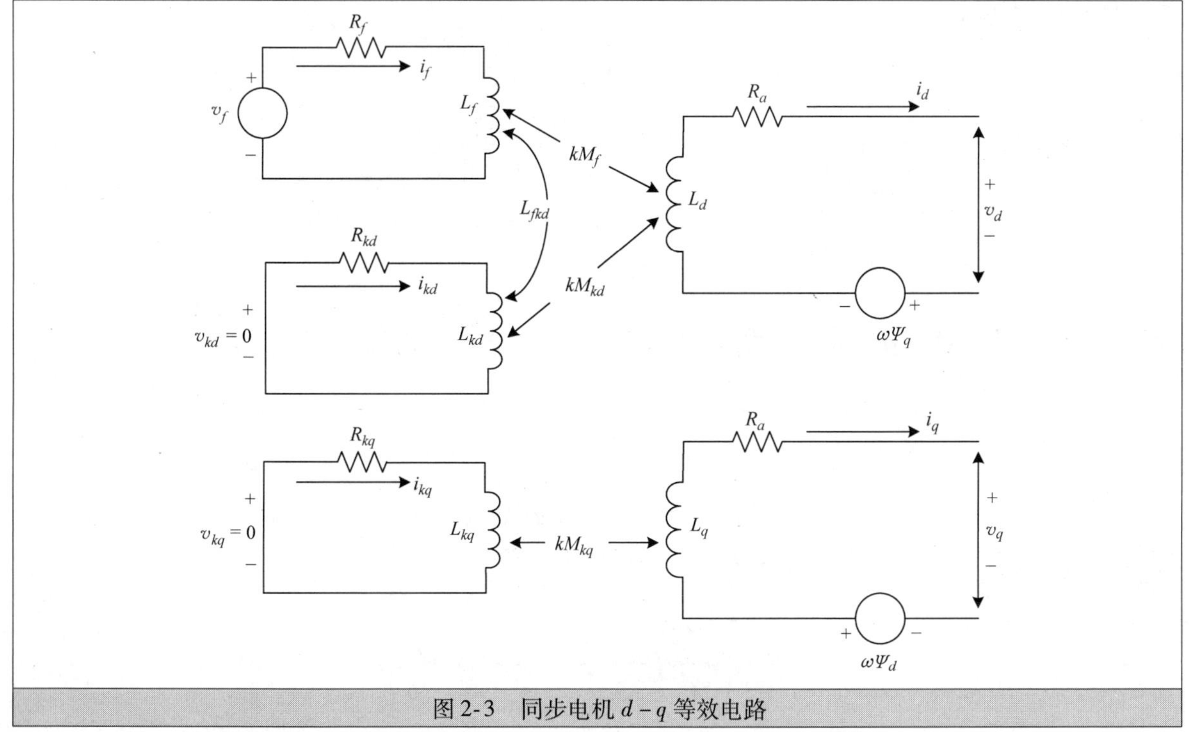

图 2-3　同步电机 $d-q$ 等效电路

另一方面，如果假设 ω 是常数，则是“一个在稳态下的可接受的近似值”。式（2-32）中是线性时不变量，该状态空间方程的形式转变为一系列一阶微分方程，表示如下：

$$
\dot{\boldsymbol{x}}=\boldsymbol{A}\boldsymbol{x}+\boldsymbol{B}\boldsymbol{u} \tag{2-34}
$$

在稳态时，如果同步电机在空载状态下，除了励磁电流 $i_{f(NL)}=v_{f(NL)}/R_f$，所有电流（i_d，i_q，i_{kd}，i_{kq}）都为 0，下标“$_{NL}$”表示空载状态下的值。因此，从式（2-31）可以得到磁链为

$$
\psi_{d(NL)}=kM_f v_{f(NL)}/R_f，\psi_{q(NL)}=\psi_{o(NL)}=0，
$$

$$\psi_{f(NL)}=L_f v_{f(NL)}/R_f,\ \psi_{kd(NL)}=L_{kdf}v_{f(NL)}/R_f,\ \psi_{kq(NL)}=0 \tag{2-35}$$

类似地，从式（2-32）可得在 $d-q$ 轴参考系下，定子绕组为

$$\psi_{d(NL)}=0 \text{ 且 } v_{q(NL)}=\omega_o kM_f v_{f(NL)}/R_f \tag{2-36}$$

所以，当 $v_o=i_o=0$ 和 $\theta=\omega_o t+\delta$ 时（ω_o是额定角速度），在空载条件下的电机端电压等于式(2-16)给出的定子绕组的感应电压，可以得到

$$\left.\begin{aligned}
v_a&=\sqrt{\frac{2}{3}}[v_{d(NL)}\cos(\omega_o t+\delta)+v_{q(NL)}\sin(\omega_o+\delta)]\\
&=\sqrt{\frac{2}{3}}_{q(NL)}\sin(\omega_o+\delta)\\
v_b&=\sqrt{\frac{2}{3}}\left[v_{d(NL)}\cos\left(\omega_o t+\delta-\frac{2\pi}{3}\right)+v_{q(NL)}\sin\left(\omega_o+\delta-\frac{2\pi}{3}\right)\right]\\
&=\sqrt{\frac{2}{3}}_{q(NL)}\sin\left(\omega_o+\delta-\frac{2\pi}{3}\right)\\
v_c&=\sqrt{\frac{2}{3}}\left[v_{d(NL)}\cos\left(\omega_o t+\delta+\frac{2\pi}{3}\right)+v_{q(NL)}\sin\left(\omega_o+\delta+\frac{2\pi}{3}\right)\right]\\
&=\sqrt{\frac{2}{3}}_{q(NL)}\sin\left(\omega_o+\delta+\frac{2\pi}{3}\right)
\end{aligned}\right\} \tag{2-37}$$

在空载条件下，$\delta=0$。因此，δ 在电机端电压（即式（2-37）中）应该等于零。

对于带负载时的发电机，同步电机传递的电能由原动机输出决定。由此，电机的电流和磁链是机械转矩“T_m”和正弦线电压 V 的有效值的函数。

因此，发电机端电压源可以假设为

$$\left.\begin{aligned}
v_a&=\sqrt{\frac{2}{3}}V\sin(\omega_o t)\\
v_b&=\sqrt{\frac{2}{3}}V\sin\left(\omega_o t-\frac{2\pi}{3}\right)\\
v_b&=\sqrt{\frac{2}{3}}V\sin\left(\omega_o t+\frac{2\pi}{3}\right)
\end{aligned}\right\} \tag{2-38}$$

且 $d-q$ 轴上端电压可以计算为

$$v_{do}=-V\sin\delta,\ v_{qo}=-V\cos\delta \tag{2-39}$$

下标“o”表示额定值。忽略电枢电阻并考虑在稳态下没有电流流过阻尼绕组，可以由式（2-30）得到

$$v_{do}=-\omega_o\psi_{qo},\ v_{qo}=-\omega_o\psi_{do} \tag{2-40}$$

在相同的条件下，从式（2-32）、式（2-39）和式（2-40）可知

$$\begin{gathered}
v_{do}=-\omega_o L_q i_{qo} \text{ 即 } i_{qo}=-v_{do}/(\omega_o L_q)\\
v_{qo}=-\omega_o L_d i_{do}+\omega_o kM_f i_{fo} \text{ 即 } i_{do}=(1/\omega_o L_d)[v_{qo}-\omega_o kM_f v_{fo}/R_f]
\end{gathered} \tag{2-41}$$

2.4.3 转矩方程的变换 ★★★

对式（2-11）应用派克变换，变换后的电磁转矩为

$$T'_e=-\frac{1}{2}\left[\boldsymbol{i}^t_{dqo}\boldsymbol{P}^t\left(\frac{\partial \boldsymbol{L}_{ss}}{\partial\theta}\right)\boldsymbol{P}\boldsymbol{i}_{dqo}+2\boldsymbol{i}^t_{dqo}\boldsymbol{P}^t\left(\frac{\partial \boldsymbol{L}_{sr}}{\partial\theta}\right)\boldsymbol{i}_r\right] \tag{2-42}$$

式中，

$$\frac{\partial \boldsymbol{L}_{ss}}{\partial\theta}=-2L_m\begin{bmatrix}
\sin2\theta & \sin\left(2\theta-\frac{2\pi}{3}\right) & \sin\left(2\theta+\frac{2\pi}{3}\right)\\
\sin\left(2\theta-\frac{2\pi}{3}\right) & \sin\left(2\theta+\frac{2\pi}{3}\right) & \sin2\theta\\
\sin\left(2\theta+\frac{2\pi}{3}\right) & \sin2\theta & \sin\left(2\theta-\frac{2\pi}{3}\right)
\end{bmatrix} \tag{2-43}$$

$$\frac{\partial \boldsymbol{L}_{sr}}{\partial \theta}=\begin{bmatrix} -M_f\sin\theta & -M_{kd}\sin\theta & M_{kq}\cos\theta \\ -M_f\sin\left(\theta-\frac{2\pi}{3}\right) & -M_{kd}\left(\theta-\frac{2\pi}{3}\right) & M_{kq}\left(\theta-\frac{2\pi}{3}\right) \\ -M_f\left(\theta+\frac{2\pi}{3}\right) & -M_{kd}\left(\theta+\frac{2\pi}{3}\right) & M_{kq}\left(\theta+\frac{2\pi}{3}\right) \end{bmatrix} \tag{2-44}$$

假设

$$P_2=\begin{bmatrix} 0 & 1 & 0 \\ 1 & 0 & 0 \\ 0 & 0 & 0 \end{bmatrix} \tag{2-45}$$

并将式（2-43）、式（2-44）和式（2-45）代入式（2-42）中，可以证明电磁转矩可以由下式表示：

$$T'_e=\sqrt{\frac{3}{2}}i_q\left(M_f i_f+M_{kd}i_{kd}+\sqrt{\frac{3}{2}}L_m i_d\right)-\sqrt{\frac{3}{2}}i_d\left(M_{kq}i_{kq}-\sqrt{\frac{3}{2}}L_m i_q\right) \tag{2-46}$$

从式（2-20）可观察得出

$$\psi_d=L_d i_d+\sqrt{\frac{3}{2}}M_f i_f+\sqrt{\frac{3}{2}}M_{kd}i_{kd}\text{和 }\psi_q=L_q i_q+\sqrt{\frac{3}{2}}M_{kq}i_{kq} \tag{2-47}$$

由式（2-21）中L_d和L_q的定义，可以发现

$$L_d-\frac{3}{2}L_m=L_q+\frac{3}{2}L_m=L_s-M_s \tag{2-48}$$

由式（2-46）、式（2-47）和式（2-48），可知电磁转矩可以表示为

$$T'_e=i_q\psi_d-i_d\psi_q \tag{2-49}$$

发电机在稳态和空载情况下，因为电流为零，电磁转矩也为零。对于带负载的发电机，式（2-49）中的电磁转矩可以写成

$$T'_{eo}=i_{qo}\psi_{do}-i_{do}\psi_{qo} \tag{2-50}$$

将式（2-39）、式（2-40）和式（2-41）代入式（2-50），电磁转矩可以写为

$$T'_{eo}=\frac{E_{fdo}}{\omega_o x_d}V\sin\delta+\frac{(x_d-x_q)}{2\omega_o x_d x_q}V^2\sin2\delta \tag{2-51}$$

式中，

$$x_d=\omega_o L_d,\ x_q=\omega_o L_q,\ E_{fdo}=x_{fdo}v_{fp}/R_f,\ x_{fdo}=\omega_o kM_f$$

2.5　电机参数标幺值

所有前述章节的电机变量，例如电压、电流、功率、磁链和电感都基于三个基本量：伏特（V）、安培（A）、时间“t”（s）。电力工程师遇到的问题是电机定子的物理量比电机转子的范围大很多，比如定子电压可能是kV，励磁电压却是一个小很多的值。因此，涉及工程应用不同，它们的幅值也不同。

因此，用于计算电机变量的方程常通过一个适当的基准进行标幺化，以避免上述问题。此时，量以百分数形式表达（pu 值，标幺值）[4]。

固定基准量的选择必须包括三个量 V、A 和 t。关于标幺值的更多详细内容可参看附录Ⅰ。

【例 2-1】 一台两极、三相同步电机（发电机）有如下数据。计算得到电机参数的标幺值。

频率 = 60Hz，线电压 = 24kV，额定功率 = 555MW，功率因数 = 0.9，L_s = 3.2758mH，M_s = −1.6379，M_f = 32.653mH。定子漏电感 $l_d=l_q=l_a$ = 0.4129mH，L_f = 576.92mH。

解：

从式（2-20），L_d和L_q定义为

$$L_d=L_s-M_s+\frac{3}{2}L_m,\ L_q=L_s-M_s-\frac{3}{2}L_m$$

因此，

$$L_d = 3.2758 + 1.6379 + \frac{3}{2} \times 0.0458 = 4.9824\text{mH}$$

$$L_q = 3.2758 + 1.6379 - \frac{3}{2} \times 0.0458 = 4.845\text{mH}$$

由附录Ⅰ中的式（Ⅰ-7）和式（Ⅰ-9），可以计算得到 L_{md} 和 L_{mq}

$$L_{md} = L_d - l_a = 4.9824 - 0.4129 = 4.5695\text{mH}$$

$$L_{mq} = L_q - l_a = 4.845 - 0.4129 = 4.4321\text{mH}$$

$$kM_f = \sqrt{\frac{3}{2}} \times 32.653 = 40.0\text{mH}$$

基准量：

i. 对于定子

$$S_B = \text{三相额定功率} = 555\text{MVA}$$

$$V_B = \text{线电压} = 24\text{kV}$$

$$\omega_B = 120\pi = 377\text{rad/s}$$

$$t_B = (1/\omega) = 2.65258 \times 10^3\text{s}$$

$$I_B = \frac{555}{24} \times 10^3 = 23.125\text{kA}$$

$$Z_B = \frac{V_B}{I_B} = \frac{24}{23.125} \times 10^3 = 1.0378\Omega$$

$$\psi_B = \frac{V_B}{\omega_B} = \frac{24 \times 10^3}{377} = 63.66\text{Wb} \cdot \text{匝}$$

$$L_B = \frac{\psi_B}{I_B} = \frac{Z_B}{\omega_B} = \frac{1.0378}{377} = 2.75\text{mH}$$

ii. 对于转子

由附录Ⅰ中的式（Ⅰ-6）和式（Ⅰ-7），可以得到

$$I_{fB} = \frac{L_{md}}{kM_f} I_B = \frac{4.5695}{40.0} \times 23.125 = 2.64\text{kA}$$

$$M_{fB} = \frac{kM_f}{L_{md}} L_B = \frac{40.0}{4.5695} \times 2.75 \times 10^3 = 24.07\text{mH}$$

$$V_{fB} = \frac{S_B}{I_{fB}} = \frac{555 \times 10^6}{2.64 \times 10^3} = 210.23\text{kV}$$

$$Z_{fB} = \frac{210.23}{2.64} = 79.6325\Omega$$

$$L_{fB} = \frac{Z_{fB}}{\omega_B} = \frac{79.6325}{377} \times 10^3 = 211.227\text{mH}$$

电机参数的标幺值为

运用规则：标幺值 $= \dfrac{\text{实际值}}{\text{基准值}}$，参数标幺值可以计算如下：

$$L_d = 4.9824/2.75 = 1.81$$

$$L_f = 576.92/211.227 = 2.73$$

$$l_d = l_q = l_a = 0.4129/2.75 = 0.15$$

$$L_q = 4.845/2.75 = 1.76$$

$$L_{md} = 4.5695/2.75 = 1.66$$

$$L_{mq} = 4.4321/2.75 = 1.61$$

$$kM_f = kM_{kd} = L_d - l_d = 1.81 - 0.15 = 1.66$$
$$R_a = 0.0031/1.0378 = 2.99 \times 10^{-3}$$
$$R_f = 0.0715/79.6325 = 0.898 \times 10^{-3}$$

【例2-2】 对于例2-1中的电机，考虑用下列参数标幺值计算系数矩阵，以求得用向量$\boldsymbol{i}$和$\boldsymbol{v}$表示的向量$\mathrm{d}\boldsymbol{i}/\mathrm{d}t$。

$kM_{kq} = 1.59$，$L_{kd} = 0.1713$，$L_{kq} = 0.7252$，$R_{kd} = 0.0285$，$R_{kq} = 0.00619$，并假设$kM_f = L_{fkd} = 1.66$

解：

从附录Ⅰ得出式（Ⅰ-23）可以写为

$$\begin{bmatrix} v_d \\ -v_f \\ 0 \\ v_q \\ 0 \end{bmatrix} = -\begin{bmatrix} R_a & 0 & 0 & \omega L_q & \omega kM_{kq} \\ 0 & R_f & 0 & 0 & 0 \\ 0 & 0 & R_{kd} & 0 & 0 \\ -\omega L_d & -\omega kM_f & -\omega kM_{kd} & R_a & 0 \\ 0 & 0 & 0 & 0 & R_{kq} \end{bmatrix}\begin{bmatrix} i_d \\ i_f \\ i_{kd} \\ i_q \\ i_{kq} \end{bmatrix} - \begin{bmatrix} L_d & kM_f & kM_{kd} & 0 & 0 \\ kM_f & L_f & L_{fkd} & 0 & 0 \\ kM_{kd} & L_{fkd} & L_{kd} & 0 & 0 \\ 0 & 0 & 0 & L_q & kM_{kq} \\ 0 & 0 & 0 & kM_{kq} & L_{kq} \end{bmatrix}\begin{bmatrix} pi_d \\ pi_f \\ pi_{kd} \\ pi_q \\ pi_{kq} \end{bmatrix} \tag{2-52}$$

因此，代入例2-1中计算得到的电机参数标幺值及上述给定的参数，式(2-52)可以变为

$$\begin{bmatrix} v_d \\ -v_f \\ 0 \\ v_q \\ 0 \end{bmatrix} = -\begin{bmatrix} 0.00299 & 0 & 0 & 1.7618\omega & 1.59\omega \\ 0 & 0.00898 & 0 & 0 & 0 \\ 0 & 0 & 0.0284 & 0 & 0 \\ -1.812\omega & -1.66\omega & -1.66\omega & 0.00299 & 0 \\ 0 & 0 & 0 & 0 & 0.00619 \end{bmatrix}\begin{bmatrix} i_d \\ i_f \\ i_{kd} \\ i_q \\ i_{kq} \end{bmatrix} - \begin{bmatrix} 1.812 & 1.66 & 1.66 & 0 & 0 \\ 1.66 & 2.73 & 1.66 & 0 & 0 \\ 1.66 & 1.66 & 0.1713 & 0 & 0 \\ 0 & 0 & 0 & 1.7618 & 1.59 \\ 0 & 0 & 0 & 1.59 & 0.7252 \end{bmatrix}\begin{bmatrix} pi_d \\ pi_f \\ pi_{kd} \\ pi_q \\ pi_{kq} \end{bmatrix}$$

由此，向量$\mathrm{d}\boldsymbol{i}/\mathrm{d}t$可以写成

$$\frac{\mathrm{d}\boldsymbol{i}}{\mathrm{d}t} = -\boldsymbol{B}_2^{-1}\boldsymbol{B}_1 i - \boldsymbol{B}_2^{-1}\boldsymbol{v}$$

式中，

$$\boldsymbol{B}_1 = \begin{bmatrix} 0.00299 & 0 & 0 & 1.7618\omega & 1.59\omega \\ 0 & 0.00898 & 0 & 0 & 0 \\ 0 & 0 & 0.0284 & 0 & 0 \\ -1.812\omega & -1.66\omega & -1.66\omega & 0.00299 & 0 \\ 0 & 0 & 0 & 0 & 0.00619 \end{bmatrix}$$

$$\boldsymbol{B}_2 = \begin{bmatrix} 1.812 & 1.66 & 1.66 & 0 & 0 \\ 1.66 & 2.73 & 1.66 & 0 & 0 \\ 1.66 & 1.66 & 0.1713 & 0 & 0 \\ 0 & 0 & 0 & 1.7618 & 1.59 \\ 0 & 0 & 0 & 1.59 & 0.7252 \end{bmatrix}$$

所以有

$$B_2^{-1}=\begin{bmatrix} 0.763 & -0.825 & 0.594 & 0 & 0 \\ -0.825 & 0.817 & 0.084 & 0 & 0 \\ 0.594 & 0.084 & -0.732 & 0 & 0 \\ 0 & 0 & 0 & -0.581 & 1.272 \\ 0 & 0 & 0 & 1.274 & -1.41 \end{bmatrix}$$

和

$$B_2^{-1}B_1=10^{-3}\begin{bmatrix} 2.289 & 7.425 & 16.632 & 1344.4\omega & 1487.8\omega \\ 2.475 & 7.353 & 2.352 & -1453.6\omega & -1311.7\omega \\ 1.782 & 0.765 & -0.020 & 1046.6\omega & 944.5\omega \\ 1052.8\omega & 964.5\omega & 964.5\omega & -1.743 & 7.632 \\ -12308.5\omega & -2114.8\omega & -2114.8\omega & 3.822 & -8.460 \end{bmatrix}$$

基于附录Ⅰ给出的标幺系统和标幺化电压方程，则可以得到转矩、功率和运动方程。

2.5.1 转矩和功率方程 ★★★

根据式（2-8），当忽略阻尼绕组时，有 $J\ddot{\theta}_m=T_a$。因为角度基准的选取与以常数向量 ω_o 移动的同步旋转坐标系有关，θ_m 可表达成 $\theta_m=(\omega_o t+\alpha)+\delta_m$，常数 α 表示转子位置和角度基准坐标系的夹角，δ_m 是机械转矩（rad）。电磁（转矩）角度 $\delta=(p/2)\delta_m$。因此，方程可以写为

$$J\ddot{\delta}_m=J\omega_m=T_a\text{或}(2J/p)\ddot{\delta}=(2J/p)\dot{\omega}=T_a\text{或}(2/p)M\dot{\omega}=P_a \tag{2-53}$$

式中，M 是角动量，$M=J\omega$。

转矩“T_B”基准量等于在额定转速下的额定转矩，即

$$T_B=S_B/\omega_{mo}=60S_B/2\pi n_o \tag{2-54}$$

式中，S_B 为三相定子额定功率（VA rms），n_o 是额定轴速度（r/min）。

由此，式（Ⅰ-24）除以式（Ⅰ-25）并代入 $p=120f_o/n$，得到转矩的标幺值 T_{au} 如下：

$$T_a/T_B=\frac{J\pi^2n_o^2}{900S_B\omega_o}\dot{\omega}=T_{au}\ \text{pu} \tag{2-55}$$

H 为惯性常数，被定义为以 MJ 为单位的动能与以 MVA 为单位的额定功率的比值，即 $H=\dfrac{\text{动能（MJ）}}{\text{额定功率（MVA）}}=J\omega_m^2/2S_B$，时间的单位是 s。由此，可得

$$T_a/T_B=\frac{J\dot{\omega}_m}{\dfrac{S_B}{\omega_{mo}}}\dot{\omega}=\frac{2H}{\omega_{mo}}\dot{\omega}_m(2H/\omega_B)\dot{\omega}=T_{au}\ \text{pu} \tag{2-56}$$

式中，ω 通常以 rad/s 的单位给出，它是气隙中旋转磁场的角速度，因此与电网电压和电流直接相关。额定角速度的值 ω_o 作为基准值 ω_B。式（2-56）称为运动方程且适用于包含在同一系统中都以同样额定角度向量同步旋转的任何极数的电机。

运动方程可以写成另一种近似形式，便于同步电机经典模型的使用。将角速度近似视作常数，这样得到加速转矩的标幺值数值近似等于加速功率 P_a。因此，近似形式为

$$(2H/\omega_B)\dot{\omega}\approx P_{au}\ \text{pu} \tag{2-57}$$

考虑到基本标幺量的定义 $t=t_ut_B$、$\omega=\omega_u\omega_B$ 和 $\omega_B=1/T_B$，下面的关系可以写为

$$\frac{1}{\mathrm{d}t}=\omega_B\frac{1}{\mathrm{d}t_u}\text{ 和 }\mathrm{d}\omega=\omega_B\mathrm{d}\omega_u \tag{2-58}$$

基于式（2-56）中的标幺值项，结合式（2-58）可以得到不同形式的运动方程。

- T 为标幺值，t 的单位是 s，ω 的单位是 rad/s

$$(2H/\omega_B)\frac{\mathrm{d}\omega}{\mathrm{d}t}=T_{au} \tag{2-59}$$

若 ω 是以°/s 单位给出，那么它应该乘以（π/180），从而运动方程变为

$$\frac{H}{180f_B}\frac{\mathrm{d}\omega}{\mathrm{d}t}=T_{au} \tag{2-60}$$

- T 和 t 都是标幺值，ω 的单位是 rad/s

$$2H\frac{\mathrm{d}\omega}{\mathrm{d}t_u}=T_{au} \tag{2-61}$$

若 ω 以°/s 为单位给出，那么运动方程的形式为

$$\frac{\pi H}{90}\frac{\mathrm{d}\omega}{\mathrm{d}t_u}=T_{au} \tag{2-62}$$

- T、t 和 ω 都是标幺值

$$2H\omega_B\frac{\mathrm{d}\omega_B}{\mathrm{d}t_u}=T_{au} \tag{2-63}$$

2.6　同步电机等效电路

同步电机可以表示为两个等效电路：一个与 d 轴对应，另一个与 q 轴对应。在平衡条件下，忽略标幺化后的磁链 Ψ_o，则式（2-20）可以改写为

$$\left.\begin{aligned}\psi_d&=[(L_d-l_a)+l_a]i_d+kM_fi_f+kM_{kd}i_{kd}\\\psi_f&=kM_fi_d+[(L_f-l_f)+l_f]i_f+L_{fkd}i_{kd}\\\psi_{kd}&=kM_{kd}i_{kd}+L_{fkd}i_f+[(L_{kd}-l_{kd})+l_{kd}]i_{kd}\end{aligned}\right\} \tag{2-64}$$

式中，l_a、l_f、l_{kd}分别是在 d 轴的耦合电路中电枢 d 电路、磁场电路 f 和阻尼电路 KD 的漏电感。

且有

$$\left.\begin{aligned}\psi_q&=[(L_q-l_a)+l_a]i_q+kM_{kq}i_{kq}\\\psi_{kq}&=kM_{kq}i_{kq}+[(L_{kq}-l_{kq})+l_{kq}]i_{kq}\end{aligned}\right\} \tag{2-65}$$

式中，l_a 和 l_{kq}分别是在 q 轴的耦合电路中电枢 q 电路和阻尼电路 KQ 的漏电感。

对于 d 轴：若 $i_f=i_{kd}=0$，d 轴磁链和其他电路相互耦合的值是（L_d-l_a）或者 $L_{md}i_d$。在这种情况下，在 f 和 KD 绕组的磁链分别由 $\Psi_f=kM_fi_d$ 和 $\Psi_{kd}=kM_{kd}i_d$ 给出。

基准转子电流的选择是基于提供相等的交互磁通，且 $L_{md}i_d$、Ψ_f和 Ψ_{kd}的标幺值都必须相等。因此有

$$L_d-l_a=kM_f=kM_{kd}=L_{md}\ \mathrm{pu} \tag{2-66}$$

可以证明：

$$L_d-l_a=L_f-l_f=L_{kd}-l_{kd}=kM_f=kM_{kd}\triangleq L_{md}\ \mathrm{pu} \tag{2-67}$$

减去每个电路的漏磁链标幺值的结果等于所有其他耦合电路的剩余磁链。由此可得

$$\psi_d-l_ai_d=\psi_f-l_fi_f=\psi_{kd}-l_{kd}i_{kd}\triangleq\psi_{Ad}\ \mathrm{pu} \tag{2-68}$$

而 d 轴交互磁链 Ψ_{Ad}表示为

$$\psi_{Ad}=(L_d-l_a)i_d+kM_fi_f+kM_{kd}i_{kd}=L_{md}(i_d+i_f+i_{kd}) \tag{2-69}$$

从式（2-30）和式（2-64），电压方程为

$$\begin{aligned}v_d&=-\dot{\psi}_d-\omega\psi_q-R_ai_d\\&=-l_api_d-\{L_{md}pi_d+kM_fpi_f+kM_{kd}pi_{kd}\}-R_ai_a-\omega\psi_q\end{aligned}$$

所以有

$$v_d=-l_api_d-L_{md}(pi_d+pi_f+pi_{kd})-R_ai_a-\omega\psi_q \tag{2-70}$$

类似的有

$$-v_f=-l_fpi_f-L_{md}(pi_d+pi_f+pi_{kd})-R_fi_f \tag{2-71}$$

$$v_{kd}=0=-l_{kd}pi_{kd}-L_{md}(pi_d+pi_f+pi_{kd})-R_{kd}i_{kd} \tag{2-72}$$

运用建立变压器等效电路的方法，根据表达式（2-66）~式（2-69）的关系，并满足式（2-70）~式（2-72）的电压方程，d 轴等效电路如图 2-4 所示。d 轴电路（D、F 和 KD）通过流过电流 i_d、i_f和 i_{kd}的共同磁化电感 $L_{md}=(L_d-l_a)$ 耦合。等效电路包括一个控制电压源 $\omega\Psi_q$。

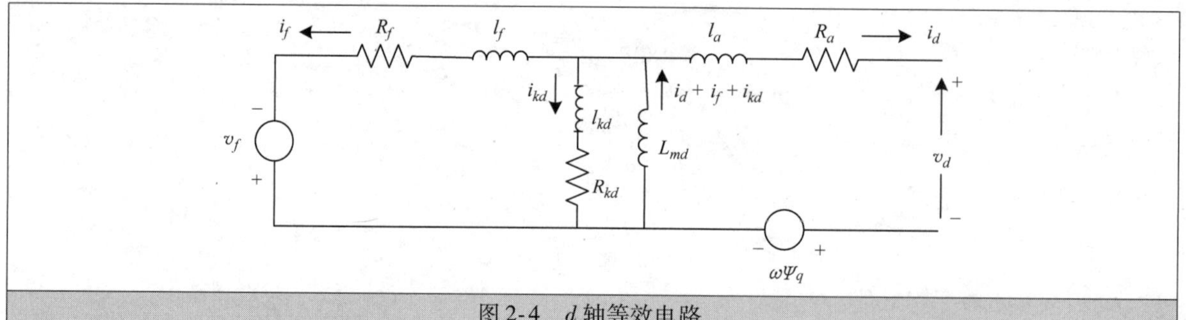

图 2-4　d 轴等效电路

对于 q 轴，使用上述所示方法，q 轴交互磁链标幺值 Ψ_{aq} 和电压方程可以写成如下形式

$$\psi_{Aq}=L_{mq}i_q+kM_{kq}i_{kq}=L_{mq}(i_q+i_{kq}) \tag{2-73}$$

$$v_q=-l_a pi_q-L_{mq}(pi_q+pi_{kq})-R_a i_q+\omega\psi_d \tag{2-74}$$

$$v_{kq}=0=-k_{kq}pi_{kq}-L_{mq}(pi_q+pi_{kq})-R_{kq}i_{kq} \tag{2-75}$$

式中，L_{mq}定义为

$$L_{mq}=L_q-l_a=L_{kq}-l_{kq}=kM_{kq}\ \text{pu}$$

满足这些关系式的 q 轴等效电路如图 2-5 所示。值得注意的是，它包括一个控制电压源 $\omega\Psi_d$。

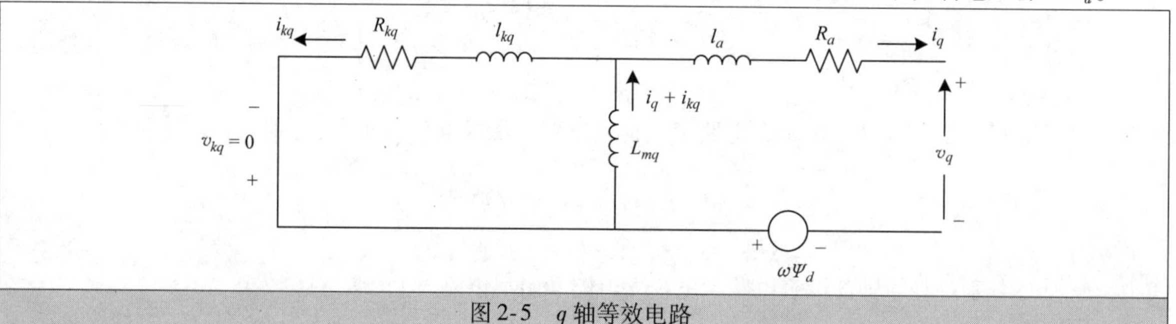

图 2-5　q 轴等效电路

2.7　磁链状态空间模型

2.7.1　未饱和模型 ★★★

2.6 节中的关系可以用于建立一个基于选择 Ψ_d、Ψ_f、Ψ_{kd}、Ψ_{kq} 和 Ψ_q 作为状态变量的选择性状态空间模型。

从式（2-68）可知，d 轴的电流可以表示为

$$i_d=\frac{1}{l_a}(\Psi_d-\Psi_{Ad}),\ i_f=\frac{1}{l_f}(\Psi_f-\Psi_{Ad}),\ i_{kd}=\frac{1}{l_{kd}}(\Psi_{kd}-\Psi_{Ad}) \tag{2-76}$$

将式（2-69）中 $\Psi_{Ad}=L_{md}(i_d+i_f+i_{kd})$ 代入式（2-76）中得到

$$\Psi_{Ad}\left(\frac{1}{L_{md}}+\frac{1}{l_a}+\frac{1}{l_f}+\frac{1}{l_{kd}}\right)=\frac{\Psi_d}{l_a}+\frac{\Psi_f}{l_f}+\frac{\Psi_{kd}}{l_{kd}} \tag{2-77}$$

若 L_{Md}定义为

$$\frac{1}{L_{Md}}\triangleq\frac{1}{L_{md}}+\frac{1}{l_a}+\frac{1}{l_f}+\frac{1}{l_{kd}}$$

于是有

$$\Psi_{Ad}=\frac{L_{Md}}{l_a}\Psi_d+\frac{L_{Md}}{l_f}\Psi_f+\frac{L_{Md}}{l_{kd}}\Psi_{kd} \tag{2-78}$$

类似地，可以发现

$$\Psi_{Aq}=\frac{L_{Mq}}{l_a}\Psi_q+\frac{L_{Mq}}{l_{kq}}\Psi_{kq} \tag{2-79}$$

式中，L_{Mq}定义为

$$\frac{1}{L_{Mq}} \triangleq \frac{1}{L_{mq}} + \frac{1}{l_a} + \frac{1}{l_{kq}} \tag{2-80}$$

且有 q 轴电流表示如下：

$$i_q = \frac{1}{l_a}(\Psi_q - \Psi_{Aq}),\ i_{kq} = \frac{1}{l_{kq}}(\Psi_{kq} - \Psi_{Aq}) \tag{2-81}$$

式（2-76）和式（2-81）可以改写成如下矩阵形式：

$$\begin{bmatrix} i_d \\ i_f \\ i_{kd} \\ i_q \\ i_{kq} \end{bmatrix} = \begin{bmatrix} \frac{1}{l_a} & 0 & 0 & -\frac{1}{l_d} & 0 & 0 & 0 \\ 0 & \frac{1}{l_f} & 0 & -\frac{1}{l_f} & 0 & 0 & 0 \\ 0 & 0 & \frac{1}{l_{kd}} & -\frac{1}{l_{kd}} & 0 & 0 & 0 \\ 0 & 0 & 0 & 0 & \frac{1}{l_a} & 0 & -\frac{1}{l_q} \\ 0 & 0 & 0 & 0 & 0 & \frac{1}{l_{kq}} & -\frac{1}{l_{kq}} \end{bmatrix} \begin{bmatrix} \Psi_d \\ \Psi_f \\ \Psi_{kd} \\ \Psi_{Ad} \\ \Psi_q \\ \Psi_{kq} \\ \Psi_{Aq} \end{bmatrix} \tag{2-82}$$

将式（2-82）中的电流代入式（2-30）中的电压方程可得到磁链展开式如下：

$$\left.\begin{aligned} \dot{\Psi}_d &= -\frac{R_a}{l_a}\Psi_d + \frac{R_a}{l_a}\Psi_{Ad} - \omega\Psi_q - v_d \\ \dot{\Psi}_f &= -\frac{R_f}{l_f}\Psi_f + \frac{R_f}{l_f}\Psi_{Ad} - (-v_d) \\ \dot{\Psi}_{kd} &= -\frac{R_{kd}}{l_{kd}}\Psi_{kd} + \frac{R_{kd}}{l_{kd}}\Psi_{Ad} \\ \dot{\Psi}_q &= -\frac{R_a}{l_a}\Psi_q + \frac{R_a}{l_a}\Psi_{Aq} - \omega\Psi_d - v_q \\ \dot{\Psi}_{kq} &= -\frac{R_{kq}}{l_{kq}}\Psi_g + \frac{R_{kq}}{l_{kq}}\Psi_{Aq} \end{aligned}\right\} \tag{2-83}$$

将式（2-82）中的电流代入式（2-49）中，其中电磁转矩 $T_e = i_q\Psi_d - i_d\Psi_q$，可以得到

$$T_e = -\Psi_q\left(\frac{\Psi_d - \Psi_{Ad}}{l_a}\right) + \Psi_d\left(\frac{\Psi_q - \Psi_{Aq}}{l_a}\right)$$

所以有

$$T_e = -\frac{1}{l_a}\Psi_d\Psi_{Aq} + \frac{1}{l_a}\Psi_q\Psi_{Ad} + \left(\frac{1}{l_a} - \frac{1}{l_a}\right)\Psi_d\Psi_q \tag{2-84}$$

考虑电磁转矩、时间和角速度标幺值，运动方程（2-5.2 节）为

$$(2H\omega_B)\frac{\mathrm{d}\omega_u}{\mathrm{d}t_u} = T_{au} \tag{2-85}$$

将式（2-73）代入式（2-74）中，并忽略阻尼系数可以得到 $\dot{\omega}$

$$\dot{\omega} = \frac{1}{2H\omega_B}\left[T_m - \frac{\Psi_{Ad}}{l_a}\Psi_q + \frac{\Psi_{Aq}}{l_a}\Psi_d\right] \tag{2-86}$$

若考虑阻尼，则 $(-D/2H\omega_B)\omega$ 项应该加入至方程中。

电磁转矩角方程的标幺值形式可以由下式得到

$$\dot{\delta} = \omega - 1 \tag{2-87}$$

因此，式（2-83）、式（2-86）和式（2-87）都是状态空间方程的形式：$x' = f(x, u, t)$，其中 x 表示状态变量，$x = [\Psi_d, \Psi_f, \Psi_{kd}, \Psi_q, \Psi_{kq}, \omega, \delta]$，$u$ 表示强制函数，$u = [v_d, v_q, v_f]$，t 表示 T_m。Ψ_{Ad}和Ψ_{Aq}可以由式（2-67）和式(2-68)计算得到。值得注意的是，因为 Ψ_{Ad}和 Ψ_{Aq}受饱和的影响，这种方程形式对于考虑饱和的分析也适用。

若忽略饱和，L_{md}和L_{mq}是常数。这意味着L_{Md}和L_{Mq}也是常数。因此，磁化磁链Ψ_{Ad}、Ψ_{Aq}状态变量式（2-78）和式（2-79）的关系是常数，电机方程中可以忽略该关系。将式（2-78）中给出的Ψ_{Ad}的值代入式（2-76）中，d轴电流可以改写为

$$\left.\begin{aligned} i_d &= \left(1-\frac{L_{Md}}{l_a}\right)\frac{\Psi_d}{l_a}-\frac{L_{Md}}{l_a}\frac{\Psi_f}{l_f}-\frac{L_{Md}}{l_a}\frac{\Psi_{kd}}{l_{kd}} \\ i_f &= -\frac{L_{Md}}{l_f}\frac{\Psi_d}{l_a}+\left(1-\frac{L_{Md}}{l_f}\right)\frac{\Psi_f}{l_f}-\frac{L_{Md}}{l_f}\frac{\Psi_{kd}}{l_{kd}} \\ i_{kd} &= -\frac{L_{Md}}{l_{kd}}\frac{\Psi_d}{l_a}-\frac{L_{Md}}{l_{kd}}\frac{\Psi_d}{l_f}+\left(1-\frac{L_{Md}}{l_{kd}}\right)\frac{\Psi_{kd}}{l_{kd}} \end{aligned}\right\} \tag{2-88}$$

式（2-79）和式（2-85）通过相同的步骤得到q轴电流，并将d轴和q轴上所有的电流代入电压方程（2-30）中，可以得到

$$\left.\begin{aligned} \dot{\Psi}_d &= -R_a\left(1-\frac{L_{Md}}{l_a}\right)\frac{\Psi_d}{l_a}+R_a\frac{L_{Md}}{l_a}\frac{\Psi_f}{l_f}+R_a\frac{L_{Md}}{l_a}\frac{\Psi_{kd}}{l_{kd}}-\omega\Psi_q-v_d \\ \dot{\Psi}_f &= R_f\frac{L_{Md}}{l_f}\frac{\Psi_d}{l_a}-R_f\left(1-\frac{L_{Md}}{l_f}\right)\frac{\Psi_f}{l_f}+R_f\frac{L_{Md}}{l_f}\frac{\Psi_{kd}}{l_{kd}}+v_f \\ \dot{\Psi}_{kd} &= R_{kd}\frac{L_{Md}}{l_{kd}}\frac{\Psi_d}{l_a}+R_{kd}\frac{L_{Md}}{l_{kd}}\frac{\Psi_f}{l_f}R_f\left(1-\frac{L_{Md}}{l_{kd}}\right)\frac{\Psi_{kd}}{l_{kd}} \\ \dot{\Psi}_q &= R_a\left(1-\frac{L_{Mq}}{l_a}\right)\frac{\Psi_q}{l_a}+R_a\frac{L_{Mq}}{l_a}\frac{\Psi_{kq}}{l_{kq}}-\omega\Psi_q-v_q \\ \dot{\Psi}_{kq} &= R_{kq}\frac{L_{Mq}}{l_{kq}}\frac{\Psi_q}{l_a}-R_{kq}\left(1-\frac{L_{Mq}}{l_{kq}}\right)\frac{\Psi_{kq}}{l_{kq}} \end{aligned}\right\} \tag{2-89}$$

由式（2-78）、式（2-79）和式（2-84）可以得到电磁转矩

$$T_e = \Psi_d\Psi_q\left(\frac{\Psi_{Md}-\Psi_{Mq}}{l_a^2}\right)-\Psi_d\Psi_{kq}\frac{L_{Mq}}{l_al_{kq}}+\Psi_q\Psi_f\frac{L_{Md}}{l_al_f}+\Psi_q\Psi_{kd}\frac{L_{Md}}{l_al_{kd}} \tag{2-90}$$

将式（2-90）代入式（2-85）得到

$$\dot{\omega} = \frac{1}{2H\omega_B}\left\{-\left[\Psi_d\Psi_q\left(\frac{L_{Md}-L_{mq}}{l_a^2}\right)-\Psi_d\Psi_{kq}\frac{L_{Mq}}{l_al_{kq}}+\Psi_q\Psi_f\frac{L_{Md}}{l_al_f}+\Psi_a\Psi_{kd}\frac{L_{Md}}{l_al_{kd}}\right]\right\} \tag{2-91}$$

再次标幺化后的电磁转矩角方程可以写为

$$\dot{\delta} = \omega - 1 \tag{2-92}$$

因此，式（2-89）、式（2-91）和式（2-92）组成了状态空间模型，该模型以v_d和v_q的形式描述系统，v_d和v_q是由外部负荷决定电流的函数形式。矩阵形式的状态空间模型可以写成

$$\begin{bmatrix}\dot{\Psi}_d\\ \dot{\Psi}_f\\ \dot{\Psi}_{kd}\\ \dot{\Psi}_q\\ \dot{\Psi}_{kq}\\ \dot{\omega}\\ \dot{\delta}\end{bmatrix} = \begin{bmatrix} -\frac{R_a}{l_a}\left(1-\frac{L_{Md}}{l_a}\right) & \frac{R_a}{l_a}\frac{L_{Md}}{l_f} & \frac{R_a}{l_a}\frac{L_{Md}}{l_{kd}} & -\omega & 0 & 0 & 0 \\ \frac{R_f}{l_f}\frac{L_{Md}}{l_a} & -\frac{R_f}{l_f}\left(1-\frac{L_{Md}}{l_f}\right) & \frac{R_f}{l_f}\frac{L_{Md}}{l_a} & 0 & 0 & 0 & 0 \\ \frac{R_{kd}}{l_{kd}}\frac{L_{Md}}{l_a} & \frac{R_{kd}}{l_{kd}}\frac{L_{Md}}{l_f} & -\frac{R_a}{l_a}\left(1-\frac{L_{Mq}}{l_a}\right) & 0 & 0 & 0 & 0 \\ \omega & 0 & 0 & -\frac{R_a}{l_a}\left(1-\frac{L_{Mq}}{l_a}\right) & \frac{R_a}{l_q}\frac{L_{Mq}}{l_{kq}} & 0 & 0 \\ 0 & 0 & 0 & \frac{R_{kq}}{l_{kq}}\frac{L_{Mq}}{l_a} & -\frac{R_{kq}}{l_{kq}}\left(1-\frac{L_{Mq}}{l_{kq}}\right) & 0 & 0 \\ -\frac{L_{Md}}{2H\omega_Bl_a^2} & -\frac{L_{Md}}{2H\omega_Bl_al_f}\Psi_q & -\frac{L_{Md}}{2H\omega_Bl_al_{kd}}\Psi_q & \frac{L_{Mq}}{2H\omega_Bl_a^2}\Psi_d & \frac{L_{Mq}}{2H\omega_Bl_al_{kq}}\Psi_d & -D & 0 \\ 0 & 0 & 0 & 0 & 0 & 1 & 0 \end{bmatrix}$$

$$\times\begin{bmatrix}\Psi_d\\ \Psi_f\\ \Psi_{kd}\\ \Psi_q\\ \Psi_{kq}\\ \omega\\ \delta\end{bmatrix}+\begin{bmatrix}-v_d\\ v_f\\ 0\\ -v_q\\ 0\\ \dfrac{T_m}{2H\omega_B}\\ -1\end{bmatrix} \tag{2-93}$$

式中，$D=D/(2H\omega_B)$。

【例2-3】 磁链模型式（2-93）的系数矩阵与例2-1和例2-2一致。惯性常数$H=3.5\text{s}$，$\omega_o=3600\text{r/min}$，且忽略阻尼系数。

解：

$$l_f=L_f-kM_f=2.73-1.66=1.07,\ l_{kd}=L_d-kM_{kd}=1.81-1.66=0.15$$

$$l_{md}=kM_{kd}=kM_f=1.66,\ l_{kq}=L_q-kM_{kq}=1.76-1.59=0.17$$

$$l_{kq}=L_q-l_a=1.76-0.15=1.61$$

$$\frac{1}{L_{Md}}=\frac{1}{L_{md}}+\frac{1}{l_a}+\frac{1}{l_f}+\frac{1}{l_{kd}}=\frac{1}{1.66}+\frac{1}{0.15}+\frac{1}{1.07}+\frac{1}{0.15}=14.87$$

$$L_{Md}=0.067$$

$$\frac{1}{L_{Mq}}=\frac{1}{L_{mq}}+\frac{1}{l_a}+\frac{1}{l_{kq}}=\frac{1}{1.61}+\frac{1}{0.15}+\frac{1}{0.17}=13.17$$

$$L_{Mq}=0.076$$

$$\frac{R_a}{l_d}\left(1-\frac{L_{Md}}{l_a}\right)=\frac{2.99}{0.15}\times10^{-3}\left(1-\frac{0.067}{0.15}\right)=10.69\times10^{-3}$$

$$\frac{R_a}{l_a}\frac{L_{Md}}{l_f}=19.93\times10^{-3}\times0.0626=1.25\times10^{-3}$$

$$\frac{R_a}{l_a}\frac{L_{Md}}{l_{kd}}=19.93\times10^{-3}\times0.45=8.90\times10^{-3}$$

$$\frac{R_f}{l_f}\frac{L_{Md}}{l_a}=(0.898\times10^{-3}\times0.067)/(1.07\times0.15)=0.375\times10^{-3}$$

$$\frac{R_f}{l_f}\left(1-\frac{L_{Md}}{l_f}\right)=0.786\times10^{-3}$$

$$\frac{R_f}{l_f}\frac{L_{Md}}{l_{kd}}=0.375\times10^{-3}$$

$$\frac{R_{kd}}{l_{kd}}\frac{L_{Md}}{l_a}=(28.4\times10^{-3}\times0.067)/(0.15\times0.15)=84.57\times10^{-3}$$

$$\frac{R_{kd}}{l_{kd}}\frac{L_{Md}}{l_f}=(28.4\times10^{-3}\times0.067)/(0.15\times1.07)=11.86\times10^{-3}$$

$$\frac{R_{kd}}{l_{kd}}\left(1-\frac{L_{Md}}{l_{kd}}\right)=104.13\times10^{-3}$$

$$\frac{R_a}{l_a}\left(1-\frac{L_{Mq}}{l_a}\right)=9.827\times10^{-3}$$

$$\frac{R_a}{l_a}\frac{L_{Mq}}{l_{kq}}=8.911\times10^{-3},\ \frac{R_{kq}}{l_{kq}}\frac{L_{Mq}}{l_a}=18.45\times10^{-3}$$

$$\frac{R_{kq}}{l_{lq}}\left(1-\frac{L_{Mq}}{l_{kq}}\right)=20.135\times10^{-3}$$

$$\frac{L_{Md}}{2H\omega_B l_a^2}=1.13\times10^{-3},\ \frac{L_{Md}}{2H\omega_B l_a l_f}=0.158\times10^{-3}$$

$$\frac{L_{Md}}{2H\omega_B l_a l_{kd}}=1.132\times10^{-3},\ \frac{L_{Mq}}{2H\omega_B l_a^2}=1.283\times10^{-3}$$

$$\frac{L_{Mq}}{2H\omega_B l_a l_{kq}}=1.132\times10^{-3}$$

$\omega=2\pi\ \dfrac{P}{2}\dfrac{\text{r/min}}{60}=120\pi=\omega_B$ 且有 ω 的标幺值等于1。

因此，系数矩阵为

$$\begin{bmatrix} -10.96 & 1.25 & 8.9 & -1 & 0 & 0 & 0 \\ 0.375 & -0.786 & 0.375 & 0 & 0 & 0 & 0 \\ 84.57 & 11.86 & -104.13 & 0 & 0 & 0 & 0 \\ 1 & 0 & 0 & -9.827 & 8.911 & 0 & 0 \\ 0 & 0 & 0 & 18.45 & -20.135 & 0 & 0 \\ -1.13\Psi_q & -0.158\Psi_q & -1.132\Psi_q & 1.283\Psi_d & 1.132\Psi_d & 0 & 0 \\ 0 & 0 & 0 & 0 & 0 & 1 & 0 \end{bmatrix}\times10^{-3}$$

2.7.2 饱和模型 ★★★

同步电机的定子和转子含有铁磁材料，因此它们会出现磁饱和状态。式(2-83)~式(2-87)组成了在考虑饱和影响情况下使用的磁链状态空间模型。这意味着电机互感 L_{md} 和 L_{mq} 不是常数，由磁化磁链 Ψ_{Ad} 和 Ψ_{Aq} 的值决定，而 Ψ_{Ad} 和 Ψ_{Aq} 的值是具有非线性特征的。因此，应该在饱和情况下修正 L_{md} 和 L_{mq}。具体的饱和分析在参数辨识方面会遇到一些问题，需要采用限定的元素分析方法[5-7][8]。

饱和电机建模的几种方法已经列出，比如①将饱和函数展现为一个反正切函数，该函数以饱和特征[9,10]的初始常数斜率和最终常数斜率的形式表示。②通过多项式系列或③将饱和函数特征合并为一个查表函数。其他的方法如介绍了将转子等效电路替换为任意线性网络的电机模型，以省去等效电路的参数辨识过程[11-13]，或定义一个中间轴饱和特征[14]。参考文献[15]阐述了一项用于稳定分析的饱和模型的对比研究。它认为在每一个求解步骤修正电感值的复杂工作并不是特别重要，特别是对于大规模系统研究。

很多文献研究中大多考虑电机中的互感 L_{md} 和 L_{mq} 受饱和影响，并将两者修改为 L_{mds} 和 L_{mqs}。下标 s 表示饱和。L_{mds} 和 L_{mqs} 表示为

$$L_{mds}=S_dL_{md}\text{ 和 }L_{mqs}=S_qL_{mq}\tag{2-94}$$

式中，S_d 和 S_q 是由通量级决定的非线性因子。

在实验层面，忽略 q 轴的饱和，这对于计算包含凸极电机的电力系统暂态稳定也已经是足够准确的。因此，对于凸极电机，$S_q=1$ 且 S_d 是 Ψ_{Ad} 的函数；对于隐极电机，$S_d=S_q$ 且是 Ψ_{Ad} 和 Ψ_{Aq} 的函数。因而对于凸极电机

$$L_{mds}=S_dL_{md},\ L_{mqs}=L_{mq}\text{ 和 }S_d=f(\Psi_{Ad})\tag{2-95}$$

对于隐极转子电机

$$L_{Ads}=S_dL_{Ad},\ L_{Adqs}=S_qL_{Aq},\ S_d=S_q=f(\Psi)\text{ 且 }\Psi=\sqrt{\Psi_{Ad}^2+\Psi_{Aq}^2}\tag{2-96}$$

S_d 通常来源于电机的饱和曲线（见图2-6），表示磁链 Ψ_{Ad} 和磁化电流 i_{sum} 的关系，i_{sum} 是式（2-69）中 $i_d+i_f+i_{kd}$ 电流的和。

虽然两个区域的斜率和截距不同，这个关系在未饱和与高度饱和情况下都是线性的。因此，这个特征量的斜率最初为常数，在经过一个暂态过程最终又变为常数。

对于给定一个 Ψ_{Ad}值，未饱和磁化电流 $i_{(sum)o}$ 与 L_{mdo}相关，而磁化电流饱和值是 $i_{(sum)s}$。饱和因子 S_d是磁化电流的函数，即也是 Ψ_{Ad}的函数。所以，未饱和电感 L_{md}可以写为

$$L_{md}=\frac{A_3A_4}{OA_4}\text{且有饱和电感值 }L_{mds}=\frac{A_2A_4}{OA_4}$$

于是有

$$L_{mds}=L_{md}\frac{A_2A_4}{A_3A_4}=S_dL_{md}$$

式中，

$$S_d=\frac{A_2A_4}{A_3A_4}=\frac{i_{(sum)o}}{i_{(sum)s}} \tag{2-97}$$

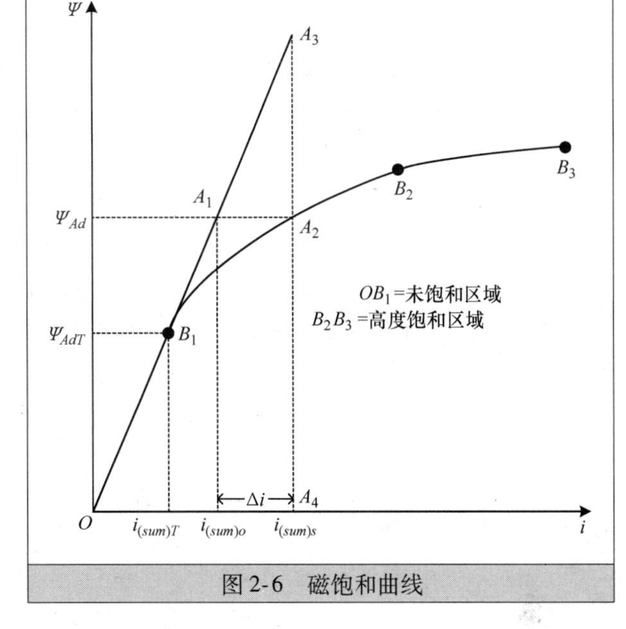

图 2-6　磁饱和曲线

未饱和磁化电流 $i_{(sum)o}$加上电流增量 Δi 可以计算出 $i_{(sum)s}$的值。因此，当磁链在饱和区域时（图 2-6 中 $\boldsymbol{B}_1\boldsymbol{B}_2$）应该先计算 Δi，它可以通过运用近似关系得到

$$\Delta i=A_s\exp[B_s(\Psi_{Ad}-\Psi_{AdT})]\text{ 和 }\Psi_{Ad}>\Psi_{AdT} \tag{2-98}$$

式中，A_s和 B_s是常数，并由电机的饱和曲线决定。Ψ_{AdT}是从初始常数斜率区域到饱和区域的过渡点处的磁链。于是在给定 Ψ_{Ad}时，可以计算出 $i_{(sum)s}$

$$i_{(sum)s}=i_{(sum)o}+\Delta i \tag{2-99}$$

据此，S_d由式（2-97）决定。当满足 $\Psi_{Ad}S_d=L_{Ad}i_{(sum)s}$时，解由迭代过程求出。

2.8　电流状态空间模型

若用矩阵符号表示，式（2-53）可以写成

$$\boldsymbol{v}=-\boldsymbol{B}_1\boldsymbol{i}-\boldsymbol{B}_2\frac{\mathrm{d}i}{\mathrm{d}t} \tag{2-100}$$

式中，两个矩阵 $\boldsymbol{B}_1$和 $\boldsymbol{B}_2$分别为

$$\boldsymbol{B}_1=\begin{bmatrix} R_a & 0 & 0 & \omega L_q & \omega kM_{kq}\\ 0 & R_f & 0 & 0 & 0\\ 0 & 0 & R_h & 0 & 0\\ -\omega L_d & -\omega kM_f & -\omega kM_{kd} & R_a & 0\\ 0 & 0 & 0 & 0 & R_{kq}\end{bmatrix}$$

$$\boldsymbol{B}_2=\begin{bmatrix} L_d & kM_f & kM_{kd} & 0 & 0\\ kM_f & L_f & L_{fkd} & 0 & 0\\ kM_{kd} & L_{fkd} & L_{kd} & 0 & 0\\ 0 & 0 & 0 & L_q & kM_{kq}\\ 0 & 0 & 0 & kM_{kq} & l_{kq}\end{bmatrix}$$

因此

$$\frac{\mathrm{d}i}{\mathrm{d}t}=-\boldsymbol{B}_2^{-1}\boldsymbol{B}_1\boldsymbol{i}-\boldsymbol{B}_2^{-1}\boldsymbol{v} \tag{2-101}$$

结合式（2-85）并考虑 T_d项，可以得到

$$(2H\omega_B)\dot{\omega} = T_a = T_m - T_e - T_d$$

式中，$\Psi_e = L_q i_d - i_d \Psi_q$，如式（2-49）。

$\Psi_d = L_d i_d - kM_f i_f + kM_{kd} i_{kd}$，$\Psi_q = L_q i_q + kM_{kq} i_{kq}$，如式（2-20），且有 $T_d = D\omega$

所以有

$$\dot{\omega} = \frac{1}{2H\omega_B}(T_m - D\omega) - \frac{1}{2H\omega_B}[i_q(L_d i_d + kM_f i_f) - i_d(L_q i_q + kM_{kq} i_{kq})] \tag{2-102}$$

且

$$\dot{\delta} = \omega - 1 \tag{2-103}$$

联立式（2-101）~式（2-103），电流状态空间模型可以写为

$$\begin{bmatrix} pi_d \\ pi_f \\ pi_{kd} \\ pi_q \\ pi_{kq} \\ \dot{\omega} \\ \dot{\delta} \end{bmatrix} = \left[\begin{array}{ccccc|cc} \multicolumn{5}{c|}{-\boldsymbol{B}_2^{-1}\boldsymbol{B}_1} & \multicolumn{2}{c}{\boldsymbol{0}} \\ \hline -\frac{L_d i_q}{2H\omega_B} & -\frac{kM_f i_q}{2H\omega_B} & -\frac{kM_{kd} i_q}{2H\omega_B} & \frac{L_q i_d}{2H\omega_B} & \frac{kM_{kq} i_d}{2H\omega_B} & -\frac{D}{2H\omega_B} & 0 \\ 0 & 0 & 0 & 0 & 0 & 1 & 0 \end{array}\right] \begin{bmatrix} i_d \\ i_f \\ i_{kd} \\ i_q \\ i_{kq} \\ \omega \\ \delta \end{bmatrix} + \begin{bmatrix} \boldsymbol{B}_1^{-1}\boldsymbol{v} \\ \frac{T_m}{2H\omega_B} \\ -1 \end{bmatrix} \tag{2-104}$$

【例2-4】 参考例2-2，得出电流状态空间模型。

解：

式（2-104）表示了电流状态空间模型。矩阵 $\boldsymbol{B}_1$、$\boldsymbol{B}_2$、$\boldsymbol{B}_2^{-1}\boldsymbol{B}_2^{-1}\boldsymbol{B}_1$在例2-2中计算过。因此，计算式（2-104）中的最后两行可以得出如下电流状态空间模型：

$$\frac{L_d i_q}{2H\omega_B} = 0.688\times10^{-3} i_q \quad \frac{kM_f i_q}{2H\omega_B} = 0.631\times10^{-3} i_q$$

$$\frac{kM_{kd} i_q}{2H\omega_B} = 0.631\times10^{-3} i_q \quad \frac{L_q i_d}{2H\omega_B} = 0.669\times10^{-3} i_d$$

$$\frac{kM_{kq} i_d}{2H\omega_B} = 0.604\times10^{-3} i_d$$

所以，电流状态空间模型如下：

$$\begin{bmatrix} pi_d \\ pi_f \\ pi_{kd} \\ pi_q \\ pi_{kq} \\ \dot{\omega} \\ \dot{\delta} \end{bmatrix} = 10^{-3}\left[\begin{array}{ccccc|cc} \multicolumn{5}{c|}{-\boldsymbol{B}_2^{-1}\boldsymbol{B}_1} & \multicolumn{2}{c}{\boldsymbol{0}} \\ \hline -0.688 i_q & -0.631 i_q & -0.631 i_q & 0.669 i_d & 0.604 i_d & 0 & 0 \\ 0 & 0 & 0 & 0 & 0 & 1 & 0 \end{array}\right] \begin{bmatrix} i_d \\ i_f \\ i_{kd} \\ i_q \\ i_{kq} \\ \omega \\ \delta \end{bmatrix} + \begin{bmatrix} \boldsymbol{B}_1^{-1}\boldsymbol{v} \\ 0.38\times10^{-3} T_m \\ -1 \end{bmatrix}$$

参考文献

1. Anderson P.M., Fouad A.A. *Power System Control and Stability*. 2nd edn. United States: IEEE – John Wiley & Sons, Inc.; 2003
2. Kundur P. *Power System Stability and Control*. United States: McGraw-Hill, Inc.; 1994
3. Park R.H. 'Two reaction theory of synchronous machine, generalized method of analysis – Part I'. *Transactions on AIEE*. 1929;**48**(3):716–30
4. Padiar K.R. *Power System Dynamics Stability and Control*. 2nd edn. India: BS Publications; 2008
5. Keyhani A., Tsai H. 'Identification of high-order synchronous generator models from SSFR test data'. *IEEE Transactions on Energy Conversion*. 1994;**9**(3):593–603
6. Sanchez Gasca J.J., Bridenbaugh C.J., Bowler C.E.J., Edmonds J.S. 'Trajectory sensitivity based identification of synchronous generator and excitation system parameters'. *IEEE Transactions on Power Systems*. 1998;**3**(4):1814–22
7. Martinez J.A., Johnson B., Grande-Moran C. 'Parameter determination for modeling system transients-Part IV: Rotating machines'. *IEEE Transactions on Power Delivery*. 2005;**20**(3):2063–72
8. Minnich S.H., Schulz R.P., Baker D.H., Sharma D.K., Farmer R.G., Fish J.H. 'Saturation functions for synchronous generators from finite elements'. *IEEE Trans. Energy Conversion*. 1987;**2**(4):680–92
9. Corzine K.A., Kuhn B.T., Sudhoff S.D., Hegner H.J. 'An improved method for incorporating saturation in the Q-D synchronous machine model'. *IEEE Transactions on Energy Conversion*. 1998;**13**(3):270–5
10. Pekarek S.D., Walters E.A., Kuhn B.T. 'An efficient and accurate method of representing magnetic saturation in physical-variable models of synchronous machines'. *IEEE Transactions on Energy Conversion*. 1999;**14**(1):72–9
11. Aliprantis D.C., Sudhoff S.D., Kuhn B.T. 'A synchronous machine model and arbitrary rotor network representation'. *IEEE Transactions on Energy Conversion*. 2005;**20**(3):584–94
12. Aliprantis D.C., Sudhoff S.D., Kuhn B.T. 'Experimental characterization procedure for a synchronous machine model with saturation and arbitrary rotor network representation'. *IEEE Transactions on Energy Conversion*. 2005;**20**(3):595–603
13. Aliprantis D.C., Wasynczuk O., Valdez C.D.R. 'A voltage-behind-reactance synchronous machine model with saturation and arbitrary rotor network representation'. *IEEE Transactions on Energy Conversion*. 2008;**23**(2):499–508
14. El-Serafi A.M., Kar N.C. 'Methods for determining the intermediate-axis saturation characteristics of salient-pole synchronous machines from the measured D-axis characteristics'. *IEEE Transactions on Energy Conversion*. 2005;**20**(1):88–97
15. Harley R.J., Limebeer D.J., Chirricozzi E. 'Comparative study of saturation methods in synchronous machine models'. *IEE Proceedings*. 1980;**127**(1) Pt B:1–7

第 3 章 同步电机并网

如 2.7.1 节中所述，式（2-93）以一般化的形式构建了磁链状态空间模型：$\dot{x}=f(x, u, t)$，其中，x 定义为状态变量的向量 $=[\Psi_d, \Psi_f, \Psi_{kd}, \Psi_q, \Psi_{kq}, \omega, \delta]$，$u$ 定义为激励函数 v_d、v_q、v_f 和 T_m。同样的方法也应用于 2.8 节中的电流状态空间模型，并用式（2-104）表示，其中 x 定义为状态变量向量 $=[i_d, i_f, i_{kd}, i_q, i_{kq}, \omega, \delta]$。为了完整地描述电机，一定要知道激励函数。在 v_f 和 T_m 给定的情况下，v_d 和 v_q 两个函数一定要由加上模型方程的关系定义。这需要通过对其负载进行描述和建模，识别电机端的状态。负载建模将在后续章节中解释。负载是通过一个网络与电机连接的，这个网络可以是简单的单机无穷大母线或复杂的多机系统。

此外，电力系统中的每个同步电机都装有励磁控制系统，且其原动机是由调节控制系统控制。这些控制器决定了 v_f 和 T_m 的值，且也可能与本章的以基准量标幺化的电机方程有关（标幺值和标准系统见附录Ⅰ中Ⅰ.3 节）。这些特点在本章中将会说明。

3.1 同步电机与无穷大母线连接

图 3-1 展示了一个简单电力系统，即一台电机通过一根传输线和无穷大母线连接，以及它的单线等效电路，其中传输线由一个外阻抗、电阻 R_e 和电感 L_e 表示。忽略 a、b 和 c 相之间的相互耦合，并考虑发电机为正向惯例，三相中性电压可以表达为式（3-1）

$$\left.\begin{aligned} v_{ta} &= v_{a\infty} + R_e i_a + L_e p i_a \\ v_{tb} &= v_{b\infty} + R_e i_b + L_e p i_b \\ v_{tc} &= v_{c\infty} + R_e i_c + L_e p i_c \end{aligned}\right\} \tag{3-1}$$

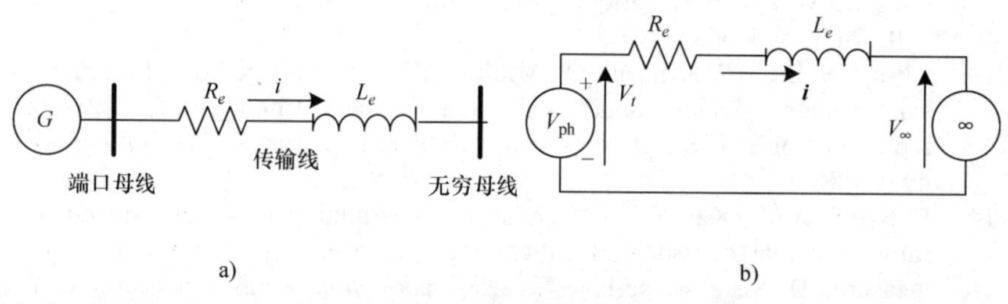

图 3-1 单机无穷大母线系统

a）单线图解 b）等效电路

以矩阵的形式表达，式（3-1）可以改写为

$$\begin{bmatrix} v_{ta} \\ v_{tb} \\ v_{tc} \end{bmatrix} = \begin{bmatrix} v_{a\infty} \\ v_{b\infty} \\ v_{c\infty} \end{bmatrix} + R_e \boldsymbol{U} \begin{bmatrix} pi_a \\ pi_b \\ pi_c \end{bmatrix} + L_e \boldsymbol{U} \begin{bmatrix} pi_a \\ pi_b \\ pi_c \end{bmatrix} \tag{3-2}$$

或者

$$\boldsymbol{v}_{abc} = \boldsymbol{v}_{abc\infty} + R_e \boldsymbol{U} \boldsymbol{i}_{abc} + L_e \boldsymbol{U} p \boldsymbol{i}_{abc} \tag{3-3}$$

式中，$\boldsymbol{U}$ 是一个单位矩阵。

运用派克变换可以得到 dqo 参考坐标下的电压表达式

$$\boldsymbol{v}_{dqo}=\boldsymbol{P}^{-1}\boldsymbol{v}_{abc}=\boldsymbol{v}_{dqo\infty}+R_e\boldsymbol{i}_{dqo}+L_e\boldsymbol{P}^{-1}\boldsymbol{i}_{abc} \tag{3-4}$$

$$\boldsymbol{v}_{dqo}=\boldsymbol{P}^{-1}\boldsymbol{v}_{abc},\ \boldsymbol{i}_{dqo}=\boldsymbol{P}^{-1}\boldsymbol{i}_{abc}$$

$\boldsymbol{v}_{abc\infty}$ 定义为一组平衡的三相电压。式（3-4）中右边的最后一项可以由以下式子决定：$\boldsymbol{i}_{dqo}=\boldsymbol{P}^{-1}\boldsymbol{i}_{abc}$，两边同时取导，可以得到

$$\frac{\boldsymbol{i}_{dqo}}{\mathrm{d}t}=\boldsymbol{P}^{-1}p\boldsymbol{i}_{abc}+\frac{\mathrm{d}\boldsymbol{P}^{-1}}{\mathrm{d}t}\boldsymbol{i}_{abc}$$

然后可得

$$\boldsymbol{P}^{-1}p\boldsymbol{i}_{abc}=p\boldsymbol{i}_{dqo}-\frac{\mathrm{d}\boldsymbol{P}^{-1}}{\mathrm{d}t}\boldsymbol{P}\boldsymbol{i}_{dqo} \tag{3-5}$$

通过在第 2 章 2.3 节中定义 $\boldsymbol{P}$ 且假定 $\theta=\omega_o t+\delta$，可以得出

$$\frac{\mathrm{d}\boldsymbol{P}^{-1}}{\mathrm{d}t}\boldsymbol{P}=\omega\begin{bmatrix}0 & -1 & 0\\ 1 & 0 & 0\\ 0 & 0 & 0\end{bmatrix} \tag{3-6}$$

将式（3-6）和式（3-5）代入式（3-4）中得到

$$\boldsymbol{v}_{dqo}=\boldsymbol{v}_{dqo\infty}+R_e\boldsymbol{i}_{dqo}+L_e\boldsymbol{P}^{-1}\boldsymbol{i}_{dqo}-\omega L_e\begin{bmatrix}-i_q\\ i_d\\ 0\end{bmatrix} \tag{3-7}$$

式中，$\boldsymbol{v}_{dqo\infty}$ 可以由 $\boldsymbol{v}_{abc\infty}$ 的形式如下确定：

$$\boldsymbol{v}_{dqo\infty}=\boldsymbol{P}^{-1}\sqrt{2}V_\infty\begin{bmatrix}\cos(\omega t+\alpha)\\ \cos(\omega t+\alpha-120°)\\ \cos(\omega t+\alpha+120°)\end{bmatrix}\qquad \text{且有 } V_\infty \text{ 是相电压的有效值} \tag{3-8}$$

将式（3-8）代入式（3-7）中得出

$$\boldsymbol{v}_{dqo}=\sqrt{3}V_\infty\begin{bmatrix}-\sin(\delta-\alpha)\\ \cos(\delta-\alpha)\\ 0\end{bmatrix}+R_e\boldsymbol{i}_{dqo}+L_e\frac{\mathrm{d}\boldsymbol{i}_{dqo}}{\mathrm{d}t}-\omega L_e\begin{bmatrix}-i_q\\ i_d\\ 0\end{bmatrix} \tag{3-9}$$

式（3-9）的一系列式子给出 v_d 和 v_q 的两个非线性关系，为了用磁链状态空间模型或者电流状态空间模型完全地描述电机，将这两个非线性关系加入电机方程中。对于对电机方程更感兴趣的读者，更多细节如考虑相互作用、交叉磁化和磁饱和等都在参考文献［1－5］中有讨论。

3.1.1 磁链状态空间模型 ★★★

从式（2-79）和式（2-81）以磁链形式表达的 i_q 可以写为

$$i_q=\frac{1}{l_q}\left(1-\frac{L_{Mq}}{l_q}\right)\Psi_q-\frac{L_{Mq}}{l_q l_{kq}}\Psi_{kq} \tag{3-10}$$

然后，由式（2-88）可以求出 i_d。将电流 i_d 和 i_q 代入式（3-9）的 $\boldsymbol{v}_d$ 和 $\boldsymbol{v}_q$ 的两个关系中，可以得出

$$\begin{aligned}\boldsymbol{v}_d=&-\sqrt{3}V_\infty\sin(\delta-\alpha)+\frac{R_e}{l_d}\left(1-\frac{L_{Md}}{l_a}\right)\Psi_d-\frac{R_eL_{Md}}{l_al_f}\Psi_f-\frac{R_eL_{Md}}{l_al_{kd}}\Psi_{kd}+\\&\frac{\omega L_e}{l_a}\left(1-\frac{L_{Mq}}{l_a}\right)\Psi_q-\frac{\omega L_eL_{Mq}}{l_al_f}\Psi_{kq}+\frac{L_e}{l_a}\left(1-\frac{L_{Md}}{l_a}\right)\Psi_d-\\&\frac{L_eL_{Md}}{l_al_f}\Psi_f-\frac{L_eL_{Md}}{l_al_{kd}}\Psi_{kd}\end{aligned} \tag{3-11}$$

$$\begin{aligned}\boldsymbol{v}_q=&-\sqrt{3}V_\infty\cos(\delta-\alpha)+\frac{R_e}{l_a}\left(1-\frac{L_{Mq}}{l_a}\right)\Psi_q-\frac{R_eL_{Mq}}{l_al_{kq}}\Psi_{kq}-\\&\frac{\omega L_e}{l_a}\left(1-\frac{L_{Md}}{l_a}\right)\Psi_d+\frac{\omega L_e}{l_al_f}\Psi_f+\frac{\omega L_e}{l_al_{kd}}\Psi_{kd}+\\&\frac{L_e}{l_a}\left(1-\frac{L_{Mq}}{l_a}\right)\Psi_q-\frac{L_eL_{Mq}}{l_al_{kq}}\Psi_{kq}\end{aligned} \tag{3-12}$$

将式（3-11）和式（3-12）中的v_d和v_q代入（2-93）得到如下形式的磁链状态空间模型

$$A\dot{x} = Bx + C \tag{3-13}$$

式（3-13）可以用通用的形式$\dot{\boldsymbol{x}} = \boldsymbol{f}(\boldsymbol{x}, \boldsymbol{u}, \boldsymbol{t})$表示

$$\dot{x} = A^{-1}Bx + A^{-1}C \tag{3-14}$$

式中，$x^t = [\boldsymbol{\Psi}_d, \boldsymbol{\Psi}_f, \boldsymbol{\Psi}_{kd}, \boldsymbol{\Psi}_q, \boldsymbol{\Psi}_{kq}, \omega, \delta]$

$$A = \begin{bmatrix} 1+\frac{L_e}{l_a}\left(1-\frac{L_{Md}}{l_a}\right) & -\frac{L_e L_{Md}}{l_a l_f} & -\frac{L_e L_{Md}}{l_a l_{kd}} & 0 & 0 & 0 & 0 \\ 0 & 1 & 0 & 0 & 0 & 0 & 0 \\ 0 & 0 & 1 & 0 & 0 & 0 & 0 \\ 0 & 0 & 0 & 1+\frac{L_e}{l_a}\left(1-\frac{L_{Mq}}{l_q}\right) & -\frac{L_e L_{Mq}}{l_a l_{kq}} & 0 & 0 \\ 0 & 0 & 0 & 0 & 1 & 0 & 0 \\ 0 & 0 & 0 & 0 & 0 & 1 & 0 \\ 0 & 0 & 0 & 0 & 0 & 0 & 1 \end{bmatrix}$$

$$B = \begin{bmatrix} \frac{\bar{R}}{l_a}\left(1-\frac{L_{Md}}{l_a}\right) & \frac{\bar{R}L_{Md}}{l_a l_f} & -\frac{\bar{R}L_{Md}}{l_a l_{kd}} & -\omega\left[1+\frac{L_e}{l_a}\left(1-\frac{L_{Mq}}{l_a}\right)\right] & \frac{\omega L_e L_{Mq}}{l_a l_{kq}} & 0 & 0 \\ \frac{R_f L_{Md}}{l_f l_a} & \frac{R_f}{l_f}\left(1-\frac{L_{Md}}{l_f}\right) & \frac{R_f L_{Md}}{l_f l_{kd}} & 0 & 0 & 0 & 0 \\ \frac{R_{kd} L_{Md}}{l_{kd} l_a} & \frac{R_{kd} L_{Md}}{l_{kd} l_f} & \frac{R_{kd}}{l_{kd}}\left(1-\frac{L_{Md}}{l_{kd}}\right) & 0 & 0 & 0 & 0 \\ -\omega\left[1+\frac{L_e}{l_a}\left(1-\frac{L_{Md}}{l_a}\right)\right] & -\frac{\omega L_e L_{Md}}{l_a l_f} & -\frac{\omega L_e L_{Md}}{l_a l_{kd}} & \frac{\bar{R}}{l_a}\left(1-\frac{L_{Mq}}{l_a}\right) & \frac{\bar{R}L_{Mq}}{l_a l_{kq}} & 0 & 0 \\ 0 & 0 & 0 & \frac{R_{kq} L_{Mq}}{l_a l_{kq}} & \frac{R_{kq}}{l_{kq}}\left(1-\frac{L_{Mq}}{l_{kq}}\right) & 0 & 0 \\ -\frac{L_{Md}\Psi_q}{2H\omega_B l_a^2} & -\frac{L_{Md}\Psi_q}{2H\omega_B l_a l_f} & -\frac{L_{Md}\Psi_q}{2H\omega_B l_a l_{kd}} & \frac{L_{Mq}\Psi_d}{2H\omega_B l_a^2} & \frac{L_{Mq}\Psi_d}{2H\omega_B l_a l_{kq}} & -\frac{D}{2H\omega_B} & 0 \\ 0 & 0 & 0 & 0 & 0 & 1 & 0 \end{bmatrix}$$

$$C = \begin{bmatrix} \sqrt{3}V_\infty \sin(\delta-\alpha) \\ v_f \\ 0 \\ -\sqrt{3}V_\infty \cos(\delta-\alpha) \\ 0 \\ \frac{T_m}{2H\omega_B} \\ -1 \end{bmatrix} \text{且 } \bar{R} = R_a + R_e$$

【例3-1】 使用例2-1～例2-4中的同步电机数据计算当电机连接到无穷大母线时的磁链状态空间模型，用于连接的传输线的电阻$R_e = 0.05$pu，且电感$L_e = 0.35$pu。

解：（所有值都默认是标幺值，否则将标明）

$$\bar{R} = 0.00299 + 0.05 = 0.053$$

L_d和L_q应该分别修正为$\bar{L}_d = L_d + L_e$和$\bar{L}_q = L_q + L_e$。因此有

$$\bar{L}_d = 1.81 + 0.35 = 2.16 \text{ 和 } \bar{L}_q = 1.76 + 0.35 = 2.11$$

$$L_{md}=\bar{L}_d-l_a=2.16-0.15=2.01 \text{ 和 } L_{mq}=\bar{L}_q-l_a=2.11-0.15=1.96$$

$$\frac{1}{L_{Md}}=\frac{1}{L_{md}}+\frac{1}{l_a}+\frac{1}{l_f}+\frac{1}{l_{kd}}=14.765$$

$$L_{Md}=0.068$$

$$\frac{1}{L_{Mq}}=\frac{1}{L_{mq}}+\frac{1}{l_a}+\frac{1}{l_{kq}}=13.023$$

$$L_{Mq}=0.077$$

$$\boldsymbol{A}=\begin{bmatrix} 2.276 & -0.148 & -1.057 & 0 & 0 & 0 & 0\\ 0 & 1 & 0 & 0 & 0 & 0 & 0\\ 0 & 0 & 1 & 0 & 0 & 0 & 0\\ 0 & 0 & 0 & 2.135 & -1.057 & 0 & 0\\ 0 & 0 & 0 & 0 & 1 & 0 & 0\\ 0 & 0 & 0 & 0 & 0 & 1 & 0\\ 0 & 0 & 0 & 0 & 0 & 0 & 1 \end{bmatrix}$$

$$\boldsymbol{B}=\begin{bmatrix} 0.193 & 0.022 & 0.160 & -2.720 & 1.060 & 0 & 0\\ 0.0004 & 0.0008 & 0.0004 & 0 & 0 & 0 & 0\\ 0.086 & 0.012 & 0.103 & 0 & 0 & 0 & 0\\ -2.275 & -0.148 & -1.058 & 0.172 & 0.160 & 0 & 0\\ 0 & 0 & 0 & 0.018 & 0.019 & 0 & 0\\ -0.00115\Psi_q & -0.00016\Psi_q & -0.00115\Psi_q & 0.0013\Psi_d & 0.0011\Psi_d & 0 & 0\\ 0 & 0 & 0 & 0 & 0 & 1 & 0 \end{bmatrix}$$

$$\boldsymbol{C}=\begin{bmatrix} \sqrt{3}V_\infty\sin(\delta-\alpha)\\ v_f\\ 0\\ -\sqrt{3}V_\infty\cos(\delta-\alpha)\\ 0\\ 0.00038T_m\\ -1 \end{bmatrix}$$

因此

$$\boldsymbol{A}^{-1}=\begin{bmatrix} 0.439 & 0.065 & 0.464 & 0 & 0 & 0 & 0\\ 0 & 1 & 0 & 0 & 0 & 0 & 0\\ 0 & 0 & 1 & 0 & 0 & 0 & 0\\ 0 & 0 & 0 & 0.468 & 0.495 & 0 & 0\\ 0 & 0 & 0 & 0 & 1 & 0 & 0\\ 0 & 0 & 0 & 0 & 0 & 1 & 0\\ 0 & 0 & 0 & 0 & 0 & 0 & 1 \end{bmatrix}$$

$$\boldsymbol{A}^{-1}\boldsymbol{B}=\begin{bmatrix} 0.125 & 0.065 & 0.118 & -1.194 & 0.465 & 0 & 0\\ 0.0004 & 0.0008 & 0.0004 & 0 & 0 & 0 & 0\\ 0.086 & 0.012 & 0.103 & 0 & 0 & 0 & 0\\ -1.065 & -0.069 & -0.495 & 0.089 & 0.084 & 0 & 0\\ 0 & 0 & 0 & 0.018 & 0.019 & 0 & 0\\ -0.00115\Psi_q & -0.00016\Psi_q & -0.00115\Psi_q & 0.0013\Psi_d & 0.00114\Psi_d & 0 & 0\\ 0 & 0 & 0 & 0 & 0 & 1 & 0 \end{bmatrix}$$

$$
\boldsymbol{A}^{-1}\boldsymbol{C}=\begin{bmatrix} 0.76V_{\infty}\sin(\delta-\alpha)+0.065v_f \\ v_f \\ 0 \\ -0.81V_{\infty}\cos(\delta-\alpha) \\ 0 \\ 0.00038T_m \\ -1 \end{bmatrix}
$$

代入式（3-14）得到如下磁链状态空间模型

$$
\begin{bmatrix} \dot{\Psi}_d \\ \dot{\Psi}_f \\ \dot{\Psi}_{kd} \\ \dot{\Psi}_q \\ \dot{\Psi}_{kq} \\ \dot{\omega} \\ \dot{\delta} \end{bmatrix}=\begin{bmatrix} 0.125 & 0.065 & 0.118 & -1.194 & 0.465 & 0 & 0 \\ 0.0004 & 0.0008 & 0.0004 & 0 & 0 & 0 & 0 \\ 0.086 & 0.012 & 0.103 & 0 & 0 & 0 & 0 \\ -1.065 & -0.069 & -0.495 & 0.089 & 0.084 & 0 & 0 \\ 0 & 0 & 0 & 0.018 & 0.019 & 0 & 0 \\ -0.00115\Psi_q & -0.00016\Psi_q & -0.00115\Psi_q & 0.0013\Psi_d & 0.00114\Psi_d & 0 & 0 \\ 0 & 0 & 0 & 0 & 0 & 1 & 0 \end{bmatrix}\begin{bmatrix} \Psi_d \\ \Psi_f \\ \Psi_{kd} \\ \Psi_q \\ \Psi_{kq} \\ \omega \\ \delta \end{bmatrix}+\begin{bmatrix} 0.76V_{\infty}\sin(\delta-\alpha)+0.065v_f \\ v_f \\ 0 \\ -0.81V_{\infty}\cos(\delta-\alpha) \\ 0 \\ 0.00038T_m \\ -1 \end{bmatrix}
$$

3.1.2 电流状态空间模型 ★★★

式（2-100）可以改写为 $-\boldsymbol{B}_2\dfrac{\mathrm{d}\boldsymbol{i}}{\mathrm{d}t}=\boldsymbol{B}_1\boldsymbol{i}+\boldsymbol{v}$。代入式（3-9）中 v 的值，可以得出

$$
-\boldsymbol{B}_2\frac{\mathrm{d}\boldsymbol{i}}{\mathrm{d}t}=\boldsymbol{B}_1\boldsymbol{i}+\begin{bmatrix} \sqrt{3}V_{\infty}\sin(\delta-\alpha)+R_ei_d+L_e\dfrac{\mathrm{d}i_d}{\mathrm{d}t}+\omega L_ei_q \\ -v_f \\ 0 \\ \sqrt{3}V_{\infty}\cos(\delta-\alpha)+R_ei_q+L_e\dfrac{\mathrm{d}i_q}{\mathrm{d}t}+\omega L_ei_d \\ 0 \end{bmatrix} \tag{3-15}
$$

由式（3-15）中的 $\overline{R}=R_a+R_e$、$\overline{L}_d=L_d+L_e$ 和 $\overline{L}_q=L_q+L_e$ 计算出相应的矩阵 $\overline{\boldsymbol{B}}_1$ 和 $\overline{\boldsymbol{B}}_2$。然后再考虑 $\dot{\omega}$ 和 $\dot{\delta}$ 的关系，从而得到电流状态空间模型如下

$$
\begin{bmatrix} pi_d \\ pi_f \\ pi_{kd} \\ pi_q \\ pi_{kq} \\ \dot{\omega} \\ \dot{\delta} \end{bmatrix}=\left[\begin{array}{ccccc|cc} & & -\overline{\boldsymbol{B}}_2^{-1}\overline{\boldsymbol{B}}_1 & & & 0 & \\ \hline -\dfrac{\overline{L}_di_q}{2H\omega_B} & -\dfrac{kM_fi_q}{2H\omega_B} & -\dfrac{kM_{kd}i_{kd}}{2H\omega_B} & \dfrac{\overline{L}_qi_d}{2H\omega_B} & \dfrac{kM_{kq}i_d}{2H\omega_B} & -\dfrac{D}{2H\omega_B} & 0 \\ 0 & 0 & 0 & 0 & 0 & 1 & 0 \end{array}\right]\begin{bmatrix} i_d \\ i_f \\ i_{kd} \\ i_q \\ i_{kq} \\ \omega \\ \delta \end{bmatrix}
$$

$$
+\left[\begin{array}{c:cc} -\overline{\boldsymbol{B}}_2^{-1} & 0 & \\ \hdashline 0 & 1 & 0 \\ & 0 & 1 \end{array}\right]\begin{bmatrix} -\sqrt{3}V_{\infty}\sin(\delta-\alpha) \\ -v_f \\ 0 \\ \sqrt{3}V_{\infty}\cos(\delta-\alpha) \\ 0 \\ \dfrac{T_m}{2H\omega_B} \\ -1 \end{bmatrix} \tag{3-16}
$$

【例3-2】 与例3-1的条件相同，计算电流状态空间模型。

解：参考式（2-100）的系数矩阵

$$
\overline{\boldsymbol{B}}_1=\begin{bmatrix} \overline{R} & 0 & 0 & \omega\overline{L}_q & \omega kM_{kq} \\ 0 & R_f & 0 & 0 & 0 \\ 0 & 0 & R_{kd} & 0 & 0 \\ -\omega\overline{L}_d & -\omega kM_f & -\omega kM_{kd} & \overline{R} & 0 \\ 0 & 0 & 0 & 0 & R_{kq} \end{bmatrix}
$$

$$
=\begin{bmatrix} 0.05299 & 0 & 0 & 2.11\omega & 1.59\omega \\ 0 & 0.00898 & 0 & 0 & 0 \\ 0 & 0 & 0.0284 & 0 & 0 \\ -2.16\omega & -1.66\omega & -1.66\omega & 0.05299 & 0 \\ 0 & 0 & 0 & 0 & 0.00619 \end{bmatrix}
$$

$$
\overline{\boldsymbol{B}}_2=\begin{bmatrix} \overline{L}_d & kM_f & kM_{kd} & 0 & 0 \\ kM_f & L_f & L_{fkd} & 0 & 0 \\ kM_{kd} & L_{fh} & L_{kd} & 0 & 0 \\ 0 & 0 & 0 & \overline{L}_q & kM_{kq} \\ 0 & 0 & 0 & kM_{kq} & L_{kq} \end{bmatrix}
$$

$$
=\begin{bmatrix} 2.16 & 1.66 & 1.66 & 0 & 0 \\ 1.66 & 2.73 & 1.66 & 0 & 0 \\ 1.66 & 1.66 & 0.1713 & 0 & 0 \\ 0 & 0 & 0 & 2.11 & 1.59 \\ 0 & 0 & 0 & 1.59 & 0.7252 \end{bmatrix}
$$

$$
\overline{\boldsymbol{B}}_2^{-1}=\begin{bmatrix} 0.604 & -0.652 & 0.467 & 0 & 0 \\ -0.652 & 0.629 & 0.219 & 0 & 0 \\ 0.468 & 0.219 & -0.829 & 0 & 0 \quad 0 \\ 0 & 0 & 0 & 1.674 & -1.596 \\ 0 & 0 & 0 & -1.597 & 2.119 \end{bmatrix}
$$

$$
\overline{\boldsymbol{B}}_2^{-1}\overline{\boldsymbol{B}}_1=\begin{bmatrix} 0.032 & -0.006 & 0.013 & 1.270\omega & 0.960\omega \\ -0.034 & 0.006 & 0.006 & -1.376\omega & -1.034\omega \\ 0.025 & 0.002 & -0.0223 & 0.987\omega & 0.744\omega \\ -3.616\omega & -2.779\omega & -2.779\omega & 0.089 & 0.010 \\ 3.449\omega & 2.651\omega & 2.651\omega & -0.085 & -0.009 \end{bmatrix}
$$

因此，电流状态空间模型可以表示为

$$
\begin{bmatrix} pi_d \\ pi_f \\ pi_{kd} \\ pi_q \\ pi_{kq} \\ \dot{\omega} \\ \dot{\delta} \end{bmatrix} = \left[\begin{array}{ccccc|cc} \multicolumn{5}{c|}{-\bar{\boldsymbol{B}}_2^{-1}\bar{\boldsymbol{B}}_1} & \multicolumn{2}{c}{0} \\ \hline -0.0008i_q & -0.0006i_q & -0.0006i_{kd} & 0.0008i_d & 0.0006i_d & 0 & 0 \\ 0 & 0 & 0 & 0 & 0 & 1 & 0 \end{array}\right] \begin{bmatrix} i_d \\ i_f \\ i_{kd} \\ i_q \\ i_{kq} \\ \omega \\ \delta \end{bmatrix}
$$

$$
+ \left[\begin{array}{c|cc} -\bar{\boldsymbol{B}}_2^{-1} & \multicolumn{2}{c}{0} \\ \hline 0 & 1 & 0 \\ & 0 & 1 \end{array}\right] \begin{bmatrix} -\sqrt{3}V_\infty \sin(\delta-\alpha) \\ -v_f \\ 0 \\ \sqrt{3}V_\infty \cos(\delta-\alpha) \\ 0 \\ \dfrac{T_m}{2H\omega_B} \\ -1 \end{bmatrix}
$$

3.2 同步电机与综合电力系统连接

同步电机的端口或负载状况由 v_d 和 v_q 决定，当电机连接至无穷大母线时，可以由直接关系求出。在多机系统中，每台电机都连接到由许多静态元件和动态元件组成的电力系统上，静态元件如电力传输线、静态负载、并联电容器、变压器；动态元件如发电机及其控制系统和动态负载。因此，确定代表电机端状态的 v_d 和 v_q 会更复杂，因为该系统的非线性、建模的复杂性、一些系统元件的动态相互作用、系统和运行模式（正常情况和紧急情况）的规模巨大且复杂。潮流计算常用于确定系统中电机端状态和求出 v_d 和 v_q 的值，关于潮流计算更多细节将在第Ⅲ部分中阐述。再将这些值代入式（2-89）或式（2-100）以构建磁链或者电流状态空间模型。根据运行模式，潮流计算的结果取决于运行系统中的系统元件的状态。因此，为了正确地实现同步电机建模，必须知道不同运行模式（稳态、暂态、次暂态）中的参数，如电感、时间常数等。

3.3 同步电机在不同运行模式中的参数

在次暂态、暂态和稳态运行条件下，必须确定电感和时间常数（电感值在数值上等于对应的电抗标幺值，同步转速作为基准，即 $\omega_B=2\pi f$ rad/s）。可以使用不同的测试和测量方法决定电机参数，如停止频率响应和旋转时域响应，并综合测试数据[6-10]得出模型。当转子电路短路，三相平衡电压突然施加在定子端口，d 轴参考坐标系下的磁链 $\boldsymbol{\Psi}_d$ 首先取决于次暂态电感值，在几个周期以后又取决于暂态电感。假定突然施加至定子端口三相平衡电压 v_{abc} 表示为

$$
\begin{bmatrix} v_a \\ v_b \\ v_c \end{bmatrix} = \sqrt{2}V_{rms} \begin{bmatrix} \cos\theta \\ \cos(\theta-120°) \\ \cos(\theta+120°) \end{bmatrix} u(t) \tag{3-17}
$$

式中，V_{rms} 为相电压的有效值和 $u(t)$ 为单位阶跃函数。

运用派克变换，可以得到 v_{dqo} 如下：

$$\begin{bmatrix} v_d \\ v_q \\ v_o \end{bmatrix} = \sqrt{2}V_{rms}\begin{bmatrix} \sqrt{3}V_{rms}u(t) \\ 0 \\ 0 \end{bmatrix} \tag{3-18}$$

因为磁通不能瞬变，与磁场电路相关的磁链 Ψ_f和阻尼绕组相关的磁链 Ψ_d，在电压施加的瞬间都保持为0。于是，在 $t_o{}^+$时刻式（2-31）可以看作

$$\left.\begin{aligned} \Psi_f &= 0 = kM_f i_d + L_f i_f + L_{fkd} i_{kd} \\ \Psi_{kd} &= 0 = kM_{kd} i_d + L_{kd} i_{kd} + L_{fkd} i_f \end{aligned}\right\} \tag{3-19}$$

因此有

$$\left.\begin{aligned} i_f &= -\frac{kM_f i_{kd} - kM_{kd} L_{fkd}}{L_f L_{kd} - L_{fkd}^2} i_d \\ i_{kd} &= -\frac{kM_{kd} i_f - kM_f L_{fkd}}{L_f L_{kd} - L_{fkd}^2} i_d \end{aligned}\right] \tag{3-20}$$

将式（3-20）代入式（2-20），Ψ_d可以写成 i_d的函数

$$\Psi_d = \left(L_d - \frac{k^2 M_f^2 L_{kd} + L_f k^2 M_{kd}^2 - 2kM_f kM_{kd} L_{fkd}}{L_f L_{kd} - L_{fkd}^2} \right) i_d \tag{3-21}$$

定义 $\Psi_d \triangleq L''_d i_d$ (3-22)

式中，L''_d是 d 轴次暂态电感。

比较式（3-21）和式（3-22）可以发现

$$L''_d = \left(L_d - \frac{k^2 M_f^2 L_{kd} + L_f k^2 M_{kd}^2 - 2kM_f kM_{kd} L_{fkd}}{L_f L_{kd} - L_{fkd}^2} \right)$$

且若使用式（2-67）中的 L_{md}定义，L''_d可以写为

$$L''_d = L_d - \frac{L_f + L_{kd} - 2L_{md}}{\left(\frac{L_f L_{kd}}{L_{md}^2}\right) - 1} \tag{3-23}$$

在平衡三相电压突然施加至无阻尼绕组的电机时，d 轴暂态电感 L'_d可以求出。进行相同的步骤可以得到

$$i_f = -\frac{kM_f}{L_f} i_d \tag{3-24}$$

$$\Psi_d = \left[L_d - \frac{(kM_f)^2}{L_f} \right] i_d \triangleq L'_d i_d \tag{3-25}$$

因此

$$L'_d = L_d - \frac{(kM_f)^2}{L_f} = L_d - \frac{L_{md}^2}{L_f} \tag{3-26}$$

值得注意的是，在考虑有阻尼绕组的电机的暂态过程时，几个周期后，阻尼绕组电流迅速衰减至零，定子电感就是暂态电感。

为计算在参考坐标系 q 轴的电感值，突然施加的三相电压旋转90°后表示为

$$\begin{bmatrix} v_a \\ v_b \\ v_c \end{bmatrix} = \sqrt{2}V_{rms}\begin{bmatrix} \sin\theta \\ \sin(\theta - 120°) \\ \sin(\theta + 120°) \end{bmatrix} u(t) \tag{3-27}$$

运用派克变换得到 v_{dqo}为

$$\begin{bmatrix} v_d \\ v_q \\ v_o \end{bmatrix} = \sqrt{2}V_{rms}\begin{bmatrix} 0 \\ \sqrt{3}V_{rms}u(t) \\ 0 \end{bmatrix} \tag{3-28}$$

当初始次暂态衰减至0，有阻尼绕组的凸极电机的定子磁链由与稳态 q 轴磁链相同的电路决定。因此，q 轴暂态电感可以视作与 q 轴稳态电感相同，即 $L'_q = L_q$。与上面相同的步骤运用到 q 轴的电路以决

定 L''_q 如下：

$$\Psi_{kd} = kM_{kq}i_q + L_{kq}i_{kq} = 0$$

于是有

$$i_{kd} = -\frac{kM_{kq}}{L_{kq}} \tag{3-29}$$

将式（3-29）代入关系式 $\Psi_q = L_q i_q + kM_{kq}i_q$ 可得

$$\Psi_q = \left[L_q - \frac{(kM_{kq})^2}{L_{kq}}\right]i_q \triangleq L''_q i_q \tag{3-30}$$

因此，

$$L'_q = \left[L_q - \frac{(kM_{kq})^2}{L_{kq}}\right] = L_q - \frac{L_{mq}^2}{L_{kq}} \tag{3-31}$$

对于隐极电机，涡流的多个路径经由固态铁心，且在次暂态和暂态阶段作为等效电路。因此，q 轴次暂态和暂态电感由 q 轴转子电路决定，由此导致 q 轴暂态电感比 q 轴稳态电感小很多，即 $L''_q << L'_q << L_q$。这可由两个 q 轴转子阻尼电路证明[11]。

另一方面，为确定凸极电机的时间常数，如式（3-30）中的 v_f 和 v_{kd} 的电压方程。当定子电路开路时，将步间电压 $V_f u(t)$ 施加至磁场电路中，得到

$$V_f u(t) = \dot{\Psi}_f + R_f i_f \quad v_{kd} = 0 = \dot{\Psi}_{kd} + R_{kd}i_{kd} \tag{3-32}$$

从式（3-31）可知，在紧接着在次暂态之后，磁链 Ψ_f 和 Ψ_{kd} 可以改写成

$$\Psi_f = L_f i_f + L_{fkd}i_{kd} \quad \Psi_{kd} = L_{fkd}i_f + L_{kq}i_{kd} = 0 \tag{3-33}$$

式中，$i_d = 0$ 时，定子电路开路。

因此

$$i_f = -\frac{L_{kd}}{L_{fkd}}i_{kd} \tag{3-34}$$

代入式（3-33）的关系，式（3-32）可以写为

$$\left.\begin{aligned}\frac{V_f}{L_f} &= \frac{R_f}{L_f}i_f + pi_f + \frac{L_{fkd}}{L_f}pi_{kd}\\ 0 &= \frac{R_{kd}}{L_{fkd}}i_{kd} + pi_f + \frac{L_{kd}}{L_{fkd}}pi_{kd}\end{aligned}\right\} \tag{3-35}$$

结合式（3-34），解出式（3-35）关系式，得出 i_{kd} 的关系式如下：

$$pi_{kd} + \frac{R_{kd}L_f + R_f L_{kd}}{L_f L_{kd} - L_{fkd}^2} = -V_f\frac{L_{fkd}}{l_f L_{kd} - L_{fkd}^2} \tag{3-36}$$

由于 $R_{kd} >> R_f$ 且有 L_f 和 L_{kd} 的标幺值近似相等，这个关系式可以做近似处理为

$$pi_{kd} + \frac{R_{kd}}{L_{kd} - L_{fkd}^2/L_f}i_{kd} = -V_f\frac{L_{fkd}/L_f}{L_{kd} - L_{fkd}^2/L_f} \tag{3-37}$$

由此，i_{kd} 可以看作是以时间常数 T''_{do} 衰减，其中

$$T''_{do} = \frac{L_{kd} - (L_{fkd}^2/L_f)}{R_{kd}} \triangleq d\text{ 轴开路次暂态时间常数} \tag{3-38}$$

在次暂态电流衰减后，即暂态阶段，磁场电流仅受磁场电路参数影响。然后，下述关系可以写为

$$R_f i_f + L_f pi_f = V_f u(t) \tag{3-39}$$

因此，式（3-39）的时间常数由 T'_{do} 标示，称为 d 轴暂态开路电路时间常数，可以由下式计算出

$$T'_{do} = \frac{L_f}{R_f} \tag{3-40}$$

在 d 轴

$$\left.\begin{aligned}T''_d &= T'_{do}L''_d/L'_d\\ T'_d &= T'_{do}L'_d/L_d\end{aligned}\right\} \tag{3-41}$$

类似地，在 q 轴

$$\left.\begin{aligned} T''_{qo} &= L_{kq}/R_{kq} \\ T''_q &= T''_{qo} L''_q / L_q \end{aligned}\right\} \tag{3-42}$$

次暂态和暂态时间常数都要加上隐极电机的时间常数 T_c。在电机三相短路时，T_c与定子直流电流的变化率或者包围在磁场绕组内的交流电流有关。T_c可由下式计算得出[12]

$$T_c = \frac{L_2}{R_a} \text{ 和 } L_2 = \frac{L'_d + L_q}{2} \triangleq \text{负序电感} \tag{3-43}$$

正如本章所述，同步电机通过电流或者磁链状态空间模型建模。它们都包括五个电流或者磁链状态变量（当转子电路增加时，变量数也会增加）再加上角速度和转子角度两个状态变量。这些状态变量都由非线性一阶微分方程表示。电力系统由大量的元件、设备和控制器组成，它们相互作用并在广域范围内表现出非线性动态特性。例如，描述网络常数、负载、激励系统和原动机的方程必须包括在数学模型里，用以研究在施加一个干扰时大量同步电机的响应情况。因此，一个系统的完整数学描述将更复杂也需要更长的计算时间。于是，需要一些简化方法，比如在 3.4 节中描述的多种简化电机模型。选择哪种模型取决于研究的类型和模型对于该研究的充分性。

【例 3-3】 计算一个隐极发电机的暂态和次暂态电感，该电机的标幺参数如下：

$L_d = 1.81$，$L_q = 1.76$，$L_{md} = 1.66$，$L_{mq} = 1.61$，$L_f = 2.73$，$L_{kd} = 1.601$，$L_{kq} = 1.72$，$L_{fkd} = 1.66$，$R_f = 0.898 \times 10^{-3}$，$R_{kq} = 6.19 \times 10^{-3}$，$R_{kd} = 0.0284$

解： 直轴和交轴的次暂态和暂态电感如下：

由式（3-23）可得 $$L''_d = 1.81 - \frac{2.73 + 1.601 - 2 \times 1.66}{\left(\dfrac{2.73 \times 1.601}{1.66 \times 1.66}\right) - 1} = 0.125$$

由式（3-26）可得 $$L'_d = 1.81 - \frac{1.66 \times 1.66}{2.73} = 0.8006$$

根据式（3-31）求出 $$L''_q = 1.76 - \frac{1.61 \times 1.61}{1.72} = 0.253$$

$$L'_q = L_q = 1.76$$

3.4　同步电机简化模型

3.4.1　经典模型 ★★★

在大约 1s 或者更短的时间内，这个模型与系统稳定性相关。这个电机模型在直轴瞬态电抗 X'_d后，表示为在初始角度 δ 时的一个恒定电压“E”。不管电机连接至无穷大系统或者多机系统，这个模型需要基于以下假设：

- 输入机械功率为常数；
- 阻尼可忽略；
- 同步电机在瞬态电抗后表示为恒定电压；
- 电机的机械转子角度与暂态电抗之后的电压角度相符；
- 电机端的负载表示为一个常数阻抗和导纳。

3.4.1.1　单机无穷大系统的经典模型

系统的一般结构由一台电机通过输电线路连接至无穷大母线组成，输电线的阻抗为 Z_{TL}，连接至电机端的并联阻抗 Z_s（可能代表一个负载），如图 3-2a 所示。电机的端电压表示为 V_t，无穷母线的电压为 $V_\infty \angle 0°$（用作参考电压）。系统的等效电路见图 3-2b，其中在图 3-2a 中节点代表的电机端可以通过 Y - △变换消除。

电机的暂态稳定性取决于运动方程式（2-85）的解，因此计算加速功率需要知道电机传送的功率 P_1。

在图3-2b所示的等效电路中，可以通过网络理论得到

$$P_1 = \mathrm{Re}(\boldsymbol{E}\boldsymbol{I}_1^*) = E^2 Y_{11}\cos\theta_{11} + EV_{\infty}\cos(\theta_{12} - \delta)$$

式中，

$Y_{11}\angle\theta_{11} = y_{12} + y_{1o}$ 和 $Y_{12}\angle\theta_{12} = -y_{12}$。值得注意的是不需要 y_{2o}。

通过定义 $G_{11} \triangleq Y_{11}\cos\theta_{11}$ 和 $\gamma = \theta_{12} - \pi/2$，则功率 P_1 可以表示为

$$P_1 = E^2 G_{11} + EV_{\infty} Y_{12}\sin(\delta - \gamma) \tag{3-44}$$

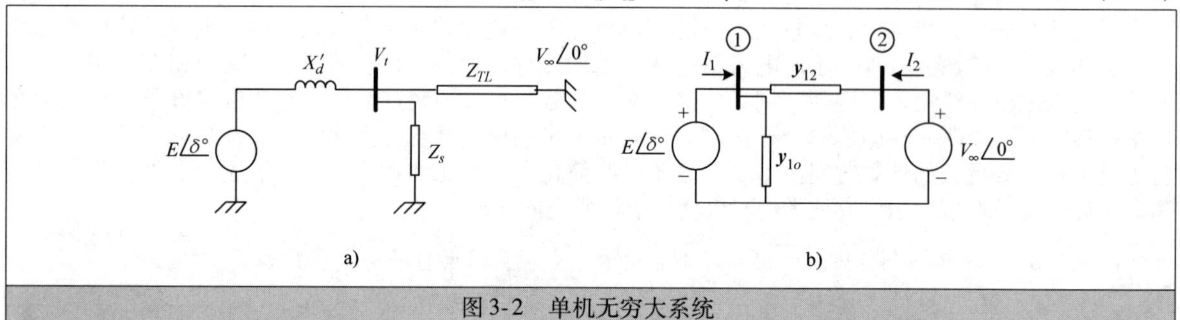

图3-2　单机无穷大系统

3.4.1.2 多机系统的经典模型

多机系统（见图3-3）由 n 个发电机通过输电网络连接 m 个不同负荷组成。每台电机都由直轴暂态电抗后的内部恒定电压源表示，负载则由恒阻抗表示。每台发电机的电输出功率可以通过解一系列非线性代数方程求出，这些方程表示电流和电压之间的关系。潮流计算可以得到系统参数的初始值，这些初始值需要用来求解发电机的运动方程。于是，就决定了系统的稳定性。潮流计算的详细解释见第Ⅱ部分。

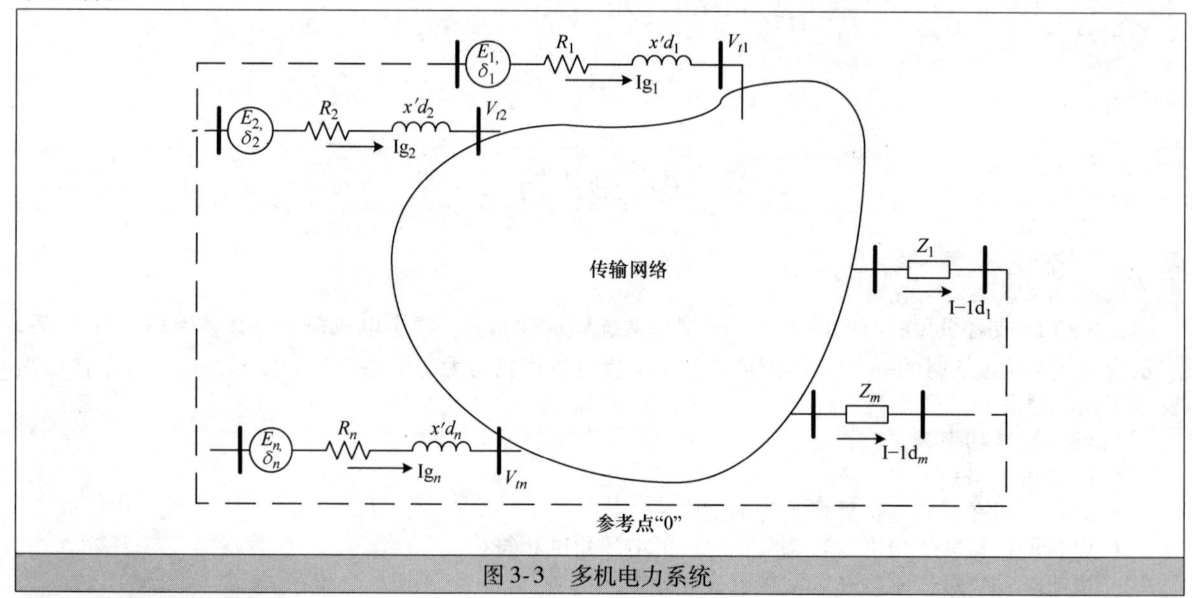

图3-3　多机电力系统

3.4.2 E'_q 模型 ★★★

在这个模型中，忽略了阻尼电路在 d 轴的影响，于是在电流状态空间模型（2-8节）中的 i_{kd} 或者在磁链状态空间模型（2-7.1节）中的 Ψ_{kd} 也可以忽略。阻尼电路在 q 轴的效果也可以忽略，但是特别地，对于隐极电机在没有阻尼电路的情况下，转子作为 q 轴的阻尼绕组。然而，阻尼电路效果非常小，以至于可以被省略，或通过在转矩方程中增加阻尼系数 D 以考虑这个效果。于是，电流状态空间模型中的 i_{kq} 和磁链状态空间模型中的 Ψ_{kq} 都被忽略了。

在忽略阻尼电路影响的条件下，一个包含常用的电机参数的替代电机模型可以由如下推算得到：联立式（2-76）、式（2-78）、式（2-79）和式（2-81），且忽略 KD 和 KQ 电路，可以求出

$$\begin{bmatrix} i_d \\ i_f \\ i_q \end{bmatrix} = \begin{bmatrix} \dfrac{(l_d - L_{Md})}{l_d^2} & \dfrac{-L_{Md}}{l_d l_f} & 0 \\ \dfrac{-L_{Md}}{l_d l_f} & \dfrac{(l_f - L_{Md})}{l_f^2} & 0 \\ 0 & 0 & \dfrac{1}{L_q} \end{bmatrix} \begin{bmatrix} \Psi_d \\ \Psi_f \\ \Psi_q \end{bmatrix} \tag{3-45}$$

在式（3-45）中的矩阵元素可以写成 L'_d、L_{md} 和 L_f 的形式如下

$$\begin{bmatrix} i_d \\ i_f \\ i_q \end{bmatrix} = \begin{bmatrix} \dfrac{1}{L'_d} & \dfrac{-L_{md}}{L'_d L_f} & 0 \\ \dfrac{-L_{md}}{L'_d L_f} & \dfrac{L_d}{L'_d L_f} & 0 \\ 0 & 0 & \dfrac{1}{L_q} \end{bmatrix} \begin{bmatrix} \Psi_d \\ \Psi_f \\ \Psi_q \end{bmatrix} \tag{3-46}$$

在式（2-30）中，第一个方程可以改写成 $\dot{\Psi}_d = -R_a i_d - \omega \Psi_q - v_d$，再运用式（3-46）可得

$$\dot{\Psi}_d = -\left(\frac{R_a}{L'_d}\right)\Psi_d + \left(\frac{R_a L_{md}}{L'_d L_f}\right)\Psi_q - R_a i_d - \omega \Psi_q - v_d \tag{3-47}$$

附录Ⅰ中的式（Ⅰ-11）：$E'_q = \omega_o k M_f \Psi_f / L_f$ 可以被转化成标幺值形式，得到

$$E'_q = L_{md} \Psi_f / L_f \tag{3-48}$$

将式（3-48）代入式（3-47）中求出

$$\dot{\Psi}_d = -\left(\frac{R_a}{L'_d}\right)\Psi_d + \left(\frac{R_a}{L'_d}\right)E'_q - \omega \Psi_q - v_d \tag{3-49}$$

类似地，对 Ψ_q 运用与式（2-30）相同的步骤可以写为 $\dot{\Psi}_q = -(R_a/L_q)\Psi_q + \omega \Psi_d - v_q$ 和 $v_f = \Psi_f + R_f i_f$，再联立式（3-45）得到

$$v_f = R_f\left[-\left(\frac{L_{md}}{L'_d L_f}\right)\Psi_d + \left(\frac{L_d}{L'_d L_f}\right)\Psi_f\right] + \dot{\Psi}_f \tag{3-50}$$

在附录Ⅰ式（Ⅰ-12）中，给出 $E_{fd} = (v_f/R_f)\omega_o k M_f$。它可以转换成标幺值的形式如下：

$$E_{fd} = \frac{L_{md} v_f}{R_f} \tag{3-51}$$

结合式（3-48）、式（3-50）和式（3-51）求得

$$\frac{R_f}{L_{md}} E_{fd} = -\frac{L_{md}}{L'_d}\frac{R_f}{l_f}\Psi_d + \frac{L_d}{L'_d}\frac{R_f}{L_{md}}E'_q + \frac{L_f}{L_{md}}E'_q \tag{3-52}$$

代入 $L_{md}^2/L_f = L_d - L'_d$ 和 $T'_{do} = L_f/R_f$

$$E'_q = \frac{1}{T'_{do}}\left(E_{fd} - \frac{L_d}{L'_d}E'_q + \frac{L_d - L'_d}{L'_d}\Psi_d\right) \tag{3-53}$$

值得注意的是，以上方程包括的所有变量都是标幺值形式且电压 v_d、v_q、E_{fd} 和 E'_q 都是线电压标幺值。

在式（3-46）中变量 i_d 和 i_q 都代入转矩方程 $T_e = i_q \Psi_d - i_d \Psi_q$，而式（3-48）也是用于表示转矩：

$$T_e = \frac{1}{L'_d}E'_q \Psi_q - \left(\frac{1}{L'_d} - \frac{1}{L_q}\right)\Psi_d \Psi_q \tag{3-54}$$

包括阻尼项的运动方程为

$$\left.\begin{aligned} \dot{\omega} &= \frac{1}{2H\omega_B}[T_m - T_e - D\omega] \\ \dot{\delta} &= \omega - 1 \end{aligned}\right\} \tag{3-55}$$

因此，在时域由式（3-49）、式（3-50）、式（3-53）和式（3-55）描述的 E'_q模型是一个五阶模型，在 s 域可用框图表示，如图 3-4 所示。

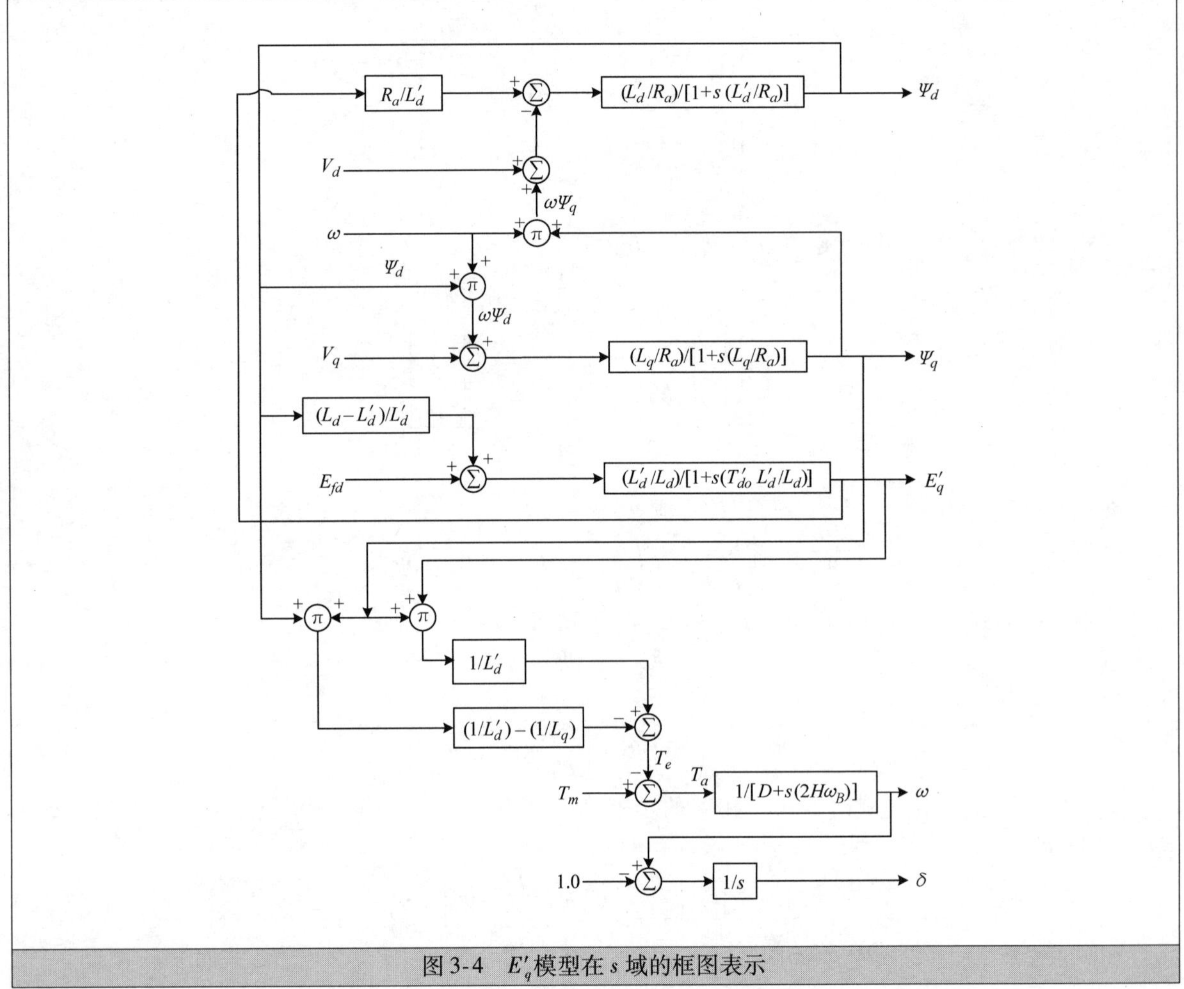

图 3-4　E'_q模型在 s 域的框图表示

正如 2.7.2 节中所说明的，若考虑饱和，则需要加上附加磁场电流 Δi，以代替饱和效应。由方程（3-46）可知，$i_d = 1/L'_d - (L_{kd}/L'_d) l_f \Psi_f$。将该 i_d 值代入方程 $\Psi_d = L_d i_d + L_{md} i_f$ 得到

$$L_{md} i_f = \left[\left(1-\left(\frac{L_d}{L'_d}\right)\right)\Psi_d\right] + \left[\left(\frac{L_d L_{Ad}}{(L'_d L_f)}\right)\Psi_f\right] \tag{3-56}$$

附录 I 式（I-10）给出 $\omega_o k M_f i_f = L_{md} i_f = E_I$。它与式（3-48）和式（3-57）联立可写成

$$E_I = \frac{L_d}{L'_d}E'_q - \frac{L_d - L'_d}{L'_d}\Psi_d \tag{3-57}$$

由式（3-53）和式（3-57）得出

$$E'_q = \frac{1}{T'_{do}}(E_{fd} - E_I) \tag{3-58}$$

假设 ΔE 是必须加至式（3-57）的分量，对应 Δi 以求得在无负载的饱和曲线上的相同电动势，可以改写为

$$E_I = \frac{L_d}{L'_d}E'_q - \frac{L_d - L'_d}{L'_d}\Psi_d + \Delta E \tag{3-59}$$

当考虑电机的饱和效应时，式（3-58）和式（3-59）由框图表示并加至图 3-4 中，则框图如图 3-5 所示。

每个发电单元独自提供励磁控制系统和原动机控制系统。因此，特别在研究大规模电力系统的稳

定性时，两种控制器的建模都需要当作同步电机模型的补充部分。

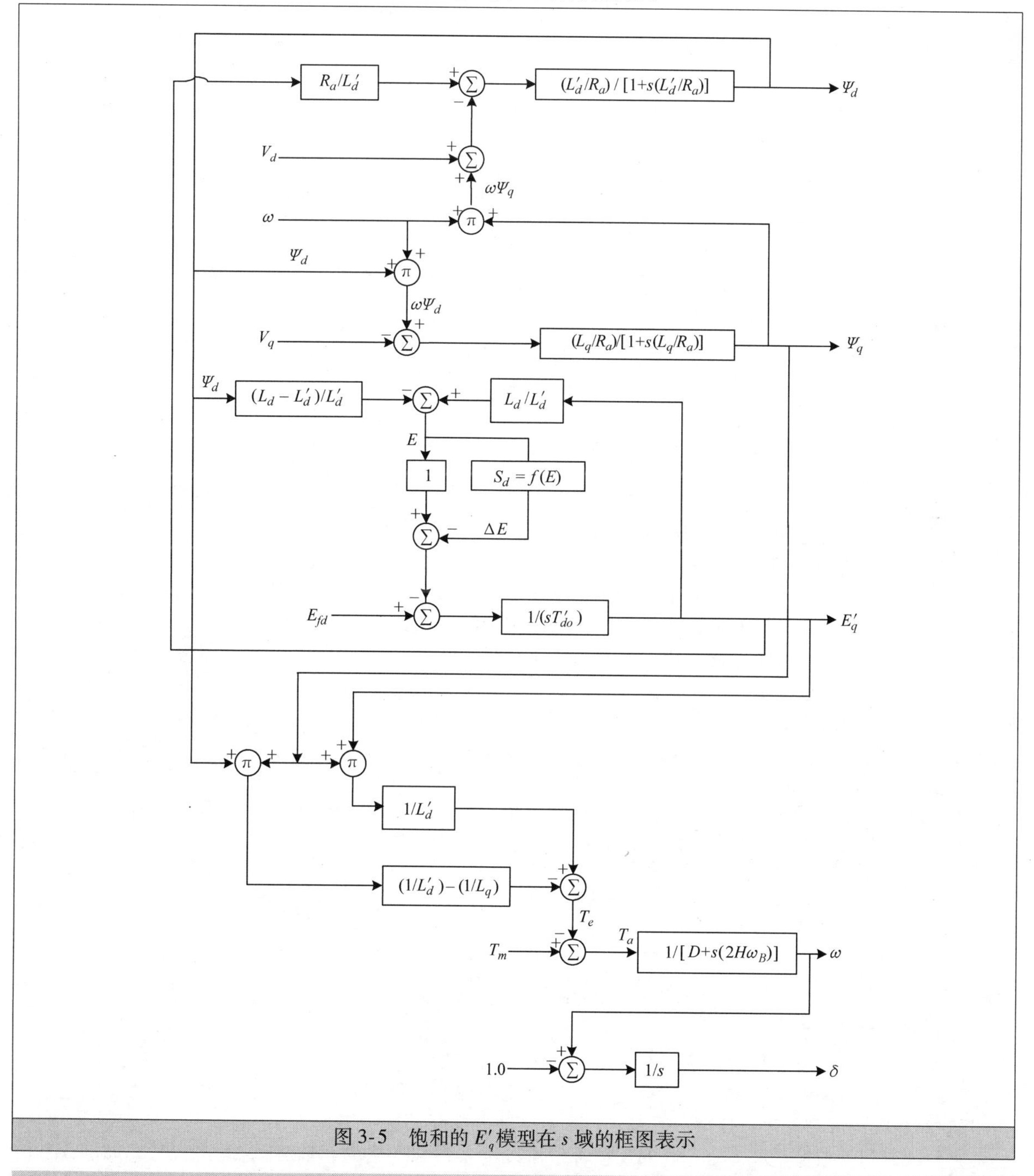

图 3-5 饱和的 E'_q 模型在 s 域的框图表示

3.5 励磁系统

同步电机端电压的控制是控制磁场电流的励磁系统的主要功能。因为磁场电流从某种程度上来说有一个比较大的时间常数，大约是几秒，而在快速的磁场控制时需要场力。因此，励磁器应该有一个很大上限电压，能在电压是正常电压 3 ~ 4 倍时短暂运行，且能以很快的速度改变电压。

励磁系统的建模方式一定要结合大规模电力系统稳定性研究。模型次序的选择应该充分针对研究的目标，避免复杂分析，并保证结果的正确性。因此，基于这些要求，模型可以是一个降阶模型，与稳态研究所需要的模型相比，这个模型也许不能详尽地代表系统。

3.5.1 励磁系统建模 ★★★

不考虑励磁系统的类型，励磁系统的主要组成部分如图 3-6 所示，包括电压传感器、负荷补偿器、励磁控制单元、励磁器、励磁系统稳定器（ESS）和常用的电力系统稳定器（PSS）。

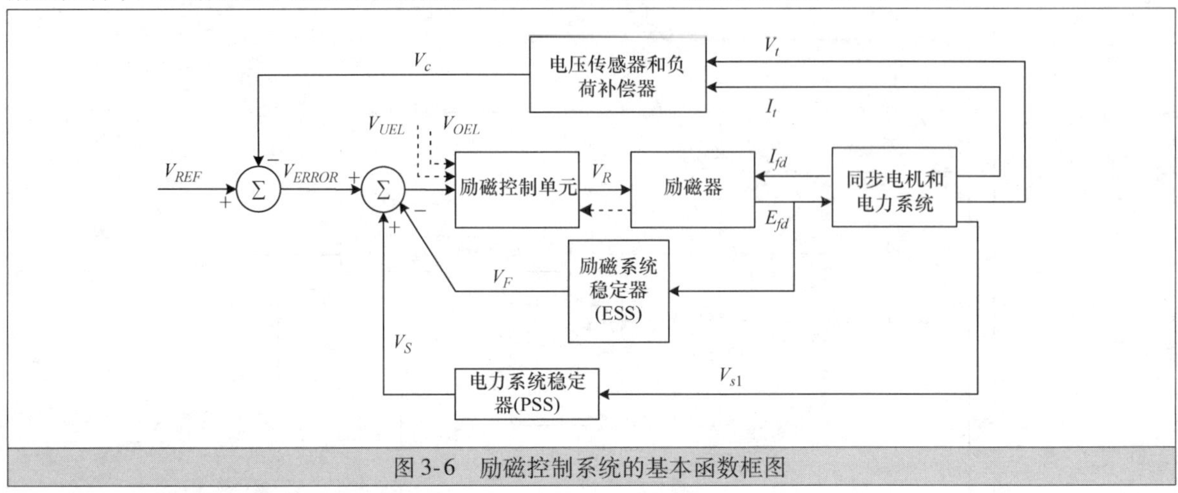

图 3-6　励磁控制系统的基本函数框图

（1）端电压传感器和负荷补偿器

负荷补偿的目标是为了得到输出电压 V_c，等于电机端电压加上阻抗上的电压降（R_c+jX_c）。阻抗或者调解范围应该具体化。电机终端的电压和电流相量都会用传感器测量并用于计算 V_c，而 V_c将与理想的端电压设置的参考电压进行比较。若没有负荷补偿，R_c和 X_c都为 0；励磁系统试图维持一个在调节特性范围内由参考信号决定端电压。负荷补偿器的作用是在一些点而非电机端调节电压，调节方式有两种：一是通过给连接在同一母线而相互之间阻抗为零的单元之间分配无功功率以调节发电机内某些点的电压，这种情况下，R_c和 X_c都是正数。二是当发电单元通过变压器并联运行，调节发电机终端外部一些点的电压，需要补偿一部分变压器阻抗。此时，R_c和 X_c是负值。一般在实践中，当发电机通过高电压互连网络与大电网同步时，忽略补偿器的电阻分量。因此，假定 R_c为 0 以简化分析。端电压传感器和负荷补偿器可由图 3-7 所示的框图表示，其中一个时间常数 T_R，用于表示电压传感和补偿信号。

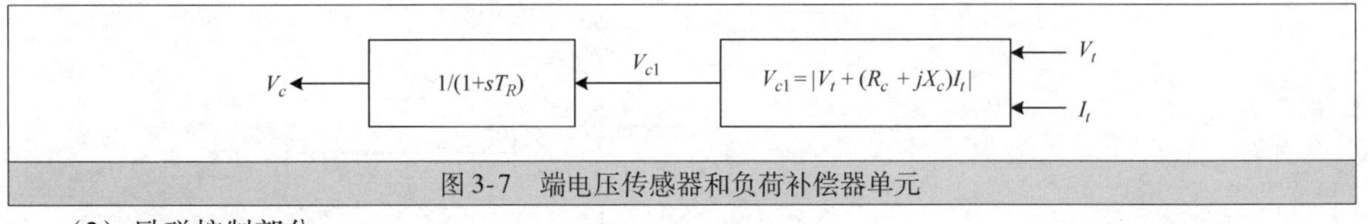

图 3-7　端电压传感器和负荷补偿器单元

（2）励磁控制部分

这个部分包括调节和稳定励磁的功能。ESS 项和暂态增益衰减（TGR）用于增加励磁系统运行的稳定区域并得到更高的调节增益。值得注意的是，反馈控制系统（励磁系统是其中一个例子）经常需要超前/滞后补偿或者派生、速率、反馈。ESS 的反馈传递函数见图 3-8。

典型的时间常数值是取 1s。ESS 的反馈补偿可以由一系列连接的超前/滞后电路代替，如图 3-9 所示，其中 T_1一般小于 T_2。所以，这种稳定的方法称之为 TGR。TGR 的主要目标是减少瞬态增益或者高频增益，从而减少调节器对系统阻尼的消极影响，而由此增强系统阻尼。因此，如果专门用 PSS 增强系统阻尼，则应该不需要 TGR 。TGR 因子（T_2/T_1）的平均值是 10。

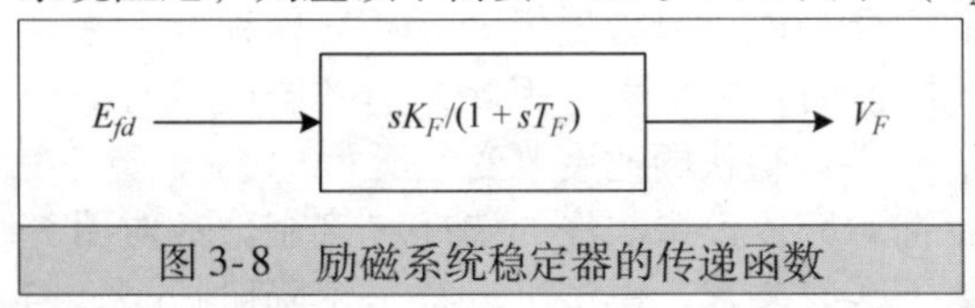

图 3-8　励磁系统稳定器的传递函数

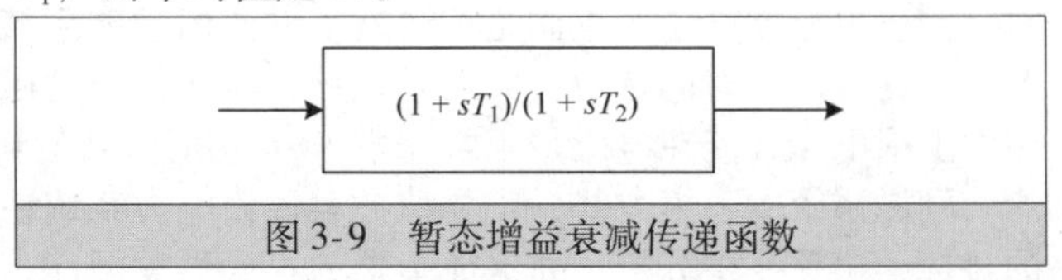

图 3-9　暂态增益衰减传递函数

近年来，励磁电流限制器的建模变得愈加重要，使得过励磁限制器（OEL）和欠励磁限制器（UEL）也受到重视。UEL 的输出被视为在不同位置的励磁系统（V_{UEL}）的输入，作为求和输入或门输入。但在任何模型的应用中，这些输入中仅有一个被采用。对于 OEL，一些模型提供一个门，通过这个门，过励磁限制器或者终端电压限制器的输出（V_{OEL}）可以进入调节器回路。

（3）电力系统稳定器

PSS 稳定效果与 ESS 的不同。ESS 能在开环或者短路条件下有效进行电压调节，而 PSS 的功能是在出现暂态干扰时，提供转子振动阻尼。尤其在负载率高的情况下，当发电机通过较大的外部阻抗连接时，振荡阻尼在出现高增益 AVR 时将会减弱。PSS 的细节讨论将在第 11 章中展开。值得注意的是，PSS 的输入信号是速度/频率、加速功率或者这些信号的组合。在多机系统设计 PSS 时，必须考虑转子振荡频率。然而，设计稳定器的目的是在稳态零输出。同时，限制输出是为了不影响电压控制。如图 3-6 所示，稳定器输出 V_s 被添加到端口电压误差信号。

（4）励磁系统的类型

基于励磁功率源，励磁系统可以分成三个类型：直流励磁系统、交流励磁系统和静态 ST 励磁系统。励磁系统的建模对稳定性研究很重要，而模型参数定义也很重要，特别是如参考文献［17～21］中讨论的，对诸如限制和饱和的非线性参数的确定[13-16]。一般情况下，励磁系统都有欠励磁和过励磁限制器，因此建模也必须考虑这两者[22、23]。本节对每个类型都进行了举例，例子都在 s 域使用样本数据描述模型。值得注意的是，对于 DC 和 AC 类型，励磁器饱和及负荷效应应该如下考虑。

针对饱和情况，励磁需求的增加由励磁器饱和函数 $S_E(E_{fd})$ 表示，该函数定义为励磁电压标幺值的乘数。在给定励磁器输出电压时，负荷饱和的曲线如图 3-10 所示，这可以由式（3-60）求出：

$$S_E(E_{fd}) = \frac{A-B}{B} \tag{3-60}$$

式中，A 定义为在恒负载饱和曲线上，产生励磁器输出电压需要的励磁；B 定义为在气隙线上，产生励磁器输出电压需要的励磁；C 定义为在无负荷饱和曲线上，产生励磁器输出电压需要的励磁。

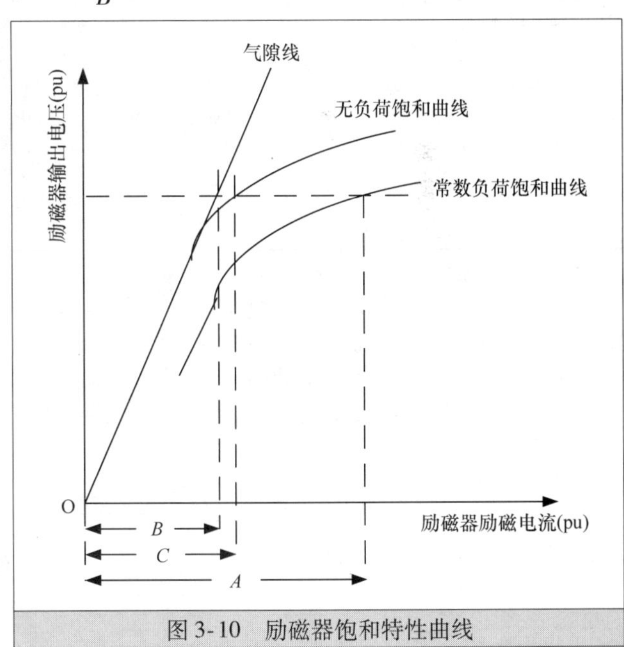

图 3-10 励磁器饱和特性曲线

对于一些交流发电机整流励磁器，无负荷饱和曲线用于定义 $S_E(V_E)$ 如下

$$S_E(V_E) = \frac{C-B}{B} \tag{3-61}$$

模型中励磁因子和换向电抗电压降都视作励磁器的调节效果。

总体而言，饱和函数可以充分地由两点确定：第一点在直流类型的励磁上限电压 E_1 附近，或者在交流类型的励磁器开路上限电压 V_1 附近。第二个点在直流类型低值电压 E_2，通常是 E_1 的 75%，或者交流类型的 V_1 的 75% 附近。基于与饱和数据对应的高电压和低电压作为输入的计算程序已经被设计出来，以通过不同的数学表达式表示励磁器的饱和特性。

（a）直流励磁系统类型

对于这种类型，有换向器的直流发电机作为励磁功率源。典型模型的框图如图 3-11 所示，样本数据见表 3-1[24]。它包括一个比例、积分和差分发电机电压调节器（AVR）。若派生项未包含在 AVR 中，为保持稳定，设计了一个选择反馈回路（K_F、T_F）。

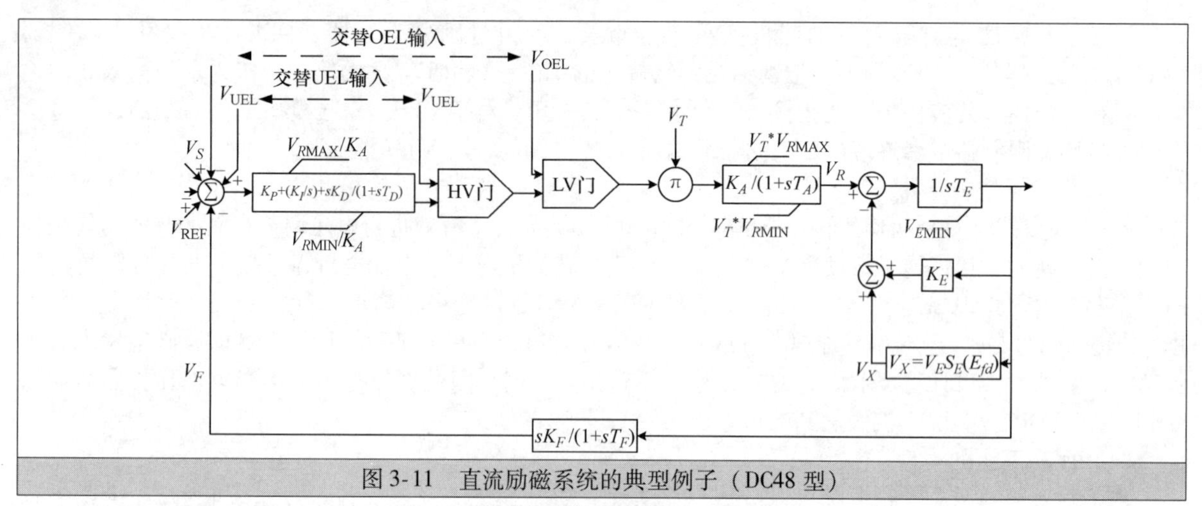

图 3-11　直流励磁系统的典型例子（DC48 型）

表 3-1　励磁系统的样本数据（DC48 型）

描述	参数	数值	单位
调节器比例增益	K_P	80.0	pu
调节器积分增益	K_I	20.0	pu
调节器差分增益	K_D	20.0	pu
调节器差分滤波时间常数	T_D	0.01	s
调节器输出增益	K_A	1.0	pu
调节器输出时间常数	T_A	0.2	s
最大控制器输出	V_{RMAX}	2.7	pu
励磁时间常数	T_E	0.8	pu
励磁器比例时间常数	K_E	1.0	pu
励磁最小控制器输出电压	V_{EMIN}	0.0	pu
励磁器在 S_{E1} 处磁通	E_1	1.75	pu
E_1 处磁通因子	S_{E1}	0.08	
励磁器在 S_{E2} 处磁通	E_2	2.33	pu
E_2 处磁通因子	S_{E2}	0.27	
速率反馈增益	K_F	0.0	pu
速率反馈时间常数	T_F	0.0	s

（b）交流励磁系统类型

这种励磁系统使用交流发电机和静止或旋转整流器产生直流场的需求。这种励磁器上的负荷效应很重要，发电机磁场电流作为模型的输入使得负荷效应准确表达。

这种类型的一个例子展示如图 3-12 所示，而其样本数据总结见表 3-2。

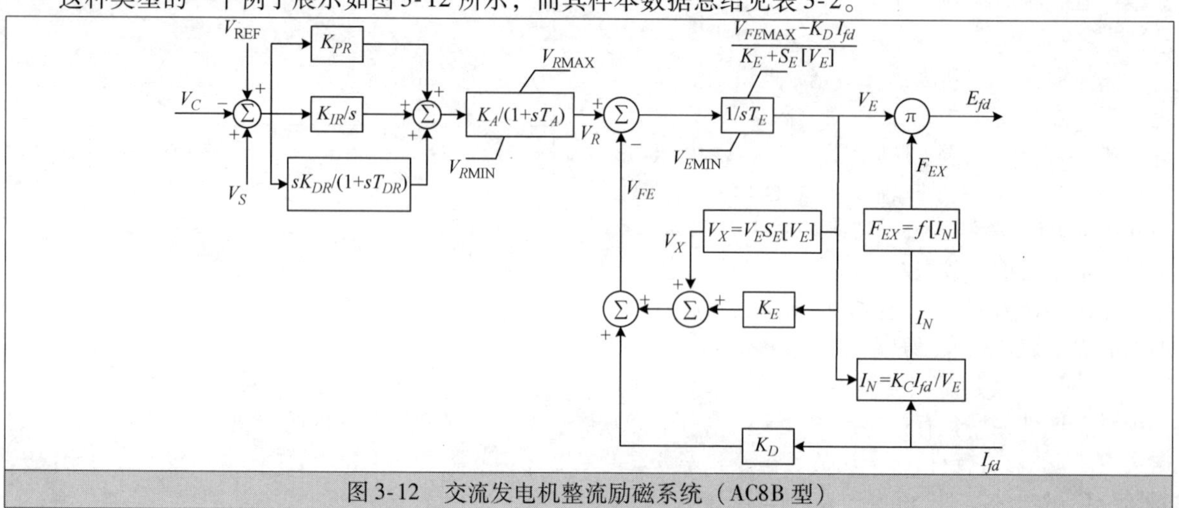

图 3-12　交流发电机整流励磁系统（AC8B 型）

表 3-2 励磁系统样本数据（AC8B 型）

$K_{PR}=80$	$V_{RMAX}=35.0$	$S_E(E_1)=0.3$
$K_{IR}=5$	$V_{RMIN}=00.0$	$E_1=6.5$
$K_{DR}=10$	$K_E=1.0$	$S_E(E_2)=3.0$
$T_{DR}=0.1$	$T_E=1.2$	$E_2=9.0$
$V_{FEMAX}=6.0$	$K_C=0.55$	$K_D=1.1$

（c）ST 励磁系统类型

这种励磁系统中，电压（或者以及复合系统的电流）被调节为适当的水平。控制的或者非控制的整流器为电机磁场提供必要的直流电流。这种类型的一个例子如图 3-13 所示，而其样本数据总结见表 3-3。

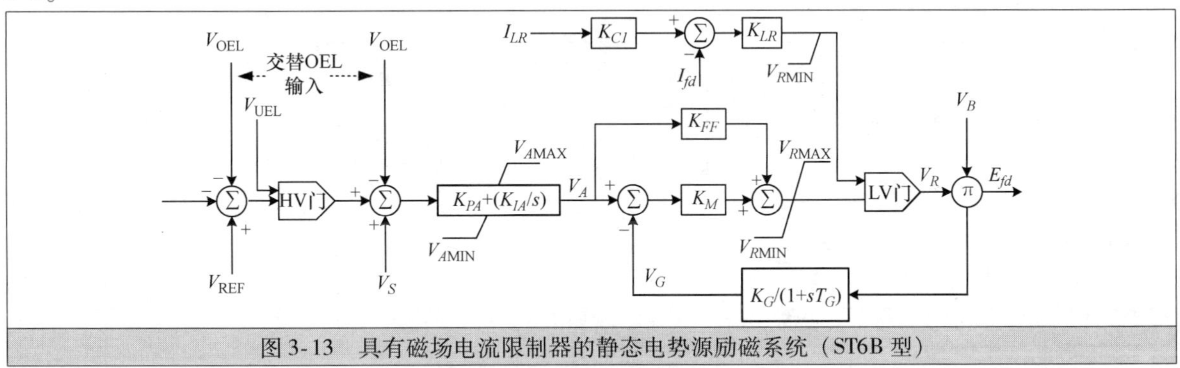

图 3-13 具有磁场电流限制器的静态电势源励磁系统（ST6B 型）

表 3-3 励磁系统样本数据（ST6B 型）

$K_{PA}=18.038$	$T_G=0.02s$	
$K_{IA}=45.094s^{-1}$	$T_R=0.012s$	$K_{LR}=17.33$
$K_{FF}=1.0$	$V_{AMAX}=4.81$	$I_{LR}=4.164$
$K_M=1.0$	$V_{AMIN}=-3.85$	$V_{RMAX}=4.81$
$K_G=1.0$		$V_{RMIN}=-3.85$

3.6 原动机控制系统建模

原动机的作用是为同步电机提供所需的机械功率输入。发电机需要的功率会根据负载特性以及电力系统运行条件连续变化。针对这些变化，发电机的输入机械功率也必须变化，以维持频率为定值。因此，为了保持电力系统的频率，需要采用调节器以控制原动机速度。对于稳定性研究，需要建立原动机的相关模型和与之相关的速度控制系统以验证准确的性能。在电力系统中运用最多的原动机类型是汽轮机，无论是液压或者蒸汽，速度调节系统是机械－液压或者电动－液压的。在速度调节系统的两种类型中，阀门的位置或门控的水流或蒸汽流取决于液压马达。机械－液压调节器的速度传感是通过机械器件实现的，而电动－液压类型则是通过电子电路实现的。然而，两者都有相似的动态性能。如下汽轮机和调节系统的描述都是基于 IEEE 的定义和标准[25]。

3.6.1 水轮机 ★★★

水轮机的稳定性研究简单表示如图 3-14 所示。

传递函数可以写为

$$P_m=\frac{1-sT_W}{1+0.5T_W}p_{GV} \tag{3-62}$$

式中，T_W定义为水轮机起动时间常数，$T_W=(L\times V)/(H_T\times g)$，其平均值大约1s；$L$定义为压力管道长度；$V$定义为水流速度；$H_T$定义为总压头；$g$定义为重力加速度；$P_{GV}$定义为速度调节器提供的闸门开启标幺值。

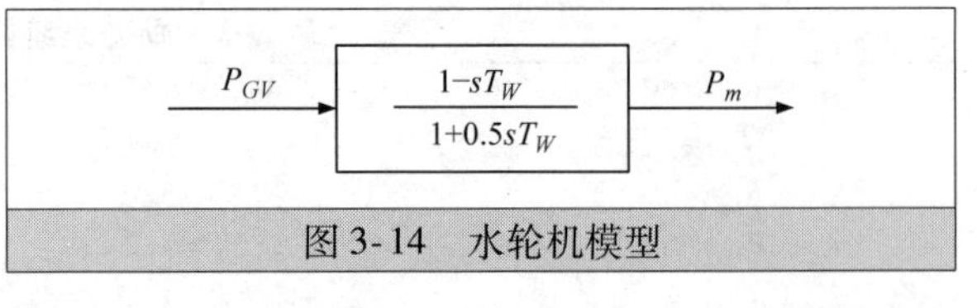

图3-14　水轮机模型

水轮机的调节系统结构是基于如图3-15中的主要部分，图3-16展示了一个典型的非线性模型的框图，其数据总结见表3-4。考虑水体惯性，为保持稳定，运用了一个缓冲反馈[26]。

对于稳定性研究，速度调节系统经常简化为如图3-17所示的框图，而用图3-15中定义的参数运用以下关系计算其参数。

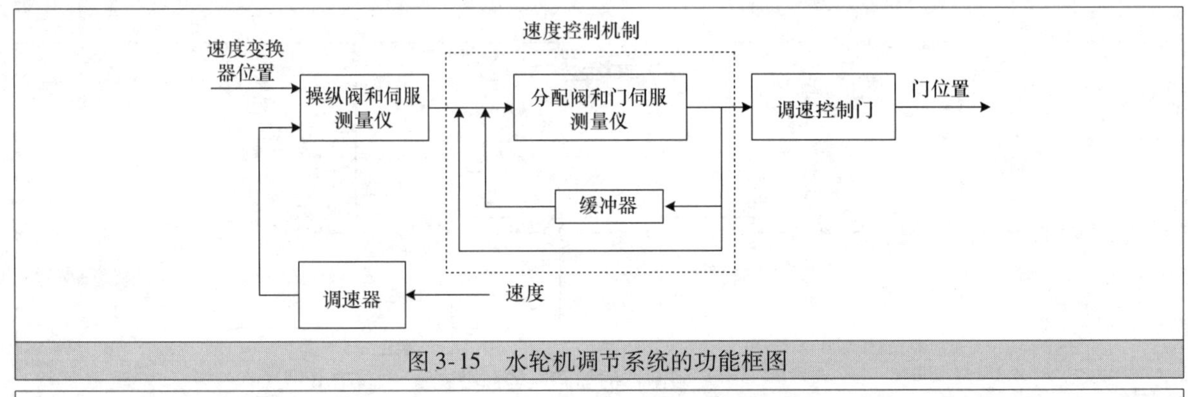

图3-15　水轮机调节系统的功能框图

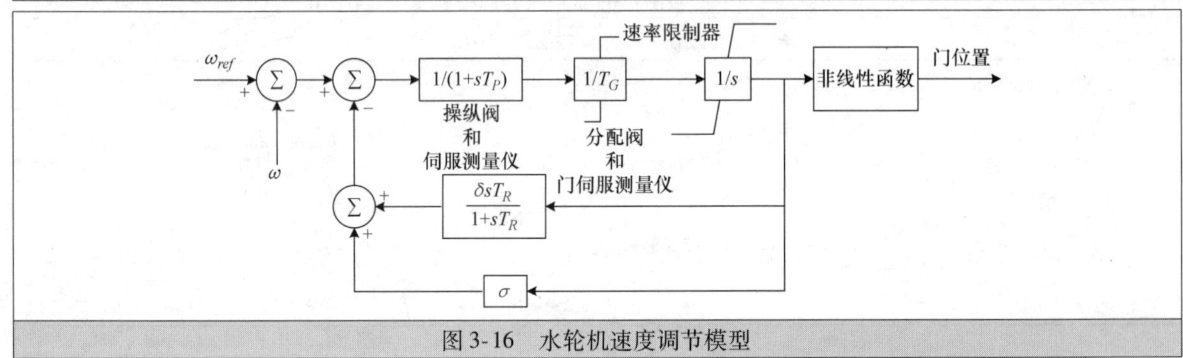

图3-16　水轮机速度调节模型

表3-4　图3-16中的模型数据

参数	典型值	范围
T_R	5.0	2.5～25.0
T_G	0.2	0.2～0.4
T_P	0.04	0.03～0.05
δ	0.3	0.2～1.0
σ	0.05	0.03～0.06

注：$T_R=5T_W$ 及 $\delta=1.25T_W/H$，发电机惯性常数。

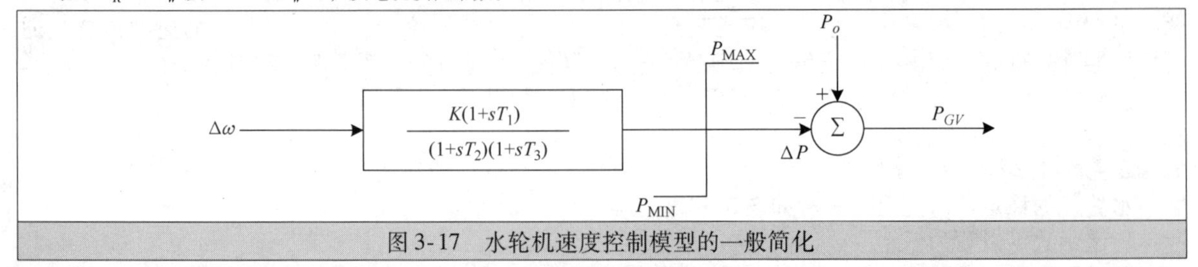

图3-17　水轮机速度控制模型的一般简化

$$T_1,T_3=\frac{T_B}{2}\pm\sqrt{\frac{T_B^2}{4}-T_A}\tag{3-63}$$

式中，$T_A=\left(\frac{1}{\sigma}\right)T_RT_G$，$T_B=\left(\frac{1}{\sigma}\right)[(\sigma+\delta)T_R+T_G]$；

$K=\left(\frac{1}{\sigma}\right)$ 和 $T_2=0$；

P_o定义为初始功率（负载参考）。

3.6.2　汽轮机 ★★★

例如，汽轮机系统如图3-18所示（串联复合，一次再热），它是汽轮机众多种类中的一种，其他类别还有串联复合二次再热汽轮机、双轴单次再热且有一个或两个低压（LP）涡轮的汽轮机、双轴二次再热汽轮机。所有汽轮机都有一个轴，且安装有高压（HP）、中压（IP）和低压（LP）涡轮。这些均如图3-19所示，其中在高压涡轮的入口处的调节控制阀用于控制汽流。蒸汽室、再热管和连通管引入的延迟分别用时间常数 T_{CH}、T_{RH}和 T_{CO}表示。在高压、中压和低压涡轮中产生的总功率分别由 F_{HP}、F_{IP}和 F_{LP}表示。

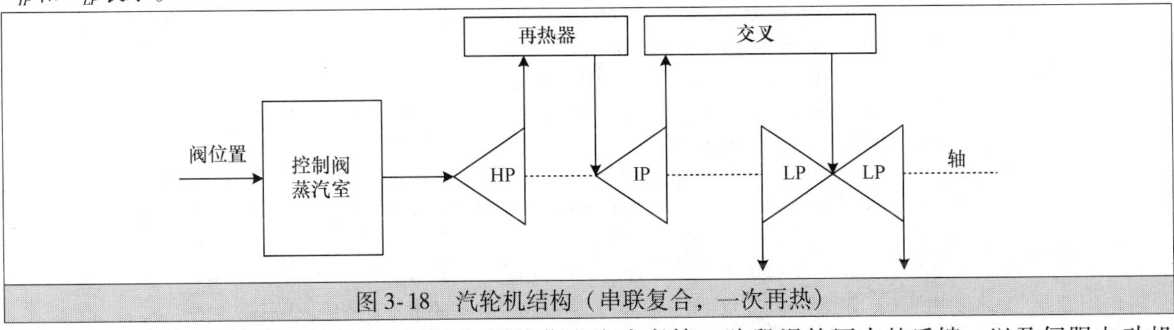

图3-18　汽轮机结构（串联复合，一次再热）

调节系统的主要结构（见图3-20）包括从蒸汽流或者第一阶段涡轮压力的反馈，以及伺服电动机反馈回路以提高线性度。汽轮机调节控制系统的简化模型如图3-21所示。时间常数的平均值用秒级单位表示如下：

电动－液压调节器：$T_1=T_2=T_3=0.025\sim0.15\text{s}$

机械－液压调节器：$T_1=0.2\sim0.3\text{s}$，$T_2=0$，$T_3=0.1\text{s}$

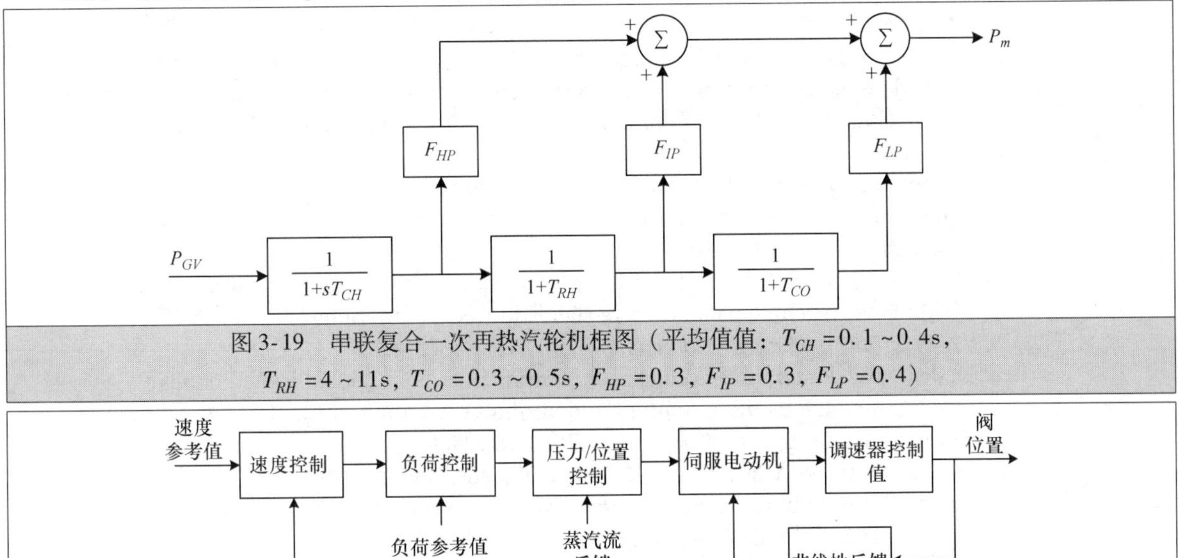

图3-19　串联复合一次再热汽轮机框图（平均值值：$T_{CH}=0.1\sim0.4\text{s}$，$T_{RH}=4\sim11\text{s}$，$T_{CO}=0.3\sim0.5\text{s}$，$F_{HP}=0.3$，$F_{IP}=0.3$，$F_{LP}=0.4$）

图3-20　汽轮机的电动－液压速度调节系统功能框图

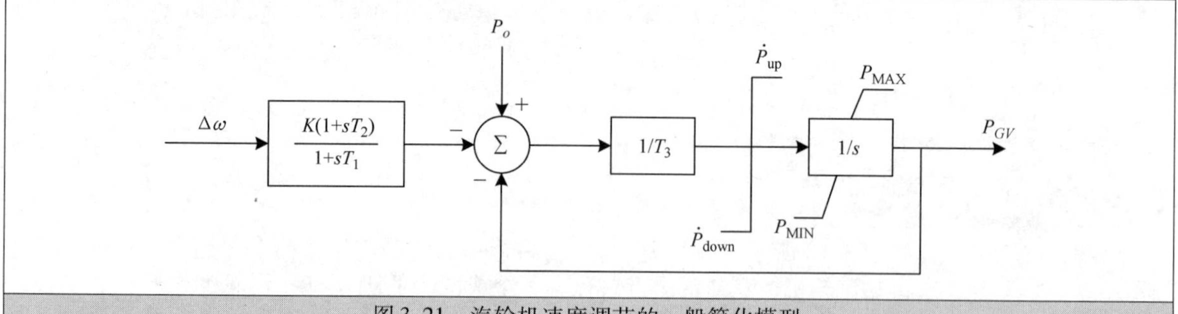

图 3-21　汽轮机速度调节的一般简化模型

参考文献

1. De Oliveira S.E.M. 'Modeling of synchronous machines for dynamic studies with different mutual couplings between direct axis windings'. *IEEE Transactions on Energy Conversion.* 1989;**4**(4):591–9
2. El-Serafi A.M., Abdallah A.S. 'Effect of saturation on the steady-state stability of a synchronous machine connected to an infinite bus system'. *IEEE Transactions on Energy Conversion.* 1991;**6**(3):514–21
3. Xu W.W., Dommel H.W., Marti J.R. 'A synchronous machine model for three-phase harmonic analysis and EMTP initialization'. *IEEE Transactions on Power Systems.* 1991;**6**(4):1530–8
4. Wang L., Jatskevich J. 'A voltage-behind-reactance synchronous machine model for the EMTP-type solution'. *IEEE Transactions on Power Systems.* 2006;**21**(4):1539–49
5. Wang L., Jatskevich J., Domme H.W. 'Re-examination of synchronous machine modeling techniques for electromagnetic transient simulations'. *IEEE Transactions on Power Systems.* 2007;**22**(3):1221–30
6. Sriharan S., Hiong K.W. 'Synchronous machine modeling by standstill frequency response tests'. *IEEE Transactions on Energy Conversion.* 1987; **EC-2**(2):239–45
7. Rusche P.E.A., Brock G.J., Hannett L.N., Willis J.R. 'Test and simulation of network dynamic response using SSFR and RTDR derived synchronous machine models'. *IEEE Transactions on Energy Conversion.* 1990;**5**(1): 145–55
8. Verbeeck J., Pintelon R., Lataire P. 'Relationships between parameter sets of equivalent synchronous machine models'. *IEEE Transactions on Energy Conversion.* 1999;**14**(4):1075–80
9. Verbeeck J., Pintelon R., Lataire P. 'Influence of saturation on estimated synchronous machine parameters in standstill frequency response tests'. *IEEE Transactions on Energy Conversion.* 2000;**15**(3):277–83
10. Dedene N., Pintelon R., Lataire P. 'Estimation of a global synchronous machine model using a multiple-input multiple-output estimator'. *IEEE Transactions on Energy Conversion.* 2003;**18**(1):11–6
11. Jackson W.B., Winchester R.L. 'Direct and quadrature axis equivalent circuits for solid-rotor turbine generators'. *IEEE Transactions on Power Apparatus and Systems.* 1969;**PAS-88**(7):1121–36
12. Anderson P.M. *Analysis of Faulted Power Systems*. Ames, IA, US: Iowa State Univ. Press; 1973
13. IEEE working group on computer modelling of excitation systems 'Excitation system models for power system stability studies'. *IEEE Transactions on Power Apparatus and Systems.* 1981;**PAS-100**(2):494–509

14. Ruuskanen V., Niemelä M., Pyrhönen J., Kanerva S., Kaukonen J. 'Modelling the brushless excitation system for a synchronous machine'. *IET Electric Power Applications.* 2009;**3**(3):231–9
15. The Digital Excitation Task Force of the Equipment Working Group 'Computer models for representation of digital based excitation systems'. *IEEE Transactions on Energy Conversion.* 1996;**11**(3):607–15
16. IEEE Committee Report 'Computer representation of excitation systems'. *IEEE Transactions on Power Apparatus and Systems.* 1968;**PAS-87**(6):1460–4
17. Wang J.C., Chiang H.D., Haung C.T., Chen Y.T., Chang C.L., Huang C.Y. 'Identification of excitation system models based on on-line digital measurements'. *IEEE Transactions on Power Systems.* 1995;**10**(3):1286–93
18. Benchluch S.M., Chow J.H. 'A trajectory sensitivity method for the identification of nonlinear excitation system models'. *IEEE Transactions on Energy Conversion.* 1993;**8**(2):159–64
19. Puma J.Q., Colomé D.C. 'Parameters identification of excitation system models using genetic algorithms'. *IET Generation, Transmission & Distribution.* 2008;**2**(3):456–67
20. Liu C.S., Yuan-Yih H., Jeng L.H., Lin C.J., Huang C.T., Liu A.H., Li T.H. 'Identification of exciter constants using a coherence function based weighted least squares approach'. *IEEE Transactions on Energy Conversion.* 1993; **8**(3):460–7
21. IEEE Committee Report (eds.). 'Excitation system dynamic characteristics'. *Proceedings of Power and Energy Society PES Summer Meeting*; San-Francisco, CA, US, 1972. pp. 64–75
22. IEEE Task Force on Excitation Limiters. 'Under-excitation limiter models for power system stability studies'. *IEEE Transactions on Energy Conversion.* 1995;**10**(3):524–31
23. IEEE Task Force on Excitation Limiters. 'Recommended models for over-excitation limiting devices'. *IEEE Transactions on Energy Conversion.* 1995;**10**(4):706–13
24. IEEE Std 421.5™-2005. 'IEEE Recommended Practice for Excitation System Models for Power System Stability Studies'.
25. IEEE Std 421.1™-2007. 'IEEE Standard Definitions for Excitation Systems for Synchronous Machines'.
26. IEEE Working Group on Prime Mover and Energy Supply Models for System Dynamic Performance Studies. 'Hydraulic turbine and turbine control models for system dynamic studies'. *Transactions on Power Systems.* 1992;**7**(1):167–79
27. IEEE Committee Report, 'Dynamic models for steam and hydro turbine in power system studies', *IEEE Transactions on Power Apparatus and Systems.* Nov/Dec 1973, vol. PAS-92, pp. 1904–15.

第 4 章

变压器、输电线路与负载建模

发电、输电和配电是组成电力系统的三个主要部分。对于电力系统而言，每个部分都有它特有的功能：发电部分通常是利用同步发电机产生中压的电功率，输电部分是通过高压或者超高压输电线路将电能进行传输，最后，配电部分是将电能以中压或者低压等级供应给用户负荷。

这三个部分互相联接，但运行在不同电压等级下，必须使用变压器，比如升压/降压电力变压器、配电变压器和自耦变压器。因此，进行稳定性研究必须先对所有元件进行建模，方便研究，元件主要包括发电机、变压器、输电线和负载。同步发电机的建模在第 2 章和第 3 章已经介绍，本章主要讲述其他元件的建模。

4.1 变 压 器

电力系统中的变压器不仅将电能从输电端的发电机传输到受电端的消费者，而且可以通过改变变压器上的分接头改变电压比来控制电压和无功功率潮流。最常用的是单相或者三相双绕组变压器。在一些应用中，变压器也可能有第三个绕组，被称作第三绕组。当电压比较小时，也可以使用自耦变压器调节电压。在控制功率循环和防止线路过载的应用中，移相变压器得到使用。

4.1.1 双绕组变压器建模 ★★★

双绕组变压器的等效电路如图 4-1 所示。由于励磁电抗 X_{m1} 足够大，并且变量都是物理单位，饱和效应可以忽略不计。以下的关系式可以由等效电路推理得到。注意，黑体的变量是矢量，下标是“1”的变量是一次侧的，而下标是“2”的是变压器二次侧的。

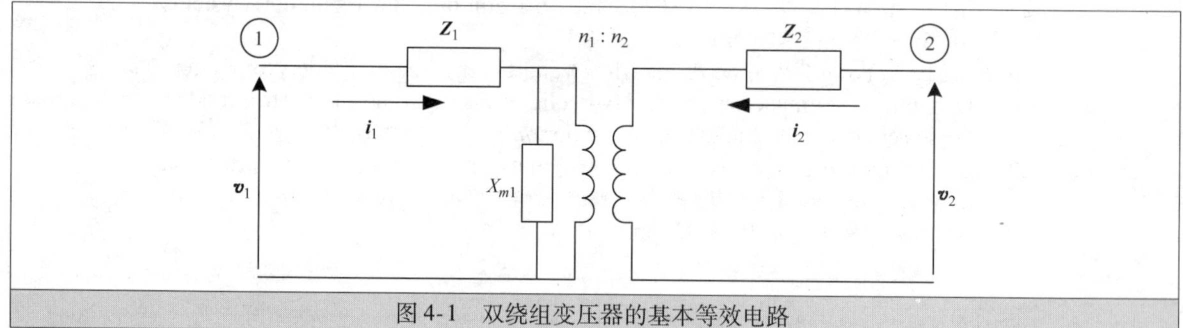

图 4-1 双绕组变压器的基本等效电路

$$\left.\begin{aligned}\boldsymbol{v}_1 &= \boldsymbol{Z}_1\boldsymbol{i}_1 + \frac{n_1}{n_2}\boldsymbol{v}_2 - \frac{n_1}{n_2}\boldsymbol{Z}_2\boldsymbol{i}_2\\ \boldsymbol{v}_2 &= \frac{n_2}{n_1}\boldsymbol{v}_1 - \frac{n_2}{n_1}\boldsymbol{Z}_1\boldsymbol{i}_1 + \boldsymbol{Z}_2\boldsymbol{i}_2\end{aligned}\right\} \tag{4-1}$$

式中，$\boldsymbol{Z}_i = R_i + \mathrm{j}X_i$，$i=1$ 代表一次绕组，$i=2$ 代表二次绕组；R_i，$X_i = i$ 次绕组各自的电阻和漏抗；n_1，n_2 分别代表一次和二次绕组的匝数。

为了简便电力系统稳定性分析，式（4-1）应使用标幺值。这需要选择合适的一次侧和二次侧基准值，通常是基于额定电压比进行选择。假设一次侧和二次侧的额定匝数分别是 n_{1o} 和 n_{2o}，相应地，i 次

侧抽头额定位置 $\boldsymbol{Z}_{io}=\boldsymbol{Z}_i$。因此根据额定值、阻抗值应与匝数的 2 次方成正比，这在 $R<<X$，(n_i-n_{io}) 不是很大时成立，式（4-1）可以写作

$$\left.\begin{aligned}\boldsymbol{v}_1&=\left(\frac{n_1}{n_{1o}}\right)^2\boldsymbol{Z}_{1o}\boldsymbol{i}_1+\frac{n_1}{n_2}\boldsymbol{v}_2-\frac{n_1}{n_2}\left(\frac{n_2}{n_{2o}}\right)^2\boldsymbol{Z}_{2o}\boldsymbol{i}_2\\\boldsymbol{v}_2&=\frac{n_2}{n_1}\boldsymbol{v}_1-\frac{n_2}{n_1}\left(\frac{n_1}{n_{1o}}\right)^2\boldsymbol{Z}_{1o}\boldsymbol{i}_1+\left(\frac{n_2}{n_{2o}}\right)^2\boldsymbol{Z}_{2o}\boldsymbol{i}_2\end{aligned}\right\}\tag{4-2}$$

假设变压器是 Y－Y 联接，则匝数的额定值和基础电压相关

$$\frac{n_{1o}}{n_{2o}}=\frac{\boldsymbol{v}_{1(base)}}{\boldsymbol{v}_{2(base)}},\ \boldsymbol{v}_{1(base)}=\boldsymbol{Z}_{1(base)}\boldsymbol{i}_{1(base)},\ \boldsymbol{v}_{2(base)}=\boldsymbol{Z}_{2(base)}\boldsymbol{i}_{2(base)}\tag{4-3}$$

使用标幺值，式（4-2）、式（4-3）变成

$$\left.\begin{aligned}\boldsymbol{v}_{1(\mathrm{pu})}&=n_{1(\mathrm{pu})}{}^2\boldsymbol{Z}_{1o(\mathrm{pu})}\boldsymbol{i}_{1(\mathrm{pu})}+\frac{n_{1(\mathrm{pu})}}{n_{2(\mathrm{pu})}}\boldsymbol{v}_{2(\mathrm{pu})}-\frac{n_{1(\mathrm{pu})}}{n_{2(\mathrm{pu})}}n_{2(\mathrm{pu})}{}^2\boldsymbol{Z}_{2o(\mathrm{pu})}\boldsymbol{i}_{2(\mathrm{pu})}\\\boldsymbol{v}_{2(\mathrm{pu})}&=\frac{n_{2(\mathrm{pu})}}{n_{1(\mathrm{pu})}}\boldsymbol{v}_{1(\mathrm{pu})}-\frac{n_{2(\mathrm{pu})}}{n_{1(\mathrm{pu})}}n_{1(\mathrm{pu})}{}^2\boldsymbol{Z}_{1o(\mathrm{pu})}\boldsymbol{i}_{1(\mathrm{pu})}+n_{2(\mathrm{pu})}{}^2\boldsymbol{Z}_{2o(\mathrm{pu})}\boldsymbol{i}_{2(\mathrm{pu})}\end{aligned}\right\}\tag{4-4}$$

式中，$n_{1(\mathrm{pu})}=\dfrac{n_1}{n_{1o}}$，$n_{2(\mathrm{pu})}=\dfrac{n_2}{n_{2o}}$。

因此，由标幺值表示的式（4-4）的等效电路如图 4-2 所示。

电压比的标幺值表示为

$$n_{(\mathrm{pu})}=\frac{n_{1(\mathrm{pu})}}{n_{2(\mathrm{pu})}}=\frac{n_1n_{2o}}{n_2n_{1o}},\text{非标称电压比（ONR）}\tag{4-5}$$

等效电抗 $\boldsymbol{Z}_e$ 表示为

$$\boldsymbol{Z}_{e(\mathrm{pu})}=n_{2(\mathrm{pu})}^2(\boldsymbol{Z}_{1o(\mathrm{pu})}+\boldsymbol{Z}_{2o(\mathrm{pu})})=\left(\frac{n_2}{n_{2o}}\right)^2(\boldsymbol{Z}_{1o(\mathrm{pu})}+\boldsymbol{Z}_{2o(\mathrm{pu})})\tag{4-6}$$

将式（4-5）、式（4-6）代入图 4-2 的参数中，可以得到使用标幺值表示的双绕组变压器标准形式的等效电路，如图 4-3 所示。这种形式可以表示装有抽头的变压器，只需要计算 ONR 和 $\boldsymbol{Z}_e$ 的对应值即可。但是，这并不足以进行稳定性研究和潮流分析，因此我们需要把它转换成 π 形等效电路。假设变压器连接在电力网中的母线 p、q 之间（图 4-4a），π 形等效电路的一般形式如图 4-4b 所示。其中参数的推导如下所示[1]。

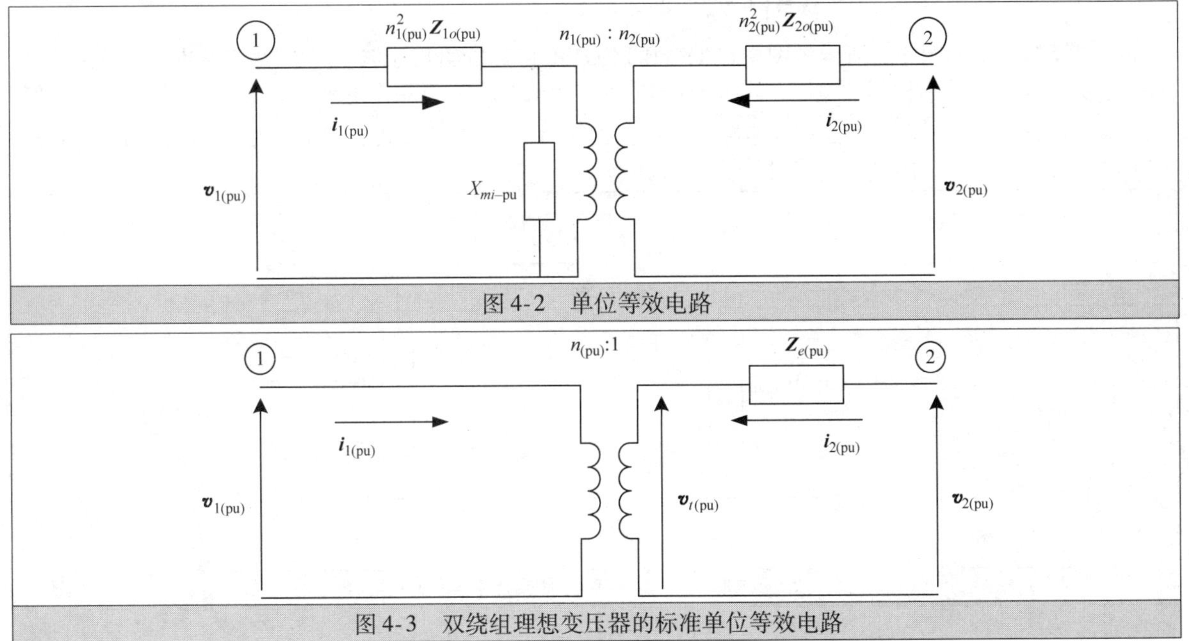

图 4-2　单位等效电路

图 4-3　双绕组理想变压器的标准单位等效电路

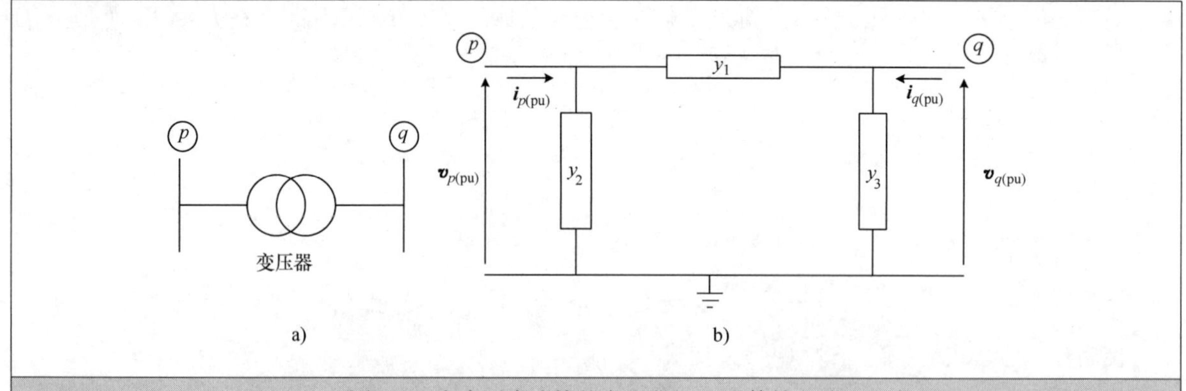

图 4-4　电力网中连接的变压器及 π 形等效电路
a）电力网中连接的变压器　b）π 形等效电路的一般形式

将图 4-3 中的下标 1 和 2 分别用 p 和 q 取代，假设 $Y_{e(pu)}=1/\boldsymbol{Z}_{e(pu)}$，母线 p 的电流 $\boldsymbol{i}_{p(pu)}$ 如下：

$$\begin{aligned}\boldsymbol{i}_{p(pu)} &= (\boldsymbol{v}_{t(pu)}-\boldsymbol{v}_{q(pu)})\frac{Y_e}{n_{(pu)}} = \left(\frac{\boldsymbol{v}_{p(pu)}}{n_{(pu)}}-\boldsymbol{v}_{q(pu)}\right)\frac{Y_e}{n_{(pu)}} \\ &= (\boldsymbol{v}_{p(pu)}-n_{(pu)}\boldsymbol{v}_{q(pu)})\frac{Y_{e(pu)}}{n_{(pu)}^2}\end{aligned} \tag{4-7}$$

母线 q 的电流同理可以得到，如下：

$$\boldsymbol{i}_{q(pu)} = (n_{(pu)}\boldsymbol{v}_{q(pu)}-\boldsymbol{v}_{p(pu)})\frac{Y_{e(pu)}}{n_{(pu)}} \tag{4-8}$$

同时，π 形电路（图 4-4b）中母线 p 和 q 的电流可以计算得到

$$\boldsymbol{i}_{p(pu)} = y_1(\boldsymbol{v}_{p(pu)}-\boldsymbol{v}_{q(pu)})+y_2\boldsymbol{v}_{p(pu)} \tag{4-9}$$

$$\boldsymbol{i}_{q(pu)} = y_1(\boldsymbol{v}_{q(pu)}-\boldsymbol{v}_{p(pu)})+y_3\boldsymbol{v}_{q(pu)} \tag{4-10}$$

由式（4-7）和式（4-9）、式（4-8）和式（4-10）的导纳项分别相等可以得到 π 形等效电路的参数

$$\left.\begin{aligned} &y_1=\frac{1}{n_{(pu)}}Y_{e(pu)},\ y_2=\frac{1}{n_{(pu)}}\left(\frac{1}{n_{(pu)}}-1\right)Y_{e(pu)}, \\ &y_3=\left(1-\frac{1}{n_{(pu)}}\right)Y_{e(pu)}\end{aligned}\right\} \tag{4-11}$$

π 形等效电路如图 4-5 所示，图中依据变压器 ONR 和漏抗给出了参数。注意，标准等效电路给出了三相变压器其中的一相等效电路。考虑到额定匝数比 n_{1o}/n_{2o} 等于一次侧和二次侧基准线电压的比值，与绕组连接方式（Y－Y 或者△－△连接）无关。对于 Y－△连接方式，$\sqrt{3}$的系数应考虑在内，而 30°的相位偏移可以忽略，因其对稳定性研究没有影响。

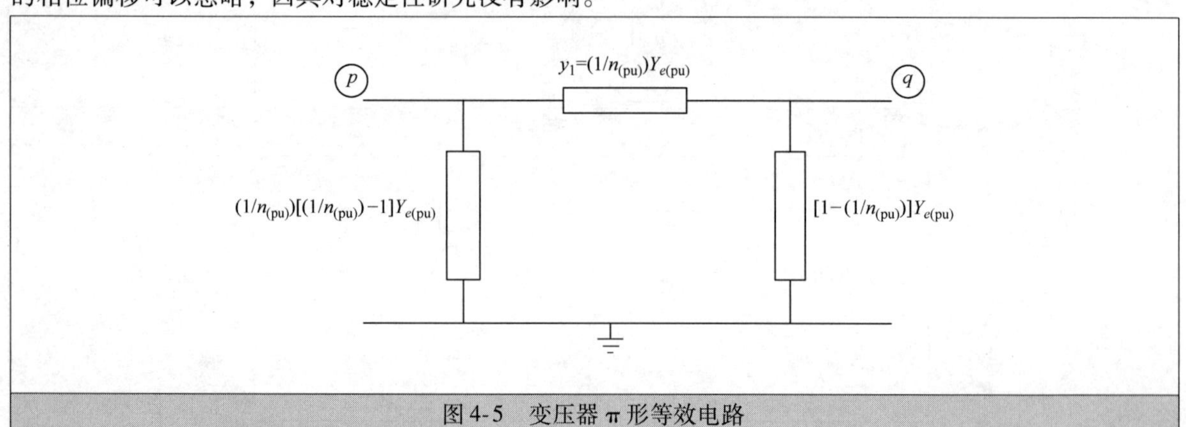

图 4-5　变压器 π 形等效电路

【例4-1】 求60Hz双绕组三相变压器参数，数据如下：

变压器额定功率为500MVA，一次侧和二次侧的额定电压分别为400kV和10.5kV，连接方式为Y/Y连接，一次侧空载抽头开关：4个档位，每档2.5%kV，二次侧带载抽头开关：8档共±10%kV。额定条件下每相$R_{10(pu)}+R_{20(pu)}=0.003$，$X_{10(pu)}+X_{20(pu)}=0.12$。

解：

初始运行条件，假设二次绕组在额定位置，而一次绕组设置在额定位置上一个档位（410kV），对发电机二次侧带非标称电压比的额定值以标幺值形式计算可得等效电路的参数（见图4-3）：

由式（4-5）可得初始非标称电压比是$n_{(pu)}=\frac{400}{410}\frac{10.5}{10.5}=0.976$

转换到二次侧的等效阻抗的标幺值如下：

$$Z_{e(pu)}=(1/0.976)^2\times(0.003+j0.12)=0.003152+j0.1261$$

一次侧抽头的步长值是10kV，而二次侧的步长值是0.13125kV。

匝数比标幺值最大值，$n_{max(pu)}=\frac{400}{410}\frac{10.63125}{10.5}=0.9878$

匝数比标幺值最小值，$n_{min(pu)}=\frac{400}{410}\frac{10.36875}{10.5}=0.9634$

匝数比步长值的标幺值，$\Delta n_{(pu)}=\frac{1.05}{8\times10.5}\frac{400}{410}=0.01219$

标幺值可以根据系统电压和容量基础值进行重新计算。比如，假设一次基准电压=410kV，二次基准电压=10.5kV，系统基准容量=100MVA，相应的标幺值参数为

初始非标称电压比，$n_{(pu)}=0.976\frac{410}{400}\frac{10.5}{10.5}=0.9994$

等效阻抗标幺值，$Z_{e(pu)}=(0.003152+j0.1261)\left(\frac{400}{410}\right)^2\frac{100}{500}=0.0006+j0.024$

匝数比标幺值最大值，$n_{max(pu)}=0.9878\frac{410}{400}\frac{10.5}{10.5}=1.0125$

匝数比标幺值最小值，$n_{min(pu)}=0.9634\frac{410}{400}\frac{10.5}{10.5}=0.9875$

匝数比步长值的标幺值，$\Delta n_{(pu)}=0.01219\frac{410}{400}\frac{10.5}{10.5}=0.01249$

根据图4-5和式（4-11），变压器π形等效电路的初始抽头位置的参数为

$$y_1=\frac{1}{n_{(pu)}}Y_{e(pu)}=\frac{1}{0.9994}\frac{1}{0.0006+j0.024}=1.04157-j41.6627$$

$$y_2=\frac{1}{n_{(pu)}}\left(\frac{1}{n_{(pu)}}-1\right)Y_{e(pu)}=\frac{1}{0.9994}\left(\frac{1}{0.9994}-1\right)\frac{1}{0.0006+j0.024}=0.00062-j0.00249$$

$$y_3=\left(1-\frac{1}{n_{(pu)}}\right)Y_{e(pu)}=\left(1-\frac{1}{0.9994}\right)\frac{1}{0.0006+j0.024}=-0.00062+j0.0249$$

【例4-2】 求60Hz三相三绕组变压器模型的参数，数据如下：

额定容量=500MVA，高压/低压/第三绕组的额定电压=400/240/10.5kV，绕组联接方式（H/L/T）：Y/Y/△。

发电机额定容量额定电压，抽头处于额定位置时的正序阻抗为

$$\mathbf{Z}_{ps}=0.0016+j0.1392,\ \mathbf{Z}_{st}=0+j0.1633,\ \mathbf{Z}_{pt}=0+j0.4741$$

高压侧带载抽头开关：400kV±40kV，共20个档位。

解：

三绕组变压器的建模是建立在阻抗测量的基础之上的，我们可以通过短路实验得到该阻抗，并且可以获得同一容量基准下三个绕组（一次、二次和第三绕组）各自等效阻抗的标幺值。此处应考虑到一次、二次和第三绕组的额定容量不一定相等。平衡条件下，忽略励磁电抗的影响，三绕组变压器单相等效电路可以由Y形连接的三个阻抗表示，如图4-6所示。注意，中性点是虚构的，即它与系统中性点无关。阻抗值用标幺值表示是很方便的。即使三个绕组的额定值不同，基准容量也必须保持一致。三绕组变压器ONR的使用方法与双绕组变压器一致，此外应考虑到实际电压比和基准电压的区别。

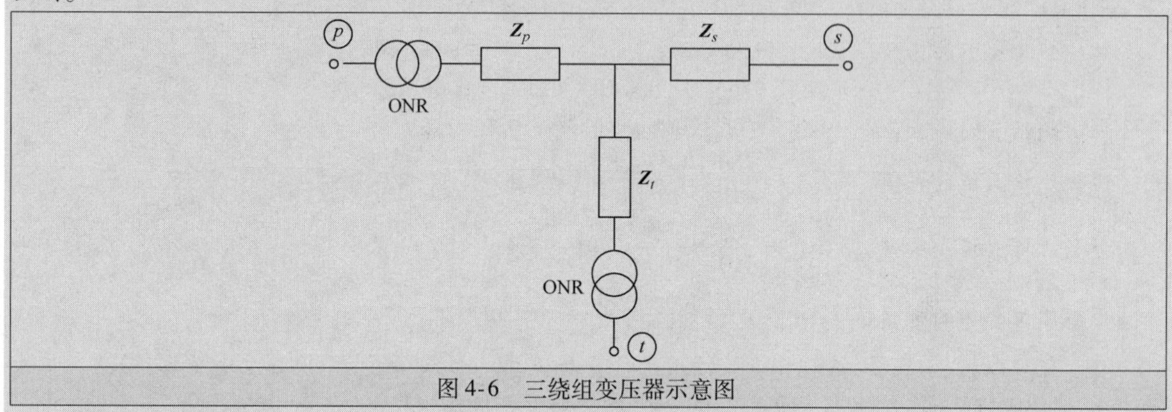

图4-6　三绕组变压器示意图

对三绕组变压器进行短路试验，由阻抗的漏抗组成的以下绕组需要测量：

$\mathbf{Z}_{ps}$ = 二次和第三绕组开路，一次回路中的测量阻抗。

$\mathbf{Z}_{pt}$ = 第三绕组短路，二次开路，一次回路的测量阻抗。

$\mathbf{Z}_{st}$ = 第三绕组短路，一次开路，二次回路的测量阻抗。

如果以上阻抗是在同一基准电压和额定功率之下，三个独立绕组的等效阻抗值 $\mathbf{Z}_p$、$\mathbf{Z}_s$、$\mathbf{Z}_t$ 可以由以下公式求出：

$$\left.\begin{aligned}\mathbf{Z}_{ps}&=\mathbf{Z}_p+\mathbf{Z}_s\\\mathbf{Z}_{pt}&=\mathbf{Z}_p+\mathbf{Z}_t\\\mathbf{Z}_{st}&=\mathbf{Z}_s+\mathbf{Z}_t\end{aligned}\right\}\tag{4-12}$$

因此

$$\left.\begin{aligned}\mathbf{Z}_p&=\frac{1}{2}(\mathbf{Z}_{ps}+\mathbf{Z}_{pt}-\mathbf{Z}_{st})\\\mathbf{Z}_s&=\frac{1}{2}(\mathbf{Z}_{ps}+\mathbf{Z}_{st}-\mathbf{Z}_{pt})\\\mathbf{Z}_t&=\frac{1}{2}(\mathbf{Z}_{pt}+\mathbf{Z}_{st}-\mathbf{Z}_{ps})\end{aligned}\right\}\tag{4-13}$$

将以上数据代入，可得

$$\mathbf{Z}_p=0.0008+\mathrm{j}0.225,\ \mathbf{Z}_s=0.0008-\mathrm{j}0.0858,\ \mathbf{Z}_t=-0.0008+\mathrm{j}0.2491$$

在变压器额定功率，额定电压下，△形等效电路参数的标幺值（下标已用大写字母来表示△形电路）如图4-7所示。

$$\mathbf{Z}_{PS}=\frac{\mathbf{Z}_p\mathbf{Z}_s+\mathbf{Z}_p\mathbf{Z}_t+\mathbf{Z}_s\mathbf{Z}_t}{\mathbf{Z}_t}=\frac{-0.01537+\mathrm{j}0.00035}{-0.0008+\mathrm{j}0.2491}=0.0016+\mathrm{j}0.061$$

$$\mathbf{Z}_{ST}=\frac{\mathbf{Z}_p\mathbf{Z}_s+\mathbf{Z}_p\mathbf{Z}_t+\mathbf{Z}_s\mathbf{Z}_t}{\mathbf{Z}_p}=\frac{-0.01537+\mathrm{j}0.00035}{0.0008+\mathrm{j}0.225}=0.0016+\mathrm{j}0.0684$$

$$\mathbf{Z}_{PT}=\frac{\mathbf{Z}_p\mathbf{Z}_s+\mathbf{Z}_p\mathbf{Z}_t+\mathbf{Z}_s\mathbf{Z}_t}{\mathbf{Z}_s}=\frac{-0.01537+\mathrm{j}0.00035}{0.0008-\mathrm{j}0.0858}=-0.0057-\mathrm{j}0.1793$$

系统基准容量为100MVA，基准电压$P/S/T$分别为400/220/12.47kV，上标为′的三角形等效电路的相关参数的标幺值如图4-8所示，经计算可得

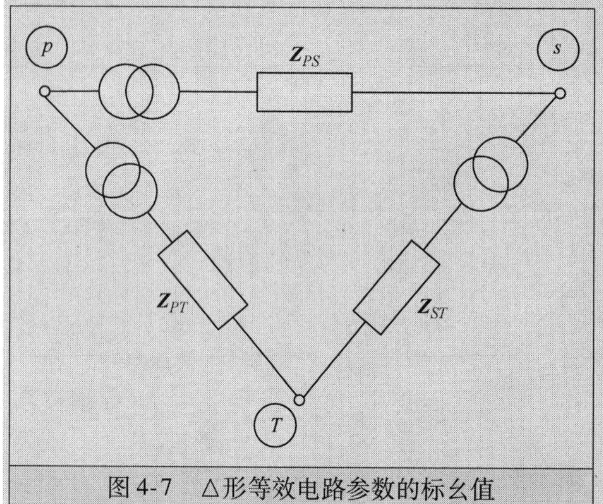

图4-7　△形等效电路参数的标幺值

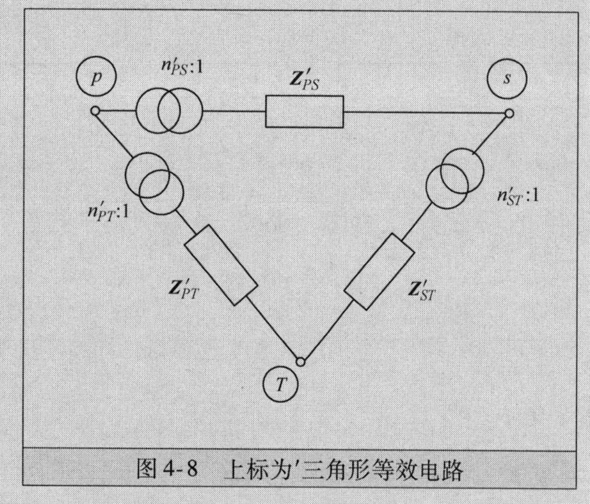

图4-8　上标为′三角形等效电路

$$\mathbf{Z}'_{PS}=\mathbf{Z}_{PS}\left(\frac{240}{200}\right)^2\frac{100}{500}=0.0004+\mathrm{j}0.0145$$

$$\mathbf{Z}'_{ST}=\mathbf{Z}_{ST}\left(\frac{10.5}{12.47}\right)^2\frac{100}{500}=0.0002+\mathrm{j}0.0097$$

$$\mathbf{Z}'_{PT}=\mathbf{Z}_{PT}\left(\frac{10.5}{12.47}\right)^2\frac{100}{500}=-0.0008-\mathrm{j}0.0254$$

$$n'_{PS}=\frac{400}{400}\frac{220}{240}=0.9167$$

$$n'_{ST}=\frac{240}{220}\frac{12.47}{10.5}=1.2956$$

$$n'_{PT}=\frac{400}{400}\frac{12.47}{10.5}=1.1876$$

带载抽头开关数据：

$$n'_{PS\max}=\frac{440}{400}\frac{400}{400}\frac{220}{240}=1.0083$$

$$n'_{PS\min}=\frac{360}{400}\frac{400}{400}\frac{220}{240}=0.825$$

$$\Delta n'_{PS}=\frac{1.0083-0.825}{20}=0.0092$$

$$n'_{PT\max}=\frac{440}{400}\frac{400}{400}\frac{12.47}{10.5}=1.3064$$

$$n'_{PT\min}=\frac{360}{400}\frac{400}{400}\frac{12.47}{10.5}=1.0688$$

$$\Delta n'_{PT}=\frac{1.3064-1.0688}{20}=0.01188$$

△形等效电路的每个支路都可以用图4-5所示的π形等效电路表示。参考式（4-11）π形电路的参数为

PS支路：

$$y_1 = \frac{1}{n'_{PS}} y'_{PS} = \frac{1}{0.9167} \frac{1}{0.0004 + \mathrm{j}0.0145} = 2.0762 - \mathrm{j}75.2619$$

$$y_2 = \frac{1}{n'_{PS}} \left(\frac{1}{n'_{PS}} - 1 \right) y'_{PS} = 0.1868 - \mathrm{j}6.7736$$

$$y_3 = \left(1 - \frac{1}{n'_{PS}} \right) y'_{PS} = \left(1 - \frac{1}{0.9167} \right) \frac{1}{0.0004 + \mathrm{j}0.0145} = -0.1714 + \mathrm{j}6.2143$$

ST 支路：

$$y_1 = \frac{1}{n'_{ST}} y'_{ST} = \frac{1}{1.2956} \frac{1}{0.0002 + \mathrm{j}0.0097} = 1.6421 - \mathrm{j}79.6432$$

$$y_2 = \frac{1}{n'_{ST}} \left(\frac{1}{n'_{ST}} - 1 \right) y'_{ST} = -0.3747 + \mathrm{j}18.1746$$

$$y_3 = \left(1 - \frac{1}{n'_{ST}} \right) y'_{ST} = 0.4855 - \mathrm{j}23.5483$$

PT 支路：

$$y_1 = \frac{1}{n'_{PT}} y'_{PT} = \frac{1}{1.1876} \frac{1}{-0.0008 - \mathrm{j}0.0254} = -1.0443 + \mathrm{j}33.1578$$

$$y_2 = \frac{1}{n'_{PT}} \left(\frac{1}{n'_{PT}} - 1 \right) y'_{PT} = 0.1649 - \mathrm{j}5.2389$$

$$y_3 = \left(1 - \frac{1}{n'_{PT}} \right) y'_{PT} = -0.1959 + \mathrm{j}6.222$$

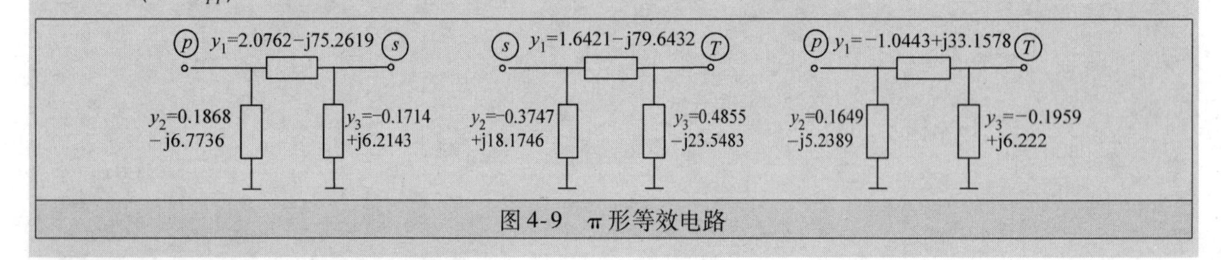

图 4-9　π 形等效电路

4.1.2　移相变压器建模 ★★★

移相变压器可以由母线 p 和母线 q 之间连接的理想变压器与导纳串联表示，该理想变压器电压比比较复杂，$\boldsymbol{n} = n\angle\alpha$（见图 4-10），其中 α 是母线 p 到母线 q 相角偏移。在进行潮流和暂态稳定性分析时，可以认为在不同抽头位置的相位角步长相等。

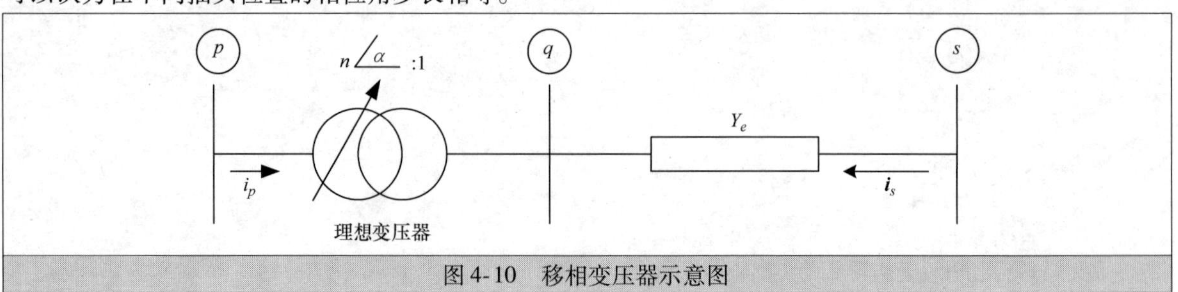

图 4-10　移相变压器示意图

电压比 $\boldsymbol{n} = n\angle\alpha$ 是由实部和虚部组成的复杂变量，因此，其数学表达式可以写作

$$n\angle\alpha = \frac{\boldsymbol{v}_p}{\boldsymbol{v}_q} = a_s + \mathrm{j}b_s = n(\cos\alpha + \mathrm{j}\sin\alpha) \tag{4-14}$$

考虑变压器足够理想（没有损耗）而 α 是正的偏移角，即 $\boldsymbol{v}_p$ 领先于 $\boldsymbol{v}_q$，则一次侧额定功率和二次侧额定功率相关，关系式为

$$\boldsymbol{v}_p \boldsymbol{i}_p^* = -\boldsymbol{v}_q \boldsymbol{i}_s^* \tag{4-15}$$

由式（4-14）和式（4-15）可得，母线 p 上一次电流为

$$\boldsymbol{i}_p = -\frac{1}{a_s - \mathrm{j}b_s}\boldsymbol{i}_s = \frac{\boldsymbol{Y}_e}{a_s - \mathrm{j}b_s}(\boldsymbol{v}_q - \boldsymbol{v}_s) = \frac{\boldsymbol{Y}_e}{a_s - \mathrm{j}b_s}\left(\frac{1}{a_s + \mathrm{j}b_s}\boldsymbol{v}_p - \boldsymbol{v}_s\right)$$

$$= \frac{\boldsymbol{Y}_e}{a_s^2 + b_s^2}[\boldsymbol{v}_p - (a_s + \mathrm{j}b_s)\boldsymbol{v}_s] \tag{4-16}$$

同理，

$$i_s = \frac{Y_e}{a_s + \mathrm{j}b_s}[(a_s + \mathrm{j}b_s)\boldsymbol{v}_s - \boldsymbol{v}_p] \tag{4-17}$$

式（4-16）与式（4-17）所给的电流 $\boldsymbol{i}_p$、$\boldsymbol{i}_q$与电流 $\boldsymbol{v}_p$、$\boldsymbol{v}_q$的关系可以写成矩阵形式

$$\begin{bmatrix}\boldsymbol{i}_p \\ \boldsymbol{i}_s\end{bmatrix} = \begin{bmatrix}\dfrac{\boldsymbol{Y}_e}{a_s^2 + b_s^2} & \dfrac{-\boldsymbol{Y}_e}{a_s - \mathrm{j}b_s} \\ \dfrac{-\boldsymbol{Y}_e}{a_s + \mathrm{j}b_s} & \boldsymbol{Y}_e\end{bmatrix}\begin{bmatrix}\boldsymbol{v}_p \\ \boldsymbol{v}_s\end{bmatrix} \tag{4-18}$$

由式（4-18）可知，母线 p 到母线 s 的转移导纳和母线 s 到母线 p 转移导纳不同，因为导纳矩阵不是对称的。因此，该模型不能用 π 形等效电路表示。注意，图 4-5 中 π 形等效电路给出的理想变压器模型可由式（4-18）验证，验证时将 a 用 n 代替，而 b 用 0 代替。

【例 4-3】 双绕组移相变压器的数据如下。忽略每相阻抗，当在第八档位 $\alpha = 0°$ 和 $10°$ 时分别求式（4-18）中矩阵元素。

额定功率 = 42MVA

一次/二次基准电压 110/110kV

每相漏抗 $X_e = 0.1633$（标幺值）

相角变化范围和档位总数 = 30°，24 档

系统基准电压 = 110/115kV

系统基准功率 = 100MVA

解：

系统基准容量和电压下，X_e的标幺值：$X_e = 0.1633\left(\dfrac{110}{115}\right)^2\dfrac{100}{42} = 0.3557\text{pu}$

ONR：$n = \dfrac{110}{110}\dfrac{115}{110} = 1.04545$

相位角偏移角度在 $\alpha_{\max} = 30°$ 与 $\alpha_{\min} = -30°$ 之间变化。

当 $\alpha = 0°$ 时，

$$\boldsymbol{Y}_e = \frac{1}{\mathrm{j}0.3557} = -\mathrm{j}2.81136\text{pu}$$

电压比 $= a_s + \mathrm{j}b_s = n(\cos\alpha + \mathrm{j}\sin\alpha) = 1.04545 + \mathrm{j}0$

$$\frac{\boldsymbol{Y}_e}{a_s^2 + b_s^2} = -\mathrm{j}2.5722 \quad \frac{-\boldsymbol{Y}_e}{a_s - \mathrm{j}b_s} = \mathrm{j}2.6891$$

$$\frac{-\boldsymbol{Y}_e}{a_s + \mathrm{j}b_s} = \mathrm{j}2.6891$$

因此，导纳矩阵为

$$\boldsymbol{Y}_s = \mathrm{j}\begin{bmatrix}-2.5722 & 2.6891 \\ 2.6891 & -2.81136\end{bmatrix}$$

当 $\alpha = 10°$ 时，由于阻抗随着相位偏移角变化而变化，所以制造商对每个需要的角度提供了一个乘数 m。因此，大体上 $\boldsymbol{Y}_e = m/Z_e$。

$\boldsymbol{Y}_e = -\mathrm{j}m2.81136$，电压比 $= a_s + \mathrm{j}b_s = n(\cos 10° + \mathrm{j}\sin 10°) = 1.0295 + \mathrm{j}0.1815$

于是，

$$\boldsymbol{Y}_s = m\begin{bmatrix}-\mathrm{j}2.5728 & -0.5103 + \mathrm{j}2.6487 \\ 0.5103 + \mathrm{j}2.6487 & -\mathrm{j}2.81136\end{bmatrix}$$

4.2 输电线

输电线具有分布参数的特征：①串联阻抗 Z 包括导线电阻 R 与电感 L，②相地之间漏电流导致的并联电导 G，③导体之间电场导致的并联电容 C。

输电线可通过集中参数的 π 形等效电路或者若干个串联的 π 形电路建模。这取决于研究的本质以及线路的长度。π 形等效电路非常适合进行电力系统稳定性研究。该模型是基于以下假设：①输电线三相对称，即所有相的自阻抗相等且任意两相之间的互阻抗相等；②输电线参数为常量。此外，线路参数中的电流和电压关系应定义如下[2]。

4.2.1 输电线电流和电压关系 ★★★

送端和受端之间输电线的长度 l 可以表示为如图 4-11 所示。注意，电流和电压是表示随时间变化的相量。

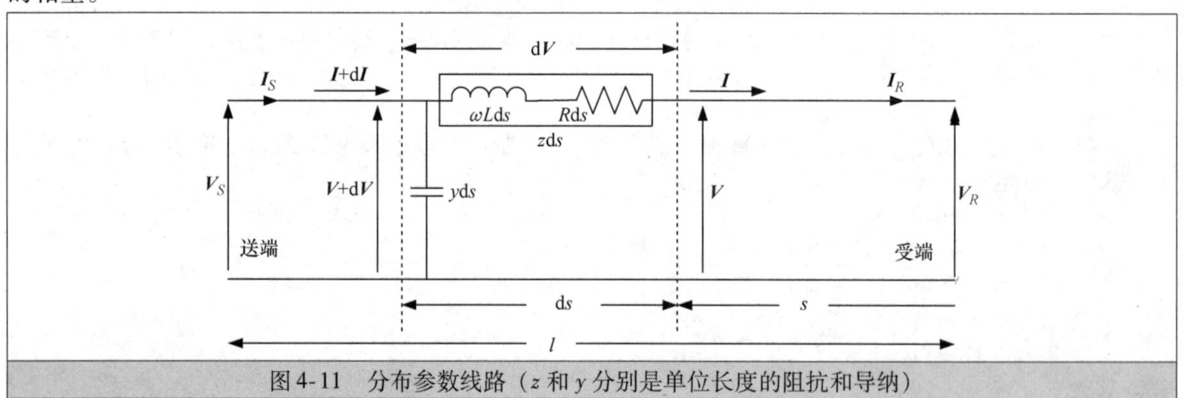

图 4-11 分布参数线路（z 和 y 分别是单位长度的阻抗和导纳）

考虑距离受端为 s 处的长度微分 ds，则该长度增量 ds 两端的电压微分可以给出，

$$\mathrm{d}\boldsymbol{v} = \boldsymbol{i}(z\mathrm{d}s)$$

因此

$$\frac{\mathrm{d}\boldsymbol{v}}{\mathrm{d}s} = z\boldsymbol{i} \tag{4-19}$$

流入并联导纳的微分电流为

$$\mathrm{d}\boldsymbol{i} = \boldsymbol{v}(y\mathrm{d}s)$$

因此，

$$\frac{\mathrm{d}\boldsymbol{i}}{\mathrm{d}s} = y\boldsymbol{v} \tag{4-20}$$

对式（4-19）和式（4-20）关于 s 进行微分可得

$$\frac{\mathrm{d}^2\boldsymbol{v}}{\mathrm{d}s^2} = z\frac{\mathrm{d}\boldsymbol{i}}{\mathrm{d}s},\ \frac{\mathrm{d}^2\boldsymbol{i}}{\mathrm{d}s^2} = y\frac{\mathrm{d}\boldsymbol{v}}{\mathrm{d}s} \tag{4-21}$$

要解出这两个二阶微分方程，必须考虑初始条件。

$s=0$ 处：假设该处的受端电压和电流是已知的，电压 $\boldsymbol{v} = \boldsymbol{V}_R\angle\boldsymbol{\Phi}_1$ 而 $\boldsymbol{i} = \boldsymbol{I}_R\angle\boldsymbol{\Phi}_2$。一般的解决方案是给出距离受端 s 处该点的电压和电流相量（$\boldsymbol{V}_S$，$\boldsymbol{I}_S$）。

$$\left.\begin{aligned}\boldsymbol{V}_S &= \frac{\boldsymbol{V}_R + Z_C\boldsymbol{I}_R}{2}\mathrm{e}^{\gamma s} + \frac{\boldsymbol{V}_R - Z_C\boldsymbol{I}_R}{2}\mathrm{e}^{-\gamma s}\\ \boldsymbol{I}_S &= \frac{(\boldsymbol{V}/Z_C) + \boldsymbol{I}_R}{2}\mathrm{e}^{\gamma s} - \frac{(\boldsymbol{V}_R/Z_C) - \boldsymbol{I}_R}{2}\mathrm{e}^{-\gamma s}\end{aligned}\right\} \tag{4-22}$$

式中，$Z_C \triangleq$ 特征阻抗 $=\sqrt{\dfrac{z}{y}}$；$\gamma \triangleq$ 传播常数 $=\sqrt{zy} = \alpha + \mathrm{j}\beta$；$\alpha \triangleq$ 衰减常数；$\beta \triangleq$ 相位常数。

指数项可以写成扩展形式如下

$$e^{\gamma s}=e^{(\alpha+j\beta)s}=e^{\alpha s}(\cos\beta s+j\sin\beta s)$$
$$e^{-\gamma s}=e^{-(\alpha+j\beta)s}=e^{-\alpha s}(\cos\beta s-j\sin\beta s)$$

式（4-22）中，电流和电压都有两项：第一项定义为入射分量，第二项称作为反射分量。

式（4-22）可以重新排列写成以下形式

$$\left.\begin{aligned}\boldsymbol{V}_S&=\boldsymbol{V}_R\frac{e^{\gamma s}+e^{-\gamma s}}{2}+Z_C\boldsymbol{I}_R\frac{e^{\gamma s}-e^{-\gamma s}}{2}=\boldsymbol{V}_R\cosh(\gamma s)+Z_C\boldsymbol{I}_R\sinh(\gamma s)\\ \boldsymbol{I}_S&=\frac{1}{\boldsymbol{Z}_C}\boldsymbol{V}_R\sinh(\gamma s)+\boldsymbol{I}_R\cosh(\gamma s)\end{aligned}\right\}\tag{4-23}$$

4.2.2 输电线建模 ★★★

从送端到受端的输电线可由图4-12所示的π形等效电路表示，包括串联等效阻抗Z_e和两个大小分别为$Y_e/2$等效并联阻抗。依据受端电压$\boldsymbol{V}_R$，送端电压$\boldsymbol{V}_S$可由下式计算得到

$$\boldsymbol{V}_S=Z_e\left(\boldsymbol{I}_R+\frac{Y_e}{2}\boldsymbol{V}_R\right)+\boldsymbol{V}_R=\left(\frac{Z_eY_e}{2}+1\right)\boldsymbol{V}_R+Z_e\boldsymbol{I}_R\tag{4-24}$$

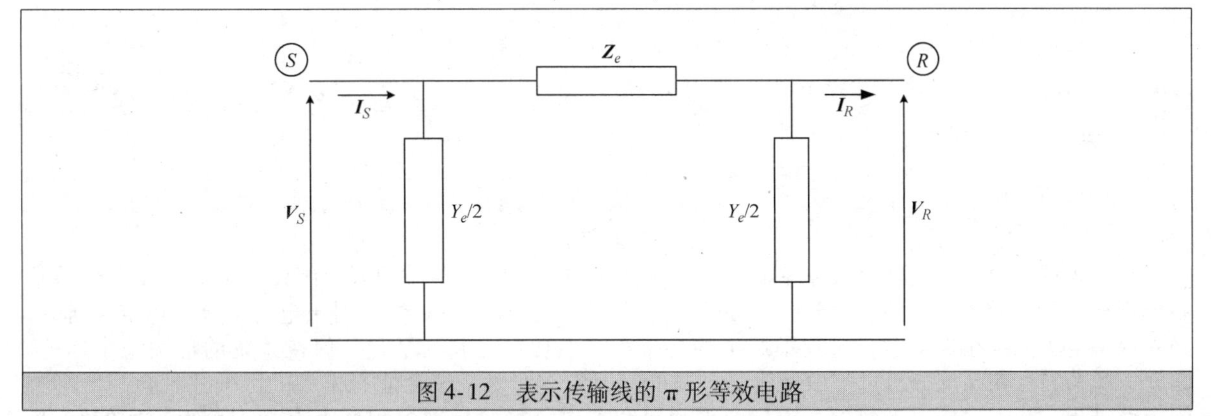

图4-12 表示传输线的π形等效电路

将$s=1$代入式（4-23）可得送端电压

$$\boldsymbol{V}_S=\boldsymbol{V}_R\cosh(\gamma l)+Z_C\boldsymbol{I}_R\sinh(\gamma l)\tag{4-25}$$

由式（4-24）和式（4-25）可得

$$Z_e=Z_C\sinh(\gamma l),\left(\frac{Z_eY_e}{2}+1\right)=\cosh(\gamma l)$$

因此，

$$\left.\begin{aligned}Z_e&=Z_C\sinh(\gamma l)\\ \frac{Y_e}{2}&=\frac{1}{Z_C}\frac{\cosh(\gamma l)-1}{\sinh(\gamma l)}=\frac{1}{Z_C}\tanh\left(\frac{\gamma l}{2}\right)\end{aligned}\right\}\tag{4-26}$$

注意，如果$\gamma l\ll1$，那么，

$$Z_e=Z_C\sinh(\gamma l)\approx Z_C(l)\approx zl=Z$$
$$\frac{Y_e}{2}=\frac{1}{Z_C}\tanh\left(\frac{\gamma l}{2}\right)\approx\frac{1}{Z_C}\frac{\gamma l}{2}\approx\frac{\gamma l}{2}=\frac{Y}{2}$$

在这种情况下，π形等效电路中的参数是线路的总阻抗和总导纳。这种等效电路叫作标准π形等效电路，适用于长度在80～200km范围的中等长度的架空线（通常用于高压或者超高压网络）。

总之，$l<80$km的短架空线可以忽略并联导纳用串联阻抗表示；$80\text{km}<l<200$km的中等长度的架空线可以用标准π形等效电路表示；$l>200$km的长架空线可以分为若干个串联的中等长度架空线，每段用标准π形等效电路表示，部分考虑线路参数的分布式特性的影响。

【例 4-4】 长度为 100km 的 230kV 典型架空线路的参数为 $x=0.488\Omega/\text{km}$，$r=0.05\Omega/\text{km}$，$y=3.371\mu\text{S/km}$。计算特征阻抗 Z_C，传播常数 γ，求出 Z_C 标幺值形式的等效电路。

解：

$$Z_C=\sqrt{\frac{z}{y}}=\sqrt{\frac{r+\text{j}x}{y}}=\sqrt{\frac{0.05+\text{j}0.488}{\text{j}3.371\times10^{-6}}}\approx380\Omega$$

$$\begin{aligned}\gamma&=\sqrt{zy}=\alpha+\text{j}\beta=\text{j}\sqrt{xy}\left(1-\text{j}\frac{r}{2x}\right)=\text{j}1.2826\times10^{-3}\left(1-\text{j}\frac{0.05}{0.976}\right)\\&=0.0000657+\text{j}0.00128\end{aligned}$$

因此，

$\alpha=0.0000657$ 奈培/km　而 $\beta=0.00128\text{rad/km}$

忽略电阻，$X_L=0.488\times100=48.8\Omega$，

$Y_L=3.371\times10^{-6}\times100=0.0003371\text{S}$

Z_C采用标幺值，X_L和 Y_L的值为

$X_L=48.8/380=0.128\text{pu}$，$Y_L=0.0003371\times380=0.128\text{pu}$

Z_C 标幺值形式的等效电路如图 4-13 所示。

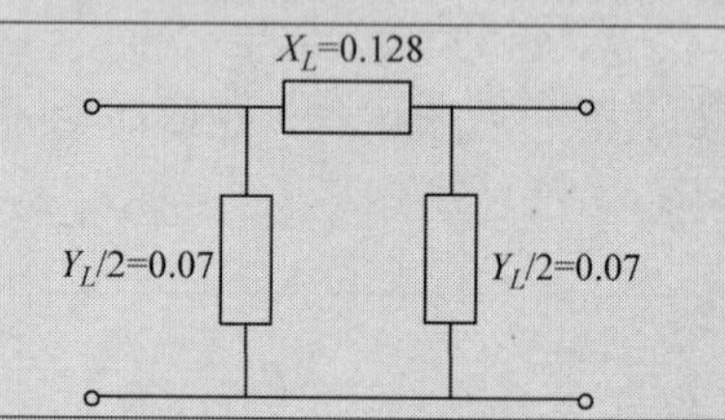

图 4-13　Z_C 标幺值形式的等效电路

4.3 负　　荷

一般来说，为了完成电力系统稳定分析，模型必须开发所有相关的系统组件。不适当建模会导致系统不充分搭建或者过度搭建甚至降低可靠性，事实证明这样代价很高。对于电力系统的稳定性研究，必须保持电力系统在稳定运行过程中产生的功率和需求功率之间的平衡，保持系统的连续稳定运行。因此，负荷特性在系统分析过程中是极其重要的，因为它们对系统性能有重大的影响并且会高度影响稳定性结果。为了实现适当建模，模型必须和研究本质相关并且很大程度上有助于获得精确的结果。负荷精确建模是一项艰巨的任务，因为电力系统包括大量的多种多样的负荷成分，这些负荷位置不同，特性不同，甚至它们的构成随时间而变化。此外，整个系统相关负荷的数据缺乏以及在大型基础上开发模型的工具缺乏使得负荷建模非常困难。

在实际应用中，主要采取两种方法进行负荷模型开发：基于测量和基于组件[3]。第一种方法涉及应用在不同负载点的监视器，以确定负荷对于电压和频率变化的敏感性（有功和无功功率）来直接使用或者确定更详细的负荷模型参数。这种方法的优点是通过直接监视真实的负荷而直接产生潮流和暂态稳定方案所需形式的负荷模型参数。另一方面，由于这种方法需要获取并安装测量设备而且需要监视所有的系统负荷，所以成本很高。另外，当负荷变化时，测量必须不断重复。

第二种基于组件的方法是指从其构成部件的基础上搭建负荷模型，如图4-14所示。这种方法需要三组数据：①描述各类负荷贡献占母线上总有功负荷的百分比的负荷等级混合数据；②描述各负荷元件占该类特定负荷有功消耗的百分比的负荷组成数据；③描述各负荷元件电气特性的负荷特性数据。这种方法的优点是不需要系统测量装置，因此更容易投入使用，并且提高了使用标准模型中每个组件的可能性。注意，需提供每条母线或每个区域的负荷等级混合数据，并且随系统负荷变化而及时更新[4]。

我们已经做出一些努力以开发建立改进负荷模型的方法[5-9]。基础负荷模型可以分为两类：静态和动态模型。

4.3.1　静态负荷模型 ★★★

静态负荷模型任意时刻输送的有功和无功功率是同时刻母线电压幅值和频率的函数。这些模型可用作本质上的静态负荷元件，比如电阻和照明负荷，也可以近似用作动态负荷元件，比如电机驱动负荷。多项式和指数表示是可以用来表示静态负荷模型的两种形式[10]。

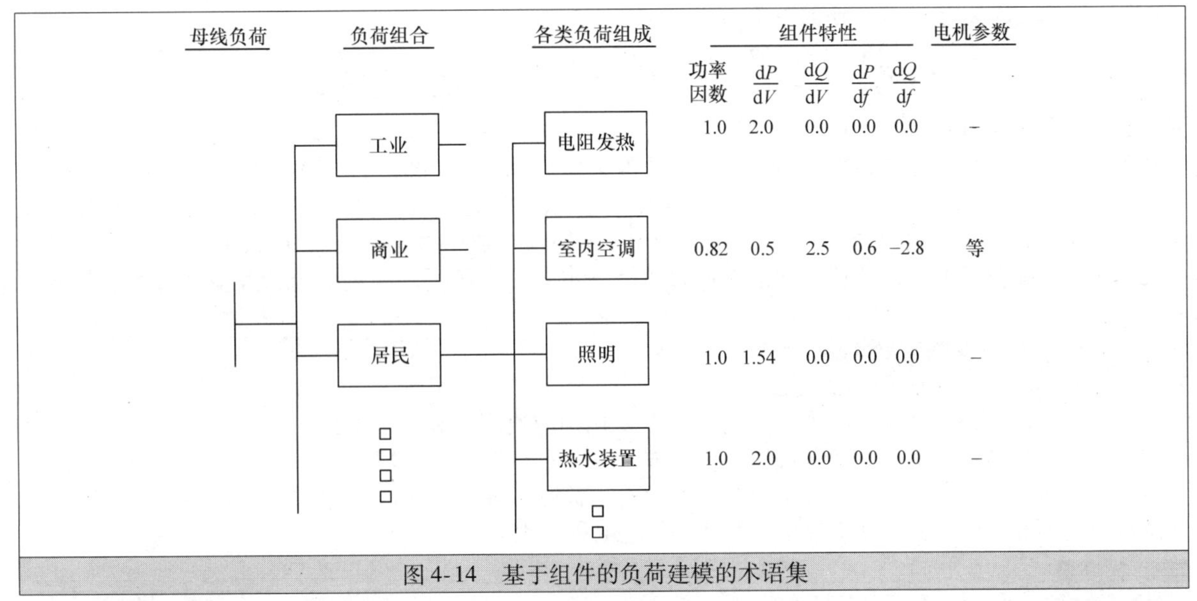

图4-14 基于组件的负荷建模的术语集

1. 多项式表达

电压幅值与功率关系表示为下面形式的一个多项式方程。

$$P = P_o\left[a_o + a_1\left(\frac{V}{V_o}\right) + a_2\left(\frac{V}{V_o}\right)^2\right] \tag{4-27}$$

$$Q = Q_o\left[b_o + b_1\left(\frac{V}{V_o}\right) + b_2\left(\frac{V}{V_o}\right)^2\right] \tag{4-28}$$

式中，当该表达式代表母线负荷时，V_o、P_o、Q_o分别是电压、有功和无功功率的初始值（研究中系统初始运行状况）。如果该模型用于表示特定的负荷装置，V_o应采取装置的额定电压，而P_o和Q_o应为额定电压下消耗的功率。这种情况下，该模型由三项之和组成，每一项代表一个模型。比如①恒阻抗模型Z：负荷功率和电压幅值的二次方成正比，也称作恒导纳模型；②恒电流模型I：负荷功率和电压幅值成正比，当数据不足时，综合负荷可以使用恒电流负荷模型近似替代；③恒功率模型P：负荷功率不随电压幅值变化而变化，也称作恒容量模型，这种类型的负荷在电压较低时会吸引更大的电流以保持恒功率，所以，这种模型存在一个问题就是电压严重下降的情况下不适用。系数a_o、a_1、a_2和b_o、b_1、b_2分别是有功和无功负荷的恒功率、恒电流、恒阻抗元件中的参数。它们的关系式如下

$$\left.\begin{aligned} a_o + a_1 + a_2 = 1 \\ b_o + b_1 + b_2 = 1 \end{aligned}\right\} \tag{4-29}$$

式（4-27）和式（4-28）表示的综合负荷模型也可称作ZIP模型，它的参数是系数a_o、a_1、a_2和b_o、b_1、b_2以及负荷的功率因数。

2. 指数表达式

功率与电压幅值的关系式可以表示为以下指数形式

$$P = P_o\left(\frac{V}{V_o}\right)^{np}, \ Q = Q_o\left(\frac{V}{V_o}\right)^{nq} \tag{4-30}$$

该模型的参数是指数np与nq。设定指数为0、1、2可分别表示恒功率、恒电流、恒阻抗模型。其他指数值可以用来表示不同类型的负荷元件的综合效应，其中指数大于2或者小于0也许适用于一些类型的负荷。有时关系式中包含两个或多个不同指数的项。比如，当电力系统中的某一母线用作负荷节点时，为了同时包括电压依赖性和频率变化的影响，有功可以表示为

$$P = P_o\left[C_1\left(\frac{V}{V_o}\right)^{np_1}(1 + k_p\Delta f) + (1 - C_1)\left(\frac{V}{V_o}\right)^{np_2}\right] \tag{4-31}$$

式中，$C_1 \triangleq$有功负荷的频率依赖性；$np_1 \triangleq$有功负荷频率分量的电压指数；$np_2 \triangleq$有功负荷频率无关分量的电压指数；$\Delta f \triangleq$相对于额定频率的单位频率偏移；$k_p \triangleq$有功负荷频率灵敏系数。

考虑负荷补偿效应，有功功率表示为

$$Q = P_o\left[C_2\left(\frac{V}{V_o}\right)^{nq_1}(1+k_{q1}\Delta f)+\left(\frac{Q_o}{P_o}-C_2\right)\left(\frac{V}{V_o}\right)^{nq_2}(1+k_{q2}\Delta f)\right] \tag{4-32}$$

式中，$C_2 \triangleq$最初未补偿时有功负荷占最初总负荷P_o的比例；$nq_1 \triangleq$未补偿有功的电压指数；$nq_2 \triangleq$无功补偿项的电压指数；$k_{q1} \triangleq$未补偿有功负荷的频率灵敏系数；$k_{q2} \triangleq$无功补偿的频率灵敏系数。

无功功率归一化到P_o而不是Q_o，是为了避免由于取消负荷无功功消耗和并联电容的无功损耗造成Q_o等于零的情况。第一项包括所有负荷元件的无功损耗，它是利用独立负荷元件的功率因数建立的。第二项近似表示母线和不同负荷之间的二次输电与配电系统中的无功损耗和补偿效应。这两项包括频率灵敏性。

4.3.2 动态负荷模型 ★★★

以上介绍的静态模型可以应用于对电压频率变化响应速度快、快速达到稳定状态的综合负荷。有些情况下必须考虑负荷组件的动态特性，比如放电灯、保护继电器、恒温控制的负载、带 LTC 的变压器以及电动机。无论负荷的分类（工业的、商业的或者住宅的），电动机代表动态负荷的主要部分，因此这部分主要介绍电动机的动态模型，尤其是感应电机[11-15]。

4.3.2.1 感应电机模型

感应电机稳态时的等效电路可以是图 4-15a，b 所示的两种形式之一。两个电路的唯一区别是图 4-15b 中转子功率由电阻损耗和轴输出功率两部分组成。等效电路中的所有物理量都是相对于定子侧的。在电机运行中，转差是正的，而图中表示的电流方向也是正的。考虑饱和效应的双笼感应电机和深槽感应电机的等效电路的更多细节见于参考文献[16，17]。

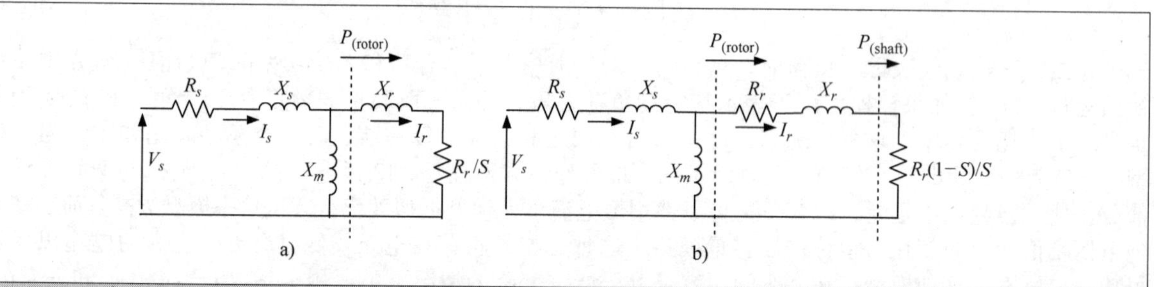

图 4-15 感应电机等效电路
a）表示总转子功率 b）表示转子功率组件

对于稳定性研究，忽略定子暂态电流的直流部分，仅由基频分量表示。忽略定子瞬变和转子绕组缩短，感应电机的最简单模型的标幺值电气方程可以写成如下形式。

转子惯性的动态特性可以由下式表示：

$$\frac{\mathrm{d}\omega_r}{\mathrm{d}t} = \frac{1}{2H}(T_e - T_m) \tag{4-33}$$

式中，ω_r是单位转子速度。

T_m是单位机械转矩，是ω_r的函数，关系式如下：

$$T_m = T_{mo}[A\omega_r^2 + B\omega_r + C] \tag{4-34}$$

T_e是单位电气转矩，是感应电动机转差率的函数，可以由图 4-15 所示的稳态等效电路计算得到

$$T_e = \frac{I_r^2 R}{S} \tag{4-35}$$

H是转动惯量常数。

感应电机的典型数据，系数A、B、C，而不同装置中的等效电路参数可在参考文献［18］中查到。

考虑转子暂态，用于稳定性研究的简化等效电路如图 4-16 所示，其中E'是落后于暂态电抗X_S'的复杂电压源，定义为

$$\frac{\mathrm{d}E'}{\mathrm{d}t} = -\mathrm{j}2\pi fSE' - \frac{1}{T_o}[E' - \mathrm{j}(X - X_s')I_t] \tag{4-36}$$

式中，f是工作频率。

$$\begin{gathered} T_o = \frac{X_r + X_m}{2\pi fR_r},\ I_t = \frac{V - E_t'}{R_s + \mathrm{j}X_s'} = i_q + \mathrm{j}i_d \\ X = X_s + X_m,\ X_s' = X_s + \frac{X_mX_r}{X_m + X_r} \end{gathered} \tag{4-37}$$

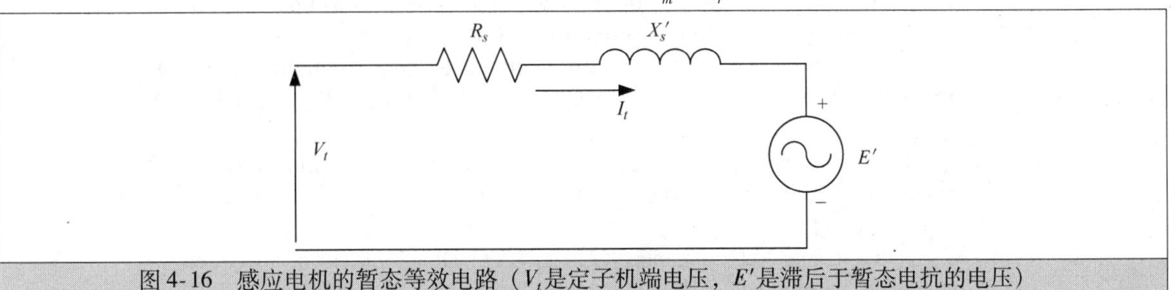

图4-16　感应电机的暂态等效电路（V_t是定子机端电压，E'是滞后于暂态电抗的电压）

另外，式（4-36）中的E'可由$d-q$参考坐标系下的两个真实值E_d'和E_q'表示。

$$\left.\begin{aligned} \frac{\mathrm{d}E_d'}{\mathrm{d}t} &= -(\omega_s - \omega_r)E_q' + \frac{1}{T_o}(X - X_s')i_q - \frac{1}{T_o}E_d' \\ \frac{\mathrm{d}E_q'}{\mathrm{d}t} &= (\omega_s - \omega_r)E_d' - \frac{1}{T_o}(X - X_s')i_d - \frac{1}{T_o}E'_q \end{aligned}\right\} \tag{4-38}$$

式中，$\omega_s = 2\pi f$。

利用关系式$T_e = E_d'i_d + E_q'i_q$可以计算出电磁转矩。

4.4　关于稳定性和潮流分析的负载建模评价

- 通常是用大功率传输点的负荷特性表示综合负荷的特性，如图4-17所示。
- 为了保证准确性，稳定性研究应采用良好的动态负荷模型，包括电机转子磁链暂态过程的影响，放电照明的不连续性，扰动后LTCS对负荷的振荡幅值的影响，变压器和电动机的饱和效应及类似现象。
- 当静态负荷模型得到的结果与更详细的动态模型一致时，静态负荷模型是适当的。所以，我们应该使用两种情况下的典型数据对静态负荷模型和动态负荷模型进行比较，决定出在研究中使用哪种模型[19]。
- 为了表示综合负荷特性，数据采集是必不可少的。我们使用两种方法获得数据：①直接测量代表性区域和馈线上的负荷P和Q的电压和频率灵敏性；②利用变电站供应的混合负载、每类负荷的组成、每个负荷元件的典型特性相关知识建立综合负荷模型。总之，两种方法都应得到使用，因为它们是互补的，有助于理解并且在不同条件下预测负荷特性。

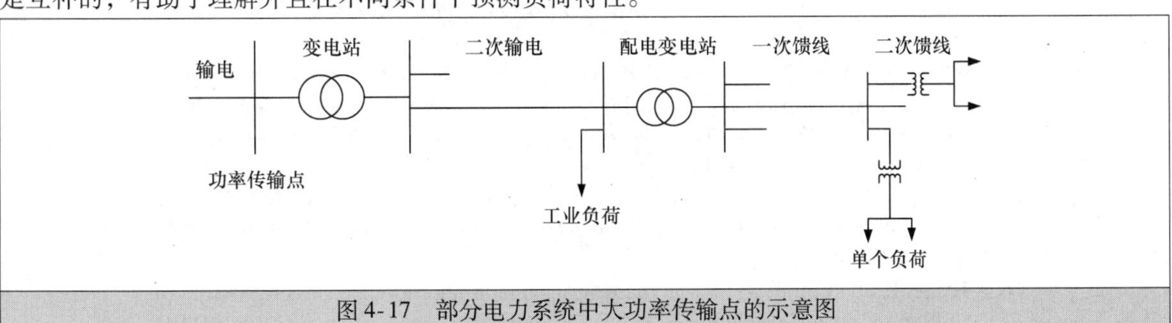

图4-17　部分电力系统中大功率传输点的示意图

参考文献

1. Stagg G.W., El-Abiad A.H. *Computer Methods in Power System Analysis*. New York, USA: McGraw-Hill; 1968
2. Westinghouse Electric Corporation. *Electrical Transmission and Distribution Reference Book*. East Pittsburgh, PA, USA; 1964
3. Price W.W., Wirgua K.A., Murdoch A., Mitsche J.V., Vaahedi E., El-Kady M. 'Load modeling for power flow and transient stability computer studies'. *IEEE Transactions on Power Systems*. 1988;**3**(1):180–7
4. Shi J.H., Renmu H. (eds.). 'Measurement-based load modeling – model structure'. *IEEE Bologna Power Tech Conference Proceedings, 2003 IEEE Bologna*; Italy, vol. 2, June 2003
5. Pai M.A., Sauer P.W., Lesieutre B.C. 'Static and dynamic nonlinear loads and structural stability in power systems'. *Proceedings of the IEEE*. 1995; **83**(11):1562–72
6. Wang J.C., Ciang H.D., Chang C.L., Liu A.H. 'Development of a frequency-dependent composite load model using the measurement approach'. *IEEE Transactions on Power Systems*. 1994;**9**(3):1546–56
7. Song Y.H., Dang D.Y. (eds.). 'Load modeling in commercial power systems using neural networks'. *Industrial and Commercial Power Systems Technical Conference, 1994. Conference Record, Papers Presented at the 1994 Annual Meeting, 1994 IEEE*; Irvine, CA, USA, May 1994. pp. 1–6
8. Hsu C.T. 'Transient stability study of the large synchronous motors starting and operating for the isolated integrated steel-making facility'. *IEEE Transactions on Industry Applications*. 2003;**39**(5):1436–41
9. Shimada T., Agematsu S., Shoji T., Funabashi T., Otoguro H., Ametani A. (eds.). 'Combining power system load models at a busbar'. *IEEE Power Engineering Society Summer Meeting, 2000 IEEE*; Seattle, WA, USA, 2000. pp. 383–88
10. Coker M.L., Kgasoane H. (eds.). 'Load modeling'. *5th Africon Conference in Africa, 1999 IEEE Africon*; Cape Town, South Africa, Sep/Oct 1999, vol. 2. pp. 663–8
11. Kao W.S., Huang C.T., Chiou C.Y. 'Dynamic load modeling in Taipower system stability studies'. *IEEE Transactions on Power Systems*. 1995; **10**(2):907–14
12. Houlian C., Shande S., Shouzhen Z. (eds.). 'Radial basis function networks for power system dynamic load modeling'. *TENCON '93, Proceedings; Computer, Communication, Control and Power Engineering*. 1993 *IEEE Region 10 Conference on*; Beijing, China, Oct 1993. pp. 179–82
13. Karlsson D., Hill D.J. 'Modeling and identification of nonlinear dynamic loads in power systems'. *IEEE Transactions on Power Systems*. 1994; **9**(1):157–66
14. Zhu S.Z., Dong Z.Y., Wong K.P., Wang Z.H. (eds.). 'Power system dynamic load identification and stability'. *Power System Technology, 2000. Proceedings. PowerCon 2000. International Conference on*; Perth, WA, USA, Dec 2000, vol. 1. pp. 13–18
15. Vaahedi E., Zein El-Din H.M.Z., Price W.W. 'Dynamic load modeling in large scale stability studies'. *IEEE Transactions on Power Systems*. 1988; **3**(3):1039–45
16. Hung R., Dommel H.W. 'Synchronous machine models for simulation of induction motor transients'. *IEEE Transactions on Power Systems*. 1996; **11**(2):833–8

17. Price W.W., Chiang H.D., Clark H.K., Concordia C., Lee D.C., Hsu J.C. *et al.* 'Load representation for dynamic performance analysis'. *IEEE Transactions on Power Systems*. 1993;**8**(2):472–82
18. IEEE Task Force on Load Representation for Dynamic Performance. 'Standard load models for power flow and dynamic performance simulation'. *IEEE Transactions on Power Systems*. 1995;**10**(3):1302–13
19. Kao W.S., Lin C.J., Huang C.T., Chen Y.T., Chiou C.Y. 'Comparison of simulated power system dynamics applying various load models with actual recorded data'. *IEEE Transactions on Power Systems*. 1994;**9**(1):248–54

第Ⅱ部分　电力系统潮流

第 5 章 电力系统潮流分析

在第Ⅰ部分中我们对电力系统各个元件的模型进行了描述，本章的目的是通过研究各个元件相互之间的数学关系，从而建立一个电力系统的整体模型。该模型是由各种相互关联的元件构成的，它能反映电力系统中每条母线的电流、电压、有功功率和无功功率，又被称为功率流模型或潮流模型。我们发现该模型中所有物理量之间的关系都是非线性的，包括每条母线上电压与电流之间、每条负载母线的有功与无功需求之间及发电机母线上的实际功率和电压幅值之间的关系，都是非线性的。因此，潮流计算意味着通过解一组非线性方程，得到系统中的一系列负载分布和发电机的输出。在实际中，含分布式网络的大型输电系统的潮流计算暂时没有涉及，而分布式系统的负荷往往是以变电站形式来描述的。此外，元件建模的很多假设是基于运行条件的，无论是在稳定运行的状态下还是在有扰动的情况下，元件的假设条件都具有时序性，并且满足潮流计算的原则。建模假设的形成不仅依赖于其动作条件（是稳定状态还是扰动状态），而且应与研究的时间段及目的相协调。在潮流研究中我们使用电力系统单相的等效表示，因为我们一般假定电力系统是平衡的。5.1 节着重于交流潮流计算方法的一般性概念。由于其与电力系统稳定性研究相关，在该潮流计算方法中我们使用节点导纳矩阵进行计算。特别地，由于牛顿 - 拉夫逊和快速解耦法具有准确度高、收敛速度快的特点，因此本节用实例对这两种方法进行了解释。

5.1 一般性概念

对于一个拥有 n 个独立节点的电力系统，对每个节点使用基尔霍夫定律，可以得到如下 n 个方程[1]

$$\left.\begin{aligned}Y_{11}V_1+Y_{12}V_2+\cdots+Y_{1n}V_n&=I_1\\Y_{21}V_1+Y_{22}V_2+\cdots+Y_{2n}V_n&=I_2\\&\vdots\\Y_{n1}V_1+Y_{n2}V_2+\cdots+Y_{nn}V_n&=I_n\end{aligned}\right\}\tag{5-1}$$

式（5-1）以矩阵形式可以表示为

$$\begin{bmatrix}Y_{11}&Y_{12}&\cdots&Y_{1n}\\Y_{21}&Y_{22}&\cdots&Y_{2n}\\\vdots&\vdots&\ddots&\vdots\\Y_{n1}&Y_{n2}&\cdots&Y_{nn}\end{bmatrix}\begin{bmatrix}V_1\\V_2\\\vdots\\V_n\end{bmatrix}=\begin{bmatrix}I_1\\I_2\\\vdots\\I_n\end{bmatrix}\quad 或\quad [Y][V]=[I]\tag{5-2}$$

式中，$I\triangleq$ 节点注入电流矢量；$\boldsymbol{V}\triangleq$ 节点电压矢量；$\boldsymbol{Y}\triangleq$ 节点导纳矩阵；$Y_{ii}\triangleq$ 节点导纳矩阵的对角线元素，称为节点 i 的自导纳。它等于与节点 i 相连的所有支路导纳的和，即 $y_{io}+y_{i2}+\cdots+y_{in}$；$y_{io}\triangleq$ 节点 i 总的容性导纳；$Y_{ij}\triangleq$ 节点导纳矩阵的非对角元素，称为节点 i 的互导纳。它等于节点 i 和 j 间支路导纳的负值。

特别地，如果节点 i 和 j 之间没有支路，则非对角线元素 Y_{ij} 值为零。一般情况下，节点导纳矩阵是稀疏矩阵。

将节点电流用节点电压和功率来表示，可以表示为

$$I_i=\frac{S_i^*}{V_i^*}=\frac{(P_{(net)i}-\mathrm{j}Q_{(net)i})}{V_i^*}\tag{5-3}$$

式中，$S\triangleq$复功率注入矢量，上标 * 表示共轭矢量；$P_{(net)i}\triangleq$网络中注入节点 i 的有功功率，$P_{(net)i}=P_{Gi}-P_{Li}$；$Q_{(net)i}\triangleq$网络中注入节点 i 的无功功率，$Q_{(net)i}=Q_{Gi}-Q_{Li}$；$P_{Gi}\triangleq$与节点 i 相连的发电机输出的有功功率；$P_{Li}\triangleq$与节点 i 相连的负载的有功需求；$Q_{Gi}\triangleq$与节点 i 相连的发电机输出的无功功率；$Q_{Li}\triangleq$与节点 i 相连的负载的无功需求。

从式（5-1）和式（5-3），可以得到下列关系

$$\frac{P_{(net)i}-\mathrm{j}Q_{(net)i}}{V_i^*}=Y_{i1}V_1+Y_{i2}V_2+\cdots+Y_{in}V_n,\ i=1,2,\cdots,n \tag{5-4}$$

或者

$$P_{(net)i}+\mathrm{j}Q_{(net)i}=V_i\sum_{j=1}^{n}Y_{ij}^*V_j^*,\ i=1,2,\cdots,n \tag{5-5}$$

从式（5-5）的实部和虚部可以看出，由四个变量 P、Q、V 和角度 θ 每个节点可得到两个方程。因此，为计算潮流方程应该给定每个节点中的两个变量，以此确定另外两个变量。根据节点的已知变量及电力系统工作条件，节点可分为 3 类。

类 1 – PV 节点：已知有功功率 P 和电压幅值 $|V|$，无功功率和电压相角未知。与发电机相连的节点通常为 PV 节点。

类 2 – PQ 节点：已知有功功率和无功功率，电压的幅值和相角未知。通常与负载相连的节点及与输出恒定功率的发电机相连的节点为 PQ 节点。

类 3 – 平衡节点：也称作摇摆节点或参考节点。在电力系统潮流计算中，网络的功率损耗需到潮流计算结束才知道，于是我们选择与发电机相连的节点为平衡节点。该节点的电压幅值和相角给定，所以该节点除了使发电机平衡外还可平衡系统的网损。一般来说，在潮流计算中只有一个松弛节点。由于松弛节点的电压已经给定，只有 $n-1$ 个节点电压需要计算。由此也可以知道，潮流计算的方程数为 $2(n-1)$。

常规的用于求解潮流方程的方法在 5.2 ~ 5.4 节给出。由于潮流方程为非线性方程组，所以这些方法都具有非线性迭代、需要猜测初始值的特点。

5.2　牛顿迭代法

一组有 n 个变量的非线性方程的一般形式为

$$\left.\begin{aligned}f_1(x_1,x_2,\cdots,x_n)&=0\\f_2(x_1,x_2,\cdots,x_n)&=0\\&\vdots\\f_n(x_1,x_2,\cdots,x_n)&=0\end{aligned}\right\} \tag{5-6}$$

为求解这组非线性方程，我们设定一个初始变量 x_i^0，$i=1,2,\cdots,n$。初值 x_i^0 与终值 x 的差值为 Δx^0，将 $x=x^0+\Delta x^0$ 代入式（5-6），于是

$$\left.\begin{aligned}f_1(x_1^0+\Delta x_1^0,x_2^0+\Delta x_2^0,\cdots,x_n^0+\Delta x_n^0)&=0\\f_2(x_1^0+\Delta x_1^0,x_2^0+\Delta x_2^0,\cdots,x_n^0+\Delta x_n^0)&=0\\&\vdots\\f_n(x_1^0+\Delta x_1^0,x_2^0+\Delta x_2^0,\cdots,x_n^0+\Delta x_n^0)&=0\end{aligned}\right\} \tag{5-7}$$

应用泰勒级数将式（5-7）展开，并且忽略二阶导数项和高阶导数项，可以得到

$$\left.\begin{aligned}f_1(x_1^0,x_2^0,\cdots,x_n^0)+\left.\frac{\partial f_1}{\partial x_1}\right|_{x_1^0}\Delta x_1^0+\cdots+\left.\frac{\partial f_1}{\partial x_n}\right|_{x_1^0}\Delta x_n^0&=0\\f_2(x_1^0,x_2^0,\cdots,x_n^0)+\left.\frac{\partial f_2}{\partial x_1}\right|_{x_1^0}\Delta x_1^0+\cdots+\left.\frac{\partial f_2}{\partial x_n}\right|_{x_1^0}\Delta x_n^0&=0\\&\vdots\\f_n(x_1^0,x_2^0,\cdots,x_n^0)+\left.\frac{\partial f_n}{\partial x_1}\right|_{x_1^0}\Delta x_1^0+\cdots+\left.\frac{\partial f_n}{\partial x_n}\right|_{x_1^0}\Delta x_n^0&=0\end{aligned}\right\} \tag{5-8}$$

矩阵形式为

$$\begin{bmatrix} f_1(x_1^0,x_2^0,\cdots,x_n^0) \\ f_2(x_1^0,x_2^0,\cdots,x_n^0) \\ \vdots \\ f_n(x_1^0,x_2^0,\cdots,x_n^0) \end{bmatrix} = -\begin{bmatrix} \left.\frac{\partial f_1}{\partial x_1}\right|_{x_1^k} & \left.\frac{\partial f_1}{\partial x_2}\right|_{x_2^0} & \cdots & \left.\frac{\partial f_1}{\partial x_n}\right|_{x_n^0} \\ \left.\frac{\partial f_2}{\partial x_1}\right|_{x_1^0} & \left.\frac{\partial f_2}{\partial x_2}\right|_{x_2^0} & \cdots & \left.\frac{\partial f_2}{\partial x_n}\right|_{x_n^0} \\ \vdots & \vdots & & \vdots \\ \left.\frac{\partial f_n}{\partial x_1}\right|_{x_1^0} & \left.\frac{\partial f_n}{\partial x_2}\right|_{x_2^0} & \cdots & \left.\frac{\partial f_n}{\partial x_n}\right|_{x_n^0} \end{bmatrix} \begin{bmatrix} \Delta x_1^0 \\ \Delta x_2^0 \\ \vdots \\ \Delta x_n^0 \end{bmatrix} \tag{5-9}$$

于是，从式（5-9）可以计算出 $\Delta X^0 = [\Delta x_1^0,\ \Delta x_1^0,\ \cdots,\ \Delta x_1^0]^{\mathrm{T}}$。由此我们得到了新的求解方法，由于忽略了泰勒级数的高阶导数，所以该方法是一个近似求解方法，即不是真正的求解方法。因此需要进一步的迭代。迭代方程可以表示为

$$\begin{bmatrix} f_1(x_1^k,x_2^k,\cdots,x_n^k) \\ f_2(x_1^k,x_2^k,\cdots,x_n^k) \\ \vdots \\ f_n(x_1^k,x_2^k,\cdots,x_n^k) \end{bmatrix} = -\begin{bmatrix} \left.\frac{\partial f_1}{\partial x_1}\right|_{x_1^k} & \left.\frac{\partial f_1}{\partial x_2}\right|_{x_2^0} & \cdots & \left.\frac{\partial f_1}{\partial x_n}\right|_{x_n^0} \\ \left.\frac{\partial f_2}{\partial x_1}\right|_{x_1^0} & \left.\frac{\partial f_2}{\partial x_2}\right|_{x_2^0} & \cdots & \left.\frac{\partial f_2}{\partial x_n}\right|_{x_n^0} \\ \vdots & \vdots & & \vdots \\ \left.\frac{\partial f_n}{\partial x_1}\right|_{x_1^0} & \left.\frac{\partial f_n}{\partial x_2}\right|_{x_2^0} & \cdots & \left.\frac{\partial f_n}{\partial x_n}\right|_{x_n^0} \end{bmatrix} \begin{bmatrix} \Delta x_1^0 \\ \Delta x_2^0 \\ \vdots \\ \Delta x_n^0 \end{bmatrix} \tag{5-10}$$

及

$$x_i^{k+1} = x_i^k + \Delta x_i^k,\ i = 1,2,\cdots,n \tag{5-11}$$

当 $|\Delta x_i| \leqslant \varepsilon$，$i=1$，2，…，$n$ 时终止迭代，ε 为一个表示收敛精度的小的正数。

用矩阵形式表达式（5-10）和式（5-11）为

$$\left.\begin{aligned} F(X^k) &= -J^k \Delta X^k \\ X^{k+1} &= X^k + \Delta X^k \end{aligned}\right\} \tag{5-12}$$

式中，$J \triangleq n \times n$，为雅克比矩阵。

上面解释的数学原理可以应用于求解极坐标系或直角坐标系下表示的非线性潮流方程组[2]。

5.2.1　极坐标系下的潮流方程计算方法 ★★★

在极坐标下，式（5-5）中的复电压、有功功率、无功功率可表示为

$$V_i = V_i(\cos\delta_i + \mathrm{j}\sin\delta_j) \tag{5-13}$$

$$P_i = V_i \sum_{j=1}^{n} V_j (G_{ij}\cos\delta_{ij} + B_{ij}\sin\delta_{ij}) \tag{5-14}$$

$$Q_i = V_i \sum_{j=1}^{n} V_j (G_{ij}\sin\delta_{ij} - B_{ij}\cos\delta_{ij}) \tag{5-15}$$

式中，$\delta_{ij} = \delta_i - \delta_j \triangleq$ 节点 i 和 j 之间的相角差。

根据5.1节的节点类型，对于一个具有 n 个节点的系统，我们假设该系统的节点组成为：第 $1 \to m$ 个节点为 PQ 节点，第 $m+1 \to n-1$ 个节点为 PV 节点，第 n 个节点为平衡节点。因此，第 $V_{m+1} \to V_{n-1}$ 个节点的电压幅值、松弛节点的电压幅值 V_n 和相角 δ_n 都是已知的。未知量为前 $n-1$ 个节点的电压相角及前 m 个节点的电压幅值。对于系统中每个节点，额定有功功率 P_{sch} 和实际产生的有功功率 P_i 之间的差值表示为

$$\Delta P_i = P_{sch} - P_i = P_{sch} - V_i \sum_{j=1}^{n-1} V_j (G_{ij}\cos\delta_{ij} + B_{ij}\sin\delta_{ij}) \tag{5-16}$$

相似地，每个 PQ 节点的无功功率差值为

$$\Delta Q_i = Q_{sch} - Q_i = Q_{sch} - V_i \sum_{j=1}^{m} V_j (G_{ij}\sin\delta_{ij} - B_{ij}\cos\delta_{ij}) \tag{5-17}$$

依据式（5-12）可以得到如下方程

$$\begin{bmatrix} \Delta P \\ \Delta Q \end{bmatrix} = -J \begin{bmatrix} \Delta\delta \\ \dfrac{\Delta V}{V} \end{bmatrix} \quad 或 \quad \begin{bmatrix} \Delta P \\ \Delta Q \end{bmatrix} = -\begin{bmatrix} H & N \\ M & L \end{bmatrix} \begin{bmatrix} \Delta\delta \\ V_D^{-1}\Delta V \end{bmatrix} \tag{5-18}$$

式中，$\Delta P = \begin{bmatrix} \Delta P_1 \\ \Delta P_2 \\ \vdots \\ \Delta P_{n-1} \end{bmatrix}$，$\Delta Q = \begin{bmatrix} \Delta Q_1 \\ \Delta Q_2 \\ \vdots \\ \Delta Q_m \end{bmatrix}$，$\Delta\delta = \begin{bmatrix} \Delta\delta_1 \\ \Delta\delta_2 \\ \vdots \\ \Delta\delta_{n-1} \end{bmatrix}$，$\Delta V = \begin{bmatrix} \Delta V_1 \\ \Delta V_2 \\ \vdots \\ \Delta V_m \end{bmatrix}$，

$$V_D = \begin{bmatrix} V_1 & & & \\ & V_2 & & \\ & & \ddots & \\ & & & V_m \end{bmatrix}$$

$H \triangleq (n-1)\times(n-1)$ 阶矩阵且 $H_{ij} = \partial\Delta P_i / \partial\delta_j$；$N \triangleq (n-1)\times m$ 阶矩阵且 $N_{ij} = V_j(\partial\Delta P_i / \partial V_j)$；$M \triangleq m\times(n-1)$ 阶矩阵且 $M_{ij} = \partial\Delta Q_i / \partial\delta_j$；$L \triangleq m\times m$ 阶矩阵且 $L_{ij} = V_j(\partial\Delta Q_i / \partial V_j)$。

根据定义，雅克比矩阵的非对角元素可以用下面的关系式进行计算

$$\left.\begin{aligned} H_{ij} &= -V_iV_j(G_{ij}\sin\delta_{ij} - B_{ij}\cos\delta_{ij}) \\ N_{ij} &= -V_iV_j(G_{ij}\cos\delta_{ij} - B_{ij}\sin\delta_{ij}) \\ M_{ij} &= V_iV_j(G_{ij}\cos\delta_{ij} - B_{ij}\sin\delta_{ij}) \\ L_{ij} &= -V_iV_j(G_{ij}\sin\delta_{ij} - B_{ij}\cos\delta_{ij}) \end{aligned}\right\} \tag{5-19}$$

类似地，雅克比矩阵的对角元素（$i=j$）的关系为

$$\left.\begin{aligned} H_{ii} &= V_i^2 B_{ii} + Q_i \\ N_{ii} &= -V_i^2 G_{ii} - P_i \\ M_{ii} &= V_i^2 G_{ii} - P_i \\ L_{ii} &= V_i^2 B_{ii} - Q_i \end{aligned}\right\} \tag{5-20}$$

图 5-1 示出的流程图描述了极坐标系下的牛顿－拉夫逊潮流计算方法的求解步骤。

5.2.2 直角坐标系下的潮流计算方法 ★★★

从式（5-5）可知电压和有功功率在直角坐标系下可以表示为

$$\left.\begin{aligned} V_i &= e_i + \mathrm{j} f_i \\ P_i &= e_i \sum_{j=1}^{n} (G_{ij}e_j - B_{ij}f_j) + f_i \sum_{j=1}^{n} (G_{ij}f_j + B_{ij}e_j) \\ Q_i &= f_i \sum_{j=1}^{n} (G_{ij}e_j - B_{ij}f_j) - e_i \sum_{j=1}^{n} (G_{ij}f_j + B_{ij}e_j) \end{aligned}\right\} \tag{5-21}$$

对于系统中每个 PQ 节点，额定有功功率与实际有功功率，额定无功功率与实际无功功率之间的差值为

$$\left.\begin{aligned} \Delta P_i &= P_{sch} - P_I = P_{sch} - e_i \sum_{j=1}^{n} (G_{ij}e_i - B_{ij}f_i) - f_i \sum_{j=1}^{n} (G_{ij}f_i + B_{ij}e_j) \\ \Delta Q_i &= Q_{sch} - Q_i = Q_{sch} - f_i \sum_{j=1}^{n} (G_{ij}e_i - B_{ij}f_i) + e_i \sum_{j=1}^{n} (G_{ij}f_i + B_{ij}e_j) \end{aligned}\right\} \tag{5-22}$$

类似地，对于每个 PV 节点有以下的关系式

$$\left.\begin{aligned}\Delta P_i &= P_{sch} - P_I = P_{sch} - e_i\sum_{j=1}^{n}(G_{ij}e_i - B_{ij}f_i) - f_i\sum_{j=1}^{n}(G_{ij}f_i + B_{ij}e_j)\\ \Delta V_i^2 &= V_{sch}^2 - V_i^2 = V_{sch}^2 - (e_i^2 + f_i^2)\end{aligned}\right\} \tag{5-23}$$

式（5-22）和式（5-23）包含了$2(n-1)$个方程，其中（$n-1$）个方程为除了松弛节点外其他所有节点的有功功率，另外（$n-1$）个方程中含m个表示PQ节点无功功率的方程，及（$n-m-1$）个表示PV节点的ΔV_i^2的方程。将方程按照泰勒级数扩展成线性化形式，忽略二阶及高阶导数项，根据牛顿迭代法将方程写为$\Delta F=-J\Delta V$形式为

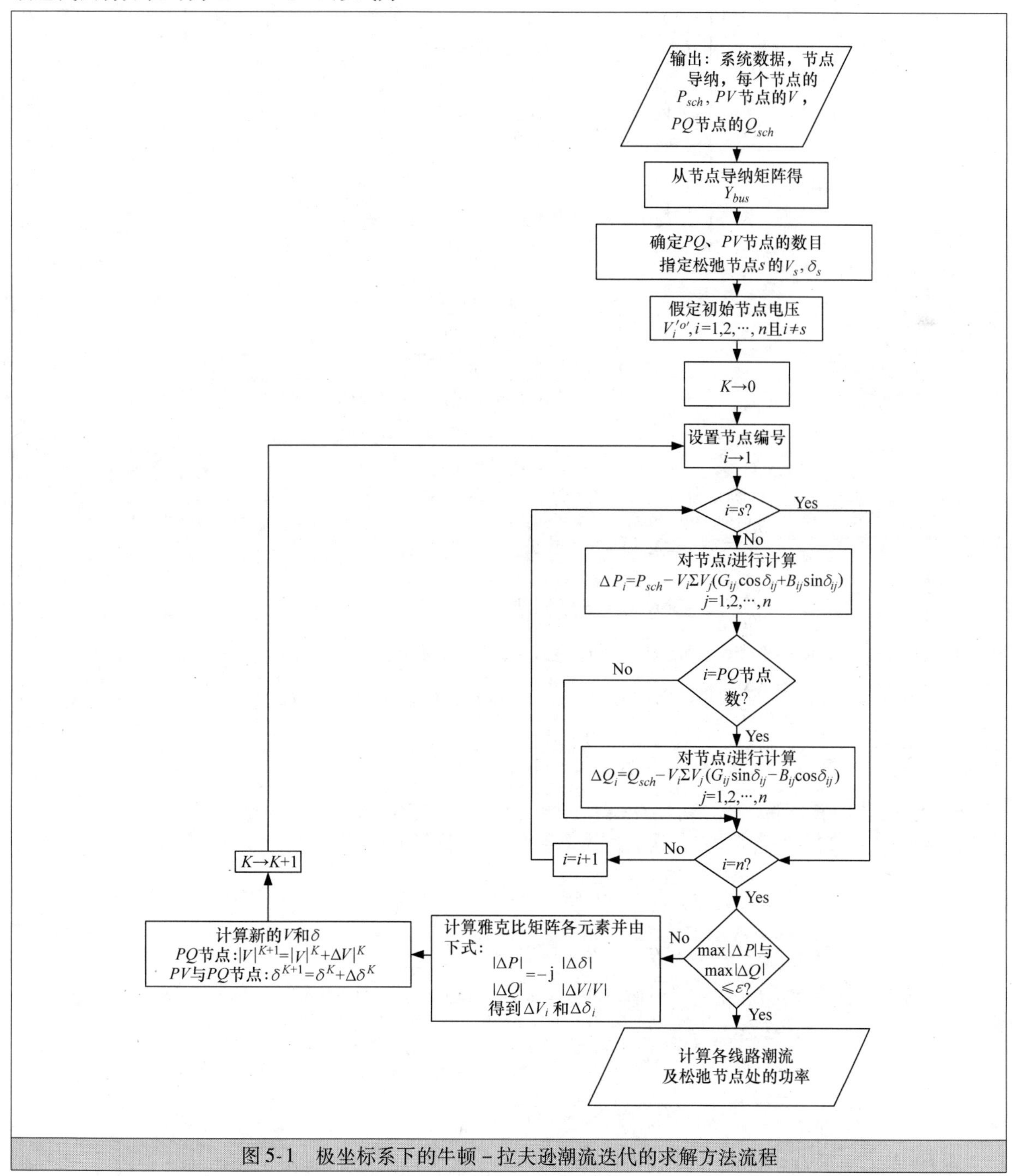

图5-1 极坐标系下的牛顿-拉夫逊潮流迭代的求解方法流程

$$
\begin{bmatrix} \Delta P_1 \\ \Delta P_2 \\ \vdots \\ \Delta P_{n-1} \\ \Delta Q_1 \\ \Delta Q_2 \\ \vdots \\ \Delta Q_m \\ \Delta V_{m+1}^2 \\ \vdots \\ \Delta V_{n-1}^2 \end{bmatrix} = -
\begin{bmatrix}
\frac{\partial \Delta P_1}{\partial e_1} & \cdots & \frac{\partial \Delta P_1}{\partial e_{n-1}} & \frac{\partial \Delta P_1}{\partial f_1} & \cdots & \frac{\partial \Delta P_1}{\partial f_{n-1}} \\
\vdots & \cdots & \vdots & \vdots & \cdots & \vdots \\
\frac{\partial \Delta P_{n-1}}{\partial e_1} & \cdots & \frac{\partial \Delta P_{n-1}}{\partial e_{n-1}} & \frac{\partial \Delta P_{n-1}}{\partial f_1} & \cdots & \frac{\partial \Delta P_{n-1}}{\partial f_{n-1}} \\
\frac{\partial \Delta Q_1}{\partial e_1} & \cdots & \frac{\partial \Delta Q_1}{\partial e_{n-1}} & \frac{\partial \Delta Q_1}{\partial f_1} & \cdots & \frac{\partial \Delta Q_1}{\partial f_{n-1}} \\
\vdots & \cdots & \vdots & \vdots & \cdots & \vdots \\
\frac{\partial \Delta Q_m}{\partial e_1} & \cdots & \frac{\partial \Delta Q_m}{\partial e_{n-1}} & \frac{\partial \Delta Q_m}{\partial f_1} & \cdots & \frac{\partial \Delta Q_m}{\partial f_{n-1}} \\
\frac{\partial \Delta V_{m+1}^2}{\partial e_1} & \cdots & \frac{\partial \Delta V_{m+1}^2}{\partial e_{n-1}} & \frac{\partial \Delta V_{m+1}^2}{\partial f_1} & \cdots & \frac{\partial \Delta V_{m+1}^2}{\partial f_{n-1}} \\
\vdots & \cdots & \vdots & \vdots & \cdots & \vdots \\
\frac{\partial \Delta V_{n-1}^2}{\partial e_1} & \cdots & \frac{\partial \Delta V_{n-1}^2}{\partial e_{n-1}} & \frac{\partial \Delta V_{n-1}^2}{\partial f_1} & \cdots & \frac{\partial \Delta V_{n-1}^2}{\partial f_{n-1}}
\end{bmatrix}
\begin{bmatrix} \Delta e_1 \\ \Delta e_2 \\ \vdots \\ \Delta e_{n-1} \\ \Delta f_1 \\ \vdots \\ \Delta f_{m+1} \\ \vdots \\ \Delta f_{n-1} \end{bmatrix} \tag{5-24}
$$

式（5-24）还可写为

$$
\begin{bmatrix} \Delta P \\ \Delta Q \\ \Delta V^2 \end{bmatrix} = \begin{bmatrix} J1 & J2 \\ J3 & J4 \\ J5 & J6 \end{bmatrix} \begin{bmatrix} \Delta e \\ \Delta f \end{bmatrix} \tag{5-25}
$$

式中，对于所有节点（第 $1 \to n-1$ 个节点），除了第 n 个节点（松弛节点）外，有

$$
\Delta P = [\Delta P_1, \Delta P_2, \cdots, \Delta P_{n-1}]^{\mathrm{T}},\ \Delta e = [\Delta e_1, \Delta e_2, \cdots, \Delta e_{n-1}]^{\mathrm{T}},
$$

$$
\Delta f = [\Delta f_1, \Delta f_2, \cdots, \Delta f_{n-1}]^{\mathrm{T}}
$$

$J1 \triangleq (n-1) \times (n-1)$ 阶矩阵，其元素通过式（5-26）得到

$$
\left.\begin{aligned}
\frac{\partial \Delta P_i}{\partial e_j} &= -\sum_{j=1}^{n} (G_{ij} e_j - B_{ij} f_j) - G_{ij} e_i - B_{ij} f_i, \text{当 } i = j \text{ 时} \\
\frac{\partial \Delta P_i}{\partial e_j} &= -(G_{ij} e_i + B_{ij} f_i), \text{当 } i \neq j \text{ 时}
\end{aligned}\right\} \tag{5-26}
$$

$J2 \triangleq (n-1) \times (n-1)$ 阶矩阵，其元素通过式（5-27）得到

$$
\left.\begin{aligned}
\frac{\partial \Delta P_i}{\partial f_j} &= -\sum_{j=1}^{n} (G_{ij} e_j - B_{ij} f_j) - G_{ii} e_i - B_{ij} f_i, \text{当 } i = j \text{ 时} \\
\frac{\partial \Delta P_i}{\partial f_j} &= -(G_{ij} f_i - B_{ij} e_i), \text{当 } i \neq j \text{ 时}
\end{aligned}\right\} \tag{5-27}
$$

对 PQ 节点（第 $1 \to m$ 个）有：$\Delta Q = [\Delta Q_1,\ \Delta Q_2,\ \cdots,\ \Delta Q_m]^{\mathrm{T}}$

$J3 \triangleq m \times (n-1)$ 阶矩阵，其元素通过式（5-28）得到

$$
\left.\begin{aligned}
\frac{\partial \Delta Q_i}{\partial e_j} &= \sum_{j=1}^{n} (G_{ij} f_j + B_{ij} e_j) - G_{ii} f_i + B_{ii} e_i, \text{当 } i = j \text{ 时} \\
\frac{\partial \Delta Q_i}{\partial e_j} &= (G_{ij} f_i - B_{ij} e_i), \text{当 } i \neq j \text{ 时}
\end{aligned}\right\} \tag{5-28}
$$

$J4 \triangleq m \times (n-1)$ 阶矩阵，其元素通过式（5-29）得到

$$
\left.\begin{aligned}
\frac{\partial \Delta Q_i}{\partial f_j} &= -\sum_{j=1}^{n} (G_{ij} e_j - B_{ij} f_j) + G_{ii} e_i + B_{ij} f_i, \text{当 } i = j \text{ 时} \\
\frac{\partial \Delta Q_i}{\partial f_j} &= (G_{ij} e_i + B_{ij} f_i), \text{当 } i \neq j \text{ 时}
\end{aligned}\right\} \tag{5-29}
$$

对 PV 节点（第 $m+1 \to n-1$ 个）有：$\Delta V^2 = [\Delta V_{m+1}^2,\ \Delta V_{m+2}^2,\ \cdots,\ \Delta V_{n-1}^2]^{\mathrm{T}}$

$J5 \triangleq (n-m-1) \times (n-1)$ 阶矩阵，其元素通过式（5-30）得到：

$$\left.\begin{aligned}&\frac{\partial V_i^2}{\partial e_j}=-2e_i,\text{ 当 } i=j\text{ 时}\\&\frac{\partial V_i^2}{\partial e_j}=0,\text{ 当 } i\neq j\text{ 时}\end{aligned}\right\}\tag{5-30}$$

$J6 \triangleq (n-m-1)\times(n-1)$ 阶矩阵，其元素通过式（5-30）得到：

$$\left.\begin{aligned}&\frac{\partial V_i^2}{\partial f_j}=-2f_i,\text{ 当 } i=j\text{ 时}\\&\frac{\partial V_i^2}{\partial f_j}=0,\text{ 当 } i\neq j\text{ 时}\end{aligned}\right\}\tag{5-31}$$

求解的步骤与5.2.1节极坐标下求解步骤相同。

【例5-1】 使用牛顿迭代法求解图5-2示出的由三个发电机，9条母线组成的电力系统[3]。系统的数据已经在附录Ⅱ中给出。

解：将系统中的母线节点分类，1号节点为松弛节点，2、3号节点为 *PV* 节点，4~9号为 *PQ* 节点。以100MVA为基准，系统功率和电压标幺值汇总在表5-1中。

在应用流程图（见图5-1）解极坐标下迭代式（5-18）的过程中，我们通过编写程序和在PAST Toolbox，v2.1.6下载数据发现[4]：

程序在第二次迭代后结束运行。第一次迭代的最大收敛误差是 8.8336×10^{-4}，第二次迭代的最大收敛误差为 7.7519×10^{-7}。

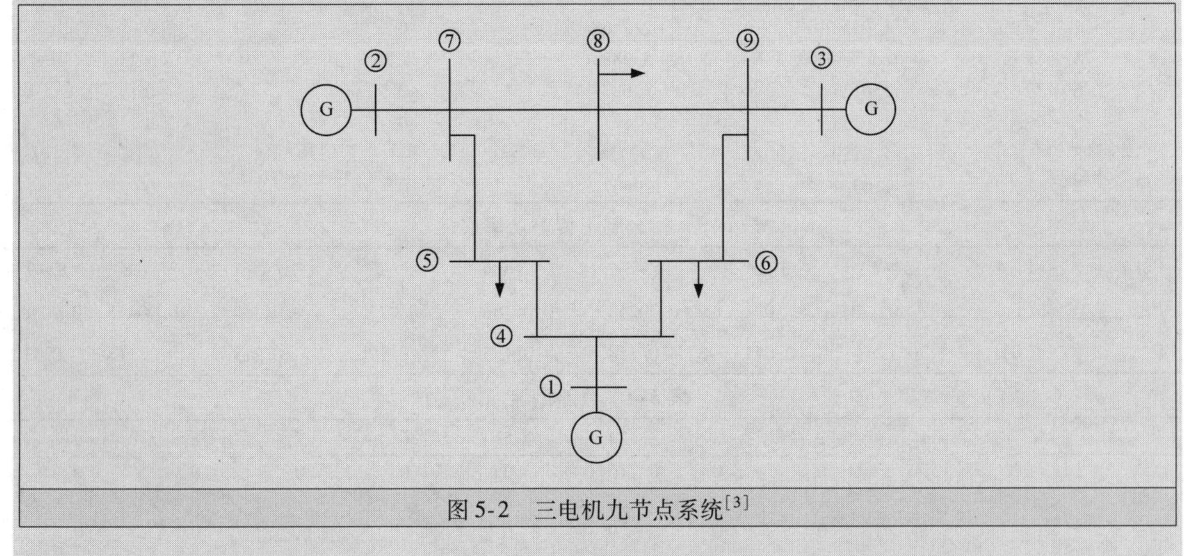

图5-2　三电机九节点系统[3]

表5-1　功率及电压标幺值

节点编号	1	2	3	4	5	6	7	8	9
发电机/负载		G2	G3	—	L5	L6	—	L8	—
P（pu）	松弛节点	1.63	0.85	0	1.25	0.9	0	1.0	0
Q（pu）		—	—	0	0	0	0	0	0
V（pu）0°		1.025	1.025	1.02	—	—	—	—	—

结果：各个节点的功率和电压汇总在表5-2中，每条线路的有功与无功损耗在表5-3示出，线路间潮流数据见表5-4。

节点导纳矩阵各元素 Y_{bus} =

0 - j17.361	0	0	0 + j17.361	0	0	0	0	0
0	0 - j14.388	0	0	0	0	0 + j14.388	0	0
0	0	0 - j17.065	0	0	0	0	0	0 + j17.065
0 + j17.361	0	0	2.9253 - j27.621	-0.98314 + j0.082739	-1.9422 + j10.511	0	0	0
0	0	0	-0.98314 + j0.082739	2.2015 - j5.5629	0	-1.2184 + j5.9622	0	0
0	0	0	-1.9422 + j10.511	0	3.2242 - j15.583	0	0	-1.282 + j5.5882
0	0 + j14.388	0	0	-1.2184 + j5.9622	0	2.8355 - j33.593	-1.6171 + j13.698	0
0	0	0	0	0	0	-1.6171 + j13.698	2.7722 - j23.124	-1.1551 + j9.7843
0	0	0 + j17.065	0	0	-1.282 + j5.5882		-1.1551 + j9.7843	2.4371 - j31.87

表 5-2　各节点电压及功率

节点编号	$\lvert V\rvert$(pu)	电压相角	P(pu)	Q(pu)
1	1.04	0	0.71641	0.71641
2	1.025	9.28	1.63	1.63
3	1.025	4.6648	0.85	0.85
4	1.0258	-2.2168	0	0
5	0.99563	-3.9888	-1.25	-1.25
6	1.0127	-3.6874	-0.9	-0.9
7	1.0258	3.7197	0	0
8	1.0159	0.72754	-1	-1
9	1.0324	1.9667	0	0

表 5-3　标幺制下传输功率损耗

线路$_{(ij)}$	1-4	2-7	3-9	4-5	4-6	5-7	6-9	7-8	8-9
$P_{\text{losses}(ij)}$	0	0	0	0.00258	0.00166	0.023	0.01354	0.00475	0.00088
$Q_{\text{looses}(ij)}$	0.031	0.158	0.041	-0.158	-0.155	-0.196	-0.315	-0.115	-0.212

表 5-4　线路潮流

节点编号	1	2	3	4	5	6	7	8	9
1	0	0	0	0.71641 + j0.27046	0	0	0	0	0
2	0	0	0	0	0	0	1.63 + j0.06654	0	0
3	0	0	0	0	0	0	0	0	0.85 - j0.1086
4	-0.71641 - j0.23923	0	0	0	0.40937 + j0.22893	0.30704 + j0.103	0	0	0
5	0	0	0	-0.4068 - j0.38687	0	0	-0.8432 - j0.11313	0	0
6	0	0	0	-0.30537 - j0.16543	0	0	0	0	-0.59463 - j0.13457
7	0	-1.63 + j0.09178	0	0	0.8662 - j0.08381	0	0	0.7638 - j0.00797	0
8	0	0	0	0	0	0	-0.75905 - j0.10704	0	-0.24095 - j0.24296
9	0	0	-0.85 + j0.14955	0	0	0.60817 - j0.18075	0	0.24183 + j0.0312	0

$Line_{(ij)} \triangleq$ 连接母线 i 与母线 j 的线路，$P_{\text{losses}(ij)} \triangleq ij$ 间线路的有功损耗，$Q_{\text{losses}(ij)} \triangleq ij$ 间线路的无功损耗。

注意到，$P_{\text{losses}(ij)} = P_{\text{losses}(ji)}$ 且 $Q_{\text{losses}(ij)} = Q_{\text{losses}(ji)}$

发电机产生的总的有功功率 $P_{\text{G(total)}} = 3.1964\text{pu}$

发电机产生的总的无功功率 $Q_{\text{G(total)}} = 0.2284\text{pu}$

负载总的有功功率 $P_{\text{L(total)}} = 3.15\text{pu}$

负载总的无功功率 $Q_{\text{L(total)}} = 1.15\text{pu}$

线路总有功功率损耗 $P_{\text{losses}} = 0.04641\text{pu}$

线路总无功功率损耗 $Q_{\text{losses}} = -0.9216\text{pu}$

5.3　高斯－赛德尔迭代法

前面已经讲过，一个含有 n 个未知变量由 n 个非线性方程组成的系统可以表示为

$$\left.\begin{array}{c} f_1(x_1,x_2,\cdots,x_n)=0 \\ f_2(x_1,x_2,\cdots,x_n)=0 \\ \vdots \\ f_n(x_1,x_2,\cdots,x_n)=0 \end{array}\right\} \tag{5-32}$$

其解可以表达为

$$\left.\begin{array}{c} x_1=g_1(x_1,x_2,\cdots,x_n) \\ x_2=g_2(x_1,x_2,\cdots,x_n) \\ \vdots \\ x_n=g_n(x_1,x_2,\cdots,x_n) \end{array}\right\} \tag{5-33}$$

第一次迭代时我们假定方程的初始解，并将其代入式（5-33）中等号的右边得到新的解并将其当作下次迭代的新初始值。所以到第 k 次迭代时，新的解可以表示为

$$\left.\begin{array}{c} x_1^{k+1}=g_1(x_1^k,x_2^k,\cdots,x_n^k) \\ x_2^{k+1}=g_2(x_1^k,x_2^k,\cdots,x_n^k) \\ \vdots \\ x_n^{k+1}=g_n(x_1^k,x_2^k,\cdots,x_n^k) \end{array}\right\} \tag{5-34}$$

当满足式（5-35）的收敛条件时，迭代终止。

$$\max|x_i^{k+1}-x_i^k|\leqslant\varepsilon,\ i=1,2,\cdots,n \tag{5-35}$$

根据上述步骤求解的方法称为高斯迭代法。考虑到要加快其收敛速度、减少迭代次数，从而减少迭代时间，该方法已经被改进为高斯－赛德尔迭代法。它的改进是基于在对下一个变量进行计算时，即时对已经计算出的变量赋予新值（在同一次迭代中），而不是等到下一次迭代才给变量赋新值。所以，迭代计算的改进公式为

$$\left.\begin{array}{c} x_1^{k+1}=g_1(x_1^k,x_2^k,\cdots,x_n^k) \\ x_2^{k+1}=g_2(x_1^{k+1},x_2^k,\cdots,x_n^k) \\ \vdots \\ x_n^{k+1}=g_n(x_1^{k+1},x_2^{k+1},\cdots,x_{n-1}^{k+1},x_n^k) \end{array}\right\} \tag{5-36}$$

或者可以写作

$$x_i^{k+1}=g_i(x_1^{k+1},x_2^{k+1},\cdots,x_{i-1}^{k+1},x_i^k,\cdots,x_n^k) \tag{5-37}$$

把该方法应用到具有 n 个节点的网络中。并规定第 $1\rightarrow m$ 节点为 PQ 节点，第 $m+1\rightarrow n-1$ 为 PV 节点，第 n 个节点为松弛节点。从式（5-5）可知，每个节点的电压可以表示为

$$V_i=\frac{1}{Y_{ii}}\left[\frac{P_i-\text{j}Q_i}{V_i^*}-\sum_{j=1,\,j\neq i}^{n}Y_{ij}V_j\right],\quad i=1,2,\cdots,n-1 \tag{5-38}$$

于是，根据高斯－赛德尔迭代法，在第 k 次迭代时，式（5-38）变成

$$V_i^{k+1} = \frac{1}{Y_{ii}}\left[\frac{P_i - \mathrm{j}Q_i}{V_i^{*k}} - \sum_{j=1}^{i-1} Y_{ij}V_j^{k+1} - \sum_{j=i+1}^{n} Y_{ij}V_j^{k}\right], i = 1,2,\cdots,n-1 \tag{5-39}$$

对于 PQ 节点：其有功功率和无功功率是已知的。在用式（5-39）进行迭代计算时，应先假定其电压值。

对于 PV 节点：节点有功功率和电压幅值是已知的。因此，电压幅值保持不变，而相角要由下面的电压估算得到。

复数形式的电压表达式为 $V_i = e_i + \mathrm{j}f_i$，满足 $|V_{i(sch)}|^2 = |e_i|^2 + |f_i|^2$。这就需要预设电压的相角等于估算的电压相角 δ_i。

同样地，预设电压的虚部和实部也会做相应的调整。在第 k 次迭代时，δ_i 由式（5-40）得到

$$\delta_i^k = \tan^{-1}\left[\frac{f_i^k}{e_i^k}\right] \tag{5-40}$$

于是，预设电压的虚部和实部调整为

$$\left.\begin{aligned} e_{i(adj)}^k &= |V_{i(sch)}|\cos\delta_i^k \\ f_{i(adj)}^k &= |V_{i(sch)}|\sin\delta_i^k \end{aligned}\right\} \tag{5-41}$$

相应地，无功功率的计算式为

$$Q_i^k = \mathrm{Im}[V_i^k I_i^{*k}] = \mathrm{Im}\left[V_i^k \sum_{j=1}^{i-1} Y_{ij}^* V_j^{*k+1} + \sum_{j=1}^{n} Y_{ij}^* V_j^{*k}\right] \tag{5-42}$$

使用式（5-41）和式（5-42）对电压和无功功率进行调整，可以计算出新的预测电压 V_i^{k+1}。

要注意，为了防止超过限定值，无功功率需要维持在限定值以内，这样也可以保证无功功率源不超过限定。忽略所要求的电压幅值，将 PV 节点看作 PQ 节点对待。

最终，当满足收敛条件，迭代终止，可以得到所有节点的电压值（幅值和相角）、有功功率及无功功率。然后，可由式（5-43）计算节点 i 与节点 j 之间线路的潮流。该线路导纳为并联导纳 y_{i0} 及导纳 y_{ij}。

$$S_{ij} = P_{ij} + \mathrm{j}Q_{ij} = V_i I_{ij}^* = V_i^2 y_{io} + V_i(V_i^* - V_j^*)y_{ij}^* \tag{5-43}$$

由式（5-44）可以得到松弛节点的功率

$$P_n + \mathrm{j}Q_n = V_n \sum_{j=1}^{n} Y_{nj}^* V_j^* \tag{5-44}$$

图 5-3 所示流程图对高斯－赛德尔迭代法的步骤进行了描述。

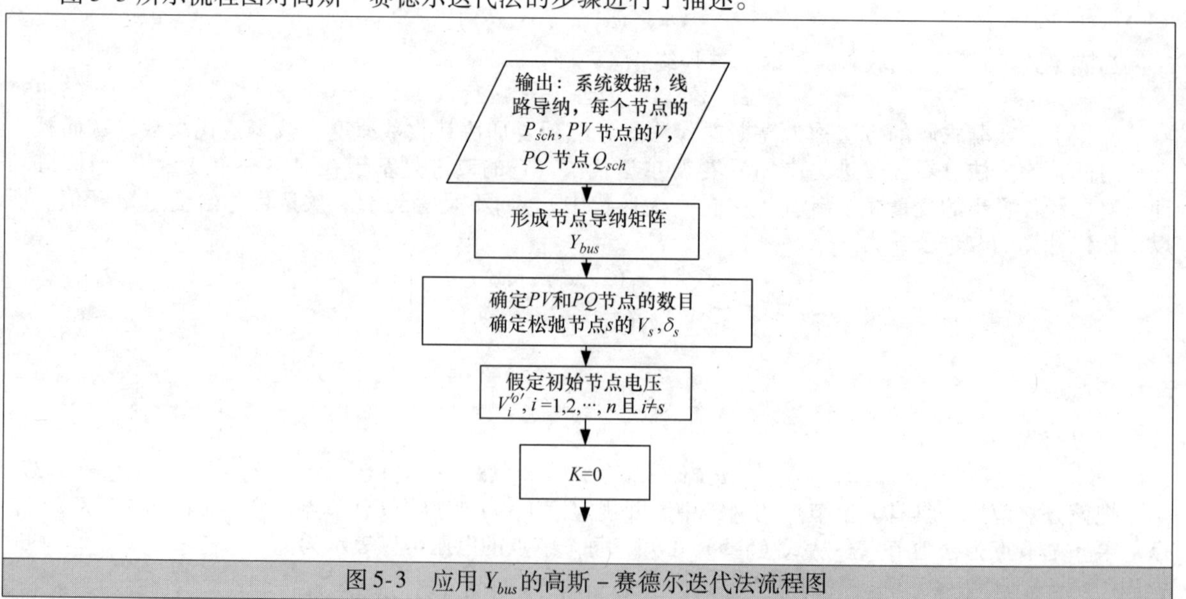

图 5-3　应用 Y_{bus} 的高斯－赛德尔迭代法流程图

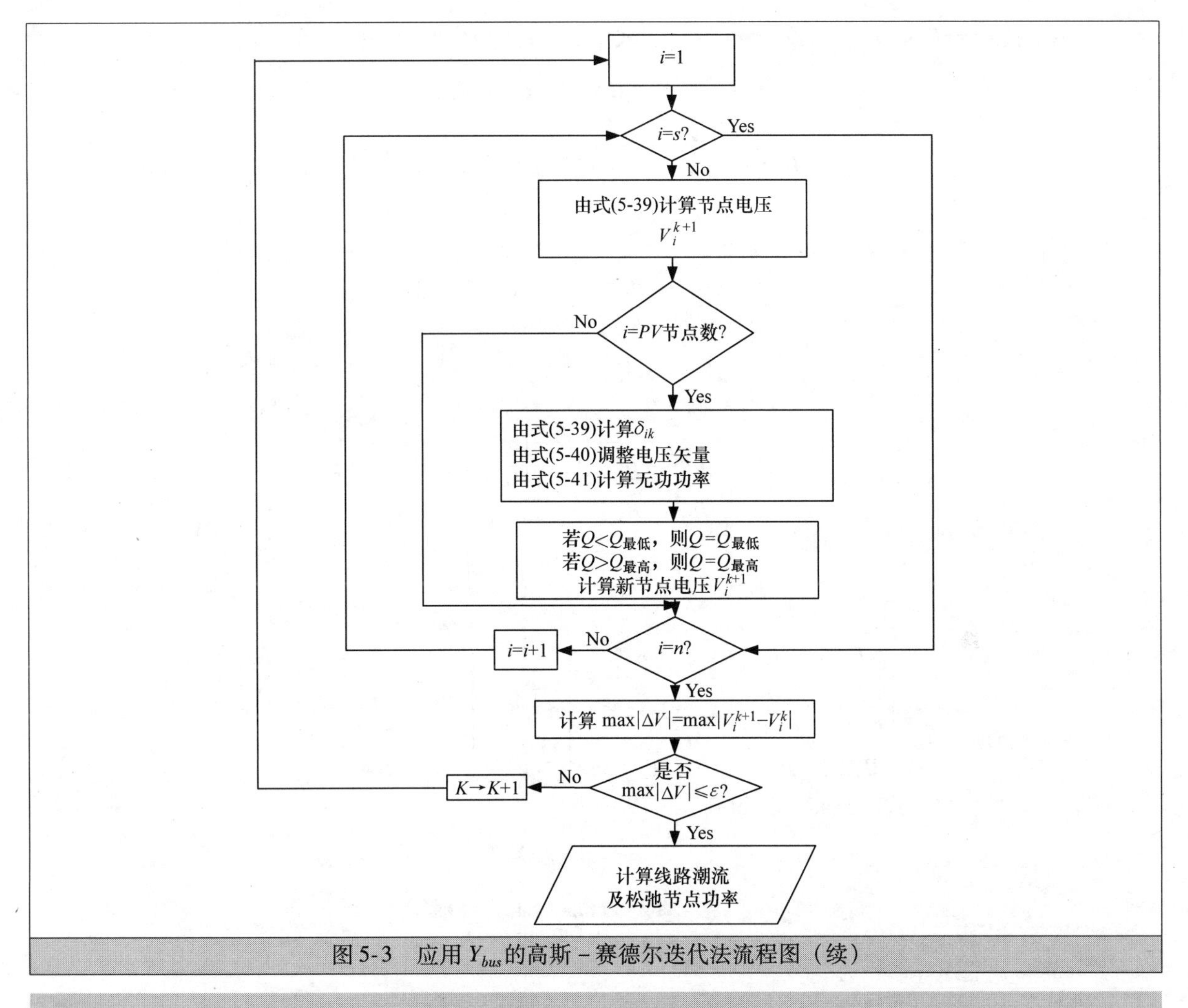

图 5-3　应用 Y_{bus} 的高斯－赛德尔迭代法流程图（续）

5.4　P－Q 分解法

该方法可以简化潮流计算迭代过程。通过简化，加快了求解速度并达到了所要求的准确度。例如，在利用牛顿迭代法进行潮流计算时，每次迭代都要重新计算雅克比矩阵的各个元素，以达到高的准确度。所以，牛顿迭代法需要更多的迭代次数、存储空间和计算次数。

$P-Q$ 分解法的简化原则主要是考虑了电压幅值变化对有功功率的影响，及电压相角变化对无功功率的影响可以忽略，依据于此我们对牛顿迭代法进行简化，形成了 $P-Q$ 分解法。由于实际电力系统分支的电抗远大于电阻，使得有功功率和电压幅值的耦合程度很小，同样的无功功率和电压相角耦合程度也很低，因此 $P-Q$ 分解法是合理的[5]。

忽略低耦合即有$\dfrac{\partial \Delta P_i}{\partial \Delta V_i}\approx 0$ 且$\dfrac{\partial \Delta Q_i}{\partial \delta_i}\approx 0$，所以，式（5-18）中的子矩阵 N 和 M 消失。

于是有

$$\begin{bmatrix}\Delta P\\ \Delta Q\end{bmatrix}=-\begin{bmatrix}H & 0\\ 0 & L\end{bmatrix}\begin{bmatrix}\Delta\delta\\ V_D^{-1}\Delta V\end{bmatrix}$$

因此

$$\Delta P=-H\Delta\delta,\Delta Q=-LV_D^{-1}\Delta V \tag{5-45}$$

5.4.1　快速分解法 ★★★

由于线路 ij 的两端的电压相角差非常小，所以可以对式（5-45）做进一步简化。于是，$\cos\delta_{ij}=\cos$

$(\delta_i-\delta_j)\cong 1$ 且 $G_{ij}\sin\delta_{ij} << B_{ij}$。假设 $Q_i << V_i^2 B_{ii}$，式中的子矩阵 H 和 L 变为

$$\left.\begin{aligned}H_{ij} &= -\frac{\partial P_i}{\partial \delta_j}=V_iV_jB_{ij},i,j=1,2,\cdots,n-1\\ L_{ij} &= -\frac{\partial Q_i}{\left(\dfrac{\partial V_j}{V_j}\right)}=V_iV_jB_{ij},i,j=1,2,\cdots,m\end{aligned}\right\}\tag{5-46}$$

于是，矩阵［H］和［L］可以表示为

$$[H]=\begin{bmatrix}V_1 & & & \\ & V_2 & & \\ & & \ddots & \\ & & & V_{n-1}\end{bmatrix}\begin{bmatrix}B_{11} & B_{12} & \cdots & B_{1,n-1}\\ B_{21} & B_{22} & \cdots & B_{2,n-1}\\ \vdots & \vdots & \ddots & \\ B_{n-1,1} & B_{n-1,2} & \cdots & B_{n-1,n-1}\end{bmatrix}\begin{bmatrix}V_1 & & & \\ & V_2 & & \\ & & \ddots & \\ & & & V_{n-1}\end{bmatrix}=VB'V$$

和

$$[L]=\begin{bmatrix}V_1 & & & \\ & V_2 & & \\ & & \ddots & \\ & & & V_m\end{bmatrix}\begin{bmatrix}B_{11} & B_{12} & \cdots & B_{1,m}\\ B_{21} & B_{22} & \cdots & B_{2,m}\\ \vdots & \vdots & \ddots & \\ B_{m,1} & B_{m,2} & \cdots & B_{m,m}\end{bmatrix}\begin{bmatrix}V_1 & & & \\ & V_2 & & \\ & & \ddots & \\ & & & V_m\end{bmatrix}=VB''V\tag{5-47}$$

式中，

$$[B']=\begin{bmatrix}B_{11} & B_{12} & \cdots & B_{1,n-1}\\ B_{21} & B_{22} & \cdots & B_{2,n-1}\\ \vdots & \vdots & \ddots & \vdots\\ B_{n-1,1} & B_{n-1,2} & \cdots & B_{n-1,n-1}\end{bmatrix},[B'']=\begin{bmatrix}B_{11} & B_{12} & \cdots & B_{1,m}\\ B_{21} & B_{22} & \cdots & B_{2,m}\\ \vdots & \vdots & \ddots & \vdots\\ B_{m,1} & B_{m,2} & \cdots & B_{m,m}\end{bmatrix}$$

将式（5-47）代入式（5-45）中得到

$$\left.\begin{aligned}\frac{\Delta P}{V} &= -B'V\Delta\delta\\ \frac{\Delta Q}{V} &= -B''\Delta V\end{aligned}\right\}\tag{5-48}$$

式（5-48）的矩阵形式为

$$\left.\begin{aligned}\begin{bmatrix}\dfrac{\Delta P_1}{V_1}\\ \dfrac{\Delta P_2}{V_2}\\ \vdots\\ \dfrac{\Delta P_{n-1}}{V_{n-1}}\end{bmatrix} &= -\begin{bmatrix}B_{11} & B_{12} & \cdots & B_{1,n-1}\\ B_{21} & B_{22} & \cdots & B_{2,n-1}\\ \vdots & \vdots & \ddots & \vdots\\ B_{n-1,1} & B_{n-1,2} & \cdots & B_{n-1,n-1}\end{bmatrix}\begin{bmatrix}V_1\Delta\delta_1\\ V_2\Delta\delta_2\\ \vdots\\ V_{n-1}\Delta\delta_{n-1}\end{bmatrix}\\ \begin{bmatrix}\dfrac{\Delta Q_1}{V_1}\\ \dfrac{\Delta Q_2}{V_2}\\ \vdots\\ \dfrac{\Delta Q_m}{V_m}\end{bmatrix} &= -\begin{bmatrix}B_{11} & B_{12} & \cdots & B_{1,m}\\ B_{21} & B_{22} & \cdots & B_{2,m}\\ \vdots & \vdots & \ddots & \vdots\\ B_{m,1} & B_{m,2} & \cdots & B_{m,m}\end{bmatrix}\begin{bmatrix}\Delta V_1\\ \Delta V_2\\ \vdots\\ \Delta V_m\end{bmatrix}\end{aligned}\right\}\tag{5-49}$$

我们发现式（5-49）中矩阵 $-B'$ 和矩阵 $-B''$ 的元素是节点导纳矩阵相应元素的虚部。因此，对于一个有具体结构的电力系统，矩阵 $-B'$ 和矩阵 $-B''$ 是恒定矩阵、对称阵、实矩阵、稀疏矩阵。此外，只要在开始时对这两个矩阵进行一次三角化就可以了。所以我们把该方法叫作快速分解法。

虽然快速分解法比牛顿迭代法所需的迭代次数多，但是它每次迭代的时间非常短，最终结果的得出也更

迅速。这种优势在事故分析中是很重要的，特别是对事故进行在线控制时更迫切的需要潮流分析。

下面用一个详细的例子说明潮流分析法在电力系统中的应用，并给出它们之间的比较。

【例5-2】 使用快速分解法重做例5-1。

解：

程序在第四次迭代终止，最大收敛误差如下：

第一次迭代的最大收敛误差 $=0.017302$

第二次迭代的最大收敛误差 $=0.00046404$

第三次迭代的最大收敛误差 $=1.8107\times10^{-5}$

第四次迭代的最大收敛误差 $=5.9507\times10^{-7}$

以100MVA为基准的系统功率和电压标幺值与例5-1及表5-1相同。

结果：各个节点的功率和电压汇总在表5-5中，线路间潮流汇总在表5-6，每条线路的有功与无功损耗在表5-7示出。

表5-5　节点功率及电压

节点编号	|V|(pu)	电压相角	P(pu)	Q(pu)
1	1.04	0	0.71641	0.27046
2	1.025	9.28	1.63	0.06654
3	1.025	4.6648	0.85	-1.1086
4	1.0258	-2.2168	0	0
5	0.99563	-3.9888	-1.25	-0.5
6	1.0127	-3.6874	-0.9	-0.3
7	1.0258	3.7197	0	0
8	1.0159	0.72754	-1	-0.35
9	1.0324	1.9667	0	0

$Line_{(ij)}\triangleq$ 连接母线 i 与母线 j 的线路，$P_{\text{losses}(ij)}\triangleq ij$ 间线路的有功损耗，$Q_{\text{losses}(ij)}\triangleq ij$ 间线路的无功损耗

注意到，$P_{\text{losses}(ij)}=P_{\text{losses}(ji)}$ 且 $Q_{\text{losses}(ij)}=Q_{\text{losses}(ji)}$

发电机产生的总的有功功率 $P_{\text{G(total)}}=3.1964\text{pu}$；发电机产生的总的无功功率 $Q_{\text{G(total)}}=0.2284\text{pu}$；负载总的有功功率 $P_{\text{L(total)}}=3.15\text{pu}$；负载总的无功功率 $Q_{\text{L(total)}}=1.15\text{pu}$；线路总有功功率损耗 $P_{\text{losses}}=0.04641\text{pu}$；线路总无功功率损耗 $Q_{\text{losses}}=-0.9216\text{pu}$。

表5-6　线路潮流

节点编号	1	2	3	4	5	6	7	8	9
1	0	0	0	0.71641 + j0.27046	0	0	0	0	0
2	0	0	0	0	0	0	1.63 + j0.06654	0	0
3	0	0	0	0	0	0	0	0	0.85 - j0.1086
4	0.71641 - j0.23923	0	0	0	0.40937 + j0.22893	0.30704 + j0.103	0	0	0
5	0	0	0	-0.4068 - j0.38687	0	0	-0.8432 - j0.11313	0	0
6	0	0	0	-0.30537 - j0.16543	0	0	0	0	-0.59463 - j0.13457
7	0	-1.63 + j0.09178	0	0	0.8662 - j0.08381	0	0	0.7638 - j0.00797	0
8	0	0	0	0	0	0	-0.75905 - j0.10704	0	-0.24095 - j0.24296
9	0	0	-0.85 + j0.14955	0	0	0.60817 - j0.18075	0	0.24183 + j0.0312	0

表 5-7 标幺制下传输功率损耗

线路$_{(ij)}$	1-4	2-7	3-9	4-5	4-6	5-7	6-9	7-8	8-9
$P_{\text{losses}(ij)}$	0	0	0	0.0026	0.0017	0.023	0.014	0.005	0.001
$Q_{\text{losses}(ij)}$	0.031	0.158	0.041	-0.158	-0.155	-0.196	-0.315	-0.115	-0.212

通过比较发现，例 5-1 与例 5-2 的结果非常相近。另一方面，例 5-2 使用的快速分解法在最大收敛误差为 5.9507×10^{-7} 的条件下进行了四次迭代，而例 5-1 使用的牛顿迭代法在最大收敛误差为 7.759×10^{-7} 的条件下只进行了两次迭代。我们在一个配置处理器为 INSPIRON 15R N5110 Core i7 的计算机上运行程序，就计算时间而言，牛顿迭代法的两次迭代及快速分解法的四次迭代分别用时 24ms 和 39ms。这说明快速分解法相比牛顿迭代法，其每次迭代所用时间更短。

参考文献

1. El-Hawary M.E., Christensen G.S. *Optimal Economic Operation of Electric Power Systems*. New York, NY, US: Academic Press; 1979
2. Murty P.S.R. *Operation and Control in Power Systems*. Hyderabad, India: BS Publications; 2008
3. Anderson P.M., Fouad A.A. *Power System Control and Stability*. 2nd edn. Hoboken, NJ, US: Wiley-IEEE Press; 2003
4. Milano F. *Power System Analysis Toolbox PSAT* [online]. 2014. Available from http://www.power.uwaterloo.ca/~fmilano/psat.htm [Accessed 12 Jul 2014]
5. Zhu J. *Optimization of Power System Operation*. Hoboken, NJ, US: Wiley-IEEE Press; 2009
6. Saadat H., *Power System Analysis*. 3rd edn. New York, NY, US: McGraw-Hill; 2010

第6章 最优潮流

电力系统规划和运行的一个重要工具是最优潮流（OPF）。它是一个功率流问题，通过调节其中一些控制变量来实现某些最小化或最大化的目标函数，同时满足物理和运行极限，如各种控制约束、因变量和变量函数的约束。在电力系统分析中，来自发电厂的有功功率、无功功率、发电机端电压、无功补偿、变压器 LTC 和相移角这些控制变量，必须与 OPF 相适应。目标函数包含在研究经济电力调度的情况下损耗或花费最小化。由于控制包括无功功率器件，该问题通过一个非可分离目标函数来描述，这样就使得该问题的解决方案变得更加困难[1]。约束条件可能是等式约束，例如功率平衡等式；也可能是不等式约束，例如所产生的功率必须在发电机所允许的输出功率的最大和最小值范围内。因此，当该问题用数学式表达时，可以表示为

$$\text{Min}\, f(\boldsymbol{x},\boldsymbol{u}) \tag{6-1}$$

$$\text{s.t.}\quad h(\boldsymbol{x},\boldsymbol{u})=0 \tag{6-2}$$

$$g(\boldsymbol{x},\boldsymbol{u})\leqslant 0 \tag{6-3}$$

式中，$\boldsymbol{x}$ 和 $\boldsymbol{u}$ 分别是因变量和控制量，均为矢量。

6.1 问题公式化

OPF 问题被当作最优化问题来处理。公式化的三个基础要素是目标函数、控制变量和约束条件。

常规的 OPF 模型中，控制变量包含产生的有功和无功功率及控制电压的设定，其描述如下

$$\min P_{loss} = \sum_{i=1}^{n} |V_i| \sum_{j=1}^{n} |V_j| (G_{ij}\cos\delta_{ij} + B_{ij}\sin\delta_{ij}) \tag{6-4}$$

受到

$$\text{等式约束}\quad \begin{cases} P_{Gi} - P_{Di} - V_i \sum\limits_{j=1}^{n} |V_j| (G_{ij}\cos\delta_{ij} + B_{ij}\sin\delta_{ij}) = 0 \\ Q_{Gi} - Q_{Di} - V_i \sum\limits_{j=1}^{n} |V_j| (G_{ij}\sin\delta_{ij} - B_{ij}\cos\delta_{ij}) = 0 \end{cases} \tag{6-5}$$

i，$j=1$，2，…，n

$$\text{不等式约束}\quad \begin{cases} P_{Gi}^{\min} \leqslant P_{Gi} \leqslant P_{Gi}^{\max}\ (i\in S_G) \\ Q_{Ri}^{\min} \leqslant Q_{Ri} \leqslant Q_{Ri}^{\max}\ (i\in S_R) \\ V_i^{\min} \leqslant V_i \leqslant V_i^{\max}\ (i\in S_B) \\ S_{Li}^{\min} \leqslant S_{Li} \leqslant S_{Li}^{\max}\ (i\in S_L) \end{cases} \tag{6-6}$$

式中，$P_{Gi}\triangleq$可控发电机组 S_G 中第 i 个发电机输出的有功功率；$Q_{Ri}\triangleq$无功电源组 S_R 中第 i 个无功电源输出的无功功率；$V_i\triangleq$母线组 S_B 中第 i 条母线的电压幅值；$P_{Di}\triangleq$第 i 条母线的负载；G_{ij}、$B_{ij}\triangleq$分别为第 i 条母线与第 j 条母线间的电导和电纳；$S_{Li}\triangleq$在总分支 S_L 中第 i 个分支通过的视在功率；$n\triangleq$母线数目；$G_{ij}+\mathrm{j}B_{ij}\triangleq$节点导纳矩阵的元素；$\delta_{ij}\triangleq$联络线 ij 两端的电压相角差。

根据研究的类型，还要考虑其他约束，如锅炉的限制、运行储备的限制、相移变压器的限制、线路停运及安全约束。

6.2 求解问题

解是基于两个步骤的：首先，按照牛顿法计算静态潮流，并将结果作为一个可行的解。然后，采用梯度法和拉格朗日乘数法以获得最佳解[2,3]。

为方便起见，式（6-5）可以改写为

$$\left.\begin{aligned}P_{i(net)}-P_i(V,\delta)=0\\Q_{i(net)}-Q_i(V,\delta)=0\end{aligned}\right\}i=1,2,\cdots,n \tag{6-7}$$

式中，$P_{i(net)}=P_{Gi}-P_{Di}$，$Q_{i(net)}=Q_{Gi}-Q_{Di}$，当电流从第 i 母线输入的时候，P_{Gi}与 Q_{Gi}为正值；当从第 i 母线输出的时候，P_{Di}与 Q_{Di}为正值。

$$\left.\begin{aligned}P_i(V,\delta)&=V_i\sum_{j-1}^{n}|V_j|(G_{ij}\cos\delta_{ij}+B_{ij}\sin\delta_{ij})\\Q_i(V,\delta)&=V_i\sum_{j-1}^{n}|V_j|(G_{ij}\sin\delta_{ij}-B_{ij}\cos\delta_{ij})\end{aligned}\right\} \tag{6-8}$$

可以看出，在电力系统中每条母线有四个特征变量：输入母线有功和无功功率、母线电压（幅值和相角）。它们分别表示为 $P_{(net)}$、$Q_{(net)}$、V 和 d。式(6-7)由 $2n$ 个非线性方程所组成，要求解它，每个母线中的四个变量需要给定两个。具体要给定哪两个变量要根据表6-1 总结的母线类型来决定。通常将平衡节点电压 V_s的相角 δ_s取为0 并当作参考值。在潮流计算求解中，我们将控制变量当作给定变量。$P_{(net)}$和 $Q_{(net)}$可以直接由式（6-7）算出，但是，若 V 或者 δ 不知道，则不能直接解出，解释如下。

表 6-1　表征网络节点的变量

节点类型	给定变量	未知变量	节点编号
PQ 节点	$P_{(net)}$，$Q_{(net)}$	V，δ	$1\to m$
PV 节点	$P_{(net)}$，V	$Q_{(net)}$，δ	$m+1\to n-1$
平衡节点	V，δ	$P_{(net)}$，$Q_{(net)}$	N

假设 $\boldsymbol{X}$ 和 $\boldsymbol{Y}$ 分别为未知量（V 和 δ）的矢量和已知量的矢量，则 $\boldsymbol{X}^t=[V_1,\cdots,V_m,\delta_1,\cdots,\delta_m,\delta_{m+1},\cdots,\delta_{n-1}]$，$\boldsymbol{Y}^t=[P_1,\cdots,P_{n-1},Q_1,\cdots,Q_m,V_{m+1},\cdots,V_n,\delta_s]$。

矢量 $\boldsymbol{X}$ 包含 $n+m-1$ 个未知元素，由式（6-7）可以形成 $2n$ 组关系，则从式（6-7）选出由 $\boldsymbol{X}$ 和 $\boldsymbol{Y}$ 的元素形成的 $n+m-1$ 组关系，形成向量函数 $\boldsymbol{h}(x,y)$。用第5 章中描述的牛顿法且假设初始解 $\boldsymbol{X}^{(1)}$ 每次增加 $\Delta\boldsymbol{X}$，可以通过解式（6-9）得到问题的解。

$$\left[\frac{\partial h}{\partial x}(x^k,y)\right][\Delta\boldsymbol{X}]=-[h(x^k,y)] \tag{6-9}$$

式中，$(\partial h/\partial x)$ 为雅克比矩阵。

第一步得到的解为静态可行的非 OPF 解。所以，第二步为在两种情况下对该解进行优化。这两种情况分别为有不等式约束和无不等式约束。

没有不等式约束的 OPF 解：由式（6-4）以总系统功率损失最小化为目标函数。它是含有自变量和因变量的函数，通常表示为 $f(x,y)$。为了最小化函数 $f(x,y)$，受式（6-7）中等式 $\boldsymbol{h}(x,y)=0$ 的约束，采用了经典的拉格朗日乘数法。为得到解，下面介绍拉格朗日方程

$$L(x,y)=f(x,y)+[\lambda]^{\mathrm{T}}h(x,y) \tag{6-10}$$

式中，$[\lambda]$ 中的元素称为拉格朗日乘数，要最小化，则要满足如下三个必要条件

$$\left.\begin{aligned}\left[\frac{\partial L}{\partial x}\right]&=\left[\frac{\partial f}{\partial x}\right]+\left[\frac{\partial h}{\partial x}\right]^{\mathrm{T}}[\lambda]=0\\\left[\frac{\partial L}{\partial y}\right]&=\left[\frac{\partial f}{\partial y}\right]+\left[\frac{\partial h}{\partial y}\right]^{\mathrm{T}}[\lambda]=0\\\left[\frac{\partial L}{\partial \lambda}\right]&=h(x,y)=0\end{aligned}\right\} \tag{6-11}$$

任何可行的解，如第一步中利用牛顿法得到的解，都满足这三个条件。其中第一个条件可以通过计算 $\boldsymbol{\lambda}$，进行验证

$$[\boldsymbol{\lambda}] = -\left[\frac{\partial f}{\partial x}\right]^{\mathrm{T}^{-1}}\left[\frac{\partial f}{\partial x}\right] \tag{6-12}$$

注意到，雅克比矩阵($\partial h/\partial x$) 已经在式（6-9）中进行了计算。为了满足第二个条件，使用梯度法定义（$\partial L/\partial y$），其中 y'的增量变化由式（6-13）给出

$$y_i^{k+1} = y_i^k + c\frac{\partial L}{\partial y_i} = y_i^k - c\nabla f \tag{6-13}$$

式中，c 是一个标量系数，k 表示迭代次数。计算达到最小值时，迭代停止。

有不等式约束的 OPF 解：实际上，控制变量的值是有一定的允许范围的，如式（6-6）给出的那样，因此不可以假设它们有任意值。当式（6-13）给出不合适的值时，例如超过了允许值，通过设置控制变量的值为其极限值，即可满足不等式约束条件。

$$y_i^{k+1} = \begin{cases} y_i^{\max}, 若\ y_i^k + \Delta y_i > y_i^{\max} \\ y_i^{\min}, 若\ y_i^k + \Delta y_i < y_i^{\min} \\ y_i^k + \Delta y_i, 其他 \end{cases} \tag{6-14}$$

$$\left.\begin{aligned} \frac{\partial f}{\partial y_i} &= 0, \text{if } y_i^{\min} < y_i < y_i^{\max} \\ \frac{\partial f}{\partial y_i} &\leqslant 0, \text{if } y_i < y_i < y_i^{\max} \\ \frac{\partial f}{\partial y_i} &\geqslant 0, \text{if } y_i < y_i < y_i^{\min} \end{aligned}\right\} \tag{6-15}$$

【例6-1】 在附录Ⅱ给出的九母线系统中找到 OPF 所需的数据。以最小化发电成本为目标函数。其中，发电成本受到一定限制。

解：目标函数形式为

$$F = \sum_{i=1}^{N_G} F_i(P_{Gi})$$

式中，F 是所产生的总功率的燃料成本；$F_i(P_{Gi})$ 为第 i 个发电机组的燃料成本，它是输出的有功功率的函数；P_{Gi}为第 i 个发电机输出有功功率（MW）。

燃料损耗曲线为一条二次曲线，记为（Fq）有

$$F_{qi}(P_{Gi}) = a_i + b_i P_{Gi} + c_i P_{Gi}^2$$

将成本系数总结在表6-2。

表6-2 成本系数

1号发电机			2号发电机			3号发电机		
a(美元/h)	b(美元/MW/h)	c(美元/MW²/h)	a(美元/h)	b(美元/MW/h)	c(美元/MW²/h)	a(美元/h)	b(美元/MW/h)	c(美元/MW²/h)
150	5	0.11	600	1.2	0.085	335	1	0.1225

发电成本的约束为有功和无功功率平衡等式约束

$$\begin{cases} P_{Gi} - P_{Di} - V_i \sum_{j=1}^{n} |V_j|(G_{ij}\cos\theta_{ij} + B_{ij}\sin\theta_{ij}) = 0 \\ Q_{Gi} - Q_{Di} - V_i \sum_{j=1}^{n} |V_j|(G_{ij}\sin\theta_{ij} - B_{ij}\cos\theta_{ij}) = 0 \end{cases}$$

以及有功功率、无功功率、电压、变压器分接头设置和线路负荷的不等式约束。

$$\begin{cases}P_{Gi,\min}\leqslant P_{Gi}\leqslant P_{Gi,\max}(i=1,2,\cdots,N_G)\\Q_{Gi,\min}\leqslant Q_{Gi}\leqslant Q_{Gi,\max}(i=1,2,\cdots,N_G)\\V_{i,\min}\leqslant V_i\leqslant V_{i,\max}(i=1,2,\cdots,N)\\T_{i,\min}\leqslant T_i\leqslant T_{i,\max}(i=1,2,\cdots,N_T)\\S_{Li,\min}\leqslant S_{Li}\leqslant S_{Li,\max}(i\in S_L)\end{cases}$$

式中，P_{Gi}和Q_{Gi}为母线i产生的总有功功率和无功功率，P_{Di}和Q_{Di}为母线i上的总有功功率和无功功率需求。V_i和V_j为母线i和j的电压幅值；G_{ij}和B_{ij}为导纳矩阵（Y_{bus}）的第i行j列元素的实部和虚部；θ_{ij}为母线i和母线j电压间的相角差；$P_{Gi,\max}$和$P_{Gi,\min}$为第i个发电机输出有功功率的最大和最小限制；$Q_{Gi,\max}$和$Q_{Gi,\min}$为第i个发电机输出无功功率的最大和最小限制；$V_{i,\max}$和$V_{i,\min}$为母线i电压幅值的最大和最小限制；T_i为第i个变压器的分接头设置，$T_{i,\max}$和$T_{i,\min}$为第i个变压器的分接头设置的最高和最低值；$|S_{Li}|$为线路i上的线路负载（MVA）。$S_{Li,\max}$为线路i上的线路负载限制值（MVA）（即当系统满载时的线路潮流）。N、N_L和N_T分别为母线总数、线路总数及变压器总数。

与发电机相连母线的P、Q、V、T的限制值总结在表6-3中。

表6-3　参数P、Q、V、T的限值

发电机编号	发出的有功功率		发出的无功功率		所有母线上的电压（pu）	
	Min/MW	Max/MW	Min/Mvar	Max/Mvar	$V_{\min}=0.9$	$V_{\max}=1.1$
1	10	250	-300	300	变压器分接头的设置值为0到1	
2	10	300	-300	300		
3	10	270	-300	300		

应用MATPOWER Version 4.1，14-Dec-2011-AC Optimal Power Flow，MATLAB®Interior Point Solver-MIPS，Version 1.0软件进行分析，且使用计算机型号为PC-Intel® Core™ *i*5-2430M，CPU@2.4GHz，RAM：8 GB，系统类型：64bit OS，发现，程序在0.07s后结束，目标函数值为5353.58美元/h。所得到的线路的电压、功率、成本及线路潮流分别汇总在表6-4和表6-5中。

表6-4　系统母线的电压、功率和成本

母线编号	电压		发电量		负载		成本λ/[美元/(MVA·h)]	
	幅值（pu）	相角（°）	P/MW	Q/Mvar	P/MW	Q/Mvar	P	Q
1	1.087	0	87.05	-22.20			24.150	
2	1.1	0.044	136.16	6.68			24.347	
3	1.1	-6.212	97.45	20.89			24.875	
4	1.1	-2.403					24.150	
5	1.098	-4.248			90	30	24.384	-0.002
6	1.011	-17.468			100	35	26.976	0.848
7	1.099	-3.993					24.350	0.045
8	1.076	-8.530			125	50	24.842	0.166
9	1.090	-8.941					24.880	0.120
总量			320.66	5.37	315	115		

表 6-5 线路潮流

线路	首端连接母线	末端连接母线	从母线注入		损耗	
			P/MW	Q/Mvar	P/MW	Q/Mvar
1	1	4	87.05	-22.20	0	3.93
2	4	5	41.49	-13.82	0.244	1.32
3	6	9	-100.00	-35.00	3.918	17.08
4	3	9	97.45	20.89	0	4.81
5	9	8	-6.47	3.58	0.03	0.25
6	8	7	-131.50	-22.15	1.283	10.87
7	7	2	-136.16	2.92	0	9.60
8	7	5	3.37	-18.31	0.003	0.02
9	5	4	-45.39	-7.47	0.172	1.46
总量					5.650	49.34

6.3 有动态安全约束下的 OPF

越来越多的研究关注考虑动态安全约束下的 OPF 问题，用于更好地保护系统抵抗扰动。在系统运行的安全性中，系统的稳定性问题、小信号稳定性问题及暂态稳定性问题越来越受到关注。传统的 OPF 应在维持一定稳定性的准则下，找到最小化成本函数的最优解。这就需要对目标函数进行修改或在 6.1 节问题的形成中添加一些约束条件。

小信号稳定性指的是当系统受到小的扰动时，保持发电机同步的能力。为了分析电力系统小信号稳定性，系统的状态方程应该在工作点进行线性化[4]。

假设系统零输入，则电力系统可以描述成

$$\dot{\boldsymbol{X}}=f(\boldsymbol{X}) \tag{6-16}$$

式中，$\boldsymbol{X}$ 为电力系统的状态向量，f 为一组非线性方程，且导数与时间有关。

由泰勒级数展开，并且假设与系统状态向量的偏差为 $\Delta\boldsymbol{X}$，则式（6-16）的线性展开式为

$$\frac{\mathrm{d}\Delta\boldsymbol{X}}{\mathrm{d}t}=[A]\Delta\boldsymbol{X} \tag{6-17}$$

式中，$[A]$ 为状态矩阵。小信号稳定性由矩阵 A 的特征值确定，该特征值的一般形式可以写成

$$\lambda=\sigma\pm\mathrm{j}\omega \tag{6-18}$$

式中，实部和虚部分别表示对应模型的阻尼和频率。因此，稳定性的确定如下：

如果所有特征值都具有负实部，则该系统是稳定的。

如果至少一个特征值具有正实部，则系统是不稳定的。

如果至少一个特征值是实部为零，则该系统是振荡的。

振荡的衰减率可由一个公共参数（阻尼率 ζ）定义，ζ 是从式（6-19）中推导得出的。ζ 越大，则系统有更宽的稳定裕度。

$$\zeta=\frac{-\sigma}{\sqrt{\sigma^2+\omega^2}} \tag{6-19}$$

因此，要在 OPF 中考虑小信号稳定性，就要对每一个候选工作点进行上述的模型分析，通过得到的实部或阻尼比来比较这些工作点。这些指数可以参与在 OPF 过程的目标函数或约束条件中。

暂态稳定指的是，当电力系统经受大的严重的干扰时，保持其发电机同步的能力。要保持系统运作良好，在进行 OPF 运算时，将暂态稳定约束与静态稳定约束相结合是很重要的。为了达到这一目标，专家们提出了不同的方法。然而，这些方法可以分为三类。第一类方法包括基于瞬态能量函数的方法或基于能量平衡的方法。但是这类方法的缺陷在于，在电力系统建模中，要形成以发电机有功功率表

示稳定域度的函数有一定的困难。第二类方法包括以控制变量形成一个近似的非线性函数来表示暂态稳定边界的方法，这类方法在确定所需的非线性函数方面有困难。第三类方法使用详细的动态模型在时间域模拟电力系统。这类方法中，基于每个时间段的相对转子角及与所有时间间隔相对应的一组代数方程的稳定性限制都包括在 OPF 中。这类方法一方面可以达到较高的准确性和鲁棒性，但是另一方面这类方法的实际执行是很耗时间的，并且计算过程需要大量的存储空间。这是由于这类方法在 OPF 的形成过程中包含了大量有关电力系统动态模型的附加变量，以及很多在各种时间间隔方面的约束。电力系统动态由一组微分代数方程描述[6]：

$$\left.\begin{aligned}\dot{\boldsymbol{X}} &= f_1[\boldsymbol{X}(t),\boldsymbol{B}(t),\boldsymbol{Y}]\\ 0 &= f_2[\boldsymbol{X}(t),\boldsymbol{B}(t),\boldsymbol{Y}]\end{aligned}\right\}\tag{6-20}$$

式中，$\boldsymbol{X}(t)$ 是状态变量向量，包括发电机转子角度和速度。$\boldsymbol{B}(t)$ 是代数变量向量，包括与网络相关的变量，例如母线电压和角度。$\boldsymbol{Y}$ 表示一组用作暂态稳定性分析的控制变量，如发电机输出的有功功率，安装在母线上的电容器组的大小等。它一般与时间无关，可以将它看作式（6-20）的参数。

第 i 个发电机的转子角 δ_i^0 和电动势 E_i'的初始值在系统的故障前稳态条件下，由式（6-21）得到

$$\left.\begin{aligned}\frac{E_i'V_t\sin(\delta_i^0-\delta_t)}{X_{di}'}-P_{Gi}=0\\ \frac{E_i'V_t\cos(\delta_i^0-\delta_t)}{X_{di}'}-Q_{Gi}=0\end{aligned}\right\}\tag{6-21}$$

式中，发电机由一个恒压源 E'表示，直轴暂态电抗为 X_d'、δ_t和 V_t分别表示连接发电机的母线的电压、相角和幅值。此外，故障前为稳定状态，初始角速度可以表示为

$$(\omega_i^0)=1\text{pu}\tag{6-22}$$

第 2 章中已给出发电机的摆动方程，如式（6-23）所示：

$$\left.\begin{aligned}\dot{\delta}_l &= \omega_i-1\\ \dot{\omega}_i &= \frac{1}{2H_i\omega_B}(P_{mi}-P_{ei})\end{aligned}\right\}\tag{6-23}$$

必须使用梯形法将式（6-23）离散化为代数方程。所以，对于一般时间段（$k+1$），发电机转子角和转速由式（6-24）定义

$$\left.\begin{aligned}\delta_i^{k+1}-\delta_i^k-\frac{\Delta t}{2}(\omega_i^{k+1}+\omega_i^k)=0\\ \omega_i^{k+1}-\omega_i^k-\frac{\Delta t}{2}\frac{1}{2H_i\omega_B}(P_{ai}^{k+1}-P_{ai}^k)=0\end{aligned}\right\}\tag{6-24}$$

式中，$P_{ai}^k=P_{mi}-P_{ei}^k$为在时间段 k 时的加速功率。

暂态稳定的动力约束为在系统运行的整个过程中，任意两台发电机的相角差要小于指定值 $\delta_{\max}$。

$$|\delta_i^k(t)-\delta_j(t)|<\delta_{\max}\quad t\in[0,T]\tag{6-25}$$

式中，T 表示整个过程的时间范围。

此外，还要添加额外的约束条件，例如式（6-26）

$$\left.\begin{aligned}-\pi\leqslant\delta_i\leqslant\pi\\ \delta_{ref}=0\end{aligned}\right\}\tag{6-26}$$

所以，含稳定性约束的 OPF 问题的形成总结如下[7]：

最小化式（6-4）受到的约束条件：

- 式（6-5）的潮流约束；
- 式（6-6）的限值约束；
- 式（6-21）和式（6-22）的发电机转子角和电动势的初始值约束；
- 式（6-24）的离散摇摆约束；
- 式（6-25）的暂态稳定限制约束；
- 式（6-26）的额外限制约束。

已经有一些发表的文献中对稳定性约束的 OPF 问题进行了研究，旨在以最小化发电功率输出成本

作为目标函数[8]或考虑各种限制[9,10]。

已经提出求解 OPF 问题不同的方法[11-19]，例如差分法、不精确牛顿法和原-对偶内点法，同时尝试采用适当的算法来减少求解的计算时间，实现动态安全约束的数值离散化[20-23]。

另一方面，当考虑稳定性约束（稳态或暂态稳定约束）时，对安全定价和求解结果有很大的影响[24-26]。

【例6-2】 考虑暂态稳定性约束的条件下求解例6-1的问题。

解： 支路首端连接母线电压相角与支路末端连接母线电压相角可以看作暂态稳定的上下两个限值。

MATPOWER 会形成电压相角这一变量的限制。在使用 MATPOWER Version 4.1，AC Optimal Power Flow-MATLAB Interior Point Solver-MIPS，Version 1.0 的条件下，发现程序在0.12s后结束运行，且目标函数值为6095 美元/h。所得到的线路的电压、功率、成本及线路潮流分别汇总在表6-6和表6-7中。

表6-6 系统母线的电压、功率和成本

母线编号	电压		发电量		负载		成本 λ/[美元/(MVA·h)]	
	幅值（pu）	相角（°）	*P*/MW	*Q*/Mvar	*P*/MW	*Q*/Mvar	*P*	*Q*
1	1.089	0.000	90.00	-18.61			17.035	
2	1.096	-1.673	87.76	9.42			24.035	
3	1.073	-1.120	142.62	14.83			15.000	
4	1.100	-2.480					23.773	-0.292
5	1.096	-4.380			90	30	23.999	-0.247
6	0.985	-14.227			100	35	16.312	0.477
7	1.092	-4.300					24.035	
8	1.063	-7.255			125	50	24.365	0.205
9	1.068	-5.303					15.000	
总量			320.38	5.64	315	115		

表6-7 线路潮流

线路	首端连接母线	末端连接母线	从母线注入		损耗	
			P/MW	*Q*/Mvar	*P*/MW	*Q*/Mvar
1	1	4	90.00	-18.61	0	4.10
2	4	5	42.95	-12.23	0.260	1.41
3	6	9	-100.00	-35.83	4.147	18.08
4	3	9	142.62	14.83	0.000	10.46
5	9	8	38.47	-10.94	0.155	1.31
6	8	7	-86.68	-38.53	0.633	5.36
7	7	2	-87.76	-5.37	0	4.05
8	7	5	0.45	-21.22	0.002	0.01
9	5	4	-46.86	-9.19	0.183	1.55
总量					5.380	46.33

参考文献

1. Sun D.I., Ashley B., Brewer B., Hughes A., Tinney W.F. 'Optimal power flow by Newton approach'. *IEEE Transactions on Power Apparatus and Systems.* 1984;**PAS-103**(10):2864–80
2. Maria G.A., Findlay J.A. 'A Newton optimal power flow program for Ontario hydro EMS'. *IEEE Transactions on Power Systems.* 1987;**2**(3):576–82
3. Dommel H.W., Tinney W.F. 'Optimal power flow solutions'. *IEEE Transactions on Power Apparatus and Systems.* 1968;**PAS-87**(10):1866–76
4. Su C., Chen Z. (eds.). 'An optimal power flow (OPF) method with improved power system stability'. *Universities Power Engineering Conference (UPEC) 2010 45th International*; Cardiff, Wales, Aug/Sep 2010. pp. 1–6
5. Nguyen T.T., Nguyen V.L., Karimishad A. 'Transient stability-constrained optimal power flow for online dispatch and nodal price evaluation in power systems with flexible AC transmission system devices'. *IET Generation Transmission & Distribution.* 2011;**5**(3):332–46
6. Xin H., Gan D., Huang Z., Zhuang K., Cao L. 'Applications of stability-constrained optimal power flow in the East China system'. *IEEE Transactions on Power Systems.* 2010;**25**(3):1423–33
7. Miñano R.Z., Cutsem T.V., Milano F., Conejo A.J. 'Securing transient stability using time-domain simulations within an optimal power flow'. *IEEE Transactions on Power Systems.* 2010;**25**(1):243–53
8. Kdsi S.K.M., Canizares C.A. (eds.). 'Stability-constrained optimal power flow and its application to pricing power system stabilizers'. *Power Symposium, 2005 Proceedings of the 37th Annual North American*, Oct 2005. pp. 120–6
9. Wen S., Fang D.Z., Shiqiang Y. (eds.). 'Sensitivity-based approach for optimal power flow with transient stability constraints'. *International Conference on Energy and Environment Technology, 2009 ICEET'09*, Oct 2009. pp. 267–70
10. Layden D., Jeyasurya B. (eds.). 'Integrating security constraints in optimal power flow studies'. *PES General Meeting, IEEE, Proceedings*; Denver, CO, US, Jun 2004, vol. 1. pp. 125–9
11. Cai H.R., Chung C.Y., Wong K.P. 'Application of differential evolution algorithm for transient stability constrained optimal power flow'. *IEEE Transactions on Power Systems.* 2008;**23**(2):719–28
12. Xu Y., Dong Z.Y., Meng K., Zhao J.H., Wong K.P. 'A hybrid method for transient stability-constrained optimal power flow computation'. *IEEE Transactions on Power Systems.* 2012;**27**(4):1769–77
13. Huang Y., Liu M. (eds.). 'Transient stability constrained optimal power flow based on trajectory sensitivity, one-machine infinite bus equivalence and differential evolution'. *International Conference on Power System Technology (Power Con), 2010*; Hangzhou, China, Oct 2010. pp. 1–6
14. Li R., Chen L., Yokoyama R. (eds.). 'Stability constrained optimal power flow by inexact Newton method'. *Power Tech Proceedings, 2001 IEEE Porto*; Porto, Portugal, Sep 2001. pp. 1–6
15. Xia Y., Chan K.W., Liu M. 'Direct nonlinear primal–dual interior-point method for transient stability constrained optimal power flow'. *IEE Proceedings – Generation, Transmission and Distribution.* 2005;**152**(1):11–6
16. Bhattacharya A., Chattopadhyay P.K. 'Application of biogeography-based optimization to solve different optimal power flow problems'. *IET Proceedings Generation, Transmission and Distribution.* 2011;**5**(1):70–80

17. Alam A., Makram E.B. (eds.). 'Transient stability constrained optimal power flow'. *Power Engineering Society General Meeting, 2006 IEEE PES*; Montreal, Canada, Jul 2006. pp. 1–6
18. Xia Y., Chan K.W., Liu M. (eds.). 'Improved BFGS method for optimal power flow calculation with transient stability constraints'. *Power Engineering Society General Meeting, 2005 IEEE*; San Francisco, CA, US, Jun 2005. pp. 434–9
19. Chen L., Ono A., Tada Y., Okamoto H., Tanabeb R. (eds.). 'Optimal power flow constrained by transient stability'. *International Conference on Power System Technology, Proceedings of PowerCon 2000*; Perth, Australia, Dec 2000, vol. 1. pp. 1–6
20. Sun Y., Xinlin Y., Wang H.F. 'Approach for optimal power flow with transient stability constraints'. *IEE Proceedings – Generation Transmission and Distribution*. 2004;**151**(1):8–18
21. Chen L., Yasuyuki T., Okamoto H., Tanabe R., Ono A. 'Optimal operation solutions of power systems with transient stability constraints'. *IEEE Transactions on Circuits and Systems—I: Fundamental Theory and Applications*. 2001;**48**(3):327–39
22. Martínez A.P., Esquivel C.R.F., Vega D.R. 'A New practical approach to transient stability-constrained optimal power flow'. *IEEE Transactions on Power Systems*. 2011;**26**(3):1686–96
23. Jiang Q., Huang Z. 'An enhanced numerical discretization method for transient stability constrained optimal power flow'. *IEEE Transactions on Power Systems*. 2010;**25**(4):1790–7
24. Uaahedi E., Zein El-Din H.M. 'Considerations in applying optimal power flow to power system operation'. *IEEE Transactions on Power Systems*. 1989;**4**(2):694–703
25. Liu H., Miao Y. (eds.). 'A Novel OPF-Based security pricing method with considering effects of transient stability and static voltage stability'. *IEEE T&D Conference & Exposition: Asia and Pacific*; Seoul, Oct 2009. pp. 1–5
26. Condren J., Gedra T.W. 'Expected-security-cost optimal power flow with small-signal stability constraints'. *IEEE Transactions on Power Systems*. 2006;**21**(4):1736–43

第Ⅲ部分　稳定性分析

第 7 章 小信号稳定性

7.1 基础概念

电力系统会受到或大或小的扰动。小扰动是经常发生的，如负载变化，所以电力系统必须具有抗这种小干扰的能力，即在当运行条件发生变化时能够恢复到正常运行状态的能力。另一方面，电力系统大扰动（严重的自然干扰）发生时，如大型发电机故障切除或传输线短路等导致系统结构发生变化，此时保护继电器动作以隔离故障元件。为了保证电力系统大部分正常运行，一些发电机和负荷可能会被断开。在某些严重扰动的情况下，为了尽可能保留较多的发电机和负载，系统可能分解成一系列的孤岛运行。在自动控制装置动作的条件下，最终系统将恢复到正常运行状态。反之系统将会变得不稳定，尤其是系统无法自行恢复到正常运行状态的情况。在这种情况下，将会导致发电机转子之间的相角差增加或母线电压（快速升高和降低的情况）下降。电力系统的不稳定状态会导致系统发生连锁故障并导致大部分的系统元件退出运行。

分析电力系统稳定性是基于系统元件模型，通过一些适当的假设在时间尺度上制定一个恰当的数学模型，由此对所研究的对象进行描述。在一个特定干扰发生时，可以通过选择分析方法来确定电力系统的稳定性。通过对结果的验证来检验假设模型是否充足。

在第 2 章中 2.5.1 节和 2.5.2 节中所描述的考虑阻尼项的转子运动方程和摆动方程中可写为

$$\frac{2H}{\omega_B}\ddot{\delta} + D\dot{\delta} = P_m - P_e \tag{7-1}$$

式中，t 为时间（s），H 为惯性常数（s），ω_B 是电角速度（rad/s），D 是阻尼系数，P_m 是输入的机械功率，P_e 是输出的电功率。$P_m - P_e$ 称为加速功率 P_a。假设阻尼系数 D 为很小的正数。因此，在求解短周期扰动方程中，阻尼项 $D\dot{\delta}$可以省略。且 D 在暂态稳定分析中可以省略，但是在小扰动分析中不能省略。

式（7-1）是一个二阶非线性常微分方程，其解给出了角 δ 随时间的变化关系，由此判断发电机是否稳定。由于没有一般性的解析分析方法，则常常需要使用数值分析方法。将式（7-1）重写为 $\dot{\boldsymbol{x}} = f(x, \boldsymbol{u})$ 的形式如下：

$$\left.\begin{aligned} \dot{\delta} &= \omega \\ \dot{\omega} &= \frac{\omega_B}{2H}[P_m - P_e - D\omega] \end{aligned}\right\} \tag{7-2}$$

式（7-2）中所有变量大小的变化会受电机参数、网络拓扑结构、自然扰动、原动机和自动电压调节器特征的影响。因此，电力系统对扰动的响应可能会涉及很多设备。如隔离发生故障的重要元件，将导致潮流、母线电压和电机转子速度的变化。电压变化将导致发电机和输电网的电压调节器动作，且发电机转速变化会驱动原动机调速器运行变化。电压和频率的变化会根据它们各自的特点在不同程度上影响系统的负载。此外，当系统发生变化时，用于保护单个设备的装置快速响应并导致设备跳闸，从而削弱系统抗干扰的能力甚至导致系统不稳定。

因此，将式（7-2）与数学方程结合以代表电压调节器和励磁系统的动态特性，通过确定发电机的发电量和原动机调速器的特点来计算输入的机械功率。附加方程考虑了一些约束条件，如励磁限制和电压限制。可以通过列出代数微分方程对系统中每一个发电机进行建模。在相关装置中，模型越复杂，方程的阶数就越高。因此，一个典型的电力系统是一个高阶非线性多变量的方程，它的动态响应会受到不同特性的装置和响应率的影响。电力系统运行在不断变化的环境中（如负载、发电机输出、运行参数不断变化）。当系统受到扰动时，它的稳定性取决于初始工作条件和干扰的性质。

由此可见，稳定性问题是一个高维且复杂的问题。因此在具有足够分析技术的条件下，尽可能选择合适的维度详细的描述系统，简化有助于分析典型的问题。

例如，在经典分析方法中使用的简化二阶发电机模型，其中的发电机是由一个等效电压源 E_g 来表示，其中阻抗 X_g 做了如下假设：①在没有电压调节器的情况下使用手动励磁控制，即在稳态情况下，电压源幅值的大小是由恒定的励磁电流所决定；②忽略阻尼绕组；③暂态稳定性取决于第一次电压摆动；④磁场饱和度影响不大，可忽略；⑤场电路中的磁通衰减时间短且小于场时间常数，因此可忽略；⑥由于阻抗为纯感性，所以损耗也可忽略；⑦忽略原动机调速器的响应，即输入到发电机中的机械功率是恒定的，因此，式（7-2）变成

$$\left.\begin{aligned}\dot{\delta} &= \omega \\ \dot{\omega} &= \frac{\omega_B}{2H}[P_m - P_{max}\sin\delta]\end{aligned}\right\} \tag{7-3}$$

式中，$P_{max}=\dfrac{E_g E_t}{X_g}$，在式（1-1）中给出，$E_t$ 为机端电压。

如果发电机接入到一个无穷大系统，为了得到无穷大系统母线上的电压角度偏差，将外阻抗加入到 X_g 并且用 E_t 替换无穷大系统母线电压。另一方面，如果发电机接入到一个多机系统，采用含约束条件的负载流动技术计算发电机的出力，这个技术里面可能包含一些约束[1]。

7.1.1 平衡点 ★★★

稳定性是指在有相反力时的一种平衡状态。对于电力系统来说，当系统不管是受到大或小的扰动时，稳定性是指系统始终围绕初始条件附近运行[2]。当小扰动发生时，系统平衡点上的不同相反力瞬间相等或者经过一个缓慢的循环周期变化后相等。大扰动发生时，对于任意干扰来说，考虑实现平衡点上各种相反力之间的平衡是不切实际且不经济的，此时平衡点上存在各种相反力，各种相反力平衡了后可能又成为一种干扰。因此，突发事件的设计应基于合理的扰动概率。大扰动的稳定性发生在指定的干扰情况下。另一方面，各种相反力之间的持续不平衡将导致电网不稳定，其不稳定形式取决于系统的运行条件、扰动类型和电网的拓扑结构。

电力系统的稳定分析应该考虑到各种平衡点。在大扰动情况下，重点关注与电网利益密切相关的扰动，且所有扰动前的平衡点的状态都是已知的。通常运用数值方法来解大型非线性微分方程组，形式如下：

$$\dot{x}=f(x,u,t) \tag{7-4}$$

式中，x 是 n 维状态向量且为时间 t 的函数，$\dot{x}$ 是 x 的倒数，f 是某个包括坐标原点的定义域的 n 维可微函数（称为向量场）。u 为已知，一般来说是作为一个 r 维的控制输入向量。

由于状态向量 x 是时间函数，时间 t 可以省略，所以式（7-4）可以重写为

$$\dot{x}=f(x,u) \tag{7-5}$$

小扰动是通过扰动的规模来判定的（小信号分析）并且可以用线性系统方程进行分析。用同一个平衡点来表示扰动前后的特征。式（7-5）的线性化格式如下：

$$\dot{x}=Ax+Bu \tag{7-6}$$

为了更好地进行稳定性分析，接下来的部分将会介绍它的特征方程。

如果 u 是一个常向量，那么式（7-4）所描述的系统是自治系统。反之，如果 u 是时间 t 的函数，则这个系统是非自治系统。

对于自治系统，在初始状态下 $x(t_0)=x_0$ 时，式（7-5）的解可以表示为 $\Phi_t(x_0)$，由此说明对初始条件的依赖性。$\Phi_t(x_0)$ 即为自变量等于 x_0 时的轨迹，而当 $x\in R^n$ 时，$\Phi_t(x)$ 是称为流。向量 u 没有明确说明是一个常量，可以当作一个参数。因此，非自治系统的轨迹也是一个时间的函数，可以被表示为 $\Phi_t(x_0,\ t_0)$ 来说明在 t_0 时经过 x_0 的所有函数解。

由于电力系统可以建模成一个自治系统，则式（7-5）中自治系统的解应考虑一些条件，例如①所求

出的解对于所有的 t 都成立；②对于初始条件来说，轨迹的倒数存在并且是非奇异的，即在 x_0 初始条件下 $\Phi_t(x_0)$ 是连续的；③$\Phi_t(x)=\Phi_t(y)$ 仅在 $\Phi_{t1+t2}=\Phi_{t1}\Phi_{t2}$ 时的任何时间 t 成立。因此，不同的初始条件下自治系统的轨迹不同且不同的轨迹不相交。

因此，自治系统在平衡点 x_{eq} 处的解是恒定的即为 $\Phi_t(x_{eq})$ 并且满足如下关系：

$$0=f(x_{eq},u) \tag{7-7}$$

需要注意的是，实际情况下式（7-7）的解给出几个平衡点。

7.1.2　平衡点的稳定性 ★★★

如果平衡点所有轨迹在初始条件下都在一个半径为 ρ 的足够小的球形区域内，且当 $t\geqslant t_0$ 时其轨迹完全在一个给定半径为 ε 的圆柱体里，那么满足式(7-7)的平衡点是一个渐进的稳定平衡点（SEP）。图 7-1 描述了一个二维系统在实变量空间中的渐近稳定性[3]。因此，对于所有的 $\varepsilon>0$，$\rho=\rho(\varepsilon,\ t_0)$，有如下关系：

$$\|x(t_0)\|<\rho\Rightarrow\|x(t)\|<\varepsilon\ \forall t\geqslant t_0>0 \tag{7-8}$$

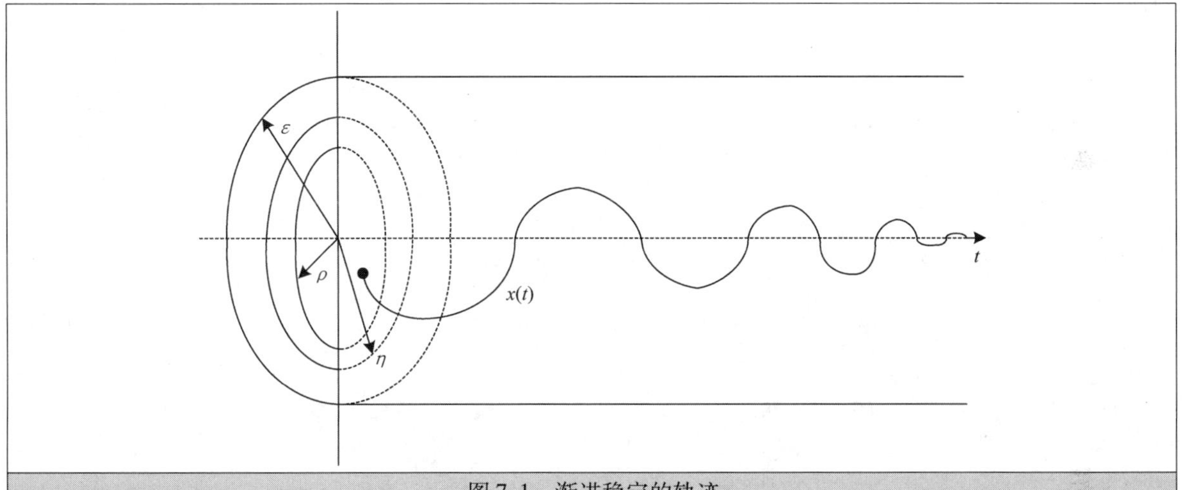

图 7-1　渐进稳定的轨迹

当 $\eta(t_0)>0$ 时，则有

$$\|x(t_0)\|<\eta(t_0)\Rightarrow x(t)\rightarrow 0\quad 当\ t\rightarrow\infty \tag{7-9}$$

平衡点的稳定性在参考文献[4]中进行了定义。对于小扰动来说，它可以通过线性微分方程的解描述系统在 x_{eq} 的行为来定义。假设系统的改变量很小，通过展开 x_{eq} 的泰勒级数并且忽略其高次项可以实现线性化。如下所示：

假设 $x=x_{eq}+\Delta x$，结合式（7-5）得到

$$\dot{x}=\dot{x}_{eq}+\Delta\dot{x}=f(x_{eq},u)+\left[\frac{\partial f(x,u)}{\partial x}\right]_{x=x_{eq}}\Delta x \tag{7-10}$$

通过式（7-7）和式（7-8）可得到如下关系式

$$\Delta\dot{x}=[A(x_{eq},u)]\Delta x \tag{7-11}$$

式中，$\boldsymbol{A}$ 是一个 $n\times n$ 维的矩阵，它的元素是 x_{eq} 和 u。A_{ij} 由如下公式得到

$$A_{ij}(x_{eq},u)=\frac{\partial f_i}{\partial x_j}(x_{eq},u) \tag{7-12}$$

矩阵 $\boldsymbol{A}$ 是一个给定 x_{eq} 和 u 的常数矩阵，则式（7-11）的解可写成如下形式：

$$\Delta x(t)=\mathrm{e}^{A(t-t_0)}\Delta x(t_0)=c_1\mathrm{e}^{\lambda_1 t}v_1+c_2\mathrm{e}^{\lambda_2 t}v_2+\cdots+c_n\mathrm{e}^{\lambda_n t}v_n \tag{7-13}$$

式中，c_1，c_2，…，c_n 是常数取决于初始条件。λ_i 和 v_i 分别是矩阵 $\boldsymbol{A}$ 的第 i 次特征值和对应的特征向量。

通过分析式（7-13）可以发现①如果对于所有的 λ_i，$i=1,\ 2,\ \cdots,\ n$ 都有 $\mathrm{Re}(\lambda_i)<0$，且对于所有平衡点 x_{eq} 处足够小的扰动来说，当 $t\rightarrow\infty$ 时，运行轨迹趋近于 x_{eq}。因此平衡点 x_{eq} 被称为是渐进稳定。②如果对于所有的 λ_i 都有 $\mathrm{Re}(\lambda_i)>0$，那么任何干扰都会导致轨迹离开 x_{eq} 附近且平衡点变得不稳定。

③如果两个特征值 λ_i 和 λ_j 满足 $\mathrm{Re}(\lambda_i)<0$ 且 $\mathrm{Re}(\lambda_j)>0$，则此时平衡点是一个鞍点。

我们可以得出结论，如果所有平衡点附近的轨迹满足当 $t\to\infty$ 时趋近于 x_{eq}，那么平衡点是渐进稳定的。如果平衡点附近没有轨迹趋近 x_{eq}，那么这就是一个不稳定平衡点（UEP）。当然，一个不稳定平衡点是反向渐进稳定的，即 $t\to\infty$。如果平衡点附近有一个轨迹在 $t\to\infty$ 时趋近于 x_{eq}，且其他的轨迹当 $t\to\infty$ 时趋近于 x_{eq}，此时的平衡点是不稳定的，被称为"鞍点"。

7.1.3 同步电机的相量图 ★★★

稳定性研究关注的是当系统受到干扰时设备行为的检查和消除干扰后系统状态的检查（稳定或不稳定），可以通过求解系统方程实现[5]。如第 2～3 章和 7.1 节中所描述，包含同步发电机的系统可以由一组微分方程来表示，以此来描述系统的行为与时间的关系。解决这些方程需要确定干扰前的稳定初始运行条件，可以认为扰动之前系统处于稳定状态。因此，用相量图代表相量方程有助于确定初始条件，且不需要稳定状态下的微分方程。其中微分方程中的变量是常数或是随着时间变化的正弦函数。

在稳定状态下，式（3-16）中的电流是常数。

因此，

$$pi_d=pi_q=pi_f=pi_{kd}=pi_{kq}=0 \tag{7-14}$$

且

$$R_{kd}i_{kd}=R_{kq}i_{kq}=0(\text{当 } i_{kd}=i_{kq}=0 \text{ 时,系统处于稳定状态}) \tag{7-15}$$

因此，式（3-16）中的电压 v_d 和 v_q 可以写成如下形式：

$$\begin{cases}v_d=-R_ai_d-\omega L_qi_q\\ v_q=-R_ai_q+\omega L_di_d+kM_f\omega i_f\end{cases} \tag{7-16}$$

根据式（2-16）且设置平衡条件下 $v_0=0$，相电压 v_a 可表示为

$$v_a=\sqrt{\frac{2}{3}}(v_d\cos\theta+v_q\sin\theta) \tag{7-17}$$

式中，θ 定义为 $\omega_0t+\delta+\pi/2$

通过式（7-16）和式（7-17）可得到

$$v_a=\sqrt{\frac{2}{3}}\left[-(R_ai_d+\omega L_qi_q)\cos\left(\omega_0t+\delta+\frac{\pi}{2}\right)+\right.$$
$$\left.(-R_ai_q+\omega L_di_d+kM_f\omega i_f)\sin\left(\omega_0t+\delta+\frac{\pi}{2}\right)\right]$$

因此

$$v_a=\sqrt{\frac{2}{3}}\left[-(R_ai_d+\omega L_qi_q)\cos\left(\omega_0t+\delta+\frac{\pi}{2}\right)+\right.$$
$$\left.(-R_ai_q+\omega L_di_d+kM_f\omega i_f)\cos(\omega_0t+\delta)\right] \tag{7-18}$$

在稳定状态下，需要注意的是①角速度 ω 是恒定的且等于 ω_0；②直轴电抗 X_d 和交轴电抗 X_q 分别等于 ωL_d 和 ωL_q；③$\omega kM_fi_f=\sqrt{3}E$，其中的 E 为定子电动势的有效值，即线到中性点上由励磁电流所引起的电压值，由附录Ⅰ中的式(Ⅰ-11)给出。电压向量 $\boldsymbol{V}_a$ 的有效值可以由下式得到

$$\boldsymbol{V}_a=-R_a\left(\frac{i_d}{\sqrt{3}}\angle\left(\delta+\frac{\pi}{2}\right)+\frac{i_q}{\sqrt{3}}\angle\delta\right)-X_q\frac{i_q}{\sqrt{3}}\angle\left(\delta+\frac{\pi}{2}\right)+X_d\frac{i_d}{\sqrt{3}}\angle\delta+E\angle\delta \tag{7-19}$$

根据 $\mathrm{j}=1\angle\pi/2$，式（7-19）变成

$$\boldsymbol{V}_a=-R_a\left(\frac{i_q}{\sqrt{3}}\angle\delta+\mathrm{j}\frac{i_d}{\sqrt{3}}\angle\delta\right)-\mathrm{j}X_q\frac{i_q}{\sqrt{3}}\angle\delta+X_d\frac{i_d}{\sqrt{3}}\angle\delta+E\angle\delta \tag{7-20}$$

式中，$\boldsymbol{V}_a$ 和 E 是定子电压有效值的标幺值，额定相量为基准值（见附录Ⅰ）；电流 i_d 和 i_q 是由派克变换得来的。d 轴和 q 轴电流的有效值定义为

$$\begin{cases} I_d \triangleq \dfrac{i_d}{\sqrt{3}} \\ I_q \triangleq \dfrac{i_q}{\sqrt{3}} \end{cases} \tag{7-21}$$

定子电流 i_a是一个矢量，由坐标轴分量 I_d和 I_q两部分组成。因此，如果以 q 轴作为参考向量，可以写出如下关系式

$$\boldsymbol{I}_a = (I_q + \mathrm{j}I_d)\mathrm{e}^{\mathrm{j}\delta} \tag{7-22}$$

结合式（7-21）和式（7-22）代入到式（7-20）得出

$$\boldsymbol{E}_I = \boldsymbol{V}_a + R_a\boldsymbol{I}_a + \mathrm{j}X_q\boldsymbol{I}_q + \mathrm{j}X_d\boldsymbol{I}_d \tag{7-23}$$

式中，$\boldsymbol{E}_I = E_I\angle\delta$，$\boldsymbol{I}_q = I_q\angle\delta$，$\boldsymbol{I}_d = \mathrm{j}I_d\angle\delta$

通过式（7-16）定子电压的有效值可以计算如下：

$$\begin{cases} V_d \triangleq \dfrac{v_d}{\sqrt{3}} = -R_dI_d - X_qI_q \\ V_q \triangleq \dfrac{v_q}{\sqrt{3}} = -R_aI_q + X_dI_d + E \end{cases} \tag{7-24}$$

式（7-23）可由向量图7-2表示。如图7-2所示，d 轴方向上的电压和电流分量为负，由于电流 I_a滞后电压 V_a且直轴超前于交轴90°。通过计算交轴上的虚拟电压来确定交轴的位置。电压 E'定义为暂态直轴电抗 X'_d 上的内部机端电压，E'_q 是它在 q 轴方向上的投影。E_q 和 X'_q 之间的区别为 $\mathrm{j}(X_q - X'_d)I_d$。同样地，$E_I$（在稳定状态下等于 E_{fd}）和 E_q之间的差为 $\mathrm{j}(X_d - X_q)I_d$。

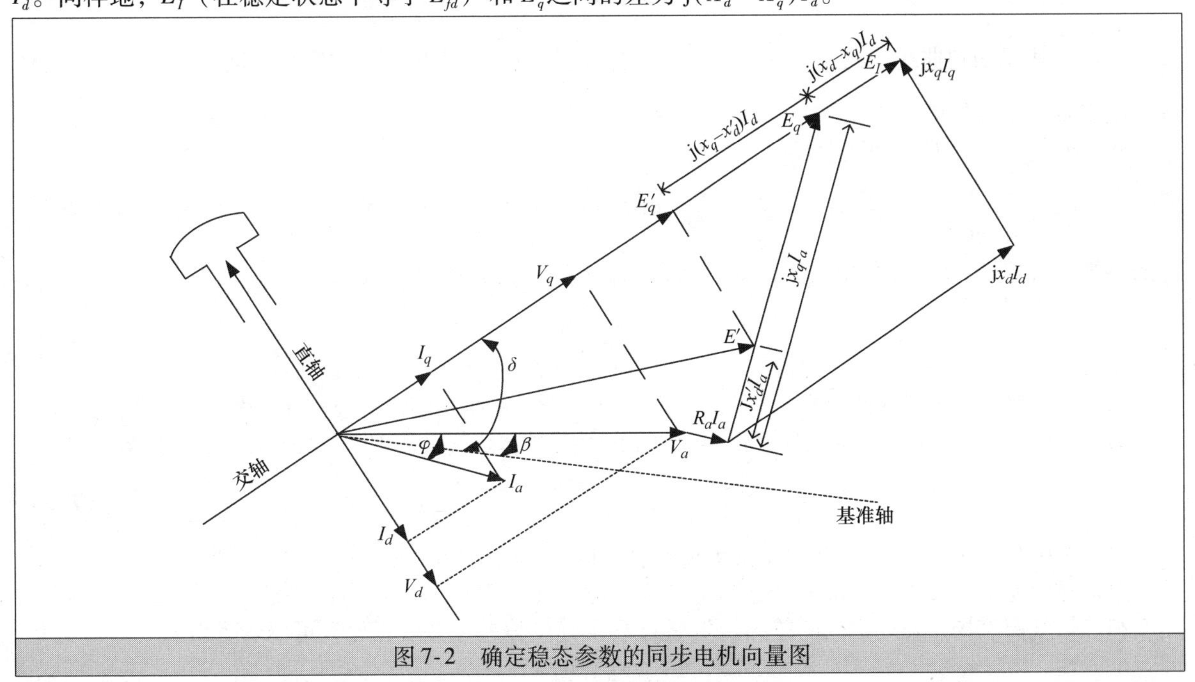

图7-2 确定稳态参数的同步电机向量图

E_I是与励磁电流成正比的电压，E_{fd}表示 q 轴方向上的励磁电压，E_q是交轴同步电抗上的电压，X'_q与由励磁电流和电枢电流共同作用下产生的磁链成正比。

7.2 小信号稳定性

转子角度的小信号稳定性指的是电力系统在小扰动下保持同步的能力。参考文献［6－8］中为了证明这一类型系统的稳定性做了详细分析。当扰动足够小时，可以采用系统的线性方程来进行分析。

为了从数学上解释小信号的稳定问题，应考虑到电机接入到无穷大系统的动态行为。同步电机的

运动方程和摆动方程是功角 δ 的非线性函数。

$$\left.\begin{aligned}\frac{2H}{\omega_B}\ddot{\delta} &= P_m - P_e \\ &= P_m - P_{max}\sin\delta\end{aligned}\right\} \tag{7-25}$$

对于小扰动来说，在可接受的精度范围内可以对式（7-14）进行线性化。

假设 $\Delta\delta$ 是初始运行点功角 δ_0 的一个小偏差，因此式（7-25）可表示为

$$\frac{2H}{\omega_B}\frac{d^2(\delta_0+\Delta\delta)}{dt^2} = P_m - P_{max}\sin(\delta_0+\Delta\delta)$$

即

$$\frac{2H}{\omega_B}\frac{d^2\delta_0}{dt^2} + \frac{2H}{\omega_B}\frac{d^2\Delta\delta}{dt^2} = P_m - P_{max}(\sin\delta_0\cos\Delta\delta + \cos\delta_0\sin\Delta\delta)$$

当 $\Delta\delta$ 很小时，$\sin\Delta\delta \cong \Delta\delta$ 且 $\cos\Delta\delta \cong 1$，则

$$\frac{2H}{\omega_B}\frac{d^2\delta_0}{dt^2} + \frac{2H}{\omega_B}\frac{d^2\Delta\delta}{dt^2} = P_m - P_{max}\sin\delta_0 - P_{max}\cos\delta_0\Delta\delta \tag{7-26}$$

在初始状态下

$$\frac{2H}{\omega_B}\frac{d^2\delta_0}{dt^2} = P_m - P_{max}\sin\delta_0$$

因此，式（7-26）线性化为

$$\frac{2H}{\omega_B}\frac{d^2\Delta\delta}{dt^2} + P_{max}\cos\delta_0\Delta\delta = 0 \tag{7-27}$$

式（7-27）表示功角曲线。在 δ_0 即 $\left.\frac{dP_e}{d_\delta}\right|_{\delta_0}$ 时，它的值被称为“同步功率系数” P_s。该系数在系统稳定性判定中有着重要的作用。

式（7-27）可以写成如下形式：

$$\frac{2H}{\omega_B}\frac{d^2\Delta\delta}{dt^2} + P_s\Delta\delta = 0 \tag{7-28}$$

它的特征方程 $\frac{2H}{\omega_B}s^2 + P_s = 0$ 的根决定了此方程是否有解，它的根可表示为

$$s = \pm j\sqrt{\frac{P_s\omega_B}{2H}} \tag{7-29}$$

当 P_s 为负时，由于有一个根位于 s 平面的右半平面，此时系统响应快速增长且失去稳定。当 P_s 为正时，两根都位于虚轴上则系统进行非阻尼振荡。当系统频率为自然振荡频率 ω_n 时系统处于临界稳定状态。

$$\omega_n = \sqrt{\frac{P_s\omega_B}{2H}} \tag{7-30}$$

当 $\delta_0 = 0°$ 且 δ 在 $0° \sim 90°$ 之间取得最大值时，可以得出同步功率系数 $P_s = dP_e/dt$ 为正。

阻尼转矩是电机转矩的一部分，它与速度成正比。转子上阻尼转矩的设置是为了尽量减少转子角速度和旋转气隙磁场角速度之间的差异。阻尼力 P_d 与速度偏差近似成正比，可以表示为

$$P_d = D\frac{d\delta}{dt} \tag{7-31}$$

式中，D 为阻尼系数的标幺值。

在暂态分析中，因为扰动的时间很短，如 1 ~ 2s 以下的扰动，则此时的阻尼系数 D 很小可忽略。然而，在小信号稳定分析中，应该考虑阻尼系数，因为当 P_s 为正，且平衡角恢复时，阻尼功率振荡最终会衰减。因此，阻尼项加入到式（7-28）中为

$$\frac{2H}{\omega_B}\frac{d^2\Delta\delta}{dt^2} + D\frac{d\Delta\delta}{dt} + P_s\Delta\delta = 0 \tag{7-32}$$

其系统响应分析取决于特征方程的根。

下面给出进一步的数学说明，即写出式（7-32）的状态空间形式，以便有可能扩展到多机系统的分析。

式（7-32）重写为

$$\frac{d^2\Delta\delta}{dt^2}+\frac{\omega_B}{2H}D\frac{d\Delta\delta}{dt}+\frac{\omega_B}{2H}P_s\Delta\delta=0 \tag{7-33}$$

假定 $x_1=\Delta\delta$ 且 $x_2=\Delta\omega=\Delta\dot{\delta}$ 因此

$$\left.\begin{aligned}\dot{x}_1&=x_2\\ \dot{x}_2&=-\frac{\omega_B}{2H}P_sx_1-\frac{\omega_B}{2H}Dx_2\end{aligned}\right\} \tag{7-34}$$

式（7-34）写成矩阵的形式，即

$$\begin{bmatrix}\dot{x}_1\\ \dot{x}_2\end{bmatrix}=\begin{bmatrix}0 & 1\\ -\frac{P_s}{\hat{H}} & -\frac{D}{\hat{H}}\end{bmatrix}\begin{bmatrix}x_1\\ x_2\end{bmatrix} \tag{7-35}$$

式中，$\hat{H}=\frac{2H}{\omega_B}$

或者

$$\dot{\boldsymbol{X}}(t)=\boldsymbol{A}\boldsymbol{X}(t) \tag{7-36}$$

式中，

$$\boldsymbol{A}=\begin{bmatrix}0 & 1\\ -\frac{P_s}{\hat{H}} & -\frac{D}{\hat{H}}\end{bmatrix}$$

式（7-36）是一个齐次状态方程，同时也是一个自然状态变量方程，因为它假设扰动不会对系统产生影响。当状态变量是所需要的响应，则输出向量$\boldsymbol{y}(t)$定义为 $\boldsymbol{y}(t)=\boldsymbol{C}\boldsymbol{x}(t)$，其中 $\boldsymbol{C}$ 是2×2 阶的单位向量矩阵。

应用拉普拉斯变换得到

$$s\boldsymbol{X}(s)-\boldsymbol{x}(0)=\boldsymbol{A}\boldsymbol{X}(s)$$

或者

$$\boldsymbol{X}(s)=(s\boldsymbol{I}-\boldsymbol{A})^{-1}\boldsymbol{x}(0) \tag{7-37}$$

式中，

$$(s\boldsymbol{I}-\boldsymbol{A})=\begin{bmatrix}s & -1\\ -\frac{P_s}{\hat{H}} & s+\frac{D}{\hat{H}}\end{bmatrix}$$

因此

$$\boldsymbol{X}(s)=\frac{\begin{bmatrix}s+\frac{D}{\hat{H}} & 1\\ -\frac{P_s}{\hat{H}} & s\end{bmatrix}\boldsymbol{x}(0)}{s^2+\frac{D}{\hat{H}}s+\frac{P_s}{\hat{H}}}$$

如果转子突然受到一个小角度 $\Delta\delta_0$的扰动，则状态变量 $x_1(0)=\Delta\delta_0$且 $x_2(0)=\Delta\omega_0=0$。因此

$$\begin{cases}\Delta\delta(s)=\dfrac{\left(s+\frac{D}{M\hat{H}}\right)\Delta\delta_0}{s^2+\frac{D}{\hat{H}}s+\frac{P_s}{\hat{H}}}\\[2ex] \Delta\omega(s)=\dfrac{\frac{P_s}{\hat{H}}\Delta\delta_0}{s^2+\frac{D}{\hat{H}}s+\frac{P_s}{\hat{H}}}\end{cases} \tag{7-38}$$

其特征值为特征方程 $s^2+\frac{D}{\hat{H}}s+\frac{P_s}{\hat{H}}=0$ 的根且可由下式得出

$$\lambda=-\frac{D}{2\hat{H}}\pm\sqrt{\frac{D^2}{4\hat{H}^2}-\frac{P_s}{\hat{H}}} \tag{7-39}$$

当 P_s 为正时，两个特征值都有负实部。如果 P_s 为负，其中一个特征值为正实数。对于小的阻尼系数 D 和 $P_s>0$ 的情况，特征值可由如下得出

$$\lambda=-\sigma\pm j\omega_d \tag{7-40}$$

式中，

$\sigma=(D/2\hat{H})$ 且 $\omega_d=\sqrt{\frac{P_s}{\hat{H}}-\frac{D^2}{4\hat{H}^2}}\equiv$ 振荡阻尼频率

则式（7-38）可写为

$$\begin{cases}\Delta\delta(s)=\dfrac{(s+2\sigma)\Delta\delta_0}{s^2+2\sigma s+\omega_n^2}\\ \Delta\omega(s)=\dfrac{\omega_n^2\Delta\delta_0}{s^2+2\sigma s+\omega_n^2}\end{cases} \tag{7-41}$$

在零输入响应时考虑拉普拉斯逆变换结果

$$\begin{cases}\Delta\delta=\dfrac{\omega_n}{\omega_d}\Delta\delta_0 e^{-\sigma t}\sin(\omega_d t+\theta)\\ \Delta\omega=\dfrac{\omega_n^2}{\omega_d}\Delta\delta_0 e^{-\sigma t}\sin\omega_d t\end{cases} \tag{7-42}$$

式中，$\theta=\cos^{-1}(\sigma/\omega_n)$

δ_0 和 ω_0 分别加上 $\Delta\delta$ 和 $\Delta\omega$ 表示转子的角度和角频率。

响应时间常数 τ 和阻尼比 D_R 定义为

$$\tau=1/\sigma \quad 且 \quad D_R=\frac{\sigma}{\omega_n}=\frac{\sigma}{\sqrt{\sigma^2+\omega_d^2}}=\sqrt{\frac{D^2}{4\hat{H}P_s}} \tag{7-43}$$

因此对于平衡点的稳定性，必要条件 $P_s>0$ 必须满足。这可由图 7-3 中的功角曲线解释。当 $P_m<P_{\max}$ 时，给定一个 P_m 对应有两个 δ，且 $-180°<\delta<180°$。因此，此时有两个平衡点

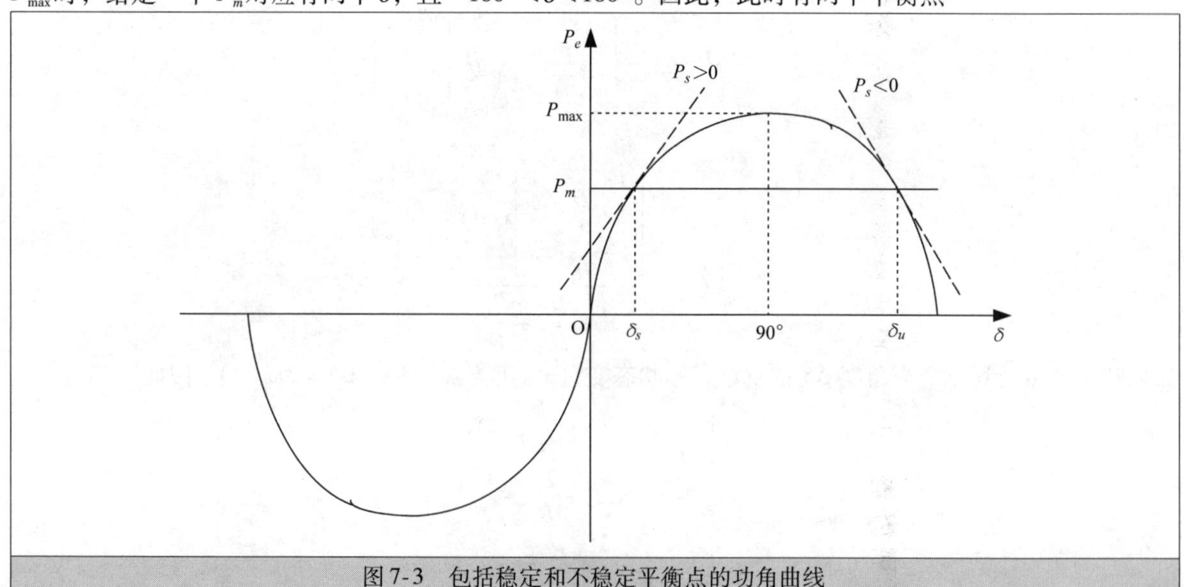

图 7-3　包括稳定和不稳定平衡点的功角曲线

$$\left.\begin{aligned}x_s=(\delta_s,0)\triangleq \text{SEP} \quad 当\ P_s>0\\ x_u=(\delta_u,0)\triangleq \text{UEP} \quad 当\ P_s<0\end{aligned}\right\} \tag{7-44}$$

式中，下标 s 和 u 分别表示稳定和不稳定状态。

$\delta=90°$时的最大输出功率 P_{max} 称之为静态稳定极限。此时系统处于临界状态，即如果系统受到任何小的扰动都会变得不稳定。

【例7-1】 当 P_m 变化时，通过式（7-40）找到特征值在 s 平面上的位置。

解：

P_m 的一个特征值对应有两个平衡点：一个是稳定平衡点（SEP），另一个是不稳定平衡点（UEP）。这两个点随着 P_m 值的增加而靠近。

由图7-4a得出，在稳定平衡点处且 $0<P_m<P_{max}$ 时：P_s 为正且其特征值有实部和虚部（点#1和#2）。随着 P_m 增加 P_s 减少，直到 $\frac{P_s}{\hat{H}}=\frac{D^2}{4\hat{H}^2}$ 时两个特征值移动到虚轴 $-\sigma$ 位置（点#3）。随着 P_m 继续增

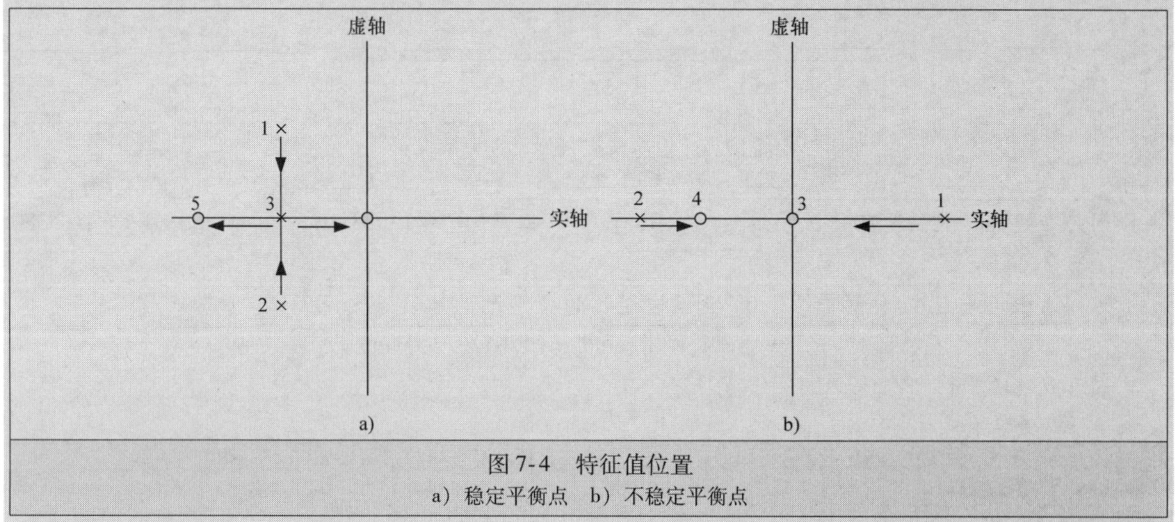

图7-4　特征值位置

a）稳定平衡点　b）不稳定平衡点

加 P_s 减少，直到 $P_m=P_{max}$ 时 P_s 减少到0且其中一个特征值到达原点，另一个则到达 $-D/\hat{H}'$，分别是点#4和#5。

在不稳定平衡点，如图7-4b所示，P_s 为负且两个特征值均为实数都朝着原点方向移动（点#1和#2）。当 $P_m=P_{max}$ 时，其中一个特征值为0，即这个特征值移动到了原点处（点#3）同时另外一个特征值移动到了 $-D/\hat{H}'$ 即点#4。

【例7-2】 如图7-5所示，同步发电机通过变压器和输电线路接入到无穷大系统并向系统提供标幺值为0.8的功率。寻找两种情况下的平衡点：①忽略系统电阻，②考虑系统电阻。

解：

由于功率是通过电机传递，因此 P_e 可以通过式（3-45）计算得出

$$P_e=E^2G_{11}+EV_\infty Y_{12}\sin(\delta-\gamma)$$

式中，

$$G_{11}\triangleq Y_{11}\cos\theta_{11},\gamma=\theta_{12}-\pi/2,Y_{11}\angle\theta_{11}=y_{12}+y_{10}$$

$$Y_{12}\angle\theta_{12}=-y_{12},\gamma=\theta_{12}-\pi/2$$

由此表明同步发电机的功角曲线是正弦曲线，在垂直方向上偏移 E^2G_{11}，水平方向偏移角度 γ。

① 忽略系统电阻：这种情况下的传输网络是纯感性的。

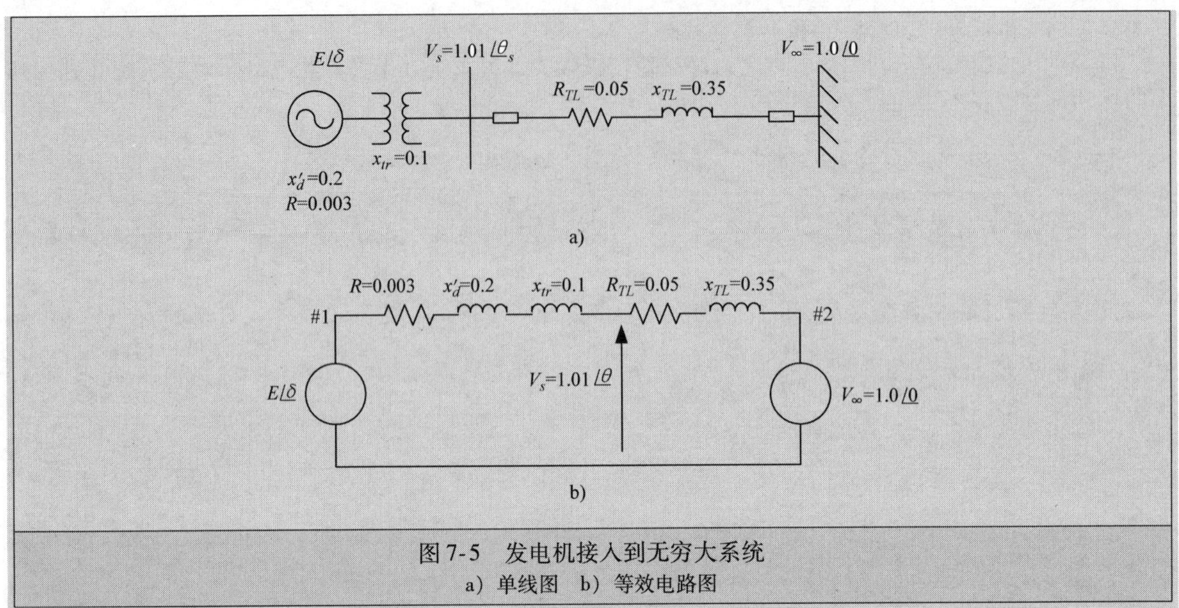

图 7-5　发电机接入到无穷大系统

a）单线图　b）等效电路图

因为在线路的送端没有并联导纳，$y_{10}=0$，$y_{12}=1/\mathrm{j}0.65=-\mathrm{j}1.538$，$Y_{11}=-\mathrm{j}1.538$ $Y_{12}=\mathrm{j}1.538$，$\theta_{11}=-\pi/2$，$\theta_{12}=\pi/2$

可以看出的是 E^2G_{11} 和 γ 都等于 0。因此，送端的功率 P_1 为

$$P_1=0.8=V_sV_\infty Y_{TL}\sin\theta_s=(1.01/0.35)\sin\theta_s$$

因此 $\theta_s=16.09°$

电流 I 可以通过下式计算

$$I=(\boldsymbol{V}_s-\boldsymbol{V}_a)/Z_{TL}=(1.01\angle16.09°-1.0\angle0°)/\mathrm{j}0.35=0.804\angle1.88°$$

发电机内部电压为

$$E\angle\delta=1.01\angle16.09°+(0.804\angle1.88°)(0.3\angle90°)=1.09\angle28.4°$$

因此，功率是通过电机输送到无穷大系统，P_e 为

$$P_e=[(1.09\times1.0)/0.65]\sin\delta=1.677\sin\delta$$

所以，当 $P_e=0.8$ 时，两个平衡点的功角为 26.986°和 153.014°。第一个是稳定平衡点，第二个是不稳定平衡点，即 $\delta_s=26.986°$，$\delta_u=153.014°$。

② 考虑系统电阻：从送端到无穷大系统可以得出

$$Y_{s\infty}=-1/(0.05+\mathrm{j}0.35)=-0.4+\mathrm{j}2.8=2.828\angle98.13°$$

$$Y_{ss}=0.4-\mathrm{j}2.8=2.828\angle-81.87°$$

$$\theta_{s\infty}=98.13°,\theta_{ss}=-81.87°,\gamma=98.13°-90°=8.13°$$

$$G_{ss}=2.828\cos(-81.87°)=0.4$$

送端的功率，$P_1=0.8=0.4\,(1.01)^2+1.01\times2.828\sin\,(\theta_s-8.13°)$

因此，$\theta_s=16.02°$

电流 I 为

$$I=(1.01\angle16.02°-1.0\angle0°)/(0.05+\mathrm{j}0.35)=0.768+\mathrm{j}0.192=0.79\angle14.04°$$

电机内部电压为

$$E\angle\delta=1.01\angle16.02°+0.79\angle14.04°(0.003+\mathrm{j}0.3)=0.915+\mathrm{j}0.509=1.04\angle29.08°$$

通过等效电路所表示的系统得到（见图 7-4b）

$$Y_{12}=-1/(0.035+\mathrm{j}0.65)=-0.0813+\mathrm{j}0.951=0.9545\angle94.9°$$

$$Y_{11}\angle\theta_{11}=0.0813-\mathrm{j}0.951=0.9545\angle-85.1°$$

$$\theta_{12}=94.9°,\theta_{11}=-85.1°,\gamma=94.9-\pi/2=4.9°$$
$$G_{11}=0.9545\times0.085=0.081$$

通过发电机传输到无穷大系统的功率 P_e 为

$$\begin{aligned}P_e&=0.09+(1.04/\sqrt{0.053^2+0.65^2})\sin(\delta-\gamma)\\&=0.09+1.6\sin(\delta-4.9°)\end{aligned}$$

当 $P_e=0.8=0.09+1.6\sin(\delta-4.9°)$ 时，两个平衡点的功角为29°和151°。

因此，在稳定平衡点处 $\delta_s=29°$；而在不稳定平衡点处 $\delta_u=151°$。

7.2.1 强制状态变量方程 ★★★

在另一方面，如果系统增加了少量的功率 ΔP，系统的响应可以由一个线性强制摆动方程来进行说明，即

$$\frac{d^2\Delta\delta}{dt^2}+\frac{\omega_B}{2H}D\frac{d\Delta\delta}{dt}+\frac{\omega_B}{2H}P_s\Delta\delta=\frac{\omega_B}{2H}\Delta P \tag{7-45}$$

结合式（7-30）、式（7-40）和式（7-45）可得到

$$\frac{d^2\Delta\delta}{dt^2}+2\sigma\frac{d\Delta\delta}{dt}+\omega_n^2\Delta\delta=\Delta u \tag{7-46}$$

式中，

$$\Delta u=\frac{\omega_B}{2H}\Delta P$$

假设 $x_1=\Delta\delta$ 且 $x_2=\Delta\omega=\Delta\dot{\delta}$，式（7-46）写成状态空间格式，即

$$\left.\begin{aligned}\dot{x}_1&=x_2\\\dot{x}_2&=-\omega_n^2x_1-2\sigma x_2+\Delta u\end{aligned}\right\} \tag{7-47}$$

其矩阵形式为

$$\begin{bmatrix}\dot{x}_1\\\dot{x}_2\end{bmatrix}=\begin{bmatrix}0&1\\-\omega_n^2&-2\sigma\end{bmatrix}\begin{bmatrix}x_1\\x_2\end{bmatrix}+\begin{bmatrix}0\\1\end{bmatrix}\Delta u \tag{7-48}$$

或者

$$\dot{\boldsymbol{X}}(t)=\boldsymbol{AX}(t)+\boldsymbol{B}\Delta u(t) \tag{7-49}$$

式（7-49）表示的是变量为 x_1 和 x_2 的强制状态变量方程，输出向量 $\boldsymbol{y}(t)$ 由 $\boldsymbol{y}(t)=\boldsymbol{Cx}(t)$ 得来，其中，$\boldsymbol{C}$ 是 2×2 阶的单位矩阵。

式（7-49）的拉普拉斯变换格式为

$$s\boldsymbol{X}(s)=\boldsymbol{AX}(s)+\boldsymbol{B}\Delta U(s)$$

或者

$$\boldsymbol{X}(s)=(s\boldsymbol{I}-\boldsymbol{A})^{-1}\boldsymbol{B}\Delta U(s) \tag{7-50}$$

式中，$\Delta U(s)=\Delta u/s$

替换式（7-49）中的 $(s\boldsymbol{I}-\boldsymbol{A})^{-1}$ 和 $\boldsymbol{B}$ 得到

$$\boldsymbol{X}(s)=\frac{\begin{bmatrix}s+2\sigma&1\\-\omega_n^2&s\end{bmatrix}\begin{bmatrix}0\\1\end{bmatrix}\frac{\Delta u}{s}}{s^2+2\sigma s+\omega_n^2}$$

则

$$\begin{cases}\Delta\delta(s)=\dfrac{\Delta u}{s(s^2+2\sigma s+\omega_n^2)}\\ \Delta\omega(s)=\dfrac{\Delta u}{s^2+2\sigma s+\omega_n^2}\end{cases}$$

由拉普拉斯逆变换的阶跃响应得到

$$\begin{cases}\Delta\delta=\dfrac{\Delta u}{\omega_n^2}\left[1-\dfrac{\omega_n}{\omega_d}\mathrm{c}^{-\sigma t}\sin(\omega_d t+\theta)\right]\\ \Delta\omega=\dfrac{\Delta u}{\omega_d}\mathrm{e}^{-\sigma t}\sin\omega_d t\end{cases} \tag{7-51}$$

式中，$\theta=\cos^{-1}(\sigma/\omega_n)$。

式（7-46）中的 Δu 定义为 $\Delta u=\dfrac{\omega_B}{2H}\Delta P=\dfrac{\Delta P}{\hat{H}}$，将它的值代入到式（7-51）中得到 $\Delta\delta$ 和 $\Delta\omega$，并分别加上 δ_0 和 ω_0，转子角度（rad）和角频率（rad/s）为

$$\left.\begin{aligned}\delta&=\delta_0+\frac{\Delta P}{\hat{H}\omega_n^2}\left[1-\frac{\omega_n}{\omega_d}\mathrm{e}^{-\sigma t}\sin(\omega_d t+\theta)\right]\\ \omega&=\omega_0+\frac{\Delta P}{\hat{H}\omega_d}\mathrm{e}^{-\sigma t}\sin\omega_d t\end{aligned}\right\} \tag{7-52}$$

系统的稳定性判据为 $P_s<0$，上述方程是一个简单的代数关系并不需要进行特征值的计算。它是在一些假设条件下进行动态分析得出的结论。因此，随着系统动态复杂性的增加，对同步发电机的详细线性化模型的要求就越多，同时应该避免这些假设。第 2 章中已经对电流和磁链的状态空间模型进行了描述。它们的线性化如下所述。

7.3 同步发电机的电流状态空间线性模型

为了对式（2-104）中的电流模型进行线性化，假定状态向量 $\boldsymbol{x}$ 的初始状态为 $\boldsymbol{x}_0=\boldsymbol{x}(t_0)$，其对于一个具体的动态研究来说都是已知的[9]。因此

$$\boldsymbol{x}_o^t=[i_{do},i_{fo},i_{kdo},i_{qo},i_{kqo},\omega_o,\delta_o] \tag{7-53}$$

当小扰动发生时，状态变量将会发生微小的变化即

$$\boldsymbol{x}=\boldsymbol{x}_o+\Delta\boldsymbol{x} \tag{7-54}$$

状态空间格式的一般形式为

$$\dot{\boldsymbol{x}}=\boldsymbol{f}(\boldsymbol{x},t) \tag{7-55}$$

将式（7-54）代入到式（7-55），即

$$\dot{\boldsymbol{x}}_o+\Delta\dot{\boldsymbol{x}}=\boldsymbol{f}(\boldsymbol{x}_o+\Delta\boldsymbol{x},t) \tag{7-56}$$

通过泰勒级数展开且忽略二阶项和高次项得到

$$\boldsymbol{f}(\boldsymbol{x}_o+\Delta\boldsymbol{x},t)=\boldsymbol{f}(\boldsymbol{x}_o,t)+\left.\frac{\partial\boldsymbol{f}}{\partial x_1}\right|_{x_o}\Delta x_1+\left.\frac{\partial\boldsymbol{f}}{\partial x_2}\right|_{x_o}\Delta x_2+\cdots+\left.\frac{\partial\boldsymbol{f}}{\partial x_n}\right|_{x_o}\Delta x_n \tag{7-57}$$

代入 $\boldsymbol{x}_0$ 到式（7-55）并结合式（7-56）和式（7-57）得到

$$\Delta\dot{\boldsymbol{x}}=\boldsymbol{A}(\boldsymbol{x}_o)\Delta\boldsymbol{x} \tag{7-58}$$

式中，

$$\boldsymbol{A}(\boldsymbol{x}_o)=\left[\frac{\partial\boldsymbol{f}}{\partial x_1}\frac{\partial\boldsymbol{f}}{\partial x_2}\cdots\frac{\partial\boldsymbol{f}}{\partial x_n}\right]_{\boldsymbol{x}_o} \tag{7-59}$$

为了便于推断出每个状态的变化，式（2-53）可进行展开如下：

$$\begin{aligned}v_{do}+\Delta v_d=&-R_a(i_{do}+\Delta i_d)-(\omega_o+\Delta\omega)L_q(i_{qo}+\Delta i_q)\\ &-(\omega_o+\Delta\omega)kM_{kq}(i_{kqo}+\Delta i_{kq})-L_d(pi_{do}+p\Delta i_d)\\ &-kM_f(pi_{fo}+p\Delta i_f)-kM_{kd}(pi_{kdo}+p\Delta i_{kd})\end{aligned}$$

基于二次项的值很小，可舍去，如 $\Delta x_i\Delta x_j$，则可以得出

$$v_{do}+\Delta v_d=(-R_a i_{do}-\omega_o L_q\Delta i_{qo}-\omega_o kM_{kq}i_{kqo}-L_d pi_{do}-kM_f pi_{fo}-kM_{kd}pi_{kdo})$$
$$-R_a\Delta i_d-\omega_o L_q\Delta i_q-i_{qo}L_q\Delta\omega-\omega_o kM_{kq}\Delta i_{kq}-i_{kqo}kM_{kq}\Delta\omega$$
$$-L_d p\Delta i_d-kM_f p\Delta i_f-kM_{kd}p\Delta i_{kd}$$

值得注意的是，在 RHS 中 v_{do} 等于括号里面的数，即

$$\Delta v_d=-R_a\Delta i_d-\omega_o L_q\Delta i_q-\omega_o kM_{kq}\Delta i_{kq}-(L_q i_{qo}+kM_{kq}i_{kqo})\Delta\omega$$
$$-L_d p\Delta i_d-kM_f p\Delta i_f-kM_{kd}p\Delta i_{kd} \tag{7-60}$$

因为 $\psi_{qo}=L_q i_{qo}+kM_{kq}i_{kqo}$，式（7-60）可写成

$$\Delta v_d=-R_a\Delta i_d-\omega_o L_q\Delta i_q-\omega_o kM_{kq}\Delta i_{kq}-\Psi_{qo}\Delta\omega-L_d p\Delta i_d$$
$$-kM_f p\Delta i_f-kM_{kd}p\Delta i_{kd} \tag{7-61}$$

同样地，q 轴电压变化 Δv_q 为

$$\Delta v_q=\omega_o L_d\Delta i_d+\omega_o kM_f\Delta i_f+\omega_o kM_{kd}\Delta i_{kd}+(i_{do}L_d+i_{fo}kM_f+i_{kdo}kM_{kd})\Delta\omega$$
$$-R_a\Delta i_q-L_q p\Delta i_q-kM_{kq}p\Delta i_{kq}$$

因此

$$\Delta v_q=\omega_o L_d\Delta i_d+\omega_o kM_f\Delta i_f+\omega_o kM_{kd}\Delta i_{kd}$$
$$+\Psi_{do}\Delta\omega-R_a\Delta i_q-L_q p\Delta i_q-kM_{kq}p\Delta i_{kq} \tag{7-62}$$

且励磁电压的变化 Δv_f 为

$$-\Delta v_f=-R_f\Delta i_f-kM_f p\Delta i_d-L_f p\Delta i_f-L_{fkd}p\Delta i_{kd} \tag{7-63}$$

对于 d、q 轴的阻尼绕组 KD 和 KQ，其线性方程分别表示如下：

$$\left.\begin{aligned}0&=-R_{kd}\Delta i_{kd}-kM_{kd}p\Delta i_d-L_{fkd}p\Delta i_f-L_{kd}p\Delta i_{kd}\\0&=-R_{kq}\Delta i_{kq}-kM_{kq}p\Delta i_q-L_{kq}p\Delta i_{kq}\end{aligned}\right\} \tag{7-64}$$

可参考 2.8 节来计算线性化矩阵方程，为了便于计算将其方程重写如下：

$$\left.\begin{aligned}&\dot{\omega}=\frac{1}{\hat{H}}\ [T_m-T_e-T_d]\\&T_e=i_q\Psi_d-i_d\Psi_q\\&\Psi_d=L_d i_d+kM_f i_f+kM_{kd}i_{kd}\\&\Psi_q=L_q i_q+kM_{kq}i_{kq}\\&T_d=D\omega\end{aligned}\right\} \tag{7-65}$$

因此

$$\dot{\omega}=\frac{1}{\hat{H}}(T_m-D\omega)-\frac{1}{\hat{H}}[i_q(L_d i_d+kM_f i_f+kM_{kd}i_{kd})-i_d(L_q i_q+kM_{kq}i_{kq})] \tag{7-66}$$

其线性化格式可计算如下：

$$\Delta\dot{\omega}=\frac{1}{\hat{H}}[L_d i_{qo}\Delta i_d-L_d i_{do}\Delta i_q-kM_f i_{qo}\Delta i_f-kM_f i_{fo}\Delta i_q-kM_{kd}i_{qo}\Delta i_{kd}-kM_{kd}i_{kdo}\Delta i_q$$
$$+L_q i_{do}\Delta i_q+L_q i_{qo}\Delta i_d+kM_{kq}i_{do}\Delta i_{kq}+kM_{kq}i_{kqo}\Delta i_d-D\Delta\omega+\Delta T_m] \tag{7-67}$$

根据 d、q 轴磁链的关系，式（7-67）可写成

$$\Delta\dot{\omega}=\frac{1}{\hat{H}}[\Delta T_m-(L_d i_{qo}-\Psi_{qo})\Delta i_d-(\Psi_{do}-L_q i_{do})\Delta i_q$$
$$-kM_f i_{qo}\Delta i_f-kM_{kd}i_{qo}\Delta i_{kd}+kM_{kq}i_{do}\Delta i_{kq}-D\Delta\omega] \tag{7-68}$$

转矩角的线性化形式式（2-103）可写为

$$\Delta\dot{\delta}=\Delta\omega \tag{7-69}$$

式（7-61）到式（7-69）是同步发电机除了负载方程以外的线性化系统方程。根据矩阵的形式和减少量 Δ，加之变量的变化很小，等式可以写成如下形式：

$$
\begin{bmatrix} v_d \\ -v_f \\ 0 \\ \hline v_q \\ 0 \\ \hline T_m \\ 0 \end{bmatrix} = -\left[\begin{array}{ccc|cc|cc} R_a & 0 & 0 & \omega_o L_q & \omega_o kM_{kq} & \Psi_{qo} & 0 \\ 0 & R_f & 0 & 0 & 0 & 0 & 0 \\ 0 & 0 & R_{kd} & 0 & 0 & 0 & 0 \\ \hline -\omega_o L_d & -\omega_o kM_f & -\omega_o kM_{kd} & R_a & 0 & -\Psi_{do} & 0 \\ 0 & 0 & 0 & 0 & R_{kq} & 0 & 0 \\ \hline \Psi_{qo}-L_d i_{qo} & -kM_f i_{qo} & -kM_{kd} i_{qo} & -\Psi_{do}+L_q i_{do} & kM_{kq} i_{do} & -D & 0 \\ 0 & 0 & 0 & 0 & 0 & -1 & 0 \end{array}\right] \begin{bmatrix} i_d \\ i_f \\ i_{kd} \\ \hline i_q \\ i_{kq} \\ \hline \omega \\ \delta \end{bmatrix}
$$

$$
-\left[\begin{array}{ccc|cc|cc} L_d & kM_f & kM_{kd} & 0 & 0 & 0 & 0 \\ kM_f & L_f & L_{fkd} & 0 & 0 & 0 & 0 \\ kM_{kd} & L_{fkd} & L_{kd} & 0 & 0 & 0 & 0 \\ \hline 0 & 0 & 0 & L_q & kM_{kq} & 0 & 0 \\ 0 & 0 & 0 & kM_{kq} & L_{kq} & 0 & 0 \\ \hline 0 & 0 & 0 & 0 & 0 & -\hat{H} & 0 \\ 0 & 0 & 0 & 0 & 0 & 0 & 1 \end{array}\right] \begin{bmatrix} pi_d \\ pi_f \\ pi_{kd} \\ pi_q \\ pi_{kq} \\ p\omega \\ p\delta \end{bmatrix} \tag{7-70}
$$

或

$$
\boldsymbol{v} = -\boldsymbol{L}_1 \boldsymbol{x} - \boldsymbol{L}_2 \dot{\boldsymbol{x}} \tag{7-71}
$$

因此，由式（7-71）派生出线性格式的状态方程为

$$
\dot{\boldsymbol{x}} = \boldsymbol{A}\boldsymbol{x} + \boldsymbol{B}\boldsymbol{u} \tag{7-72}
$$

式中，

$[\boldsymbol{A}] = -\boldsymbol{L}_2^{-1}\boldsymbol{L}_1$，$[\boldsymbol{B}] = -\boldsymbol{L}_2^{-1}$ 且 $\boldsymbol{u} = \boldsymbol{v}$

为了考虑到负载方程，v_d和v_q之间的关系必须进行线性化以得到Δv_d和Δv_q，然后将它们的值代入到式（7-70）得到单机问题的电流模型如下。

参考式（3-9），v_d和v_q可由下式计算得到

$$
\begin{aligned} v_d &= -\sqrt{3}V_\infty \sin(\delta-\alpha) + R_e i_d + L_e p i_d + \omega L_e i_q \\ v_q &= \sqrt{3}V_\infty \cos(\delta-\alpha) + R_e i_q + L_e p i_q - \omega L_e i_d \end{aligned} \tag{7-73}
$$

三角函数的非线性可以如下处理：

$$
\sin(\delta_o+\Delta\delta) = \sin\delta_o\cos\Delta\delta + \cos\delta_o\sin\Delta\delta \cong \sin\delta_o + (\cos\delta_o)\Delta\delta
$$

式中，

$$
\cos\Delta\delta \cong 1,\ \sin\Delta\delta \cong \Delta\delta
$$

增量的变化为

$$
\sin\delta \triangleq \sin(\delta_o+\Delta\delta) - \sin\delta_o \cong (\cos\delta_o)\Delta\delta \tag{7-74}
$$

同样地，

$$
\cos(\delta_o+\Delta\delta) = \cos\delta_o\cos\Delta\delta - \sin\Delta\delta_o\sin\Delta\delta \cong \cos\delta_o - (\sin\delta_o)\Delta\delta
$$

因此增量的变化为

$$
\cos\delta \triangleq \cos(\delta_o+\Delta\delta) - \cos\delta_o = -(\sin\delta_o)\Delta\delta \tag{7-75}
$$

线性化式（7-73）得

$$
\begin{aligned} \Delta v_d &= -\sqrt{3}V_\infty\cos(\delta_o-\alpha)\Delta\delta + R_e\Delta i_d + \omega_o L_e \Delta i_q + i_{qo}L_e\Delta\omega + L_e p\Delta i_d \\ \Delta v_q &= -\sqrt{3}V_\infty\sin(\delta_o-\alpha)\Delta\delta + R_e\Delta i_q - \omega_o L_e \Delta i_d - i_{do}L_e\Delta\omega + L_e p\Delta i_q \end{aligned} \tag{7-76}
$$

将式（7-76）代入到式（7-61）和式（7-62）

$$
\begin{aligned} & -\sqrt{3}V_\infty\cos(\delta_o-\alpha)\Delta\delta + R_e\Delta i_d + \omega_o L_e\Delta i_q + i_{qo}L_e\Delta\omega + L_e p\Delta i_d \\ &= -R_a\Delta i_d - \omega_o L_q\Delta i_q - \omega_o kM_{kq}\Delta i_{kq} - \Psi_{qo}\Delta\omega - L_d p\Delta i_d - kM_f p\Delta i_f \\ & \quad - kM_{kd}p\Delta i_{kd} - \sqrt{3}V_\infty\sin(\delta_o-\alpha)\Delta\delta + R_e\Delta i_q - \omega_o L_e\Delta i_d - i_{do}L_e\Delta\omega + L_e p\Delta i_q \\ &= \omega_o L_d\Delta i_d + \omega_o kM_f\Delta i_f + \omega_o kM_{kd}\Delta i_{kd} + \Psi_{do}\Delta\omega - R_a\Delta i_q - L_q p\Delta i_q - kM_{kq}p\Delta i_{kq} \end{aligned} \tag{7-77}
$$

假定

$$\overline{R}=R_a+R_e,\ \overline{L}_q=L_q+L_e,\ \overline{L}_d=L_d+L_e,\ \overline{\Psi}_d=\Psi_d+L_ei_d,\ \overline{\Psi}_q=\Psi_q+L_ei_q$$

根据减少量Δ，式（7-77）变形得到如下：

$$\begin{aligned}0&=-\overline{R}i_d-\omega_o\overline{L}_qi_q-\omega_okM_{kq}i_{kq}-\overline{\Psi}_{qo}\omega\\&\quad+\sqrt{3}V_\infty\cos(\delta_o-\alpha)\delta-\overline{L}_dpi_d-kM_fpi_f-kM_{kd}pi_{kd}\\0&=-\overline{R}i_q+\omega_o\overline{L}_di_d+\omega_okM_fi_f+\omega_okM_{kd}i_{kd}\\&\quad+\overline{\Psi}_{do}\omega+\sqrt{3}V_\infty\sin(\delta_o-\alpha)\delta-\overline{L}_qpi_q-kM_{kq}pi_{kq}\end{aligned}\tag{7-78}$$

结合式（7-63）、式（7-64）、式（7-68）、式（7-69）和式（7-78），常系数系统方程的线性化结果为

$$\begin{bmatrix}0\\-v_f\\0\\0\\0\\T_m\\0\end{bmatrix}=-\begin{bmatrix}\overline{R}&0&0&\omega_o\overline{L}_q&\omega_okM_{kq}&\overline{\Psi}_{qo}&K\cos(\delta_o-\alpha)\\0&R_f&0&0&0&0&0\\0&0&R_{kd}&0&0&0&0\\-\omega_o\overline{L}_d&-\omega_okM_f&-\omega_okM_{kd}&\overline{R}&0&-\overline{\Psi}_{do}&K\sin(\delta_o-\alpha)\\0&0&0&0&R_{kq}&0&0\\\Psi_{qo}-L_di_{qo}&-kM_fi_{qo}&-kM_{kd}i_{qo}&-\Psi_{do}+L_qi_{do}&kM_{kq}i_{do}&-D&0\\0&0&0&0&0&-1&0\end{bmatrix}$$

$$\times\begin{bmatrix}i_d\\i_f\\i_{kd}\\i_q\\i_{kq}\\\omega\\\delta\end{bmatrix}-\begin{bmatrix}\overline{L}_d&kM_f&kM_{kd}&0&0&0&0\\kM_f&L_f&L_{fkd}&0&0&0&0\\kM_{kd}&L_{fkd}&L_{kd}&0&0&0&0\\0&0&0&\overline{L}_q&kM_{kq}&0&0\\0&0&0&kM_{kq}&L_{kq}&0&0\\0&0&0&0&0&-\hat{H}&0\\0&0&0&0&0&0&1\end{bmatrix}\begin{bmatrix}pi_d\\pi_f\\pi_{kd}\\pi_q\\pi_{kq}\\p\omega\\p\delta\end{bmatrix}\tag{7-79}$$

其中

$$K=-\sqrt{3}V_\infty$$

写成矩阵的形式为

$$\boldsymbol{v}=-\boldsymbol{L}_3\boldsymbol{x}-\boldsymbol{L}_4\dot{\boldsymbol{x}}$$

因此，状态方程可以用一般的线性形式表示

$$\dot{\boldsymbol{x}}=\boldsymbol{A}\boldsymbol{x}+\boldsymbol{B}\boldsymbol{u}\tag{7-80}$$

式中，

$$\boldsymbol{A}=-\boldsymbol{L}_4^{-1}\boldsymbol{L}_3,\ \boldsymbol{B}=-\boldsymbol{L}_4^{-1}\boldsymbol{v}$$

【例7-3】 发电机数据如下：

- 矩阵$\boldsymbol{L}_1$和$\boldsymbol{L}_2$是空载发电机的线性电流模型。
- 通过输电线路接入到无穷大系统的发电机线性电流模型，其输电线路电阻为$R_e=0.05$，电抗为$X_e=0.35$。当系统受到小扰动时确定电机的稳定性（$H=3.5$s 且 $D=0$）。发电机输出的功率为0.8pu且其功率因数为0.85（滞后）。

$$L_d=1.81,\ L_q=1.76,\ L_f=1.75,\ L_{md}=1.66,\ L_{mq}=1.61,\ L_d=L_q=L_a=0.15,$$
$$L_{kd}=1.72,\ L_{kq}=1.63,\ kM_f=kM_{kd}=L_d-l_d=1.66,\ L_{fkd}=kM_f=1.66,$$
$$kM_{kq}=1.59,\ R_a=0.003,\ R_f=0.009,\ R_{kd}=0.0284,\ R_{kq}=0.006,$$
$$l_f=L_f-kM_f=0.09,\ l_{kd}=L_{kd}-kM_{kd}=0.06,\ l_{kq}=L_{kq}-kM_{kq}=0.03$$

利用式（2-76）和式（2-80）可得到L_{Md}和L_{Mq}的值，即$L_{Md}=0.05$，$L_{Mq}=0.042$。

解：

① 根据式（7-70）且以每相功率为基准量，可以得出

$$
L_1 = \left[\begin{array}{ccc:cc:cc}
0.003 & 0 & 0 & 1.76 & 1.59 & \psi_{qo} & 0 \\
0 & 0.009 & 0 & 0 & 0 & 0 & 0 \\
0 & 0 & 0.028 & 0 & 0 & 0 & 0 \\
\hdashline
-1.81 & -1.66 & -1.66 & 0.003 & 0 & -\psi_{do} & 0 \\
0 & 0 & 0 & 0 & 0.006 & 0 & 0 \\
\hdashline
\frac{1}{3}(\psi_{qo} - L_d i_{qo}) & \frac{1}{3}(-kM_f i_{qo}) & \frac{1}{3}(-kM_{kd} i_{qo}) & \frac{1}{3}(-\psi_{do} + L_q i_{do}) & \frac{1}{3}(kM_{kq} i_{do}) & -D & 0 \\
0 & 0 & 0 & 0 & 0 & -1 & 0
\end{array}\right]
$$

$$
L_2 = \left[\begin{array}{ccc:cc:cc}
1.81 & 1.66 & 1.66 & 0 & 0 & 0 & 0 \\
1.66 & 1.75 & 1.66 & 0 & 0 & 0 & 0 \\
1.66 & 1.66 & 1.72 & 0 & 0 & 0 & 0 \\
\hdashline
0 & 0 & 0 & 1.76 & 1.59 & 0 & 0 \\
0 & 0 & 0 & 1.59 & 1.63 & 0 & 0 \\
\hdashline
0 & 0 & 0 & 0 & 0 & -2637.6 & 0 \\
0 & 0 & 0 & 0 & 0 & 0 & 1
\end{array}\right]
$$

值得注意的是，$\hat{H} = 2H\omega_o = 2637.6$ 且 $\omega_o = \omega_B$。如在情况②中所述，矩阵 L_1 中的数字为常数，而其他的非数字项则取决于负载的数据。

②第一步就是计算稳态运行条件。该电机的向量图如图 7-6 所示。如果$\boldsymbol{V}_\infty = 1\angle 0°$作为参考向量，$\alpha = 0°$。在直轴参考方向上的电流分量在相位上与 V_∞ 相同且其在坐标轴上的投影分别是 I_r和 I_x。做一个近似运算，假定电流为1pu，则输电线路上的损耗可以估计。因此功率损耗等于 $(1.0)^2 R_g = 0.05$pu 且 $P_\infty = 0.75$pu。因此，$I_r = 0.75$pu。

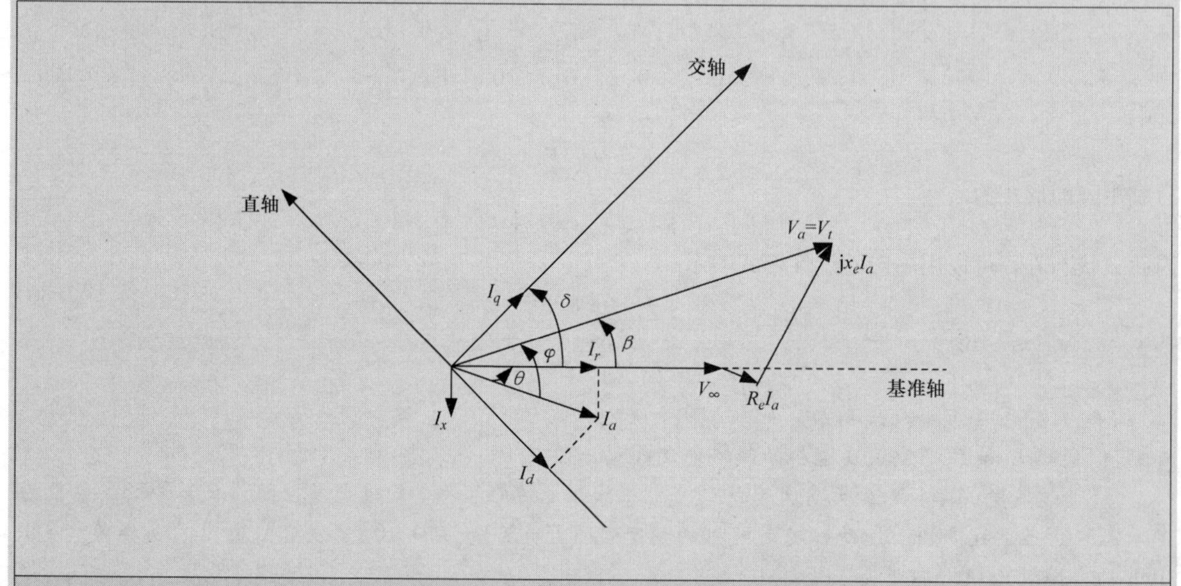

图 7-6　连接到无穷大系统的同步机的相量图

$$\Phi = \cos^{-1} 0.85 = 31.788° = \beta + \theta$$

$$\tan\Phi = \frac{\tan\beta + \tan\theta}{1 - \tan\beta\tan\theta},\ \tan\beta = \frac{X_e I_r + R_e I_x}{V_\infty - X_e I_x + R_e I_r} \text{且} \tan\theta = 1.333 I_x$$

$$0.62 = \frac{-1.333 I_x (1.002 - 0.35 I_x) + (0.263 + 0.05 I_x)}{(1.002 - 0.35 I_x) + 1.333 I_x (0.263 + 0.05 I_x)}$$

根据 $I_x = -0.256\text{pu}$

$\tan\theta = 1.333I_x$　解得 $\theta = 18.84°$　滞后 V_∞

$\tan\beta = (0.25)/(1.092) = 0.2289$，解得 $\beta = 12.89°$

$V_t = (V_\infty - X_eI_x + R_eI_r) + \text{j}(X_eI_r + R_eI_x) = 1.127 + \text{j}0.25 = 1.154\angle 12.5°$

$$\delta = \tan^{-1}\frac{(X_q + X_e)I_r + (R_a + R_e)I_x}{V_\infty - (X_q + X_e)I_x + (R_a + R_e)I_r} = \tan^{-1}0.81 = 39°$$

$I_a = 0.75 - \text{j}0.256 = 0.793\angle -18.84°$

可以看出 $I_{do} = -I_a\sin(\delta_o - \beta + \Phi) = -0.793\sin 57.9 = -0.672$

且 $I_{qo} = I_a\sin(\delta_o - \beta + \Phi) = 0.421$

根据式（7-21）得到 $I_{do} = \sqrt{3}I_{do} = -1.164\text{pu}$ 且 $I_{qo} = \sqrt{3}I_{qo} = 0.729\text{pu}$

$V_d = -V_a\sin(\delta - \beta) = -1.154\sin(39 - 12.5) = -0.515\text{pu}$

$V_d = V_a\cos(\delta - \beta) = -1.154\cos(39 - 12.5) = 1.033\text{pu}$

应用式（7-24）得到

$$\begin{cases} V_{do} = \sqrt{3}V_{do} = 0.892 \\ V_{qo} = \sqrt{3}V_{qo} = 1.789 \end{cases} \text{pu}$$

$$E = V_q + R_aI_q - X_dI_d = 1.789 + 0.001 + 1.21 = 2.999(= E_{fd})$$

$$i_{fo} = (\sqrt{3}E)/kM_f = \sqrt{3} \times 2.999/1.66 = 3.129\text{pu}$$

$$\Psi_{do} = L_di_{do} + kM_fi_{fo} = 3.087, \Psi_{qo} = L_qi_{qo} = 1.283$$

$$\Psi_{fo} = kM_fi_{do} + L_fi_{fo} = 3.544, \Psi_{kdo} = kM_{kd}i_{do} + L_{fkd}i_{fo} = 3.262$$

$$\Psi_{kqo} = kM_{kq}i_{qo} = 1.159$$

$$\overline{L}_q = L_q + L_e = 1.76 + 0.35 = 2.11, \overline{L}_d = L_d + L_e = 1.81 + 0.35 = 2.16$$

$$\overline{R} = R_a + R_e = 0.053$$

$$\overline{\Psi}_{do} = \Psi_{do} + L_ei_{do} = 1.411 + 0.35 \times -0.22 = 2.68$$

$$\overline{\Psi}_{qo} = \Psi_{qo} + L_ei_{qo} = 1.355 + 0.35 \times 0.77 = 1.538$$

$$\sqrt{3}V_\infty\cos\delta_o = 1.346\ \sqrt{3}V_\infty\sin\delta_o = 1.09$$

因此

$$L_3 = \left[\begin{array}{ccc:cc:cc} 0.053 & 0 & 0 & 2.11 & 1.59 & 1.538 & -1.346 \\ 0 & 0.009 & 0 & 0 & 0 & 0 & 0 \\ 0 & 0 & 0.028 & 0 & 0 & 0 & 0 \\ \hdashline -2.16 & -1.66 & -1.66 & 0.053 & 0 & -2.68 & -1.09 \\ 0 & 0 & 0 & 0 & 0.725 & 0 & 0 \\ \hdashline -0.012 & -0.403 & -0.403 & -1.711 & -0.617 & 0 & 0 \\ 0 & 0 & 0 & 0 & 0 & -1 & 0 \end{array}\right]$$

$$L_4 = \left[\begin{array}{ccc:cc:cc} 2.16 & 1.66 & 1.66 & 0 & 0 & 0 & 0 \\ 1.66 & 1.75 & 1.66 & 0 & 0 & 0 & 0 \\ 1.66 & 1.66 & 1.72 & 0 & 0 & 0 & 0 \\ \hdashline 0 & 0 & 0 & 2.11 & 1.59 & 0 & 0 \\ 0 & 0 & 0 & 1.59 & 0.725 & 0 & 0 \\ \hdashline 0 & 0 & 0 & 0 & 0 & -2637.6 & 0 \\ 0 & 0 & 0 & 0 & 0 & 0 & 1 \end{array}\right]$$

$$
\boldsymbol{A} = -\boldsymbol{L}_4^{-1}\boldsymbol{L}_3
= \begin{bmatrix}
-0.1005 & 0.0052 & 0.0362 & -4.002 & -3.0157 & -2.9171 & 2.5529 \\
0.0304 & -0.0713 & 0.2009 & 1.2112 & 0.9127 & 0.8828 & -0.7726 \\
0.0685 & 0.0646 & -0.248 & 2.7251 & 2.0535 & 1.9864 & -1.7384 \\
-1.5686 & -1.2055 & -1.2055 & 0.0385 & -1.1547 & -1.9462 & -0.7916 \\
3.4401 & 2.6438 & 2.6438 & -0.0844 & 1.5323 & 4.2682 & 1.7360 \\
-0.0000 & -0.0002 & -0.0002 & -0.0006 & -0.0002 & 0 & 0 \\
0 & 0 & 0 & 0 & 0 & 1.0000 & 0
\end{bmatrix}
$$

利用 MATLAB®2012a 计算得到的矩阵 $\boldsymbol{A}$ 的特征值如下：

$$
-0.0535 \pm j0.9841,\quad -0.0039 \pm j0.0265,\quad -0.3043,\quad -0.0084,\quad -1.5785
$$

值得注意的是，如果任何一个特征值有正实数部分，这个系统就是不稳定的。

7.4 同步发电机的线性磁链空间状态模型

用于线性化电流模型的程序也可用于同步发电机的线性磁链模型。式（2-89）和式（2-90）分别可写成式（7-81）和式（7-82）的格式。

$$
\left.\begin{aligned}
\Delta\dot{\Psi}_d &= -R_a\left(1-\frac{L_{Md}}{l_a}\right)\frac{\Delta\Psi_d}{l_a} + R_a\frac{L_{Md}}{l_a}\frac{\Delta\Psi_f}{l_f} + R_a\frac{L_{Md}}{l_a}\frac{\Delta\Psi_{kd}}{l_{kd}} - \omega_0\Delta\Psi_q - \Psi_{q0}\Delta\omega - \Delta v_d \\
\Delta\dot{\Psi}_f &= R_f\frac{L_{Md}}{l_f}\frac{\Delta\Psi_d}{l_a} - R_f\left(1-\frac{L_{Md}}{l_f}\right)\frac{\Delta\Psi_f}{l_f} + R_f\frac{L_{Md}}{l_f}\frac{\Delta\Psi_{kd}}{l_{kd}} + \Delta v_f \\
\Delta\dot{\Psi}_{kd} &= R_{kd}\frac{L_{Md}}{l_{kd}}\frac{\Delta\Psi_d}{l_a} + R_{kd}\frac{L_{Md}}{l_{kd}}\frac{\Delta\Psi_f}{l_f} - R_{kd}\left(1-\frac{L_{Md}}{l_{kd}}\right)\frac{\Delta\Psi_{kd}}{l_{kd}} \\
\Delta\dot{\Psi}_q &= -R_a\left(1-\frac{L_{Mq}}{l_a}\right)\frac{\Delta\Psi_q}{l_a} + R_a\frac{L_{Md}}{l_a}\frac{\Delta\Psi_{kq}}{l_{kq}} + \omega_0\Delta\Psi_q + \Psi_{d0}\Delta\omega - \Delta v_q \\
\Delta\dot{\Psi}_{kq} &= R_{kq}\frac{L_{Mq}}{l_{kq}}\frac{\Delta\Psi_q}{l_a} - R_{kq}\left(1-\frac{L_{Mq}}{l_q}\right)\frac{\Delta\Psi_{kq}}{l_{kq}}
\end{aligned}\right\} \tag{7-81}
$$

$$
\begin{aligned}
\Delta T_e &= \left(\frac{L_{Md}-L_{Mq}}{l_a^2}\Psi_{q0} - \frac{L_{Mq}}{l_a l_{kq}}\Psi_{kq0}\right)\Delta\Psi_d + \frac{L_{Md}}{l_a l_f}\Psi_{q0}\Delta\Psi_f + \frac{L_{Md}}{l_a l_{kd}}\Psi_{q0}\Delta\Psi_{kd} \\
&\quad + \left(\frac{L_{Md}-L_{Mq}}{l_a^2}\Psi_{q0} + \frac{L_{Md}}{l_a l_f}\Psi_{f0} + \frac{L_{Md}}{l_a l_{kd}}\Psi_{kd0}\right)\Delta\Psi_q - \frac{L_{Mq}}{l_a l_{kq}}\Psi_{d0}\Delta\Psi_{kq}
\end{aligned} \tag{7-82}
$$

角速度方程为

$$
\begin{aligned}
\Delta\dot{\omega} &= \frac{1}{H}\Bigg[\left(\frac{L_{Mq}}{l_a l_{kq}}\Psi_{q0} - \frac{L_{Md}-L_{Mq}}{l_a^2}\Psi_{q0}\right)\Delta\Psi_d - \left(\frac{L_{Md}}{l_a l_f}\Psi_{q0}\right)\Delta\Psi_f \\
&\quad - \left(\frac{L_{Md}}{l_a l_{kd}}\Psi_{q0}\right)\Delta\Psi_{kd} - \left(\frac{L_{Md}-L_{Mq}}{l_a^2}\Psi_{d0} + \frac{L_{Md}}{l_a l_f}\Psi_{f0} + \frac{L_{Md}}{l_a l_{kd}}\Psi_{kd0}\right)\Delta\Psi_q \\
&\quad + \left(\frac{L_{Mq}}{l_a l_{kq}}\Psi_{d0}\right)\Delta\Psi_{kq} - D\Delta\omega + \Delta T_m\Bigg]
\end{aligned} \tag{7-83}
$$

转矩角方程为

$$
\Delta\dot{\delta} = \Delta\omega \tag{7-84}
$$

如果该电机接入到一个简单系统，则根据第 3 章的 3.1 节，电压 v_d 和 v_q 分别可以通过式（3-11）和式（3-12）计算得出。因此，将这两个电压代入到式（2-89）得到负载方程为

$$\left[1+\frac{L_e}{L_a}\left(1-\frac{L_{Md}}{l_a}\right)\right]\dot{\Psi}_d-\frac{L_eL_{Md}}{l_al_f}\dot{\Psi}_f-\frac{L_eL_{Md}}{l_al_{kd}}\dot{\Psi}_{kd}$$
$$=-\frac{\overline{R}}{l_a}\left(1-\frac{L_{Md}}{l_a}\right)\Psi_d+\frac{\overline{R}L_{Md}}{l_al_f}\Psi_f+\frac{\overline{R}L_{Md}}{l_al_{kd}}\Psi_{kd}$$
$$-\omega\left[1+\frac{L_e}{L_a}\left(1-\frac{L_{Md}}{l_a}\right)\right]\Psi_q+\frac{\omega L_eL_{Mq}}{l_al_{kq}}\Psi_{kq}+\sqrt{3}V_\infty\sin(\delta-\alpha) \tag{7-85}$$

$$\left[1+\frac{L_e}{L_a}\left(1-\frac{L_{Mq}}{l_a}\right)\right]\dot{\Psi}_q-\frac{L_eL_{Mq}}{l_al_{kq}}\dot{\Psi}_{kq}$$
$$=-\frac{\overline{R}}{l_a}\left(1-\frac{L_{Mq}}{l_a}\right)\Psi_q+\frac{\overline{R}L_{Mq}}{l_al_{kq}}\Psi_{kq}+\omega\left[1+\frac{L_e}{L_a}\left(1-\frac{L_{Md}}{l_a}\right)\right]\Psi_d \tag{7-86}$$
$$-\frac{\omega L_eL_{Md}}{l_al_f}\Psi_f-\frac{\omega L_eL_{Md}}{l_al_{kd}}\Psi_{kd}+\sqrt{3}V_\infty\cos(\delta-\alpha)$$

式（7-85）和式（7-86）进行线性化得到

$$\left[1+\frac{L_e}{L_a}\left(1-\frac{L_{Md}}{l_a}\right)\right]\Delta\dot{\Psi}_d-\frac{L_eL_{Md}}{l_al_f}\Delta\dot{\Psi}_f-\frac{L_eL_{Md}}{l_al_{kd}}\Delta\dot{\Psi}_{kd}$$
$$=-\frac{\overline{R}}{l_a}\left(1-\frac{L_{Md}}{l_a}\right)\Delta\Psi_d+\frac{\overline{R}L_{Md}}{l_al_f}\Delta\Psi_f+\frac{\overline{R}L_{Md}}{l_al_{kd}}\Delta\Psi_{kd} \tag{7-87}$$
$$+\omega_o\frac{L_eL_{Mq}}{l_al_{kq}}\Delta\Psi_{kq}-\omega_o\left[1+\frac{L_e}{l_a}\left(1-\frac{L_{Md}}{l_a}\right)\right]\Delta\Psi_q$$
$$-\overline{\Psi}_{qo}\Delta\omega+\sqrt{3}V_\infty\cos(\delta-\alpha)\Delta\delta$$

和

$$\left[1+\frac{L_e}{L_a}\left(1-\frac{L_{Mq}}{l_a}\right)\right]\Delta\dot{\Psi}_q-\frac{L_eL_{Mq}}{l_al_{kq}}\Delta\dot{\Psi}_{kq}$$
$$=\omega_o\left[1+\frac{L_e}{l_a}\left(1-\frac{L_{Md}}{l_a}\right)\Delta\Psi_d\right]-\omega_0\frac{L_eL_{Md}}{l_al_f}\Delta\Psi_f \tag{7-88}$$
$$-\omega_o\frac{L_eL_{Md}}{l_al_{kd}}\Delta\Psi_{kd}-\frac{\overline{R}}{l_a}\left(1-\frac{L_{Mq}}{l_a}\right)\Delta\Psi_q+\frac{\overline{R}L_{Mq}}{l_al_{kq}}\Delta\Psi_{kq}$$
$$+\overline{\Psi}_{do}\Delta\omega+\sqrt{3}V_\infty\sin(\delta-\alpha)\Delta\delta$$

式中，

$$\overline{R}=R_a+R_e$$
$$\overline{\Psi}_{qo}=\left[1+\frac{L_e}{l_a}\left(1-\frac{L_{Mq}}{l_a}\right)\right]\Psi_{qo}-\frac{L_eL_{Mq}}{l_al_{kq}}\Psi_{kqo}$$
$$\overline{\Psi}_{do}=\left[1+\frac{L_e}{l_a}\left(1-\frac{L_{Md}}{l_a}\right)\right]\Psi_{do}-\frac{L_eL_{Md}}{l_al_f}\Psi_{fo}-\frac{L_eL_{Md}}{l_al_{kd}}\Psi_{kdo}$$

因此，线性化磁链模型可以通过式（7-81）~式(7-84)、式（7-87)和式(7-88)的矩阵形式 $\boldsymbol{C}_1\dot{\boldsymbol{x}}=\boldsymbol{C}_2\boldsymbol{x}+\boldsymbol{u}$ 得到，即式（7-89）。

$$
C_1\begin{bmatrix}\dot{\Psi}_d\\ \dot{\Psi}_f\\ \dot{\Psi}_{kd}\\ \dot{\Psi}_q\\ \dot{\Psi}_{kq}\\ \dot{\omega}\\ \dot{\delta}\end{bmatrix}=
\begin{bmatrix}
-\frac{\bar{R}_a}{l_a}\left(1-\frac{L_{Md}}{l_a}\right) & \frac{\bar{R}_a L_{Md}}{l_a\ l_f} & \frac{\bar{R}_a L_{Md}}{l_a\ l_{kd}} & -\omega_o\left[1+\frac{L_e}{l_a}(1-\frac{L_{Mq}}{l_a})\right] & 0 & -\bar{\Psi}_{qo} & \sqrt{3}V_\infty\cos(\delta-\alpha)\\
\frac{R_f}{l_f}\frac{L_{Md}}{l_a} & -\frac{R_f}{l_f}(1-\frac{L_{Md}}{l_f}) & \frac{R_f}{l_f}\frac{L_{Md}}{l_{kd}} & 0 & 0 & 0 & 0\\
\frac{R_{kd}}{l_{kd}}\frac{L_{Md}}{l_a} & \frac{R_{kd}}{l_{kd}}\frac{L_{Md}}{l_f} & -\frac{R_{kd}}{l_{kd}}(1-\frac{L_{Md}}{l_{kd}}) & 0 & 0 & 0 & 0\\
-\omega_o\left[1+\frac{L_e}{l_a}(1-\frac{L_{Md}}{l_a})\right] & -\frac{\omega_o L_e L_{Md}}{l_a l_f} & -\frac{\omega_o L_e L_{Md}}{l_a l_{kd}} & -\frac{\bar{R}_a}{l_a}(1-\frac{L_{Mq}}{l_a}) & \frac{\bar{R}_a L_{Mq}}{l_q\ l_{kq}} & -\bar{\Psi}_{do} & \sqrt{3}V_\infty\sin(\delta-\alpha)\\
0 & 0 & 0 & \frac{R_{kq}L_{Mq}}{l_{kq}\ l_a} & -\frac{R_{kq}}{l_{kq}}(1-\frac{L_{Mq}}{l_{kq}}) & 0 & 0\\
\frac{-1}{3\hat{H}l_a}(\Psi_{Aqo}-\frac{L_{Md}\Psi_{qo}}{l_a}) & -\frac{L_{Md}}{3\hat{H}l_a l_f}\Psi_{qo} & -\frac{L_{Md}}{3\hat{H}l_a l_{kd}}\Psi_{qo} & \frac{-1}{3\hat{H}l_a}(\Psi_{Ado}-\frac{L_{Mq}\Psi_{do}}{l_a}) & \frac{L_{Mq}}{3\hat{H}l_a l_{kq}}\Psi_{qo} & -D & 0\\
0 & 0 & 0 & 0 & 0 & 1 & 0
\end{bmatrix}
$$

$$
\times\begin{bmatrix}\Psi_d\\ \Psi_f\\ \Psi_{kd}\\ \Psi_q\\ \Psi_{kq}\\ \omega\\ \delta\end{bmatrix}+\begin{bmatrix}\sqrt{3}V_\infty\sin(\delta-\alpha)\\ v_f\\ 0\\ -\sqrt{3}V_\infty\cos(\delta-\alpha)\\ 0\\ \frac{T_m}{\hat{H}}\\ -1\end{bmatrix}\tag{7-89}
$$

式中，

$$C_1=\begin{bmatrix}1+\frac{L_e}{l_a}\left(1-\frac{L_{Md}}{l_a}\right) & -\frac{L_e}{l_a}\frac{L_{Md}}{l_f} & -\frac{L_e}{l_a}\frac{L_{Md}}{l_{kd}} & 0 & 0 & 0 & 0\\ 0 & 1 & 0 & 0 & 0 & 0 & 0\\ 0 & 0 & 1 & 0 & 0 & 0 & 0\\ 0 & 0 & 0 & 1+\frac{L_e}{l_a}\left(1-\frac{L_{Mq}}{l_a}\right) & -\frac{L_e}{l_a}\frac{L_{Md}}{l_{kq}} & 0 & 0\\ 0 & 0 & 0 & 0 & 1 & 0 & 0\\ 0 & 0 & 0 & 0 & 0 & 1 & 0\\ 0 & 0 & 0 & 0 & 0 & 0 & 1\end{bmatrix}$$

为了满足 $\dot{\boldsymbol{x}}=\boldsymbol{Ax}+\boldsymbol{Bu}$，可以发现的是

$$\boldsymbol{A}=\boldsymbol{C}_1^{-1}\boldsymbol{C}_2,\ \boldsymbol{B}=\boldsymbol{C}_1^{-1}$$

【例7-4】 根据例7-3中所得到的系统线性磁链空间状态模型中的矩阵 $\boldsymbol{C}_1$ 和 $\boldsymbol{C}_2$，由此确定系统的稳定性。

解：

矩阵 $\boldsymbol{C}_1$ 中的元素的计算

$$\boldsymbol{C}_1=\begin{bmatrix}2.556 & -1.296 & -1.944 & 0 & 0 & 0 & 0\\ 0 & 1 & 0 & 0 & 0 & 0 & 0\\ 0 & 0 & 1 & 0 & 0 & 0 & 0\\ 0 & 0 & 0 & 2.68 & -3.267 & 0 & 0\\ 0 & 0 & 0 & 0 & 1 & 0 & 0\\ 0 & 0 & 0 & 0 & 0 & 1 & 0\\ 0 & 0 & 0 & 0 & 0 & 0 & 1\end{bmatrix}$$

通过式（2-78）和式（2-79）得到 $\boldsymbol{\Psi}_{Ado}$ 和 $\boldsymbol{\Psi}_{Aqo}$

$$\boldsymbol{\Psi}_{Ado}=\frac{L_{Md}}{l_a}\boldsymbol{\Psi}_{do}+\frac{L_{Md}}{l_f}\boldsymbol{\Psi}_{fo}+\frac{L_{Md}}{l_{kd}}\boldsymbol{\Psi}_{kdo}=5.716$$

$$\boldsymbol{\Psi}_{Aqo}=\frac{L_{Mq}}{l_a}\boldsymbol{\Psi}_{qo}+\frac{L_{Mq}}{l_{kq}}\boldsymbol{\Psi}_{kqo}=1.982$$

矩阵 $\boldsymbol{C}_2$ 可写成如下形式：

$$\boldsymbol{C}_2=\begin{bmatrix}-0.236 & 0.196 & 0.294 & -2.68 & 3.267 & -1.538 & 1.346\\ 0.006 & -0.004 & 0.008 & 0 & 0 & 0 & 0\\ 0.016 & 0.263 & -0.118 & 0 & 0 & 0 & 0\\ 2.556 & -1.296 & -1.944 & -0.254 & 0.495 & 2.68 & 1.09\\ 0 & 0 & 0 & 0.056 & -0.036 & 0 & 0\\ 0.0013 & -0.0006 & -0.0009 & -0.004 & 0.0036 & 0 & 0\\ 0 & 0 & 0 & 0 & 0 & 1 & 0\end{bmatrix}$$

因为 $\boldsymbol{A}=\boldsymbol{C}_1^{-1}\boldsymbol{C}_2$，则矩阵 $\boldsymbol{A}$ 为

$$\boldsymbol{A}=\begin{pmatrix}-0.0771 & 0.2747 & 0.0293 & -1.0485 & 1.2782 & -0.6017 & 0.5266\\ 0.0060 & -0.0040 & 0.0080 & 0 & 0 & 0 & 0\\ 0.0160 & 0.2630 & -0.1180 & 0 & 0 & 0 & 0\\ 0.9537 & -0.4836 & -0.7254 & -0.0265 & 0.1408 & 1.0000 & 0.4067\\ 0 & 0 & 0 & 0.0560 & -0.0360 & 0 & 0\\ 0.0013 & -0.0006 & -0.0009 & -0.0040 & 0.0036 & 0 & 0\\ 0 & 0 & 0 & 0 & 0 & 1.0000 & 0\end{pmatrix}$$

且其对应特征值为

$$-0.0938 \pm j0.9987,\ -0.0070 \pm j0.0481,\ -0.1319,\ 0.0258,\ 0.0182$$

因为有些特征值存在正实数部分，因此该系统是不稳定的。

7.5 多机系统的小信号稳定性

多机系统是多个同步发电机接入到输电网的不同位置来供应各种类型的负载。因此，为了研究此类系统的小信号稳定性需要运用数学关系来描述各个电机之间的内部联系。此外，系统其他元件的影响也要考虑在内。在本节中考虑的是一般情况，即负载为恒定阻抗。输电网可以由它的阻抗或导纳矩阵表示。每个电机都由详细模型或者传统模型描述并连接到系统其他元件上。且连接到系统的所有发电机都可以根据系统参数用数学关系表示出来。最后将这些关系线性化为$\dot{\boldsymbol{x}} = \boldsymbol{A}\boldsymbol{x} + \boldsymbol{B}\boldsymbol{u}$的形式，因此系统的稳定性可以通过检查矩阵$\boldsymbol{A}$的特征值来确定[10]。

需要注意的是，为了获取系统内部元件之间的关系，应该选取同一个参考框架来衡量不同的变量。

（1）网络和负荷的表示

图7-7a描述了一个n台发电机供给m个负载的输电网示意图。负载为恒定阻抗且可由系统故障前的状态计算得到。因此，基于网络仅有n个电源则可以简化为n个节点的网络，如图7-7b所示。相电压和相电流分别由$\boldsymbol{I}_1$，$\boldsymbol{I}_2$，…，$\boldsymbol{I}_n$和$\boldsymbol{V}_1$，$\boldsymbol{V}_2$，…，$\boldsymbol{V}_n$表示。这些向量是由各自的参考框架所表示，其中发电机节点不同参考框架也不同。

因此，电流$\boldsymbol{I}_i$和电压$\boldsymbol{V}_i$，其中$i=1, 2, \cdots, n$，可以转换到同一个框架来表示，即稳定状态下的$\bar{\boldsymbol{I}}_i$和$\bar{\boldsymbol{V}}_i$。

$$\bar{\boldsymbol{I}} = \boldsymbol{Y}\bar{\boldsymbol{V}} \tag{7-90}$$

式中，

$$\bar{\boldsymbol{I}} \triangleq \begin{bmatrix} \bar{\boldsymbol{I}}_1 \\ \bar{\boldsymbol{I}}_2 \\ \vdots \\ \bar{\boldsymbol{I}}_n \end{bmatrix},\quad \bar{\boldsymbol{V}} = \begin{bmatrix} \bar{\boldsymbol{V}}_1 \\ \bar{\boldsymbol{V}}_2 \\ \vdots \\ \bar{\boldsymbol{V}}_n \end{bmatrix}$$

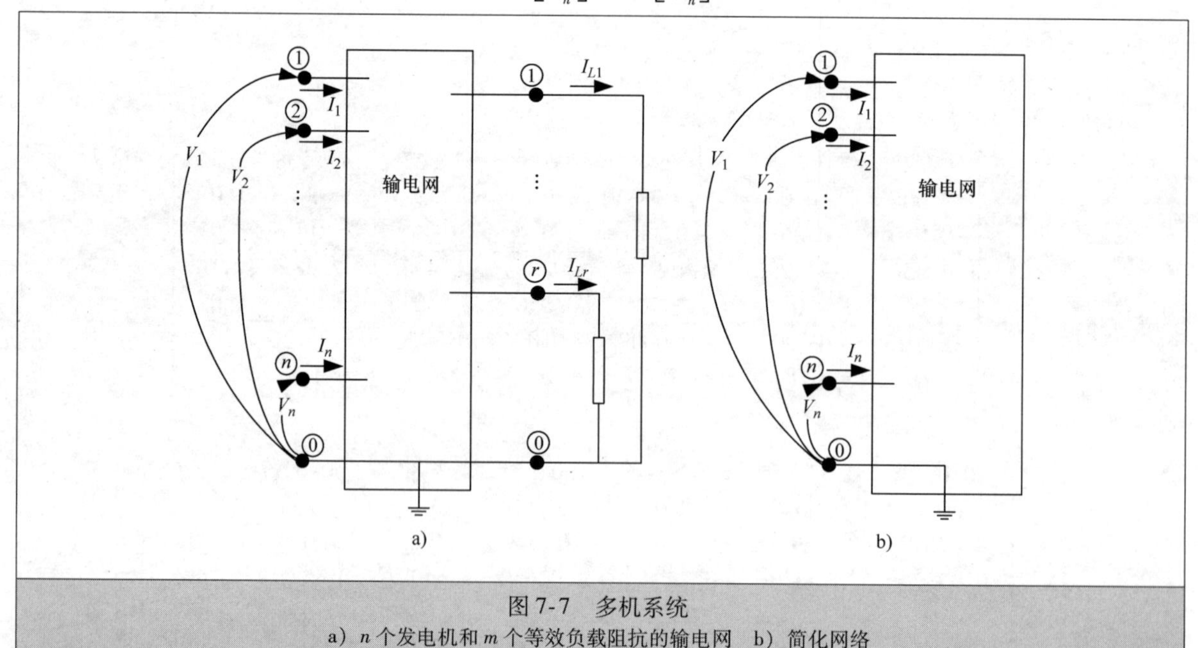

图7-7 多机系统
a）n个发电机和m个等效负载阻抗的输电网 b）简化网络

$\boldsymbol{Y}$是简化网络的短路导纳矩阵，包含网络中任意两个节点之间的分支（$k=1, 2, \cdots, b$）。相关计算在参考文献［11，12］中进行了详细的介绍。

在下面的分析中，V_i和I_i分别转换为$\overline{V}_i$和$\overline{I}_i$。

假设d_i-q_i是发电机节点i的参考框架，$D-Q$是发电机以同步速度旋转时的共同的参考框架。向量$\boldsymbol{V}_i=V_{qi}+\mathrm{j}V_{di}$，以$q$轴作为参考轴，转子$i$位于$\delta_i$（见图7-8）。因此，根据共同的参考框架这些向量可表示为$\overline{\boldsymbol{V}}_i=V_{Qi}+\mathrm{j}V_{Di}$。通过观察图7-8可以发现

$$\overline{\boldsymbol{V}}_i=V_{Qi}+\mathrm{j}V_{Di}=(V_{qi}\cos\delta_i-V_{di}\sin\delta_i)+\mathrm{j}(V_{qi}\sin\delta_i+V_{di}\cos\delta_i)=\boldsymbol{V}_i\mathrm{e}^{\mathrm{j}\delta_i} \tag{7-91}$$

同样地

$$\overline{\boldsymbol{I}}_i=\boldsymbol{I}_i\mathrm{e}^{\mathrm{j}\delta i} \tag{7-92}$$

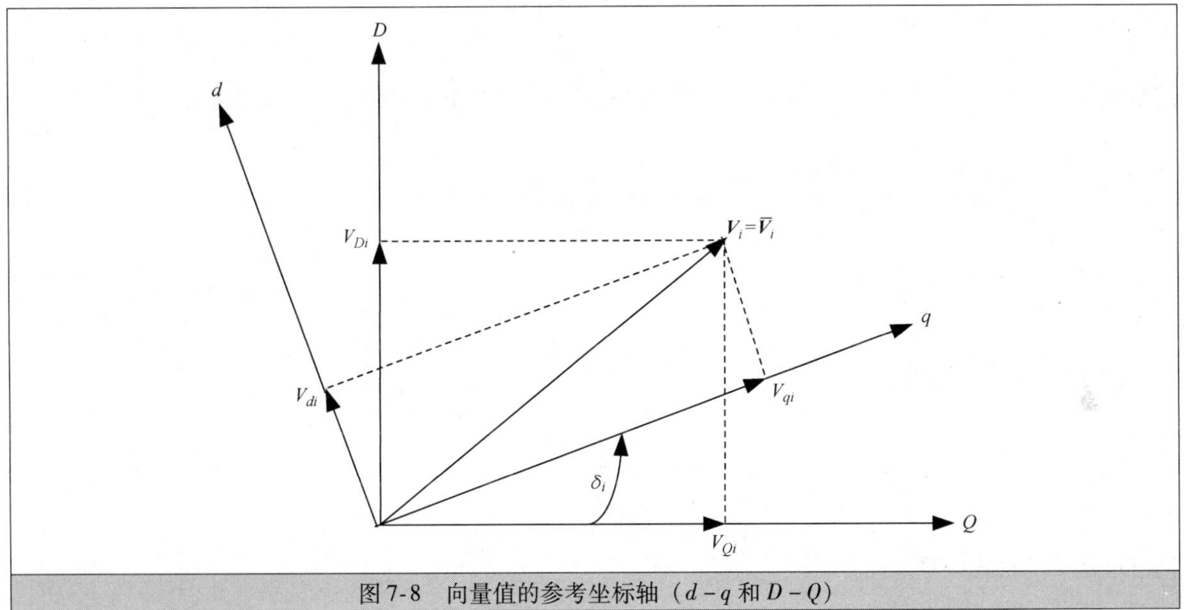

图7-8 向量值的参考坐标轴（$d-q$和$D-Q$）

（2）发电机

如第2章所述，同步发电机可以用详细模型或者经典模型来表示。详细模型是由电流状态空间模型式（2-104）或者磁链状态空间模型式（2-93）来表示。需要注意的是该模型的一般形式可写为

$$\dot{\boldsymbol{x}}=f(\boldsymbol{x},\boldsymbol{u},T_m,t) \tag{7-93}$$

式中，$\boldsymbol{x}$是状态变量向量（电流或磁链），其中变量为ω和δ；$\boldsymbol{u}$为电压矢量（v_d，v_q和v_f）；T_m为机械转矩。v_f的值取决于励磁系统的数学模型，即将额外的状态变量加入到$\boldsymbol{x}$中[13]。

本节并不对v_f做额外的分析而是假定其为已知量。因此，对于有9个未知变量的发电机来说，式（7-93）可以扩展成一组七阶微分方程；其中9个未知数中有5个为电流或者磁通，其他的为ω、δ、电压v_d和v_q。如果系统中有n台发电机，那么就得到$7n$个不同的方程组，其中含有$9n$个未知数。因此，需要额外的$2n$个附加方程来描述这个系统。额外的方程组可通过系统中n台发电机的机端电压、电流、相角和负载的代数关系得到。

简化网络中的每台发电机（见图7-7b）都由电压为$\boldsymbol{V}$的内部节点表示且均通过电机等效电阻连接到网络。因此，对于每台电机来说，电机的终端矢量电压在参考轴$d-q$上表示为

$$\boldsymbol{V}=\begin{bmatrix} V_{q1}+\mathrm{j}V_{d1} \\ V_{q2}+\mathrm{j}V_{d2} \\ \vdots \\ V_{qn}+\mathrm{j}V_{dn} \end{bmatrix} \tag{7-94}$$

且在同步速度下可以转化到共同参考框架$D-Q$

$$\overline{\boldsymbol{V}}=\begin{bmatrix} V_{Q1}+\mathrm{j}V_{D1} \\ V_{Q2}+\mathrm{j}V_{D2} \\ \vdots \\ V_{Qn}+\mathrm{j}V_{Dn} \end{bmatrix} \tag{7-95}$$

上述式子满足如下关系：

$$\overline{V}=TV \tag{7-96}$$

式中，

$$T=\begin{bmatrix} e^{j\delta_1} & 0 & \cdots & 0 \\ 0 & e^{j\delta_2} & \cdots & 0 \\ \vdots & \vdots & \ddots & \vdots \\ 0 & 0 & \cdots & e^{j\delta_n} \end{bmatrix} \tag{7-97}$$

同样地，对于节点电流可以得到如下关系：

$$\overline{I}=TI \tag{7-98}$$

结合式（7-90）、式（7-96）、式（7-98）得到电机的电流 $\boldsymbol{I}$ 和电压 $\boldsymbol{V}$ 之间关系如下：

$$TI=YTV \tag{7-99}$$

在式（7-99）前乘以一个 $\boldsymbol{T}^{-1}$ 得到

$$I=(T^{-1}YT)V=MV \tag{7-100}$$

式中，

$$M=T^{-1}YT \tag{7-101}$$

因此

$$V=M^{-1}I\ (\text{假设}\ M^{-1}\text{存在}) \tag{7-102}$$

从式(7-97)中可以看出

$$T^{-1}=\begin{bmatrix} e^{-j\delta_1} & 0 & \cdots & 0 \\ 0 & e^{-j\delta_2} & \cdots & 0 \\ \vdots & \vdots & \ddots & \vdots \\ 0 & 0 & \cdots & e^{-j\delta_n} \end{bmatrix} \tag{7-103}$$

网络矩阵 $\boldsymbol{Y}$ 的格式可写为

$$Y=\begin{bmatrix} Y_{11}e^{j\theta_{11}} & Y_{12}e^{j\theta_{12}} & \cdots & Y_{1n}e^{j\theta_{1n}} \\ Y_{21}e^{j\theta_{21}} & Y_{22}e^{j\theta_{22}} & \cdots & Y_{2n}e^{j\theta_{2n}} \\ \vdots & \vdots & \ddots & \vdots \\ Y_{n1}e^{j\theta_{n1}} & Y_{n2}e^{j\theta_{n2}} & \cdots & Y_{nn}e^{j\theta_{nn}} \end{bmatrix} \tag{7-104}$$

根据式（7-97）、式（7-101）、式（7-103）得到矩阵 $\boldsymbol{M}$ 为

$$M\triangleq\begin{bmatrix} Y_{11}e^{j\theta_{11}} & Y_{12}e^{j(\theta_{12}-\delta_{12})} & \cdots & Y_{1n}e^{j(\theta_{1n}-\delta_{1n})} \\ Y_{21}e^{j(\theta_{21}-\delta_{21})} & Y_{22}e^{j\theta_{22}} & \cdots & Y_{2n}e^{j(\theta_{2n}-\delta_{2n})} \\ \vdots & \vdots & \ddots & \vdots \\ Y_{n1}e^{j(\theta_{n1}-\delta_{n1})} & Y_{n2}e^{j(\theta_{n2}-\delta_{n2})} & \cdots & Y_{nn}e^{j\theta_{nn}} \end{bmatrix} \tag{7-105}$$

需要注意的是，非对角元素 m_{ij} 可通过下式计算

$$m_{ij}=Y_{ij}e^{j(\theta_{ij}-\delta_{ij})}=(G_{ij}\cos\delta_{ij}+B_{ij}\sin\delta_{ij})+j(B_{ij}\cos\delta_{ij}-G_{ij}\sin\delta_{ij}) \tag{7-106}$$

式中，

$$G_{ij}=Y_{ij}\cos\theta_{ij}\ \text{且}\ B_{ij}=Y_{ij}\sin\theta_{ij}$$

因此，式（7-100）可重新写成展开形式为

$$\begin{bmatrix} I_{q1}+jI_{d1} \\ I_{q2}+jI_{d2} \\ \vdots \\ I_{qn}+jI_{dn} \end{bmatrix}=\begin{bmatrix} Y_{11}e^{j\theta_{11}} & Y_{12}e^{j(\theta_{12}-\delta_{12})} & \cdots & Y_{1n}e^{j(\theta_{1n}-\delta_{1n})} \\ Y_{21}e^{j(\theta_{21}-\delta_{21})} & Y_{22}e^{j\theta_{22}} & \cdots & Y_{2n}e^{j(\theta_{2n}-\delta_{2n})} \\ \vdots & \vdots & \ddots & \vdots \\ Y_{n1}e^{j(\theta_{n1}-\delta_{n1})} & Y_{n2}e^{j(\theta_{n2}-\delta_{n2})} & \cdots & Y_{nn}e^{j\theta_{nn}} \end{bmatrix}\begin{bmatrix} V_{q1}+jV_{d1} \\ V_{q2}+jV_{d2} \\ \vdots \\ V_{qn}+jV_{dn} \end{bmatrix} \tag{7-107}$$

式（7-107）给出的 $2n$ 个代数关系式结合式（2-104）可得到 $9n$ 个未知数 $9n$ 个方程来进行系统的描述。

对这 $9n$ 个关系式进行线性化用于研究小信号稳定性。式（2-104）中给出 $7n$ 个不同方程的线性化方法，并在 7.3 节进行了描述。在式（7-100）或者式（7-107）的线性化表达中都可以描述剩下的 $2n$

个代数关系。

式（7-100）线性化如下：

$$\Delta \boldsymbol{I} = \boldsymbol{M}_o \Delta \boldsymbol{V} + \Delta \boldsymbol{M} \boldsymbol{V}_o \tag{7-108}$$

式中，$\boldsymbol{M}_o$为在初始角δ_{io}，$i=1$，2，…，n时的值，$\boldsymbol{V}_o$为向量$\boldsymbol{V}$的初始值。假设$\delta_i = \delta_{io} + \Delta\delta_i$，则$\boldsymbol{M}$为

$$\boldsymbol{M} = \begin{bmatrix} Y_{11}\mathrm{e}^{\mathrm{j}\theta_{11}} & Y_{12}\mathrm{e}^{\mathrm{j}(\theta_{12}-\delta_{12o}-\Delta\delta_{12})} & \cdots & Y_{1n}\mathrm{e}^{\mathrm{j}(\theta_{1n}-\delta_{1no}-\Delta\delta_{1n})} \\ Y_{21}\mathrm{e}^{\mathrm{j}(\theta_{21}-\delta_{21o}-\Delta\delta_{21})} & Y_{22}\mathrm{e}^{\mathrm{j}\theta_{22}} & \cdots & Y_{2n}\mathrm{e}^{\mathrm{j}(\theta_{2n}-\delta_{2no}-\Delta\delta_{2n})} \\ \vdots & \vdots & \ddots & \vdots \\ Y_{n1}\mathrm{e}^{\mathrm{j}(\theta_{n1}-\delta_{n1o}-\Delta\delta_{n1})} & Y_{n2}\mathrm{e}^{\mathrm{j}(\theta_{n2}-\delta_{n2o}-\Delta\delta_{no})} & \cdots & Y_{nn}\mathrm{e}^{\mathrm{j}\theta_{nn}} \end{bmatrix} \tag{7-109}$$

因此，$Y_{ij}\mathrm{e}^{\mathrm{j}(\theta_{ij}-\delta_{ijo}-\Delta\delta_{ij})} = m_{ij} \triangleq$矩阵$\boldsymbol{M}$的一般项可写成$m_{ij} = Y_{ij}\mathrm{e}^{\mathrm{j}(\theta_{ij}-\delta_{ijo})}\mathrm{e}^{-\mathrm{j}\Delta\delta_{ij}}$，考虑到$\cos\Delta\delta_{ij} \cong 1$，$\sin\Delta\delta_{ij} \cong \Delta\delta_{ij}$，则

$$m_{ij} \cong Y_{ij}\mathrm{e}^{\mathrm{j}(\theta_{ij}-\delta_{ijo})}(1-\mathrm{j}\Delta\delta_{ij}) \tag{7-110}$$

因此，矩阵$\Delta\boldsymbol{M}$中的一般项为

$$\begin{aligned} \Delta m_{ij} &\cong -\mathrm{j}Y_{ij}\mathrm{e}^{\mathrm{j}(\theta_{ij}-\delta_{ijo})}\Delta\delta_{ij} \quad \text{对于 } i \neq j \\ &\cong 0 \quad \text{对于 } i = j \end{aligned} \tag{7-111}$$

即，矩阵$\Delta\boldsymbol{M}$中只有非对角元素，所有对角元素都为0。

式（7-108）中RHS的第二项为

$$\Delta\boldsymbol{M}\boldsymbol{V}_o = -\mathrm{j}\begin{bmatrix} 0 & \cdots & Y_{ij}\mathrm{e}^{\mathrm{j}(\theta_{ij}-\delta_{ijo})}\Delta\delta_{ij} \\ Y_{ij}\mathrm{e}^{\mathrm{j}(\theta_{ij}-\delta_{ijo})}\Delta\delta_{ij} & \cdots & Y_{ij}\mathrm{e}^{\mathrm{j}(\theta_{ij}-\delta_{ijo})}\Delta\delta_{ij} \\ \vdots & \ddots & \vdots \\ Y_{ij}\mathrm{e}^{\mathrm{j}(\theta_{ij}-\delta_{ijo})}\Delta\delta_{ij} & \cdots & 0 \end{bmatrix}\begin{bmatrix} V_{1o} \\ V_{2o} \\ \cdots \\ V_{no} \end{bmatrix}$$

$$= -\mathrm{j}\begin{bmatrix} \sum_{k=1}^{n} Y_{1k}\mathrm{e}^{\mathrm{j}(\theta_{1k}-\delta_{1ko})}V_{ko}\Delta\delta_{1k} \\ \sum_{k=1}^{n} Y_{2k}\mathrm{e}^{\mathrm{j}(\theta_{2k}-\delta_{2ko})}V_{ko}\Delta\delta_{2k} \\ \vdots \\ \sum_{k=1}^{n} Y_{nk}\mathrm{e}^{\mathrm{j}(\theta_{nk}-\delta_{nko})}V_{ko}\Delta\delta_{nk} \end{bmatrix} \tag{7-112}$$

然后代入到式（7-108）中得到线性化方程为

$$\begin{bmatrix} \Delta I_1 \\ \Delta I_2 \\ \vdots \\ \Delta I_n \end{bmatrix} = \begin{bmatrix} Y_{11}\mathrm{e}^{\mathrm{j}\theta_{11}} & \cdots & Y_{1n}\mathrm{e}^{\mathrm{j}(\theta_{1n}-\delta_{1n0})} \\ Y_{21}\mathrm{e}^{\mathrm{j}(\theta_{21}-\delta_{210})} & \cdots & Y_{2n}\mathrm{e}^{\mathrm{j}(\theta_{2n}-\delta_{2n0})} \\ \vdots & \ddots & \vdots \\ Y_{n1}\mathrm{e}^{\mathrm{j}(\theta_{n1}-\delta_{n10})} & \cdots & Y_{nn}\mathrm{e}^{\mathrm{j}\theta_{nn}} \end{bmatrix}\begin{bmatrix} \Delta V_1 \\ \Delta V_2 \\ \vdots \\ \Delta V_n \end{bmatrix} - \mathrm{j}\begin{bmatrix} \sum_{k=1}^{n} Y_{1k}\mathrm{e}^{\mathrm{j}(\theta_{1k}-\delta_{1ko})}V_{ko}\Delta\delta_{1k} \\ \sum_{k=1}^{n} Y_{2k}\mathrm{e}^{\mathrm{j}(\theta_{2k}-\delta_{2ko})}V_{ko}\Delta\delta_{2k} \\ \vdots \\ \sum_{k=1}^{n} Y_{nk}\mathrm{e}^{\mathrm{j}(\theta_{nk}-\delta_{nko})}V_{ko}\Delta\delta_{nk} \end{bmatrix} \tag{7-113}$$

在式（7-113）中，为了简便，Δ可省略，将其代入到式（7-70）得到格式为$\dot{\boldsymbol{x}} = \boldsymbol{A}\boldsymbol{x} + \boldsymbol{B}\boldsymbol{u}$的线性化方程。通过检查矩阵$\boldsymbol{A}$的特征值，则可以确定系统的稳定性。

参考文献

1. Condren J., Gedra T.W. ‘Expected-security-cost optimal power flow with small-signal stability constraints’. *IEEE Transactions on Power Systems*. 2006;**21**(4):1736–43
2. Tayora C.J., Smith O.J.M. ‘Equilibrium analysis of power systems’. *IEEE Transactions on Power Apparatus and Systems*. 1972;**PAS-91**(3):1131–7

3. Kundur P., Paserba J., Ajjarapu V., Anderson G. 'Definition and classification of power system stability IEEE/CIGRE joint task force on stability terms and definitions'. *IEEE Transactions on Power Systems*. 2004;**19**(3):1387–401
4. Chen L., Min Y., Xu F., Wang K.P. 'A continuation-based method to compute the relevant unstable equilibrium points for power system transient stability analysis'. *IEEE Transactions on Power Systems*. 2009;**24**(1): 165–72
5. Rueda J.L., Colome D.G., Erlich I. 'Assessment and enhancement of small signal stability considering uncertainties'. *IEEE Transactions on Power Systems*. 2009;**24**(1):198–207
6. Byerly R.T., Sheman D.E., McLain D.K. 'Normal modes and mode shapes applied to dynamic stability analysis'. *Transactions on Power Apparatus and Systems*. 1975;**94**(2):224–9
7. Gross G., Imparato C.F., Look P.M. 'A tool for the comprehensive analysis of power system dynamic stability'. *IEEE Transactions on Power Apparatus and Systems*. 1982;**101**(1):226–34
8. Ewart D.N., Demello F.P. 'A digital computer program for the automatic determination of dynamic stability limits'. *IEEE Transactions on Power Apparatus and Systems*. 1967;**PAS-86**(7):867–75
9. Anderson P.M., Fouad A.A. *Power System Control and Stability*. 2nd edn. Piscataway, NJ, US: IEEE Press; 2003
10. Ma J., Dong Z.Y., Zhang P. 'Comparison of BR and QR eigenvalue algorithms for power system small signal stability analysis'. *IEEE Transactions on Power Systems*. 2006;**21**(4):1848–55
11. Stagg and El-Abiad A. *Computer Methods in Power System Analysis*. New York, NY, US: McGraw-Hill; 1968
12. Anderson P.M. *Analysis of Faulted Power Systems*. Ames, IA, US: Iowa State University Press; 1973
13. Arcidiacono V., Ferrari E., Saccomanno F. 'Studies on damping of electromechanical oscillations in multimachine systems with longitudinal structure'. *IEEE Transactions on Power Apparatus and Systems*. 1976; **95**(2):450–60

第 8 章
暂态稳定性

暂态稳定性是为了研究发电机组在遭受较大扰动时是否能保持同步运行的能力。暂态稳定性是通过研究系统在暂态期间的动态响应来评估的。暂态稳定评估考虑电气量的快速变化，包括发电机组之间的相对振荡。暂态过程通常会持续几秒钟，若考虑一些控制行为，本书涉及的暂态时间尺度可能更长。

由于暂态扰动的本质特性，非线性系统方程不能被线性化且必须在稳定性评估中求解。由于得到解析解需要大量的简化，因此数值积分技术得到应用。

构建用于稳定性评估的系统方程，需要满足精度的详细系统元件模型。系统元件模型，例如同步发电机及其控制系统、励磁系统，以及原动机、变压器、输电线路和负荷[1,2]，这些在第Ⅰ部分已详细讨论。值得注意的是，同步发电机及其相关控制是其中最重要的部分。另一方面，在稳定性分析中，在不失精度的前提下可忽略负荷频率控制器和原动机模型。第 3 章中同步发电机的电流或磁链模型标幺值方程完全描述了同步电机的动态性能。然而，这些方程不能直接用来研究同步发电机的暂态稳定性，需要对同步电机进行简化和近似处理，以便进行稳定性研究。因此，同步电机运行方程的构建基于以下假设：

- 假设气隙旋转磁场是正弦分布的，考虑转子和定子之间的互感效应。
- 忽略电磁饱和效应。
- 忽略定子暂态过程。
- 忽略定子对转子的电感效应，忽略转子的位置。
- 忽略磁滞效应。

如参考文献［3］所示，转子绕组的数量和相应的状态变量数量取决于模型详细程度 需求，个数从 1 到 6 变化。基于模型的复杂度，建议用模型 x，y 表示某一类模型，其中 x 和 y 分别表示 d 和 q 轴的转子绕组数量。因此，

模型 0.0：忽略阻尼电路和磁链衰减，因此，与转子绕组有关的状态变量都被忽略。

模型 1.0：仅考虑 d 轴励磁支路。

模型 1.1：1 个 q 轴励磁绕组、1 个 q 轴阻尼绕组。

模型 2.1：1 个 d 轴励磁绕组、1 个 d 轴阻尼绕组和 1 个 q 轴阻尼绕组。

模型 2.2：1 个 d 轴励磁绕组、1 个 d 轴阻尼绕组和 2 个 q 轴阻尼绕组。

模型 3.2：1 个 d 轴励磁绕组、2 个 d 轴阻尼绕组和 2 个 q 轴阻尼绕组。

模型 3.3：1 个 d 轴励磁绕组、2 个 d 轴阻尼绕组和 3 个 q 轴阻尼绕组。

作为应用，下面用模型 2.1（图 8-1）表示同步发电机。

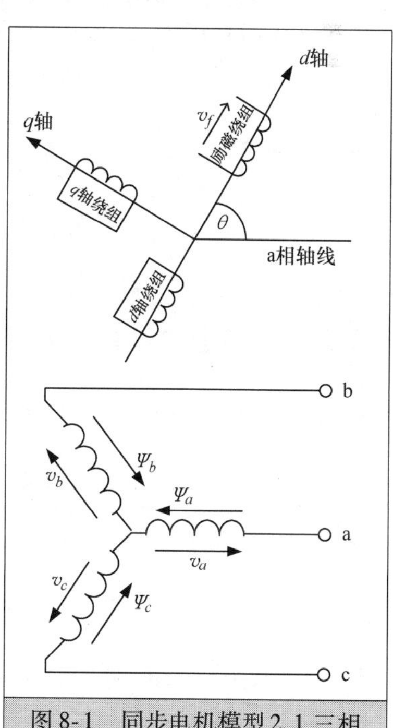

图 8-1　同步电机模型 2.1 三相定子绕组与转子绕组

8.1 同步发电机模型

定子标幺值方程如式（I-4）所示。所有的电气量均用标幺值表示，下标 u 可忽略，重写方程可得

$$\left.\begin{aligned} v_d &= -\frac{1}{\omega_B}\frac{d\psi_d}{dt} - \frac{\omega}{\omega_B} - R_a i_d \\ v_q &= -\frac{1}{\omega_B}\frac{d\psi_q}{dt} - \frac{\omega}{\omega_B} - R_a i_q \end{aligned}\right\} \tag{8-1}$$

假设定子电流的零序分量为0，即 $v_0=0$。在暂态稳定性研究中，通常忽略$\frac{d\psi_d}{dt}$和$\frac{d\psi_q}{dt}$以及转速变化的影响。因此式（8-1）变为

$$\left.\begin{aligned} v_d &= -\psi_d - R_a i_d \\ v_q &= \psi_q - R_a i_q \end{aligned}\right\} \tag{8-2}$$

类似地，dq 转子绕组和励磁转子绕组的电压方程式（I.21）~式（I.23）为

$$v_f - R_f i_f = \frac{1}{\omega_B}\frac{d\psi_f}{dt} \tag{8-3}$$

$$-R_{kd} i_{kd} = \frac{1}{\omega_B}\frac{d\psi_{kd}}{dt} \tag{8-4}$$

$$-R_{kq} i_{kq} = \frac{1}{\omega_B}\frac{d\psi_{kq}}{dt} \tag{8-5}$$

值得注意的是，若忽略定子暂态过程，定子方程将变为代数方程。考虑到网络结构的任意突变会导致电流函数不连续，因此在此种情况下不能将定子电流 i_d、i_q视作状态变量。另一方面，转子绕组、励磁绕组、阻尼绕组的磁链也不能发生突变。这意味着，随着定子电流 i_d的突变，转子绕组、阻尼绕组电流将迅速变化，以保持励磁和阻尼绕组的磁链是连续的，换言之，磁链的大小不受扰动影响。相应地，转子绕组电流也不能作为状态变量。因此，转子磁链可作为状态变量。

从式（Ⅰ-5）可得 dq 轴定子磁链

$$\psi_d = L_d i_d + kM_f i_f + kM_{kd} i_{kd} = X_d i_d + X_{ad}(i_f + i_{kd}) \tag{8-6}$$

$$\psi_q = L_q i_q + kM_{kq} i_{kq} = X_q i_q + X_{aq} i_{kq} \tag{8-7}$$

转子磁链为

$$\psi_f = L_f i_f + kM_f i_d + L_{fkd} i_{kd} = X_f i_f + X_{ad} i_d + X_{fkd} i_{kd} \tag{8-8}$$

$$\psi_{kd} = L_{kd} i_{kd} + kM_{kd} i_d + L_{fkd} i_f = X_{kd} i_{kd} + X_{ad} i_d + X_{fkd} i_f \tag{8-9}$$

$$\psi_{kq} = L_{kq} i_{kq} + kM_{kq} i_{kq} = X_{kq} i_{kq} + X_{aq} i_q \tag{8-10}$$

式中，$kM_f = kM_{kd} = X_{ad}$，$kM_{kq} = X_{aq}$。

值得注意的是，选择角频率 ω_B 为基值，L_d、L_q、L_f、L_{kd}、L_{kq}的标幺值分别等于 X_d、X_q、X_f、X_{kd}、X_{kq}的标幺值。

解式（8-8）~式(8-10）可得

$$i_f = \frac{\psi_f}{X_f} - \frac{X_{ad}}{X_f} i_d - \frac{X_{fkd}}{X_f} i_{kd} \tag{8-11}$$

$$i_{kd} = \frac{\psi_{kd}}{X_{kd}} - \frac{X_{ad}}{X_{kd}} i_d - \frac{X_{fkd}}{X_{kd}} i_f \tag{8-12}$$

$$i_{kq} = \frac{\psi_{kq}}{X_{kq}} - \frac{X_{aq}}{X_{kq}} i_q \tag{8-13}$$

代入式（8-6）和式（8-7）可得

$$\psi_d = X'_d i_d + E'_q \tag{8-14}$$

$$\psi_q = X'_q i_q - E'_d \tag{8-15}$$

式中，

$$X'_d = X_d - \frac{X_{ad}^2}{X_f} \tag{8-16}$$

$$X'_q = X_q - \frac{X_{aq}^2}{X_{kq}} \tag{8-17}$$

$$E'_q = \frac{X_{ad}}{X_f}[\psi_f + (L_f - L_{fkd})i_{kd}] = \frac{X_{ad}}{X_f}\psi_f = \frac{X_{ad}}{X_f}\psi_f(\text{忽略第二项}) \tag{8-18}$$

$$E'_d = -\frac{X_{aq}\psi_{kq}}{X_{kq}} \tag{8-19}$$

将式（8-11）和式（8-18）代入式（8-3）中得

$$\frac{1}{\omega_{\mathrm{B}}}\frac{X_f}{X_{ad}}\frac{\mathrm{d}E'_q}{\mathrm{d}t} = -\frac{R_f E'_q}{X_{ad}} + \frac{R_f X_{ad}}{X_f}i_d + v_f \tag{8-20}$$

因此

$$\frac{\mathrm{d}E'_q}{\mathrm{d}t} = \frac{\omega_{\mathrm{B}}R_f}{X_f}\left(-E'_q + \frac{X_{ad}^2}{X_f}i_d + \frac{X_{ad}}{R_f}v_f\right) \tag{8-21}$$

或

$$\frac{\mathrm{d}E'_q}{\mathrm{d}t} = \frac{1}{T'_{do}}[-E'_q + (X_d - X'_d)i_d + E_{fd}] \tag{8-22}$$

式中，

$$E_{fd} = \frac{X_{ad}}{R_f}v_f \tag{8-23}$$

$$T'_{do} = \frac{X}{\omega_{\mathrm{B}}R_f} \tag{8-24}$$

将式（8-13）和式（8-19）代入式（8-5）中可得

$$\frac{\mathrm{d}E'_d}{\mathrm{d}t} = \frac{1}{T'_{do}}[-E'_d - (X_q - X'_q)i_q] \tag{8-25}$$

式中，

$$T'_{do} = \frac{X_{kq}}{\omega_{\mathrm{B}}R_{kq}} \tag{8-26}$$

考虑定子电压和转矩方程时，与转子磁链相比，将等效电压源 E'_d 和 E'_q 看作状态变量更加方便。

将式（8-14）和式（8-15）代入式（8-2）可得

$$\left.\begin{aligned} v_q &= E'_q + X'_d i_d - R_a i_q \\ v_d &= E'_d - X'_q i_q - R_a i_d \end{aligned}\right\} \tag{8-27}$$

忽略瞬态凸极性，假定 $X'_d = X'_q = X'$，从而式（8-27）转化成

$$v_q + \mathrm{j}v_d = (E'_q + \mathrm{j}E') - (R_a + \mathrm{j}X')(i_q + \mathrm{j}i_d) \tag{8-28}$$

式（8-28）的矢量形式表示为

$$V_t = E' - (R_a + \mathrm{j}X')I_t \tag{8-29}$$

式中，$\boldsymbol{V}_t$ 为机端电压，$V_t = v_q + \mathrm{j}v_d$；$\boldsymbol{E}'$ 暂态电抗内部电压，$E' = E'_q + \mathrm{j}E'$；$\boldsymbol{I}_t$ 机端电流 $= i_q + \mathrm{j}i_d$；R_a 为电枢电阻；X' 为暂态电抗。

式（8-29）对应的定子等效电路如图 8-2 所示。图中显示了一个电压源 E' 位于等效阻抗（$R_a + \mathrm{j}X'$）后面。

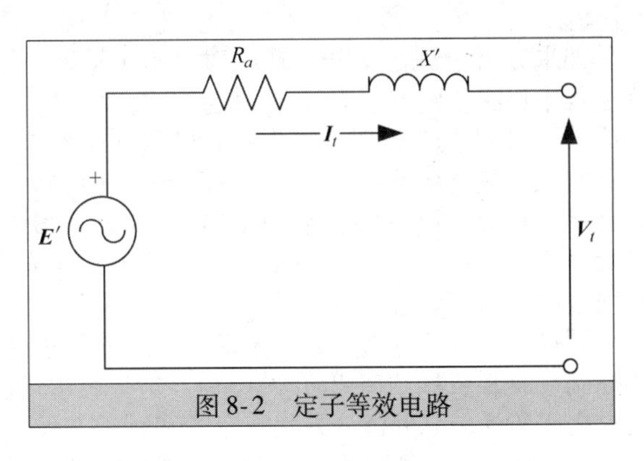

图 8-2　定子等效电路

转子运动方程式（2-59），即摇摆方程，可以表示为两个一阶微分方程

$$\left.\begin{aligned} \dot{\delta} &= \omega - \omega_0 \\ \dot{\omega} &= \frac{\omega_{\mathrm{B}}}{2H}[T_m - T_e - D\omega] \end{aligned}\right\} \tag{8-30}$$

发电机电磁转矩 T_e 表示为 $T_e=\psi_d i_q-\psi_q i_d$，联立式（8-14）和式（8-15）可得

$$T_e=E'_d i_d+E'_q i_q+(X'_d-X'_q)i_d i_q \tag{8-31}$$

若忽略发电机暂态凸极效应，即 $X'_d=X'_q$，则式（8-31）中第三项为0。变量 i_d 和 i_q 可以从定子方程式（8-27）的网络方程或潮流解中得到。

因此，对于同步电机模型 2.1，除了转子方程式（8-30）和式（8-31），还可以用以下定子方程表示

$$\left.\begin{aligned}
v_q&=E'_q+X'_d i_d-R_a i_q\\
v_d&=E'_d-X'_q i_q-R_a i_d\\
\frac{\mathrm{d}E'_q}{\mathrm{d}t}&=\frac{1}{T'_{do}}[-E'_q+(X_d-X'_d)i_d+E_{fd}]\\
\frac{\mathrm{d}E'_d}{\mathrm{d}t}&=\frac{1}{T'_{qo}}[-E'_d-(X_q-X'_q)i_q]
\end{aligned}\right\} \tag{8-32}$$

值得注意的是，考虑 $d-q$ 轴瞬变效应需用到微分方程 sE'_q 和 sE'_d 表示，如图 8-3 所示[4]。

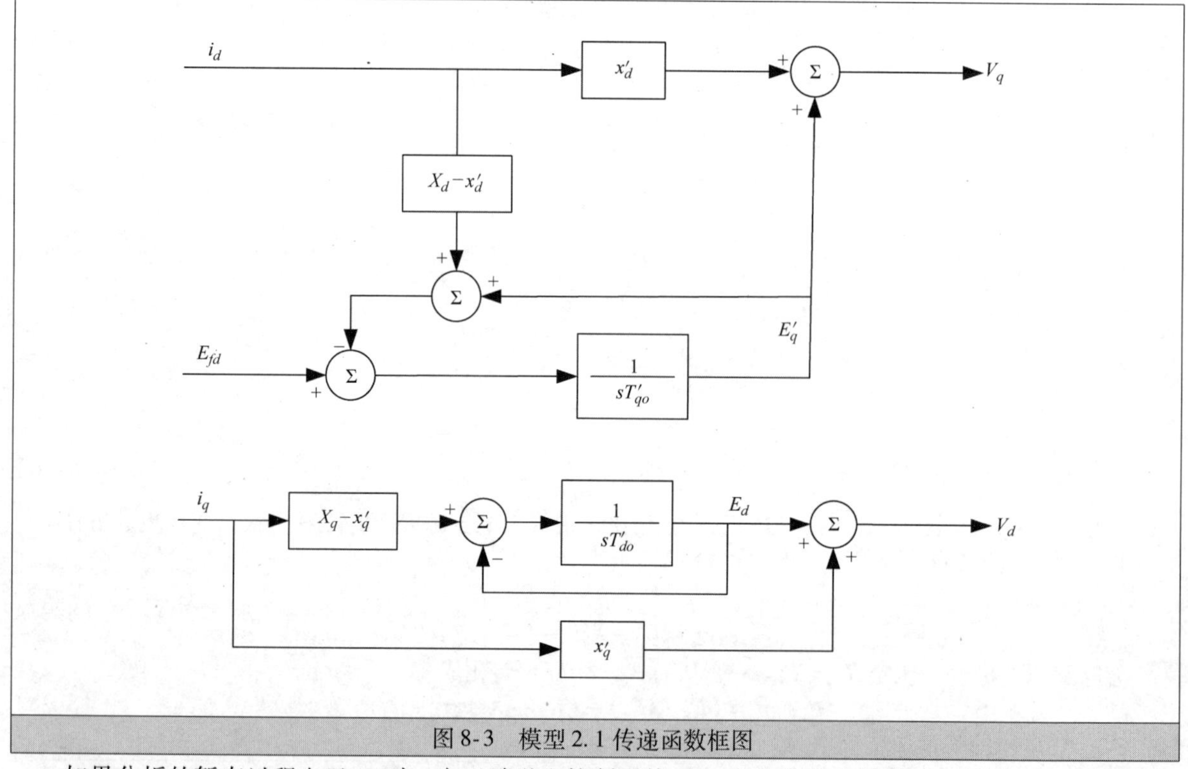

图 8-3　模型 2.1 传递函数框图

如果分析的暂态过程少于 1s 时，由于励磁和控制系统对电力系统响应的影响 可被忽略，因此在计算过程中可将励磁电压 E_{fd} 和机械功率 P_m（$\approx T_m$（pu））看作常数。当需要进行更加详细的系统响应评估或分析时间超过 1s 时，考虑励磁机和调速系统的影响是很重要的。

励磁控制系统通过提供合适的励磁电压维持系统的电压水平。励磁控制系统的一个重要特征是它能够迅速响应正常和紧急运行中的电压偏差。第 3 章解释了不同类型励磁系统的框图（反映输入和输出变量之间的传递函数）。因此，反映励磁系统元件输入和输出变量关系的微分方程与定子、转子方程必须被同时求解。

同样，可以通过选择如第 3 章中所述的代表性调速器控制系统的表达式，考虑暂态过程中的调速器控制（提供机械功率 P_m）的影响。这些表达式包含一个描述系统元件的传递函数。有关输入和输出变量之间传递函数的微分方程与定子和转子方程 必须被同时求解。

如上所述，在暂态稳定分析中，同步电机及其相关控制器可以表示为一组代数和非线性微分方程。为了同时求解上述方程组，需将微分方程转化为代数方程，并通过一种数值积分方法逐步求解。

8.2 数值积分技术

电力系统暂态稳定分析中应用了许多数值积分技术，例如梯形法、欧拉法、改进欧拉－柯西法和龙格－库塔法[5-8]。下面列出一个概要，详情见附录Ⅲ。

假设两个常微分方程组的形式为

$$\dot{x}=f_1(t,x,y;h)$$

$$\dot{y}=f_2(t,x,y;h)$$

式中，x、y 代表 δ、ω 等状态变量。数值上，需要计算它们随时间的变化情况。考虑到步长 h 等于时间增量 Δt，表 8-1 中总结了一些数值积分公式。其中，龙格－库塔方法的系数 K_{ij} 见附录Ⅲ。

表 8-1 数值积分公式总结

方法	迭代公式
欧拉法	$x_{,i+1}=x_i+hf_1(x_i,y_i)$
	$y_{,i+1}=y_i+hf_2(x_i,y_i)$
改进欧拉－柯西法	$x_{i+1}=x_i+hf_1(t_i+\frac{h}{2},x_i+\frac{h}{2}f_1(x_i,y_i),y_i+\frac{h}{2}f_2(x_i,y_i))$
	$y_{i+1}=y_i+hf_2(t_i+\frac{h}{2},x_i+\frac{h}{2}f_1(x_i,y_i),y_i+\frac{h}{2}f_2(x_i,y_i))$
梯形法	$x_{i+1}=x_i+\frac{h}{2}[f_1(t_i,y_i)+f_1(t_{i+1},x_i+hf_1(x_i,y_i),y_i+hf_2(x_i,y_i))]$
	$y_{i+1}=y_i+\frac{h}{2}[f_1(t_i,y_i)+f(t_{i+1},x_i+hf_1(x_i,y_i),y_i+hf_2(x_i,y_i))]$
二阶龙格－库塔方法	$x_{i+1}=x_i+\frac{h}{2}[K_{11}+K_{21}]$
	$y_{i+1}=y_i+\frac{h}{2}[K_{12}+K_{22}]$
三阶龙格－库塔方法	$x_{i+1}=x_i+\frac{h}{6}[K_{11}+4K_{21}+K_{31}]$
	$y_{i+1}=y_i+\frac{h}{6}[K_{12}+4K_{22}+K_{32}]$
四阶龙格－库塔方法	$x_{i+1}=x_i+\frac{h}{6}[K_{11}+2K_{21}+2K_{31}+K_{41}]$
	$y_{i+1}=y_i+\frac{h}{6}[K_{12}+2K_{22}+2K_{32}+K_{42}]$

8.3 简单电力系统暂态稳定性评估

简单电力系统定义为只有一条输电线路的单机无穷大系统。例如，远方发电厂通过长输电线路向负载供电，可以用简单电力系统表示，其中单机表示远方的所有发电机。对于扰动都来自于发电机外部这种情形，这是可以接受的。在这种情形下，研究暂态稳定性需要建立包括发电机、输电线路和无穷大母线的模型。

列写系统方程时应该考虑两个要点。首先，系统方程必须使用同一参考框架。其次，非状态变量必须从系统方程中消除，并表示为参数或状态变量的形式。

发电机可以用式（8-29）~式(8-31）表示。输电线路是采用第 4 章介绍的 π 形等效电路表示。传输线路看作是一个两端口的外部网络：一个端口连接到发电机端口，另一个端口连接到无穷大母线。无穷大母线代表一个大刚性系统，可用幅值和相位恒定的电压源表示 $E_b\angle\theta$。无穷大母线作为共同参考点，θ 通常被认为是零，如图 8-4 所示。

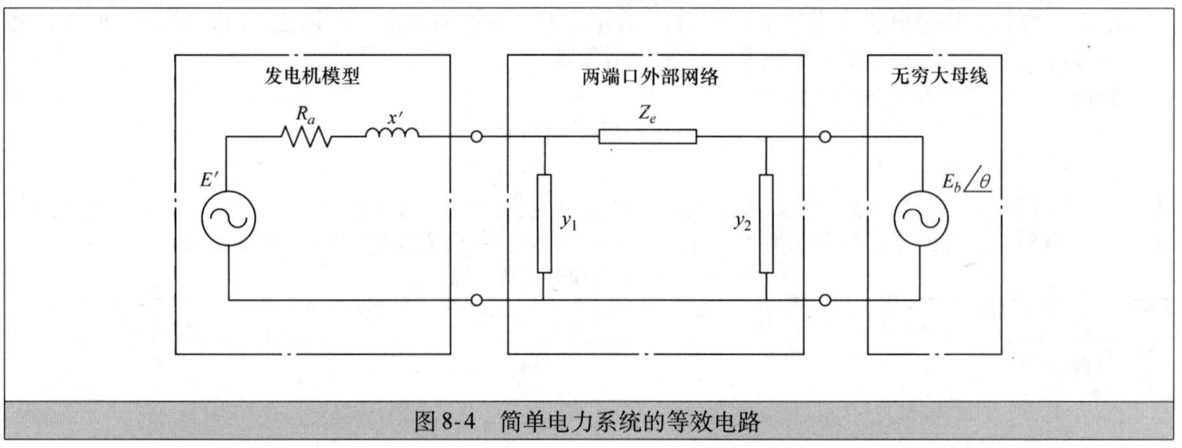

图 8-4　简单电力系统的等效电路

假设简单系统串联阻抗为 $Z_e=R_e+\mathrm{j}X_e$。采用如图 8-5 所示的系统坐标作为参考，可以得到

$$(v_q+\mathrm{j}v_d)\mathrm{e}^{\mathrm{j}\delta}=(R_e+\mathrm{j}X_e)(i_q+\mathrm{j}i_d)\mathrm{e}^{\mathrm{j}\delta}+E_b \tag{8-33}$$

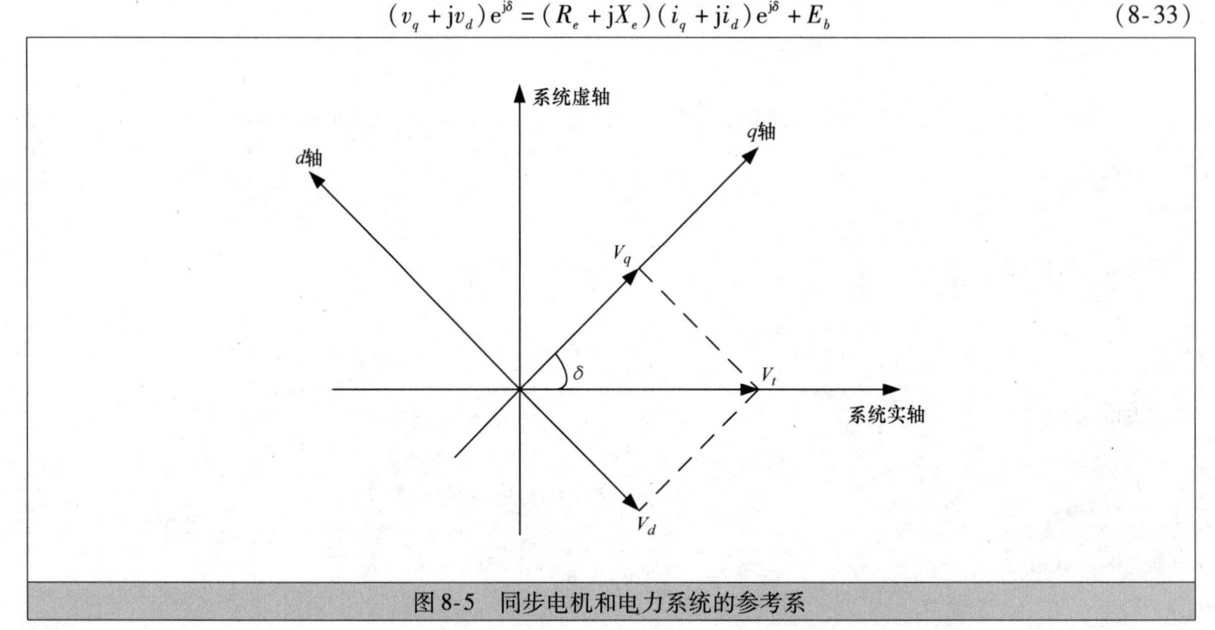

图 8-5　同步电机和电力系统的参考系

两边同乘 $\mathrm{e}^{-\mathrm{j}\delta}$得

$$\left.\begin{aligned}v_q&=R_ei_q-X_ei_d+E_b\cos\delta\\v_d&=X_ei_q+R_ei_d-E_b\sin\delta\end{aligned}\right\} \tag{8-34}$$

通过进一步简化，将 R_e 看作0，得

$$\left.\begin{aligned}v_q&=-X_ei_d+E_b\cos\delta\\v_d&=X_ei_q-E_b\sin\delta\end{aligned}\right\} \tag{8-35}$$

式（8-35）中 i_d 和 i_q 为非状态变量，必须消除。消除 i_d 和 i_q 可以采用式（8-32）端电压 v_d 和 v_q 的表达式，并假设 $R_a=0$，此时可以得到

$$\left.\begin{aligned}v_q&=E'_q+X'_di_d\\v_d&=E'_d+X'_qi_q\end{aligned}\right\} \tag{8-36}$$

根据式（8-35）和式（8-36），i_d和 i_q可用下式获得

$$\left.\begin{aligned} i_d &= \frac{E_b\cos\delta - E'_q}{X_e + X'_d} \\ i_q &= \frac{E_b\sin\delta + E'_d}{X_e + X'_q} \end{aligned}\right\} \tag{8-37}$$

将 i_d和 i_q表达式代入式（8-31）和式（8-32）中得到 $\dot{X}=f(x,u)$形式的系统方程

$$\left.\begin{aligned} \frac{\mathrm{d}E'_q}{\mathrm{d}t} &= \frac{1}{T'_{do}}[-E'_q + X_{r1}E_1 + E_{fd}] \\ \frac{\mathrm{d}E'_d}{\mathrm{d}t} &= \frac{1}{T'_{qo}}[-E'_d - X_{r2}E_2] \\ \dot{\delta} &= \omega - \omega_o \\ \dot{\omega} &= \frac{\omega_B}{2H}[T_m - T_e - D\omega] \end{aligned}\right\} \tag{8-38}$$

以及

$$T_e = \frac{1}{X_1X_2}[E'_dE_1X_2 + E'_qE_2X_1 + E_1E_2(X'_d - X'_q)] \tag{8-39}$$

式中，

$$X_{r1} = \frac{X_d - X'_d}{X_e + X'_d},\ X_{r2} = \frac{X_q - X'_q}{X_e + X'_q}$$

$$X_1 = X_e + X'_d,\ X_2 = X_e + X'_q$$

$$E_1 = E_b\cos\delta - E'_q,\ E_2 = E_b\sin\delta + E'_d$$

从以上公式可以看出，简单的电力系统可以由式（8-38）和式（8-39）的微分 - 代数方程组来表示。其中 E_b视为一个参数。E_{fd}和 T_m分别为励磁系统和调速系统的输入。若忽略控制器的动态，E_{fd}和 T_m可视作常数。否则，由微分方程表示的控制器动态需要加到式（8-38）中来确定它们的输出 E_{fd}和 T_m。

电力系统方程组——包括电机定子方程，转子运动方程和网络方程，可以通过数值积分方法求解，获得状态变量随时间的变化，进而可以确定系统稳定性。求解 ODE 所需的初始条件通过无扰动情况下的稳态行为计算得到，详情见 7.1.3 节。

- 定子方程的准确度取决于发电机模型的复杂度。举个例子：将电机处理为恒定电压源和直轴暂态电抗，则无需微分方程，只需如下代数方程。

$$E' = V_t + R_aI_t + \mathrm{j}X'_dI_t \tag{8-40}$$

- 如果考虑 d 轴暂态效应，则需一个微分方程，且定子方程组表示为

$$\left.\begin{aligned} E'_q &= v_q - X'_di_d + R_ai_q \\ E'_d &= v_d + X'_qi_q + R_ai_d \\ \frac{\mathrm{d}E'_q}{\mathrm{d}t} &= \frac{1}{T'_{do}}[-E'_q + (X_d - X'_d)i_d + E_{fd}] \end{aligned}\right\} \tag{8-41}$$

- 表征 d 轴和 q 轴次暂态效应需要使用 3 个微分方程，具体如下：

$$\left.\begin{aligned} E''_q &= v_q - X''_di_d + R_ai_q \\ E''_d &= v_d + X''_qi_q + R_ai_d \\ \frac{\mathrm{d}E'_q}{\mathrm{d}t} &= \frac{1}{T'_{do}}[-E'_q + (X_d - X'_d)i_d + E_{fd}] \\ \frac{\mathrm{d}E''_q}{\mathrm{d}t} &= \frac{1}{T''_{do}}[E'_q - E''_q + (X'_d - X''_d)i_d] \\ \frac{\mathrm{d}E''_q}{\mathrm{d}t} &= \frac{1}{T''_{qo}}[E'_d - E''_q - (X'_q - X''_d)i_q] \end{aligned}\right\} \tag{8-42}$$

- 使用 4 个微分方程表示 d 轴和 q 轴次暂态效应，具体如下：

$$\left.\begin{aligned}
&E''_q = v_q - X''_d i_d + R_a i_q \\
&E''_d = v_d + X''_q i_q + R_a i_d \\
&\frac{\mathrm{d}E'_q}{\mathrm{d}t} = \frac{1}{T'_{do}}[-E'_q + (X_d - X'_d)i_d + E_{fd}] \\
&\frac{\mathrm{d}E'_d}{\mathrm{d}t} = \frac{1}{T'_{qo}}[-E'_d - (X_q - X'_q)i_q] \\
&\frac{\mathrm{d}E''_q}{\mathrm{d}t} = \frac{1}{T''_{do}}[E'_q - E''_q + (X'_d - X''_d)i_d] \\
&\frac{\mathrm{d}E''_q}{\mathrm{d}t} = \frac{1}{T''_{qo}}[E'_d - E''_q - (X'_q - X''_d)i_q]
\end{aligned}\right\} \tag{8-43}$$

简单电力系统暂态稳定性评估步骤概括如下：

- 得到满足研究复杂度要求的发电机详细数学模型。
- 得到网络方程。
- 得到系统的代数和微分方程，包括定子方程、转子摇摆方程以及网络方程。
- 计算在扰动之前的稳态初始条件。
- 计算在故障期间和故障清除后的由发电机注入无穷大母线的有功功率。
- 选择一个数值积分方法来求解代数和微分方程。画出转子角度和速度相对于时间的坐标图。

【例 8-1】 如图 8-6 所示，一台同步发电机通过一个变压器和两条完全相同的并联输电线路与无穷大母线相连（基本参数用标幺值表示），输出功率为 0.8pu。0.08s 时，靠近 TL 开始位置的 F 点发生三相接地短路故障，故障于 0.08s 通过隔离故障 TL 清除。忽略所有的电阻和速度阻尼系数，利用数值积分方法计算相随时间变化的发电机功角和角速度，步长为 0.02s。考虑以下场景

（1）发电机由恒定幅值、功角可变的电压源 E' 与串联暂态电抗 X'_d 来模拟：

$$E' = V_t + R_a I_t + \mathrm{j}X'_d I_t$$

（2）发电机由以下的电压源 E_q 和暂态电抗 X_q 来等效：

$$E'_q = v_q - X'_d i_d + R_a i_q,\ E'_d = v_d + X'_q i_q + R_a i_d,$$

$$\frac{\mathrm{d}E'_q}{\mathrm{d}t} = \frac{1}{T'_{do}}[-E'_q + (X_d - X'_d)i_d + E_{fd}], E_q = V_t + R_a I_t + \mathrm{j}X_q I_t,$$

$$E_I = V_t + R_a I_t + \mathrm{j}X_d I_d + \mathrm{j}X_q I_q, E'_q = E_q - \mathrm{j}(X_q - X'_d)I_d$$

其他发电机数据如下：

$$T'_{do} = 0.4,\ X_d = 1.9,\ X_q = 1.75,\ X'_q = 0.24,\ H = 3.5$$

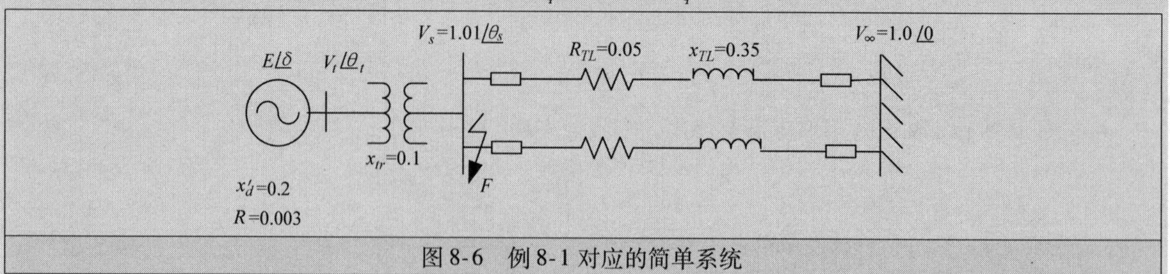

图 8-6 例 8-1 对应的简单系统

解：

（1）发电机由恒定幅值、功角可变的电压源 E' 与串联暂态电抗 X'_d 来模拟。

系统参数的初始值为

故障前：$Z_{Lpre} = (R_L + \mathrm{j}X_L)/2 = 0.0250 + \mathrm{j}0.1750$

故障中：$Z_{Lduring} = \infty$

故障清除：$Z_{Lpost}=(R_L+jX_L)=0.0500+j0.35$

$$\theta_0=18°$$

$$\omega_0=314.1593\text{rad/s}$$

$$\theta_s=\sin^{-1}[(P_m \text{abs}(Z_{Lpre}))/(V_sV_\infty)]=8.05°$$

$$V_s=V_s(\cos(\theta_s)+j\sin(\theta_s))=1.0000+j0.1414$$

$$I_{gen}=(V_s-V_\infty)/Z_{Lpre}=0.7920+j0.1129$$

$$s=(P_m/pf)(\exp(-i\cos^{-1}(pf)))=0.8000-j0.4958$$

$$|V_t|=|s||I_{gen}|=1.1765$$

$$\theta_t=\sin^{-1}[(Pm(\text{abs}(Z_{Lpre})+0.1)/(V_sV_\infty))]=10.85°$$

$$V_t=V_t e^{\theta t j}=1.1554+j0.2214$$

$$E'=V_t+R_aI_{gen}+jX'_dI_{gen}=1.1329+j0.3798$$

故障清除时间为0.08s：使用系统参数的初始值在PSAT/MATLAB中解摇摆方程，得到功角、发电机角频率随时间的变化曲线分别如图8-7a、b所示。

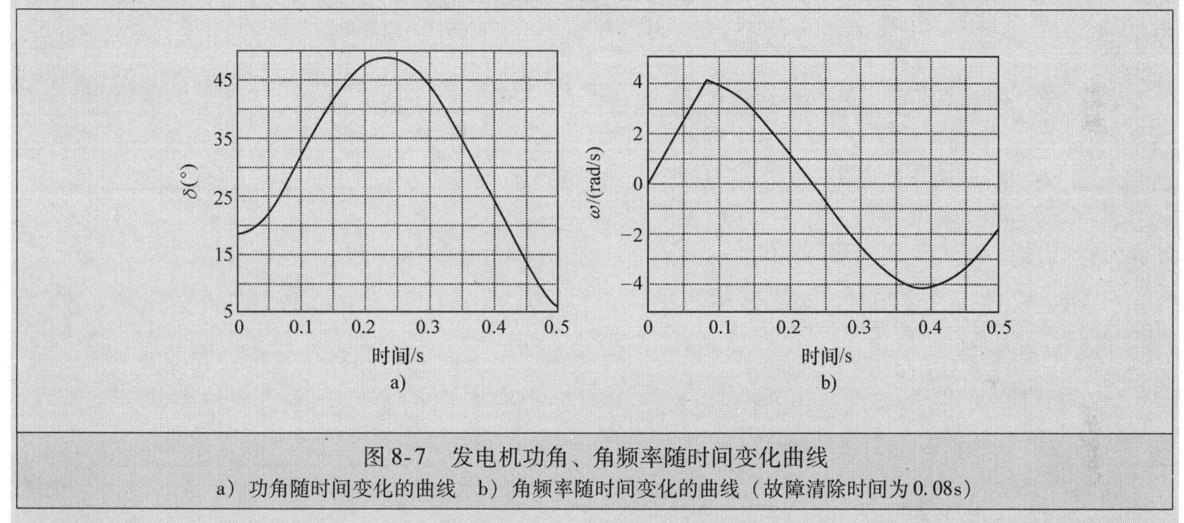

图8-7　发电机功角、角频率随时间变化曲线
a）功角随时间变化的曲线　b）角频率随时间变化的曲线（故障清除时间为0.08s）

如果清除时间减少到0.02s或增加到0.3s，则功角和角频率随时间变化的曲线分别如图8-8和图8-9所示。

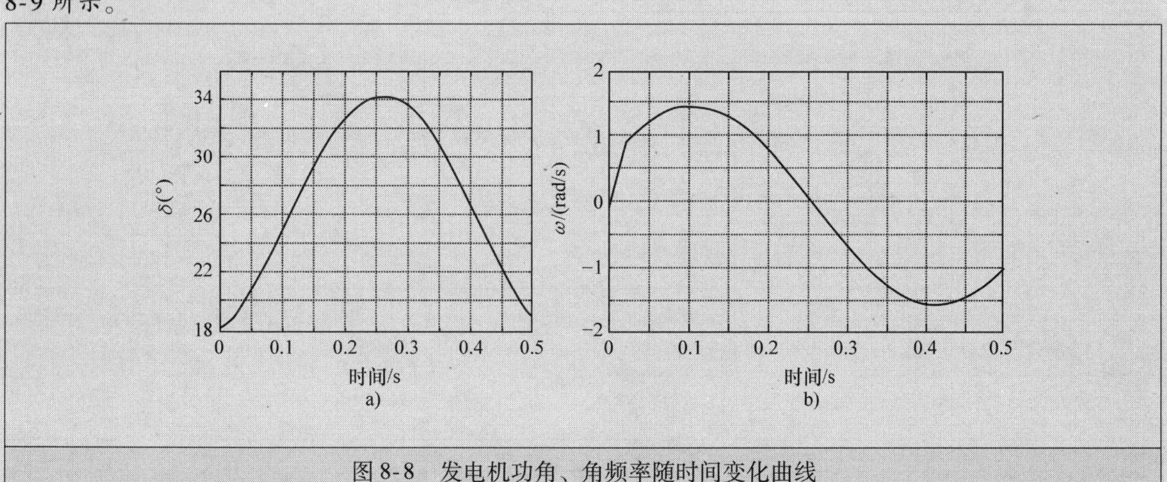

图8-8　发电机功角、角频率随时间变化曲线
a）功角随时间变化的曲线　b）角频率随时间变化的曲线（故障清除时间为0.02s）

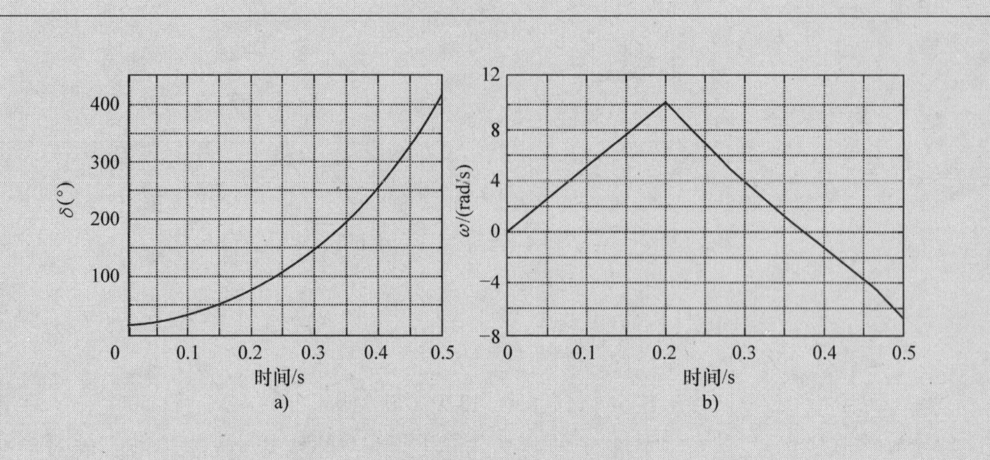

图 8-9　发电机功角、角频率随时间变化曲线

a）功角随时间变化的曲线　b）角频率随时间变化的曲线（故障清除时间为 0.3s）

（2）发电机由具有以下参数的电压源 Eq 和电抗 Xq 表示：

$$T'_{do}=0.4,\ X_d=1.9,\ X_q=1.75,\ X'_q=0.24,\ H=3.5$$

故障前：$Z_{Lpre}=(R_L+\mathrm{j}X_L)/2=0.0250+\mathrm{j}0.1750$

故障中：$Z_{Lduring}=\infty$

故障清除：$Z_{Lpost}=(R_L+\mathrm{j}X_L)=0.0500+\mathrm{j}0.35$

$$\theta_o=73.1134°$$

$$\omega_o=314.1593\mathrm{rad/s}$$

$$E_{fdo}=0.4258+\mathrm{j}2.4262$$

$$E_{do}=0.8963+\mathrm{j}1.0621$$

$$E_{qo}=0.6891+\mathrm{j}2.2699$$

通过求解摇摆方程，得到如图 8-10 ~ 图 8-12 所示不同的清除时间下功角和角频率随时间变化的曲线。

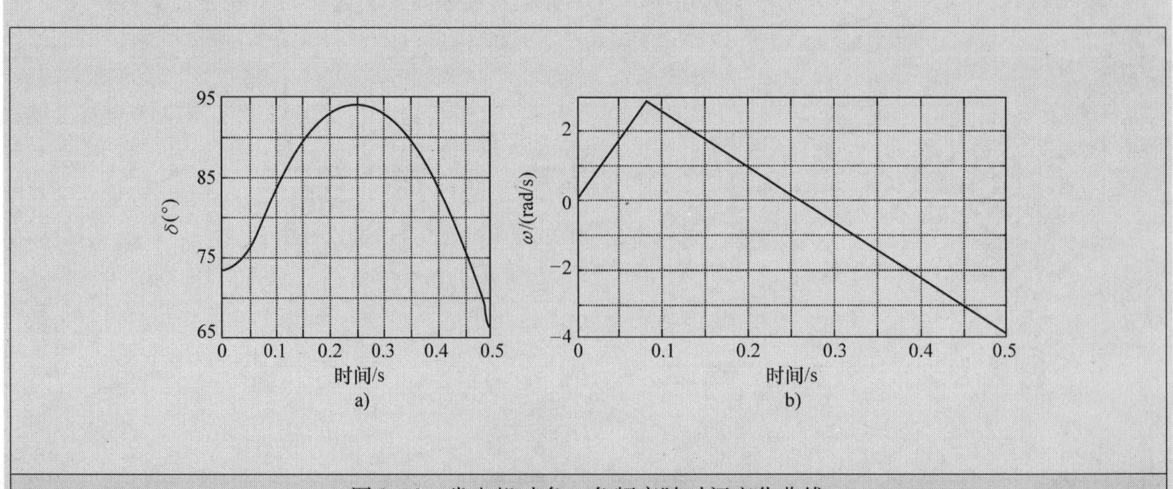

图 8-10　发电机功角、角频率随时间变化曲线

a）功角随时间变化的曲线　b）角频率随时间变化的曲线（故障清除时间为 0.08s）

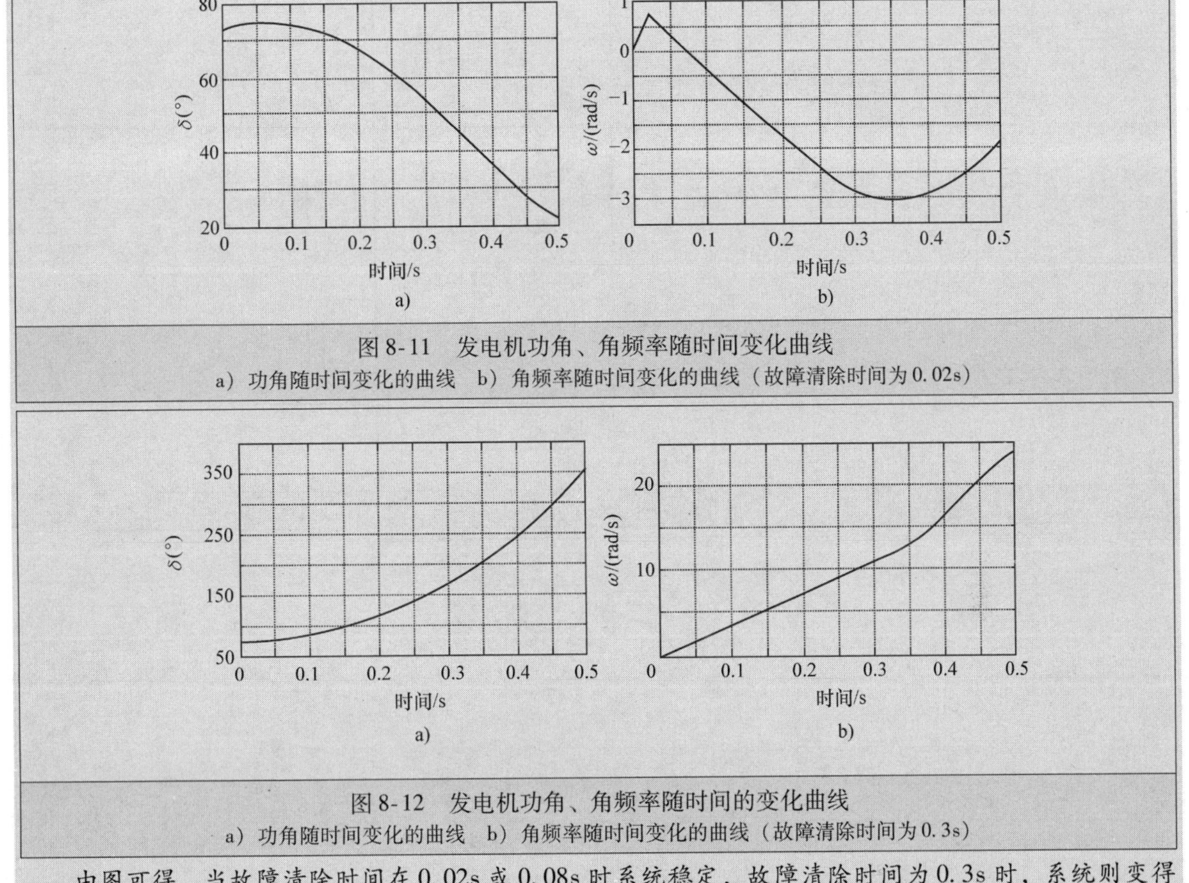

图 8-11 发电机功角、角频率随时间变化曲线

a）功角随时间变化的曲线 b）角频率随时间变化的曲线（故障清除时间为 0.02s）

图 8-12 发电机功角、角频率随时间的变化曲线

a）功角随时间变化的曲线 b）角频率随时间变化的曲线（故障清除时间为 0.3s）

由图可得，当故障清除时间在 0.02s 或 0.08s 时系统稳定，故障清除时间为 0.3s 时，系统则变得不稳定。因此，随着故障清除时间的下降，稳定性变得更好，系统更加安全。

8.4 多机电力系统的暂态稳定性分析

多机电力系统如图 8-13 所示，系统中多个发电机通过网络将功率供给负荷。研究暂态稳定性的第一步就是构建含每个元件方程的系统模型。暂态稳定性研究的时间尺度短，通常为秒级或者更短。因此，同步发电机可以用电压源和暂态电抗串联来模拟。为简化表达，忽略饱和和暂态凸极效应，假设电压源幅值恒定、相角可变，且磁链恒定和转速变化比较小。不考虑定子微分方程，电压源用 E' 如式（8-40）所示，或重复如下：

$$E' = V_t + R_a I_t + \mathrm{j}X'_d I_t \tag{8-44}$$

式中，$\boldsymbol{V}_t$ 为机端电压 $= v_q + \mathrm{j}v_d$，$\boldsymbol{E}'$ 暂态电抗内部电压，$\boldsymbol{I}_t$ 为机端电流，R_a 为电枢电阻，X'_d 为次暂态电抗。

类似地，用于网络求解的同步发电机表达式如图 8-14a 所示，它的向量图如图 8-14b 所示。

当凸极效应和磁链变化需要在模型中考虑时，同步发电机可以用交轴电压 E_q 和串联的交轴同步电抗 X_q 来表示

$$E_q = V_t + R_a I_t + \mathrm{j}X_q I_t \tag{8-45}$$

用来求解网络方程的发电机电路模型以及向量图如图 8-15a，b 所示。正弦磁链由沿 d 轴方向的励磁电流激发。感应电压 E_I 滞后 90°，对齐 q 轴。感应电压 E_I 等于机端电压、电枢电阻压降、电抗 X_d 和 X_q 上的压降（代表退磁效应）之和，如图 8-15b 所示。

$$E_I = V_t + R_a I_t + \mathrm{j}X_d I_d + \mathrm{j}X_q I_q \tag{8-46}$$

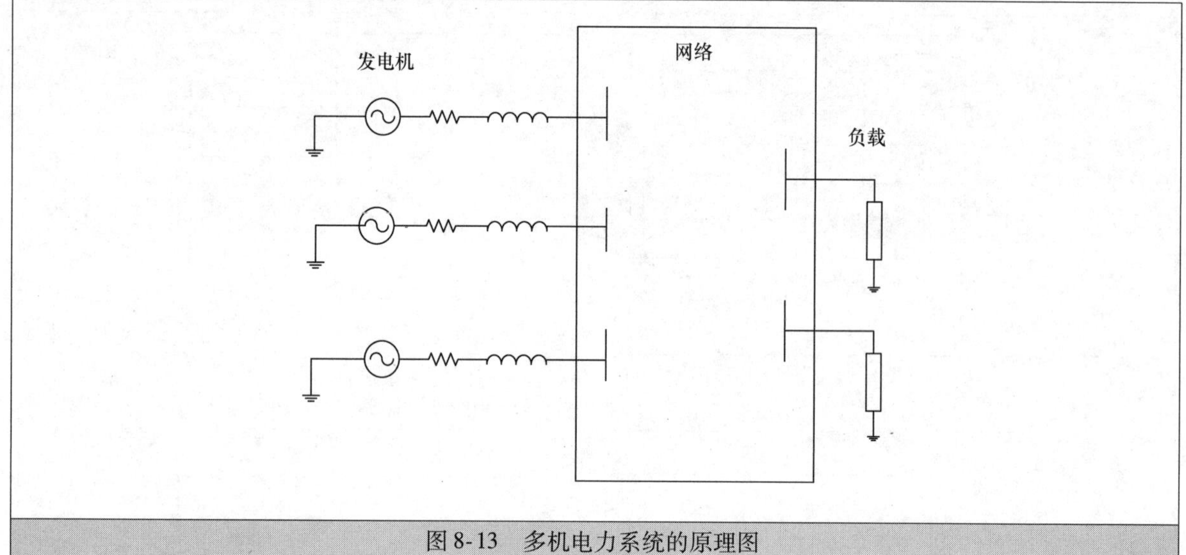

图 8-13　多机电力系统的原理图

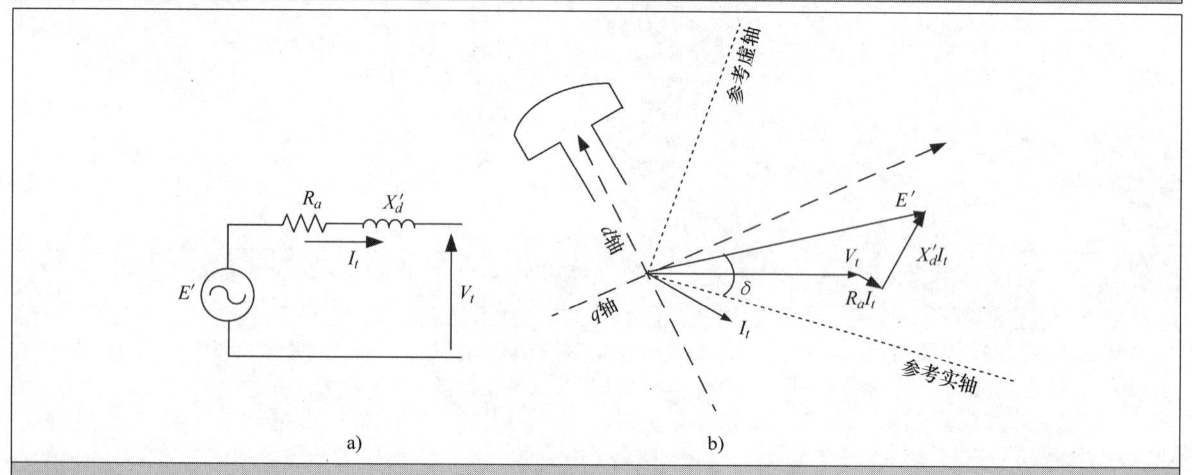

图 8-14　简化的发电机电路模型及其向量图

a）发电机电路模型　b）向量图

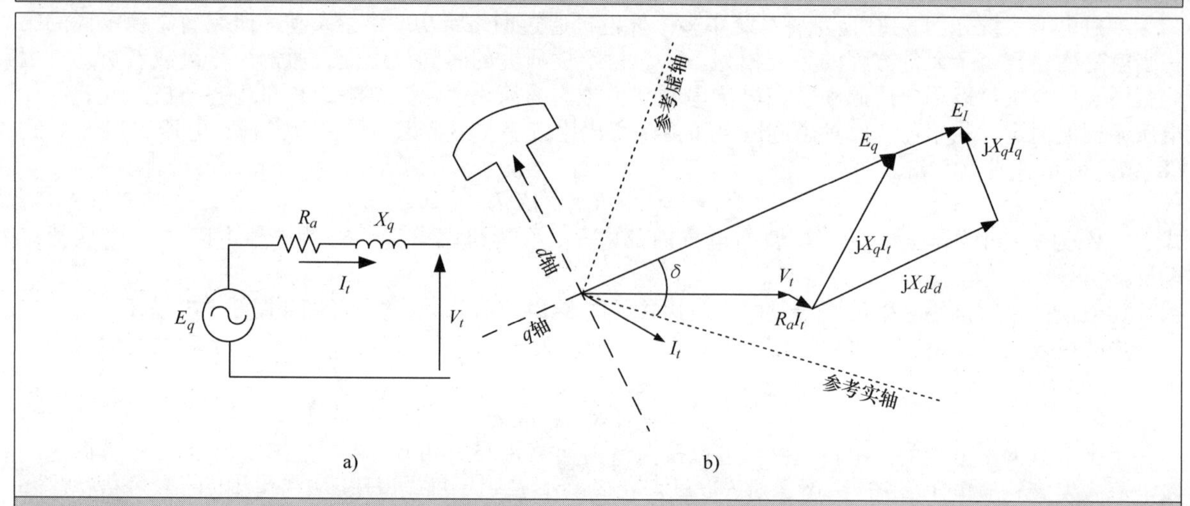

图 8-15　通过 E_q 的发电机电路模型及其向量图

a）电路模型　b）向量图

正如7.1.3节和图7-2所阐述，E_q 和 E'_q 之间的关系可表示为

$$E'_q = E_q - \mathrm{j}(X_q - X'_d)I_d \tag{8-47}$$

对时间求导可得 E'_q 的变化率

$$\frac{\mathrm{d}E'_q}{\mathrm{d}t} = \frac{1}{T'_{do}}(E_{fd} - E_I) = \frac{1}{T'_{do}}[-E'_q + (X_d - X'_d)i_d + E_{fd}] \tag{8-48}$$

因此，定子方程可以通过合并式（8-45）～式（8-48）得到。考虑凸极效应和磁链变化，可以通过增加转子绕组旋转方程，得到描述动态行为的同步发电机模型。

网络方程

为获得网络的方程，需确定电力系统负荷模型。电动机负载由等效电路模拟。否则，暂态期间的负荷通常可以由对地静态阻抗和导纳、恒定功率因数的恒定电流、恒定有功负荷和无功负荷或者这些负荷模型的组合来表示，或者如第4章的4.3.1节所示的混合型负荷。

恒定有功负荷等于母线有功和无功调度负荷或者混合型负荷中的特定比例。对于恒定电流负荷，其电流值通过母线调度负荷和故障前潮流计算得到的电压值得到。因此可得母线 i 的负荷电流

$$I_{io} = \frac{P_{Li} - \mathrm{j}Q_{Li}}{E_i^*} \tag{8-49}$$

式中，P_{Li}和 Q_{Li}分别表示预设的母线有功负荷和无功负荷。E_i是母线电压计算值。母线 i 流入大地的电流用 I_{io}表示，其幅值和功率因数保持恒定。

表示母线 i 的静态导纳可以计算如下：

$$y_{io} = \frac{I_{io}}{E_p} = g_{io} - \mathrm{j}b_{io} \tag{8-50}$$

式中，接地点电压是0，且 $g_{io} = \dfrac{P_{Li}}{e_i^2 + f_i^2}$，$b_{io} = \dfrac{Q_{Li}}{e_i^2 + f_i^2}$，$e_i$和$f_i$分别表示母线电压 E_i实部和虚部。

第5章解释了潮流计算的网络方程，它可以用来描述暂态期间的网络行为。同时，扰动前、故障发生瞬间以及故障清除后的节点导纳矩阵 $\boldsymbol{Y}_{bus}$也要进行计算。

$\boldsymbol{Y}_{bus}$的对角线元素≜$\boldsymbol{Y}_{ii}$ = 所有与母线 i 所连导纳之和，非对角线元素≜$\boldsymbol{Y}_{ij}$ = 母线 i 和母线 j 之间导纳的相反数。矩阵 $\boldsymbol{Y}_{bus}$可通过仅考虑发电机的内部母线并消去网络中所有其他母线进行简化。简化矩阵可以通过以下方式获得：除了发电机内部母线外，所有母线的注入电流为零。因此，这种关系可写为

$$\boldsymbol{I} = \boldsymbol{Y}\boldsymbol{V} \tag{8-51}$$

式中，$\boldsymbol{I} = \begin{bmatrix} \boldsymbol{I}_g \\ 0 \end{bmatrix}$，因此，可以对式（8-51）中的矩阵 $\boldsymbol{Y}$ 和向量 $\boldsymbol{I}$ 分割得到

$$\begin{bmatrix} \boldsymbol{I}_g \\ 0 \end{bmatrix} = \begin{bmatrix} \boldsymbol{Y}_{gg} & \boldsymbol{Y}_{gb} \\ \boldsymbol{Y}_{bg} & \boldsymbol{Y}_{bb} \end{bmatrix} \begin{bmatrix} \boldsymbol{V}_g \\ \boldsymbol{V}_b \end{bmatrix} \tag{8-52}$$

式中，下标 g 表示发电机内部母线，下标 b 代表其他网络母线，向量 $\boldsymbol{V}_g$和 $\boldsymbol{V}_b$维度分别是 $n_g \times 1$ 和 $n_b \times 1$ 维。

扩展式（8-52）得到

$$\boldsymbol{I}_g = \boldsymbol{Y}_{gg}\boldsymbol{V}_g + \boldsymbol{Y}_{gb}\boldsymbol{V}_b,\ 0 = \boldsymbol{Y}_{bg}\boldsymbol{V}_g + \boldsymbol{Y}_{bb}\boldsymbol{V}_b$$

因此，消去$\boldsymbol{V}_b$ 得

$$\boldsymbol{I}_g = (\boldsymbol{Y}_{gg} - \boldsymbol{Y}_{gb}\boldsymbol{Y}_{bb}^{-1}\boldsymbol{Y}_{bg})\boldsymbol{V}_g = \boldsymbol{Y}_{reduced}\boldsymbol{V}_g \tag{8-53}$$

式中，$\boldsymbol{Y}_{reduced}$表示降阶矩阵。维度为 $n_g \times n_g$，其中 n_g表示发电机的数量。值得注意 的是，只有当负载被看作恒定并联导纳时，上述简化才有效。

反映扰动的参数变化必须指定。诸如电压、功率等系统参数的初始值可以通过稳态潮流计算得到。发电机内电压可以通过所用模型计算得到。在 此基础上，每一步的系统微分方程可以通过代数方程和潮流计算进行数值求解。详细的求解过程用下面的例子来描述。

【例8-2】 9节点测试系统如图8-16所示。当线路7－5的首端母线7分别在0.08s和0.20s时发生三相短路，评估系统的暂态稳定性。故障通过切除线路7－5清除，系统数据呈现在附录Ⅱ中。

解：

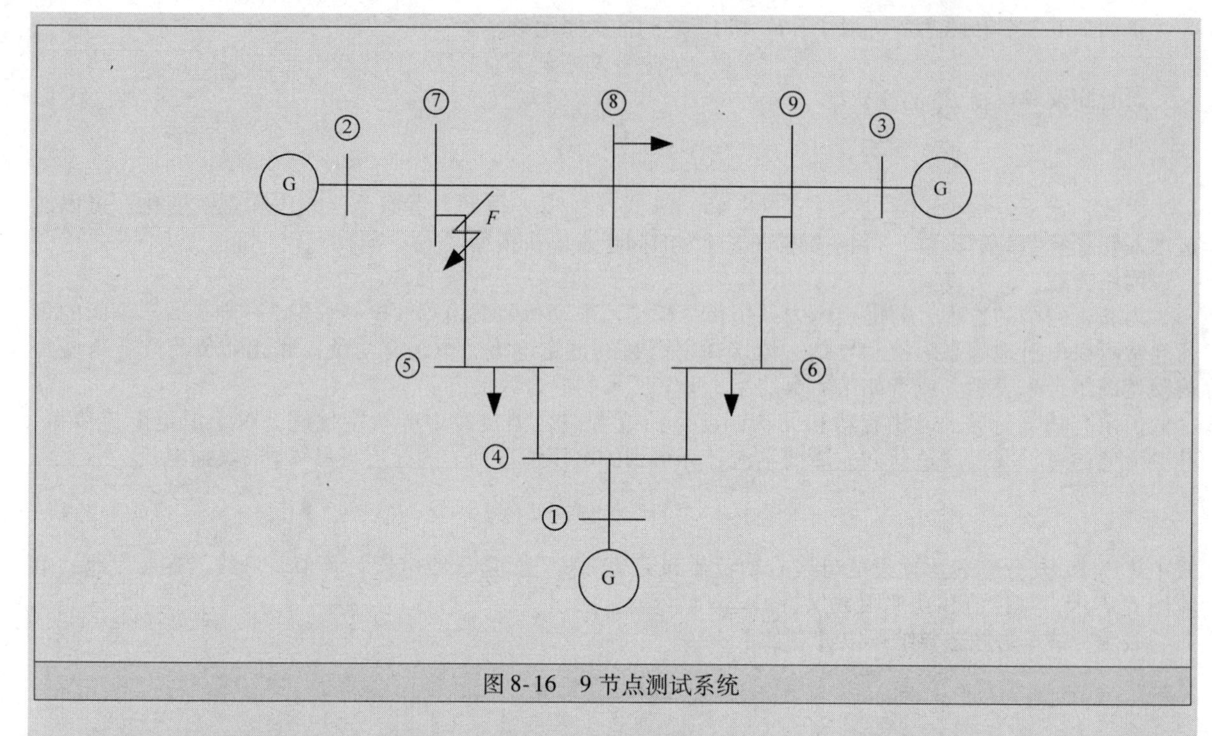

图 8-16　9 节点测试系统

假设系统工作在稳态下的时间为 1s，故障发生时间分别为 0.08s（情况Ⅰ）和 0.20s（情况Ⅱ）。表 8-2 中给出了矩阵 $\boldsymbol{Y}_{bus}$ 在稳态下的标幺值。表 8-2 ~ 表 8-4 中给出了通过潮流分析得到的母线电压、发电机、负荷以及线路潮流的标幺值。

故障发生瞬间：发电机由直轴暂态电抗的恒定幅值电压源 E' 表示，负荷用恒定的并联导纳 y_L 表示，基于稳态潮流结果，E' 和 y_L 的计算值如下所示：

$$E_1' = 1.0565\angle 19.55°,\quad E_2' = 1.0264\angle 12.93°,\quad E_1' = 1.0319\angle 2.37°$$

$$y_{L5} = 1.261 - \mathrm{j}0.5044,\quad y_{L6} = 0.877 - \mathrm{j}0.2926,\quad y_{L8} = 0.969 - \mathrm{j}0.3391$$

在表 8-5 中给出了暂态稳定分析中的系统导纳矩阵。每个负荷的导纳处理为其母线的并联元件，它被并入所有连接到该母线上的并联导纳，并用于计算自导纳。

系统稳态情况下的状态变量和参数值被当作初始稳态条件，并用于数值积分。用二阶龙格 - 库塔方法以及 PSAT/MATLAB 工具箱来进行稳定性分析。时间间隔设置为 0.02s。故障瞬间的母线电压、发电机出力、负载、线路潮流和状态变量见表 8-6 ~ 表 8-8。值得注意的是，所有的表中，δ 的单位为 rad，ω 的单位为 rad/s。电压、有功功率、无功功率均用标幺值表示。

（情况Ⅰ）故障发生时间 = 0.08s。

使用二阶龙格 - 库塔法时，每个时间间隔内需要计算潮流两次。通常而言，对于 k 阶龙格 - 库塔法，潮流计算次数为 k 次。第一步是用潮流计算得到间隔开始的 K_{11} 和 K_{21} 的值，第二步是计算间隔中间值的 K_{12} 和 K_{22}。举个例子，故障发生后的第一个间隔，表 8-6 ~ 表 8-8 中的潮流计算值用来计算 K_{11} 和 K_{21}。接着通过潮流分析计算时间间隔中点的 K_{11} 和 K_{21}，结果见表 8-9 ~ 表 8-11。

时间间隔终点的发电机功角和速度可用 K 系数的平均值来计算。因此，需要进一步重新计算母线电压和线路潮流，作为下一个间隔的初始值，见表8-12 ~ 表 8-14。

重复上述步骤，直到仿真评估时间 5s 的最后一个时间间隔。最终的结果见表 8-15 ~ 表 8-17。

值得特别注意的是，故障清除瞬间，由于线路 7 - 5 切除，节点导纳矩阵发生变化。计算变化后的导纳矩阵，其结果见表 8-18。故障前、故障时、故障后的降阶矩阵 $\boldsymbol{Y}_{reduced}$ 见表 8-19。

每个发电机的功角 δ 和角速度 ω 的变化如图 8-17 ~ 图 8-19 所示。非常明显，系统中所有机组的功角先增加后减少，因此系统是稳定的。

表 8-2　稳态下的节点导纳矩阵

母线	1	2	3	4	5	6	7	8	9
1	0 − j8.4459	0	0	0 + j8.4459	0	0	0	0	0
2	0	0 − j5.4855	0	0	0	0	0 + j5.4855	0	0
3	0	0	0 − j4.1684	0	0	0	0	0	0 + j4.1684
4	0 + j8.4459	0	0	3.3074 − j30.3937	−1.3652 + j11.6041	−1.9422 + j10.5107	0	0	0
5	0	0	0	−1.3652 + j11.6041	2.5528 − j17.3382	0	−1.1876 + j5.9751	0	0
6	0	0	0	−1.3652 + j11.6041	0	3.2242 − j15.8409	0	0	−1.2820 + j5.5882
7	0	0 + j5.4855	0	0 − 1.1876 + j5.9751	0	2.8047 − j24.9311	−1.6171 + j13.6980	0	
8	0	0	0	0	0	0	−1.6171 + j13.6980	2.7722 − j23.3032	−1.1551 + j9.7843
9	0	0	0 + j4.1684	0	0	−1.2820 + j5.5882	0	−1.1551 + j9.7843	2.4371 − j19.2574

表 8-3　故障前母线电压、发电机出力和负载分布

母线	母线电压		发电机		负载	
	电压	相角	有功功率	无功功率	有功功率	无功功率
1	1.04	0	0.71641	0.27046	0	0
2	1.025	0.16197	1.63	0.06654	0	0
3	1.025	0.08142	0.85	−0.1086	0	0
4	1.026	−0.0387	0	0	0	0
5	0.996	−0.0696	0	0	1.25	0.5
6	1.013	−0.0644	0	0	0.9	0.3
7	1.026	0.06492	0	0	0	0
8	1.016	0.0127	0	0	1	0.35
9	1.032	0.03433	0	0	0	0

表 8-4　故障前的线路潮流分布

起点	终点	有功潮流	无功潮流	有功损耗	无功损耗
4	1	−0.71641	−0.23923	0	0.03123
7	2	−1.63	0.09178	0	0.15832
9	3	−0.85	0.14955	0	0.04096
7	8	0.7638	−0.00797	0.00475	−0.11502
9	8	0.24183	0.0312	0.00088	−0.21176
7	5	0.8662	−0.08381	0.023	−0.19694
9	6	0.60817	−0.18075	0.01354	−0.31531
5	4	−0.4068	−0.38687	0.00258	−0.15794
6	4	−0.30537	−0.16543	0.00166	−0.15513

表 8-5　暂态分析使用的节点导纳矩阵

母线	1	2	3	4	5	6	7	8	9
1	0 – j8.4459	0	0	0 + j8.4459	0	0	0	0	0
2	0	0 – j5.4855	0	0	0	0	0 + j5.4855	0	0
3	0	0	0 – j4.1684	0	0	0	0	0	0 + j4.1684
4	0 + j8.4459	0	0	3.3074 – j30.3937	–1.3652 + j11.6041	–1.9422 + j10.5107	0	0	0
5	0	0	0	–1.3652 + j11.6041	3.813 – j17.826	0	–1.1876 + j5.9751	0	0
6	0	0	0	–1.9422 + j10.5107	0	4.019 – j16.1355	0	0 – 1.2820 + j5.5882	
7	0	0 + j5.4855	0	0	–1.1876 + j5.9751	0	2.8047 – j24.9311	–1.6171 + j13.6980	0
8	0	0	0	0	0	0	–1.6171 + j13.6980	3.7412 – j23.642	–1.1551 + j9.7843
9	0	0	0 + j4.1684	0	0	–1.2820 + j5.5882	0	–1.1551 + j9.7843	2.4371 – j19.2574

表 8-6　故障瞬间的节点电压、发电机出力和负荷

母线	母线电压		发电机		负载	
	电压	相角	有功功率	无功功率	有功功率	无功功率
1	0.83441	–0.00472	0.7169	0.1843	0	0
2	0.36993	0.33849	1.63	0.1214	0	0
3	0.65588	0.80722	0.85	–0.0548	0	0
4	0.62722	0.11775	0	0	0	0
5	0.64996	–0.07416	0	0	1.25	0.5
6	0.58798	–0.09371	0	0	0.9	0.3
7	0	0	0	0	0	0
8	0.21255	0.01174	0	0	1	0.35
9	0.50141	0.04652	0	0	0	0

表 8-7　故障发生瞬间线路的潮流

起点	终点	有功潮流	无功潮流	有功损耗	无功损耗
4	1	–0.65326	–2.0587	0	0.63609
7	2	–0.00807	–0.06205	0	2.0564
9	3	–0.38196	–1.0629	0	0.29736
7	8	0.00287	–0.03025	0.0659	0.55486
9	8	0.20363	–1.3872	0.09653	0.78664
7	5	0	0	0	0
9	6	0.17834	–0.32423	0.01703	–0.03266
5	4	–0.42051	–1.0905	0.07583	0.59193
6	4	–0.14917	–0.39506	0.00774	–0.01877

表 8-8　故障发生瞬间的状态变量（包括 δ 和 ω）以及代数变量（P 和 Q）

发电机 1				发电机 2				发电机 3			
δ	ω	P	Q	δ	ω	P	Q	δ	ω	P	Q
0.34097	1	0.0080	2.1185	0.2255	1	0.3819	1.360	0.0414	1	0.653	2.694

表 8-9　第 1 个时间间隔中点的节点电压、发电机出力和负荷

母线	母线电压		发电机		负载	
	电压	相角	有功功率	无功功率	有功功率	无功功率
1	0.8344	-0.0051	0.7169	0.18434	0	0
2	0.3693	0.3399	1.63	0.12138	0	0
3	0.6272	0.1182	0.85	-0.05481	0	0
4	0.6499	-0.0745	0	0	0	0
5	0.4192	-0.1663	0	0	1.25	0.5
6	0.5879	-0.0939	0	0	0.9	0.3
7	0.0109	0.2137	0	0	0	0
8	0.2125	0.0121	0	0	1	0.3
9	0.5014	0.0469	0	0	0	0

表 8-10　第 1 个时间间隔中点的线路潮流

起点	终点	有功潮流	无功潮流	有功损耗	无功损耗
4	1	-0.6532	-2.0589	0	0.63606
7	2	-0.00811	-0.06204	0	2.0564
9	3	-0.38273	-1.0628	0	0.29745
7	8	0.00288	-0.03024	0.0659	0.55481
9	8	0.20359	-1.3871	0.09652	0.78657
7	5	0	0	0	0
9	6	0.17914	-0.32425	0.01708	-0.03244
5	4	-0.42046	-1.0905	0.07583	0.5919
6	4	-0.14838	-0.39509	0.00774	-0.01878

表 8-11　第 1 个时间间隔中点的状态变量（包括 δ 和 ω）以及代数变量（P 和 Q）

发电机 1				发电机 2				发电机 3			
δ	ω	P	Q	δ	ω	P	Q	δ	ω	P	Q
0.34245	1.001	0.0081	2.11855	0.226	1	0.382	1.360	0.040	1	0.652	2.6949

表 8-12　第 2 个时间间隔的节点电压、发电机出力和负荷的初始值

母线	母线电压		发电机		负载	
	电压	相角	有功功率	无功功率	有功功率	无功功率
1	0.83439	-0.00645	0.7169	0.18434	0	0
2	0.36932	0.34436	1.63	0.12138	0	0
3	0.62711	0.1197	0.85	-0.05481	0	0
4	0.64988	-0.07553	0	0	0	0
5	0.41914	-0.16736	0	0	1.25	0
6	0.58784	-0.0943	0	0	0.9	0
7	0.0109	0.21607	0	0	0	0
8	0.21251	0.01314	0	0	1	0
9	0.50131	0.04787	0	0	0	0

表 8-13　第 2 个时间间隔的线路潮流初始值

起点	终点	有功潮流	无功潮流	有功损耗	无功损耗
4	1	-0.64989	-2.0593	0	0.63596
7	2	-0.00824	-0.062	0	2.0565
9	3	-0.38503	-1.0624	0	0.29773
7	8	0.00292	-0.03022	0.06588	0.55467
9	8	0.2035	1.3867	0.09649	0.78637
7	5	0	0	0	0
9	6	0.18153	-0.32431	0.01722	-0.03177
5	4	-0.4203	-1.0903	0.07582	0.59181
6	4	-0.14603	-0.39598	0.00774	-0.0188

表 8-14　第 2 个时间间隔的状态变量（包括 δ 和 ω）以及代数变量（P 和 Q）

发电机 1				发电机 2				发电机 3			
δ	ω	P	Q	δ	ω	P	Q	δ	ω	P	Q
0.34689	1.0025	0.0082	2.1185	0.228	1.0016	0.3850	1.3601	0.0394	1	0.6498	2.6953

表 8-15　故障清除后的发电机和负荷的节点电压初始值

母线	母线电压		发电机		负载	
	电压	相角	有功功率	无功功率	有功功率	无功功率
1	0.9504	-0.22136	0.7169	0.18434	0	0
2	0.95206	0.91582	1.63	0.12138	0	0
3	0.91456	0.53713	0.85	-0.05481	0	0
4	0.87361	-0.19968	0	0	0	0
5	0.82835	-0.29988	0	0	1.25	0
6	0.81676	-0.0214	0	0	0.9	0
7	0.92093	0.77827	0	0	0	0
8	0.885	0.61164	0	0	1	0
9	0.88667	0.46614	0	0	0	0

表 8-16　故障清除后的线路潮流

起点	终点	有功潮流	无功潮流	有功损耗	无功损耗
4	1	0.31256	-1.1613	0	0.10916
7	2	-1.9235	-0.32619	0	0.2805
9	3	-0.98157	-38716	0	0.08299
7	8	1.9235	0.32619	0.0386	0.20544
9	8	-1.1019	0.14489	0.01916	-0.00172
7	5	0	0	0	0
9	6	2.0835	0.24227	0.22261	0.7102
5	4	-0.88627	-0.35451	0.01271	-0.01952
6	4	1.2617	-0.66763	0.05021	0.15871

表 8-17　故障清除后的状态变量（包括 δ 和 ω）以及代数变量（P 和 Q）

发电机 1				发电机 2				发电机 3			
δ	ω	P	Q	δ	ω	P	Q	δ	ω	P	Q
1.15	1.026	1.923	0.607	0.728	1.025	0.982	0.470	−0.240	1.023	−0.312	1.27

表 8-18　故障清除后的节点导纳矩阵

母线	1	2	3	4	5	6	7	8	9
1	0 − j8.4459	0	0	0 + j8.4459	0	0	0	0	0
2	0	0 − j5.4855	0	0	0	0	0 + j5.4855	0	0
3	0	0	0 − j4.1684	0	0	0	0	0	0 + j4.1684
4	0 + j8.4459	0	0	3.3074 − j30.3937	−1.3652 + j11.6041	−1.9422 + j10.5107	0	0	0
5	0	0	0	−1.3652 + j11.6041	2.5528 − j17.3382	0	0	0	0
6	0	0	0	−1.9422 + j10.5107	0	3.2242 − j15.8409	0	0	−1.2820 + j5.5882
7	0	0 + j5.4855	0	0	−1.1876 + j5.9751	0	2.8047 − j24.9311	−1.6171 + j13.6980	0
8	0	0	0	0	0	0	−1.6171 + j13.6980	2.7722 − j23.3032	−1.1551 − j9.7843
9	0	0	0 + j4.1684	0	0	−1.2820 + j5.5882	0	−1.1551 + j9.7843	2.4371 − j19.2574

表 8-19　降阶矩阵

模式	母线	1	2	3
故障前	1	0.846 − j2.988	0.287 + j1.513	0.210 + j1.513
	2	0.287 + j1.513	0.420 − j2.724	0.213 + j1.088
	3	0.210 + j1.513	0.213 + j1.088	0.070 + j0.631
故障期间	1	0.657 − j3.816	0.000 + j0.000	0.070 + j0.631
	2	0.000 + j0.000	0.000 − j5.486	0.000 + j0.000
	3	0.070 + j0.631	0.000 + j0.000	0.174 − j2.796
故障清除	1	1.181 − j2.229	0.138 + j0.726	0.191 + j1.079
	2	0.138 + j0.726	0.389 − j1.953	0.199 + j1.229
	3	0.191 + j1.079	0.199 + j1.229	0.273 − j2.342

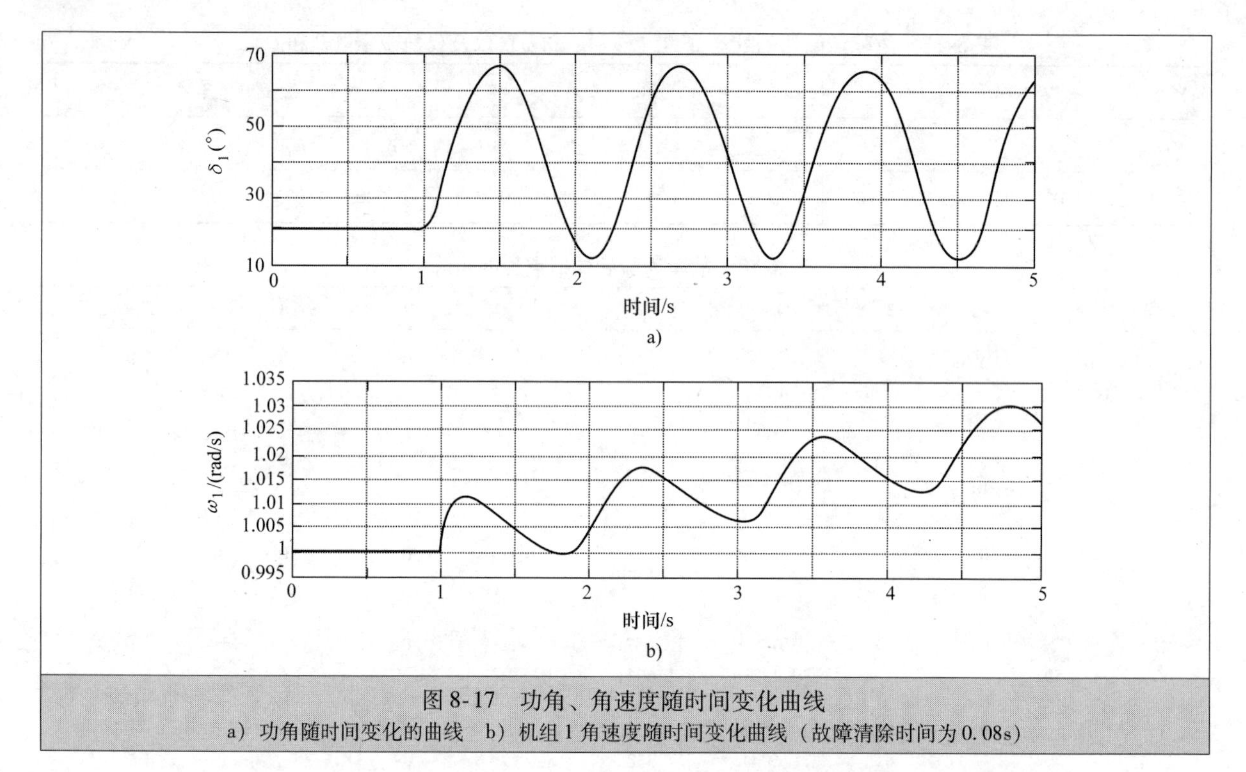

图 8-17　功角、角速度随时间变化曲线
a）功角随时间变化的曲线　b）机组 1 角速度随时间变化曲线（故障清除时间为 0.08s）

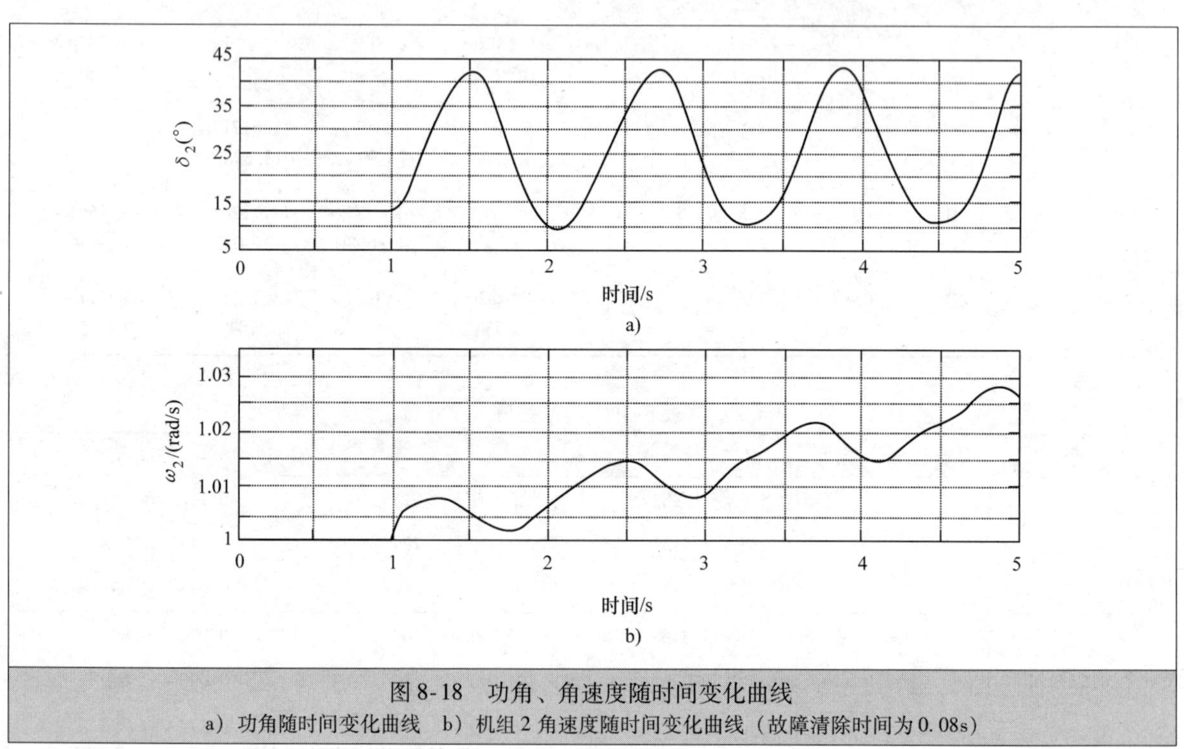

图 8-18　功角、角速度随时间变化曲线
a）功角随时间变化曲线　b）机组 2 角速度随时间变化曲线（故障清除时间为 0.08s）

情况（Ⅱ）故障发生于 0.2s：

在这种情况下，故障清除时间变为 0.2s 而不是 0.08s。计算过程与情况Ⅰ相同。两种情况下的初始条件相同。所得结果如图 8-20 ~ 图 8-22 所示。

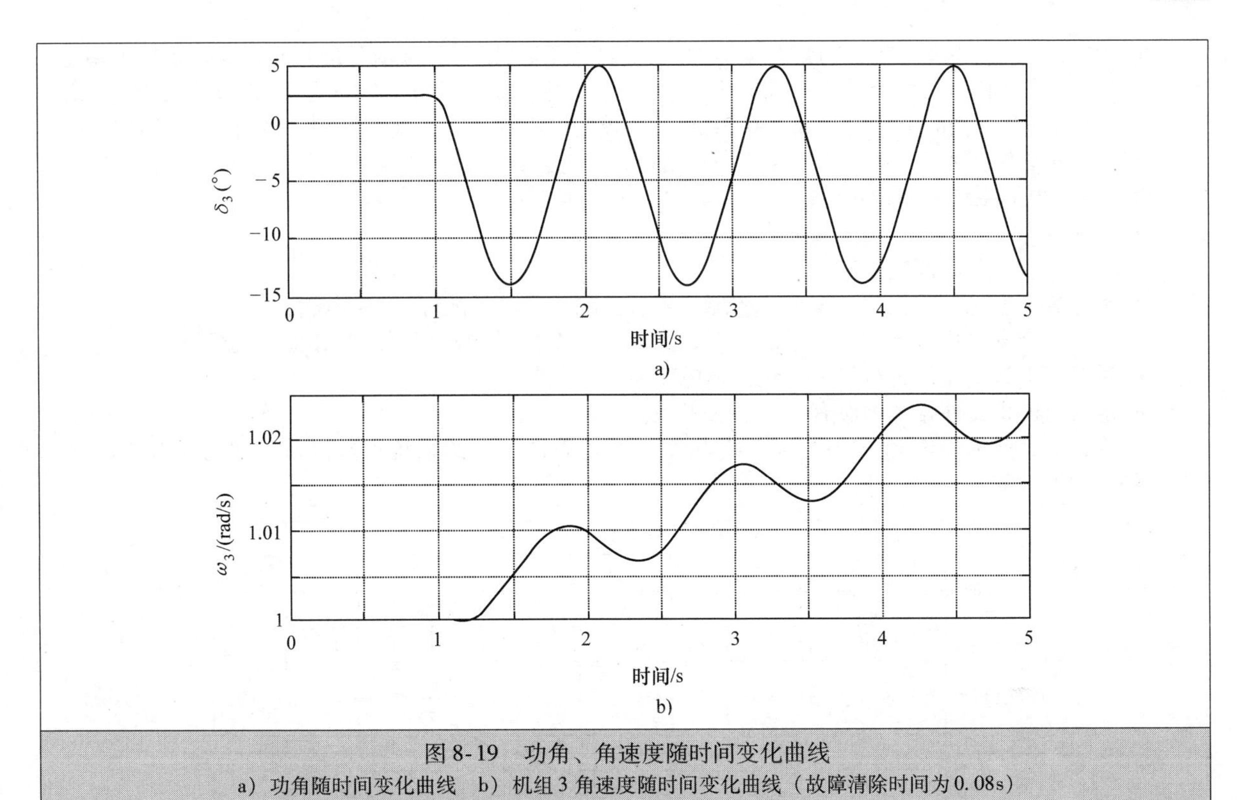

图 8-19　功角、角速度随时间变化曲线

a）功角随时间变化曲线　b）机组 3 角速度随时间变化曲线（故障清除时间为 0.08s）

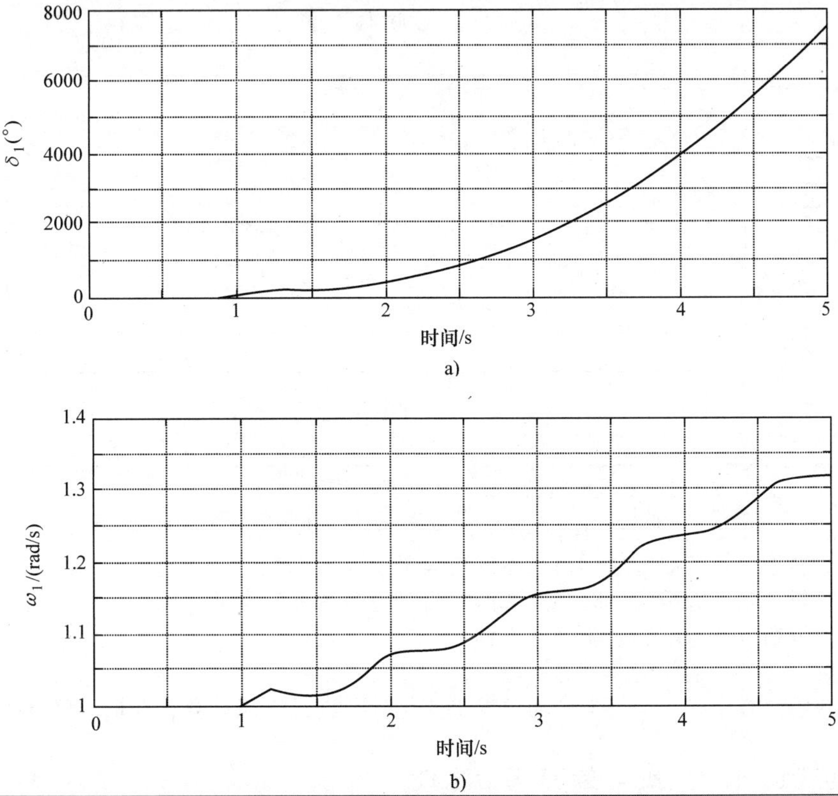

图 8-20　功角、角频率随时间变化曲线

a）功角随时间变化曲线　b）机组 1 角速度随时间变化曲线（故障清除时间为 0.2s）

可以看出，系统中发电机的功角持续增加或者减少。因此由于故障清除的延时，导致系统不稳定。

从第一种情况和第二种情况下的曲线图可以发现，当系统故障清除时间是0.08s时，系统是稳定的。与之相反的是，当故障清除时间是0.2s时，系统变得不稳定。因此，必须仔细研究故障清除时间。故障清除时间取决于很多参数，例如系统拓扑结构，发电机组模型，故障的类型和位置以及保护特性。

确定多机电力系统暂态稳定性的主要步骤可以概括如下：

- 定义电力系统中每一个元件的数据。
- 定义研究的时间范围。
- 确定故障信息：包括故障类型、故障位置、清除时间以及故障清除方式。
- 为每一个发电机选择一个合适的模型，因此“每个机组的模型可能与其他发电机不相同”。
- 对系统中其他元件进行建模，包括输电线路、变压器等。
- 定义与模型元件相关的所有参数的参考系。
- 构建节点导纳矩阵 $\boldsymbol{Y}_{bus}$，通过潮流分析来计算稳态情况下的系统参数以及求解摇摆方程的必要参数的初始值。

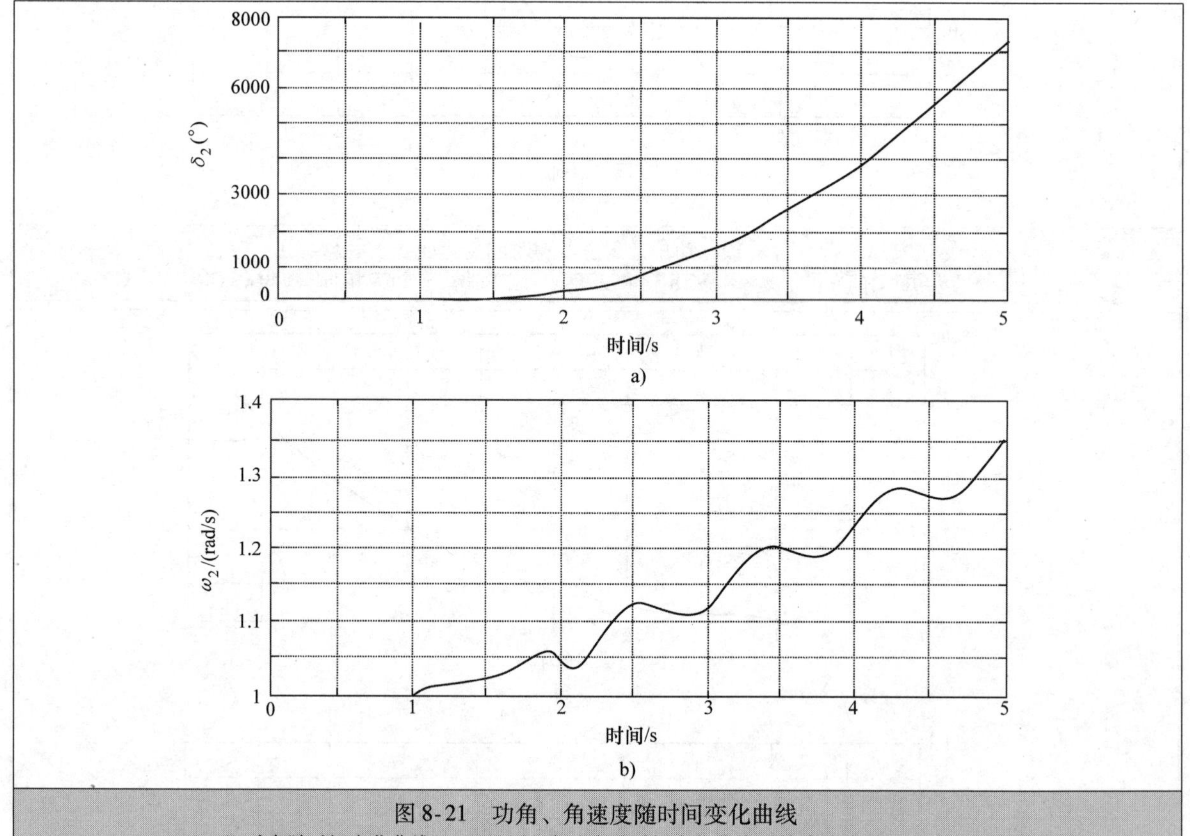

图 8-21　功角、角速度随时间变化曲线

a）功角随时间变化曲线　b）机组2角速度随时间变化曲线（故障清除时间为0.2s）

- 计算用于暂态分析与故障后运行所需的矩阵 $\boldsymbol{Y}_{bus}$ 中的元素。
- 计算故障发生前、故障发生时和故障清除后对应的降阶矩阵 $\boldsymbol{Y}_{reduced}$。
- 选择数值分析方法来求解系统微分方程。
- 确定求解方程的时间间隔及其起始点。
- 在数值求解过程中，一旦发电机功角发生变化，则进行潮流计算，获取求解摇摆方程所需的发电机出力。
- 当到达清除时间，导纳矩阵变为故障后的 $\boldsymbol{Y}_{bus}$。
- 持续进行数值求解，直到稳定性评估时间结束。
- 如果每个机组的功角随着时间变化先增大后减小，那么系统是稳定的，否则，系统是不稳定的。

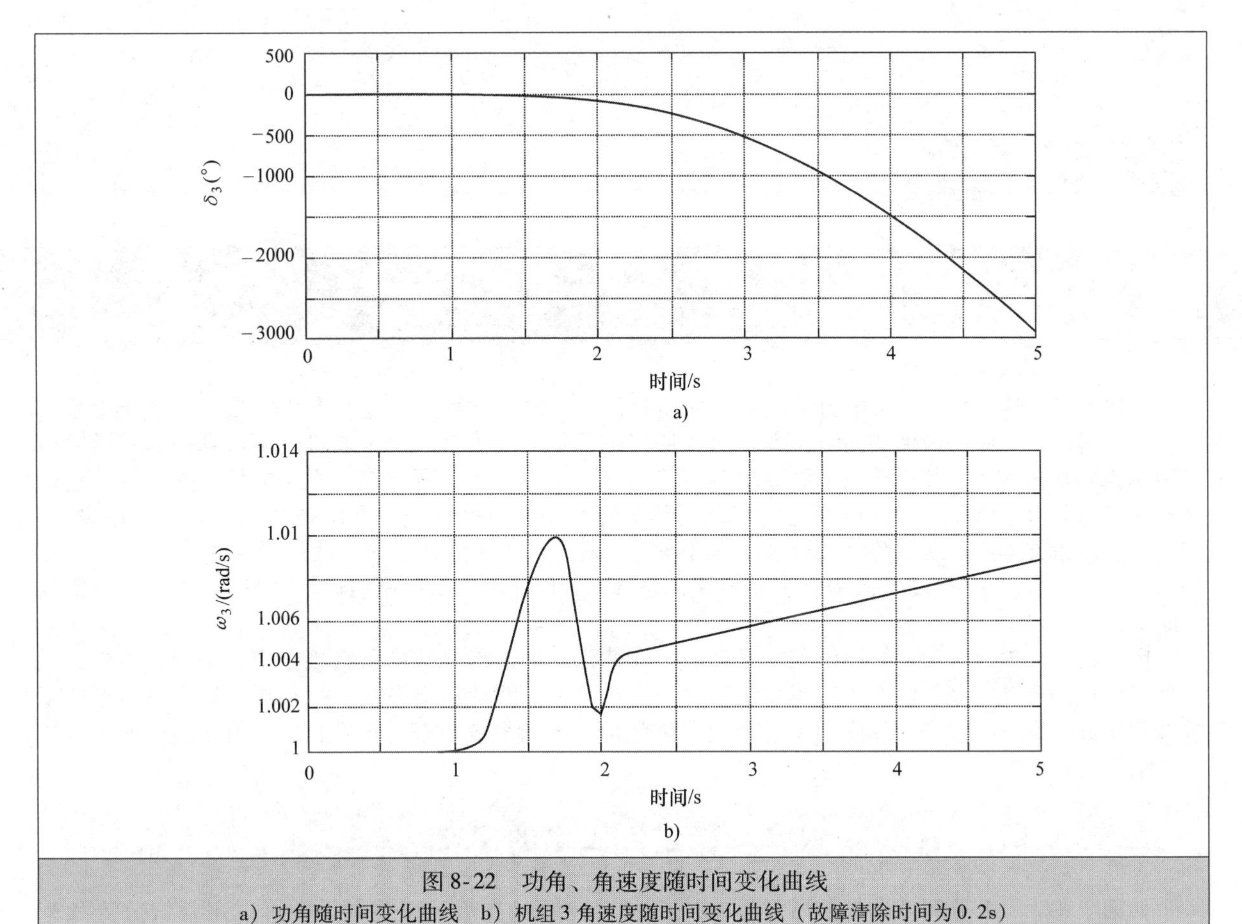

图 8-22 功角、角速度随时间变化曲线
a）功角随时间变化曲线 b）机组 3 角速度随时间变化曲线（故障清除时间为 0. 2s）

参考文献

1. Roderick J, Podmere F.R., Waldron M. 'Synthesis of dynamic load models for stability studies'. *IEEE Transactions on Power Apparatus and Systems.* Jan 1982;**101**(1):127–35
2. Price W.W., Wirgau K.A., Murdoch A., Mitsche J.V., Vaahedi E, El-Kady M.A. 'Load modelling for power flow and transient stability computer studies'. *IEEE Transactions on Power Systems*. Feb 1988;**3**(1):180–8
3. IEEE Task Force. 'Current usage and suggested practices in power system stability simulations for synchronous machines'. *IEEE Transactions on Energy Conversion.* 1986;**1**(1):77–93
4. Momoh J.A., El-Hawary M.E. *Electric Systems. Dynamics, and Stability with Artificial Intelligence Applications*. Germany: Marcel Dekker; 2000
5. Nandakumar K. *Numerical Solutions of Engineering Problems*. Edmonton, Alberta, Canada: University of Alberta; 1998
6. Harder D.W., Khoury R. *Numerical Analysis for Engineering*. Saskatoon, Saskatchewan, Canada: University of Waterloo; 2010
7. Awrwjcewiz J. *Numerical Analysis: Theory and Application*. Rijeka, Croatia: InTech; 2011
8. Moursund D.G., Duris C.S. *Elementary Theory & Application of Numerical Analysis*. New York, US: McGraw-Hill; 1967

第 9 章 暂态能量函数法

如第 8 章所述，数学上，电力系统可以描述为代数 - 微分方程组。这些方程数量多且本质上是非线性的。对于一个中等规模的网络，方程的数量有几百甚至上千个。为了通过时域仿真得到不同时刻发电机组的功角和系统其他参数，需要求解上述系统方程。这能够帮助校核系统的性能并且评估它的动态响应是否可以满足要求。改变运行场景，如故障类型、故障位置、网络拓扑结构以及控制设备，需要重新求解方程组，因此整个求解过程非常耗时。因此，时域仿真技术不适用于在线稳定 监测。例如，对于一个含 500 条母线和 100 台发电机组的系统，采用详细的系统模型进行暂态稳定性分析，需要耗时 1h[1]。

因此，电力工程师和系统操作人员提出了一种替代方法，该方法可以直接分析系统的稳定性，满足在线应用的要求。该替代方法的核心思想就是找到一个能够计算出系统在扰动周期结束后暂态能量的特定函数。通过比较 该函数的计算值与临界能量值来判断系统暂态稳定性，两个值之间的差可以用来评估系统稳定性。

9.1 稳定性概率的定义

如第 7 章 7.1.1 节和 7.1.2 节所述，电力系统可以通过自治系统建模，且可以用常微分方程来描述：

$$\dot{x}=f(x) \tag{9-1}$$

系统初始运行点假设为 $\dot{x}=f(0)=0$

平衡运行点可能是稳定的，也可能是不稳定的。李雅普诺夫定义，对于任意给定 $\varepsilon>0$，存在 $\rho\leqslant\varepsilon$，即 $\|x_o\|<\rho$ 满足所有 t 时刻 $\|x(t)\|<\varepsilon$，平衡点 $x=0$ 即稳定。其中 $x_o=x(t_o)\triangleq$ 初始状态。

稳定性概念如图 9-1 所示。初始状态 x_o 的幅值比半径 ρ 要小，且 x 的轨迹仍然维持在半径为 ε 的圆柱体内，值得注意的是，李雅普诺夫下的稳定性是局部稳定性概念，它并没有在定义中给出确定 ρ 大小的方法[2]。

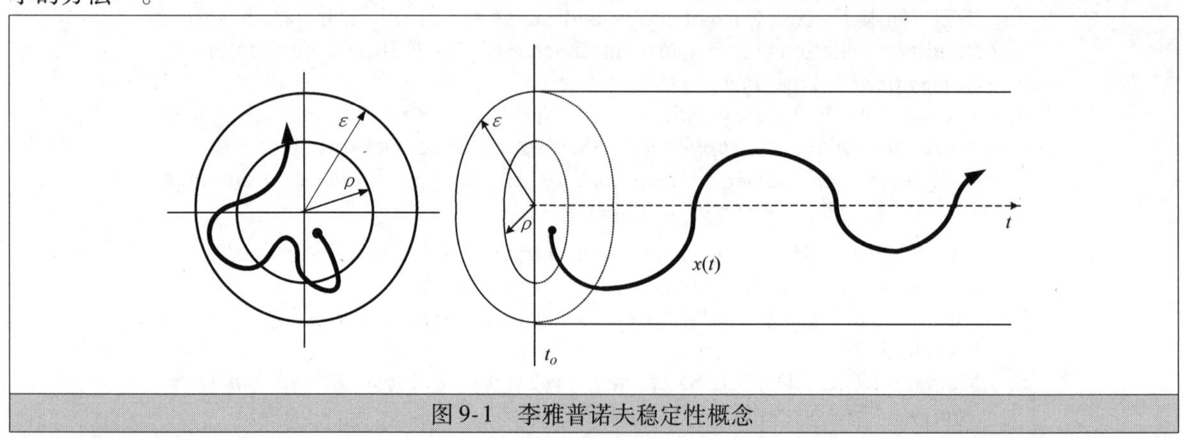

图 9-1 李雅普诺夫稳定性概念

如果 t_o 时刻系统是不稳定的，则称在时间 t_o 时刻的初始状态 $x=0$ 是不稳定的。因此，$x=0$ 点的不

稳定意味着存在某些 $\varepsilon>0$，$\rho>0$ 可以满足该条件：对于所有 $t\geqslant t_o$，当 $\|x_o\|<\rho$，满足 $\|x(t)\|<\varepsilon$。x 的轨迹最终离开了半径为 ε 的圆柱体。因此，直观地说，若平衡点附近的轨迹保持在其附近，则该平衡点是稳定的[3]。

正如7.1.2节所讨论的，如果当 t 趋于 t_o 时，平衡点是稳定的，且给定的 $\|x_o\|<\rho$ 满足当 t 趋于无穷大时，x 趋于零（见图7-1），则平衡点 $x=0$ 在 t_o 时刻是渐进稳定的。在这种情况下，之前要求的条件“平衡点附近的轨迹保持在其附近”就不充分了。在这种情况下，充分条件为“平衡点附近的轨迹保持在其附近”且“附近的轨迹都收敛于该平衡点”。

再一次指出，由于包含所有满足收敛于平衡点这一初始条件的区域是这个状态空间的一部分，因此上述概念是一个局部概念。如果平衡点 $x=0$ 是稳定的，且对于空间中的任意 x_o，当 t 趋于无穷时，$\|x_o\|$ 趋于零，则渐进稳定性是全局的。

9.1.1 正定有界函数 ★★★

若一个标量连续函数 $v(x)$ 满足当 $x\neq0$ 且 $v(0)=0$ 时 $v(x)>0$，则称 $v(x)$ 在区域 R 是正定的。所有 x 满足 $v(x)=C$ 形成相应的空间表面称为等值线。通过设定不同的 C，可以得到不同的未交叉的等值线。

9.1.2 负定有界函数 ★★★

如果 $-v$ 是正定的，那么 v 是负定。

9.1.3 引理 ★★★

存在 $\|x\|=N$ 的区域，其中 $v(x)$ 从原点以径向矢量递增。换言之，对于任意从原点开始的单位矢量 u，$v(\beta_u)$ 在 $0\leqslant\beta\leqslant N$ 范围内是随着 β 递增的。

这可以使用正定的假设来说明，其中如果 x 不等于0且 $v(0)=0$，则 $v(x)>0$。假设 $v(\beta_u)$ 在 $0\leqslant\beta\leqslant\beta_u$ 范围内随着 β 单调递增，然后在 $\beta_u\leqslant\beta$ 范围内随着 β 单调递减。对于给定的 u，存在对应的 β_u，它可能是无界的（$=\infty$）。若在所有的 u 中存在 w 使 β_w 最小，则 $\|\beta_w w\|=\beta_w\|w\|=\beta_w\leqslant\beta_u$。当 $v(\beta_u)$ 在 $0\leqslant\beta\leqslant\beta_w\leqslant\beta_u$ 范围内随着 β 单调递增，可以判定 $N=\beta_w$ 是正定的。

9.1.4 稳定性区域 ★★★

对于一个稳定平衡点 x_s，如果存在 $\rho>0$，使得每个运行点满足 $\|x_o-x_s\|<\rho$，则意味着由初始运行点 x_o 出发的轨迹收敛于稳定平衡点 x_s，即 $t\to\infty$，$\Phi_i\to\hat{x}$，如果 ρ 任意大，那么 $\hat{x}$ 则被称作全局稳定运行点。实际中很多系统含有的稳定平衡点为非全局性的平衡稳定点。对于这些系统，稳定性区域也称为吸引域。对于一个包含稳定平衡点的稳定域，它是所有满足极限 $\lim_{t\to\infty}\vartheta_t(x)\to x_s$ 的点的集合。

9.1.5 李雅普诺夫函数理论 ★★★

李雅普诺夫函数理论的主要思想是为了不通过数值求解微分方程而得到系统平衡点的稳定特性，换言之无需时域仿真。给定式（9-1）定义的轨迹，假设 $\dot{v}(x)$ 是 $v(x)$ 在此轨迹上的全微分，其计算公式如下：

$$\dot{v}(x)=\frac{\mathrm{d}v}{\mathrm{d}t}=\sum_{i=1}^{n}\frac{\partial v(x)}{\partial x}f_i(x)=\nabla v(x)^{\mathrm{T}}f(x) \tag{9-2}$$

式中，$\nabla v(x)$ 是通过 $v(x)$ 的偏导数计算得到的矢量，它的计算无需知道系统轨迹；n 是空间维度。

假定区域 R、R_1、R_2 满足 $R_2\leqslant R_1\leqslant R$，且所有区域包括起始点作为内部点。下面定理指出：

若 $v(x)$ 是在区域 R 内是具有连续偏导的正定函数，则

- 若在子区域 $R_1\leqslant R$ 满足 $\dot{v}(x)\leqslant0$，则式（9-1）中描述的原始系统的稳定的。
- 若在子区域 $R_2\leqslant R_1$ 稳定且满足 $\dot{v}(x)=0$，则系统是渐进稳定的。
- 若系统是渐进稳定的，则初始点是全局渐进稳定的，即 R_2 是整个区间，当 $\|x\|\to\infty$ 时，$v(x)\to\infty$。

【例 9-1】　选择钟摆动态问题来说明如何使用李雅普诺夫理论研究稳定性。

一个钟摆的运动可以描述为

$$J\ddot{\theta}+D\dot{\theta}+\alpha\sin\theta=0$$

式中，J 和 D 分别为惯性和阻尼常数；α 代表摆锤的质量，为常数；θ 是角度。值得注意的是，这个方程与描述转子的运动方程类似。对各项乘 $\dot{\theta}$ 并对 t 积分得到

$$\frac{1}{2}J\dot{\theta}^2+D\int\dot{\theta}^2\mathrm{d}t+[\alpha(-\cos\theta)+\alpha]=C$$

摆锤能量包括动能与势能，可以表示为

$$\Gamma_T=\frac{1}{2}J\dot{\theta}^2+\alpha(1-\cos\theta)=C-D\int\dot{\theta}^2\mathrm{d}t>0$$

对 t 求微分得

$$\dot{\Gamma}_T=\dot{\theta}(J\ddot{\theta}+\alpha\sin\theta)=-D\dot{\theta}^2\leqslant 0$$

用李雅普诺夫函数 $v(x)$ 表示摆锤系统单位惯性的总能量。因此，可以得到

$$v(x)=\frac{E}{J}=\frac{1}{2}\dot{\theta}^2+\alpha(1-\cos\theta)=\frac{1}{2}x_2^2+\alpha(1-\cos x_1)$$

式中，$x_1=\theta$，$\dot{x}_1=x_2$

定义区域 R 为 $R=\{-2\pi<x<2\pi,\ x_2$ 取任意值$\}$，根据式（9-2）可得 $v(x)$ 的导数为

$$\dot{v}(x)=\nabla v(x)^{\mathrm{T}}f(x)=[\alpha\sin x_1,x_2]\begin{bmatrix}x_2\\-Dx_2-\alpha\sin x_1\end{bmatrix}=-Dx_2^2$$

式中，式（9-1）的 $f(x)$ 可以写成以下运动方程的形式

$$\begin{bmatrix}\dot{x}_1\\\dot{x}_2\end{bmatrix}=\begin{bmatrix}x_2\\-Dx_2-\alpha\sin x_1\end{bmatrix}=f(x)$$

值得注意的是 $\dot{\Gamma}_T\equiv\dot{v}(x)$，这代表李雅普诺夫函数正好是单位惯性的动能与势能之和。

通过分析函数 $v(x)$ 与 $\dot{v}(x)$ 和应用李雅普诺夫定理，可以得到

- 在区域 R_1 内 $\dot{v}(x)\leqslant 0$，则系统的初始点是稳定的，这等同于全部域空间为 $R=\{-2\pi<x<2\pi,\ x_2$ 取任意值$\}$
- 系统在区域 $R_2\subset R_1$ 内是渐进稳定的，其中 $R_2=\{-2\pi<x<2\pi,\ x_2$ 取任意值$\}$。基于此，$\dot{v}(x)=-Dx_2^2=0$。这表明如果 $x_2=0$，则 $\dot{x}_2=0=-D\,x_2-\alpha\sin x_1=0$，即 $\sin x_1=0$ 或 $x_1=n\pi$。因此通过选取 $R_2=\{-\pi<x<\pi,\ x_2$ 取任意值$\}$，可以使得 $\dot{v}(x)$ 仅在初始点等于 0。
- 当 R_2 不是全区域且 $\|x\|\to 0$ 时，函数 $v(x)=\alpha(1-\cos x_1)\leqslant 2\alpha$，即 $v(x)$ 不能达到无穷大，此时李雅普诺夫定理的第 3 部分不能得到满足。

9.2　单机无穷大系统的稳定性

基于暂态能量函数的单机无穷大系统的暂态稳定性评估，可以引申出一种叫作等面积准则的方法，解释如下：

第一步是选择发电机组的模型来推导电力分析计算的关系式。在机组模型 0.0 中，由于没有必要使用微分方程，且忽略与转子绕组相关的状态变量，故只有两个定子代数方程。本节选择该模型来描述等面积法则的思想。

机组采用如图 8-2 所示的直轴暂态电抗 X_d' 和幅值恒定的内电压源 $E'=E_q'+\mathrm{j}E_d'$ 来描述。由式（8-27）可得电压源 E' 的 d 轴和 q 轴分量为

$$\left.\begin{aligned}E_q'&=V_q+R_aI_q-X_d'I_d\\E_d'&=V_d+R_aI_d+X_q'I_q\end{aligned}\right\}\tag{9-3}$$

忽略电枢电阻 R_a，并只考虑直轴转子绕组，可进一步简化上式。因此可以得到 $E'_d=0$，$E'=E'_q$，且式（9-3）变为

$$\left.\begin{aligned} E' &= V_q - X'_d I_d \\ 0 &= V_d + X'_q I_q \end{aligned}\right\} \tag{9-4}$$

故可得 d 轴和 q 轴电流分量为

$$\left.\begin{aligned} I_d &= \frac{(V_q - E')}{X'_d} \\ I_q &= -\frac{V_d}{X'_q} \end{aligned}\right\} \tag{9-5}$$

电机输出功率 P_e 可以计算为

$$P_e = V_d I_d + V_q I_q \tag{9-6}$$

将式（9-5）代入式（9-6）可得

$$\begin{aligned} P_e &= V_d \frac{V_q - E'}{X'_d} - V_q \frac{V_d}{X'_q} \\ &= V_d V_q \frac{X'_d - X'_q}{X'_d X'_q} - \frac{E' V_d}{X'_d} \end{aligned} \tag{9-7}$$

如图 8-5 中的相量图，以机端电压为参考值，E' 超前 V_t 的角度为 δ。因此可以得到

$$\left.\begin{aligned} V_q &= V_t \cos\delta \\ V_d &= -V_t \sin\delta \end{aligned}\right\} \tag{9-8}$$

根据式（9-7）和式（9-8）可得 P_e

$$P_e = \frac{E' V_t}{X'_d}\sin\delta + V_t^2 \frac{X'_d - X'_q}{2X'_d X'_q}\sin 2\delta \tag{9-9}$$

在式（9-9）中的第二项，若 $X'_d \neq X'_q$，则其描述的为凸极机模型，反之，描述的为隐极机，此时有

$$P_e = \frac{E' V_t}{X'_d}\sin\delta \tag{9-10}$$

根据式（9-9）和式（9-10），可得如图 9-2 所示的凸极机和隐极机的功角曲线。值得注意的是，由于凸极效应的存在，凸极机的功角曲线不是纯正弦的曲线。

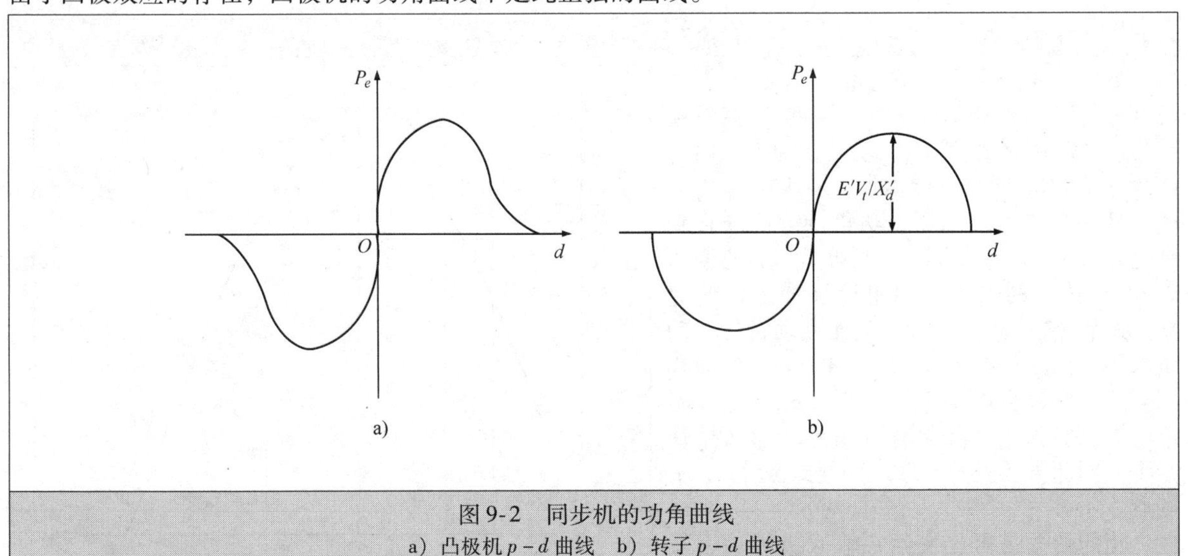

图 9-2 同步机的功角曲线

a）凸极机 $p-d$ 曲线 b）转子 $p-d$ 曲线

在暂态稳定性研究中，可以假设输入的机械功率保持不变。这个假设是可接受的。因为电气量的变化远远快于由于发电机/涡轮转速控制产生的机械量变化。例如励磁控制回路的时间常数远远小于调

速器控制回路的时间常数。

考虑如下场景，式（9-10）中的隐极机通过输电网络连接到无穷大母线，其中外部电抗为 X_{eq}。于是，式（9-10）中的 X'_d 可以用等效电抗 $X_{eq}=X'_d+X_{eq}$ 替代，相应地，电功率计算公式如下

$$P_e=\frac{E'V_\infty}{X_{eq}}\sin\delta \tag{9-11}$$

式中，$V_\infty \triangleq$ 无穷大母线电压在0°时的幅值（作为参考值）；$\delta \triangleq E'$ 与 V_∞ 间的角度差。

恒定机械功率输入 P_m 下的式（9-11）可用图9-3描述。平衡点 δ_o 和 $\pi-\delta_o$ 为机械输入功率 P_m 与功角曲线之间的交点。正如式（7-44）定义及图7-3描述的，第一个对应的是稳定平衡点，第二个是不稳定平衡点。物理上，可以通过假设小扰动引起的功角小增量来解释稳定和不稳定的平衡运行点。功角变化会导致电磁功率大于机械功率，根据摇摆方程可知角加速度为负。因此，功角随之减少直到系统达到初始稳态运行点 δ_o。另一方面，如果当系统处于运行点 $\pi-\delta_o$ 时发生扰动，由于电磁功率小于机械功率，功角会随之持续增加，加速度为正，δ 会远离 $\pi-\delta_o$。这就是为什么 $\pi-\delta_o$ 被称为不稳定平衡点的原因。

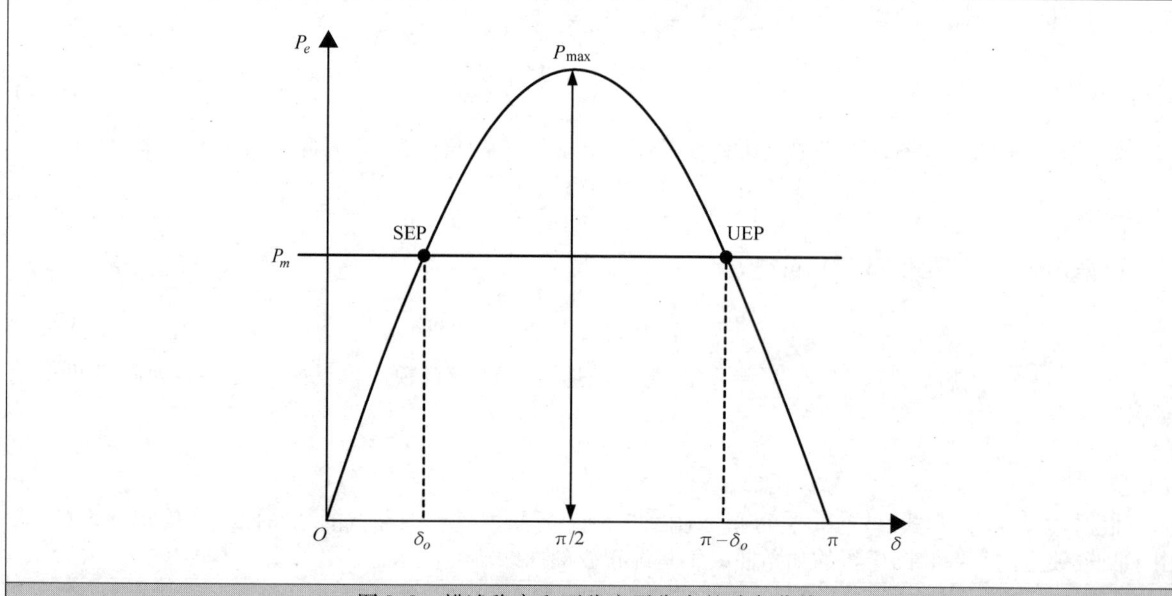

图9-3　描述稳定和不稳定平衡点的功角曲线

如图9-4所示，考虑系统工作在平衡状态（δ_o，P_{eo}），其中 $P_{eo}=P_m$。当系统突然遭受扰动，P_e 从 P_{eo} 变到 P_{e1}，功角变为 δ_1。由于 P_m 大于 P_{e1} 时，转子动能增加，加速功率 $P_a=P_m-P_e$ 和角加速度为正，功角持续增加直到到达点（δ_o，P_{eo}），此时加速功率和加速度为0。由于转子的惯性，功角持续增加，偏离 δ_o。从点（δ_s，P_{es}）开始，转子制动将使得功角减小，如图9-4所示，此时 A_1 与 A_2 的面积相等。整个过程以平衡运行点（δ_o，P_{eo}）附近的振荡持续着。如果存在阻尼，那么振荡减少，则系统是稳定的，将继续运行于平衡点。

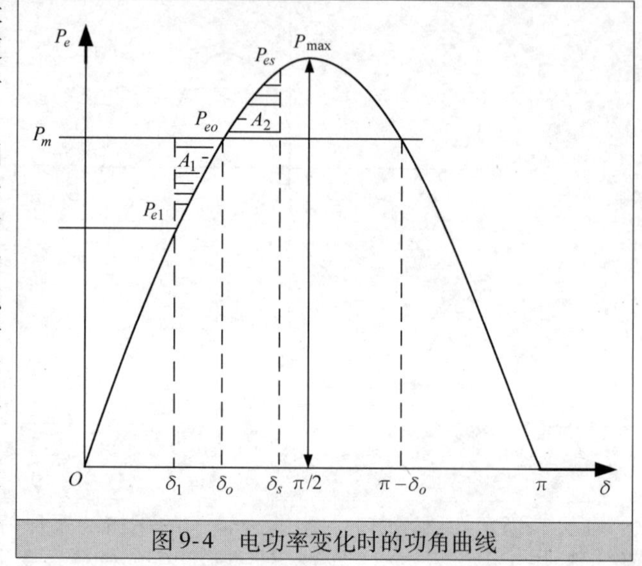

图9-4　电功率变化时的功角曲线

相同的振荡可能发生在输入机械功率发生突变的时候。如图9-5所示，假设 P_m 快速地从初始平衡状态（δ_o，P_o）变化到 P_{m1}。由

于加速功率为正且转子动能不断增加，功角相应的增加到δ_1。在运行点（δ_1，P_1），转子的加速功率是0，但是由于转子的惯性，速度偏离同步转速的量不为0。即使转子制动在运行点（δ_1，P_1）发挥作用，功角δ_1仍持续增加直到达到δ_s，此时速度偏移是0。同时，如图9-5所示，区域A_1和区域A_2相等。转子制动使得功角δ下降，整个过程以振荡的形式持续着。如果存在阻尼，那么振荡减少，系统将在新的平衡点稳定运行。

如图9-6所示，如果故障前、故障期间以及故障后的系统配置不是一致的，每一种情况可以一个特定状态下的系统参数对应的功角曲线来描述。

假设系统故障发生在初始稳态（δ_o，P_{eo}），故障期间，功角曲线通过计算发电机内电势与无穷大母线之间的转移阻抗得到。

相应地，电磁功率P_{eo}减少，导致加速功率和角加速度为正。因此，在故障清除的时候，功角δ从δ_o增加到δ_c。相应的故障后电磁功率P_{ec}大于机械功率P_{mo}。此时加速功率P_a和角加速度$\mathrm{d}\omega/\mathrm{d}t$都是负的，但是转速偏差不为0。因此，功角将持续增加，直到到达区域A_1和区域A_2面积相等对应的运行点（见图9-6），此时转子将会立即停止，制动将会使得功角减小。如图9-6所示，整个过程以振荡的形式在新的平衡运行点A附近继续。如果振荡受到阻尼作用，那么这个系统将会保持稳定。

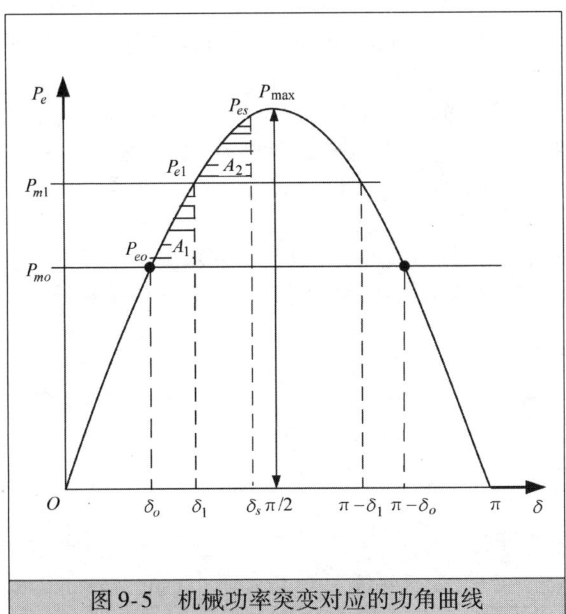

图9-5　机械功率突变对应的功角曲线

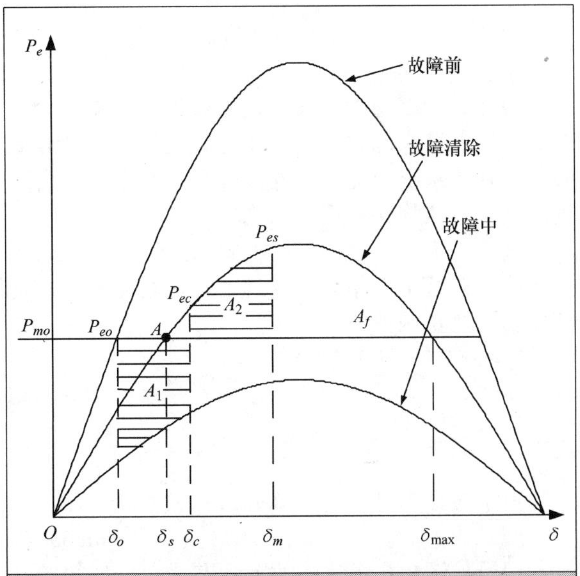

图9-6　故障前、故障中、故障清除后的功角特性曲线

图9-4～图9-6分别为电磁功率突变、机械功率突变以及故障导致的网络结构变化对应的功角曲线。从中可以看出，在所有情况下，振荡可分为两个区域：在机械功率P_m线以下的区域A_1与在这条线以上的区域A_2。A_1代表着由于$P_m > P_e$导致转子吸收动能，该动能导致转子加速以及功角增加。A_2表示，由于$P_e > P_m$，转子释放能量，导致转子减速，功角减少。因此，基于A_1和A_2的稳定运行条件可以通过进一步分析摇摆方程得到：

单机无穷大系统的摇摆方程为

$$M\ddot{\delta} = P_a \tag{9-12}$$

将$\dot{\delta} = \omega$代入可得

$$\omega \mathrm{d}\omega = \frac{P_a}{M}\mathrm{d}\delta$$

根据定义，δ_0是同步运行的发电机在受到扰动前（$\mathrm{d}\delta/\mathrm{d}t = 0$）时的功角，因此两边积分可得

$$\omega^2 = \frac{2}{M}\int_{\delta_o}^{\delta_m} P_a \mathrm{d}\delta$$

因此，恒定转速参考坐标系下的发电机相对速度$\omega = \mathrm{d}\delta/\mathrm{d}t$可由下式给定

$$\frac{\mathrm{d}\delta}{\mathrm{d}t}=\sqrt{\frac{2}{M}\int_{\delta_o}^{\delta_m}P_a\mathrm{d}\delta} \tag{9-13}$$

系统发生扰动后，当 $\mathrm{d}\delta/\mathrm{d}t$ 为0时，功角不再变化，发电机恢复同步转速，从式（9-13）可得系统稳定条件为

$$\int_{\delta_o}^{\delta_m}P_a\mathrm{d}\delta=0 \tag{9-14}$$

当满足式（9-14）时，功角达到最大值，且 $\mathrm{d}\delta/\mathrm{d}t=0$。可得如图9-6中机械功率 P_m 以下的区域 A_1 的面积（对于图9-4和图9-5可以采用相同的步骤）

$$A_1=\int_{\delta_o}^{\delta_c}P_a\mathrm{d}\delta=\int_{\delta_o}^{\delta_c}(P_m-P_e)\mathrm{d}\delta \tag{9-15}$$

同样得区域 A_2 的面积为

$$A_2=\int_{\delta_c}^{\delta_m}P_a\mathrm{d}\delta=\int_{\delta_c}^{\delta_m}(P_e-P_m)\mathrm{d}\delta \tag{9-16}$$

因此

$$A_1-A_2=\int_{\delta_o}^{\delta_c}(P_m-P_e)\mathrm{d}\delta-\int_{\delta_c}^{\delta_m}(P_e-P_m)\mathrm{d}\delta=\int_{\delta_o}^{\delta_m}P_a\mathrm{d}\delta \tag{9-17}$$

由式（9-14）~式（9-17）可知，$A_1-A_2=0$，即 $A_1=A_2$。功角 δ_m 振荡的最大值取决于使得 A_1 面积等于 A_2 面积的点。

因此，无需通过观察摇摆曲线来评估稳定性。稳定性可以通过对功角曲线与恒定机械功率之间的差值进行积分来确定。这个积分就可以理解为电磁功率曲线与机械功率围成区域的面积。这个区域的面积为0是系统稳定的条件。因此，这个区域由两个相等的部分组成：正的部分为 A_1，负的部分为 A_2。故将这种方法称作等面积法则。

基于等面积原理，A_1 代表故障清除时转化成转子动能的能量。系统若要稳定，必须满足 A_2 与 A_1 符号相反、幅值至少相等。通过定义暂态能量函数可以评估系统满足上述条件的能力，实现稳定性评估。推导暂态能量函数如下：

重写式（9-10）如下：

$$P_e=A(x)\sin\delta \tag{9-18}$$

式中，$A(x)=\dfrac{E'V_\infty}{X_{eq}}$。

为了方便起见，将式（9-12）改写为

$$M\omega\mathrm{d}\omega=(P_m-P_e)\mathrm{d}\delta \tag{9-19}$$

假设如图9-6描述的故障状态为：S_o 为初始状态（d_o，0），S_c 为故障清除状态（d_c，ω_c），S_m 为最大状态（d_m，0），S 为功角曲线上由 x_{eq} 生成的任意状态（d，ω）。从 S 到 S_c 对（9-19）积分得到

$$\frac{1}{2}M\omega^2-\frac{1}{2}M\omega_c^2=P_m(\delta-\delta_c)-A(x)(\cos\delta_c-\delta) \tag{9-20}$$

因此故障清除时，$X_{eq}=X_c$，任意（δ，ω）下的转子动能为

$$\frac{1}{2}M\omega^2=\Gamma-E \tag{9-21}$$

式中，$\Gamma=\dfrac{1}{2}M\omega_c^2+P_m(\delta-\delta_c)$，$E=A(x)(\cos\delta_c-\delta)$，$\delta$ 的单位为rad。

值得注意的是

1）故障期间：$x_{eq}=x_f$，对于 $S=S_o$，式（9-20）变为

$$\frac{1}{2}M\omega_c^2=P_m(\delta_o-\delta_c)-A(x_f)(\cos\delta_c-\delta_o)=A_1 \tag{9-22}$$

2）故障清除后：$x_{eq}=x_c$，对于 $S=S_m$，式（9-20）变为

$$\frac{1}{2}M\omega_c^2=A(x_c)(\cos\delta_c-\cos\delta_m)-P_m(\delta_m-\delta_c)=A_2 \tag{9-23}$$

如前所述，根据等面积法则 $A_1=A_2$，稳定性可以通过式（9-22）和式（9-23），以及 $A_1=A_2$ 计算

δ_m来判断。

式（9-21）的右边（$\Gamma-E$）表示暂态能量函数，它表示面积$A_1-A_{2\max}$（$A_{2\max}=A_2-A_f$）。如图9-6所示，该面积表示从点δ_c到$\delta_{\max}$机械功率P_m直线上的面积。它可以直接用于评估系统稳定性：

1）评估点$\delta_{\max}$处的暂态能量函数。如图9-6所示，点$\delta_{\max}$是故障后功角曲线与P_m线相交的不稳定平衡点。

2）若$\Gamma-E<0$，则系统的暂态状态是稳定的。两者的差值越大，则系统的稳定裕度越大，系统稳定性越好，系统越安全。

3）若$\Gamma-E\geqslant 0$，则系统是暂态状态不稳定的。

【例9-2】 如图9-7所示，单台发电机通过双回输电线路连接到无穷大母线。这个系统以滞后功率因数0.8传送1.1倍额定视在功率。所有的电抗均为标幺值（以发电机额定值为基准）。计算电源电压和相角δ_o。如果输电线路某一回线路的始端发生三相短路，试确定如果故障在功角$\delta_c=45°$时清除，系统是否稳定。

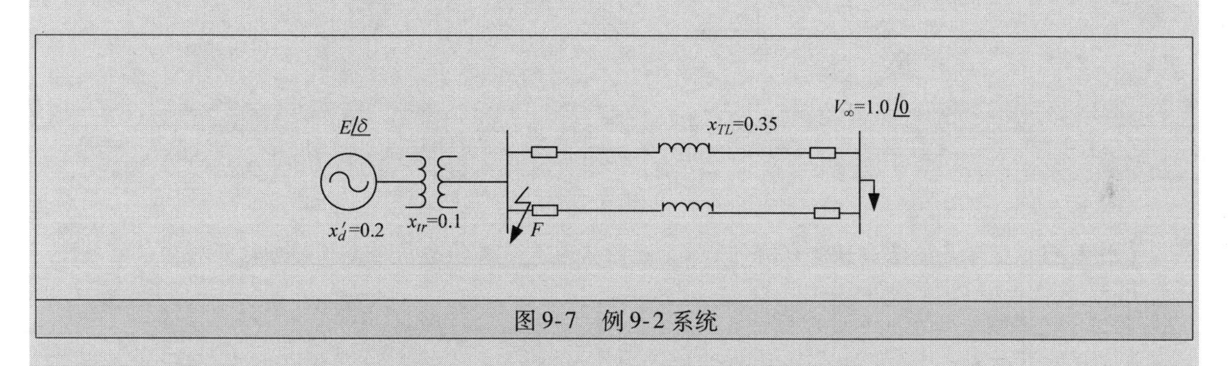

图9-7　例9-2系统

解：

等效电抗$x_{eq}=0.2+0.1+0.35/2=0.475$

传输功率$P_{eo}=1.1\times0.8=0.88=P_m$

电流$I=1.1\angle 36.87°$

电源电压$E=V+\mathrm{j}XI=1\angle 0°+(0.475\angle 90°)(1.1\angle -36.87°)$

$=1.314+\mathrm{j}0.418=1.38\angle 17.65°$

最大传输功率$=EV/x_{eq}=1.38\times1/0.475\doteq2.9$

功角$\delta_o=17.65°$

功角关系$P_e=2.9\sin\delta$

当发电机母线附近发生故障，传输功率为0，因此横轴代表故障时的功角曲线。

故障清除后：$x_{eq}=0.2+0.1+0.35=0.65$

最大传输功率$P_{\max(pf)}=1.38/0.65=2.12\text{pu}$

功角关系$P_e=2.12\sin\delta$

确定系统是否稳定：

$$A_1=P_m(\delta_o-\delta_c)\pi/180=0.88(45-17.65)\pi/180=0.42\text{pu}$$

$$A_2=\int_{\delta_c}^{\delta_m}P_{\max(pf)}\sin\delta\mathrm{d}\delta-P_m(\delta_m-\delta_c)=2.12(\cos\delta_c-\cos\delta_m)-0.88(\delta_m-0.785)$$

若系统是稳定的，则$A_1=A_2$

因此$0.42=2.12$（$\cos45°-\cos\delta_m$）-0.88（$\delta_m-0.785$）

反过来得到$2.41\cos\delta_m+\delta_s=1.88$。通过试错法可以得到该非线性方程的解$\delta_m\approx78°$。由于$\delta_m<\delta_{\max}$，因此系统是稳定的。图9-8为解的示意图。

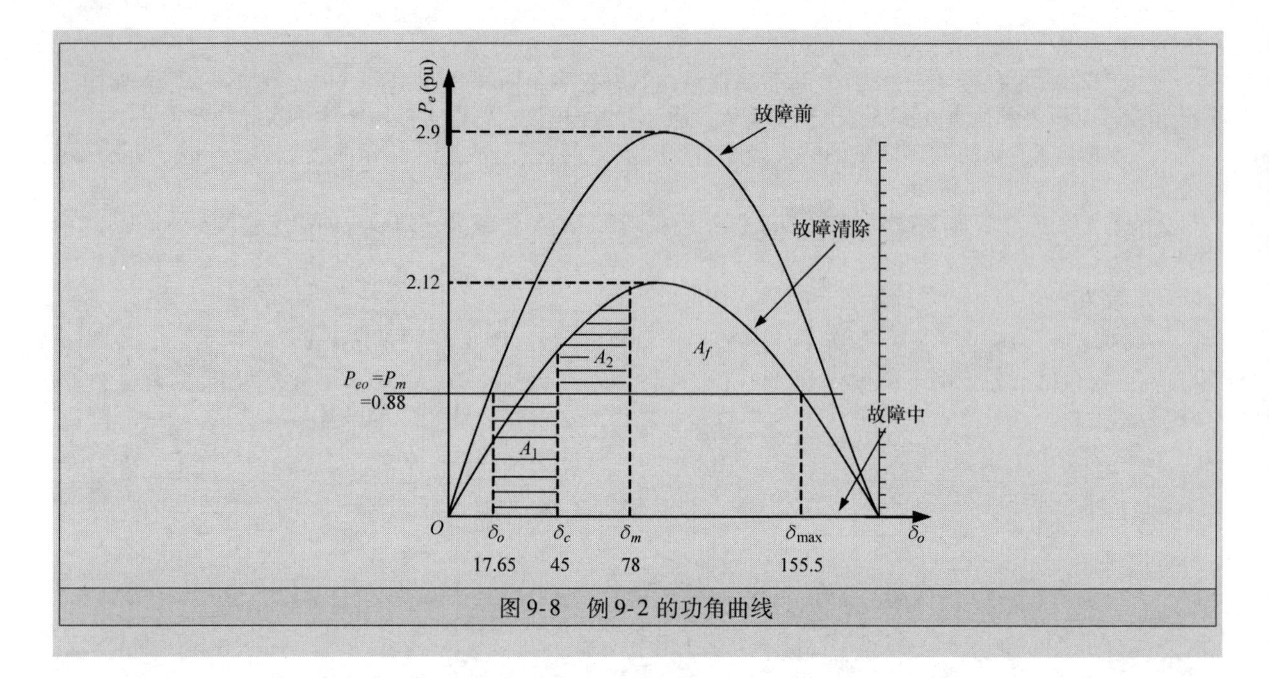

图 9-8　例 9-2 的功角曲线

【例 9-3】　用暂态能量函数法求解例 9-2，分析故障清除时的功角对系统稳定性的影响。

解：

暂态能量函数法如式（9-21）所示，$\mathrm{TEF}=\Gamma-E$

$\delta_c=45°$，$\Gamma=A_1+P_m(\delta_{\max}-\delta_c)$，$E=A(x_c)(\cos\delta_c-\cos\delta_{\max})$

因此，

$\Gamma-E==A_1-[A(x_c)(\cos\delta_c-\cos\delta_{\max})-P_m(\delta_{\max}-\delta_c)]=A_1-A_{2\max}$

由例 9-2 得 $A(x_c)=2.12$，$A_2=0.42$

$\delta_{\max}=\sin^{-1}(P_m/P_{\max(pf)})=\sin^{-1}(0.415)=180°-24.5°=155.5°$

$\Gamma-E==0.42-[2.12(\cos45°-\cos155.5°)-0.88(2.713-0.785)]=-1.311\mathrm{pu}$

值得注意的是暂态函数 TEF 是负的，即系统是稳定的。

采用相同的解答步骤可得不同的功角 δ_c下的结果：

δ_c（°）	45	80	110	120
TEF	-1.311	-0.719	-0.089	0.097
系统状态	稳定	稳定	稳定	不稳定

如上所示，故障清除时间越长，负的暂态能量函数幅值越少。也就是系统离稳定边界越近。当$\delta_c=120°$时，TEF 为正，系统不稳定。TEF 为 0 时的临界故障清除功角位于 110°～120°之间。

9.3　多机电力系统的稳定性

在多机电力系统中，发电机和负荷通过输电网络相连接。如图 9-9 所示，发电机 G_i通过母线 i 连接至一定数量的其他母线。

通过以下假设来对暂态下的系统进行建模：

- 忽略原动机的动态响应，输入机械功率保持恒定不变。
- 负荷通过恒定阻抗模型表示。

- 由于模型仅用于评估第一摆的稳定性，因此忽略阻尼转矩。
- 当通过潮流计算母线电压分布时，通过电压串联交轴电抗对同步发电机建模，以考虑磁链的变化。
- 故障期间和故障清除后的母线电压分布是时不变的。
- 与输电线路电抗相比，输电线路的电阻很小，可忽略不计。

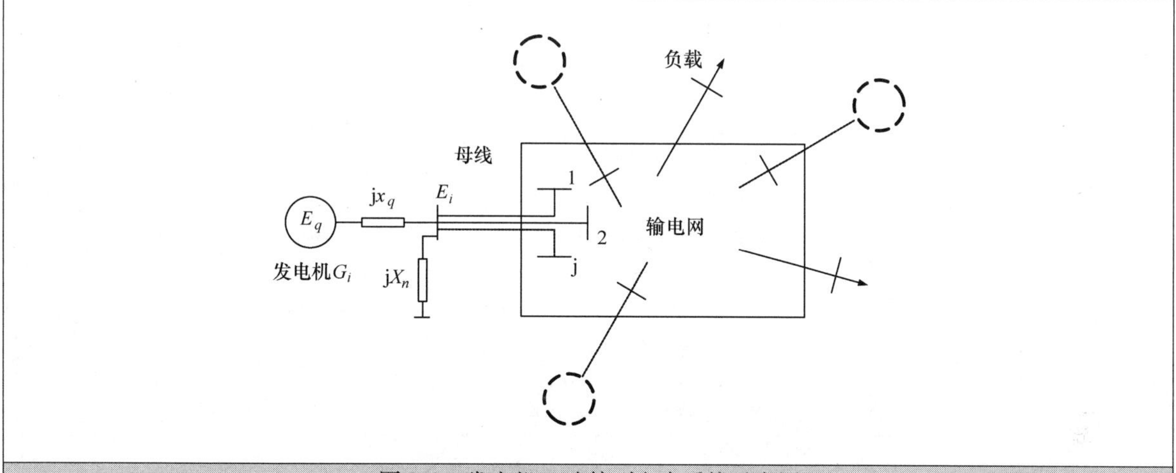

图9-9　发电机 G_i连接到电力系统示意图

9.3.1　能量平衡方法 ★★★

如前文所述，同步发电机组在受到扰动时仍能维持稳定的条件是能量保持平衡。等面积准则就是基于该方法。稳定性条件是故障期间产生的动能变化等于故障后的势能变化。从故障发生瞬间到故障清除，动能的变化用来表示整个暂态动能的变化。如果机组能够在第一摆保持稳定，那么暂态动能必须被全部转化为势能。

能量平衡方法可以被扩展至多机电力系统[4]。这需要进行分析证明。分析证明的思想则是研究单个机组的稳定性，对于每台机组，输出电气功率“势能”可写成如下量的函数形式：

- 与网络同步旋转参考轴相关的转子角度 δ。
- 母线电压分布。

发电机组 G_i输出的电功率 P_{ei}为

$$P_{ei}=\mathrm{Re}[I_iE_i^*] \tag{9-24}$$

式中，I_i为流入母线的发电机电流，$I_i=(E_q-E_i)/\mathrm{j}X_q$；$E_i$为机端电压，$E_i=(-1/\boldsymbol{Y}_{ii})\sum\limits_{j=1\neq i}^{N}\boldsymbol{Y}_{ij}E_i$；$N$为电网母线的数量，$Y_{ij}$为节点导纳矩阵非对角线元素，$E_q$ 为发电机交轴电抗后的内电压，因此

$$E_i=\frac{1}{(1/\mathrm{j}X_n)+\sum\limits_{j=1\neq i}^{N}1/\mathrm{j}X_{ij}}\sum_{j=1\neq i}^{N}(E_j/\mathrm{j}X_{ij}) \tag{9-25}$$

令电压 E 的实部和虚部分别为 e 和 f，将式（9-24）代入式（9-23）得

$$P_{ei}=\mathrm{Re}\left[\frac{e_q+\mathrm{j}f_q}{\mathrm{j}X_q}\left(\frac{1}{(1/\mathrm{j}X_n)+\sum\limits_{j=1\neq i}^{N}1/\mathrm{j}X_{ij}}\sum_{j=1\neq i}^{N}\frac{e_j+\mathrm{j}f_j}{\mathrm{j}X_{ij}}\right)-\frac{e_i^2+f_i^2}{\mathrm{j}X_q}\right]$$

即

$$P_{ei}=\frac{1/X_q}{(1/X_n)+\sum\limits_{j=1\neq i}^{N}1/X_{ij}}\left[f_{qi}\sum_{j=1\neq i}^{N}\left(\frac{e_j}{X_{ij}}\right)-e_{qi}\sum_{j=1\neq i}^{N}\left(\frac{f_j}{X_{ij}}\right)\right] \tag{9-26}$$

令

$$
\left.\begin{aligned}
\gamma_i &= (1/X_q)\left((1/X_n) + \sum_{j=1\neq i}^{N} 1/X_{ij}\right)\\
\sigma_{1i} &= \sum_{j=1\neq i}^{N}\left(\frac{e_j}{X_{ij}}\right)\\
\sigma_{2i} &= \sum_{j=1\neq i}^{N}\left(\frac{f_j}{X_{ij}}\right)\\
\Lambda_{1i} &= \gamma_i E_q \sigma_{1i}\\
\Lambda_{2i} &= \gamma_i E_q \sigma_{2i}
\end{aligned}\right\} \tag{9-27}
$$

则式（9-26）为

$$
P_{ei} = \Lambda_{1i}\sin\delta_i - \Lambda_{2i}\cos\delta_i \tag{9-28}
$$

式中，$\delta_i = \tan^{-1}(f_{qi}/e_{qi})$为机组相对于系统参考轴的功角。

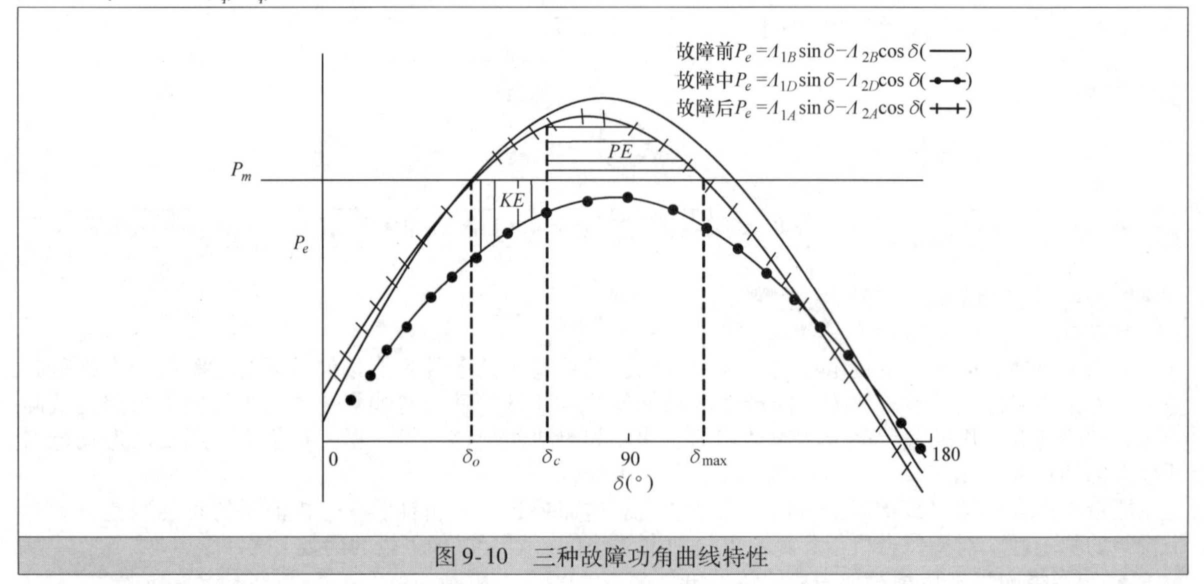

图 9-10　三种故障功角曲线特性

由式（9-28）可看出发电机的输出功率是相对于母线电压分布、机组内部电势和转子角度而言的。为了得到受扰动系统中每个机组传输的功率，须得到系数Λ_1、Λ_2在三种状态（故障前，故障期间和故障后）下的值。根据式（9-27）知，这些因素取决于母线电压分布和系统拓扑结构。

实际上，母线电压可以连续测量，但理论上，可以采用之前所提到考虑前述假设的潮流计算方法来计算任意故障位置和故障类型下的电压。式（9-14）和式（9-17）用来检验机组的稳定性。如果故障期间产生的动能小于等于故障清除后的势能，则机组是稳定的。两种能量相等是对应的临界情况。

【例 9-4】 确定如图 9-11 所示含 15 母线和 4 台发电机组的测试系统的稳定性。附录Ⅳ给出了系统数据。假设三相短路发生在母线 15。在故障清除时刻，假设发电机组 G_2 断开连接，母线 15 与其余系统完全隔离。机组 G_1、G_3 和 G_4 故障清除对应功角分别为 55°、57°、60°。每个发电机组的输入机械功率等于额定有功功率。

解：

故障发生之前、故障期间以及故障清除后的母线电压分布可通过第 5 章的潮流计算方法得到，结果概括在表 9-1 中。因此，每个发电机组分别在故障发生前、故障发生期间以及故障清除后的传输功率可用式（9-28）计算得到，结果概括在表 9-2 中。

为了判断每台发电机的稳定性，必须计算暂态动能 KE（由 P_m 线之下的面积表示的）以及势能 PE（由 P_m 线之上计算）的差值。当差值为负时，机组是稳定，同时 KE 完全被转化为势能。

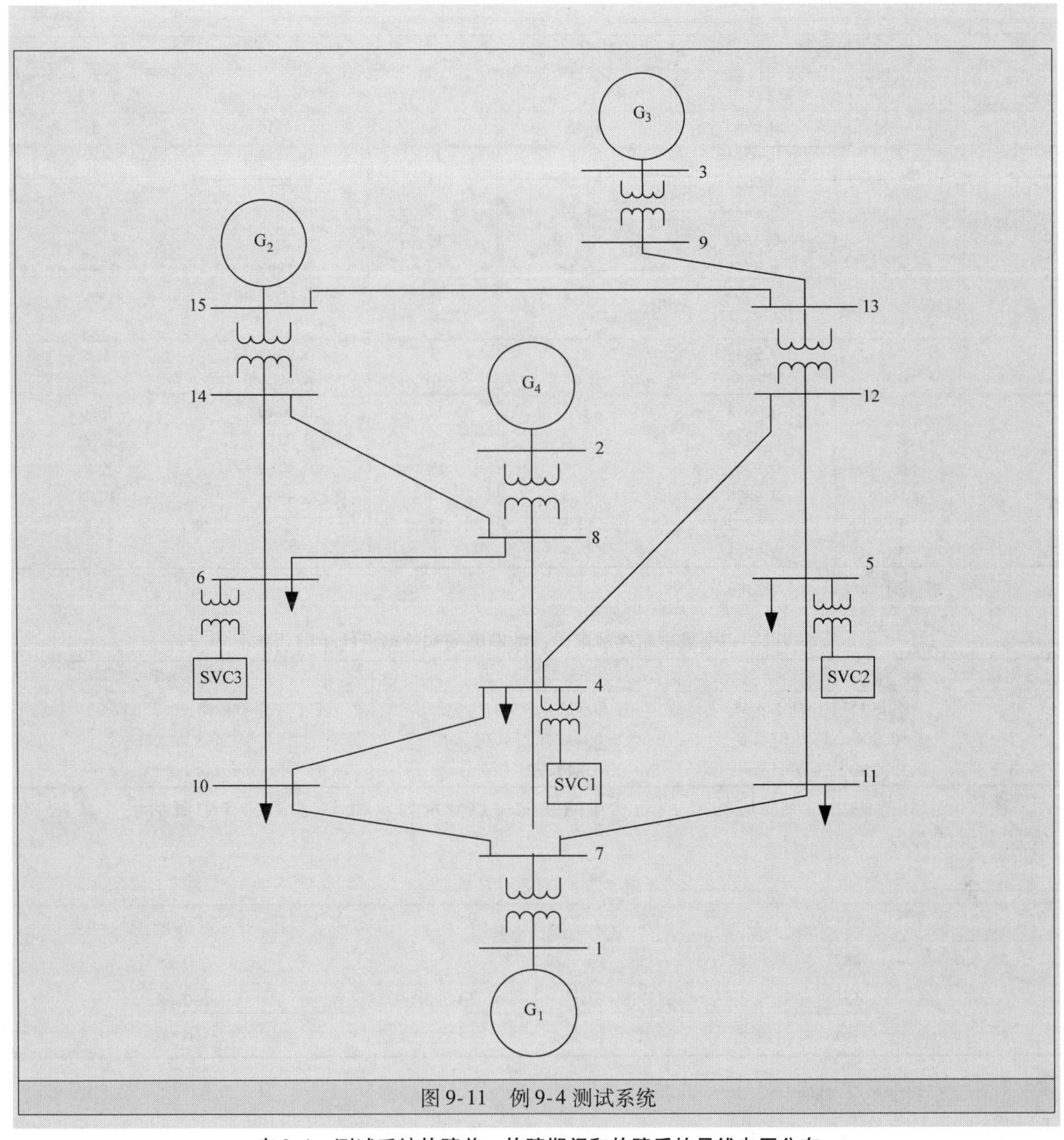

图 9-11　例 9-4 测试系统

表 9-1　测试系统故障前、故障期间和故障后的母线电压分布

	母线	电压		母线	电压	
		幅值（pu）	相角（°）		幅值（pu）	相角（°）
故障前	1	1.0065	-2.4	9	1.0059	4.6
	2	1.0000	0.0	10	1.0009	-7.1
	3	1.0082	8.3	11	0.9971	-7.6
	4	1.0068	-8.8	12	1.0062	-1.4
	5	1.0030	-11.7	13	1.0037	3.4
	6	1.0066	-7.6	14	1.0101	1.0
	7	1.0020	-6.5	15	1.0072	4.6
	8	1.0066	-2.8			

（续）

	母线	电压		母线	电压	
		幅值（pu）	相角（°）		幅值（pu）	相角（°）
故障期间	1	0.6913	1.05	9	0.3414	7.5
	2	0.6521	5.08	10	0.5534	-4.7
	3	0.5025	13.5	11	0.5649	-5.0
	4	0.4981	-7.05	12	0.3650	-0.7
	5	0.4849	-10.59	13	0.2928	5.4
	6	0.4775	-6.16	14	0.1897	0.8
	7	0.5792	-4.00	15	0.0000	0.0
	8	0.5108	0.05			
故障清除	1	0.9844	-10.5	9	0.9797	-5.6
	2	1.0000	0.0	10	0.9792	-15.4
	3	0.9818	-1.7	11	0.9740	-15.9
	4	0.9842	-16.7	12	0.9814	-11.0
	5	0.9767	-21.0	13	0.9776	-6.8
	6	0.9876	-15.8	14	0.9961	-11.4
	7	0.9797	-14.8	15	断开	
	8	0.9943	-7.9			

注：2 号母线为平衡母线。

表 9-2　每个发电机在故障前、故障期间和故障后的输出功率

发电机	故障前 P_e	故障期间 P_e	故障清除 P_e
1	$1.0615\sin\delta+0.12\cos\delta$	$0.756\sin\delta+0.05\cos\delta$	$1.009\sin\delta+0.26\cos\delta$
2	$0.906\sin\delta-0.07\cos\delta$	$0.432\sin\delta-0.06\cos\delta$	$0.880\sin\delta+0.08\cos\delta$
3	$0.956\sin\delta+0.05\cos\delta$	$0.840\sin\delta-0.02\cos\delta$	$0.936\sin\delta+0.13\cos\delta$

在故障前和故障后时刻对应的 P_m 线与功角曲线的交点分别为 δ_o 和 $\delta_{\max}$。表 9-3 中概括了计算 *KE* 和 *PE* 所需要的参数。

表 9-3　*KE* 和 *PE* 参数

发电机	δ_o	δ_c	$\delta_{\max}$	P_m(pu)
1	46°	55°	111.5°	0.85
2	53°	57°	125.0°	0.68
3	45.7°	60°	122.5°	0.80

其中 *KE* 和 *PE* 分别为

$$\begin{aligned}KE &= P_m(\delta_c-\delta_o)-\int_{\delta_o}^{\delta_c}(\Lambda_{1D}\sin\delta-\Lambda_{2D}\cos\delta)\\ &= P_m(\delta_c-\delta_o)-\Lambda_{1D}(\cos\delta_o-\cos\delta_c)-\Lambda_{2D}(\sin\delta_o-\sin\delta_c)\end{aligned}\tag{9-29}$$

$$\begin{aligned}PE &= \int_{\delta_c}^{\delta_{\max}}(\Lambda_{1A}\sin\delta-\Lambda_{2A}\cos\delta)\mathrm{d}\delta-P_m(\delta_{\max}-\delta_c)\\ &= \Lambda_{1A}(\cos\delta_c-\cos\delta_{\max})+\Lambda_{2A}(\sin\delta_{\max}-\sin\delta_c)-P_m(\delta_{\max}-\delta_o)\end{aligned}\tag{9-30}$$

通过表 9-2 和表 9-3 中的数据，用式（9-29）和式（9-30）中 *KE* 和 *PE* 的结果计算它们的差值，结果如表 9-4 所示。如果这个差值为负，则意味着 *KE* 完全转化为 *PE*，并且所有的机组是稳定的。

令 *KE* 和 *PE* 相等，联立式（9-29）和式（9-30），可得极限清除角 δ_{cr}，结果如表 9-4 所示。发电机组 G_1、G_3、G_4 的功角曲线如图 9-12 所示。

表 9-4　暂态动能、势能、差值和 δ_{cr}

发电机	KE	PE	KE - PE	δ_{cr}
1	0.0369	0.0819	-0.0450	60.5
2	0.0247	0.1790	-0.1543	62.1
3	0.0360	0.1016	-0.0656	64.4

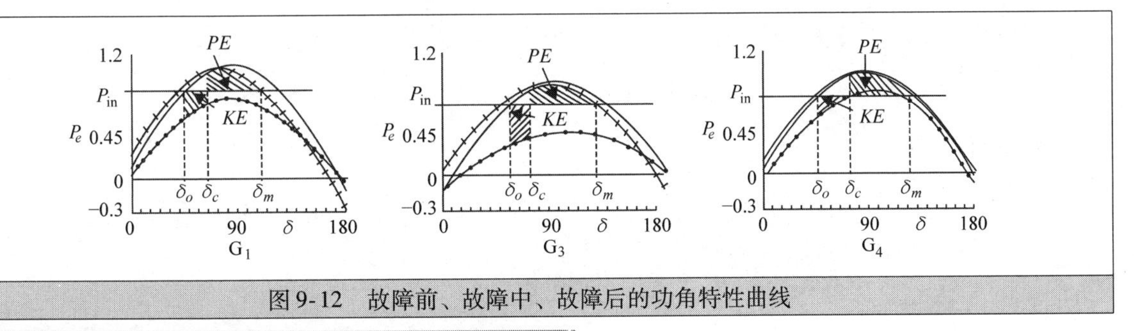

图 9-12　故障前、故障中、故障后的功角特性曲线

9.3.2　暂态能量函数（TEF）法 ★★★

9.3.2.1　惯量中心公式

第 i 个发电机的运动方程为

$$M_i\ddot{\delta}_i + D_i\dot{\delta}_i = P_{ei} - P_{mi} \tag{9-31}$$

式中，$M_i = 2H_i/\omega_r$；$\dot{\delta}_i = \omega_i - \omega_r$；$i = 1, 2, \cdots, n_g$；$\omega_i$ 为发电机速度；ω_r 为参考速度。

$$P_{ei} = E_i^2 G_{ii} + \sum_{j=1\neq i}^{n_g} E_i E_j Y_{ij}\cos(\theta_{ij} - \delta_i + \delta_j) \tag{9-32}$$

$Y_{ij}\theta_{ij} = G_{ij} + \mathrm{j}B_{ij}$为节点 i 与节点 j 间的转移导纳

值得注意的是，这个网络只包括发电机节点，其他所有节点被消除。负载用恒阻抗模型表示，已包括在转移导纳中。

式（9-31）中的发电机功角和转速与所给定的同步参考坐标相关。它们可被称为惯量中心（COI），定义满足下式

$$\delta_o = \frac{1}{M_T}\sum_{i=1}^{n_g} M_i\delta_i \quad 和 \quad \dot{\delta}_o = \frac{1}{M_T}\sum_{i=1}^{n_g} M_i\dot{\delta}_i \tag{9-33}$$

式中，$M_T \triangleq \sum_{i=1}^{n_g} M_i$

COI 的运动方程可写为

$$M_T(P + D)\dot{\delta}_o = \sum_{i=1}^{n_g} P_{mi} - \sum_{i=1}^{n_g} P_{ei} \triangleq P_{\mathrm{COI}} \tag{9-34}$$

式中，$\sum_{i=1}^{n_g} P_{ei} = \sum_{j=1}^{n_b} P_{lj} + P_{\mathrm{loss}}$

对于无损网络和恒有功负载，当输入功率 P_{mi} 恒定时，P_{COI} 是恒定的。因此，式（9-34）变为

$$M_T(P + D)\dot{\delta}_o = P_{\mathrm{COI}} \tag{9-35}$$

式中，$P_{\mathrm{COI}} = \sum_{i=1}^{n_g} P_{mi} - \sum_{j=1}^{n_g} P_{lj}$，$p = \mathrm{d}/\mathrm{d}t$

相对于 COI，所有发电机都有相角：

$$\theta_i = \delta_i - \delta_o \tag{9-36}$$

因此联立式（9-31）、式（9-35）、式（9-36）得

$$M_i(P + D_i)\dot{\theta}_i + M_i(P + D_i)\dot{\delta}_o = P_{mi} - P_{ei}$$

$$即 \quad M_i(P + D_i)\dot{\theta}_i = P_{mi} - P_{ei} - \frac{M_i}{M_T}P_{\mathrm{COI}} \tag{9-37}$$

值得注意的是COI的变量满足约束

$$\sum_{i=1}^{n_g} M_i\dot{\theta}_i = \sum_{i=1}^{n_g} M_i(\dot{\delta}_i - \dot{\delta}_o) = 0$$

9.3.2.2 TEF法求导

扰动后系统的动态特性由式（9-37）表示。系统的能量函数表示为

1）忽略阻尼，将式（9-37）乘以$\dot{\theta}_i$，对于系统所有发电机求和得

$$\sum_{i=1}^{n_g}\left[M_i\ddot{\theta}_i - P_{mi} + P_{ei} + \frac{M_i}{M_T}P_{\mathrm{COI}}\right]\dot{\theta}_i \tag{9-38}$$

2）重写式（9-32）

$$P_{ei} = E_i^2G_{ii} + \sum_{j=1\neq i}^{n_g} E_iE_j[B_{ij}\sin(\delta_i - \delta_j) + G_{ij}\cos(\delta_i - \delta_j)]$$

$$P_{ei} = E_i^2G_{ii} + \sum_{j=1\neq i}^{n_g}[\overline{B_{ij}}\sin(\delta_i - \delta_j) + \overline{G_{ij}}\cos(\delta_i - \delta_j)]$$

式中，$\overline{B_{ij}} = E_iE_jB_{ij}$，$\overline{G_{ij}} = E_iE_jG_{ij}$

3）消去P_{ei}得

$$\sum_{i=1}^{n_g}[M_i\ddot{\theta}_i - P_i + \sum_{j=1\neq i}^{n_g}[\overline{B_{ij}}\sin\theta_{ij} + \overline{G_{ij}}\cos\theta_{ij}]]\dot{\theta}_i \tag{9-39}$$

式中，$P_i = P_{mi} - E_i^2G_{ii}$，$\theta_{ij} = \theta_i - \theta_j = \delta_i - \delta_j$

4）式（9-39）中，当$\overline{B_{ij}} = \overline{B_{ji}}$，$\overline{G_{ij}} = \overline{G_{ji}}$可得

$$\left.\begin{aligned}\sum_{i=1}^{n_g}\sum_{j=1\neq i}^{n_g}\overline{B_{ij}}\sin\theta_{ij}\dot{\theta}_i &= \sum_{i=1}^{n_g-1}\sum_{j=1+i}^{n_g}\overline{B_{ij}}\sin\theta_{ij}\dot{\theta}_{ij}\\ \sum_{i=1}^{n_g}\sum_{j=1\neq i}^{n_g}\overline{G_{ij}}\cos\theta_{ij}\dot{\theta}_i &= \sum_{i=1}^{n_g-1}\sum_{j=1+i}^{n_g}\overline{G_{ij}}\cos\theta_{ij}\dot{\theta}_{ij}\end{aligned}\right\} \tag{9-40}$$

5）将式（9-40）代入式（9-39）中，对结果从时间$t = t_s$（$\dot{\theta}(t^s) = 0$，$\theta(t^s) = \theta_s$）积分，则描述系统故障后暂态能量的能量函数V如下

$$V = \frac{1}{2}\sum_{i=1}^{n_g}M_i\dot{\theta}_i^2 - \sum_{i=1}^{n_g}P_i(\theta_i - \theta_{is}) - \sum_{i=1}^{n_g-1}\sum_{j=i+1}^{n_g}\left[\overline{B_{ij}}(\cos\theta_{ij} - \cos\theta_{ijs}) - \int_{\theta_i^s+\theta_j^s}^{\theta_i+\theta_j}\overline{G_{ij}}\cos\theta_{ij}\mathrm{d}(\theta_i + \theta_j)\right] \tag{9-41}$$

式中，θ_{is}为母线i在故障后稳定平衡点的功角。

暂态能量函数包括以下四个部分：

1）
$$\begin{aligned}\frac{1}{2}\sum_{i=1}^{n_g}M_i\dot{\theta}_i^2 &= \frac{1}{2}\sum_{i=1}^{n_g}M_i(\dot{\delta}_i - \dot{\delta}_o)^2\\ &= \frac{1}{2}\sum_{i=1}^{n_g}M_i\dot{\delta}_i^2 - \sum_{i=1}^{n_g}M_i\dot{\delta}_i\dot{\delta}_o + \frac{1}{2}\sum_{i=1}^{n_g}M_i\dot{\delta}_o^2\\ &= \frac{1}{2}\sum_{i=1}^{n_g}M_i\dot{\delta}_i^2 - (M_T\dot{\delta}_o)\dot{\delta}_o + \frac{1}{2}\sum_{i=1}^{n_g}M_i\dot{\delta}_o^2\\ &= \frac{1}{2}\sum_{i=1}^{n_g}M_i\dot{\delta}_i^2 - M_T\dot{\delta}_o^2 + \frac{1}{2}M_T\dot{\delta}_o^2\\ &= \frac{1}{2}\sum_{i=1}^{n_g}M_i\dot{\delta}_i^2 - \frac{1}{2}M_T\dot{\delta}_o^2\end{aligned}$$

等于所有转子KE的和在COI坐标系下的变化

这种变化等于所有发电机转子KE的变化减去PE在COI下的变化。

2) $\sum_{i=1}^{n_g} P_i(\theta_i - \theta_{is}) = \sum_{i=1}^{n_g} P_i(\delta_i - \delta_{is}) - (\delta_o - \delta_{os})\sum_{i=1}^{n_g} P_i$

等于所有转子 *PE* 的和在 COI 坐标系下的变化

这种变化等效于所有发电机转子 *PE* 的变化减去 *KE* 在 COI 下的变化。

3) $\sum_{i=1}^{n_g-1}\sum_{j=i+1}^{n_g} \overline{B_{ij}}(\cos\theta_{ij} - \cos\theta_{ijs})$ = 所有支路存储的磁场能量的变化，这个与积分路径无关。

4) $\sum_{i=1}^{n_g-1}\sum_{j=i+1}^{n_g} \int_{\theta_i^s+\theta_j^s}^{\theta_i+\theta_j} \overline{G_{ij}}\cos\theta_{ij}\mathrm{d}(\theta_i + \theta_j)$ = 所有支路耗散能量的变化。这取决于 θ_i的变化路径。

其中，第一项称作动能 Γ_{ke}，它仅仅是发电机转速的函数。第二项、第三项、第四项的总和为势能 Γ_{pe}，是发电机功角的函数。

因此，在多机电力系统中，对于扰动后的系统而言，描述总的暂态能量的能量函数满足下式：

$$V = \Gamma_{ke} - \Gamma_{pe} \tag{9-42}$$

式中，

$$\Gamma_{ke} = \frac{1}{2}\sum_{i=1}^{n_g} M_i\theta_i^2$$

$$\Gamma_{pe} = \sum_{i=1}^{n_g} P_i(\theta_i - \theta_{is}) + \sum_{i=1}^{n_g-1}\sum_{j=i+1}^{n_g}\left[\overline{B_{ij}}(\cos\theta_{ij} - \cos\theta_{ijs}) - \int_{\theta_i^s+\theta_j^s}^{\theta_i+\theta_j}\overline{G_{ij}}\cos\theta_{ij}\mathrm{d}(\theta_i + \theta_j)\right]$$

为了评估系统的稳定性，可计算出临界的能量函数指标 V_{cr}以及故障清除瞬间的能量 V_c。差值 $\Delta V = V_{cr} - V_c$被定义为稳定性指标或者称为稳定裕度。当系统是稳定的，该差值是正的，否则系统是不稳定的。

计算 V_c：需要通过时域仿真获得所有发电机组在故障清除瞬间的角度和转速。V_{cr}定义为对于一个特定扰动下的控制不稳定平衡运行点所需要的势能。

式 (9-41) 中的积分项代表耗散能量，因为系统轨迹通常是未知的，故这个量很难计算。因此，通常假设角度的轨迹是线性的。这个假设对于第一摆是可接受的[5,6]。推导如下：

假设 $\theta_i(t)$和 $\theta_j(t)$分别表示机组 *i* 和 *j* 相对于时间的角度轨迹，θ_{iu}和 θ_{ic}分别为第 *i* 个发电机组在故障清除时和 UEP 状态的角度。因此它们分别代表发电机组最初和最终的角度位置矢量。初始状态 ($t = 0$, $\theta_i = \theta_{ic}$) 和最终状态 ($t = 0$, $\theta_i = \theta_{iu}$) 之间的角度线性轨迹可以用下式表示

$$\theta_i = \theta_{ic} + (\theta_{iu} - \theta_{ic})t \quad 0 \leqslant t \leqslant 1 \quad i = 1,2,\cdots,n \tag{9-43}$$

对式 (9-43) 求微分可得

$$\left.\begin{aligned}\mathrm{d}\theta_i &= (\theta_{iu} - \theta_{ic})\mathrm{d}t\\ \mathrm{d}\theta_j &= (\theta_{ju} - \theta_{jc})\mathrm{d}t\end{aligned}\right\} \tag{9-44}$$

两式相加得

$$\mathrm{d}(\theta_i + \theta_j) = (\theta_{iu} - \theta_{ic} + \theta_{ju} - \theta_{jc})\mathrm{d}t \tag{9-45}$$

$\mathrm{d}\theta_i$ 减去 $\mathrm{d}\theta_j$ 得

$$\mathrm{d}(\theta_i - \theta_j) = \mathrm{d}\theta_{ij} = (\theta_{iu} - \theta_{ic} - \theta_{ju} + \theta_{jc})\mathrm{d}t \tag{9-46}$$

联立式 (9-45) 与式 (9-46) 消去 d*t* 得

$$\mathrm{d}(\theta_i + \theta_j) = \frac{\theta_{iu} - \theta_{ic} + \theta_{ju} - \theta_{jc}}{\theta_{iju} - \theta_{ijc}}\mathrm{d}\theta_{ij} \tag{9-47}$$

因此将式 (9-47) 代入耗散能量表达式，$\int_{\theta_i^s+\theta_j^s}^{\theta_i+\theta_j}\overline{G_{ij}}\cos\theta_{ij}\mathrm{d}(\theta_i + \theta_j)$ 可以在任意两点间进行积分得到

$$I_{ij} = \overline{G_{ij}}\frac{\theta_{iu} - \theta_{ic} + \theta_{ju} - \theta_{jc}}{\theta_{iju} - \theta_{ijc}}(\sin\theta_{iju} - \sin\theta_{ijc}) \tag{9-48}$$

因此通过使用式 (9-48) 表示的扰动清除后和控制 UEP 状态之间的耗散能量表达式，分别取代式 (9-41) 中的 V_c和 V_{cr}，可得稳定性指标 ΔV

$$\Delta V = -\frac{1}{2}\sum_{i=1}^{n_g} M_i\theta_{ic}^2 - \sum_{i=1}^{n_g} P_i(\theta_{iu} - \theta_{ic})$$

$$-\sum_{i=1}^{n_g-1}\sum_{j=i+1}^{n_g}\left[\overline{B_{ij}}(\cos\theta_{iju}-\cos\theta_{ijc})-\overline{G_{ij}}\frac{\theta_{iu}-\theta_{ic}+\theta_{ju}-\theta_{jc}}{\theta_{iju}-\theta_{ijc}}(\sin\theta_{iju}-\sin\theta_{ijc})\right] \tag{9-49}$$

式中，（$\theta_c - \dot{\theta}_c$）为扰动清除时的状态；（$\theta_u$，0）为不稳定状态。

图 9-13 给出了使用暂态能量法评估多机系统暂态稳定性的主要步骤。

9.3.2.3 临界能量计算

临界能量 V_{cr} 代表着稳定区域的边界。当利用 TEF 法来评估稳定性的时候，计算 V_{cr} 是最难的一个步骤。这个计算主要取决于不稳定平衡运行点的计算，这个不稳定平衡点可能可以通过下面的其中一个方法计算得到。

（1）最接近不稳定平衡点方法

对于不同的母线角度初值，所有不稳定平衡点可以通过求解扰动后的系统稳态方程得到。它们可以通过计算一组发电机的功角来获得，它们满足下式

$$f_i = P_{mi} - P_{ei} - \frac{M_i}{M_T}P_{\mathrm{COI}} = 0 \qquad i = 1,2,\cdots,n_g \tag{9-50}$$

对于一个包含 n_g 台发电机的多机电力系统而言，存在 2^{n_g-1} 个解。每个解对应势能的一个值。所选择的不稳定平衡点是产生最小势能的点。值得注意的是，由于这个方法实际上采用了最严重故障的假设，因此结果有点偏保守，实际价值经常很小。除此之外，严重受扰的发电机的轨迹会从一个不稳定平衡运行点附近经过，这个不稳定平衡运行点与最小势能对应的不稳定平衡运行点不一样。这可以通过下面所描述的方法来避免。

（2）不稳定平衡点控制方法

对于所有临界稳定案例，它们的轨迹靠近不稳定平衡点（称为不稳定平衡点控制）的，这些点与系统解列的边界很接近。这个方法使用扰动后轨迹来确定它与故障后奇异曲面的交点 θ_{ss}。在这个交点，形成一个方向矢量 $\boldsymbol{h}$，然后沿着这个一维方向，可以通过一个一维最小化问题最小化如下函数

$$F(\theta) = \sum_{i=1}^{n_g} f_i^2(\theta) = \sum_{i=1}^{n_g}\left[P_{mi} - P_{ei} - \frac{M_i}{M_T}P_{\mathrm{COI}}\right]^2 \tag{9-51}$$

并获得 $\hat{\theta}_u$，该角度将作为数值分析的初始点，来实现对不稳定平衡点的控制。值得注意的是，有两个方面的因素决定不稳定平衡点的控制。第一个是不同的发电机的影响，第二个是扰动后网络的影响，尤其是它吸收能量的能力。

当控制不稳定平衡点时，这两个方面的因素必须同时考虑。这是因为受扰动影响更严重的发电机组可能（或可能没有）失去与其他机组的同步。这取决于网络吸收势能的能力是否与故障清除时刻动能转化成势能有关。

（3）基于控制不稳定平衡点的稳定域边界法

对于初始点 $\hat{\theta}_u$，如果它没有离 UPE 足够近，那么可能会发生收敛性的问题，这个问题尤其可能出现在当系统运行压力很大或运行压力很小时。在这个情况下，BCU 方法可以用来克服这其中的部分问题。确定稳定性边界的算法可以在第 3 章的参考文献［3］中找到。此外，BCU 方法建立在一个电力系统与它的简化系统的稳定边界之间的关系的基础上[7,8]。一些其他工作在确定不稳定平衡运行点时采用了详细的发电机模型，而不是经典模型[9]。

根据所期望计算得到的不稳定平衡点控制，可得到势能变化量 ΔV_{PE}。在可靠地描述不同发电机的受扰动程度时，归一化的 ΔV_{PEn}（以扰动结束后的动能为基准）使用得更加广泛。如果扰动足够大，故障后轨迹接近控制的不稳定平衡点，这个运行点在故障清除时刻具有最低的归一化势能。因此

$$\Delta V_{PE} = \frac{\Delta V_{PE}}{V_{KE}} \tag{9-52}$$

$$\begin{aligned}\Delta V_{PE} &= V_{PEu} - V_{PEc}\\ &= -\sum_{i=1}^{n_g}P_i(\theta_{iu}-\theta_{ic}) - \sum_{i=1}^{n_g-1}\sum_{j=i+1}^{n_g}\left[\overline{B_{ij}}(\cos\theta_{iju}-\cos\theta_{ijc}) - \overline{G_{ij}}\frac{\theta_{iu}-\theta_{ic}+\theta_{ju}-\theta_{jc}}{\theta_{iju}-\theta_{ijc}}(\sin\theta_{iju}-\sin\theta_{ijc})\right]\end{aligned} \tag{9-53}$$

基于之前的解释，利用 TEF 法评估多机电力系统稳定性的步骤如下所示：

• 收集输入数据，包括稳态潮流分析、获取同步发电机参数以及指定系统扰动。计算得到发电机内电压和转子角度的初始值。用经典模型表示发电机。
• 根据给定的扰动和系统拓扑结构，获取系统节点导纳矩阵和其降阶形式。
• 获取扰动清除瞬间的条件，然后得到扰动结束瞬间的系统导纳矩阵及其降阶形式。
• 通过受扰最严重的发电机获取相关的扰动模式。
• 计算不稳定平衡点。
• 通过清除时刻的总能量、临界暂态能量以及稳定性指标评估系统是否稳定。

图 9-13 中的流程图给出了前述的稳定性评估主要步骤。

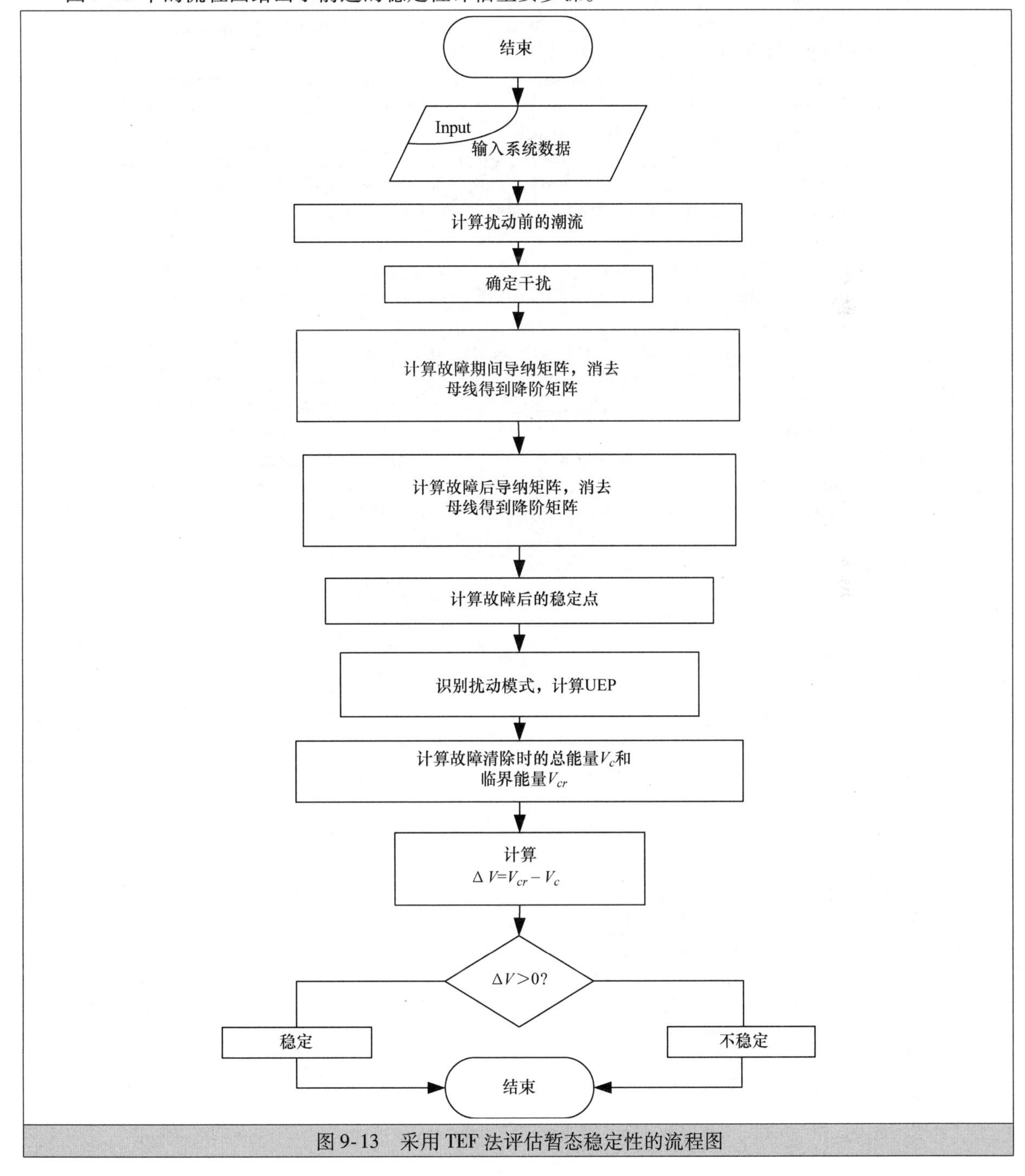

图 9-13　采用 TEF 法评估暂态稳定性的流程图

参考文献

1. Momoh J.A., El-Hawary M.E. *Electric Systems, Dynamics, and Stability with Artificial Intelligence Applications*. New York, NY, US: Marcel Dekker; 2000
2. Fouad A.A., Vittal V. *Power System Transient Stability Analysis Using the Transient Energy Function Method*. Upper Saddle River, NJ, US: Prentice Hall; 1992
3. Chiang H.D. *Direct Methods for Stability Analysis of Electric Power Systems*. Hoboken, NJ, US: John Wiley & Sons; 2011
4. Sallam A.A. 'Power systems transient stability assessment using catastrophe theory'. *IEE Proceedings*. 1989;**136**(2) Pt C:108–14
5. Uyemura, K., Matsuki J., Yamada J., Tsuji T. 'Approximation of an energy function in transient stability analysis of power systems'. *Electrical Engineering in Japan*. 1972;**92**(4):96–100
6. Athay, T., Sherkat V.R., Podmore R., Virmani S., Puech C. 'Transient energy stability analysis'. System engineering for power. Emergency operating state control-Section IV. U.S. Department of Energy Publication No. CONF-790904-PL, 1979
7. Chiang H.D., Wu F.F., Varaiya P.P. 'A BCU method for direct analysis of power system transient stability'. *IEEE Transactions on Power Systems*. 1994;**9**(3):1194–208
8. Chu C.C., Chiang H.D. (eds.). 'Boundary properties of the BCU method for power system transient stability assessment'. *International Symposium on Circuits and Systems ISCAS 2010, IEEE*; Paris, France, May/Jun 2010. pp. 3453–6
9. Chen L., Min Y., Xu F., Wang K.P. 'A continuation-based method to compute the relevant unstable equilibrium points for power system transient stability analysis'. *IEEE Transactions on Power Systems*. 2009;**24**(1):165–72

第Ⅳ部分　稳定性的提高与控制

第 10 章 人工智能技术

由于受到计算时间限制，传统解析分析和时域分析方法在处理大规模系统在线实时分析问题时并不轻松。尤其对于实际电力系统来说，由于它是一个非线性的时变系统，传统的系统参数识别、保持系统电压稳定和阻尼振荡的运行控制方法更适合离线的电网设计和研究，而非在线监测。

基于逻辑数学的人工智能（AI）技术的问世为电力系统工程师、规划者、设计者提供了新的方向，他们利用人工智能技术来减少计算时间，以设计更快的算法为目标来解决电力系统在线应用的问题。目前有许多人工智能技术和计算智能技术，比如人工神经网络（ANN）、模糊逻辑（FL）、神经 - FL（NFL）、粒子群算法（PSO）、基因算法等。本章将介绍人工神经网络（ANN）、模糊逻辑（FL），神经 - FL（NFL）以及自适应神经模糊控制的基本概念和时域分析方法，在后面的章节中会介绍这些算法在电力系统中的应用（如电力系统稳定器和静态无功补偿器）。

10.1 人工神经网络

人工神经网络（Artificial Neural Networks，ANN）是受到生物神经网络的启发构造而成的计算模型。在 ANN 中，处理单元（神经元）相互连接，构成网络结构。利用非线性函数近似的神经元，通过过程输入来估计过程输出。它的一个重要特征是“学习”的能力，它可以通过一个自适应学习的过程来调整连接状态。即通过一系列的实例和模式来完成“学习”。通过学习所获得的信息以神经网络连接权重的形式得到保留[1,2]。

一个简单的神经元模型包括两个主要部分：线性组合器和非线性激活函数。通常情况下，神经元的输入不止一个，其数学模型如图 10-1 所示。

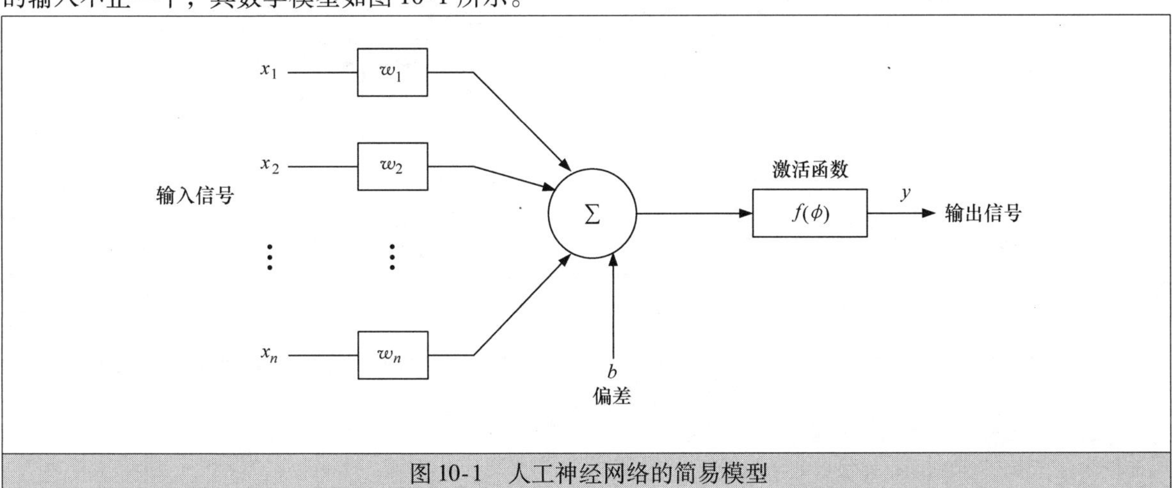

图 10-1　人工神经网络的简易模型

输入信号 x_1，x_2，…，x_n分别乘以加权系数 w_1，w_2，…，w_n，所得的结果求和得到激活函数的净输入信号。输出信号神经元 y 可以表示为

$$y = f\left(\sum_{k=1}^{n} w_k x_k + b\right) \tag{10-1}$$

值得注意的是，权值是确定神经网络输出的最重要的系数。根据一定的修正规则，它们被用于调

节神经元之间连接的相对重要性。

从式（10-1）中可见，偏差 b 的作用是增加或减少激活函数的网络输入。激活函数的功能是将神经元的活跃程度转换成输出信号。已有多种激活函数被成功地用于建立神经网络，如硬限（hard – limit）函数、S 型函数（Sigmoid 函数）、高斯函数和双曲正切函数[1-4]。对激活函数的选择取决于神经网络的应用方向。在多层网络中，最常用的激活函数是 S 型函数和双曲正切函数。

S 型函数和双曲正切函数的输出分别如式（10-2）和式（10-3）所示。

$$f = \frac{1}{1 + e^{-x}} \tag{10-2}$$

$$f = \frac{e^{x} - e^{-x}}{e^{x} + e^{-x}} \tag{10-3}$$

10.2 神经网络拓扑结构

神经元本身在计算和表征方面的能力并不突出。但是，神经元之间的互连关系可以用变量间的编码关系来模拟，因此神经元显示出了强大的处理能力。对应不同的网络结构，神经元的连接方式和用于构建网络激活函数的选择都不相同。在一般情况下，网络结构被分为三类。

10.2.1 单层前馈结构 ★★★

前馈网络具有层状结构。单层网络（见图 10-2）包括多个输入信号和多个输出信号。输入信号与网络中的每个神经元相连。再对每个节点计算所有输入量和权值的乘积求和。由于输入层没有进行计算，因此输入层并不占据计算资源。

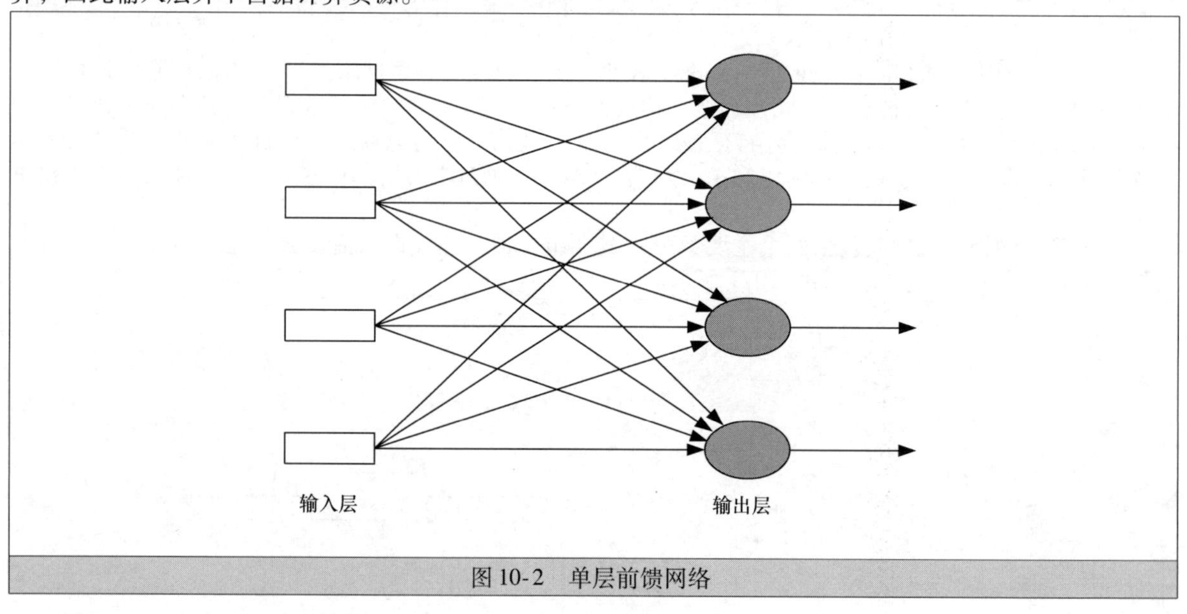

图 10-2 单层前馈网络

无论网络中含有多少神经元，或者选择了哪种激活函数，单层前馈结构的局限在于仅能近似一个线性函数，通常，近似非线性函数则需要采用多层感知器（MLP）。

10.2.2 多层前馈结构 ★★★

多层前馈结构的网络由两个及以上的单层网络连接构成。每层的神经元的输入信号来自上一层直连的神经元，并把输出信号传递至下一层。若某层的输出作为网络的输出则该层称为输出层，而其他输出层则称为隐藏层。多层感知器网络通常被称为 MLP 网络，它包含一个隐藏层和一个输出层，如图 10-3 所示。

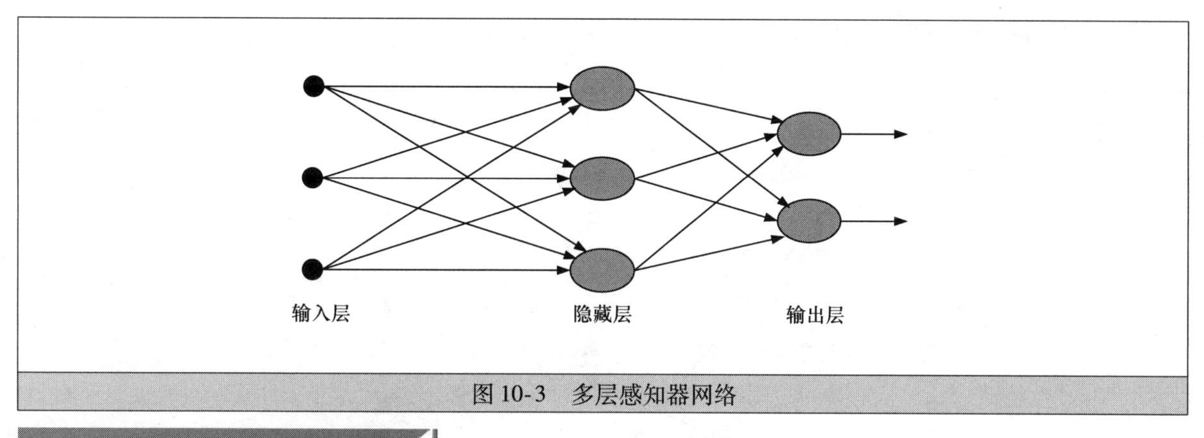

图 10-3　多层感知器网络

10.2.3　递归网络 ★★★

递归神经网络是另一类神经网络，它的特点是在网络的输入与输出间至少有一个反馈环。这种结构的神经网络结构不仅允许信号向前流动，还允许信号向后流动，能够为网络提供动态记忆体，因此对模拟动态系统十分有用[5]。与多层神经网络相比，递归神经网络由于包含了反馈连接而更难训练。递归神经网络的结构如图 10-4 所示。

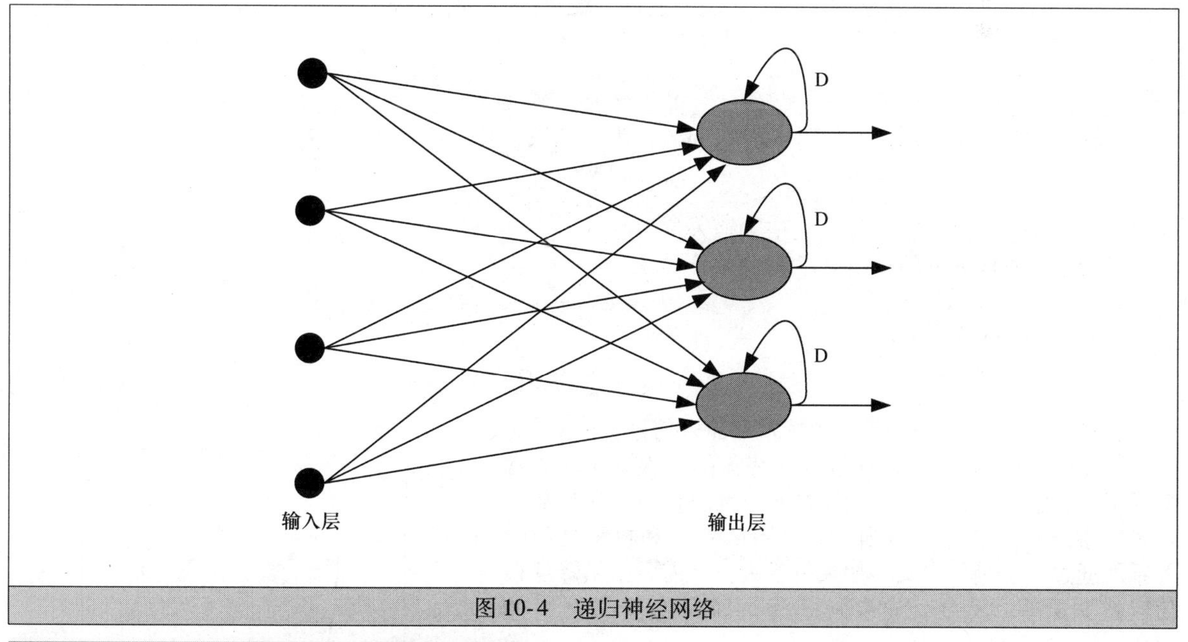

图 10-4　递归神经网络

10.2.4　反向传播学习算法 ★★★

如前文所述，通过调节神经网络的权值可以改变网络的输出。运用适当的学习算法能够修改权值，使得网络收敛至期望值。反向传播是一种广泛用于多层神经网络的学习算法[6,7]。这种学习算法基于梯度法，该算法通过对误差求导，来减小实际输出与理想输出之间的误差。通过将误差的导数从输出层反向传输至输入层，网络的权值能够调整至合适的值。

关于训练数据集合 p 的误差函数 E 通常用误差函数的形式来描述，即非常著名的均方差求和：

$$E = \frac{1}{2}\sum_{p}\left(\sum_{k}(d_{pk} - y_{pk})^2\right) \tag{10-4}$$

式中，d_{pk}和 y_{pk}分别是在 k 时刻 p 模式下的期望输出和实际输出。误差函数 E 的目标值是0，即网络的输出值与期望输入值相等。假设分别减少每种模式的误差，误差函数 E 值也会相应减少。因此，当只考虑一种模式时，符号 p 可以被忽略。

图 10-5 用一个三层网络来解释反向传播算法。神经元 j 位于隐藏层：

$$O_j = \varphi(\text{net}_j) \tag{10-5}$$

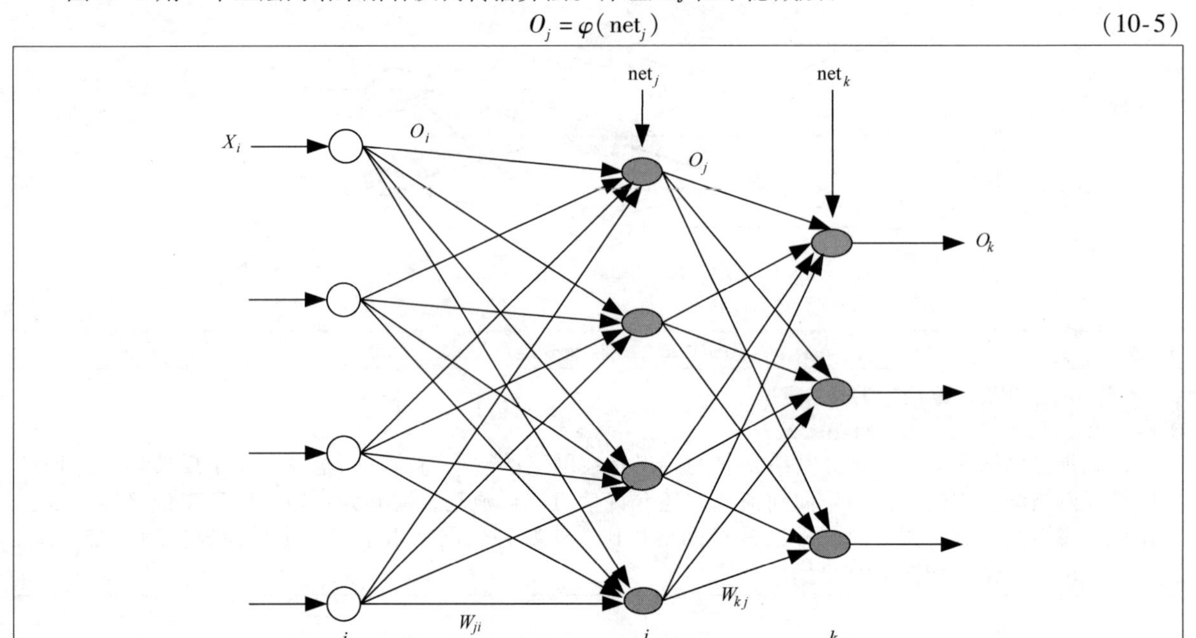

图 10-5　三层神经网络

φ 表示用于神经元 j 输出的激活函数，net_k称为局部域，其计算如下：

$$\text{net}_j = \sum_j W_{ji} O_i \tag{10-6}$$

式中，W_{ji}和 O_i分别为神经元 j 的权值和输入信号。

类似地，神经元 k 的输出可以表示为

$$O_k = \varphi(\text{net}_k) \tag{10-7}$$

局部域 net_k计算如下：

$$\text{net}_k = \sum_j W_{kj} O_j \tag{10-8}$$

式中，W_{kj}和 O_j分别为神经元 k 的权重和输入信号。

图 10-5 中网络能够计算给定训练集的总误差 E。通常情况下，在迭代过程中，只能通过修改网络权值这一参数来尽量减小误差。如图 10-6 所示，误差函数 E 和权重之间的关系能通过二次函数定义。如果斜率为正，需要稍微降低权值以减少误差；反之，如果斜率为负就需要增加网络的权值。

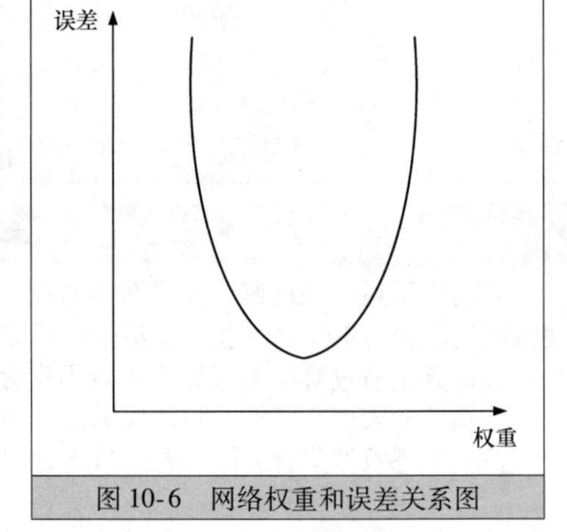

图 10-6　网络权重和误差关系图

应用链式法则对误差函数 E 关于权值 W_{kj}求偏导，得到输出单元的单位变化值，计算方式如下

$$\frac{\partial E}{\partial W_{kj}} = \frac{\partial E}{\partial O_k} \frac{\partial O_k}{\partial\, \text{net}_k} \frac{\partial \text{net}_k}{\partial W_{kj}} \tag{10-9}$$

权重可以通过梯度下降法修正

$$W_{kj}(n+1) = W_{kj}(n) + \eta \frac{\partial E}{\partial W_{kj}} \tag{10-10}$$

式中，η 为反向传播学习算法的学习率。

由图 10-5 可知，改变 W_{kj}只影响神经元 k 的输出，而改变 W_{ji}则会同时影响神经元 j 和神经元 k 的输出。因此，误差 E 随 W_{ji}的变化可以写成所有输出单元变化的总和。隐藏层 j 和输出层 i 之间的自适应权重的表达式为

$$\frac{\partial E}{\partial W_{ji}}=\frac{\partial E}{\partial O_j}\frac{\partial O_j}{\partial \mathrm{net}_j}\frac{\partial \mathrm{net}_j}{\partial W_{ji}} \tag{10-11}$$

$\frac{\partial E}{\partial O_j}$由式（10-12）

$$\frac{\partial E}{\partial O_j}=\frac{\partial E}{\partial O_k}\frac{\partial O_k}{\partial \mathrm{net}_k}\frac{\partial \mathrm{net}_k}{\partial O_j} \tag{10-12}$$

计算得到。因此，隐藏层的自适应权值权重可表示为

$$\frac{\partial E}{\partial W_{ji}}=\sum_k \frac{\partial E}{\partial O_k}\frac{\partial O_k}{\partial\ \mathrm{net}_k}\frac{\partial\ \mathrm{net}_k}{\partial O_j}\frac{\partial O_j}{\partial\ \mathrm{net}_j}\frac{\partial\ \mathrm{net}_j}{\partial W_{ji}} \tag{10-13}$$

$$W_{ji}(n+1)=W_{ji}(n)+\eta\frac{\partial E}{\partial W_{ji}} \tag{10-14}$$

反向传播学习算法需要进行大量的训练才能达到可接受的准确度水平。选择合适的学习率对于保证网络的收敛性也十分重要，η 太大会导致网络不稳定，η 过小则会使得网络收敛非常缓慢。

10.3 模糊逻辑系统

在现实世界中，存在许多模糊的情况不能用简单的真、假描述它们的状态。计算机系统的二进制逻辑不能完全表达这种模糊（但可以理解）的状态和条件。模糊逻辑是数学的一个分支，在20世纪60年代中期由L. A. Zadeh首创，用来处理模仿人类理解和直觉的数据，这些数据一般通过模糊和语言的方式表达[8]。由于在逻辑计算中，引入了模拟值作为输入和输出，因此模糊逻辑扩展了传统二进制逻辑的范围。模糊逻辑是从模糊集合论的概念上发展起来的理论，它能用于解决数学模型难以建模甚至无法建模的非常复杂的问题，因此被认为是非常有应用价值的工具。

模糊逻辑频繁地出现在工程领域及科学著作中，已经成功应用于不同领域，如控制系统工程、图像处理、电力系统工程、工业自动化、机器人技术、消费电子产品、优化、医疗诊断和治疗计划以及股票交易[9]。在电力系统中，模糊逻辑在参数辨识领域十分有用。模糊识别器已被用于追踪电力系统的参数，从而对自适应控制装置参数进行修正。根据对发电厂的了解，模糊系统的输入信号可以按照以下方式进行模糊化：构建一个规则表，最终对输出信号去模糊化。模糊识别器的参数通过梯度下降法最小化价值函数的方式进行实时修正。10.3.1节将对模糊理论做更具体的阐释。

10.3.1 模糊集合论 ★★★

通过改变经典集合的特征函数的常规定义、引入集合中元素的隶属度，可以给出模糊集合的定义。模糊集A是参考集（论域）X的一个子集，其隶属关系通过一个映射函数（或隶属度函数）定义，隶属度函数的取值范围为0~1，用数学方式可表示为μ_A：$X\to$［0，1］。隶属度函数是一条反映每个点和输出空间隶属关系的曲线，它用从区间［0，1］中所取的数值来描述隶属程度。论域X中的元素在模糊集A中的隶属程度越高，集合X越接近集合A[10]。模糊逻辑中应用的隶属度函数很多，如三角形函数、梯形函数、钟形函数和高斯函数，其中最常用的是三角形函数和梯形函数。然而，目前尚没有通用的准则用以选择合适的隶属度函数。事实上，梯形函数和三角形隶属度函数在各类文献中最为常用，这是因为在各种应用中，采用这两种隶属度函数能使大多数输入变量得到较好的结果。

模糊逻辑运算符的定义与经典布尔逻辑相似。AND算子用min表示，OR算子用max表示，NOT算子用$1-A$表示。假设X是一个模糊集，A和B为两个隶属度函数分别为$\mu A(x)$和$\mu B(x)$的模糊集。模糊集间的并集、交集、补集的定义分别如下：

$$\mu_A\cup\mu_B(x)=\max(\mu_A(x),\ \mu_B(x)) \tag{10-15}$$

$$\mu_A\cap\mu_B(x)=\min(\mu_A(x),\ \mu_B(x)) \tag{10-16}$$

$$\mu'_A(x)=1-\mu_A(x) \tag{10-17}$$

此外，文献中还有一些其他的定义。比如，交集运算，也被称为（T－模算子），可表示成两个模糊集的代数积：

$$\mu_A\cap\mu_B(x)=\mu_A(x)\cdot\mu_B(x) \tag{10-18}$$

对模糊算子的选择最终取决于人类专家的知识以及实施的可行性。

10.3.2 语言变量 ★★★

由于模糊逻辑用来处理含主观定义的属性的事件和场景，因此，关于模糊逻辑的一个建议就是，不需要绝对的对错之分。例如，一个房间的温度可被描述为冷、凉爽、舒适、温暖或者热，而不是只是冷或者热。上述的描述就是模糊逻辑术语中的语言变量。语言变量的可能值范围称为论域。在房间温度的例子中，论域为温度区间［10℃，35℃］。为了简单起见，一般的做法是将值归一化或者缩至［-1，1］的范围内。

10.3.3 模糊 IF - THEN 规则 ★★★

单个模糊 IF - THEN 规则表述如下：

$$\text{IF}(x \text{ is } A)\rightarrow\text{THEN}(y \text{ is } B)$$

式中，x 和 y 分别为输入变量和输出变量。相应地，A 和 B 是由 x 和 y 的模糊集合所定义的语言变量值。IF 为条件（前因）而 THEN 为结果（后果）。IF - THEN 规则表示，如果对一定的隶属度，前面的模糊表达为真，那么在同样的隶属度情况下，其后面的结果也为真。

10.3.4 模糊系统的结构 ★★★

模糊系统的基本结构如图 10-7 所示。由图可知，设计一个模糊系统需要四个步骤：

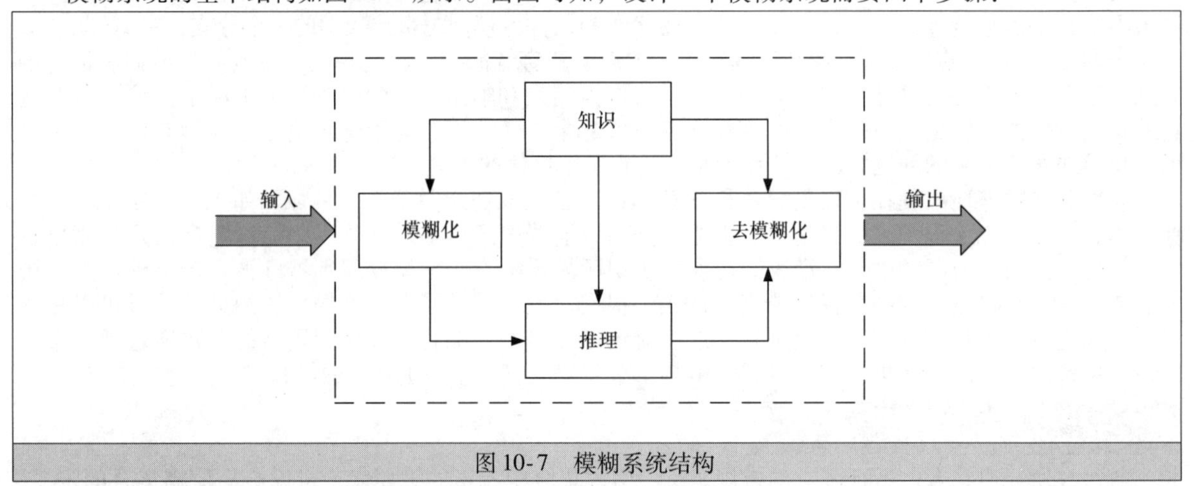

图 10-7 模糊系统结构

（1）模糊化

模糊化是一个将输入数据映射至论域，将其转换为合适的语言变量的过程。模糊化的步骤主要有：

- 测量输入变量的值。
- 将输入变量映射至相应的论域。
- 将输入数据转换为合适的语言变量。

（2）知识库

建立知识库或规则是为了对描述输入模糊变量和输出模糊变量间的关系进行定义。它通过建立一组语言控制规则来定义控制目标，规则库一般以 IF - THEN 规则的形式表示。

（3）模糊推理

模糊推理是模糊逻辑的核心。模糊推理机制是将每个前因中模糊变量的输入值和模糊规则库中的所有规则进行匹配，从而推理得到模糊集。在模糊化过程中得到的隶属度通过与特定的模糊算子相乘来获得每个规则的触发强度。基于触发强度就可在结果中得到每一个合格的规则。

模糊推理的方法有两种，Mamdani 推理系统和 Sugeno 推理系统[9]。两种模糊推理方法的区别在于结果部分。Mamdani 模糊推理系统希望输出隶属度函数是模糊集，而 Sugeno 模糊推理系统将结果部分处理成线性多项式或单峰值常量。每个规则的输出按照规则的触发强度进行加权，最终的输出为所有规则输出的加权平均值。

(4) 去模糊化

从模糊集中获得非模糊（刚性）输出的过程被称为去模糊化。在模糊系统应用的去模糊化有曲面中心（COA）法、大中取均值（MOM）法、大中取小（SOM）法和大中取大（LOM）法。其中最常用的是曲面中心法和大中取均值法。曲面中心法（也被称为重心法）计算隶属度分布曲线的重心。这种方法可用离散的形式表示：

$$\mathrm{COA} = \frac{\sum_{k=1}^{n} x\mu_A(x)}{\sum_{k=1}^{n} \mu_A(x)} \tag{10-19}$$

式中，$\mu_A(x)$是定义于论域x中模糊集A的隶属度函数，n是输出的量化水平个数。

大中取均值法计算隶属度函数取最大值的模糊集的平均值。这种方法得到的输出用离散形式可表示为

$$\mathrm{MOM} = \sum_{i=1}^{l} \frac{x_i}{l} \tag{10-20}$$

式中，l为元素x_i的个数，x_i为达到最大值的隶属成员。图 10-8 展示了针对一个模糊函数的不同类型的去模糊化法。

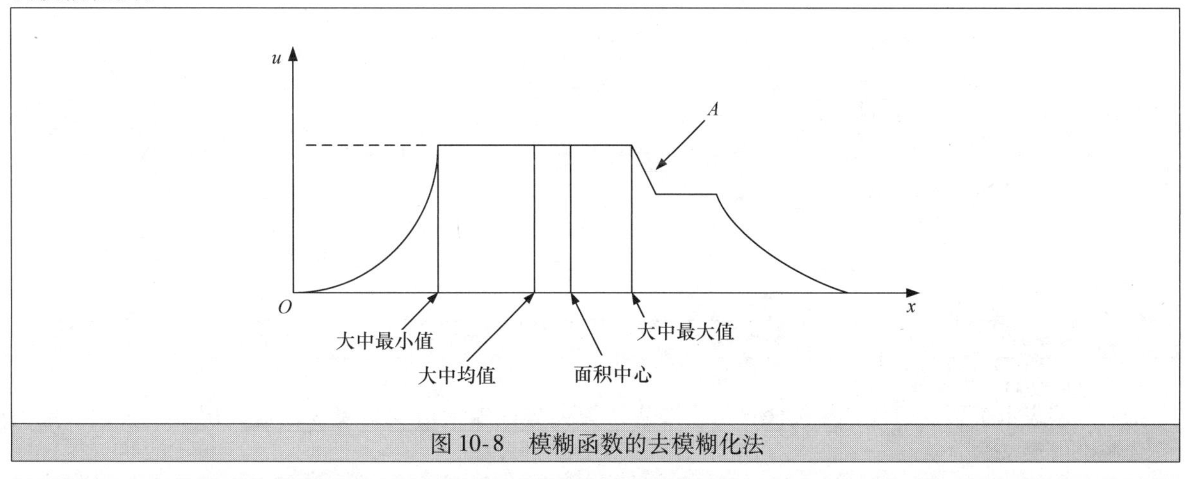

图 10-8 模糊函数的去模糊化法

10.4 神经模糊系统

神经模糊系统是一种结合了模糊逻辑系统和神经网络结构的人工智能方法。这种集成系统的基本思想是用神经网络为模糊逻辑系统建模，并采用在神经网络中发展起来的学习算法调整模糊系统的参数值。结合模糊逻辑和神经网络是为了同时利用两者的长处，并克服两者缺点。事实上，模糊逻辑和神经网络可以看作为两个互补技术。在一个神经模糊系统中，模糊系统由一个功能不变的自动调谐机制提供，采用神经网络中的学习算法有利于调整模糊系统的规则。同时，在构建神经网络时，采用基于规则的模糊推理能够提高神经网络的透明度[11]。

许多文献展示了神经模糊网络的结构。主要有模糊自适应学习控制网络[12]、自适应神经模糊推理系统[13]、模糊网络[14]等。其中最为著名且应用最广的是自适应神经模糊推理系统。

神经模糊控制广泛应用于控制系统中[16-20]。它是模糊逻辑和人工神经网络相结合的一种代表性控制方法。神经模糊控制可被视为一个含有典型模糊逻辑控制系统元素和函数的多层网络控制系统，并且神经模糊控制系统具备通过学习调整参数的能力[21]。

神经模糊控制的研究背景以及神经模糊控制器的参数在线自适应调整技术将在 10.4.1 节中做详细介绍。

10.4.1 自适应神经模糊推理系统 ★★★

自适应神经模糊推理系统（ANFIS）最先由高木（Takagi）和关野（Sugeno）在 1985 年提出，而

后由 Jang Roger[12]进一步发展。最初的网络具备人工神经网络的自适应能力、学习能力以及由模糊逻辑提供的近似推理的优点。与神经网络不同，在此网络中，每一层节点与下一层之间联系的权值是常数，并且只有一个值。

最主要的两种 ANFIS 是一阶和零阶 Sugeno 模型。典型的一阶 Sugeno 模型的形式为

IF input 1 $= x_1$ and input 2 $= x_2 \rightarrow$ THEN output is $y = a x_1 + b x_2 + c$

式中，$\{a, b, c\}$ 为参数集。

在零阶 Sugeno 模型中，输出信号 y 是常数，不随输入的变化而改变，其模糊 IF – THEN 规则可写为

IF input 1 $= x_1$ and input 2 $= x_2 \rightarrow$ THEN output is $y = c$

式中，$a = b = 0$。

包含双输入单输出的 ANFIS 的基本结构如图 10-9 所示[22]。

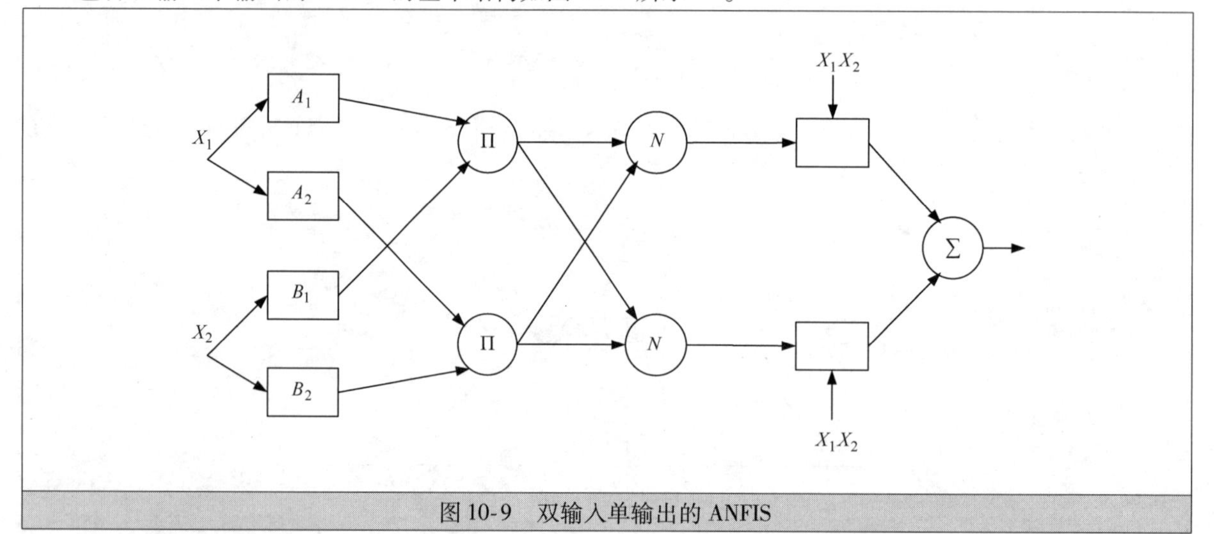

图 10-9　双输入单输出的 ANFIS

- 第一层：输入隶属层

第一层表示隶属度函数，并包含自适应节点。模糊集内输入值的隶属度在这一层确定。这一层的节点输出可定义为

$$\left.\begin{aligned} O_{1,i} &= \mu_{Ai}(x_1) \quad i = 1,2 \\ O_{1,i} &= \mu_{Bi-2}(x_2) \quad i = 3,4 \end{aligned}\right\} \tag{10-21}$$

假设隶属度函数是三角形函数，节点 A_i的输出计算如下

$$O_{1,i} = \mu_{Ai}(x_1) = \max\left(\min\left(\frac{x_1 - a}{b - a}, \frac{c - x_1}{c - b}\right), 0\right) \quad i = 1,2 \tag{10-22}$$

式中，x_1是节点 i 的输入，A_i是与节点 i 有关的语言标度，$\{a, b, c\}$ 是三角形隶属度函数的参数集。

- 第二层：触发强度层

这一层每个节点的输出为所有入射信号的乘积，它代表一个规则的适用度。这一层的每个节点都是固定节点，计算模糊人工神经网络隶属度函数的代数积。这一层每个节点的输出计算如下：

$$O_{2,i} = w_i = \mu_{Ai}(x_1)\mu_{Bi}(x_2) \quad i = 1,2 \tag{10-23}$$

- 第三层：适用度归一化层

这一层的节点是固定节点，它们计算每个规则的归一化适用度，具体如下：

$$O_{3,i} = \overline{w_i} = \frac{w_i}{\sum_{i=1}^{n} w_i} \quad i = 1,2 \tag{10-24}$$

- 第四层：结果层

这一层所有节点的输出都具有自适应性，代表了规则表中的权值结果。每个节点的输出表达式如下：

$$O_{4,i} = f_i = \overline{w_i}(p_i x_1 + q_i x_2 + r_i) \quad i = 1,2 \tag{10-25}$$

参数集 $\{p_i, q_i, r_i\}$ 称为结果参数。

- 第五层：去模糊化层

这一层是系统的输出层，其功能相当于去模糊器。层中的单节点为固定节点，用来计算总输出值（所有入射信号的和）。这一层的输出计算如下：

$$O_{5,i} = y = \sum_{i=1}^{n} f_i \tag{10-26}$$

与其他的神经网络一样，为了使网络具备自适应性，ANFIS 需要修正参数集，包括在第一层中的隶属度函数和第四层中的结果参数。一般的自适应技术都是基于梯度下降法[13]。

10.4.2 神经模糊控制结构 ★★★

典型的神经模糊控制结构如图 10-10 所示。控制器的两个输入通常是误差信号和误差变化量。误差 $e(t)$ 代表实际输出信号和期望设定值之间的差值，而误差变化量 $\Delta e(t)$ 是误差 $e(t)$ 和前一时刻的误差值 $e(t-1)$ 之间的差。如果 $e(t)$ 为负，说明 $y(t)$ 的输出值比期望值 y_d 大，这是因为 $e(t) = y_d - y(t)$。如果 $e(t)$ 为正，说明输出值低于期望值。而对于 $\Delta e(t)$，其值为负，表示输出相对于前一个值 $y(t-1)$ 有所增加，为正则说明相对于前一个值有所减少。

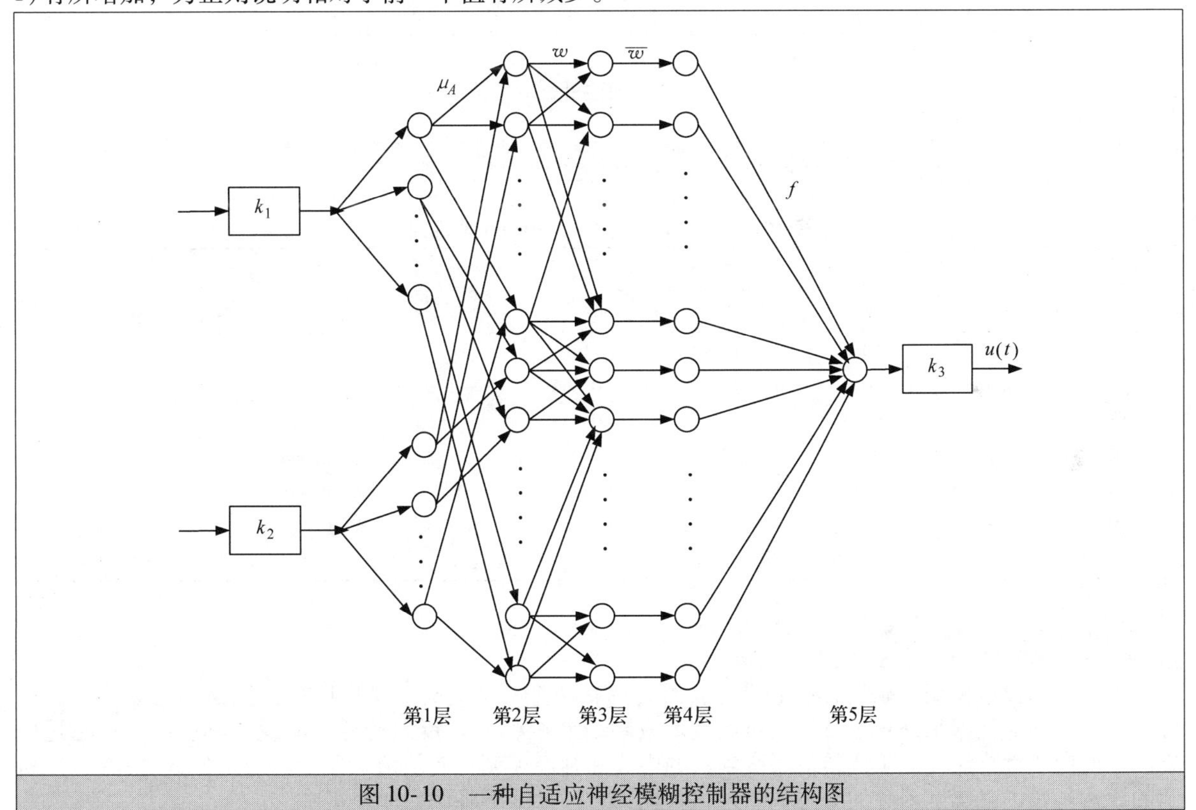

图 10-10 一种自适应神经模糊控制器的结构图

输入比例因子 k_1 和 k_2 通常用来将实际输入映射至隶属度函数定义的归一化输入空间。一般情况下，在论域内归一化的范围为 [-1，+1]。值得注意的是，输入比例因子对神经模糊控制的灵敏度和性能有影响[9,23,24]。另一方面，输出比例因子 k_3 用来将模糊推理系统的输出映射至实际输出。选择合适的 k_3，使神经模糊控制的输出范围不超过一定范围，即不违反物理极限，显然，输出比例因子对整个系统稳定性和振荡趋势的影响最大[9]。

考虑到神经模糊控制的第 1 层有 7 个三角形隶属度函数，7 个三角形隶属度函数都与每个控制器输入的模糊语言集合相关。神经模糊控制的输入隶属度函数如图 10-11 所示。

如图 10-11 所示，隶属度函数的中心均匀分布于归一化输入空间中，这种技术是在模糊控制应用中最为常见。给定隶属度函数的峰值为 1，两个隶属度函数之间的交点值为 0.5。隶属度函数的语言值为大负偏（NB）、中负偏（NM），小负偏（NS），无偏（ZO），小正偏（PS），中正偏（PM）、大正偏

(PB)。由于神经模糊控制有两个输入，每个输入又分别有 7 个隶属度函数，因此，与控制器关联的规则库表包含 49 个规则。含 49 个规则的 Sugeno 型规则库表见表 10-1。

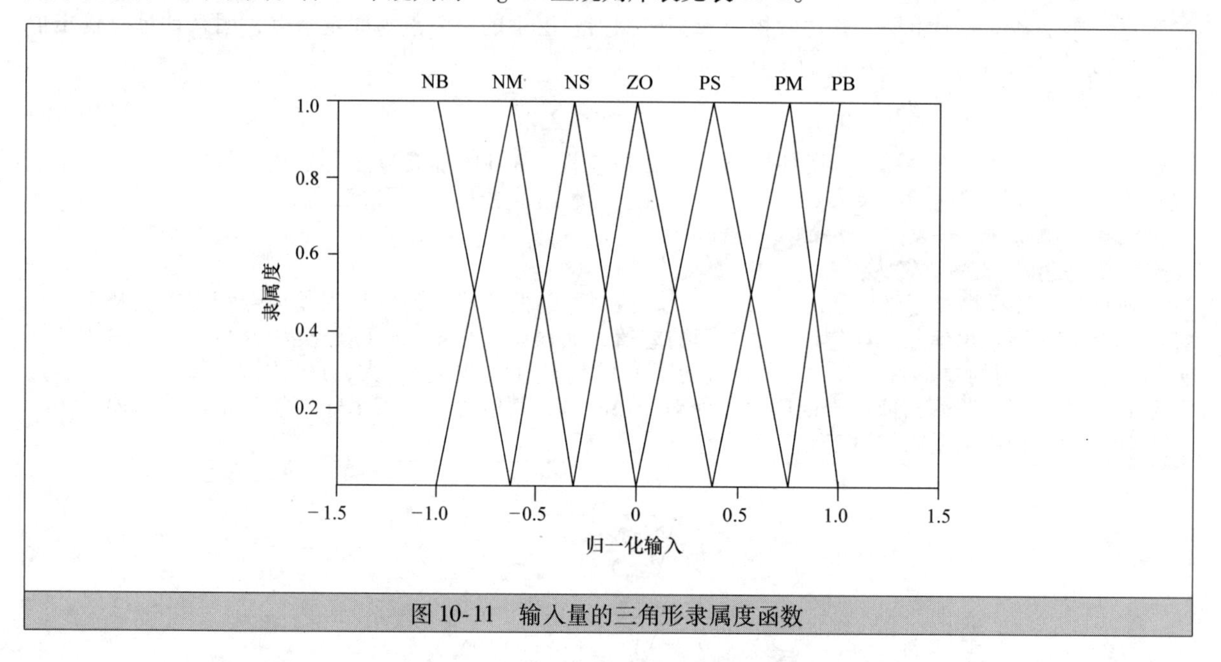

图 10-11 输入量的三角形隶属度函数

表 10-1 含 49 个规则的 Sugeno 型规则库

Δe	e						
	PB	PM	PS	ZO	NS	NM	NB
NB	0.0	−0.333	−0.666	−1.0	−1.0	−1.0	−1.0
NM	0.333	0.0	−0.333	−0.666	−1.0	−1.0	−1.0
NS	0.666	0.333	0.0	−0.333	−0.666	−1.0	−1.0
ZO	−1.0	0.666	0.333	0.0	−0.333	−0.666	−1.0
PS	−1.0	−1.0	0.666	0.333	0.0	−0.333	−0.666
PM	−1.0	−1.0	−1.0	0.666	0.333	0.0	−0.333
PB	−1.0	−1.0	−1.0	−1.0	0.666	0.333	0.0

10.4.3 在线自适应技术★★★

为了使得神经模糊控制具有自适应性，需要调整两个参数集合。这可以通过网络学习来实现，即应用一些自适应技术来修正语言值的隶属度函数和结果参数[25]。反向传播算法就是其中的一种自适应方法。反向传播算法可用来调整隶属度函数的中心和神经模糊控制的结果参数。给定如式（10-27）所示的成本函数，隶属度函数的中心和结果参数能够通过梯度下降法在线修正[22,26]。

$$J_c(k)=\frac{1}{2}e_c[(k+1)]^2 \tag{10-27}$$

式中，$e_c(k+1)$是计算在（$k+1$）时刻由识别器提供的输出估计和系统输出期望值之间的误差信号。

假设 θ 是神经模糊控制中的任意参数。隶属度函数和结果参数的修正可以通过采用如下的梯度优化法实现：

$$\theta(k+1)=\theta(k)-\eta\frac{\partial J_c}{\partial\theta} \tag{10-28}$$

式中，

$$\nabla_\theta J_c(k)=\left[e_c(k+1)\frac{\partial e_c(k+1)}{\partial u(k)}\right]\left[\frac{\partial u(k)}{\partial\theta}\right] \tag{10-29}$$

$$\frac{\partial u(k)}{\partial \theta} = \sum_{O^* \in S} \frac{\partial u(k)}{\partial O^*} \frac{\partial O^*}{\partial \theta} \tag{10-30}$$

式中，η 和 $u(k)$ 分别为神经模糊控制的学习率和输出。S 和 O^* 分别为输出取决于 θ 的节点集合和 S 集合中节点的输出。

对于输出节点，$\frac{\partial u(k)}{\partial O^*}$ 的计算如下：

$$\frac{\partial u(k)}{\partial O^*} = k_3 \tag{10-31}$$

对于内部节点，$\frac{\partial u(k)}{\partial O^*}$ 的计算如下：

$$\frac{\partial u(k)}{\partial O_i^l} = k_3 \sum_{n=1}^{P} \frac{\partial u(k)}{\partial O_n^{l+1}} \frac{\partial O_n^{l+1}}{\partial O_i^l} \tag{10-32}$$

式中，O_i^l 是第 l 层第 i 个节点的输出，P 为第（$l+1$）层的节点个数。每个采样周期进行一次神经模糊控制的隶属中心和结果参数的修正。

图 10-10 中神经模糊控制的神经元为 14、49、49、7、1 号神经元，分别位于 L_1、L_2、L_3、L_4、L_5 层中，这意味着隶属度函数中的 14 个中心点（每个输入 7 个）以及 7 个结果参数需要在线修正。对于一个网络而言，如此多的数据修正是相当复杂的，计算量大，尤其在实时应用中[27]。

自适应控制器的目标是应用于 SVC 设备（在第 13、14 章介绍），来减少系统的振荡，增强系统稳定性。由于 SVC 是以高速功率电力电子元器件设计的电力电子设备，其理想控制器应具备快速响应的特性。

因此，在 10.4.2 节中描述的 ANFC 的目标是设计一个计算耗时更少的简易版 ANFC，并将其应用于 SVC 中。简化的控制器需要与 ANFC 具备相似的性能。

10.5 自适应简化神经模糊控制

设计神经模糊控制系统的本质在于对模糊逻辑控制器（FLC）转化，使其能够嵌入神经网络结构。这就意味着，模糊逻辑控制器是如何设计神经模糊控制时要考虑的最重要的部分。只要建立了模糊逻辑控制器，就能用神经网络来设计并且代替神经模糊控制系统。因此，为了开发一种简易的神经模糊控制，首先需要建立简易的模糊逻辑控制器。

通常，在不影响精确度的情况下我们希望能够建立能执行期望任务的最简控制系统。实际上，在设计模糊逻辑控制器时，其可解释性和准确性是最值得考虑的[28]。

尽管准确性和可解释性是两个对立的目标，设计一个最佳的模糊控制系统在一定程度上需要同时满足这两个要求。例如，一个复杂模糊逻辑可以成功地精确控制一个高位非线性系统，但是其缺点是难以将控制器的行为以一种易于理解的形式表达。反之，一个简单的模糊逻辑控制器易于理解，然而它的性能却不尽如人意。因此，必须时刻权衡可解释性和准确性这两者之间的关系。

10.5.1 规则库结构简化 ★★★

已有不少文献提出了不同简化方法设计简化模糊逻辑控制器。其中一种方法是减小模糊规则表的大小[29-31]。这种自适应简化模糊逻辑控制器的设计原理是基于减小模糊规则库表的思想。从表 10-1 可见，规则库表可看作是对角线为零的特普利兹结构。这种结构的优点是能够利用表的对称性构建一个一维模糊规则表。

在建立简化逻辑控制器时，可以引入一个新的变量——符号距离。这个新的变量被称作开关线，它表示了从主对角线到一个实际状态的距离 d。距离值的正负取决于实际状态在规则库表中的位置，如图 10-12 所示[32]。

从图 10-12 中可见，控制动作与表中任意结果到开关线的垂直距离成比例。三个距离 d_1、d_2、d_3 既可以从上半平面获得，也可以从下半平面获得。如果距离在上半平面，则取值为负，如果距离在下半平面，则取值为正，如图 10-13 所示。

Δe	e						
	PB	PM	PS	ZO	NS	NM	NB
NB	0.0	−0.333	−0.666	−1.0	−1.0	−1.0	−1.0
NM	0.333	0.0	−0.333	−0.666	−1.0	−1.0	−1.0
NS	0.666	0.333	0.0	−0.333	−0.666	−1.0	−1.0
ZO	1.0	0.666	0.333	0.0	−0.333	−0.666	−1.0
PS	1.0	1.0	0.666	0.333	0.0	−0.333	−0.666
PM	1.0	1.0	1.0	0.666	0.333	0.0	−0.333
PB	1.0	1.0	1.0	1.0	0.666	0.333	0.0

-d
+d
开关线

图 10-12　开关线与实际状态之间的距离 d

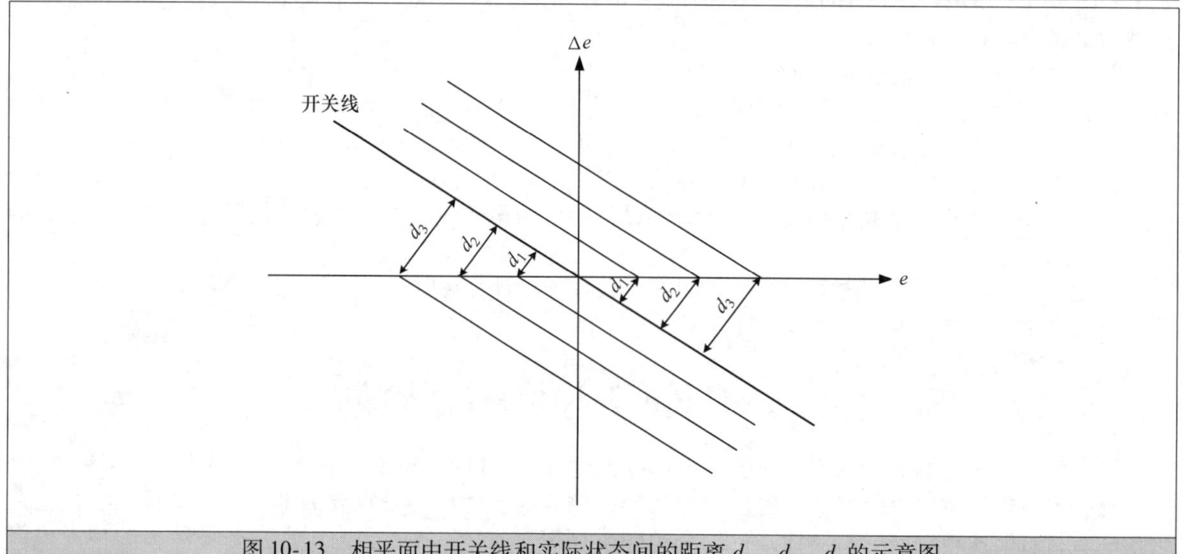

图 10-13　相平面中开关线和实际状态间的距离 d_1、d_2、d_3的示意图

开关线（见图 10-13）可以由一个常用的直线方程表示：

$$Ae + B\Delta e + C = 0 \tag{10-33}$$

式中，A、B 和 C 都为常数，$A = B = -1$，$C = 0$。

开关线和给定点 $P(e, \Delta e)$ 在相平面中的垂直距离如图 10-14 所示，其表达式为[33]

$$d = \frac{|Ae + B\Delta e + C|}{\sqrt{A^2 + B^2}} \tag{10-34}$$

将 A、B、C 代入式（10-34）得

$$d = f_1(e, \Delta e) = \frac{|-(e + \Delta e)|}{\sqrt{2}} \tag{10-35}$$

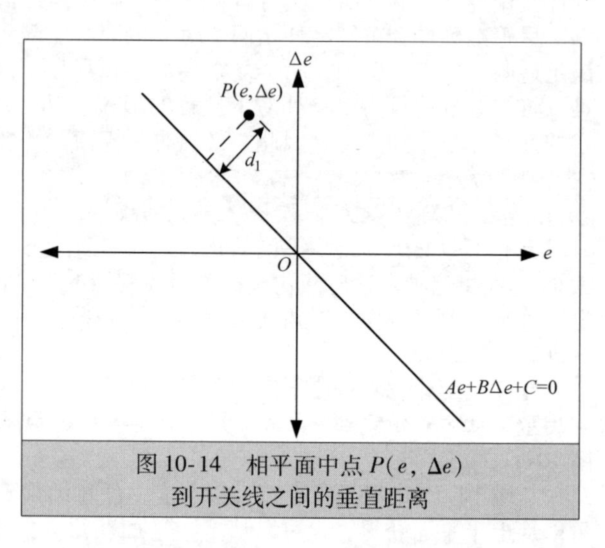

图 10-14　相平面中点 $P(e, \Delta e)$ 到开关线之间的垂直距离

选择四个与［0，1］范围有 50% 重叠的对称三角形隶属度函数作为简易模糊逻辑控制器的输入。由于 d_1 既可以位于上半平面，也可以位于下半平面，因而这个与标准模糊逻辑控制器用到的范围［-1，+1］是对立的范围，它既可为正，也可为负。因此，只需要计算到开关线的一个距离，然后根据实际状态在相平面中的位置来确定距离的正负性。

上半平面和下半平面中的 d_1、d_2、d_3 的值代表了三角形隶属度函数的中心。规则库表在使用逻辑术语时可减少至一维，其中逻辑术语包含：用以描述距离 d 的零（ZO）、小（S）、中（M）、大（B），以及用于控制信号的模糊单元素。在相平面中，任意一点的控制信号的定义如下[29]：

$$u = K_3 S_u u_{us} \tag{10-36}$$

式中，K_3 为输出比例因子，u_{us} 为控制动作，S_u 的表达式为

$$S_u = f_2(e, \Delta e) = \begin{cases} 1 & e + \Delta e \geqslant 0 \\ -1 & \text{其他} \end{cases} \tag{10-37}$$

表 10-2 总结了缩减后的规则库表，图 10-15 阐释了规则库表缩减后的输入隶属度函数。

表 10-2 缩减后的规则库表

	d			
	ZO	S	M	B
u_{us}	0.0	0.33	0.66	1.0

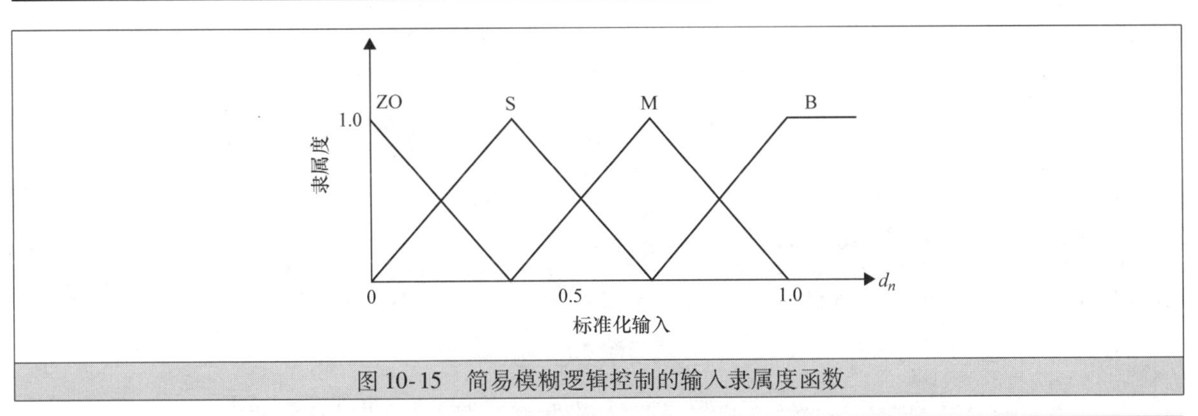

图 10-15 简易模糊逻辑控制的输入隶属度函数

10.6 自适应简易模糊逻辑控制的控制系统设计

表 10-2 总结了缩减的规则库表用来设计自适应简易神经模糊控制。由于设计一个简易神经模糊控制的目标是减少修正参数的个数，因而采用基于零阶 Sugeno 型模糊控制的 ANFIS 用来构建这种控制器。自适应神经模糊控制器的整体结构如图 10-16 所示。

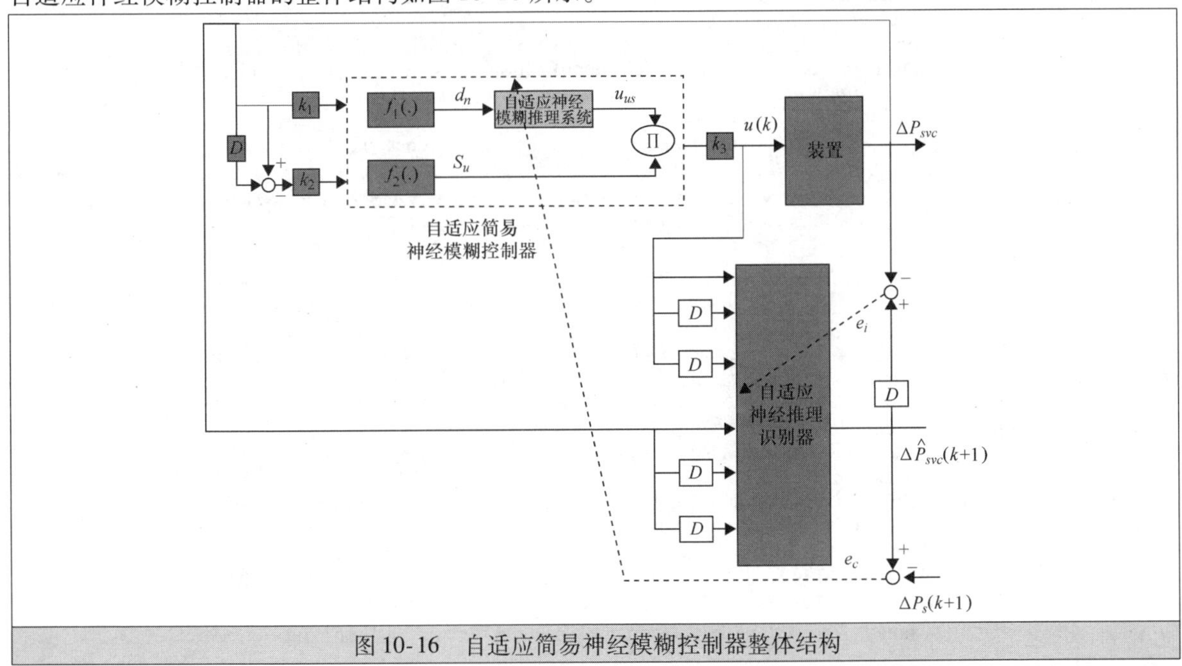

图 10-16 自适应简易神经模糊控制器整体结构

自适应简易神经模糊控制由 ANFIS 网络组成，其层数和节点数均有所减少，包含f_1和f_2两个函数模块，f_1和f_2分别由式（10-35）和式（10-37）给出。如图 10-16 所示，ANFIS 的输入的距离为相平面距离 d，而输出为控制动作 u_{us}。修正控制器隶属度函数中心和结果参数的成本函数定义如下：

$$J(k)=\frac{1}{2}e_c(k+1)^2=\frac{1}{2}\left[\Delta\hat{P}_{svc}(k+1)-\Delta P_d(k+1)\right]^2 \tag{10-38}$$

式中，$\Delta\hat{P}_{svc}(k+1)$是功率偏差的估计值，$\Delta P_d(k+1)$是在时间步 $k+1$ 时刻的期望值。在一般情况下，时间步 $k+1$ 时刻的期望值为 0，因而式（10-38）可写成

$$J(k)=\frac{1}{2}e_c(k+1)^2=\frac{1}{2}[\Delta\hat{P}_{svc}(k+1)]^2 \tag{10-39}$$

在每个采样周期内，隶属度函数的中心和结果参数都将根据式（10-28）和式（10-29）进行修正。式（10-29）可以由$\Delta\hat{P}_{svc}(k+1)$和控制信号 $u(k)$表示为

$$\nabla_\theta J_e(k)=\left[\Delta\hat{P}_{svc}(k+1)\frac{\partial\hat{P}_{svc}(k+1)}{\partial u(k)}\right]\left[\frac{\partial u(k)}{\partial\theta}\right] \tag{10-40}$$

式（10-40）中有三项需要计算，其中，$\Delta\hat{P}_{svc}(k+1)$和$\frac{\partial\hat{P}_{svc}(k+1)}{\partial u(k)}$分别是输出估计和 SVC 的$\Delta\hat{P}_{svc}(k+1)$对 $u(k)$的偏导数。它们能通过神经元识别器获得。$\frac{\partial u(k)}{\partial\theta}$项可由反向传播算法计算得到，如式（10-30）。

新的 ANFIS 系统网络有 4 层，在 1~4 层中分别含有 4 个、4 个、4 个和 1 个神经元。由于规则库表减少至一维而并非二维，第 2 层的结构（如 10.4.1 节中所述）在已提出的设计中将不复出现。显然，新的 ANFIS 的层数和神经元数目都显著减少，从而得到了简化的 ANFIS 网络。除此之外，需要在线修正的控制参数从 21 个（14 个隶属度函数的中心点和 7 个结果参数）减少到了 8 个（4 个隶属度函数的中心点和 4 个结果参数）。这将减少控制器的总计算时间。

参 考 文 献

1. Haykin S. *Neural Networks and Learning Machines*. 3rd edn. Upper Saddle River, NJ, US: Pearson Prentice Hall; 2008
2. Astrom K., Hugglund T. *Advanced PID Control*. Research Triangle Park, NC, US: International Society of Automation (ISA); 2006
3. Zhou Z., Shi W., Bao Y., Yang M. (eds.). 'A Gaussian function based chaotic neural network'. *Proceedings of the International Conference on Computer Application and System Modelling*, vol. 4; Taiyuan, China, Oct 2010. pp. 203–6
4. Karlik B., Olgac V. 'Performance analysis of various activation functions in generalised MLP architectures of neural networks'. *International Journal of Artificial Intelligence and Expert Systems*. 2010;**1**(4):111–22
5. Akpan V., Hassapis G. (eds.). 'Adaptive recurrent neural network training algorithm for nonlinear model identification using supervised learning'. *Proceedings of 2010 American Control Conference*; Baltimore, MD, US, Jun/Jul 2010. pp. 4937–42
6. Werbos P.J. 'Backpropagation through time: What I does and how to do it'. *Proceedings of IEEE*. 1990;**78**:1550–60
7. Werbos P.J. *Neural Network for Control*. Cambridge, MA, US: MIT Press; 1995
8. Zadeh L. 'Fuzzy sets'. *Information and Control*. 1965;**8**:338–53
9. Reznik L. *Fuzzy Controllers*. Oxford, UK: Newnes-Publishers; 1997
10. Wang L. *Adaptive Fuzzy Systems and Control: Design and Stability Analysis*. Upper Saddle River, NJ, US: Prentice Hall; 1994
11. Nurnberger A., Nauck D., Kruse R. 'Neuro-fuzzy control based on the NEFCON-model: recent developments'. *Soft Computing – A Fusion of Foundations, Methodologies and Applications*. 1999;**2**(4):168–82
12. Lin C.T., Lee C.G. 'Neural network based fuzzy logic control and decision system'. *IEEE Transactions on Computers*. 1991;**40**(12):1320–36
13. Jang J.-S.R. 'ANFIS: adaptive-network-based fuzzy inference system'. *IEEE Transactions on Systems, Man and Cybernetics*. 1993;**23**(3):665–85
14. Sulzberger S.M., Gurman N.N.T., Vestil S. (eds.). 'FUN: optimisation of fuzzy rule based systems using neural networks'. *IEEE International Conference on Neural Networks*; San Francisco, CA, US, Mar/Apr 1993. pp. 312–16
15. Abraham A. (eds.). 'Neuro-fuzzy systems: state-of-the-art modelling techniques'. *6th International Work Conference on Neural Networks (IWANN)*; Granada, Spain, Jun 2001. Germany: Springer Verlag; 2001. pp. 269–76

16. Barton Z. 'Robust control in a multi-machine power system using adaptive neuro-fuzzy stabilisers'. *IEE Proceedings on Generation, Transmission and Distribution*. 2004;**151**(2):261–7
17. Farrag M.E.A., Putrus G.A. 'Design of an adaptive neuro-fuzzy inference control system for the unified power-flow controller'. *IEEE Transactions on Power Delivery*. 2012;**27**(1):53–61
18. Munasinghe S.R., Kim M.S., Lee J.J. 'Adaptive neuro-fuzzy controller to regulate UTSG water level in nuclear power plants'. *IEEE Transactions on Nuclear Science*. 2005;**52**(1):421–9
19. Uddin M.N., Wen H. 'Development of a self-tuned neuro-fuzzy controller for induction motor drives'. *IEEE Transactions on Industry Applications*. 2007;**43**(4):1108–16
20. Wang J., Lee C. 'Self-adaptive recurrent neuro-fuzzy control of an autonomous underwater vehicle'. *IEEE Transactions on Robotic and Automation*. 2003;**19**(2):283–95
21. Jen Y. *Advanced Fuzzy System Design and Application*. Germany: Springer Publisher; 2003
22. Albakkar A., Malik O.P. (eds.). 'Intelligent FACTS controller based on ANFIS architecture'. *IEEE Power Engineering Society General Meeting*; Detroit, MI, US, Jul 2011. pp. 1–7
23. Jang P.R., Sun C., Mitzutani E. *Neuro-Fuzzy and Soft Computing – A computational Approach to Learning and Machine Intelligence:* Upper Saddle River, NJ, US: Prentice Hall; 1997
24. Abdelnour G.M., Chang C.H., Huang F.H., Cheung J.Y. 'Design of a fuzzy controller using input and output mapping factors'. *IEEE Transactions on Systems, Man and Cybernetics*. 1991;**21**(2):952–60
25. Ramirez-Gonzalez M., Malik O.P. 'Power system stabilizer design using an online adaptive neurofuzzy controller with adaptive input link weights'. *IEEE Transactions on Power Systems*. 2008;**23**(3):914–22
26. Lee S.J., Ouyang C.S. 'A neuro-fuzzy modeling with self-constructing rule generation and hybrid SVD-based learning'. *Transactions on Fuzzy Systems*. 2003;**11**(3):341–53
27. Yao W., Wen J.J., Wu Q.H. 'Wide-area damping controller for FACTS devices for inter-area oscillations considering communication time delays'. *IEEE Transactions on Power Systems*. 2014;**29**(1):318–29
28. Gacto M.J., Alcalá R., Herrera F. 'Interpretability of linguistic fuzzy rule-base systems: an overview of interpretability measures'. *Information Science – Applications*. 2011;**181**(20):4340–60
29. Ramirez-Gonzalez M., Malik O.P. (eds.). 'Simplified fuzzy logic controller and its application as a power system stabilizer'. *International Conference on Intelligent System Applications to Power Systems*; Curitiba, Nov 2009. pp. 1–6
30. Kaynak O., Jezernik K., Szeghegyi A. (eds.). 'Complexity reduction of rule based models: a survey'. *IEEE International Conference on Fuzzy Systems*; Honolulu, HI, US, 2002, vol. 2. pp. 1216–21
31. Viswanathan K., Oruganti R. 'Nonlinear function controller: a simple alternative to fuzzy logic controller for a power electronic converter'. *IEEE Transactions on Industrial Electronics*. 2005;**52**(5):1439–48
32. Choi B.J., Kwak S.W., Kim B.K. 'Design and stability analysis of single-input fuzzy logic controller'. *IEEE Transactions on Systems, Man and Cybernetics-Part-B Cybernetics*. 2000;**30**(2):303–9
33. Protter M.H., Protter P.E. *Calculus with Analytic Geometry*. Boston, MA, US: Jones and Bartlett Publishers; 1988

第 11 章 »

电力系统稳定器

在交流互连电力系统中，稳态条件下所有同步发电机的转速都相同，即同步速度。当所有同步发电机同步运行时，系统是稳定的。电力系统稳定性的概念即为系统中所有同步发电机保持同步运行的能力和系统受到扰动后恢复到稳定运行点的能力。

电力系统会受到各种各样的扰动，如负载的突然变化，传输线短路故障和传输线断线。这些扰动可能会引起发电机组的机械输入和电输出不平衡，导致发电机速度不是同步速度。由此导致个别发电机组之间的相互振荡。在其他情况下，特别是重载或者损失一个或多个传输线的情况，系统的固有振荡频率没有足够大的阻尼。在这种情况下，即使是正常负载波动这种类型的小扰动都会引起发电机组轴振荡的幅度增加，从而导致角不稳定。

在一个相互关联的系统中，两种不同类型的振荡可以同时退出。其中一种类型为本地模式，发电机波动对系统其他部分的振荡频率变化范围为 0.8 ~2.0Hz。另一种振荡模式称为区域模式，互连系统一部分（区域 1）中的发电机与系统其他部分的电机（区域 2）频率变化范围为 0.8 ~0.4Hz。根据系统的特点，本地模式和区域模式的振荡也会有重叠的部分。

将连续动作的自动电压调节器（AVR）应用到所有同步发电机中。在发电机终端和系统中，人们普遍认为虽然自动电压调节器是维持恰当电压必不可少的部分，但高增益快速作用的自动电压调节器在励磁控制系统中将引入负阻尼[1,2]。

引进附加信号可以抑制同步发电机励磁系统中本地模式和区域模式的振荡。这一观点在 20 世纪 50 年代就得到了认可；并且取得了很多成功的经验，其中自动电压调节器引入附加控制信号可以显著提高转子的振荡阻尼，该信号采自恰当选择的反馈信号。用于产生附加控制信号的装置称为电力系统稳定器（PSS）。

11.1 常规 PSS

发电机励磁系统的原理框图如图 11-1 所示。AVR 的输出是由发电机端电压参考值和实际端电压幅值的差所决定。励磁绕组的大电感导致机械流量和终端电压响应的延迟。这种可以认为是相位滞后的延迟会导致无阻尼效应甚至还有可能引发振荡稳定性问题。

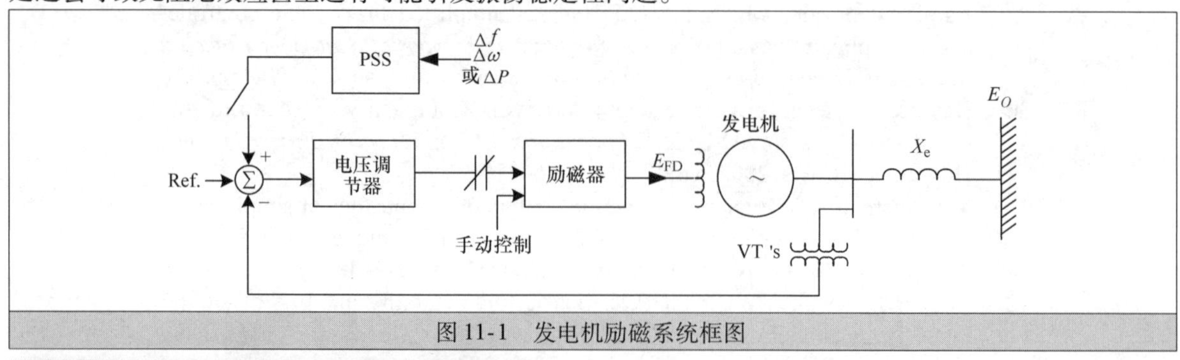

图 11-1 发电机励磁系统框图

11.1.1 常见的 PSS 配置 ★★★

采用 PSS 可以改善高增益响应快的 AVR 所产生的负阻尼效应和励磁电路中的时间延迟。通过 PSS

输出调节发电机励磁，能够在转子转速偏差相位上发展一个转矩并且增加特征机电振荡的阻尼[3,4]。通过各种公用事业类型发电机进行的无数研究和试验证明，对 PSS 进行适当调整和测试能够提高电力系统的稳定性，甚至可以超过传统系统稳定极限并且增加整体系统的阻尼。

最常用的 PSS（CPSS）通过可调超前滞后补偿功能（$T_1 \sim T_4$）（见图11-2），在一个动态频率0.4～2.0Hz 上对 AVR 输入和发电机轴速度之间的相位差提供相位补偿（见图 11-1）。PSS 的增益 K_s 定义为 PSS 控制回路稳定性的最高约束。高频滤波器允许抑制潜在不稳定扭转振荡或者其他扭转噪声源。洗涤滤波器是一个可以删除任何直流信号的高通滤波器。它的时间常数很长，通常为 5～10s。在暂态条件下输出限制器通过 AVR 限制 PSS 的输出。

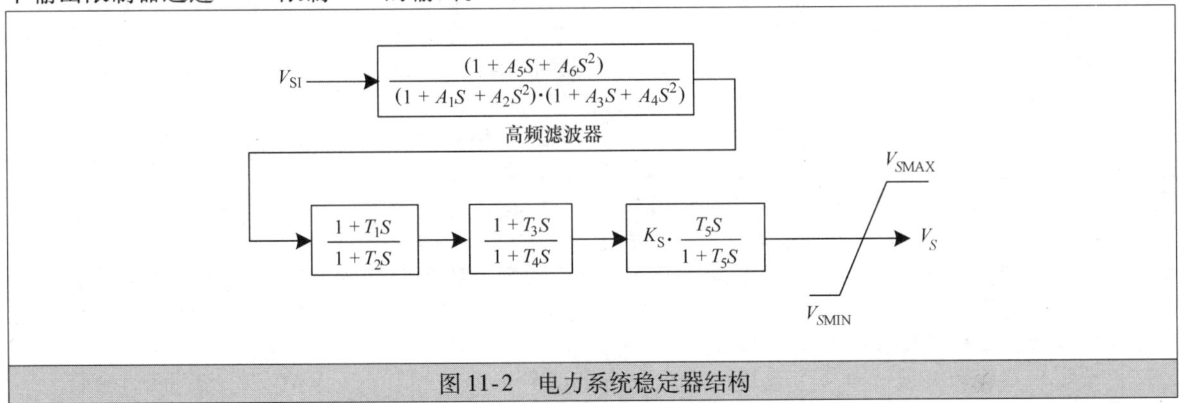

图 11-2　电力系统稳定器结构

常用的 PSS 输入信号与发电机轴速度 D_w、电频率偏差 D_f、电力输出变化 ΔP_e和加速功率的变化有关。在某些情况下它们可以结合起来用。根据所使用的反馈信号，已发展出 PSS 的替代形式[5]。

11.1.2　PSS 输入信号★★★

早期设计的 PSS 直接测量轴速度[2]。需要使用扭转滤波器减弱扭转成分，引入额外的相位滞后来限制允许的稳定器增益。在发电机组轴上安装速度摄像传感器时需要特别小心，以便过滤掉不期望的频率[6]。

另一个成功应用的输入信号是终端频率。其频率可以直接使用。同样地，在某些情况下将端电压和电流输入结合在一起产生一个接近发电机轴速度的信号，称为“补偿”频率。

相比本地模式而言，频率信号在区域振荡模式下更加敏感。因此，它可以提供更好的区域模式阻尼[3]。频率信号也需要过滤掉扭转成分。此外，大型工业负载的电力系统配置变化或噪声可能会引发巨大的频率瞬变，由此影响发电机的励磁电压[7]。

电能的测量很简单，且可以通过转矩方程找到它与发电机速度之间的关系：

$$\text{加速转矩} = \text{输入(机械)转矩} = \text{输出(电)转矩} \tag{11-1}$$

即

$$\frac{2H}{\omega}\frac{\mathrm{d}^2\delta}{\mathrm{d}t^2} = T_m - T_e \tag{11-2}$$

式中，H 是惯性常数（s），ω 是频率（rad/s），T_m是机械输入转矩（N·m），T_e是电机输出转矩（N·m）。

考虑到机械时间常数远大于电气时间常数，忽略机械转矩的变化，轴加速度（超前速度 90°）可以看作一个缩小版的电功率。由电功率偏差得到的稳定信号结合高通和低通滤波器可以提供纯阻尼力矩。基于功率的 PSS 可以用作很多 PSS 的基础。这样的 PSS 可以提供一个频率下的纯阻尼。同样，当机械功率发生变化时，PSS 会产生多余的输出。这将严重限制 PSS 的输出和增益。

在配置 PSS 时输入的任何速度、频率或者功率信号都有很多的局限性，在参考文献[8－10]中讲述的就是直接测量发电机加速功率的方法。由于这些方法在设计上都很复杂，在参考文献[5]的 PSS2A 中介绍了一种测量加速功率的间接方法。这个 PSS 的原则是基于轴速度和电信号得到加速功率信号的积分并通过整理式（11-1）得到如下形式

$$\int \frac{\Delta P_a}{2H}\mathrm{d}t \rightarrow -\frac{\Delta P_e(s)}{2Hs} + G(s)\left[\frac{\Delta P_e(s)}{2Hs} + \Delta\omega\right] \tag{11-3}$$

式中，P_a是加速功率，P_e是电功率，$G(s)$是低通滤波器的传递函数。

两个输入信号通过高通滤波器并且在单独的通道中进行处理，然后在稳定增益和超前/滞后阶段形成一个输入信号。在涉及电力信号的路径中该 PSS 不需要扭转滤波器。然而，由于速度和有功功率这两个输入之间的关系紧密，因此根据增益和滤波器常数匹配两个信号路径是至关重要的。

11.1.3 常见的 PSS 特性 ★★★

通过发电机励磁系统注入补充反馈信号来提高发电机转子振荡的阻尼得到了成功的验证。如 11.1.2 节中所描述，一般来说，各种输入信号输入到 PSS 中，组成二阶相超前/滞后网络的增益。在适当的阻尼作用下，通过调整稳定器的超前、滞后和增益可以设置合适的 PSS 参数。很多电力公司采用的传统 PSS，基于固定配置电力系统模型，使用线性控制理论针对线性化的运行点进行离线设计。它的机构简单，灵活性高且容易实现。它为提高电力供应的电能质量做出了重要贡献。

电力系统是复杂且非线性的系统。它的参数不仅取决于运行条件，还与它的配置和参数随时间变化有关。这可能导致数学模型和物理条件之间的差异。因此，在宽泛的发电厂运行条件下，基于传统线性控制理论的 PSS 很难实现所需的控制性能。为了提高电力系统的性能和稳定性，参考文献 [3, 11-18] 中提出了很多其他方法来设计一个固定参数的 PSS，如采用线性二次型最优控制 H∞、变结构、规则型和人工智能（AI）技术来设计 PSS。所有固定参数控制器的共同特点是离线设计。为了获得令人满意的控制性能，可以开发一个控制器，使其不仅能够考虑到电厂的非线性性质，而且在它工作时能够根据工作环境在线调整其参数。

传统稳定器参数必须针对每个应用而设计。它的参数一旦进行设计、调整和实施后就是固定值。它们可以仅在一个振荡频率上设置最优阻尼。电力系统振荡是多种模式的。当传统 PSS 参数为一组运行条件做调整时，所选取的参数应折中考虑局部振荡模式和区域模式振荡。因此，一般来说固定参数的 PSS 在所有运行条件下不能保持相同的电能质量。

11.2 基于自适应控制的 PSS

过程控制中最常见的程序就是将输出的实际测量值与所需值进行比较，然后通过一个调节器和制动器将其差值和误差作为输入反馈到过程中。存在许多原理可应用到控制计算中以减少误差。使用这种技术所需的控制规律为

$$u(t) = f[\boldsymbol{\theta}_s(t), \boldsymbol{y}(t), \boldsymbol{u}(t-T)] \tag{11-4}$$

式中，$\boldsymbol{\theta}_s(t)$ 是系统的参数向量；$\boldsymbol{y}(t)$ 是输出向量 $[\boldsymbol{y}(t)\boldsymbol{y}(t-T)\cdots]^{\mathrm{T}}$；$\boldsymbol{u}(t-T)$ 是控制向量 $[u(t-T)u(t-2T)\cdots]^{\mathrm{T}}$，T 上标表示转置；$T$ 为采样周期；$f[.]$ 表示函数。

如果参数向量已知，为了满足具体的性能标准，可以直接计算控制参数。然而，一个复杂的非线性系统的动态是跟随时间变化的，且其与系统运行条件及扰动等因素有关。

一个自适应控制器是否有能力去修改它的行为取决于闭环系统的性能。自适应控制器的基本功能如下：

- 未知参数的识别或性能指标的测量；
- 确定控制策略；
- 在线修改控制器的参数。

将这些功能进行组合可以得到不同类型的自适应控制器。自 20 世纪 70 年代中期以来，励磁控制提出了各种自适应控制技术。在本节中对励磁控制方面的自适应控制技术进行一个简要的回顾。

两种不同的方法——直接自适应控制和间接自适应控制——可以用来自适应控制电厂。在直接控制中，控制器的参数可以直接进行调整以减少输出误差的范数。在间接控制的任何时候 k，且控制器的参数向量适用于估计的电厂向量时，可以估计电厂的参数以作为向量的元素。

11.2.1 直接自适应控制 ★★★

一个常见的直接自适应控制形式即为模型参考自适应控制（MRAC）。MRAC 系统的目标为更新控制器参数使得闭环系统通过参考模型保持性能。它需要一个合适的模型、一个自适应机制和控制器。

MRAC系统的结构如图11-3所示。在MRAC中，由相同输入控制系统所组成的参考模型中的期望闭环性能来衡量实际系统的性能。其目的在于尽量减少实际系统输出和参考模型输出之间的误差和差值。图11-3中的“适应机制”模块用于更新控制器参数。其所采用的各种方法都可以减少误差产生。

确保MRAC成功的最重要的特征就是选择适当的参考模型和参数。所选择的参数必须使得该系统能够跟随参考模型输出，并且控制信号保持在物理控制范围内。参考文献[19]中描述了一个系统的方法，即为电厂确定适当的参考模型。

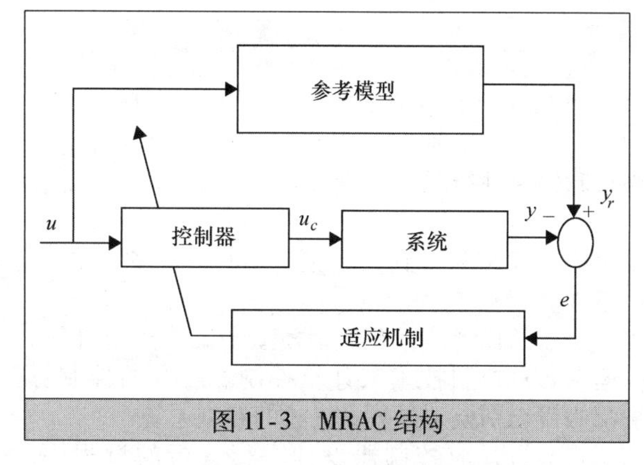

图11-3　MRAC结构

应用基于MRAC规则的自适应PSS（APSS）如图11-4所示。将适用系统性能的具有自学习能力的模糊逻辑控制器（FLC）用于追踪参考模型。其两个输入分别为发电机转速偏差及其导数和补充控制输出，其每个都有7个隶属方程。FLC采用Mamdani型模糊比例微分（PD）规则库[20]。更新控制器输入隶属函数的中心点，即模糊控制器的权重使用快速下降算法提供自学习能力。因此，它可以适应系统性能来跟踪参考模型。

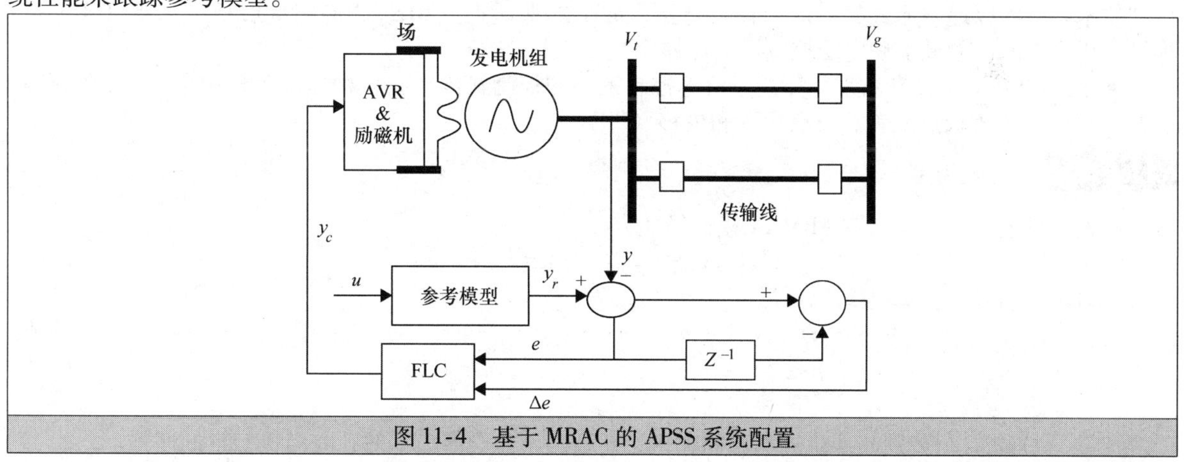

图11-4　基于MRAC的APSS系统配置

大量的研究结果表明，在广泛的运行条件下APSS提供了良好的阻尼并且提高了系统的性能。图11-5所示为当传输线中间位置发生三相接地故障时，基于MRAC的FLC和固定中心的FLC的系统响应。

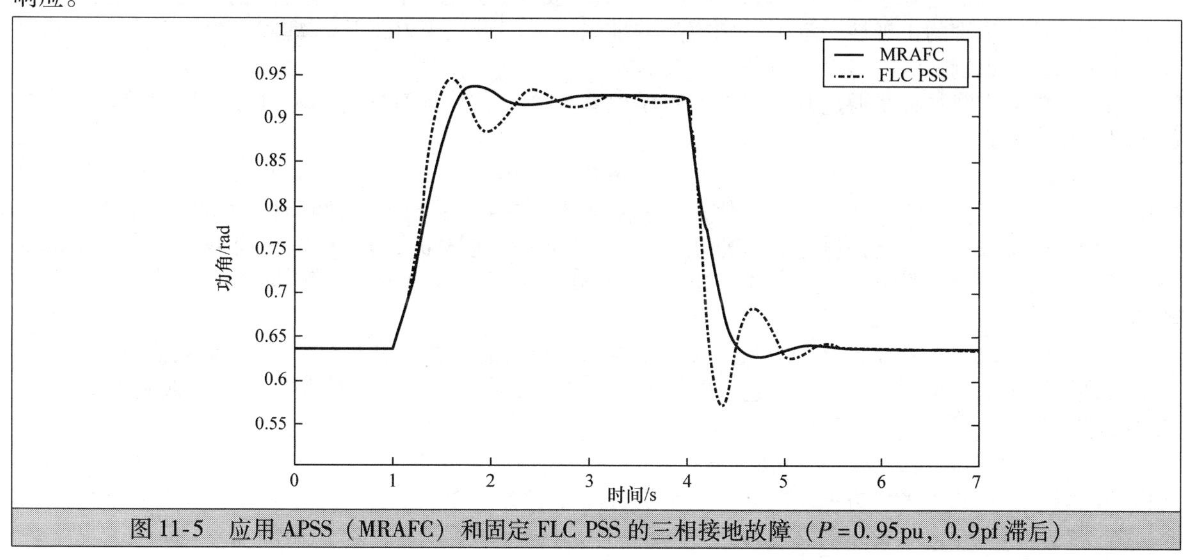

图11-5　应用APSS（MRAFC）和固定FLC PSS的三相接地故障（P=0.95pu，0.9pf滞后）

11.2.2 间接自适应控制 ★★★

图 11-6 所示为自整定控制器的间接自适应控制的一般结构。在每个采样时刻，对发电机组的输入和输出进行采样，通过在线识别算法获得表示发电机组暂态动态行为的发电厂模型。预计的是每个采样时刻得到的模型都可以追踪系统的运行条件。

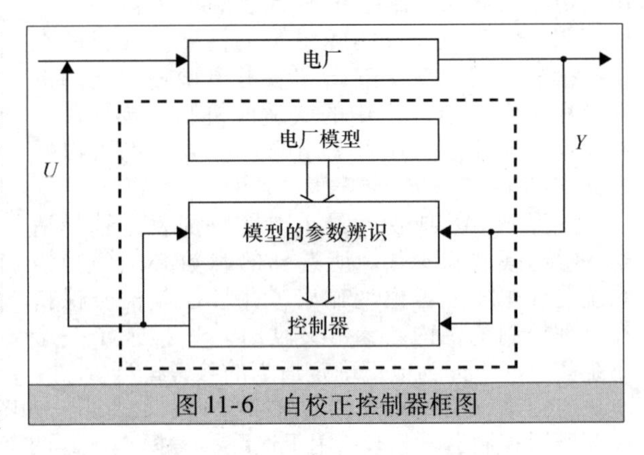

图 11-6 自校正控制器框图

所需的控制信号在识别模型基础上进行计算，并运用各种控制技术来计算控制。所有的控制算法都假设识别模型是数学描述的控制系统。

在对自适应控制器设计进行分析的过程中，用采样数据的设计技术计算控制。间接自适应控制过程包括：

- 采样频率 f_s 的选择，其约 10 倍正常频率的振荡阻尼。
- 更新系统参数（在 z 域系统传递函数的系数）在每个采样间隔 $T(=1/f_s)$ 使用适用于实时应用的识别技术。一些以递归形式的识别例程，例如，最小二乘递推（RLS）、递归扩展最小二乘（RELS），都可以用来在离散领域上确定受控电厂的传递函数。
- 使用更新的估计参数来计算基于所选控制策略的控制输出。在各种控制策略中最佳的控制有最小方差（MV）、零极点配置、极点配置和极移（PS）。

11.2.2.1 系统模型

该发电机组是由一个离散 ARMAX 模型描述

$$A(z^{-1})y(t) = B(z^{-1})u(t) + e(t) \tag{11-5}$$

式中，$A(z^{-1})$ 和 $B(z^{-1})$ 多项式以延迟算子 z^{-1} 格式为

$$A(z^{-1}) = 1 + a_1 z^{-1} + \cdots + a_i z^{-i} + \cdots + a_{n_a} z^{-n_a} \tag{11-6}$$

$$B(z^{-1}) = b_1 z^{-1} + \cdots + b_i z^{-i} + \cdots + b_{n_b} z^{-n_b} \tag{11-7}$$

$$n_a \geqslant n_b$$

变量 $y(t)$ 和 $u(t)$ 分别是系统的输出和输入，$e(t)$ 假设为均值为零的独立随机变量的序列。

11.2.2.2 系统参数估计

a_i 和 b_i 为基于确定模型参数所计算的控制。因此，要计算适合不同运行条件下的控制，系统的参数应该在线估计。识别的正确性决定了识别模型的准确性，其可以更好地反映真实系统。对于一个随时间变化的系统，识别方法的追踪能力是非常重要的。

系统参数的在线估计是通过调节器中的数学模型得到的，其具有描述实际过程的期望结构。这样的模型可以表示为

$$\hat{y}(t) = g[\theta_m, \xi(t)] \tag{11-8}$$

式中，$\hat{y}(t)$ 是系统输出的预测（估计）值；θ_m 是模型参数向量；$\xi(t)$ 是在预测时间内的已知信息。

该模型的参数向量可能是恒定的，即 θ_m，或者是时间的函数 $\theta_m(t)$。根据该模型来追踪系统的动态，即调节系统本身，且其参数在一定时间间隔必须不断更新，此时间间隔与系统的时间常数是一致的。

参考文献［21］中提出的几种方法是关于获得估计模型的参数向量 $\theta_m(t)$。RLS 参数估计是一种常用的实现连续跟踪系统行为的技术。它可以最大限度减少实际系统输出和模型输出之间误差的 2 次方，估计参数向量 $\hat{\theta}_m(t)$ 为

$$\hat{\theta}_m(t) = h[\hat{\theta}_m(t-T), P(t), \xi(t)] \tag{11-9}$$

式中，$P(t)$ 是估计误差的协方差矩阵。一般来说它包含了整个过程。

为了提高标识符追踪实际系统运行条件的能力，用遗忘因子来减小旧数据的重要性。它可以是常

数也可以是一个变量。尤其是在大扰动情况下，可变遗忘因子可以用来提高追踪能力且在每一个采样间隔进行在线计算[22]。

11.2.3　间接自适应控制策略 ★★★

下面描述4种控制策略。

11.2.3.1　LQ控制

LQ控制算法的目标是最小化性能指标[23]。性能的选择是为了减小系统输出和系统输入之间的误差。LQ控制器的优点在于，在参数估计准确的条件下它能够使得闭环系统稳定。然而为了实现这一特性需要求解Riccati方程，所以又带来了沉重的计算负担。此外，该控制器设计为状态空间形式并且采用一种常见的识别技术来估计系统参数的输入/输出形式。因此，观察者需要将系统参数转换成一个规范的形式。

11.2.3.2　MV控制

这种控制策略的目标是最大限度地减少输出的方差[24]。在零控制条件下首先预测下一个采样时刻的输出误差。这个控制会驱动此次预测误差为零再开始计算。虽然这种控制策略具有良好的性能，但是它的特点使得它难以用于励磁控制。

在此策略中，控制器极点可以直接从所确定的系统零点处得到。如果采样系统的动态是非最小相位，那么闭环系统将会变得不稳定，即系统在z域单位圆上或者外部有一个零点。如果确定的零点在系统零点处不取消，那么将可能会导致控制计算不稳定。在一个样本中不能取消大的参数误差时，该MV控制器将会产生一个振荡响应。该激励信号是有频带限制的，且使用MV控制器会导致过度控制和不良控制行为。使用零极点控制器或极点配置控制器可以避免使用MV控制器所产生的问题。

11.2.3.3　零极点和PA控制

在零极点配置（PZA）控制器中，闭环中的极点和零点是由设计者预先指定[25]。然而在MV情况下，所有的极点都转向z域单位圆的中心，PZA中的极点和零点都转向产生所需要闭环特性的位置。因此需要在性能和控制工作之间进行权衡。虽然这个控制器不像MV控制器那样受到非最小相位和带限输出的影响，但是设计者必须知道系统的特性以达到所需的性能。在这方面该算法可以与MRAC相比较。

在不确定的情况下，预先选择极点和零点的位置很困难，而且它们的选择可能会导致不稳定的控制计算。

在PA控制器中只有极点，而不是既存在极点又存在零点[26]，否则它与PZA控制器完全一样。

11.2.3.4　PS控制

PS控制器在本质上就是PA控制器，但其闭环极点是通过将开环极点径向朝z域单位圆的中心移动得到。极点朝着中心移动直接关系到阻尼的增长。这种方法的优点是能够得到一个稳定的控制器。PS控制算法的详细描述和它作为APSS的应用在11.3节中介绍。

11.3　基于PS控制的APSS

基于PS策略的APSS应用已经做了大量的研究。这样的PSS可以根据其工作环境在线调整其参数，还可以在广泛的电力系统运行条件下提供良好的阻尼。

11.3.1　自动调节的PS控制策略 ★★★

在PS控制策略中，闭环控制系统的极点（有PSS）是通过少于一个因子从开环位置（无PSS）朝着z平面的中心移动。这个因子，称之为“极点转移因子”，其通过在线变化来产生最大阻尼，且其变化不超过控制范围。为了确定所需的控制，此系统可以通过具有时变参数的线性低阶离线模型来描述。

给定结构的系统模型参数估计在 11.2.2.2 节中进行了描述，此参数在控制算法中用于计算更新的控制。调节器的框图如图 11-6 所示。因为控制是基于估计的模型参数向量$\hat{\theta}_m(t)$，则式（11-4）变成

$$u(t) = f[\hat{\theta}_m(t), y(t), U(t-T)] \tag{11-10}$$

通过式（11-5）进行系统建模，假设反馈回路形式为（图 11-7a）

$$\frac{u(t)}{y(t)} = -\frac{G(z^{-1})}{F(z^{-1})} \tag{11-11}$$

通过式（11-5）和式（11-11）可以得到闭环特征多项式$T(z^{-1})$为

$$A(z^{-1})F(z^{-1}) + B(z^{-1})G(z^{-1}) = T(z^{-1}) \tag{11-12}$$

与参考文献[26]中运用极点配置算法求取$T(z^{-1})$不同，PS 算法将$T(z^{-1})$变成$A(z^{-1})$的形式，但极点的位置通过因子α转移得到，即

$$T(z^{-1}) = A(\alpha z^{-1}) \tag{11-13}$$

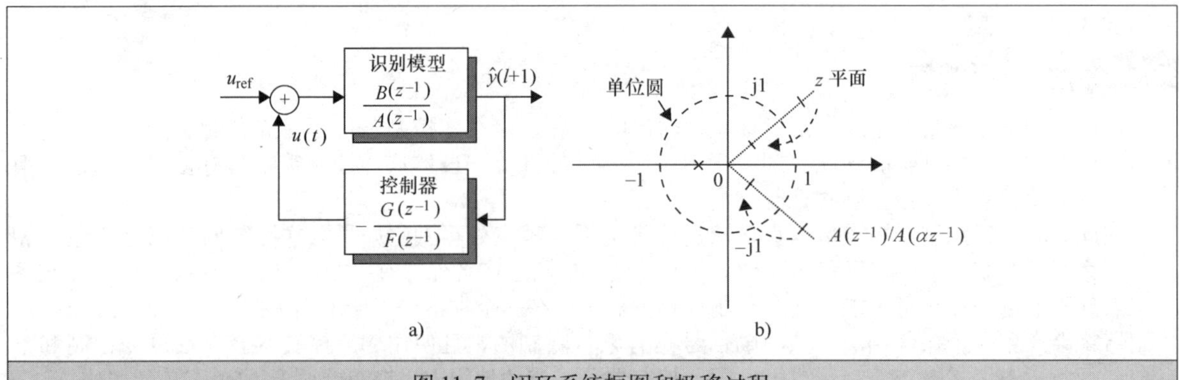

图 11-7　闭环系统框图和极移过程

a）闭环系统框图　b）极移过程

在 PS 算法中，α是一个标量，是唯一确定的参数且它的值反映了闭环系统的稳定性。假设λ是$A(z^{-1})$最大特征根的绝对值，则$\alpha\lambda$是$T(z^{-1})$的最大特征根。为了保证闭环系统的稳定性，α应该满足以下不等式条件（稳定性约束）：

$$-\frac{1}{\lambda} < \alpha > \frac{1}{\lambda} \tag{11-14}$$

PS 的过程示意图如图 11-7b 所示。可以看出一旦$T(z^{-1})$确定，$F(z^{-1})$和$G(z^{-1})$可以通过式（11-12）求得，因此控制信号$u(t)$可以通过式（11-11）得到。

为了考虑控制系统的时域性能，性能指标J是为了测量预测系统输出$\hat{y}(t+1)$及其参考$y_r(t+1)$之间的差值：

$$J = E[\hat{y}(t+1) - y_r(t+1)]^2 \tag{11-15}$$

E为期望算子，$\hat{y}(t+1)$由系统参数多项式$A(z^{-1})$、$B(z^{-1})$和之前的$y(t)$和$u(t)$信号序列确定。考虑到$u(t)$是极移因子α的函数，则性能指标J为

$$\min \quad \alpha J = f[A(z^{-1}), B(z^{-1}), u(t), y(t), \alpha, y_r(t+1)] \tag{11-16}$$

在式（11-16）中，极移因子是唯一的未知变量，其可以通过最小化J来确定。

约束条件：

当最小化$J(t+1, \alpha)$时，应当注意的是α将受到以下约束：

- 稳定器必须保持闭环系统稳定。这意味着闭环特征多项式$A(z^{-1})$的所有根必须位于z平面的单位圆内（见式（11-14））。
- 为了避免伺服饱和或设备损坏，设计稳定器时应考虑控制极限。最优解α同样也应该满足以下不等式（控制约束）

$$u_{min} \leqslant u(t, \alpha) \leqslant u_{max} \tag{11-17}$$

发生 50ms 三相接地故障的$T(z^{-1})$极模式如图 11-9 所示，其中故障位置在连接发电机和恒定电压总线（见图 11-8）的双回路传输线中的一条线的中间位置处。控制前的极模式如图 11-9a 所示。由于两个极点位于单位圆外，所以闭环系统处于不稳定状态。采用 PS 控制后的极模式如图 11-9b 所示。所

有的极点都在单位圆内，则闭环系统稳定。由此表明，PS 控制保证了闭环系统的稳定性并且优化了式 (11-16) 的性能。

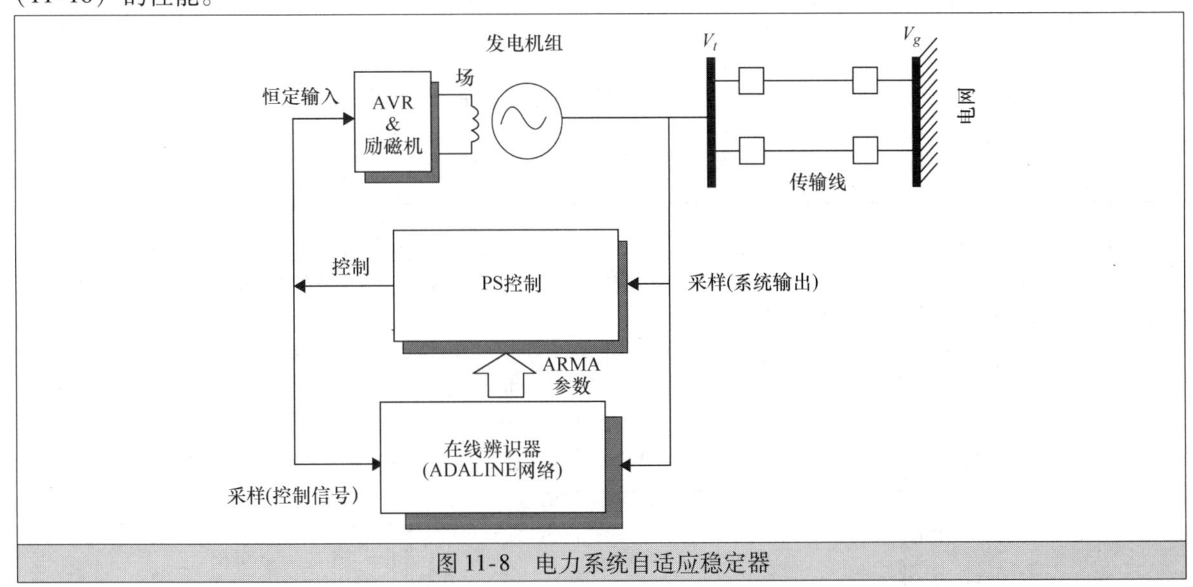

图 11-8 电力系统自适应稳定器

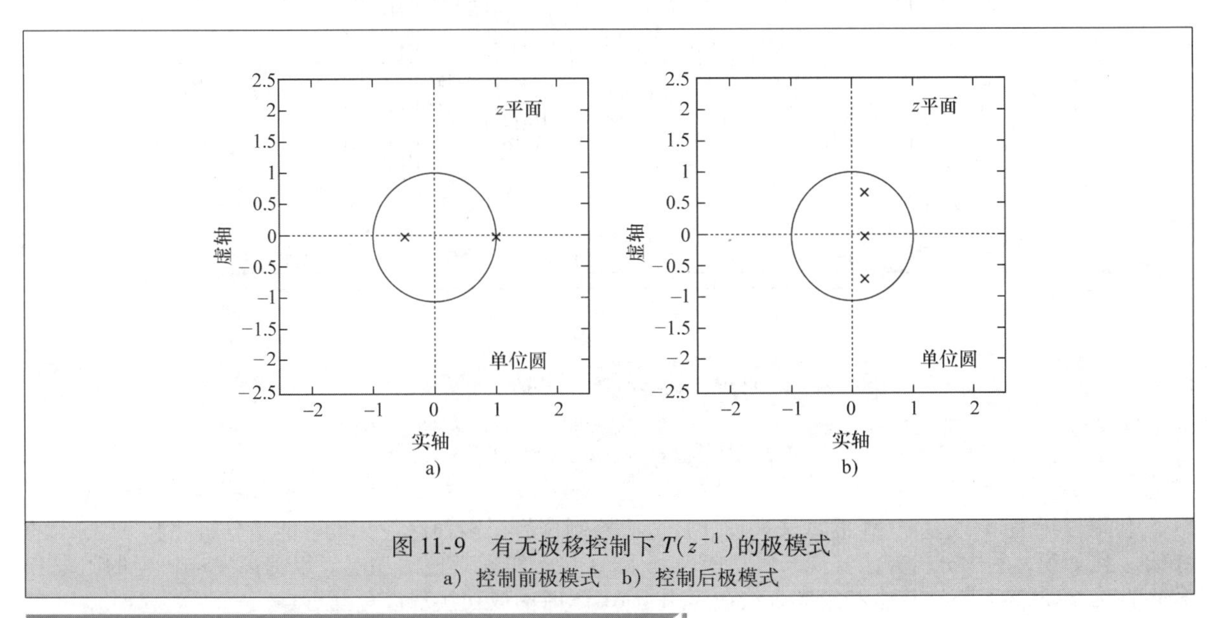

图 11-9 有无极移控制下 $T(z^{-1})$ 的极模式

a) 控制前极模式 b) 控制后极模式

11.3.2 极移控制下的 PSS 性能研究 ★★★

已有研究对基于极移控制算法的自校正自适应控制器在多种系统情况下的性能进行了仿真研究，其中有单机系统[22,27]、多机系统[28]、实验室的单机物理模型[29]和多机物理模型[30]、400MW 热力发电机满载条件下接入到系统的情况[31]。

单机系统由一个同步发电机通过两条传输线连接到恒定电压总线组成（见图11-8）。可以用一个非线性七阶模型来模拟该系统的动态行为。参考文献[22，27]中给出了模拟同步发电机微分方程及仿真研究中所用到的参数。发电机采用 IEEE 421.5，AVR 和励磁机类型为 ST1A。IEEE 421.5，PSS1A 类型的 CPSS[32]用于比较研究。

参数识别和控制计算时的系统输出采样频率为 20Hz。各种采样率下的研究表明，采样率在 20 ~ 100Hz 范围内变化时的性能实际上是相同的，超过 100Hz 以上的采样频率没有实际的好处，且低于 20Hz 以下的采样率会使得性能恶化。为了确保有足够的时间用于更新参数和控制计算，可以选择 20Hz

的采样率。在大多数研究中，将电功率输出的偏差作为 PSS 的输入。输出控制限制在 0.1pu。

仿真研究结果表明，APSS 暂态稳定裕度的影响见表 11-1。单机无穷大系统最初运行在 0.95pu 功率且功率因数 0.9（滞后），三相接地故障施加在一条传输线送端的附近。观察表 11-1 得出，APSS 的最大切除时间最长。

表 11-1 暂态稳定裕度结果

	无 PSS	有 CPSS	有 APSS
最大切除时间/ms	120	150	165

该 APSS 在微处理器上得到了应用，且在单机无穷大系统的物理模型上进行了实时测试。系统运行在稳定工作点时，应用 APSS 且转矩参考轴逐渐增加到 $P = 1.307$pu，$pf = 0.95$ 超前，$v_t = 0.950$pu 的水平。在此负载下，系统仍然是稳定的。

在 5s 时，APSS 切换到 CPSS（见图 11-10）。开关切换后，系统开始振荡和发散，这就意味着在这一负荷水平下，CPSS 不能维持系统稳定。约在 25s 时切换回 APSS 来控制不稳定系统，如图 11-10 所示系统很快就恢复了控制。本次实验表明，ASPSS 相比 CPSS 而言能够提供一个更大的动态稳定裕度。同样地，如果某些情况下必须要求过载操作时，APSS 可以帮助传输更多的功率。

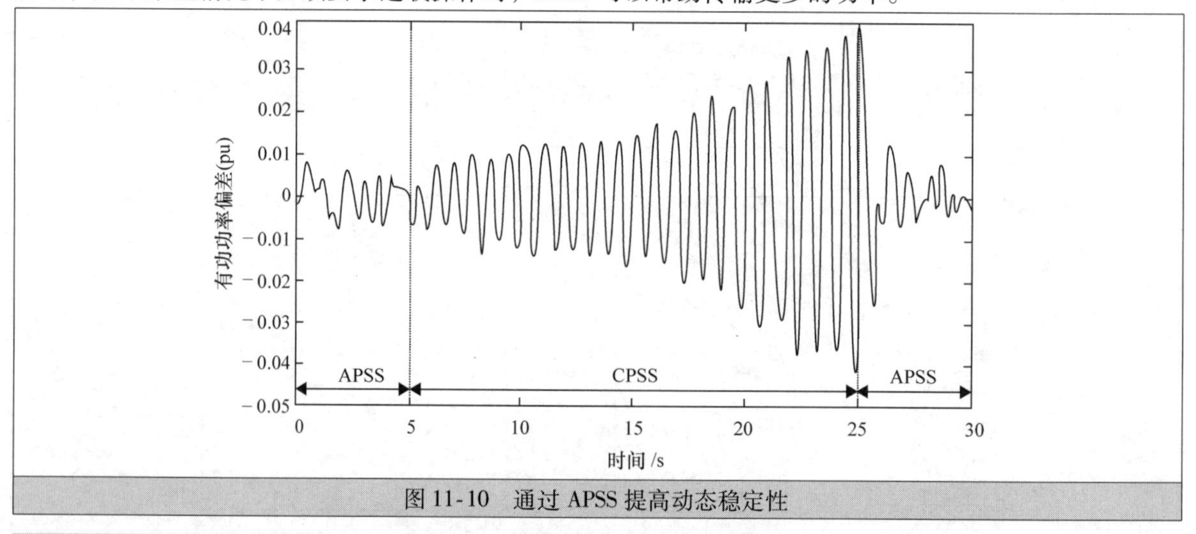

图 11-10 通过 APSS 提高动态稳定性

11.4 基于 AI 的 APSS

利用分析法和/或基于 AI 的算法来设计自适应控制器有很多种途径。也可能是分析法和 AI 技术的结合，比如说，利用分析方法实现某些功能而利用 AI 技术实现其他的功能。以提高发电机组的阻尼和稳定性为场景，对纯 AI 技术和集成方法在应用于 APSS 时的成功实现进行分析。

11.4.1 具有 NN 预测器和 NN 控制器的 APSS ★★★

使用在线递归识别技术辨识电厂模型是计算量很大的一个任务。神经网络（NNS）提供可选择的无模型方法。采用间接自适应控制方法成功开发了基于 NN 的自适应控制器。其结合了 NNS 的优点和自适应控制器的良好性能。在该控制器中，在每个实时采样周期训练 NN 时，将 NNS 的学习能力应用到适应过程中。

该控制器由两个子网络组成，如图 11-11 所示。一个子网络是自适应神经网络识别（ANI），是用于确定电厂的内部权重和预测电厂的动态特性。它是建立在电厂的输入和输出上且不需要电厂的运行状态。第二个子网络是一个自适应神经网络控制器（ANC），其可以提供必要的控制措施来抑制电厂的振荡。

控制算法是否成功取决于辨识器预测电厂动态行为的准确性。最初 ANI 和 ANC 在广泛的运行条件和多种可能发生的干扰下进行离线训练。经过离线训练阶段将控制器连接到系统。在每个采样周期内完成 ANI 和 ANC 权重的进一步更新。在线训练能够让控制器追踪电厂的变化并且提供相应的控制信号。

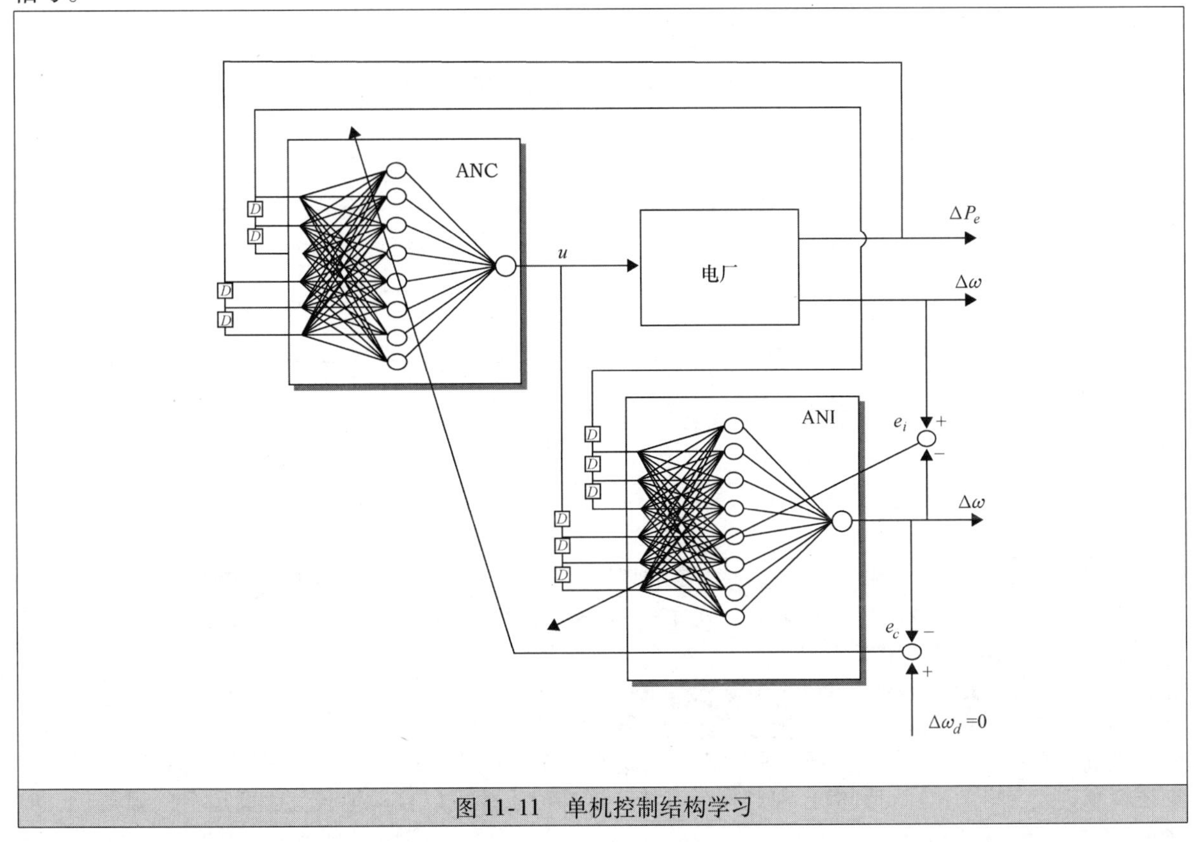

图 11-11　单机控制结构学习

在两个子网络中采用前馈多层网络，可以建立一个基于 NN 的 APSS（NAPSS）[33]。通过使用在线反向传播算法，在每个采样周期内对这两个网络进行进一步的训练。用于训练 ANI 和 ANC 的误差为标量，且对于每个子网络来说，在每个采样周期内只进行一次学习。这就减少了训练算法的计算时间。

如图 11-12 所示，基于自适应网络 APSS 的性能同样也在五机互连系统中进行了测试。不含无穷大系统的五机电力系统中的发电机组是通过五阶微分方程建立的模型。在母线 3 和 6 之间的双回路传输线的一条线路上，发生三相接地故障后的结果如图 11-13 所示。

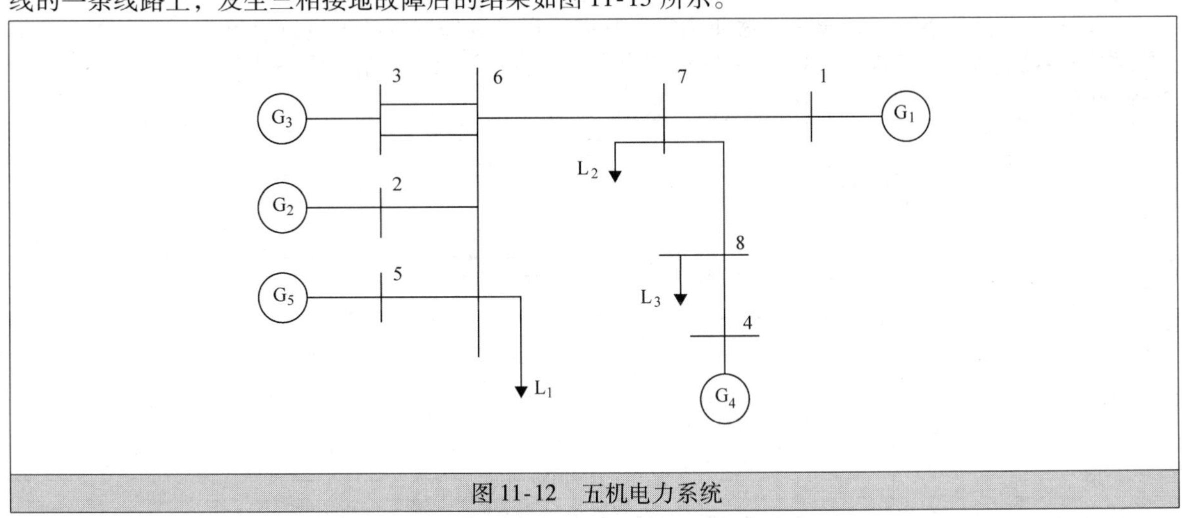

图 11-12　五机电力系统

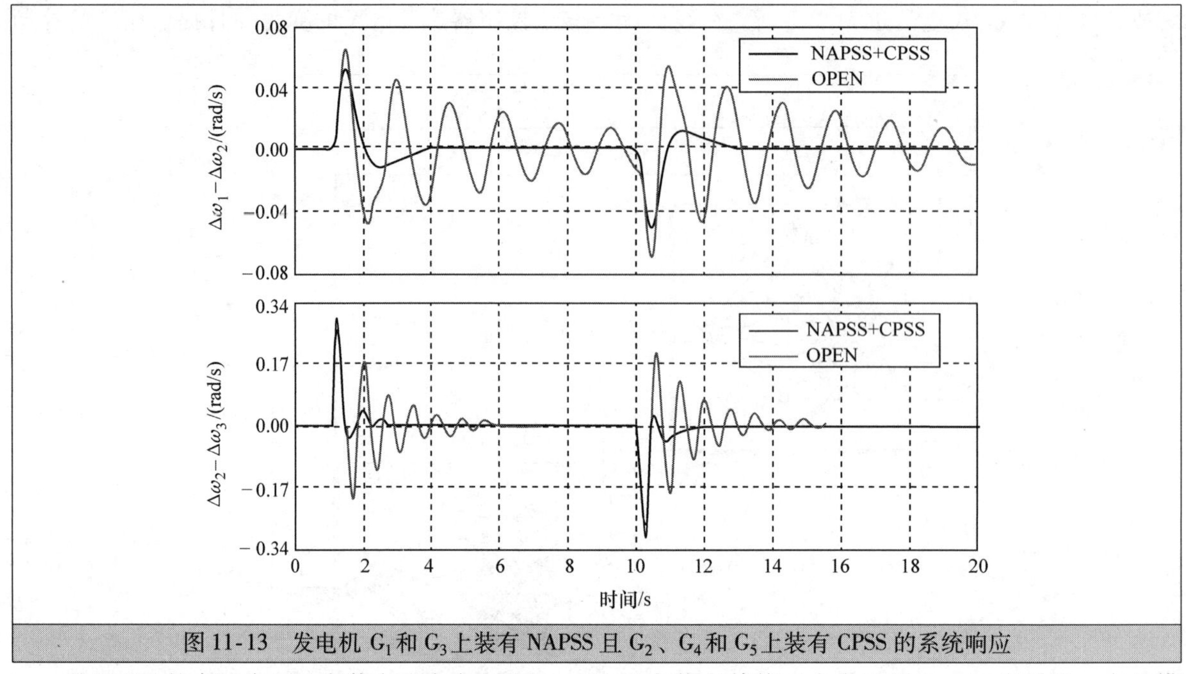

图 11-13　发电机 G_1 和 G_3 上装有 NAPSS 且 G_2、G_4 和 G_5 上装有 CPSS 的系统响应

基于 NN 的自适应 PSS 安装在两个发电机上，CPSS 安装在其他三个发电机上。可以看出，本地模式和区域模式振荡都产生有效阻尼。

11.4.2　基于自适应网络的 FLC ★★★

模糊逻辑和 NN 在它们的发展前景和概念上相互补充。在基于自适应网络的 FLC 形式下，利用模糊逻辑和神经网络的优点得到混合神经模糊方法。这样的系统可以自动地找到一套适合的规则和隶属函数[35]。

11.4.2.1　结构

在神经模糊控制器中，在网络结构的框架上实现系统。考虑 FLC 的函数形式下（见图 11-14），FLC 可用五层前馈网络表示，其中每一层对应于一个特定的功能且每层的节点函数类型相同。用这种网络表示的模糊逻辑系统，其直接应用反向传播或类似的方法来调整隶属函数和推理规则的参数。

在这个网络中，从一层到下一层节点之间的连接只能表示信号流的方向，且部分或者所有节点都包含可调参数。这些参数是由学习算法所指定，且应根据给定的训练数据进行更新，一个基于梯度的学习程序实现了所需的输入/输出映射。它可作为非线性动力系统的一个辨识器或具有可调参数的非线性控制器。

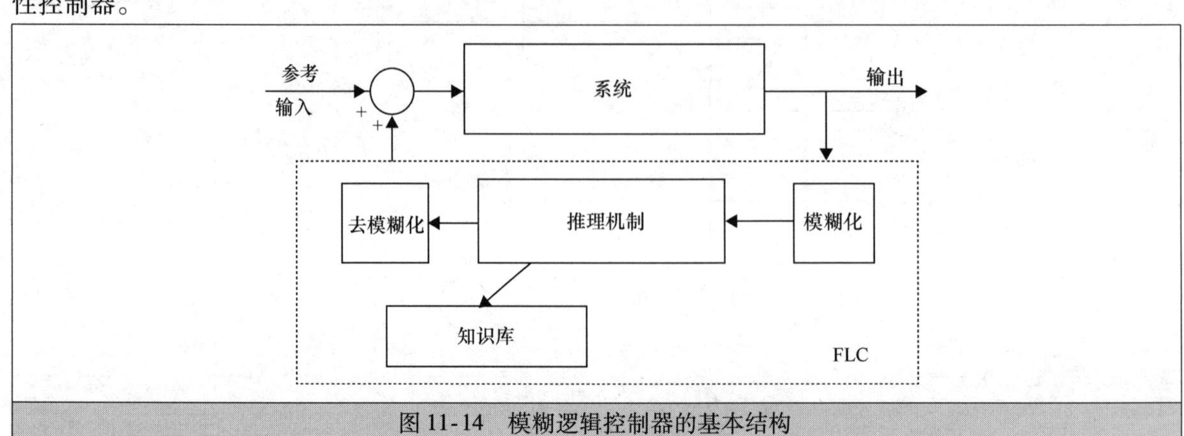

图 11-14　模糊逻辑控制器的基本结构

11.4.2.2 训练和性能

由于神经模糊控制器具有学习能力，控制器的模糊规则和隶属函数可以通过学习算法自动调整，且其基于控制输出误差进行学习。因此，可以通过比较神经模糊控制器和所需控制器的输出得到误差。

为了训练这个控制器作为基于自适应网络的模糊 PSS（ANF PSS），可以通过自优化极移 APSS 得到训练数据。发电机组在广泛的运行条件下进行训练，其中包括不同类型的扰动。根据之前的经验，利用每个输入变量的七个语言变量来获得期望的性能。

有关 ANF PSS 的大量仿真[36]和实验研究表明，它可以在广泛的运行范围内提供良好的性能，且相比固定参数的 CPSS 来说，它可以更好地提高系统动态性能。

11.4.2.3 自学习 ANF PSS

在上述案例中，ANF PSS 是通过期望控制器中得到的数据进行训练。然而在一般情况下，期望控制器可能无法使用。在这种情况下，神经模糊控制器通过自学习方法来训练。[37]

在自学习方法中，两个神经模糊系统的应用类似于图 11-11：一个作为控制器，另一个作为预测器。电厂识别器可以通过反向传播法得到的电厂输入计算出电厂输出的导数，例如，先经过前面的辨识器，然后通过用于学习控制规则的神经模糊控制器返回。

自学习的 ANF PSS 最初是在电力系统仿真模型中进行广泛的运行条件和扰动的离线训练。其运行条件是电功率偏差及其积分作为稳定器的输入。从离线训练程序中得到的 ANF PSS 的参数、隶属函数和推理法则应用到计算机的 DSP 上，并且通过实验室电力系统的物理模型对其进行性能评估。数字 CPSS 也应用到同样环境的 DSP 板上用于比较研究。

根据各种实验，如图 11-15 所示，当发电机运行在 0.9pu 功率、功率因数 0.85（滞后）且 1.1pu V_t 状态时，在 1s 时将参考输入扭矩应用到发电机且 9s 时删除，其结果是参考输入转矩以 0.25pu 逐步减少。ANF PSS 为两种干扰都提供了良好的性能。

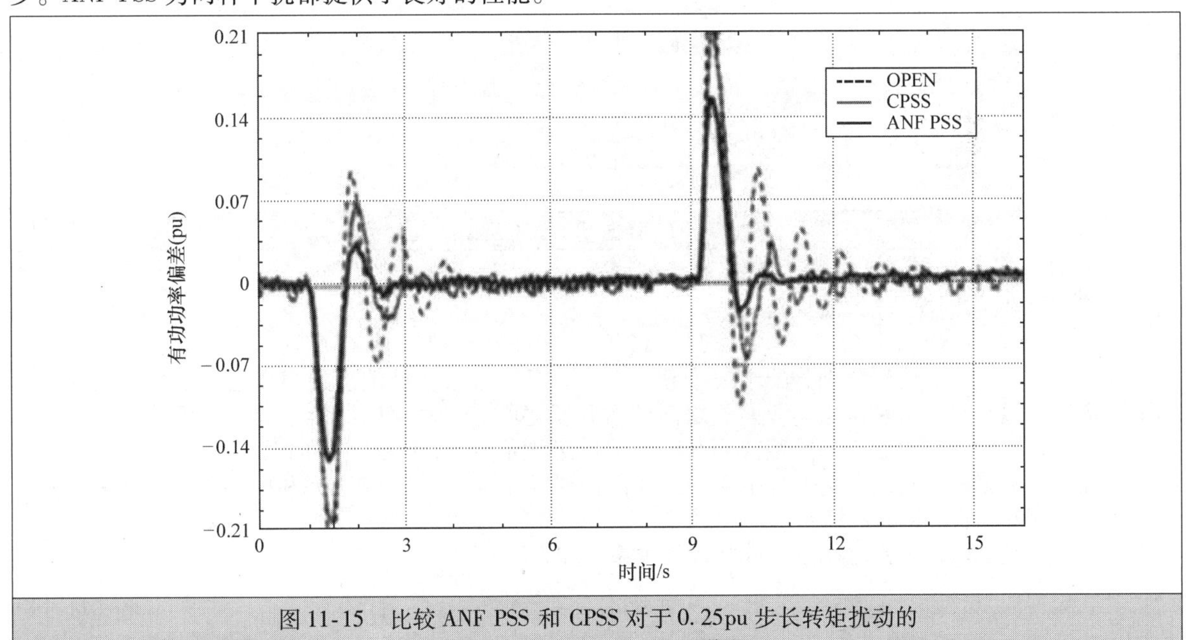

图 11-15 比较 ANF PSS 和 CPSS 对于 0.25pu 步长转矩扰动的响应（$P=0.9$pu，0.85pf 滞后）

单机系统和多机系统接入到恒定电压总线的仿真研究[34]加上电力系统物理模型的实验研究表明，当电力系统在广泛的运行条件和各种干扰下，ANF PSS 对于提高电力系统性能是有效的。

11.4.2.4 神经模糊控制器的结构优化

自适应模糊系统针对知识获取问题提供了一个潜在的解决方案。控制器结构通常是由试验和误差得到，其由隶属函数的数量和推理规则的数量所表示。推理规则的数量是由总的学习能力和泛化能力所决定。

采用遗传算法来确定自适应模糊控制器的结构可以解决上述问题。采用遗传算法和自适应模糊控制器，可以调整推理规则参数，同时也可优化隶属函数的数量。

11.5 合并分析和基于 AI 的 PSS

11.5.1 神经辨识器和 PS 控制下的 APSS ★★★

以上所描述的自调整 APSS 可以提高同步发电机的动态性能，当运行条件变化时允许 PSS 进行参数调整。然而，设计 RLS 算法用于识别性能时应适当注意，尤其是大扰动情况下。

使用 NN 识别系统模型参数可以使识别性能更加强大。分析技术，如 PS 控制可以保留用来计算控制信号。使用径向基函数（RBF）网络用于模型参数辨识的方法在参考文献[38]中进行了描述。如图 11-16 所示的 APSS，是由一个 ANN 辨识器和上面所描述的极移控制算法组成。

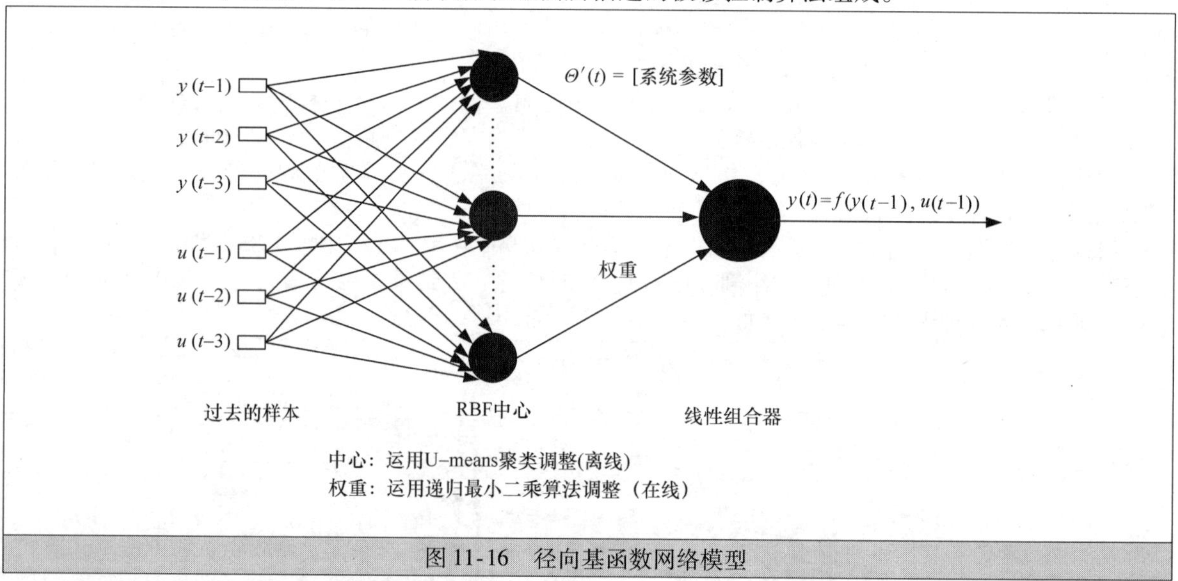

图 11-16 径向基函数网络模型

RBF 网络（见图 11-16）用于识别系统模型参数 a_i、b_i[式(11-6)和式(11-7)]。该网络有三层：输入层、隐藏层和输出层。输入向量是

$$V(t)=[\Delta P_e(t-T),\Delta P_e(t-2T),\Delta P_e(t-3T),u(t-T),u(t-2T),u(t-3T)] \tag{11-18}$$

输入层的六个输入变量分别分配给一个独立节点，且无权重直接传递到隐藏层。隐藏节点称之为 RBF 中心，可以计算中心和网络输入向量之间的欧几里德距离。根据广泛使用的高斯函数特点推出其结果，即当输入向量与中心之间的距离为 0 时，响应最大值为 1。因此，径向基神经元作为产生“1”的检测器时，无论何时输入向量都与中心相同（活性神经元）。而其他神经元和中心不同，其输入向量的输出接近于 0（非活性的神经元）。

隐藏神经元和输出节点之间是线性加权和关系，如方程所述：

$$y=\sum_{i=1}^{nh}\theta^t\exp\left(-\frac{\|p-c_i\|^2}{\sigma^2}\right) \tag{11-19}$$

式中，c_i、σ、θ^t 和 nh 分别是中心、宽度、重量和隐藏层神经元的数目。

为了使 RBF 辨识器在线应用更快，可以把隐藏层创建为一个竞争层，其中最接近输入向量的中心成为赢家且所有其他非活性中心失效。此外，标量权重被修改为向量 θ_t，其大小等于输入向量的大小。权重向量为

$$\theta'(t)=[a'_1a'_2a'_3b'_1b'_2b'_3] \tag{11-20}$$

对 RBF 的输出进行线性化，$y(t)=f[y(t-1),u(t-1)]$，在每个采样时刻通过泰勒级数展开，可以

得到权向量 θ' 和系统模型参数 $\hat{\theta}_m(t)$ ［式（11-9）］之间的一对一关系。这些参数可以用于计算控制信号。

首先 RBF 辨识器第一次进行离线训练来选择合适的中心，其使用的数据是多个运行点在各种扰动下所收集的。在 RBF 模型中，用 n－means 聚类算法训练产生 15 个中心点。离线训练后，权重（系统参数）会在线更新，并通过极移控制器得到合适的控制信号。数字化实现采用 100ms 采样周期。

实验结果表明，在 10s 时施加的转矩参考值减少 0.10pu，在 20s 时消除，发电机在功率 0.6pu、功率因数 0.92（超前）、V_t 为 0.99pu 下运行，如图 11.17 所示。可以看出，APSS 可以提供良好的阻尼响应。

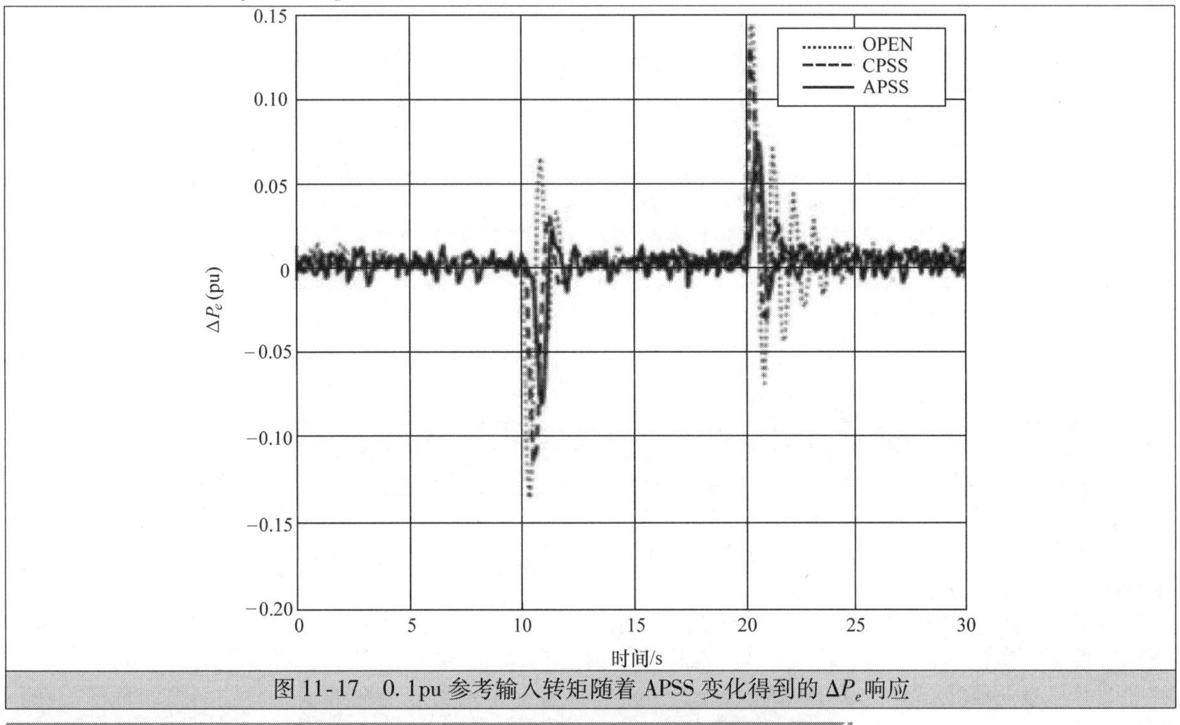

图 11-17　0.1pu 参考输入转矩随着 APSS 变化得到的 ΔP_e 响应

11.5.2　具有模糊逻辑辨识器和 PS 控制器的 APSS ★★★

Takagi－Sugeno（TS）模糊系统已成功应用到设计非线性系统的稳定控制中。

一个非线性电厂可以由一组线性模型在 TS 模糊模型的隶属函数中插值来表示。虽然 TS 系统辨识器是 NARMAX 模型，根据当前活动规则，确定每个样本中的平均线性离散自回归运动的平均模型（ARMA）来识别受控电厂。通过极移控制策略，利用 ARMA 模型确定控制信号。通过这种方法开发自校正自适应控制器并应用作为 PSS[39]。

用于动态系统识别所提出的单输入和单输出 TS 模型是由模糊规则组成的，因此它提供了在时间 k 时的规则输出、基于过去的输入和过去的输出与模糊集的设计。所得到的规则定义了电厂期望阶离散模型的参数。两个并联在线学习程序，其每一个的识别前提和相应的参数都用于实时监测电厂[40]。

用于发电单元识别所提出的 TS 系统中的两个输入信号分别为过去的控制输入 $u(k-1)$ 和过去的发电机速度输出 $y(k-1)$，两个都用于识别三阶模型电厂。采样点 k 的输出即为所估计的发电机速度输出 $\hat{y}(k)$。通过最速下降算法训练 TS 系统得到前提参数，并根据系统输出误差和估计 TS 输出通过 RLS 算法得到后件参数。在整个归一化域内，将最初的一组三个等距隶属函数用于系统的输入。

对基于 TS 系统的辨识器系统和基于 PS 控制器的 APSS 的响应在不同运行条件下的各种扰动进行了研究。一个三相接地故障的分析结果如图 11-18 所示。

11.5.3　含有 RLS 辨识器的 APSS 和模糊逻辑控制★★

作为新计算系统候选的 FLC 得到了很多的关注，这是因为它们的优势超过了传统计算系统。通过在线训练使它们成功应用到非线性动态系统的控制，尤其是在自适应控制领域。

自学习自适应 FLC 已经得到了开发。其只需要对电厂的输入和输出进行测量且不需要确定电厂的状态。通过最速下降法和识别系统模型进行在线训练，当电厂状态发生变化时自适应 FLC 能够检测电厂的变化且计算控制。

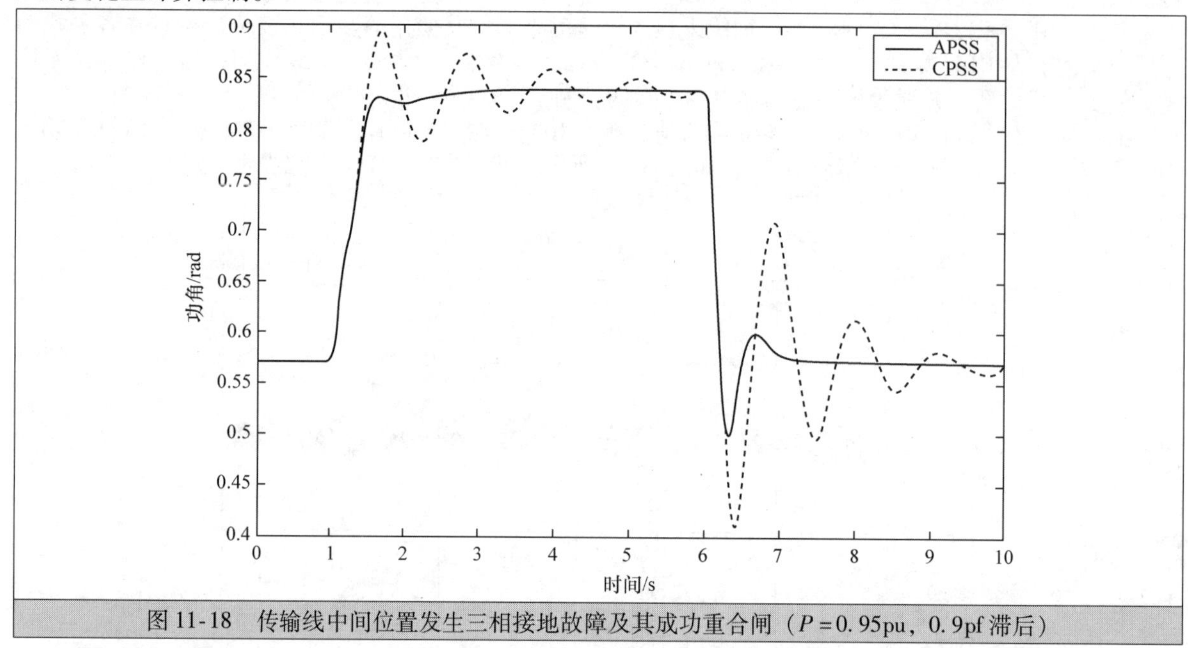

图 11-18　传输线中间位置发生三相接地故障及其成功重合闸（$P=0.95$pu，0.9pf 滞后）

在所提出的控制器中，通过 RLS 参数识别方法识别电厂的离线模型。这需要连续追踪系统的行为。

控制学习是建立在识别模型的预测基础上的。识别模型的输出作为 Mamdani 类型的 PD 控制器的输入[20]。更新控制器输入中心点[40]的方法有：①对它们进行处理使得其权重与神经网络相同；②使用链规则的最速下降算法。

自适应 FLC 已经应用作为自适应模糊 PSS（AFPSS）[41]。对于 AFPSS 来说，发电机组可以识别为一个三阶模型。该控制器有两个输入信号，即发电机转速偏差及其导数，包括归一化论域中的一组初始的七个等距隶属函数，且在 AVR 求和点处，也含有拥有七个隶属度函数的输出、辅助控制信号。在不同运行条件下，对各种扰动进行了大量的仿真研究。转矩增加 0.05pu 并返回到初始运行条件的结果分析如图11-19所示，它展示了此 AFPSS 的性能。

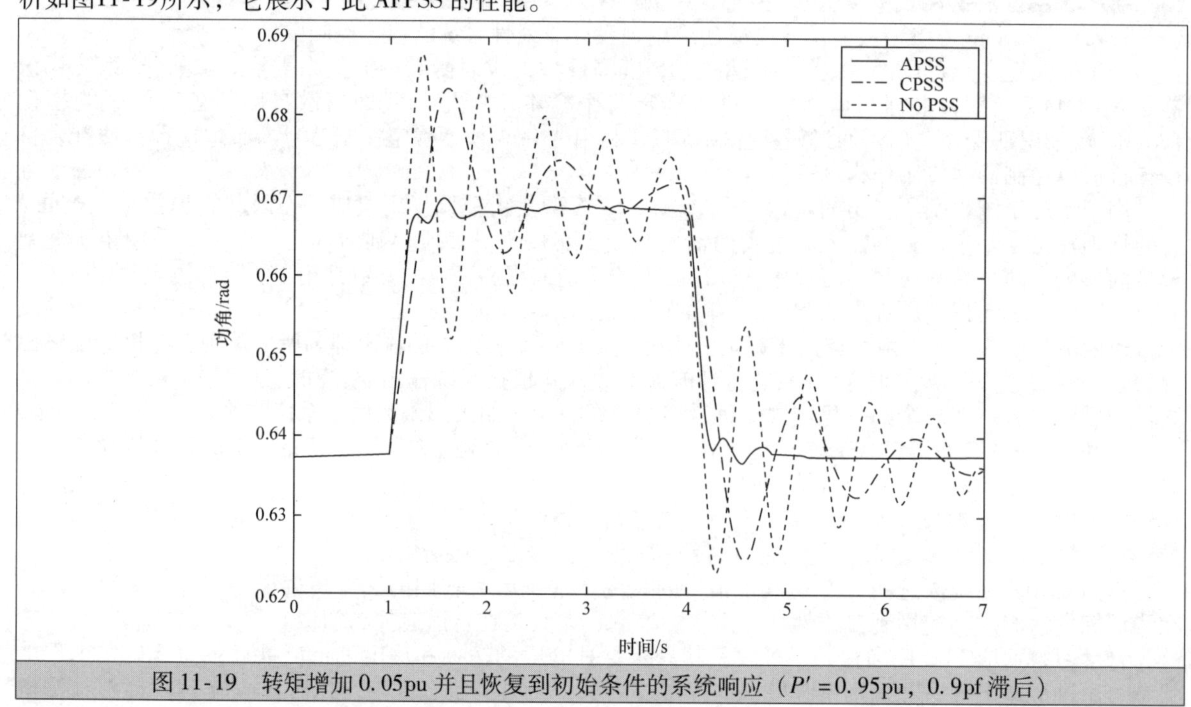

图 11-19　转矩增加 0.05pu 并且恢复到初始条件的系统响应（$P'=0.95$pu，0.9pf 滞后）

11.6　基于递归自适应控制的 APSS

对于一般形式的非线性系统，除非很好地定义了参考模型，否则传统的 MRAC 可能引起系统振荡。产生这个问题的原因是由于 MRAC 忽略了当前系统状态和控制器参数之间的联系。递归自适应控制的焦点在于找到断开连接的地方并优化某一目标函数。

RAC 的发展来源自适应控制系统和递归神经网络（RNN）之间的相似性[42]。因此，反向传播通过时间修改后的版本[43]，RNN 的学习算法可以利用到 RAC 中。RAC 的一种新的控制算法称之为递推梯度（RG），其可以提高 BPTT 算法初始版本和删减版本的性能。同时基于 RG 算法研发了一种 APSS。

图 11-3 中的系统也可用非线性方程表示：

$$\begin{cases} X(k+1) = F(X(k),\ U(k)) \\ U(k) = G(X(k),\ \theta) \end{cases} \tag{11-21}$$

式中，$X(k)$，$X(k+1) \in R_p$，$U(k) \in R_q$ 且 $\theta \in R_r$。p、q 和 r 分别是系统的状态数量、系统输入和控制参数的个数。在每一个离散时间 k 时，控制器参数 θ 会在线更新以减少一个预定义目标函数 $J(X(k+1))$［式(11-22)］，其用于评估控制性能。

$$\min_{\theta} J(X(k+1)) \tag{11-22}$$

在很多情况下，性能指标 $J(X(k+1))$ 只与系统输出有直接联系。该系统的输出 $Y(k)$，是状态 $X(k)$ 的一个子集，或者说是一个状态函数。最小化性能指标 $J(X(k+1))$ 有许多非线性优化方法。

最流行的局部优化方法之一就是梯度下降算法[44]，它通过一步或多步进行优化控制。在这些方法中，同样假设当前状态 $X(k)$ 与控制参数 θ 无关，因此，

$$\left.\frac{\partial X(k)}{\partial \theta}\right|_{\theta=\theta(k)} = 0 \tag{11-23}$$

反馈回路使得自适应控制系统成为循环系统，因此在此方法中将其忽略。然而，真实的控制系统是循环的，通过使用式（11-24）中的规则更新 RAC 中的控制参数，可以删除假设式（11-23）。

$$\theta(k+1) = \theta(k) - \alpha \cdot \left.\frac{\partial X(k+1)}{\partial \theta}\right|_{\theta=\theta(k)} \cdot \frac{\partial J(X(k+1))}{\partial X(k+1)} \tag{11-24}$$

式中，α 是步长且

$$\begin{aligned} \left.\frac{\partial X(k+1)}{\partial \theta}\right|_{\theta=\theta(k)} &= \left.\frac{\partial X(k)}{\partial \theta}\right|_{\theta=\theta(k)} \left[\frac{\partial(X(k+1))}{\partial X(k)} + \frac{\partial U(k)}{\partial X(k)} \frac{\partial(X(k+1))}{\partial U(k)}\right] \\ &\quad + \left.\frac{\partial U(k)}{\partial \theta}\right|_{\theta=\theta(k)} \frac{\partial(X(k+1))}{\partial U(k)} \end{aligned} \tag{11-25}$$

控制算法式（11-24）可以使用 BPTT 算法或截断 BPTT 算法求解。这两个 BPTT 控制算法都需要进行大量的计算。RG 算法可以解决这个问题，其中的控制参数 θ 可以通过如下规则进行更新：

$$\theta(k+1) = \theta(k) - \alpha \cdot \sum_{m=0}^{k} \left[\lambda^m \cdot \left.\frac{\partial X(k+1)}{\partial \theta}\right|_{\theta=\theta(k),X(k-m)}\right] \cdot \frac{\partial J(X(k+1))}{\partial X(k+1)} \tag{11-26}$$

式中，$1 > \lambda > 0$ 且 α 为步长。

虽然 RG 控制算法已经用作 RAC 控制应用，它也可用来训练 RNN。

为了设计基于 RAC 的 APSS，首先应该建立一个追踪同步电机动态特性的模型。将依赖二阶运行条件的（OC－依赖）ARMA 模型[45]用到此次应用中。在广泛应用的模型（2）中改写系数 A、B 为运行条件（有功 P_e 和无功 Q_e）的函数，OC－依赖的 ARMA 模型为

$$\begin{aligned} \Delta\hat{\omega}(k+1) &= a_1(P_e,\ Q_e)\Delta\omega(k) + a_2(P_e,\ Q_e) \\ &\quad \Delta\omega(k-1) + b_1(P_e,\ Q_e)(u(k) - u(k-1)) \end{aligned} \tag{11-27}$$

式中，

$$a_1(P_e,Q_e) = \sum_{i=1}^{N} a_{i1}\rho_i(P_e,Q_e)$$

$$a_2(P_e,Q_e) = \sum_{i=1}^{N} a_{i2}\rho_i(P_e,Q_e)$$

$$b_1(P_e,Q_e) = \sum_{i=1}^{N} b_{i1}\rho_i(P_e,Q_e)$$

运行域向量为 $\phi=[P_e\ Q_e]t$ 且区域函数 $\rho i(\phi)$ 通常写成归一化高斯函数形式。

在这个模型中，一组参数不用更新就可以工作在多种运行条件下[36]。式（11-27）为 RBF 网络的一般形式[47]，其可以通过 N 个局部网络模型（LNN）实现[46]。在区域中通过区域函数定义的局部模型近似于所期望的函数。

含依赖运行条件的线性控制器的同步发电机可写作

$$\begin{cases} X(k+1)=AX(k)+Bu(k) \\ u(k)=H(X^{\mathrm{T}}(k)\Phi_c\theta_{LC}) \end{cases} \tag{11-28}$$

式中，

$$A=\begin{bmatrix} a_1(P_e,Q_e) & a_2(P_e,Q_e) & -b_1(P_e,Q_e) \\ 1 & 0 & 0 \\ 0 & 1 & 0 \end{bmatrix}$$

$$B=[b_1(P_e,Q_e)\quad 0\quad 1]^{\mathrm{T}}$$

$$\Phi_c=\begin{bmatrix} \rho_1(\phi) & 0 & 0 & & \rho_N(\phi) & 0 & 0 \\ 0 & \rho_1(\phi) & 0 & \cdots & 0 & \rho_N(\phi) & 0 \\ 0 & 0 & \rho_1(\phi) & & 0 & 0 & \rho_N(\phi) \end{bmatrix}$$

$$\theta_{LC}=[g_{11},g_{12},h_{11},\cdots,g_{N1},g_{N2},h_{N1}]^{\mathrm{T}}$$

H 函数包括限制性条件。

利用目标函数：

$$\begin{aligned} J(X(k+1)) &= \frac{1}{2}(\Delta\omega^2(k+1)+\beta u^2(k)) \\ &= \frac{1}{2}X^{\mathrm{T}}(k+1)QX(k+1) \end{aligned} \tag{11-29}$$

式中，β 是目标函数中能源费用的权重且

$$Q=\begin{bmatrix} 1 & 0 & 0 \\ 0 & 0 & 0 \\ 0 & 0 & \beta \end{bmatrix}$$

OC－依赖线性 PSS 的 RG 控制算法在式（11-30）中给出，即

$$\theta(k+1)=\theta(k)-\alpha'\cdot D'(k)\cdot Q\cdot X(k+1) \tag{11-30}$$

式中，

$$D'(k)=(1-\lambda)\cdot R(k)+\lambda D'(k-1)T(k)$$

$$R(k)=\begin{cases} \Phi_c^{\mathrm{T}}X(k)B^{\mathrm{T}} & u_{\min}\leqslant u(k)\leqslant u_{\max} \\ 0 & u_{\min}>u(k)\text{ 或 }u(k)>u_{\max} \end{cases}$$

$$T(k)=\begin{cases} A+\Phi_C\theta_{LC}(k)B^{\mathrm{T}} & u_{\min}\leqslant u(k)\leqslant u_{\max} \\ 0 & u_{\min}>u(k)\text{ 或 }u(k)>u_{\max} \end{cases}$$

$$D'(-1)=0(\text{初始条件})$$

11.3.2 节中描述了 OC－依赖的 ARMA 模型在单机恒压母线系统上进行第一次离线训练，此时将白噪声信号作为输入。基于充足的训练模型，通过 RG 控制算法对 APSS 进行离线训练，其运行条件的变化范围是，功率：0.1pu～1.0pu；功率因数：0.6 滞后～0.8 超前。

图 11-20 中展示了同步发电机的性能，其运行在 1.0pu，0.85pf 滞后，在一条线路中间位置 1s 时发生短路，50ms 后线路断开然后 6s 时重合闸。图中分为无 PSS、有 CPSS、有基于 RG 算法的 PSS 的状态。此 APSS 同样也在五机系统上进行了测试（见图 11-12）。G_3 的参考输入转矩在 1s 时增加 0.1pu，其响应如图11-21所示。在 11s 时，系统回到初始状态。

可以看出，多模态振动比 CPSS 阻尼更加有效。

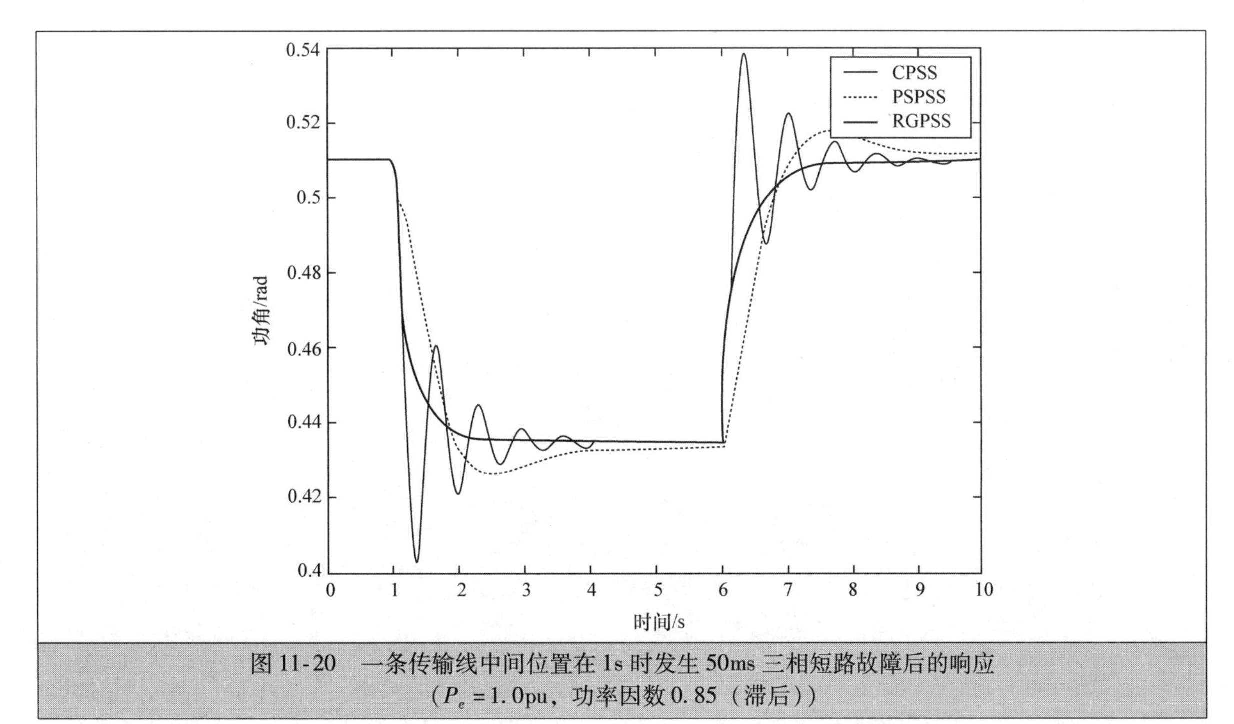

图 11-20 一条传输线中间位置在 1s 时发生 50ms 三相短路故障后的响应（$P_e = 1.0$pu，功率因数 0.85（滞后））

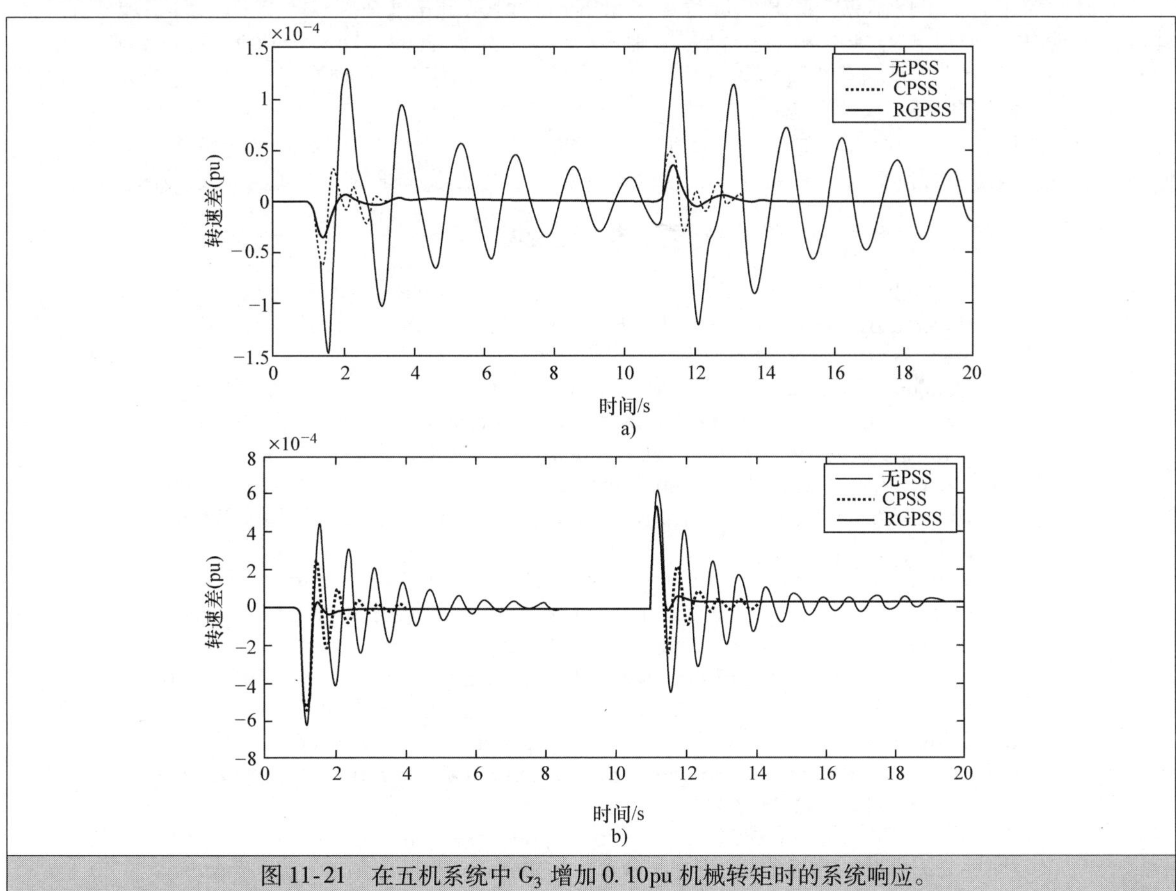

图 11-21 在五机系统中 G_3 增加 0.10pu 机械转矩时的系统响应。PSS 安装在 G_1、G_2 和 G_3 上

a）G_1 和 G_2 的发电机速度不同 b）G_2 和 G_3 的发电机速度不同

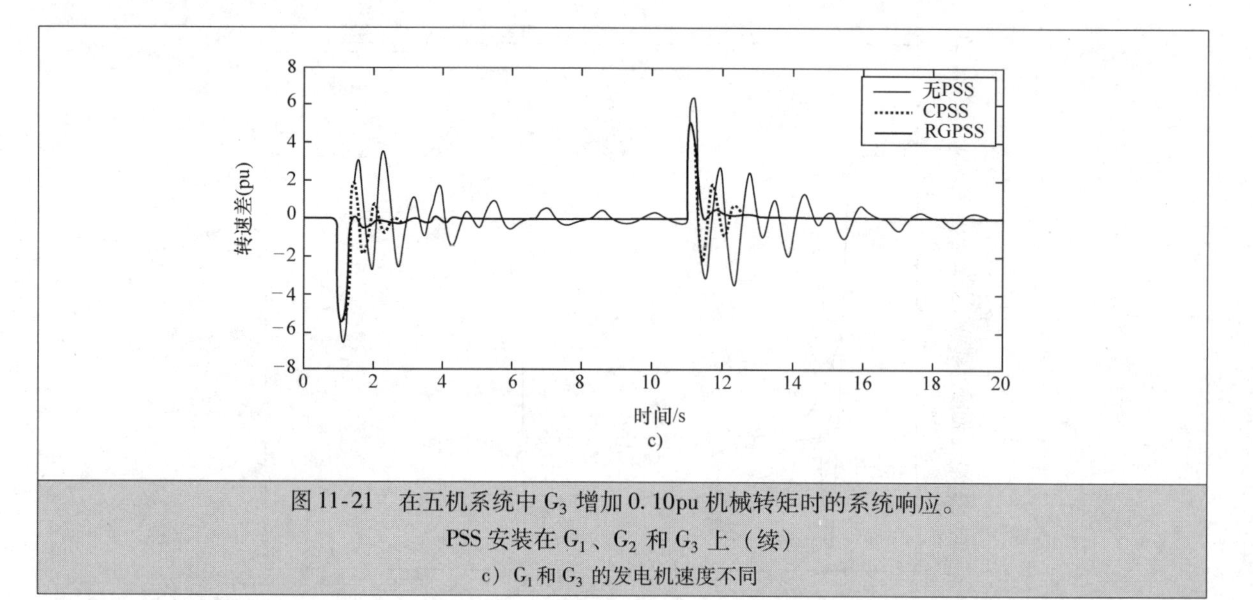

图 11-21　在五机系统中 G_3 增加 0.10pu 机械转矩时的系统响应。PSS 安装在 G_1、G_2 和 G_3 上（续）

c）G_1 和 G_3 的发电机速度不同

11.7　结语

上面所描述的基于控制算法的 PSS 进行了大量的仿真研究，并且在实验室中的实时物理模型上对其进行了应用和测试，得到了满意的结果。基于极移控制算法的 APSS 分别在多机物理系统[30]、400MW 的火力发电机在满载条件下接入到系统[31]条件下进行了测试。它现在是水电站这个领域进行广泛实验后的常规服务[48]。这些研究展示了先进控制技术和智能系统的优点。

开发和应用合适的自适应控制器的方法很多，即纯分析技术、纯 AI 技术或结合分析和 AI 的技术。使用哪种方法取决于控制器设计者和开发人员的专业知识，以及他们或客户对某一特定技术的信心。

参考文献

1. De Mello F.P., Concordia C. ‘Concepts of synchronous machine stability as affected by excitation control’. *IEEE Transactions on Power Apparatus and Systems*. 1969;**PAS-88**:316–29
2. Dandeno P.L., Karas A.N., McClymont K.R., Watson W. ‘Effect of high-speed rectifier excitation systems on generator stability limits’. *IEEE Transactions on Power Apparatus and Systems*. 1968;**PAS-87**(1):190–201
3. Larsen E.V., Swann D.A. ‘Applying power system stabilizers, Parts I, II and III’. *IEEE Transactions on Power Apparatus and Systems*. 1981;**PAS-100**(6): 3017–46
4. Kundur P., Klien M., Rogers G.J., Zywno M.S. ‘Application of power system stabilizers for enhancement of overall system stability’. *IEEE Transactions on Power Systems*. 1989;**4**(2):614–26
5. IEEE Standard 421.5-2005. IEEE Recommended Practice for Excitation System Models for Power System Stability Studies, Apr 2006
6. Watson W., Coultes M.E. ‘Static exciter stabilizing signals on large generators – mechanical problems’. *IEEE Transactions on Power Apparatus and Systems*. 1973;**92**(1):204–11
7. Keay F.W., South W.H. ‘Design of a power system stabilizer sensing frequency deviations’. *IEEE Transactions on Power Apparatus and Systems*. 1971;**90**(2):707–13

8. Bayne J.P., Lee D.C., Watson W. 'A power system stabilizer for thermal units based on derivation of accelerating power'. *IEEE Transactions on Power Apparatus and Systems*. 1977;**96**(6):1777–83
9. deMello F.P., Hannett L.N., Underill J.M. 'Practical approaches to supplementary stabilizing from accelerating power'. *IEEE Transactions on Power Apparatus and Systems*. 1978;**97**(6):1515–22
10. Lee D.C., Beaulieu R.E., Service J.R.R. 'A power system stabilizer using speed and electrical power inputs – design and field experience'. *IEEE Transactions on Power Apparatus and Systems*. 1981;**100**(9):4151–57
11. Kundur P., Lee D.C., Zein el-Din H.M. 'Power system stabilizers for thermal units: analytical techniques and on-site validation'. *IEEE Transactions on Power Apparatus and Systems*. 1981;**100**(1):81–95
12. El-Metwally M.M., Rao N.D., Malik O.P. 'Experimental results on the implementation of an optimal control for synchronous machines'. *IEEE Transactions on Power Apparatus and Systems*. 1975;**94**(4):1192–200
13. Chen S., Malik O.P. 'H∞ optimisation based power system stabiliser design'. *IEE Proceedings-Generation, Transmission and Distribution*. 1995;**142**(2):179–84
14. Chan W.C., Hsu Y.Y. 'An optimal variable structure stabilizer for power system stabilization'. *IEEE Transactions on Power Apparatus and Systems*. 1983;**102**(6):1738–46
15. Hiyama T. 'Application of rule-based stabilising controller to electrical power system'. *IEE Proceedings C*, 1989;**136**(3):175–81
16. Zadeh L.A., Fu K.S., Tanaka K., Shimura M. 'Calculus of fuzzy restriction' in Zadeh L.A. (ed.). *Fuzzy Sets and Their Applications to Cognitive and Decision Processes*. New York, NY, US: Academic Press; 1975. pp. 1–40
17. El-Metwally K.A. Hancock G.C., Malik O.P. 'Implementation of a fuzzy logic PSS using a micro-controller and experimental test results'. *IEEE Transactions on Energy Conversion*. 1996;**11**(1):91–6
18. Zhang Y., Malik O.P., Chen G.P. 'Artificial neural network power system stabilizers in multi-machine power system environment'. *IEEE Transactions on Energy Conversion*. 1995;**10**(1):147–55
19. Abdelazim T., Malik O.P. 'Power system stabilizer based on model reference adaptive fuzzy control'. *Electric Power Components and Systems*. 2005;**33**(9):985–98
20. Mamdani M. 'Application of fuzzy algorithm for control of simple dynamic plant'. *Proceedings of the Institution of Electrical Engineers, IEE*. 1974;**121**(12):1585–88
21. Eykhoff, P. *System Identification*. London: John-Wiley Press; 1974
22. Cheng S.J., Chow Y.S., Malik O.P., Hope G.S. 'An adaptive synchronous machine stabilizer'. *IEEE Transactions on Power Systems*. 1986;**1**(3):101–7
23. Anderson B.D.O., Moore J.B. *Linear Optimal Control*. Upper Saddle River, NJ, US: Prentice Hall; 1971
24. Astrom K.J., Borisson U., Ljung L., Wittenmark B. 'Theory and application of adaptive control – A survey'. *Automatica*. 1983;**19**(5):471–86
25. Wellstead P.E., Edmunds J.M., Prager D., Zanka P. 'Self-tuning pole/zero assignment regulators'. *International Journal of Control*. 1979;**30**(1):1–26
26. Wellstead P.E., Prager D., Zanker P. 'Pole-assignment self-tuning regulator'. *Proceedings of the Institution of Electrical Engineers, IEE*. 1979;**126**(8):781–7

27. Malik O.P., Chen G.P., Hope G.S., Qin Y.H., Yu G.Y. 'Adaptive self-optimizing pole-shifting control algorithm'. *IEE Proceedings-D*. 1992;**139**(5): 429–38
28. Cheng S.J., Malik O.P., Hope G.S. 'Damping of multi-modal oscillations in power systems using a dual-rate adaptive stabilizer'. *IEEE Transactions on Power Systems*. 1988;**3**(1):101–8
29. Chen G.P., Malik O.P., Hancock G.C. 'Implementation and experimental studies of an adaptive self-optimizing power system stabilizer'. *Control Engineering Practice*. 1994;**2**(6):969–77
30. Malik O.P., Stroev V.A., Shtrobel V.A., Hancock G.C., Beim R.S. 'Experimental studies with power system stabilizers on a physical model of a multi-machine power system'. *IEEE Transactions on Power Systems*. 1996;**11**(2): 807–12
31. Malik O.P., Mao C.X., Prakash K.S., Hope G.S., Hancock G.C. 'Tests with a microcomputer based adaptive synchronous machine stabilizer on a 400 MW thermal unit'. *IEEE Transactions on Energy Conversion*. 1993;**8**(1):6–12
32. IEEE Standard 421.5. IEEE Recommended Practice for Excitation Systems for Power System stability Studies. 1992
33. Shamsollahi P., Malik O.P. 'An adaptive power system stabilizer using on-line trained neural networks'. *IEEE Transactions on Energy Conversion*. 1997;**12**(4):382–7
34. Hariri A., Malik O.P. 'A self-learning adaptive-network-based fuzzy logic power system stabilizer in a multi-machine power system'. *Engineering Intelligent Systems*. 2001;**9**(3):129–36
35. Jang J.S.R. 'Adaptive-network-based fuzzy inference system'. *IEEE Transactions on Systems, Man and Cybernetics*. 1993;**23**(3):665–85
36. Hariri A., Malik O.P. 'A fuzzy logic based power system stabilizer with learning ability'. *IEEE Transactions on Energy Conversion*. 1996;**11**(4):721–27
37. Jang J.S.R. 'Self-learning fuzzy controllers based on temporal back-propagation'. *IEEE Transactions on Neural Networks*. 1992;**3**(5):714–23
38. Ramakrishna G., Malik O.P. (eds.). 'Adaptive control of power systems using radial basis function network and predictive control calculation'. *Conference Proceedings, IEEE Power Engineering Society Summer Meeting*; Edmonton, AB, Canada, Jul 1999. pp. 989–94
39. Abdelazim T., Malik O.P. 'Fuzzy logic based identifier and pole-shifting controller for PSS application'. *Proceedings of Power Engineering Society General Meeting, 2003, IEEE*; Toronto, Canada, Jul 2003. pp. 1680–5
40. Adams J.M., Rattan K.S. 'Backpropagation learning for a fuzzy controller with partitioned membership functions'. *Proceedings of Annual Meeting of the North American Fuzzy Information Processing Society, NAFIPS*, 2002. pp. 172–7
41. Abdelazim T., Malik O.P. (eds.). 'An adaptive power system stabilizer using on-line self-learning fuzzy system'. *Proceedings of Power Engineering Society General Meeting, 2003, IEEE*; Toronto, Canada, Jul 2003. pp. 1715–20
42. Seidl D.R., Lorenz R.D. (eds.). 'A structure by which a recurrent neural network can approximate a nonlinear dynamic system'. *Proceedings of the International Joint Conference on Neural Networks, IJCNN-91*; Seattle, WA, US, Jul 1991, vol. 2. pp. 709–14

43. Williams R.J., Zipser D. 'Gradient-based learning algorithms for recurrent networks and their computational complexity' in Chauvin Y., Rumelhart D.E. (eds.). *Backpropagation: Theory, Architecture, and Applications*. Hillsdale, NJ, US: Lawrence Erlbaum; 1995, ch. 13. pp. 422–86
44. Whitaker H.P., Yamron J., Kezer A. 'Design of model-reference-adaptive control systems for aircraft'. Report R-164, Instrumentation Laboratory, MIT, Cambridge, MA, US, 1958
45. Zhao P., Malik O.P. (eds.). 'Operating condition dependent ARMA model for PSS application'. *Power Engineering Society General Meeting, 2004, IEEE*; Denver, CO, US, Jul 2004. pp. 1749–54
46. Johansen T.A., Foss B.A. 'Constructing NARMAX models using ARMAX models'. *International Journal of Control.* 1993;**58**(5):1125–53
47. Ramakrishna G., Malik O.P. (eds.). 'RBF identifier and pole- shifting controller for PSS application'. *Electric Machines and Drives, 1999. International Conference IEMD '99*; Seattle, WA, US, May 1999. pp. 589–91
48. Eichmann A., Kohler A., Malik O.P., Taborda J.,(eds.). 'A prototype self-tuning adaptive power system stabilizer for damping of active power swings'. *Proceedings of Power Engineering Society Summer Meeting, 2000. IEEE*; Seattle, WA, US, Jul 2000, vol. 1. pp. 122–6
49. Malik O.P. 'Adaptive and artificial intelligence based PSS', *Proceedings, IEEE PES 2003 General Meeting*, vol. 3. pp. 1792–7
50. Shamsollahi P., Malik O.P. 'Application of neural adaptive power system stabilizer in a multi-machine power system', *IEEE Transactions on Energy Conversion.* 1999;**14**(3):731–6
51. Zhao P., Malik O.P. 'Design of an adaptive PSS based on Recursive Adaptive Control theory'. *IEEE Transactions on Energy Conversion.* 2009;**24**(4):884–92

第12章 »
串联补偿

在电力系统中，输电网络将分散的负荷集群连接到不同发电机组。输电网络往往需要进行无功潮流补偿维持适当的电压水平。无功补偿可以通过在网络中增设具有发出或吸收无功功率的器件实现，借此改变输电网中的无功潮流。通过对无功潮流进行控制，可以优化输电系统，使输电线路和节点处的电压稳定在额定范围内，同时还增强了输电线的功率输送能力。因此，电力系统稳定性会得到提高。

无功补偿和输电系统关系密切。通过在输电网不同位置安装电容器和/或电抗器实现无功补偿。电容器串联安装在线路中，叫作“串联电容补偿”；或者在特定节点安装，如通常选择负荷点附近，这种方式叫作“并联电容补偿”。电抗器常用作并联无功补偿器，一般接在输电线或者输电节点处，具体位置通过研究及其具体目标确定。

本章重点是输电网络的串联补偿及其优点，特别是对系统稳定性的提升。这就需要对下文的一些定义和基本概念做出解释和探讨。

12.1 输电线路参数定义

（1）*ABCD* 参数

如在第4章中阐述的，通过将 $x=l$（线路总长度）代入式（4-23）可以推导出发送端的电压电流 $\boldsymbol{V}_S$ 和 $\boldsymbol{I}_S$，即

$$\left.\begin{aligned}\boldsymbol{V}_S&=\boldsymbol{A}\boldsymbol{V}_R+\boldsymbol{B}\boldsymbol{I}_R\\ \boldsymbol{I}_S&=\boldsymbol{C}\boldsymbol{V}_R+\boldsymbol{D}\boldsymbol{I}_R\end{aligned}\right\} \tag{12-1}$$

在矩阵形式下，式（12-1）可写成

$$\begin{bmatrix}\boldsymbol{V}_S\\ \boldsymbol{I}_S\end{bmatrix}=\begin{bmatrix}\boldsymbol{A}&\boldsymbol{B}\\ \boldsymbol{C}&\boldsymbol{D}\end{bmatrix}\begin{bmatrix}\boldsymbol{V}_R\\ \boldsymbol{I}_R\end{bmatrix} \tag{12-2}$$

式中，

$$\boldsymbol{A}=\cosh\gamma l,\quad \boldsymbol{B}=\boldsymbol{Z}_C\sinh\gamma l,\quad \boldsymbol{C}=(1/\boldsymbol{Z}_C)\sinh\gamma l,\quad \boldsymbol{D}=\boldsymbol{A}=\cosh\gamma l \tag{12-3}$$

且有

$$\boldsymbol{Z}_C=\sqrt{\frac{z}{y}}=\sqrt{\frac{r_L+\mathrm{j}x_L}{g_c+\mathrm{j}b_c}} \tag{12-4}$$

$$\gamma=\sqrt{zy}=\alpha+\mathrm{j}\beta \tag{12-5}$$

输电线路的参数 ***ABCD*** 是复参数，它将发送端电压电流和接受端电压电流相联系起来。参数 ***A*** 和 ***D*** 无量纲，是标量，而参数 ***B*** 单位为 Ω，参数 ***C*** 单位为 S。

（2）特征阻抗 $\boldsymbol{Z}_C$

特征阻抗是单位长度的线路串联阻抗和并联导纳之比的平方根，由式（12-4）给出。定义 $\boldsymbol{Z}_C$ 的倒数 $\boldsymbol{Y}_C$ 为特征导纳。

（3）传播常数 γ

传播常数是单位长度的线路串联阻抗和并联导纳之积的平方根，由式（12-5）给出。因此 γ 是一个复数。实部为 α 衰减常数，虚部 β 被称为“相常数”。

（4）自然功率 P_n

自然功率是由线路特征阻抗决定的线路传输功率。自然功率常用来表示线路的标称输送能力，因此也叫作线路的“特征阻抗负荷”或“波阻抗负荷（SIL）”。定义为

$$P_n \triangleq \mathrm{SIL} = \frac{V^2}{\boldsymbol{Z}_C^*} \tag{12-6}$$

式中，V是线电压，P_n是三相功率。它包括有功功率和无功功率。如果V是相电压，P_n就是单相功率。

（5）总线角θ：

$$\theta = \mathrm{Im}(\gamma l) = \beta l = \frac{2\pi l}{\lambda}\mathrm{rad} \tag{12-7}$$

式中，λ是线路的波长。如果线路参数是恒定的，那么线角也是定值。

基于以上给出的对线路参数的定义，下面两节通过两个例子讨论几个概念。第一个例子是假设z和y的实部为零的无损线路，第二个是考虑系统阻抗的实例[1]。

12.2　无损输电线路的补偿

在本节这个例子中，无损线路按照线路长度统一补偿无功。尽管这个例子不够真实、在实际运用中不存在，但是它通过采用简化数学模型很好地阐述了无功补偿的影响，从式（12-4）和式（12-5）得到线路的特征阻抗和传输常数分别是

$$\boldsymbol{Z}_C = \sqrt{\frac{x_L}{b_c}} = R_C \tag{12-8}$$

$$\gamma = \mathrm{j}\beta l = \mathrm{j}l\sqrt{x_L b_c} \tag{12-9}$$

要注意的是，这里$\boldsymbol{Z}_C$等于实数R_C，而γ是纯虚数。那么双曲正弦函数sinh也是纯虚数。从式（12-3）可以得到如下的关系

$$\left.\begin{aligned} \mathrm{Im}\boldsymbol{B} &= R_C\mathrm{Im}(\sinh\gamma l) \\ \mathrm{Im}\boldsymbol{C} &= \frac{1}{R_C}\mathrm{Im}(\sinh\gamma l) = \frac{\mathrm{Im}\boldsymbol{B}}{R_C^2} \end{aligned}\right\} \tag{12-10}$$

因此，

$$\frac{\mathrm{Im}\boldsymbol{B}}{\mathrm{Im}\boldsymbol{C}} = R_C^2 = \frac{x_L}{b_c} \tag{12-11}$$

用式（12-7）计算无损线路的线角为

$$\theta = \beta l = l\mathrm{Im}(\sqrt{zy}) = l\sqrt{x_L b_c} \tag{12-12}$$

由式（12-6），得到三相自然功率为

$$P_n = \frac{V^2}{R_C}\mathrm{MW} \tag{12-13}$$

式中，V是线电压（kV），R_C是特征阻抗（Ω）。要注意此式中不包括无功功率，且线路输送功率为自然功率时，线路上的电压是不变的。

12.2.1　串联补偿容量的确定方法 ★★★

上文已经指出将线路运行在自然负荷状况下的意义。要使系统中的所有线路满足这一运行状况是不现实的，因为线路负荷取决于负荷、发电机和系统配置等多方面因素。所以最好使用串联补偿改变各线路的自然功率，即SIL。通过使用不同容量的串联补偿，线路的感应电抗也会不同，继而控制线路上的潮流。经补偿的线路参数和未补偿的线路参数的比值关系可以表明这一点。加上下标o以表示未经补偿的情况。

特征阻抗比是

$$\frac{R_C}{R_{Co}} = \sqrt{\frac{x_L}{b_{co}}\frac{b_{co}}{x_{Lo}}} = \sqrt{\frac{x_L}{x_{Lo}}} \tag{12-14}$$

线角比为

$$\frac{\theta}{\theta_o}=\sqrt{\frac{x_L b_{co}}{x_{Lo} b_{co}}}=\sqrt{\frac{x_L}{x_{Lo}}} \tag{12-15}$$

自然功率的比值为

$$\frac{P_n}{P_{no}}=\frac{R_{Co}}{R_C}=\sqrt{\frac{x_{Lo}}{x_L}} \tag{12-16}$$

要注意式（12-14）~式（12-16）中，经串联补偿的线路的容性电纳 b_{co}是定值。此外，大写字母下标 C 代表特征阻抗，而小写字母下标 c 代表容性电纳。

总串联补偿电抗 X_C常常表示成总的线路感抗的百分比的形式，叫作“串联补偿程度”。这里已经假设了无损线路是统一补偿的，故单位长度的输电线电抗是

$$x_L=x_{Lo}-\frac{X_C}{l} \tag{12-17}$$

定义串联补偿程度 k 为

$$k=\frac{X_C}{\mathrm{Im}\boldsymbol{B}_o} \tag{12-18}$$

另一个对串联补偿程度的定义，即串联补偿标称程度 k_{nom}，表达式是

$$k_{nom}=\frac{X_C}{x_{Lo}l} \tag{12-19}$$

上面两种定义都是可以根据式（12-18）和式（12-19）使用的。如果用 k_{nom}和式（12-17），那么特征阻抗比、线角比和自然功率比式（12-14）~式（12-16）可以写为

$$\frac{R_C}{R_{Co}}=\frac{\theta}{\theta_o}=\sqrt{\frac{x_L}{x_{Lo}}}=\sqrt{1-k_{nom}} \tag{12-20}$$

$$\frac{P_n}{P_{no}}=\frac{1}{\sqrt{1-k_{nom}}} \tag{12-21}$$

因此，提高串联补偿程度也增加了自然功率，并减少了线路特征阻抗和线角值。

自然功率增加量取决于串联补偿提供的无功功率的大小。要确定具体值大小，应该对无损线路按照线路长度统一串联电容器，继而将自然功率增加到未补偿值的 K 倍，$K>1$。故由式（12-21）可得 $\frac{1}{\sqrt{1-k_{nom}}}=\boldsymbol{K}$，则有

$$k_{nom}=1-\frac{1}{K^2} \tag{12-22}$$

将式（12-19）和式（12-22）联立得到

$$X_C=\left(1-\frac{1}{K^2}\right)lx_{Lo} \tag{12-23}$$

因此，串联补偿提供的三相无功功率 ΔQ_C的计算公式为

$$\Delta Q_C=3X_C(KI_{no})^2 \tag{12-24}$$

将式（12-23）的 X_C代入到式（12-24）

$$\Delta Q_C=(K^2-1)lP_{no}\sqrt{x_{Lo}b_{co}} \tag{12-25}$$

无功功率可以表示为和未补偿自然功率的比值

$$\frac{\Delta Q_C}{P_{no}}=(K^2-1)l\sqrt{x_{Lo}b_{co}} \tag{12-26}$$

从式（12-20）和式（12-22）得到线角的比值为

$$\frac{\theta}{\theta_o}=\frac{1}{K} \tag{12-27}$$

【例 12-1】 给定架空输电线的典型参数：额定电压 345kV，$r_L=0.037\Omega/\mathrm{km}$，$X_L=0.0367\Omega/\mathrm{km}$，$b_c=4.518\mu\mathrm{S/km}$，线路总长度 160km。线路是分裂导线，$r_L$，$X_L$，$b_c$是单相值。

考虑到线路是无损的（忽略电阻），先求线路的电气参数。如果经串联补偿的自然功率 SIL 是额定值的 1.5 倍，计算补偿程度和感性补偿容量。

解：

特征阻抗 $Z_C=\sqrt{\dfrac{x_L}{b_c}}=R_C=10^3\sqrt{\dfrac{0.367}{4.518}}=285\Omega$

传播常数 $\gamma=\mathrm{j}\beta=\mathrm{j}\sqrt{x_Lb_c}$，其中 $\beta=10^{-3}\sqrt{0.367\times4.518}=0.00129\mathrm{rad/km}=0.074°/\mathrm{km}$

线角 $\theta=\beta l=0.00129\times160=0.2064\mathrm{rad}=11.83°$

$P_n\triangleq\mathrm{SIL}=\dfrac{V^2}{R_C}=417.63\mathrm{MW}$（三相）

当线路通过串联补偿将 P_n 提高到 $1.5\times417.63\mathrm{MW}$ 时，式（12-22）可以得出所需的串联补偿程度 k_{nom}。故

$$k_{nom}=1-(4/9)=55.6\%$$

通过式（12-25）可以得到无功补偿容量 $\Delta Q_C=107.55\mathrm{Mvar}$，且通过式（12-27）可以得到线角 $=0.2064/1.5=0.1367\mathrm{rad}=7.89°$

12.2.2　无功补偿对无损线路暂态稳定性的提升 ★★★

串联补偿给系统提供无功功率以增加输电线路的自然功率，进而增强了输电线路的功率输送能力。这使得系统的暂态稳定性得到提升。系统出现各种故障时，可以通过检测补偿方式和系统运行状况来确定无功补偿的容量。

通常认为三相故障是最严重的故障。接下来将通过对比一个简单的未补偿和有补偿的电力系统（单机无穷大电网），来阐释这一概念。

对于未补偿系统：

输电线路两端，即送端和受端的端电压分别为 $\boldsymbol{V}_S$ 和 $\boldsymbol{V}_R$。位于无穷大电网侧的受端电压 $\boldsymbol{V}_R$ 视作参考电压。送端和受端的总阻抗用 X_L 表示，$\boldsymbol{V}_S$ 和 $\boldsymbol{V}_R$ 之间的相位差用 δ 表示。等效电路如图 12-1 所示。

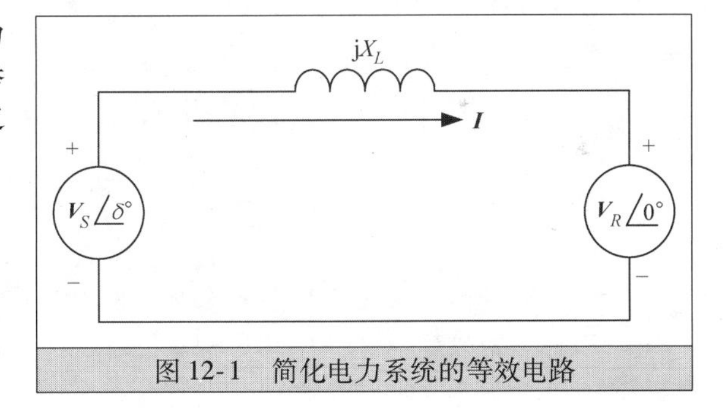

图 12-1　简化电力系统的等效电路

可以看出，$\boldsymbol{V}_S=V_S\mathrm{e}^{\mathrm{j}\delta}$　且　$\boldsymbol{V}_R=V_R\angle0°$　　(12-28)

送端到受端的电流 $\boldsymbol{I}$ 计算公式为

$$\boldsymbol{I}=\frac{\boldsymbol{V}_S-\boldsymbol{V}_R}{\mathrm{j}X_L}=\frac{V_S\sin\delta}{X_L}-\mathrm{j}\frac{V_S\cos\delta-V_R}{X_L}\qquad(12\text{-}29)$$

送端和受端的复功率相量的计算公式为

$$P_S+\mathrm{j}Q_S=\boldsymbol{V}_S\boldsymbol{I}^*=\left(\frac{V_SV_R\sin\delta}{X_L}\right)+\mathrm{j}\left(\frac{V_S^2-V_SV_R\cos\delta}{X_L}\right)\qquad(12\text{-}30)$$

$$P_R+\mathrm{j}Q_R=\boldsymbol{V}_R\boldsymbol{I}^*=\left(\frac{V_SV_R\sin\delta}{X_L}\right)-\mathrm{j}\left(\frac{V_R^2-V_SV_R\cos\delta}{X_L}\right)\qquad(12\text{-}31)$$

对于有补偿系统：

送端和受端的电压计算式和式（12-28）的相同。假设串联电容的电抗是 X_C，计算两端功率的公式只要把上文的 X_L 用 X 代替即可。从式（12-17）和式（12-19）可以得出

$$X=X_L(1-k_{nom})\qquad(12\text{-}32)$$

要计算电容无功功率 Q_C，首先从式（12-29）得到

$$I^2=\frac{1}{X^2}(V_S^2+V_R^2-2V_SV_R\cos\delta)\qquad(12\text{-}33)$$

用式（12-32）计算 X_C/X^2 的值为

$$\frac{X_C}{X}=\frac{X_C}{X_L(1-k_{nom})}=\frac{k_{nom}}{1-k_{nom}}\qquad(12\text{-}34)$$

因此，

$$\frac{X_C}{X^2}=\frac{1}{X}\frac{X_C}{X}=\frac{1}{X}\frac{k_{nom}}{1-k_{nom}}=\frac{k_{nom}}{X_L(1-k_{nom})^2} \tag{12-35}$$

由式（12-33）和式（12-35）得

$$Q_C=I^2X_C=\frac{k_{nom}}{X_L(1-k_{nom})^2}(V_S^2+V_R^2-2V_SV_R\cos\delta) \tag{12-36}$$

【例 12-2】 等效电路图（见图 12-1）中的参数的标幺值为

$$\boldsymbol{V}_S=1.2\angle 11°,\ \boldsymbol{V}_R=1.0\angle 0°,\ X_L=0.275$$

求在系统未补偿和补偿程度为50%两种情况下，送端和受端两端的功率。

解：

注意，在系统未补偿情况下，给各参数加上下标 o。通过式（12-30）和式（12-31），输电线路两端的功率为

$$P_{So}+\mathrm{j}Q_{So}=\frac{1.2\sin 11°}{0.275}+\mathrm{j}\frac{1.44-1.2\cos 11°}{0.275}=0.833+\mathrm{j}0.945\text{pu}$$

$$P_{Ro}+\mathrm{j}Q_{Ro}=\frac{1.2\sin 11°}{0.275}+\mathrm{j}\frac{1-1.2\cos 11°}{0.275}=0.833+\mathrm{j}0.6545\text{pu}$$

可以看出由于系统是无损的，故 P_{So}和 P_{Ro}相等，而由于系统电抗吸收了无功功率，Q_{So}和 Q_{Ro}的值不同。

在有补偿的情况下，$X=X_L(1-k_{nom})=0.275(1-0.5)=0.1375\text{pu}$

类似地，$P_S+\mathrm{j}Q_S=1.665+\mathrm{j}1.891$ 和 $P_R+\mathrm{j}Q_R=1.665+\mathrm{j}1.309$

可以看出相同功率角 δ 下，串联补偿使线路功率输送容量加倍。根据等面积法则，$P-\delta$ 曲线和输入功率曲线之间的面积增大，因此稳定裕度和安全裕度增大。

式（12-36）可以算出电容器的无功功率为

$$\begin{aligned}Q_C&=\frac{k_{nom}}{X_L(1-k_{nom})^2}(V_S^2+V_R^2-2V_SV_R\cos\delta)\\&=\frac{0.5}{0.275\ (1-0.5)^2}(1.44+1-2.4\cos 11°)=0.582\text{pu}\end{aligned}$$

【例 12-3】 已知例 8-1（1）给定的系统，故障清除时间为 0.08s，求系统未补偿和在补偿度分别为30%和50%的情况下 δ 随时间的变化关系。

解：

利用例 8-1 得到的系统参数的初始值和 PSAT/MATLAB® 工具箱求解摆动方程，功角随时间变化曲线如图 12-2 所示。可以看出，通过对系统补偿，系统的稳定性得到了提升。

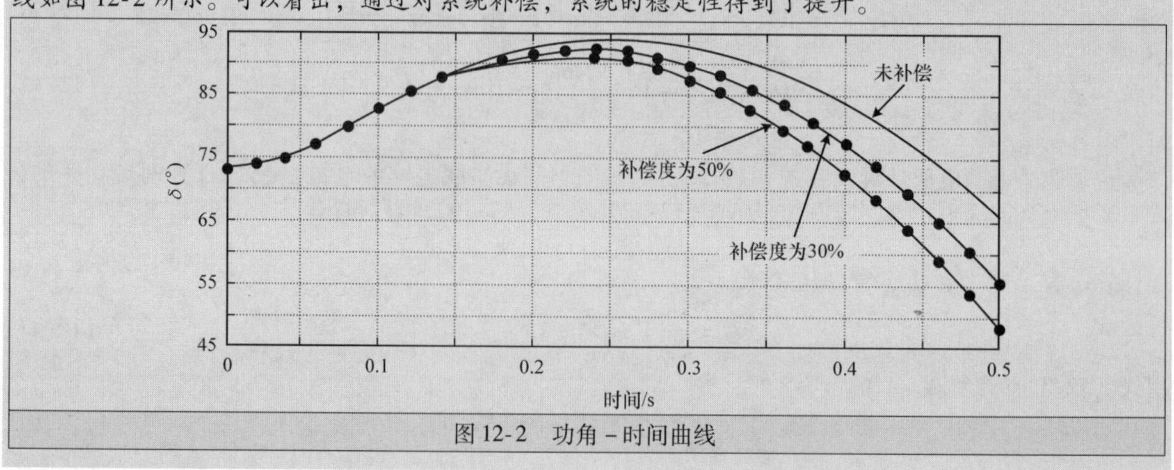

图 12-2 功角 - 时间曲线

高压输电线的电阻比电抗小得多。此外，架空线的线路导纳的实部为零。因此，这类线路可以用无损线路来近似，误差很小。对于长距离输电线路，描述输电线路的一个更为“符合实际的情况”，12.3 节将进行更多详细的分析。

12.3 长距离输电线

第 4 章 4.2.1 节已说明，受端距离为 s 的电压相量 $\boldsymbol{V}_S$、电流相量 $\boldsymbol{I}_S$，可以通过式（4-22）表示。方便起见，可以写作

$$\left.\begin{aligned}\boldsymbol{V}_S &= \frac{\boldsymbol{V}_R + \boldsymbol{Z}_c\boldsymbol{I}_R}{2}\mathrm{e}^{\gamma s} + \frac{\boldsymbol{V}_R - \boldsymbol{Z}_c\boldsymbol{I}_R}{2}\mathrm{e}^{-\gamma s}\\ \boldsymbol{I}_S &= \frac{(\boldsymbol{V}_R/\boldsymbol{Z}_C) + \boldsymbol{I}_R}{2}\mathrm{e}^{\gamma s} - \frac{(\boldsymbol{V}_R/\boldsymbol{Z}_C) - \boldsymbol{I}_R}{2}\mathrm{e}^{-\gamma s}\end{aligned}\right\} \tag{12-37}$$

两个等式中的第一项是“入射分量”，第二项是“反射分量”。如果线路位于受端电网的末端且接有恒定的阻抗负载 $\boldsymbol{Z}_{Ld}$，那么受端的电压与电流必须满足

$$\boldsymbol{V}_R = \boldsymbol{Z}_{Ld}\boldsymbol{I}_R \tag{12-38}$$

因此，式（12-37）可以表示为如下 $\boldsymbol{Z}_{Ld}$ 的函数

$$\left.\begin{aligned}\boldsymbol{V}_S &= \frac{\boldsymbol{V}_R}{2}\left(1 + \frac{\boldsymbol{Z}_C}{\boldsymbol{Z}_{Ld}}\right)\mathrm{e}^{\gamma s} + \frac{\boldsymbol{V}_R}{2}\left(1 - \frac{\boldsymbol{Z}_C}{\boldsymbol{Z}_{Ld}}\right)\mathrm{e}^{-\gamma s}\\ \boldsymbol{I}_S &= \frac{\boldsymbol{V}_R}{2\boldsymbol{Z}_C}\left(1 + \frac{\boldsymbol{Z}_C}{\boldsymbol{Z}_{Ld}}\right)\mathrm{e}^{\gamma s} - \frac{\boldsymbol{V}_R}{2\boldsymbol{Z}_C}\left(1 - \frac{\boldsymbol{Z}_C}{\boldsymbol{Z}_{Ld}}\right)\mathrm{e}^{-\gamma s}\end{aligned}\right\} \tag{12-39}$$

定义复常数 $\boldsymbol{\Lambda}$ 为“反射系数”，写作

$$\boldsymbol{\Lambda} = \frac{\boldsymbol{Z}_{Ld} - \boldsymbol{Z}_C}{\boldsymbol{Z}_{Ld} + \boldsymbol{Z}_C} \tag{12-40}$$

假设阻抗比率 $\boldsymbol{Z}_{CLd} = \boldsymbol{Z}_C/\boldsymbol{Z}_{Ld}$，那么式（12-40）可以写成

$$\left.\begin{aligned}\boldsymbol{V}_S &= \frac{\boldsymbol{V}_R}{2}(1 + \boldsymbol{Z}_{CLd})\mathrm{e}^{\gamma s} + \frac{\boldsymbol{V}_R}{2}(1 - \boldsymbol{Z}_{CLd})\mathrm{e}^{-\gamma s}\\ \boldsymbol{I}_S &= \frac{\boldsymbol{V}_R}{2\boldsymbol{Z}_C}(1 + \boldsymbol{Z}_{CLd})\mathrm{e}^{\gamma s} - \frac{\boldsymbol{V}_R}{2\boldsymbol{Z}_C}(1 - \boldsymbol{Z}_{CLd})\mathrm{e}^{-\gamma s}\end{aligned}\right\} \tag{12-41}$$

式中，

$$\boldsymbol{Z}_{CLd} = \frac{\boldsymbol{Z}_C}{\boldsymbol{Z}_{Ld}} = \frac{Z_C\mathrm{e}^{\mathrm{j}\theta_C}}{Z_{Ld}\mathrm{e}^{\mathrm{j}\theta_{Ld}}} = Z_{CLd}\mathrm{e}^{\mathrm{j}(\theta_C - \theta_{Ld})} \tag{12-42}$$

通过判断 $\boldsymbol{Z}_C = \boldsymbol{Z}_{Ld}$，即线路终点（受端）的阻抗等于线路特征阻抗，可以发现这时式（12-38）变成 $\boldsymbol{V}_R = \boldsymbol{Z}_C\boldsymbol{I}_R$，且由式（12-41）可得线路上电压电流关于距离 x 的函数

$$\left.\begin{aligned}\boldsymbol{V}_x &= \boldsymbol{V}_R\mathrm{e}^{\gamma x}\\ \boldsymbol{I}_x &= \frac{\boldsymbol{V}_R}{\boldsymbol{Z}_C}\mathrm{e}^{\gamma x}\end{aligned}\right\} \tag{12-43}$$

要注意的是，反射分量和反射系数都等于零，任意距离受端长度 x 的驱动点阻抗都等于 $\boldsymbol{Z}_C$。

此外，从受端到送端电压电流幅值按衰减常数不断增大，而相位角沿着此方向线性变化。另一方面，衰减常数通常较小；因此，线路上的电压幅值几乎恒定，无损线路的电压幅值则完全恒定。

式（12-6）定义的波阻抗负荷 SIL 为

$$\mathrm{SIL} = \frac{V^2}{\boldsymbol{Z}_C^*} = \frac{V^2(R_C + \mathrm{j}X_C)}{|Z_C|^2} \tag{12-44}$$

参数 SIL 对线路额定容量进行了有效衡量，并判断出该线路是吸收还是发出无功功率。当线路末端为其特征阻抗特性时，其电压电流的反射分量为零，由分布式线路电纳发出无功功率，且发出无功功率的大小正好是线路中的无功损耗 I^2X。因此，当在负荷大于波阻抗负荷 SIL 的情况下，又要保持电压

在正常范围内，有必要向线路补偿无功功率。反之，如果负荷小于 SIL，线路则会产生过量的无功功率。

由此可以得出结论，为了维持电网不同节点电压的稳定，需要在线路末端该节点上安装 SIL。

受端的有功和无功功率相量公式可由下式计算：

$$\boldsymbol{S}_R=\boldsymbol{V}_R\boldsymbol{I}_R^* \qquad \text{VA/相} \tag{12-45}$$

代入：

$$\boldsymbol{I}_R=(\boldsymbol{V}_S-\boldsymbol{A}\boldsymbol{V}_R)/\boldsymbol{B},\ \boldsymbol{V}_R=V_R\mathrm{e}^{\mathrm{j}0},\ \boldsymbol{V}_S=V_R\mathrm{e}^{\mathrm{j}\delta}$$

$$\boldsymbol{A}=A\mathrm{e}^{\mathrm{j}\mu},\ \boldsymbol{B}=B\mathrm{e}^{\mathrm{j}\xi}$$

然后，

$$\begin{aligned}\boldsymbol{S}_R=\boldsymbol{V}_R\boldsymbol{I}_R^*=P_R+\mathrm{j}Q_R&=\left[\frac{V_SV_R}{B}\cos(\delta-\xi)-\frac{AV_R^2}{B}\cos(\mu-\xi)\right]\\&\quad-\mathrm{j}\left[\frac{V_SV_R}{B}\sin(\delta-\xi)-\frac{AV_R^2}{B}\cos(\mu-\xi)\right]\end{aligned} \tag{12-46}$$

角 $\mu<<\xi$，对于无损线路 $\xi=90°$，V_S和 V_R是相电压（kV），故

$$P_R=\frac{V_SV_R}{X}\sin\delta \tag{12-47}$$

受端最大无功功率 $P_{R\max}$ 可以通过将 $\delta=\xi$ 代入式（12-46）计算

$$P_{R\max}=\frac{V_SV_R}{B}-\frac{AV_R^2}{B}\cos(\mu-\xi) \quad \text{MW/相} \tag{12-48}$$

12.3.1 长距离输电线串联补偿 ★★★

实际情况中，串联补偿是通过沿着输电线上一些点或者输电线两端串联投入电容器组实现的。因此，补偿并不是按之前分析所假设的沿着线路均匀分布的。在这种情况下，为了表示线路，最简单的方法是导出下文的等效 ***ABCD*** 参数形式的线路方程。

考虑图 12-3a 中的经补偿线路，串联电容位于受端的一个特定位置，从而将线路分为两部分，分别用 $\boldsymbol{A}_1\boldsymbol{B}_1\boldsymbol{C}_1\boldsymbol{D}_1$参数和 $\boldsymbol{A}_2\boldsymbol{B}_2\boldsymbol{C}_2\boldsymbol{D}_2$参数表示。此系统可用图 12-3b 表示。补偿部分可以用 $\boldsymbol{A}_{com}\boldsymbol{B}_{com}\boldsymbol{C}_{com}\boldsymbol{D}_{com}$表示，其中 $\boldsymbol{A}_{com}=\boldsymbol{D}_{com}=1$，$\boldsymbol{C}_{com}=0$，$\boldsymbol{B}_{com}=-\mathrm{j}X_C$。$\boldsymbol{V}_S$和 $\boldsymbol{I}_S$可以表示成 $\boldsymbol{V}_R$和 $\boldsymbol{I}_R$的函数：

$$\begin{aligned}\begin{bmatrix}\boldsymbol{V}_S\\\boldsymbol{I}_S\end{bmatrix}&=\begin{bmatrix}\boldsymbol{A}_1&\boldsymbol{B}_1\\\boldsymbol{C}_1&\boldsymbol{D}_1\end{bmatrix}\begin{bmatrix}1&-\mathrm{j}X_C\\0&1\end{bmatrix}\begin{bmatrix}\boldsymbol{A}_2&\boldsymbol{B}_2\\\boldsymbol{C}_2&\boldsymbol{D}_2\end{bmatrix}\begin{bmatrix}\boldsymbol{V}_R\\\boldsymbol{I}_R\end{bmatrix}\\&=\begin{bmatrix}\boldsymbol{A}_1\boldsymbol{A}_2-\mathrm{j}X_C\boldsymbol{A}_1\boldsymbol{C}_2+\boldsymbol{B}_1\boldsymbol{C}_2&\boldsymbol{A}_1\boldsymbol{B}_2-\mathrm{j}X_C\boldsymbol{D}_2\boldsymbol{A}_1+\boldsymbol{B}_1\boldsymbol{D}_2\\\boldsymbol{C}_1\boldsymbol{A}_2-\mathrm{j}X_C\boldsymbol{C}_1\boldsymbol{C}_2+\boldsymbol{D}_1\boldsymbol{C}_2&\boldsymbol{C}_1\boldsymbol{B}_2-\mathrm{j}X_C\boldsymbol{C}_1\boldsymbol{D}_2+\boldsymbol{D}_1\boldsymbol{D}_2\end{bmatrix}\begin{bmatrix}\boldsymbol{V}_R\\\boldsymbol{I}_R\end{bmatrix}\end{aligned} \tag{12-49}$$

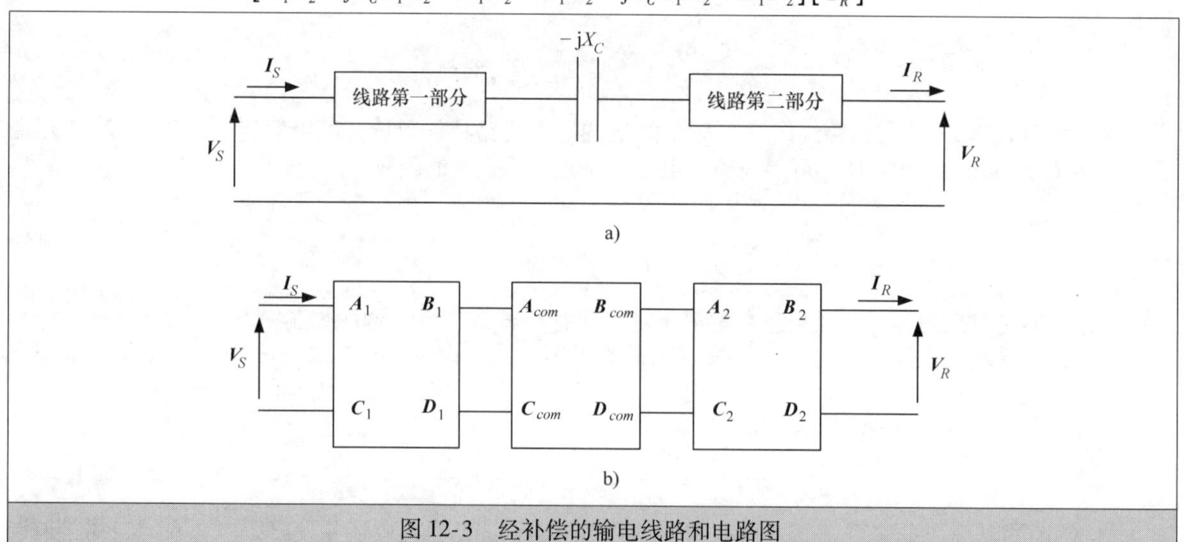

图 12-3　经补偿的输电线路和电路图

a）经补偿的输电线路　b）经补偿线路的电路图

如果线路未补偿，并且由两个部分串联组成，它们的参数分别是$\boldsymbol{A}_1\boldsymbol{B}_1\boldsymbol{C}_1\boldsymbol{D}_1$和$\boldsymbol{A}_2\boldsymbol{B}_2\boldsymbol{C}_2\boldsymbol{D}_2$，那么线路的总参数是

$$\boldsymbol{A}_o=\boldsymbol{A}_1\boldsymbol{A}_2+\boldsymbol{B}_1\boldsymbol{C}_2 \quad \boldsymbol{B}_o=\boldsymbol{A}_1\boldsymbol{B}_2+\boldsymbol{B}_1\boldsymbol{D}_2$$
$$\boldsymbol{C}_o=\boldsymbol{C}_1\boldsymbol{A}_2+\boldsymbol{D}_1\boldsymbol{C}_2 \quad \boldsymbol{D}_o=\boldsymbol{C}_1\boldsymbol{B}_2+\boldsymbol{D}_1\boldsymbol{D}_2$$

注意，下标o表示未补偿的情况。式（12-49）可以写成如下形式

$$\begin{bmatrix}\boldsymbol{V}_S\\ \boldsymbol{I}_S\end{bmatrix}=\begin{bmatrix}\boldsymbol{A}_{eq} & \boldsymbol{B}_{eq}\\ \boldsymbol{C}_{eq} & \boldsymbol{D}_{eq}\end{bmatrix}\begin{bmatrix}\boldsymbol{V}_R\\ \boldsymbol{I}_R\end{bmatrix} \tag{12-50}$$

式中，

$$\boldsymbol{A}_{eq}=\boldsymbol{A}_o-\mathrm{j}X_C\boldsymbol{A}_1\boldsymbol{C}_2 \quad \boldsymbol{B}_{eq}=\boldsymbol{B}_o-\mathrm{j}X_C\boldsymbol{A}_1\boldsymbol{D}_2=\boldsymbol{B}_o+\Delta\boldsymbol{B}$$
$$\boldsymbol{C}_{eq}=\boldsymbol{C}_o-\mathrm{j}X_C\boldsymbol{A}_1\boldsymbol{C}_2 \quad \boldsymbol{D}_{eq}=\boldsymbol{D}_o-\mathrm{j}X_C\boldsymbol{C}_1\boldsymbol{D}_2=\boldsymbol{B}_o+\Delta\boldsymbol{B}$$

当输电线送端和受端均有同大小的容性补偿（$-\mathrm{j}X_C/2$）同样的过程也可以在该输电线中得到体现（见图12-4）。

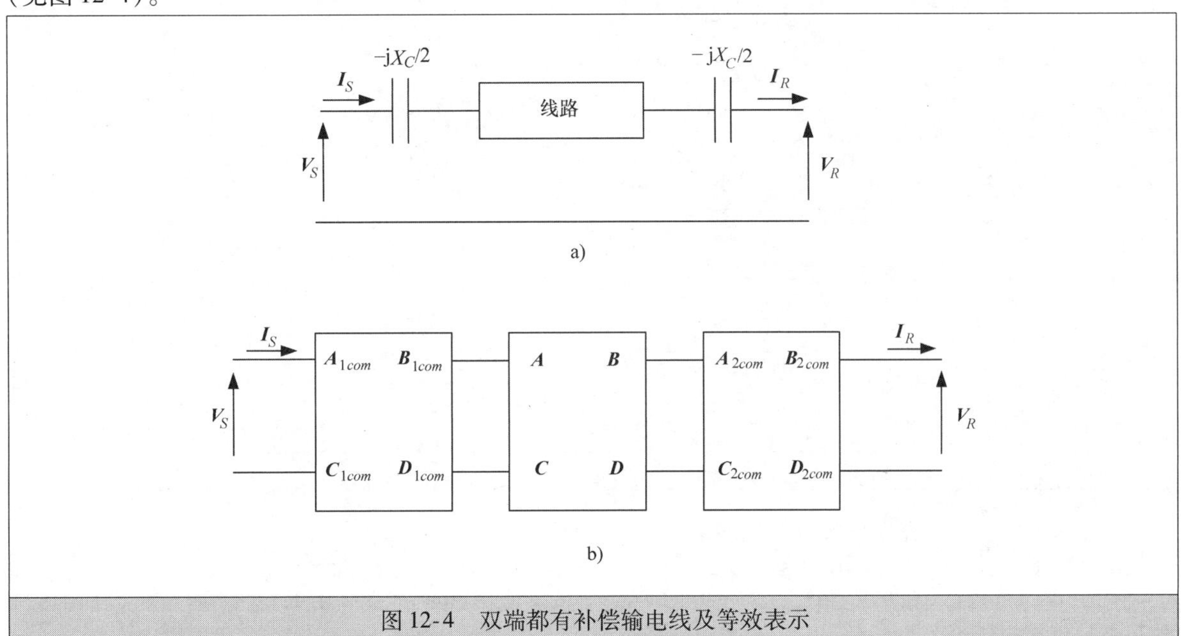

图12-4 双端都有补偿输电线及等效表示
a）双端都有补偿输电线 b）等效表示

等效$\boldsymbol{ABCD}$参数为

$$\begin{bmatrix}\boldsymbol{A}_{eq} & \boldsymbol{B}_{eq}\\ \boldsymbol{C}_{eq} & \boldsymbol{D}_{eq}\end{bmatrix}=\begin{bmatrix}1 & -\mathrm{j}X_C/2\\ 0 & 1\end{bmatrix}\begin{bmatrix}\boldsymbol{A} & \boldsymbol{B}\\ \boldsymbol{C} & \boldsymbol{D}\end{bmatrix}\begin{bmatrix}1 & -\mathrm{j}X_C/2\\ 0 & 1\end{bmatrix}$$
$$=\begin{bmatrix}\boldsymbol{A}-\mathrm{j}\boldsymbol{C}X_C/2 & \boldsymbol{B}-\boldsymbol{C}\dfrac{X_C^2}{4}-\mathrm{j}(\boldsymbol{A}+\boldsymbol{D})\dfrac{X_C}{2}\\ \boldsymbol{C} & \boldsymbol{D}-\mathrm{j}\boldsymbol{C}X_C/2\end{bmatrix} \tag{12-51}$$

需要注意的是，输电线上串联电容器的位置（如安装在中点处，等效在线路两端均分，或者在同样距离处安装两个相同的电容器），会对等效$\boldsymbol{ABCD}$参数的值有影响，这会改变线路的功率传输[2,3]。那么式（12-51）中的参数$\boldsymbol{B}$的值变为

$$\boldsymbol{B}_{eq}=\boldsymbol{B}+\Delta\boldsymbol{B}$$

式中，$\Delta\boldsymbol{B}=-\boldsymbol{C}\dfrac{X_C^2}{4}-\mathrm{j}(\boldsymbol{A}+\boldsymbol{D})\dfrac{X_C}{2}$

可以看出，$\Delta\boldsymbol{B}$表示$\boldsymbol{B}$经补偿后的变化量的大小。可以把它看成串联补偿对线路电抗的影响指标，即补偿的有效性[4]。式（12-50）和式（12-51）中的$\Delta\boldsymbol{B}$不一样，因此，串联补偿的有效性会根据其位置变化。

【例 12-4】　如图 12-5 所示，单机电路系统中，电压源 $E=1.4\angle 17^\circ$，通过一变压器和两条平行输电线与无穷大母线相连。输电线路有关数据在下面给出。

$r=0.028\Omega/\text{km}$，$x_L=0.325\Omega/\text{km}$，$b_c=5.2\mu\text{S/km}$，$l=160\text{km}$，额定电压 = 500kV。求发电机电压电流和受端无穷大电网电压电流相联系的输电网参数 $\boldsymbol{ABCD}$，从以下两种情况下分别计算：（1）输电线路未采用补偿。（2）各线路中点处串联电容，补偿度为 50%。

如果点 F 处发生故障，并在功角 $\delta=50^\circ$ 时通过切断故障线路清除，分析系统暂态稳定性并指出稳定性提升了多少。

解：

对于每一条输电线

$$Z_C=\sqrt{\frac{z}{y}}=250\Omega$$

$$\gamma=\sqrt{zy}=\alpha+\text{j}\beta\cong\text{j}\sqrt{xy}\left(1-\text{j}\,\frac{r}{2x}\right)$$

$\alpha=0.000057$ 奈培/km，$\beta=0.0013\text{rad/km}$

$X_L=0.325\times160/250=0.208\text{pu}$（$Z_C$ 为基准值）

$B_c=5.2\times10^{-6}\times160\times250=0.208\text{pu}$（$Z_C$ 为基准值）

$\beta l=0.208\text{rad}=11.9^\circ$

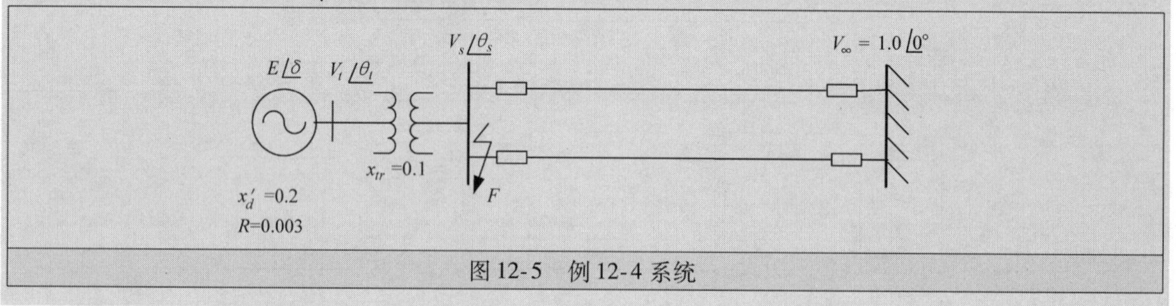

图 12-5　例 12-4 系统

由于 $\alpha\ll\beta$，为了在发电没有损耗的情况下简化计算，假设 $\gamma=\text{j}\beta$。

由式（12-3），线路的 $\boldsymbol{ABCD}$ 参数为

$$\boldsymbol{A}_L=0.978\angle 0^\circ,\quad \boldsymbol{B}_L=\text{j}0.206\text{pu},\quad \boldsymbol{C}_L=\text{j}0.206\text{pu},\quad \boldsymbol{D}_L=0.978\angle 0^\circ \tag{12-52}$$

对于未补偿输电线时：

* 当两条线路中的一条被切除后（见图 12-6），系统 $\boldsymbol{ABCD}$ 参数为

$$\boldsymbol{A}=\boldsymbol{A}_L+\text{j}0.3\boldsymbol{C}_L=0.916\angle 0^\circ$$

$$\boldsymbol{B}=\boldsymbol{B}_L+\text{j}0.3\boldsymbol{D}_L=\text{j}0.499\text{pu}$$

$$\boldsymbol{C}=\boldsymbol{C}_L=\text{j}0.206\text{pu}$$

$$\boldsymbol{D}=\boldsymbol{D}_L=0.978\angle 0^\circ$$

由式（12-46）可得，受端的系统有功传输容量为

$$P_R=(1.4/0.499)\sin17^\circ=0.82\text{pu/相}$$

* 当两条线路平行地接到系统中时（见图 12-7），系统的 $\boldsymbol{ABCD}$ 参数计算为

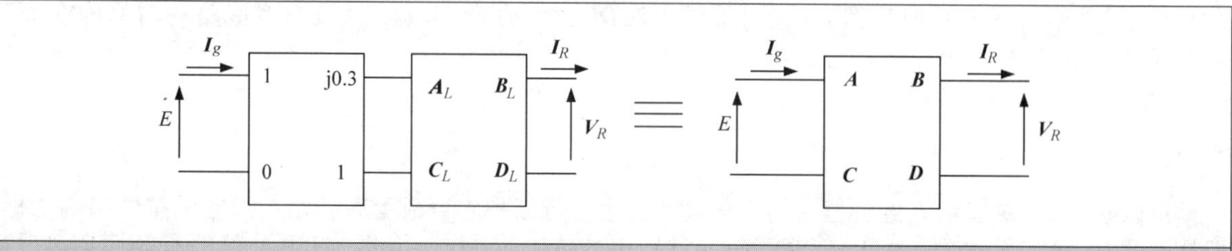

图 12-6　“发电机电压源 – 无穷大电网”系统只有一条线路运行时等效 $\boldsymbol{ABCD}$ 参数

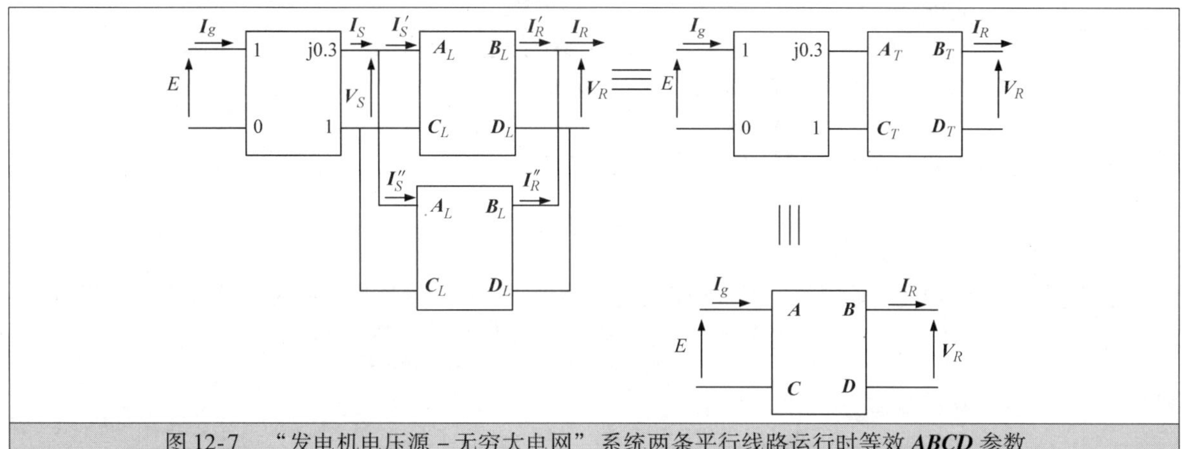

图 12-7 “发电机电压源－无穷大电网”系统两条平行线路运行时等效 ***ABCD*** 参数

ABCD 参数通过两步求得：第一，求解两条平行线路的等效 $\boldsymbol{A}_T\boldsymbol{B}_T\boldsymbol{C}_T\boldsymbol{D}_T$参数：

$$\boldsymbol{I}_S = \boldsymbol{I}'_S + \boldsymbol{I}''_S \text{ 和 } \boldsymbol{I}_R = \boldsymbol{I}'_R + \boldsymbol{I}''_R \tag{12-53}$$

$$\left.\begin{aligned}\boldsymbol{V}_S &= \boldsymbol{A}_L\boldsymbol{V}_R + \boldsymbol{B}_L\boldsymbol{I}'_R\\ \boldsymbol{V}_S &= \boldsymbol{A}_L\boldsymbol{V}_R + \boldsymbol{B}_L\boldsymbol{I}''_R\end{aligned}\right\} \tag{12-54}$$

式（12-54）的两个等式求和，得到

$$\boldsymbol{V}_S = \boldsymbol{A}_L\boldsymbol{V}_R + \frac{\boldsymbol{B}_L}{2}\boldsymbol{I}_R \tag{12-55}$$

类似地

$$\left.\begin{aligned}\boldsymbol{I}'_S &= \boldsymbol{C}_L\boldsymbol{V}_R + \boldsymbol{D}_L\boldsymbol{I}'_R\\ \boldsymbol{I}''_S &= \boldsymbol{C}_L\boldsymbol{V}_R + \boldsymbol{D}_L\boldsymbol{I}''_R\end{aligned}\right\} \tag{12-56}$$

因此

$$\boldsymbol{I}_S = 2\boldsymbol{C}_L\boldsymbol{V}_R + \boldsymbol{D}_L\boldsymbol{I}_R \tag{12-57}$$

从式（12-55）和式（12-57）可以看出

$$\boldsymbol{A}_T = \boldsymbol{A}_L,\quad \boldsymbol{B}_T = \frac{\boldsymbol{B}_L}{2},\quad \boldsymbol{C}_T = 2\boldsymbol{C}_L,\quad \boldsymbol{D}_T = \boldsymbol{D}_L \tag{12-58}$$

第二，求出如下所示的系统 ***ABCD*** 参数。

由式（12-52）和式（12-58）可以得出

$$\boldsymbol{A} = \boldsymbol{A}_T + \text{j}0.3\boldsymbol{C}_T = 0.854\angle 0°,\quad \boldsymbol{B} = \boldsymbol{B}_T + \text{j}0.3\boldsymbol{D}_T = \text{j}0.396\text{pu}$$

$$\boldsymbol{C} = \boldsymbol{C}_T = \text{j}0.412\text{pu},\quad \boldsymbol{D} = \boldsymbol{D}_T = 0.854\angle 0°$$

受端的有功功率传输容量为

$$P_R = (1.4/0.396)\sin 17° = 1.034\text{pu/相}$$

对于考虑补偿的输电线：

电容器位于输电线的中点处，故线路被均分成两段长度均为 80km 的部分，它们有相同的 $\boldsymbol{A}_{L1}\boldsymbol{B}_{L1}\boldsymbol{C}_{L1}\boldsymbol{D}_{L1}$参数。有

$$\boldsymbol{A}_{L1} = 0.995\angle 0°,\quad \boldsymbol{B}_{L1} = \text{j}0.194\text{pu},\quad \boldsymbol{C}_{L1} = \text{j}0.104\text{pu},\quad \boldsymbol{D}_{L1} = 0.995\angle 0°$$

＊当其中一条输电线被切除后：

$$X_C = 50\%X_L = 0.104\text{pu}$$

用式（12-50）中的参数和式（12-52）给出的未补偿线路参数 $\boldsymbol{A}_o\boldsymbol{B}_o\boldsymbol{C}_o\boldsymbol{D}_o$，可以得到经补偿线路的参数 $\boldsymbol{A}_L\boldsymbol{B}_L\boldsymbol{C}_L\boldsymbol{D}_L$是

$$\left.\begin{aligned}\boldsymbol{A}_L &= 0.978 - \text{j}0.104\times 0.995\times \text{j}0.104 = 0.989\angle 0°\\ \boldsymbol{B}_L &= \text{j}0.206 - \text{j}0.104\times 0.995\times 0.995 = \text{j}0.103\text{pu}\\ \boldsymbol{C}_L &= \text{j}0.206 - \text{j}0.104\times \text{j}0.104\times \text{j}0.104 = \text{j}0.207\text{pu}\\ \boldsymbol{D}_L &= 0.978 - \text{j}0.104\times \text{j}0.104\times 0.995 = 0.989\angle 0°\end{aligned}\right\} \tag{12-59}$$

那么系统参数 $\boldsymbol{ABCD}$ 为

$$\boldsymbol{A}=0.989+\mathrm{j}0.3\times\mathrm{j}0.207=0.927\angle 0^\circ$$
$$\boldsymbol{B}=\mathrm{j}0.103+\mathrm{j}0.3\times 0.989=\mathrm{j}0.4\mathrm{pu}$$
$$\boldsymbol{C}=\boldsymbol{C}_L=\mathrm{j}0.207\mathrm{pu}$$
$$\boldsymbol{D}=\boldsymbol{D}_L=0.989\angle 0^\circ$$

相应地，受端的有功功率输送容量为

$$P_R=(1.4/0.4)\sin 17^\circ=1.023\mathrm{pu/相}$$

* 当两条经补偿线路平行地接到系统中时：

与未补偿线路的情况有相同的过程，除此之外，要考虑补偿的参数值。从式（12-59）可以看出

$$\boldsymbol{A}_T=\boldsymbol{A}_L=0.989\angle 0^\circ,\quad \boldsymbol{B}_T=\boldsymbol{B}_L/2=\mathrm{j}0.052\mathrm{pu}$$
$$\boldsymbol{C}_T=2\boldsymbol{C}_L=\mathrm{j}0.414\mathrm{pu},\quad \boldsymbol{D}_T=\boldsymbol{D}_L=0.989\angle 0^\circ$$

因此，系统的 $\boldsymbol{ABCD}$ 参数为

$$\boldsymbol{A}=0.989+\mathrm{j}0.3\times\mathrm{j}0.414=0.865\angle 0^\circ$$
$$\boldsymbol{B}=\mathrm{j}0.052+\mathrm{j}0.3\times 0.989=\mathrm{j}0.349\mathrm{pu}$$
$$\boldsymbol{C}=\mathrm{j}0.414\mathrm{pu}$$
$$\boldsymbol{D}=0.989\angle 0^\circ$$

受端的有功功率传输容量为

$$P_R=(1.4/0.349)\sin 17^\circ=1.173\mathrm{pu/相}$$

暂态稳定性的检测

衡量串联补偿所带来的好处是很有意义的。第 9 章曾说明过，等面积法则可以用来检测系统稳定性，了解系统稳定程度。假设接收到的有功功率是 0.8pu，线路经补偿和未经补偿情况下的系统分析如下。

对于线路未补偿的系统：

故障前：$0.8=(1.4/0.396)\sin\delta_o$ 且 $\delta_o=13.1^\circ$

故障后：$0.8=(1.4/0.499)\sin\delta_m$ 且 $\delta_m=163.4^\circ$

故障期间输入功率曲线和 $P-\delta$ 曲线之间的面积为

$$A_1=0.8(50-13.1)\pi/180=0.515\mathrm{pu}\text{，此时电功率为零}$$

故障后输入功率曲线和 $P-\delta$ 曲线之间的面积为

$$\begin{aligned}A_2&=(EV_R/B)(\cos\delta_c-\cos\delta_m)-0.8(\delta_m-\delta_c)\pi/180\\&=(1.4/0.499)(0.643+0.958)-1.58=2.92\mathrm{pu}\end{aligned}$$

对于线路经补偿的系统：

故障前：$0.8=(1.4/0.349)\sin\delta_o$ 且 $\delta_o=11.5^\circ$

故障后：$0.8=(1.4/0.4)\sin\delta_m$ 且 $\delta_m=166.8^\circ$

$$A_1=0.8(50-11.5)\pi/180=0.537\mathrm{pu}$$
$$A_2=(1.4/0.4)(0.643+0.974)-0.8(166.8-50)\pi/180=4.03\mathrm{pu}$$

可以得出结论：

- 如表 12-1 所示，由于用串联电容对线路进行补偿，一定功角下有功输送容量得到了提高。
- 由于线路补偿，稳定裕度得到提高，系统更加稳定。可以用表 12-2 中的 A_2/A_1 比值来衡量，由于补偿增加的比值大约为 32.27%。

表 12-1　结果概览

系统状态	连接线	$A\angle 0^\circ$	B(pu)	C(pu)	$D\angle 0^\circ$	P_R(pu/相)
未补偿	单线	0.916	j0.499	j0.206	0.978	0.82
	双线	0.854	j0.396	j0.412	0.854	1.034
经补偿	单线	0.927	j0.400	j0.207	0.989	1.023
	双线	0.865	j0.349	j0.414	0.989	1.173

表 12-2　暂定稳定性分析结果

系统状态	A_1(pu)	A_2(pu)	A_2/A_1
未补偿	0.515	2.92	5.67
经补偿	0.537	4.03	7.50

• 从输电线路送端到受端的功率传输和线路的串联电抗大致呈反比例［见式（12-47）］。其最大值（稳态稳定极限）出现在δ等于90°时。因此通过串联容性补偿减少线路串联电抗能提高稳定极限，增加系统稳定性。

12.4　多机电力系统暂态稳定性的提升

在电力系统输电线中串联补偿的主要原因之一在于它可以提高系统的暂态稳定性。下面用一个例子来详细说明。

【例12-5】　在例8-2中，9节点测试系统（见图12-8）在节点7处发生三相短路故障，故障持续时间为0.08s和0.20s。在系统中每条线路都未补偿、30%串联容性补偿度、50%串联容性补偿度和90%串联容性补偿度的情况下，分析系统的暂态稳定性。系统数据在附录Ⅱ中给出。

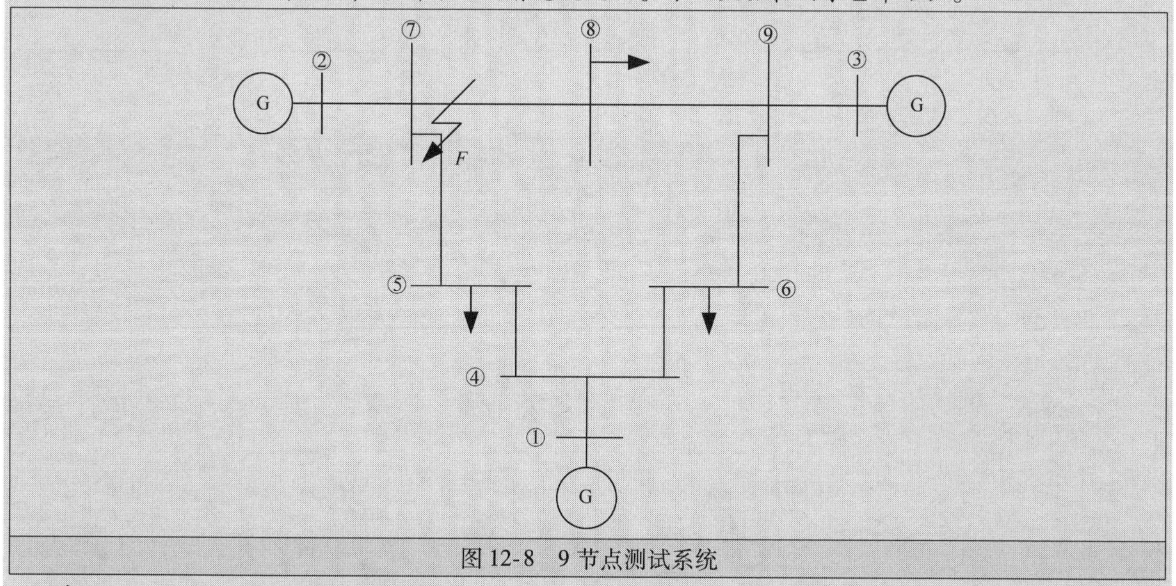

图12-8　9节点测试系统

解：

在例8-2所计算的初始运行状态相同的条件下，用二阶龙格-库塔法和PSAT/MATLAB®工具箱进行暂态分析。各发电机转子角度和转速的变化如图12-9～图12-14所示。每张图中的实曲线表示未补偿的情况，黑点线表示30%补偿度，虚线表示50%补偿度，而白点线表示90%补偿度的情况。

故障持续时间为0.08s时

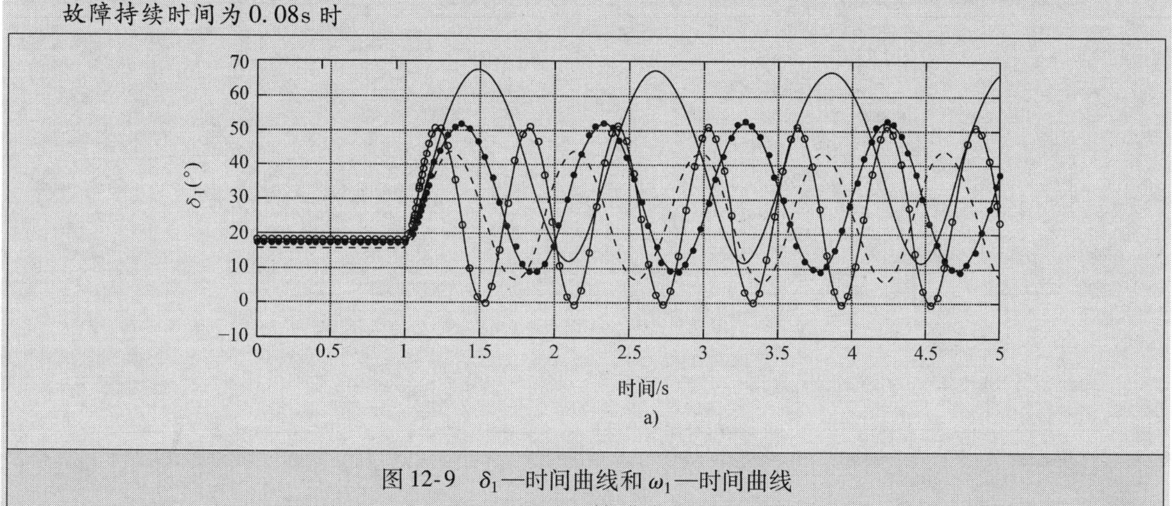

图12-9　δ_1—时间曲线和ω_1—时间曲线

a）δ_1—时间曲线

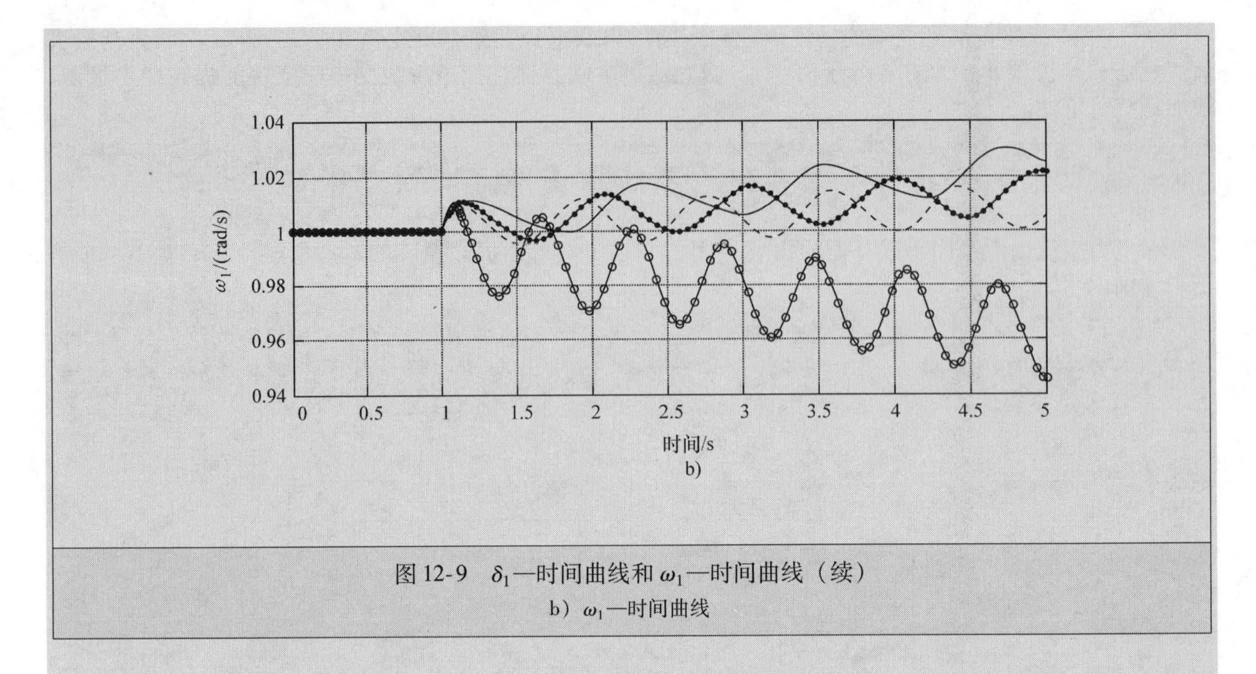

图 12-9　δ_1—时间曲线和 ω_1—时间曲线（续）

b）ω_1—时间曲线

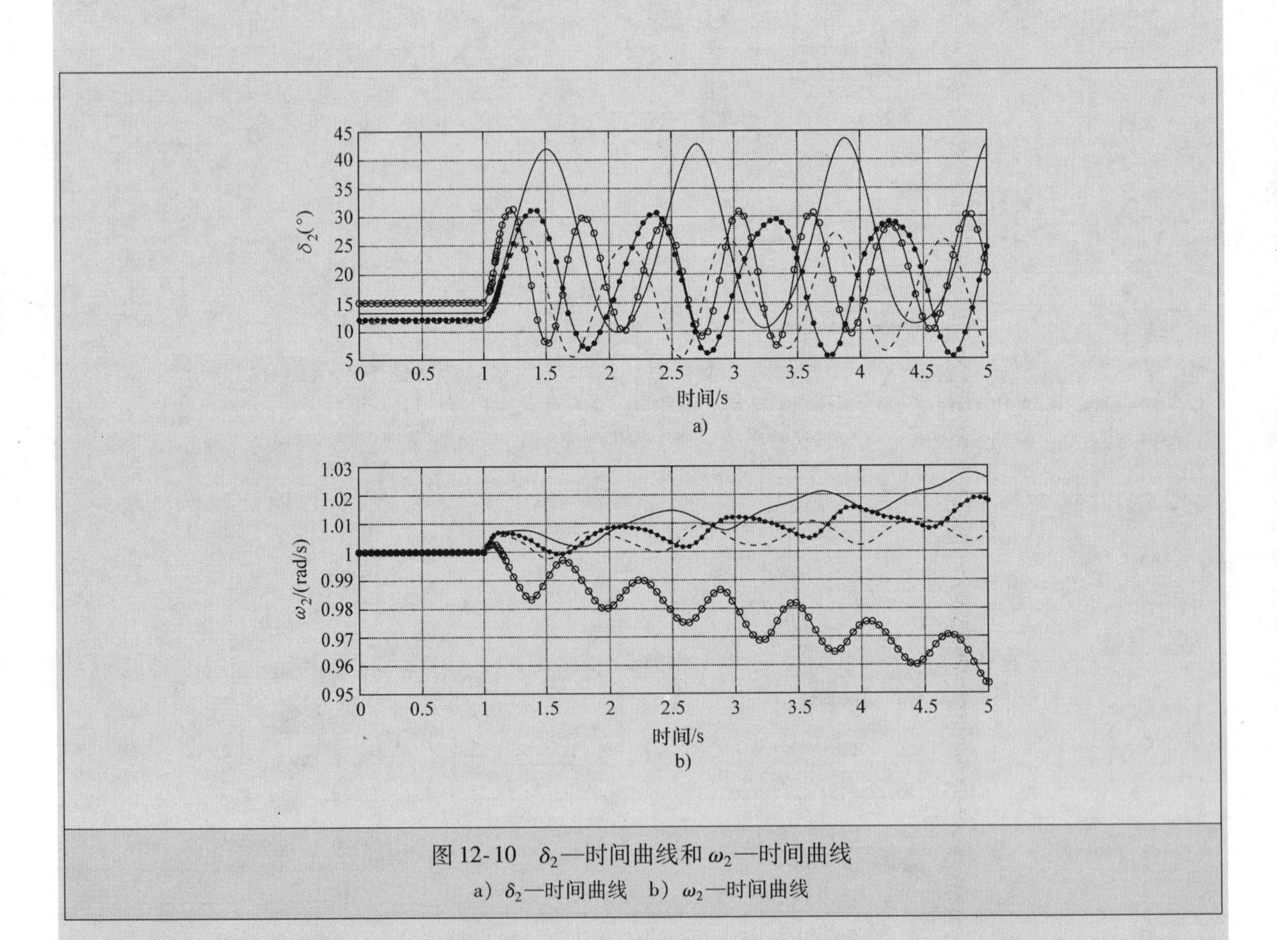

图 12-10　δ_2—时间曲线和 ω_2—时间曲线

a）δ_2—时间曲线　b）ω_2—时间曲线

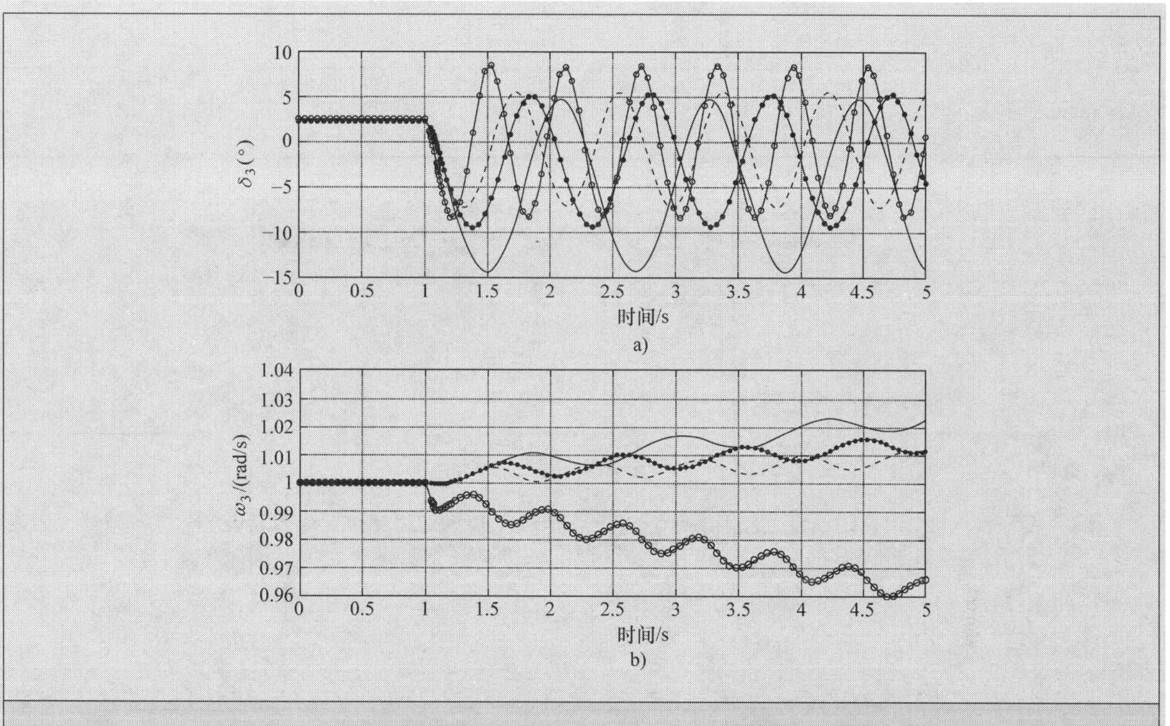

图 12-11　δ_3—时间曲线和 ω_3—时间曲线

a）δ_3—时间曲线　b）ω_3—时间曲线

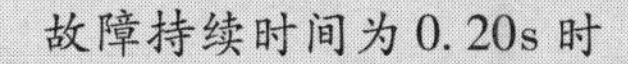

故障持续时间为 0. 20s 时

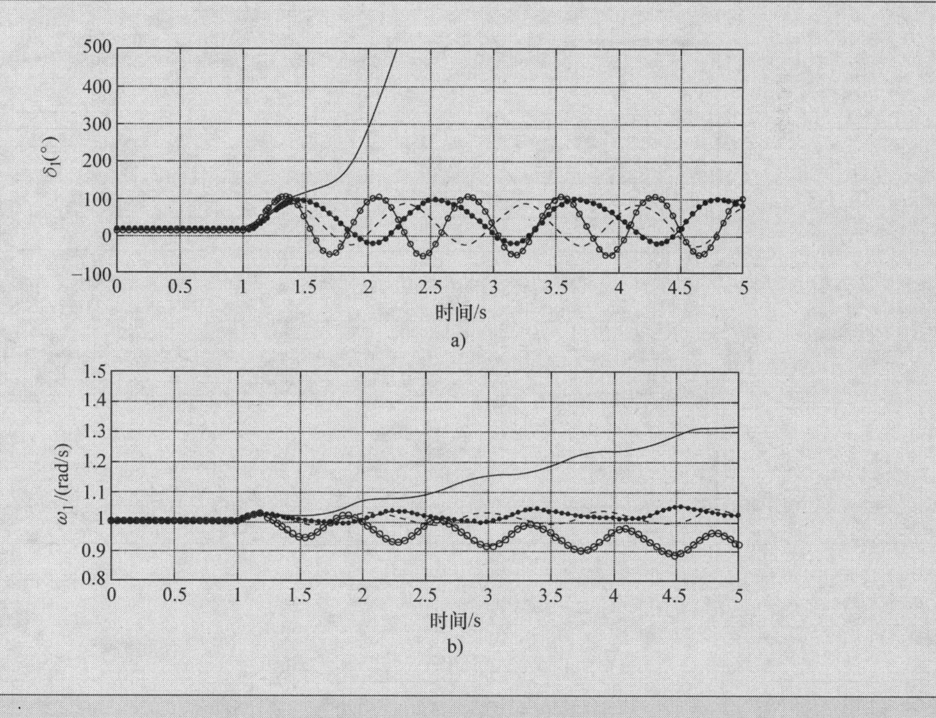

图 12-12　δ_1—时间曲线和 ω_1—时间曲线

a）δ_1—时间曲线　b）ω_1—时间曲线

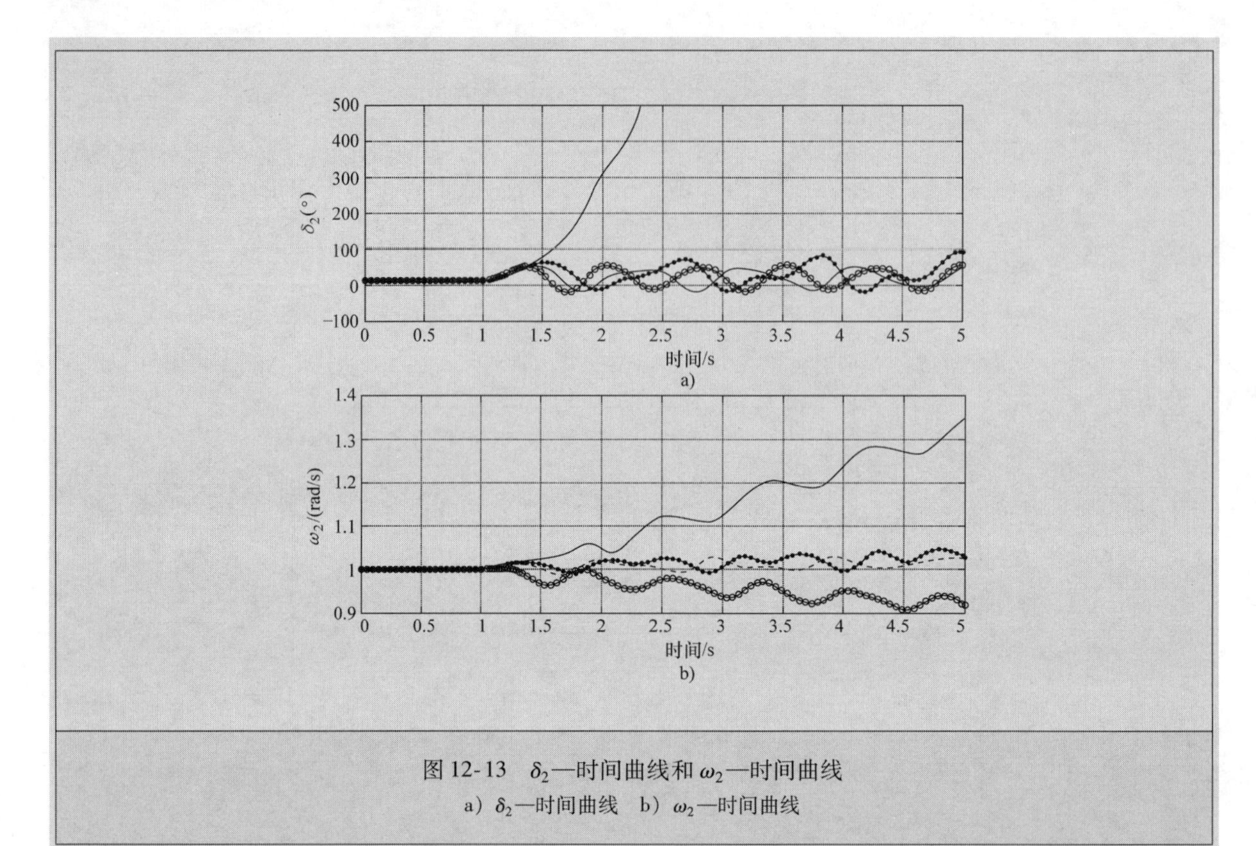

图 12-13　δ_2—时间曲线和 ω_2—时间曲线

a）δ_2—时间曲线　b）ω_2—时间曲线

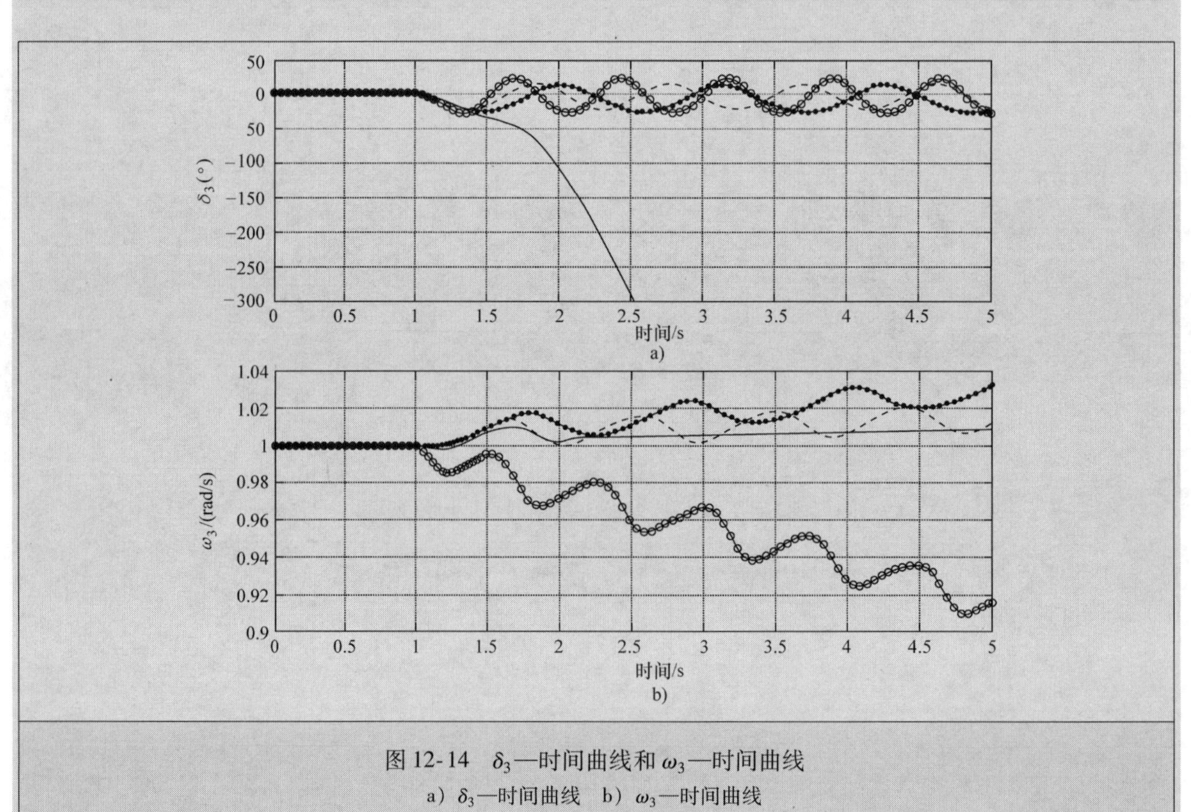

图 12-14　δ_3—时间曲线和 ω_3—时间曲线

a）δ_3—时间曲线　b）ω_3—时间曲线

12.5　功率传输能力的研究

在没有对补偿程度设限时，串联补偿程度的提升似乎能改善系统运行状况和系统稳定性。实际上却并非如此，因为功率传输能力取决于多种参数，却不能保证这些参数在给定最大功率传输时同时达到理想值。从例12-5中的90%补偿度对系统稳定性的提升不如30%补偿度，就可以看出这点。这一概念下文会再作深入探讨。

图12-15中，输电线将送端 i 和受端 j 相连。线路用串联阻抗 $\boldsymbol{Z}_L = R + \mathrm{j}X_L$ 表示，并由电抗值为 X_C 的串联电容器进行补偿。因此，网络串联电抗 X 为 $X = X_L - X_C = X_L(1-k_{nom})$，这里 k_{nom} 是补偿程度。

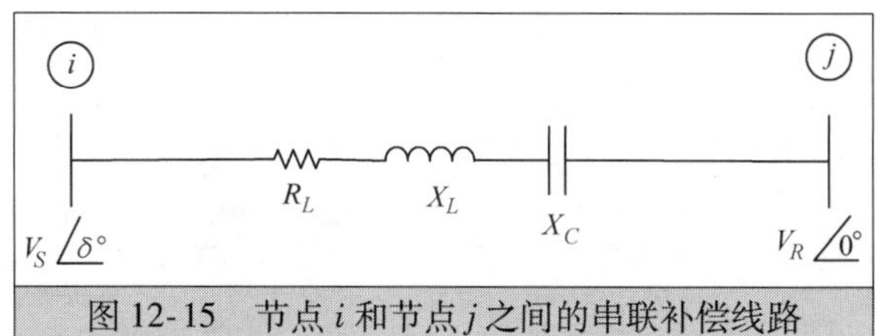

图12-15　节点 i 和节点 j 之间的串联补偿线路

网络串联阻抗为 $\boldsymbol{Z} = R + \mathrm{j}X$。受端的电压 $\boldsymbol{V}_R$ 作为参考相量，那么送端的电压为 $\boldsymbol{V}_S$，相位为 δ，故

$$\boldsymbol{V}_S = V_S\mathrm{e}^{\mathrm{j}\delta} = V_S(\cos\delta + \mathrm{j}\sin\delta) \tag{12-60}$$

因此线路电流为

$$\begin{aligned}\boldsymbol{I} = \frac{\boldsymbol{V}_S - \boldsymbol{V}_R}{\boldsymbol{Z}} = \frac{V_R}{Z^2}\Big\{&\Big[R\Big(\frac{V_S}{V_R}\cos\delta - 1\Big) + X\Big(\frac{V_S}{V_R}\sin\delta\Big)\Big]\\ &+\mathrm{j}\Big[R\Big(\frac{V_S}{V_R}\sin\delta\Big) - X\Big(\frac{V_S}{V_R}\cos\delta - 1\Big)\Big]\Big\}\end{aligned} \tag{12-61}$$

可以计算送端和受端的视在功率为

$$\begin{aligned}P_S + \mathrm{j}Q_S = \boldsymbol{V}_S\boldsymbol{I}^* = \frac{V_SV_R}{Z^2}\Big[&R\frac{V_S}{V_R} - R\cos\delta + X\sin\delta\\ &+\mathrm{j}\Big(X\frac{V_S}{V_R} - X\cos\delta - R\sin\delta\Big)\Big]\end{aligned} \tag{12-62}$$

$$\begin{aligned}P_R + \mathrm{j}Q_R = \boldsymbol{V}_R\boldsymbol{I}^* = \frac{V_R^2}{Z^2}\Big\{&\Big[R\Big(\frac{V_S}{V_R}\cos\delta - 1\Big) + X\Big(\frac{V_S}{V_R}\sin\delta\Big)\Big]\\ &-\mathrm{j}\Big[R\Big(\frac{V_S}{V_R}\sin\delta\Big) - X\Big(\frac{V_S}{V_R}\cos\delta - 1\Big)\Big]\Big\}\end{aligned} \tag{12-63}$$

式（12-63）可以写成线路阻抗角 ϕ 的函数

$$P_R + \mathrm{j}Q_R = \frac{V_R}{Z}\{[V_S\cos(\phi-\delta) - V_R\cos\phi] + \mathrm{j}[V_S\sin(\phi-\delta) - V_R\sin\phi]\} \tag{12-64}$$

式中，

$$\phi = \tan^{-1}\frac{X}{R} = \tan^{-1}\frac{X_L(1-k_{nom})}{R} \tag{12-65}$$

式（12-63）和式（12-64）的实部表示 P_R 的值，即

$$\begin{aligned}P_R &= \frac{V_R}{Z}[V_S\cos(\phi-\delta) - V_R\cos\phi]\\ &= \frac{V_R^2}{Z^2}\Big[R\Big(\frac{V_S}{V_R}\cos\delta - 1\Big) + X\Big(\frac{V_S}{V_R}\sin\delta\Big)\Big]\end{aligned} \tag{12-66}$$

因此，P_R 是 V_S/V_R 比值、线路阻抗和功角 δ 等参数的函数。将这些参数确定在能够最大化受端功率的值是不实际的。因为要想这样，要将 δ 的值设定的很大［见式（12-66）］，几乎没法做到，或者将电压比设定为一个超出可调节范围的值。此外，对于包含多条线路、多种类型节点的多机电力系统，节点电压的相位及大小和线路中的潮流都是由潮流计算确定的，这又取决于系统拓扑结构。因此潮流计算的结果不能保证每条线路都达到最大功率输送能力。基于此，我们可以得出结论，补偿度的不断增长可以影响 V_S/V_R 和 δ，但并不能保证获得最大功率传输。最大传输功率会随着补偿度增长逐步提高到某个界限，达到一个不再增长的顶点，超过这一界限则会逐渐下降。对于系统稳定性的提升，也有同

样的结论，因为增加线路传输功率将增大输入功率曲线和功角特性曲线之间的面积，而根据等面积法则，这能提高系统稳定性。例 12-5 可以看出这一点，因为 50% 系统补偿度比 90% 带来更多的稳定性提升。但是，有部分研究已经在着眼于在提高功率输送能力和系统稳定性方面寻求最优方法[5-10]，并寻求应用和控制串联补偿的方案[11,12]。

12.6 小扰动稳定性的提升

我们已经知道，电力系统暂态稳定性随着串联电容器的应用而得到提高。此外，串联补偿还可以提高小扰动稳定性[13]。下面这个例子将证明此观点。

例 12-6 根据图 12-16 和例 7-1 给出的系统和磁链及电流扰动值，分析此时系统的小扰动稳定性。求补偿度分别为 30%、50%、90% 时串联补偿对系统运行状况的影响。

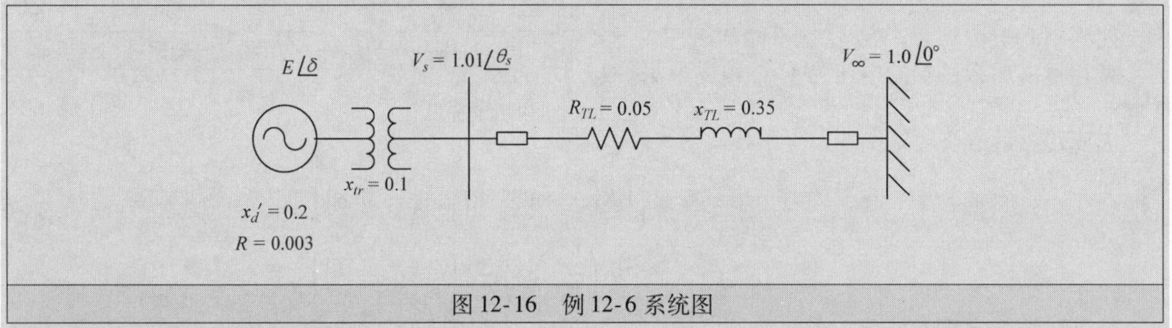

图 12-16 例 12-6 系统图

解：

励磁系统由人工控制，为恒电压 E_{fd}。第 7 章 7.4 节给出的线性磁链状态空间发电机模型，其中包括了对机械转矩调节的调速器，在图 12-17 中用框图表示[1]。模型基于以下四个假设：①忽略阻尼绕组的影响和定子电阻；②忽略定子磁链导数；③平衡负载；④旋转电动势 $\omega\psi$ 的转速恒定。T_m 和 E_{fd} 的变化分别取决于原动机和励磁器控制。因此，如果输入机械转矩恒定，则 $\Delta T_m = 0$；励磁电压输出恒定，则 $\Delta E_{fd} = 0$。

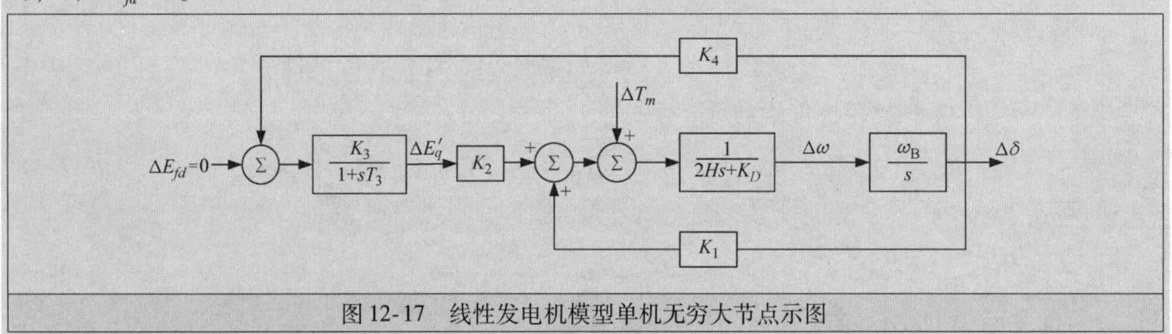

图 12-17 线性发电机模型单机无穷大节点示图

模型常数和同步机参数及输电线参数有关[1]，即

$$K_1 = \frac{V_\infty}{R_E^2 + (X_q + X_E)(X'_d + X_E)} \{ E_{qo}[R_E \sin\delta_o + (x'_d + X_E)\cos\delta_o] + I_{qo}(X_q - X'_d)(X_q + X_E)\sin\delta_o - R_E\cos\delta_o \} \tag{12-67}$$

$$K_2 = \frac{1}{R_E^2 + (X_q + X_E)(X'_d + X_E)} \{ R_E E_{qo} + I_{qo}[R_E^2 + (X_q + X_E)^2] \} \tag{12-68}$$

$$K_3 = \frac{1}{1 + K_A(X_d - X'_d)(X_q + X_E)} \tag{12-69}$$

$$K_4 = V_\infty K_A (X_d - X'_d)[(X_q + X_E)\sin\delta_o - R_E\cos\delta_o] \tag{12-70}$$

式中，

$$K_A = \frac{1}{R_E^2 + (X_q + X_E)(X'_d + X_E)} \tag{12-71}$$

$$R_E = 0.05, \quad X_E = 0.45, \quad H = 3.5\text{MW} \cdot \text{s/MVA}$$

使用PAST/MATLAB®工具箱计算未补偿和经补偿系统的框图（见图12-17）中的常数，并整理在表12-3中。要注意，工具箱使用了参与因子（PF）的概念。参与因子可以理解为考虑系统动态矩阵的相关元素的特征值灵敏度，而系统矩阵的元素是PF值和特征值的线性组合。介绍参与因子的概念，PF用于分析系统变量和模态之间的关系，并量化系统某变量变化程度对状态的影响和模态变化与变量变化之间的关系。因此，参与因子可辨识对模态变化影响最大的状态。很显然，如果确定了模态目标，参与因子有助于建立考虑系统动态目标的降阶模型并进行模态分析。更多关于参与因子的细节见参考文献[14]。

此外，还要考虑和磁链及电流扰动值相关的增量饱和。L_d和L_q的值可以通过$L_{sd} = K_{sd}L_d$和$L_{sq} = K_{sd}L_q$变换为L_{sd}和L_{sq}[15]，其中

$$K_{sd} = \frac{1}{1 + B_{sat}A_{sat}e^{B_{sat}(\psi_{to} - \psi_{T1})}}$$

程序中用到的参数数值为$A_{sat} = 0.031$，$B_{sat} = 6.93$，$\psi_{T1} = 0.8$。

表12-3 框图中常数的值

系统状态		K_1	K_2	K_3	K_4	T_3
未补偿		1.436	1.240	0.228	2.089	0.086
经补偿	30%	1.679	1.384	0.209	2.341	0.079
	50%	1.866	1.511	0.196	2.535	0.074
	90%	4.551	0.000	0.062	0.000	0.024

未补偿系统：

可以得到状态矩阵A为

$$A = \begin{bmatrix} 0 & -0.2051 & -0.1771 \\ 376.9911 & 0 & 0 \\ 0 & -5.5497 & -11.6616 \end{bmatrix}$$

特征值为

$$\lambda_1 = -1.114, \ \lambda_2 = -1.114, \ \lambda_3 = -9.434$$

特征向量矩阵V为

$$V = \begin{bmatrix} 0.0027 - j0.0181 & 0.0027 + j0.0181 & 0.0093 \\ -0.9184 & -0.9184 & -0.3724 \\ 0.3232 - j0.2274 & 0.3232 + j0.2274 & 0.9280 \end{bmatrix}$$

参与因子矩阵P为

$$P = \begin{bmatrix} 0.5845 + j0.0197 & 0.5845 - j0.0197 & -0.1690 \\ 0.5845 + j0.0197 & 0.5845 - j0.0197 & -0.1690 \\ -0.1690 - j0.0394 & -0.1690 - j0.0394 & 1.338 \end{bmatrix}$$

30%补偿度的系统：

特征值

$$\lambda_1 = -1.175, \ \lambda_2 = -1.175, \ \lambda_3 = -10.328$$

特征向量矩阵V为

$$V = \begin{bmatrix} 0.0029 - j0.0195 & 0.0029 + j0.0195 & 0.0097 \\ -0.9142 & -0.9142 & -0.3537 \\ 0.3317 - j0.2321 & 0.3317 + j0.2321 & 0.9353 \end{bmatrix}$$

参与因子矩阵P为

$$P=\begin{bmatrix} 0.5817+j0.0199 & 0.5817-j0.0199 & -0.1635 \\ 0.5817+j0.0199 & 0.5817-j0.0199 & -0.1635 \\ -0.1635-j0.0398 & -0.1635+j0.0398 & 1.3269 \end{bmatrix}$$

50%补偿度的系统：
特征值：

$$\lambda_1=-1.221,\ \lambda_2=-1.221,\ \lambda_3=-11.133$$

特征向量矩阵 V 为

$$V=\begin{bmatrix} -0.0030+j0.0205 & 0.0027+j0.0181 & 0.0101 \\ -0.9119 & -0.9119 & -0.3409 \\ -0.3380+j0.2318 & -0.3380-j0.2318 & 0.9401 \end{bmatrix}$$

参与因子矩阵 P 为

$$P=\begin{bmatrix} 0.5799+j0.0214 & 0.5799-j0.0214 & -0.1598 \\ 0.5799+j0.0214 & 0.5799-j0.0214 & -0.1598 \\ -0.1598-j0.0429 & -0.1598+j0.0429 & 1.3196 \end{bmatrix}$$

90%补偿度的系统：
特征值：

$$\lambda_1=-0.000,\ \lambda_2=-0.000,\ \lambda_3=-42.499$$

特征向量矩阵 V 为

$$V=\begin{bmatrix} -0.0000-j0.0415 & 0.0027+j0.0415 & 0.000 \\ -0.9991 & -0.9991 & -0.000 \\ 0 & 0 & 1.000 \end{bmatrix}$$

参与因子矩阵 P 为

$$P=\begin{bmatrix} 0.5000 & 0.5000 & 0 \\ 0.5000 & 0.5000 & 0 \\ 0 & 0 & 1.0000 \end{bmatrix}$$

结果概述：特征值和部分系数在表 12-4 中给出。

可以看出在有补偿的情况下，特征值的负实部的绝对值变大，在 50% 补偿度时特别明显。要注意的是，稳定裕度的提升不会随着补偿度的增加一直持续，因为当补偿度达到 90% 时，系统已经严格稳定：两个特征值为零。

表 12-4　特征值和部分系数

系统状态	特征值			K_S	K_{srf}	K_{drf}	ω_n	E_P
	λ_1	λ_2	λ_3					
未补偿	-1.114	-1.114	-9.434	0.846	1.016	13.573	7.398	0.131
30%补偿	-1.175	-1.175	-10.328	1.001	1.196	14.383	8.024	0.128
50%补偿	-1.221	-1.221	-11.133	1.116	1.327	14.976	8.452	0.127
90%补偿	-0.000	-0.000	-42.499	4.551	4.551	0.000	15.656	0.000

注：K_S为稳态同步转矩系数；K_{srf}为转子振荡频率下的同步转矩系数；K_{drf}为转子振荡频率下的衰减系数；ω_n为振荡模式无阻尼固有频率；E_P为振荡模式阻尼系数。

注意在上述分析中，作为被动式补偿装置，串联电容器由固定式或者可切断式电纳组成。它们改变了输电系统的电抗，增加了功率传输能力和稳定性，并对无功功率进行了控制。无补偿系统中，系统阻抗、多变的负荷有功和无功特性，会对电压和无功潮流状况产生影响，而电压和无功潮流则是同步电机电源电压和负载的函数。因此，作为串联补偿装置，串联电容器必须配备有控制器，以有效地对系统的无功功率持续控制，并能改善整个电力系统对“稳定且动态”运行的要求。不过，除了串联电容器，电流源和电压源装置也可以实现串联补偿。第 14 章会对这些装置的一些配置进行介绍。

12.7　次同步振荡

上文已经告诉我们，在长距离输电线中串联电容器可以提高系统稳定性和功率输送能力。另一方面，由于 X/R 比很小，或者感应电机产生的次同步频率，串联电容器可能造成低频自激振荡。

由扭振相互作用产生的自激扭转振动频率是严重的问题，因为它会对汽轮发电机轴造成破坏[16-19]。在低于同步频率下振荡的问题叫作“次同步振荡（SSR）”。

参考文献［20］中给出了 SSR 的正式定义，即 SSR 是电力系统的一种状态，此状态下，电力网络以低于系统同步频率的一个或多个自然频率和涡轮机 - 发电机进行能量交换。

因此，长输电线的稳定极限和运行能力都随着串联电容补偿的使用得到了极大提升，但是发电机轴转矩上出现的 SSR 过程也表明使用此类串联补偿需要注意的问题[21]。旋转物件如同步发电机和原动机（两者由弹性转轴相连）中会产生固有振荡频率，和发电机相连的电力系统也有其固有频率，而振荡就会在这两种频率之间出现。

电力系统瞬时变化导致的主涡轮机 - 发电机联轴器上的转矩突然变化，会产生扭转固有振荡频率。当使用串联电容器补偿输电系统的电抗时，电力系统固有频率可能激起涡轮机 - 发电机转轴上的扭转固有谐振。自持扭转振荡会缩短转轴寿命。

输电线将距离很远的发电机相连，前面已经研究了长距离输电系统对电力系统主系统的影响。有必要通过计算电气固有频率（ENF）来确定扭振相互作用发生的区间，一般会出现在共振的波峰位置（ENF 和机械固有频率重合点）。简单来说，对于串联电容器补偿输电线路，其串联 LC 有下面等式给出的固有频率 ω_n：

$$\omega_n = \sqrt{\frac{1}{LC}} = \omega_B\sqrt{\frac{X_C}{X_L}} \tag{12-72}$$

式中，ω_B是系统基准频率，X_L和 X_C分别是感性和容性电抗。而关键在于知道哪种次同步频率会和涡轮机 - 发电机转轴的固有扭振模式相互作用。对于多机电力系统，很难确定电气固有频率，因为此时输电网络拓扑更复杂了。

12.7.1　机械系统　★★★

在因 SSR 分析而为系统建模时，很有必要把一个系统看成多个子系统，这些子系统通过输电网络相互连接。在机械系统中，给涡轮机 - 发电机部件建模已经足够，比如我们没有必要为了 SSR 分析给锅炉建模。转轴振荡的扭振模式可以从涡轮机 - 发电机制造商处获得，或者可以将涡轮机 - 发电机模型类比为已知参数的弹簧 - 质量模型来计算得到。描述运动状态方程的矩阵包括了惯性矩阵和速度阻尼矩阵，当这些矩阵和转矩矢量的刚度矩阵相关时，它们可以推导出表示不同固有振荡的机械模式的特征值和振型的特征向量。假如用弹簧 - 质量模型表示此带有旋转励磁机的系统，如图 12-18 所示，并假设它是一个非强制、无阻尼机械系统[22, 23]。要注意，如果使用的是如今已经“很普及”的静态励磁机，那么物块的数量减少到只有四个：M_1，M_2，M_3，M_4。

用二阶微分方程可以表示为

$$\frac{1}{\omega_B}\boldsymbol{H}\ddot{\delta} + \boldsymbol{K}\delta = 0 \tag{12-73}$$

式中的变量除了时间单位是 s 和 δ 单位是 rad，其他都是标幺值，且

$\boldsymbol{H}$ 为转动惯量矩阵 $= diag = [2H_1, 2H_2, \cdots, 2H_5]$，$\delta$ 为角位移矩阵。

$\boldsymbol{K}$ 为转轴刚度矩阵

$$= \begin{bmatrix} K_{12} & -K_{12} & & & \\ -K_{12} & K_{12}+K_{23} & -K_{23} & & \\ & -K_{23} & K_{23}+K_{34} & -K_{34} & \\ & & -K_{34} & K_{34}+K_{45} & -K_{45} \\ & & & -K_{45} & K_{45} \end{bmatrix}$$

K_{ij}为物块 i 和物块 j 间的转轴的弹簧常数

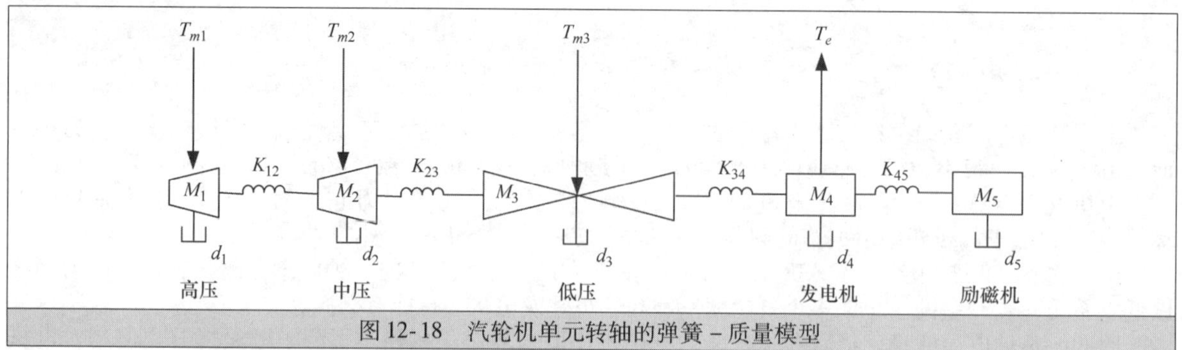

图 12-18　汽轮机单元转轴的弹簧－质量模型

共振时，所有物块在同一频率 ω_m 下振动，即

$$\delta_i = \hat{\delta}_i \sin(\omega_m t + \alpha) \tag{12-74}$$

将式（12-74）代入式（12-73）得

$$\frac{\omega_m^2}{\omega_B} \boldsymbol{H}\hat{\delta} - \boldsymbol{K}\hat{\delta} = 0 \tag{12-75}$$

假设 $\boldsymbol{M} = \boldsymbol{H}^{-1}\boldsymbol{K}$ 且 $\lambda_m = \dfrac{\omega_m^2}{\omega_B}$，那么式（12-75）可以写作

$$\boldsymbol{M}\hat{\delta} = \lambda_m \hat{\delta} \tag{12-76}$$

因此，根据特征值矩阵 $\boldsymbol{M}$ 的定义，λ_m 给出了机械固有频率，即

$$\omega_m = \sqrt{\lambda_m \omega_B} \tag{12-77}$$

每个 λ_m 对应一个特征向量 Q_m，特征向量给出振荡的振型。

【例 12-7】　涡轮机转轴的典型数据为

转轴刚度：$K_{12}=29.437$，$K_{23}=62.241$，$K_{34}=73.906$，$K_{45}=5.306$。

涡轮机惯性常数：高压阶段 = 0.0649，中压阶段 = 0.2552，低压阶段 = 1.539。

发电机转动惯量常数 = 0.98s，励磁机转动惯量常数 = 0.0298s。

求机械固有频率和振型。

解：

$\boldsymbol{H} = \mathrm{diag}[0.1298 \quad 0.5104 \quad 3.078 \quad 1.96 \quad 0.0596]$

$$\boldsymbol{K} = \begin{bmatrix} 29.437 & -29.437 & 0 & 0 & 0 \\ -29.437 & 91.678 & -62.241 & 0 & 0 \\ 0 & -62.241 & 136.147 & -73.906 & 0 \\ 0 & 0 & -73.906 & 79.212 & -5.306 \\ 0 & 0 & 0 & -5.306 & 5.306 \end{bmatrix}$$

$$\boldsymbol{H}^{-1} = \begin{bmatrix} 7.7042 & 0 & 0 & 0 & 0 \\ 0 & 1.9592 & 0 & 0 & 0 \\ 0 & 0 & 0.3249 & 0 & 0 \\ 0 & 0 & 0 & 0.5102 & 0 \\ 0 & 0 & 0 & 0 & 16.7785 \end{bmatrix}$$

$$\boldsymbol{M} = \begin{bmatrix} 226.7874 & -226.7874 & 0 & 0 & 0 \\ -57.6744 & 179.6199 & -121.9455 & 0 & 0 \\ 0 & -20.2212 & 44.2323 & -24.0110 & 0 \\ 0 & 0 & -37.7071 & 40.4143 & -2.7071 \\ 0 & 0 & 0 & -89.0268 & 89.0268 \end{bmatrix}$$

用 MATLAB 得出特征值按升序排列为 −0.0000，51.2133，93.1688，112.0765，323.6621。

因此，相关的机械固有频率[式(12-77)]为

$f_{mo}=0\mathrm{Hz}$，$f_{m1}=22.12\mathrm{Hz}$，$f_{m2}=29.8\mathrm{Hz}$，$f_{m3}=32.72\mathrm{Hz}$，$f_{m4}=55.6\mathrm{Hz}$，$\omega_{mo}=0\mathrm{rad/s}$，$\omega_{m1}=138.91\mathrm{rad/s}$，$\omega_{m2}=187.36\mathrm{rad/s}$，$\omega_{m3}=205.5\mathrm{rad/s}$，$\omega_{m4}=349.2\mathrm{rad/s}$ 且特征向量矩阵 Q_m 为

$$Q_m = \begin{bmatrix} 0.4472 & 0.4299 & 0.1200 & -0.8118 & 0.9193 \\ 0.4472 & 0.3328 & 0.0707 & -0.4106 & -0.3925 \\ 0.4472 & 0.1471 & -0.0066 & 0.1565 & -0.0287 \\ 0.4472 & -0.3220 & -0.0460 & -0.0964 & -0.0038 \\ 0.4472 & -0.7606 & 0.9892 & 0.3724 & 0.0015 \end{bmatrix}$$

因此，机械系统的振型如图 12-19 所示。

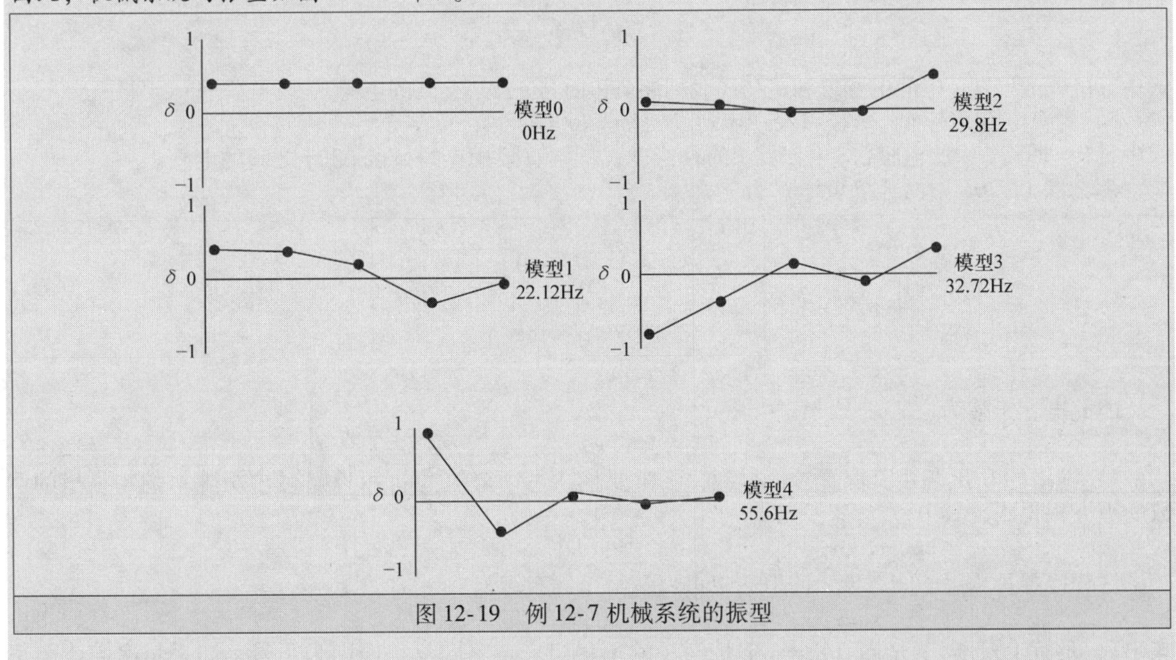

图 12-19　例 12-7 机械系统的振型

12.7.2　电力网络★★★

对于单机-无穷大电网这样的简单电力系统，很容易根据线路串联阻抗建立线路模型，并用式(12-72）计算 ENF 值。另一方面，要研究发电机动态特性，$d-q$ 坐标系下的线性发电机模型可以用于稳定性分析，也可以用于第 7 章的所讲的 SSR 分析。图 12-20a 表明，在多机电力系统中，更一般化的形式——环状，可以作为整个电力系统的一部分而存在。在任意互连的输电线路中都可以设置串联补偿，不过，线路的补偿值既可以全部设置为零，也可以设置为任意值，其谐振效应后续待定。

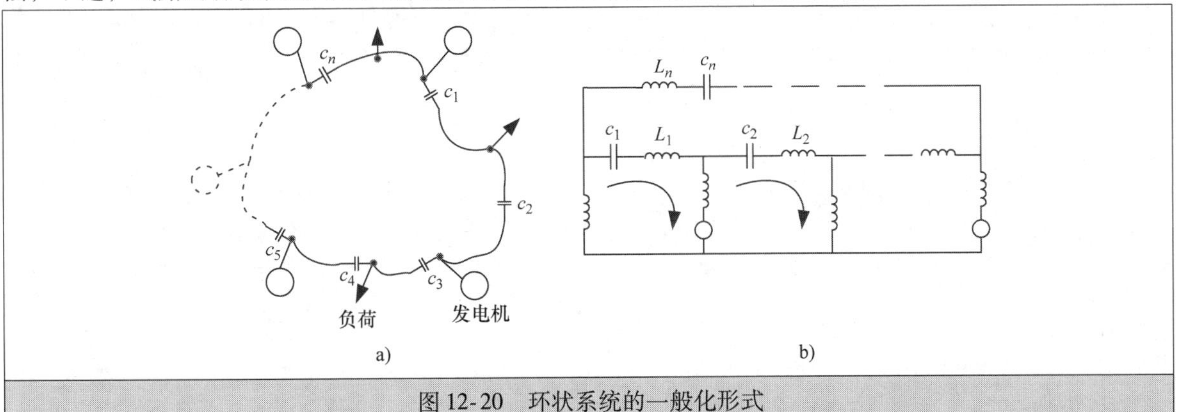

图 12-20　环状系统的一般化形式

a）简单环形电力系统配置图　b）简单环形电力系统 $L-C$ 等效环路图

ENF 值可以根据下列步骤计算[24]：

1）求图 12-20b 所示单相等效电路；

2）求电感矩阵 L

$$L=\begin{bmatrix} L_{11} & L_{12} & \cdots & L_{1n} \\ L_{21} & L_{22} & \cdots & \cdots \\ \cdots & \cdots & L_{11} & \cdots \\ \vdots & \vdots & \ddots & \vdots \\ L_{n1} & \cdots & \cdots & L_{nn} \end{bmatrix} \tag{12-78}$$

式中，L_{ii}代表回路 i 中的电感之和；L_{ij}代表回路 i 和回路 j 公共支路的电感。

3）计算电容矩阵 C，假设$(1/c_i)=S_iL_{ij}$，且 i 和 $j=1, 2, \cdots, n$

式中，c_i = 回路 i 中的电容；S_i = 回路 i 的补偿度；L_{ij} = 直接相连的节点 i 和 j 之间的电感。

那么图 12-20b 中的容抗矩阵 F 为

$$F=\begin{bmatrix} 1/c_1 & & & & & 1/c_1 \\ & 1/c_2 & & 0 & & 1/c_2 \\ & & 1/c_3 & & & 1/c_3 \\ & & 0 & \ddots & & \vdots \\ 1/c_1 & 1/c_2 & \cdots & \cdots & \cdots & 1/c_n \end{bmatrix} \tag{12-79}$$

因此电容矩阵为

$$C=F^{-1} \tag{12-80}$$

4）网络的 ENF 值由其配置参数得到，不需要代入电动势值[25]。可以通过求矩阵 V 的特征值的倒数的平方根得到，其中

$$V=LC \tag{12-81}$$

这些值都是从定子侧看进去的值。也可以从转子侧看进去

$$f_r=f_n \pm f_s \tag{12-82}$$

式中，f_r是转子频率，f_n是固有频率，f_s是同步频率，如果是超同步频率则为正号，如果是次同步频率则为负号。

步骤1）~4）可以用于包含两个或多个环路的情况，不过可以肯定的是，网络越复杂，其表示也越困难。用数字计算机计算时可以用到另一技巧——“状态矢量空间法”[21]。但是有些计算机程序如 PSCAD、EMTP，则可以用来分析电力系统稳态、暂态或“一般性”动态下的性能。

【例 12-8】 9 节点测试系统的电抗图如图 12-21 所示。求系统中所有线路都经过 50% 电容串联补偿时的 ENF 值。如果按例 12-7 中的涡轮机 – 转轴系统配置其中一个发电机，分析此发电机的扭振相互作用。

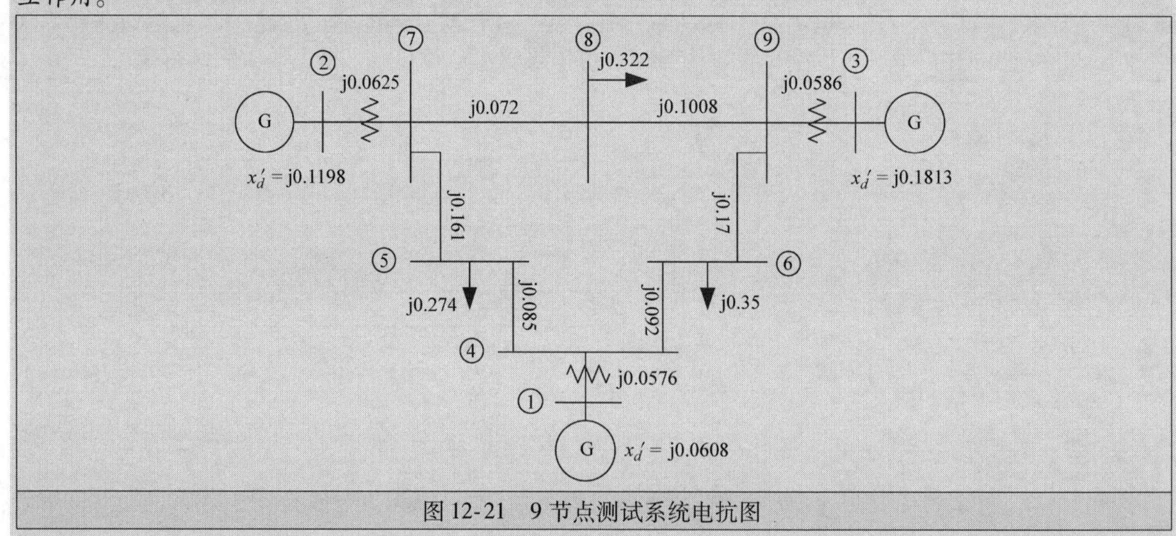

图 12-21　9 节点测试系统电抗图

解：

等效环路配置如图 12-22 所示。

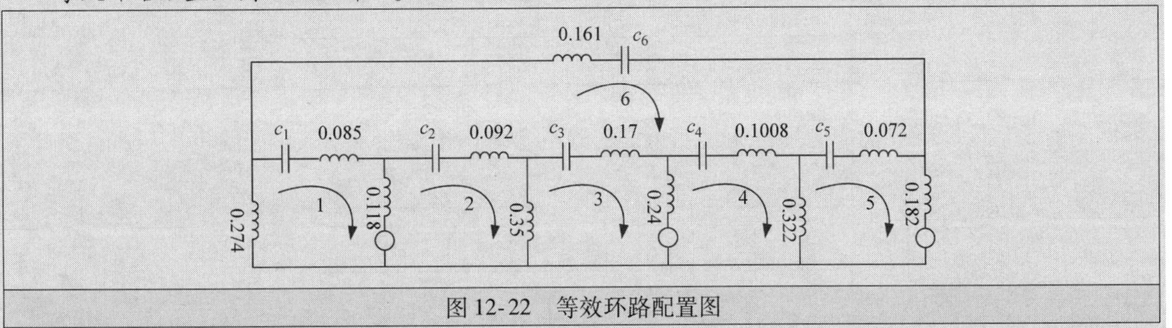

图 12-22　等效环路配置图

电感矩阵为

$$L=\begin{bmatrix}0.477 & 0.118 & 0.000 & 0.000 & 0.000 & 0.085\\ 0.118 & 0.543 & 0.350 & 0.000 & 0.000 & 0.092\\ 0.000 & 0.350 & 0.760 & 0.240 & 0.000 & 0.170\\ 0.000 & 0.000 & 0.240 & 0.660 & 0.322 & 0.101\\ 0.000 & 0.000 & 0.000 & 0.322 & 0.576 & 0.072\\ 0.850 & 0.092 & 0.170 & 0.101 & 0.072 & 0.681\end{bmatrix}$$

容性电抗矩阵为

$$F=\begin{bmatrix}0.0425 & & & & & 0.0425\\ & 0.0460 & & & & 0.0460\\ & & 0.0850 & & & 0.0850\\ & & & 0.0504 & & 0.0504\\ & & & & 0.0360 & 0.0360\\ 0.0425 & 0.0460 & 0.0850 & 0.0504 & 0.0360 & 0.0805\end{bmatrix}$$

电容矩阵为

$$C=\begin{bmatrix}17.9522 & -5.5772 & -5.5772 & -5.5662 & -5.5772 & 5.5772\\ -5.5772 & 16.1619 & -5.5772 & -5.5662 & -5.5772 & 5.5772\\ -5.5772 & -5.5772 & 6.1875 & -5.5662 & -5.5772 & 5.5772\\ -5.5662 & -5.5662 & -5.5662 & 14.2468 & -5.5662 & 5.5662\\ -5.5772 & -5.5772 & -5.5772 & -5.5662 & 22.2005 & 5.5772\\ 5.5772 & 5.5772 & 5.5772 & 5.5662 & 5.5772 & -5.5772\end{bmatrix}$$

那么

$$V=LC=\begin{bmatrix}8.3791 & 0.2792 & -2.8444 & -2.8388 & -2.8444 & 2.8444\\ -2.3490 & 6.6789 & -1.0078 & -5.1153 & -5.1255 & 5.1255\\ -6.5785 & 1.0302 & 2.3627 & -1.8130 & -6.5785 & 6.5785\\ -6.2448 & -6.2448 & -3.4213 & 6.8369 & 2.6996 & 6.2448\\ -4.6032 & -4.6032 & -4.6032 & 1.7821 & 11.3968 & 4.6032\\ 2.8891 & 2.8891 & 2.8891 & 2.8973 & 2.8891 & -0.8991\end{bmatrix}$$

使用 MATLAB 可以得到特征值为 -11.8538，19.3129，11.1760，2.8122，6.6125，7.6955。对应的省略负值后的“ENF”为 13.18Hz，17.2Hz，20.6Hz，22.9Hz，34.4Hz。

图 12-23 给出了振荡的机械模式及其 ENF 曲线。水平线表示振荡的机械模式。黑色圆圈表示接近某种机械模式的 ENF 值，白色圆圈表示偏离机械模式的 ENF 值。

因此，在模型 1、2、3 下，电力系统固有频率可能激起涡轮机 - 发电机转轴上的扭转固有谐振，并对转轴造成损伤。

振荡模式可以上移或下移为系统中的其他涡轮机转轴的振荡模式，且在不同模式下，惯性常数的值和转轴刚度也不同。电感矩阵随着负载变化，电容矩阵随着补偿度变化。因此，改变负荷和补偿度将导致 ENF 值的变化。

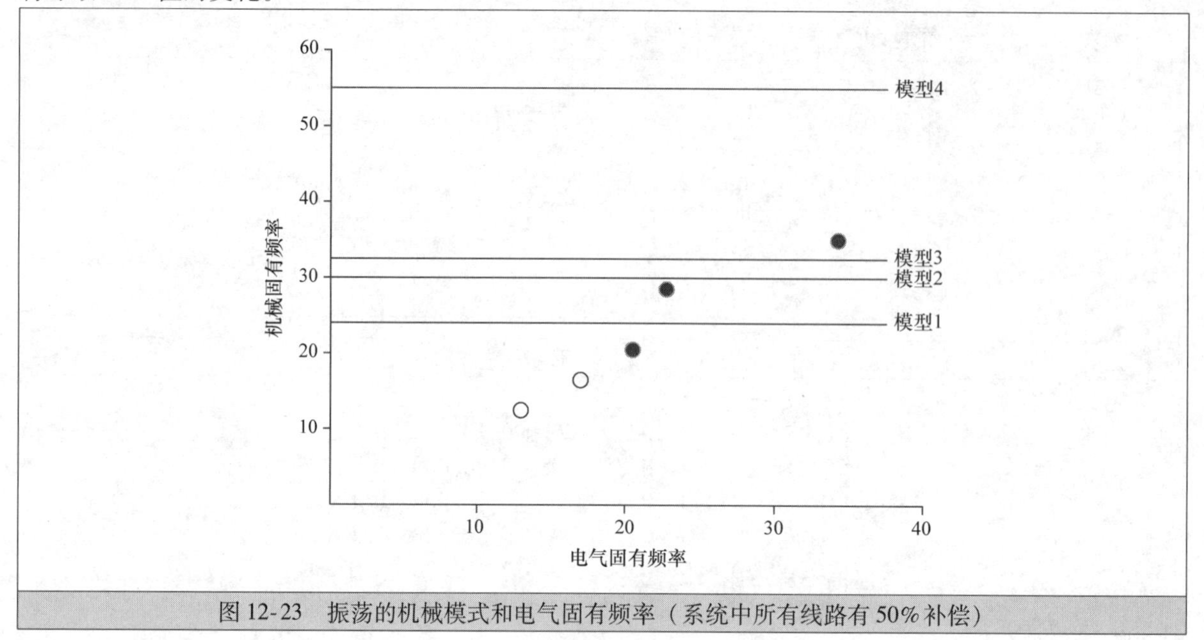

图 12-23　振荡的机械模式和电气固有频率（系统中所有线路有 50% 补偿）

参考文献

1. Anderson P.M., Farmer R.G. *The Series Compensation of Power Systems*. Encinitas, CA, US: PBLSH; 1996
2. Sallam A.A., Khafaga A.M. (eds.). 'Optimal parameters of series capacitors in compensated power systems'. *International Power Engineering Conference IPEC'93*; Singapore, Mar 1993
3. Sallam A.A., Khafaga A.M. (eds.). 'Optimal series compensation in power systems by using complex method'. *Proceedings of 3rd International Symposium of Electricity Distribution and Energy Management ISEDEM'93*; Singapore, Oct 1993. pp. 215–19
4. Belur S., Kumar A., Parthasarathy K., Prabhakara F.S., Khincha H.P. 'Effectiveness of series capacitors in long distance transmission lines'. *IEEE Transactions on Power Apparatus and Systems*. 1970;**89**(5):941–51
5. Leonidaki E.A., Georgiadis P., Hatziargyriou N.D. 'Decision trees for determination of optimal location and rate of series compensation to increase power system loading margin'. *IEEE Transactions on Power Systems*. 2003;**21**(3): 1303–10
6. Hedin R., Jalali S., Weiss S., Cope L., Johnson B., Mah D. *et al.* (eds.). 'Improving system stability using an advanced series compensation scheme to damp power swings'. *Sixth International Conference on AC and DC Power Transmission*, IET Conf. Publ. No. **423**, Apr/May 1996. pp. 311–14
7. Chen X.R., Pahalawaththa N.C., Annakkage U.D., Kumble C.S. 'Controlled series compensation for improving the stability of multi-machine power systems'. *IEE Proceedings – Generations, Transmission and Distribution*. 1995;**142** (4):361–66
8. Crary S.B., Saline L.E. 'Location of series capacitors in high-voltage transmission systems'. *IEEE Transactions on Power Apparatus and Systems, Part III Transactions of the AIEE*. 1953;**72**(2):1140–51
9. Kosterev D.N., Mittalstadt W.A., Mohler R.R., Kolodziej W.J. 'An application study for sizing and rating controlled and conventional series compensation'

IEEE Transactions on Power Delivery. 1996;**11**(2):1105–11
10. de Oliveira S.E.M., Gardos I., Fonseca E.P. 'Representation of series capacitors in electric power system stability studies'. *IEEE Transactions on Power Systems*. 1991;**6**(3):1119–25
11. Yu-Jen L. (ed.). 'Power systems transient stability preventive control incorporating network series compensation with the aid of if-then rules extracted from a multi-layer perceptron artificial neural network'. *4th International Conference on Electric Utility Deregulation and Restructuring and Power Technologies (DRPT), 2011*; Weihai, China, Jul 2011. US: IEEE; 2011. pp. 31–8
12. Fernandes A.A. (ed.). 'Series compensation using variable structure and Lyapunov function controls for stabilization multi-machine power system'. *16th IEEE International Conference on Control Applications, Part of IEEE Multi-Conference on Systems and Control*; Singapore, Oct 2007. pp. 1091–6
13. Lie T.T., Li G.J., Shrestha G.B., Lo K.L. (eds.). 'Coordinated decentralized optimal control of inter-area oscillations in power systems'. *International Conference on Energy Management and Power Delivery (EMPD'98)*; Singapore, Mar 1998, vol. 1. pp. 97–102
14. Garofalo F., Iannelli L., Vsca F. (eds.). 'Participation factors and their connections to residues and relative gain array'. *IFAC, 15th Triennial World Congress*; Barcelona, Spain, 2002, vol. 15, part 1. pp. 180–5
15. Kundur P. *Power System Stability and Control*. New York, NY, US: McGraw-Hill, Inc.; 1994. chapter 12
16. Kumar R., Harada A., Merkle M., Miri A.M. (eds.). 'Investigation of the influence of series compensation in AC transmission systems on bus connected parallel generating units with respect to sub-synchronous resonance (SSR)'. *IEEE Bologna Power Tech Conference*; Bologna, Italy, Jun 2003. pp. 23–6
17. de Oliveira A.L.P., Moraes M. (eds.). 'Sub-synchronous resonance analysis after Barra do Peixe 230 kV fixed series compensations installation at 230 kV MatoGrosso transmission system (Brazil)'. *Transmission and Distribution Conference and Exposition*; Latin America, 2008. pp. 1–6
18. de Oliveira A.L.P. (eds.). 'The main aspects of fixed series compensation dimensioning at Brazilian 230 kV transmission system'. *Transmission and Distribution Conference and Exposition*. Latin America; 2008. pp. 1–9
19. Jowder F.A.L. 'Influence of mode of operation of the SSSC on the small disturbance and transient stability of a radial power system'. *IEEE Transactions on Power Systems*. 2005;**20**(2):935–42
20. IEEE SSR Working Group. 'Proposed terms and definitions for sub-synchronous resonance'. *IEEE Symposium on Countermeasures for Sub-synchronous Resonance*, IEEE Pub. 81TH0086-9-PWR, 1981. pp. 92–7
21. Anderson P.M., Agrawal B.L., Van Ness J.E. *Sub-Synchronous Resonance in Power Systems*. New York, NY, US: IEEE Press; 1990
22. Fouad A.A., Khu K.T. 'Damping of torsional oscillations in power systems with series-compensated lines'. *IEEE Transactions on Power Apparatus and Systems*. 1978;**97**(3):744–53
23. Fouad A.A., Khu K.T. 'Sub-synchronous resonance zones in the IEEE "BENCHMARK" power system'. *IEEE Transactions on Power Apparatus and Systems*. 1978;**97**(3):754–62
24. Sallam A.A., Dineley J.L. (eds.). 'Sub-synchronous problems in an integrated power system'. *19th Universities Power Engineering Conference*; Aberdeen, UK, Apr 1984
25. Kimbark E.W. 'How to improve system stability without risking sub-synchronous resonance'. *IEEE Transactions on Power Apparatus and Systems*. Sept/Oct 1977;**96**(5):1608–18

第 13 章 »

并 联 补 偿

对于电力系统规划和运行工程师来说，如何提升交流电力系统性能是一个非常重要的问题。第 12 章说明了如何在输电系统中进行串联补偿以达到这一目的。另一方法就是在输电系统用并联补偿装置进行补偿。两种方法都通过控制线路阻抗改变交流电力系统的固有电气特性。因此，我们可以有效控制系统中的无功功率潮流，从而改善系统性能，特别是能够提升功率传输能力、控制稳态和动态电压、控制动态负荷的无功功率、抑制电力系统振荡和提升系统稳定性[1-3]。比如，如果在负荷附近并联补偿器注入无功，就可以减少输电线电流，从而降低功率损耗，加强负荷终端的电压调整，并提高输电线功率输送能力。

并联补偿可以通过使用并联电容器或者并联电抗器实现，而并联电容器和电抗器可以是永久性地连接在网络上，也或者可以根据运行状况确定是否投切。并联电容器可以增强系统负荷能力[4]，并通过提高功率因数来减少线路中的电压降。并联电抗器用来在开路和轻载条件下限制电压升高。并联补偿对输电系统参数的影响及其优点将在下面各节进行讨论。

13.1 无损输电线的并联补偿

为了简化分析，假设线路为无损线路，并且按照线路长度进行统一补偿。受影响的线路参数如下所示。

13.1.1 并联补偿后的线路参数计算 ★★★

根据第 12 章 12.1 节中给出的定义，并联补偿线路的特征阻抗、线角、自然功率这些参数可以定义为与未补偿线路的这些参数的比值，未补偿线路的参数用下标 o 给出。

特征阻抗比

$$\frac{\boldsymbol{Z}_C}{\boldsymbol{Z}_{Co}}=\frac{R_C}{R_{Co}}=\sqrt{\frac{x_{Lo}}{b_C}\frac{b_{Co}}{x_{Lo}}}=\sqrt{\frac{b_{Co}}{b_C}} \tag{13-1}$$

线角比

$$\frac{\theta}{\theta_o}=\sqrt{\frac{x_{Lo}b_C}{x_{Lo}b_{Co}}}=\sqrt{\frac{b_C}{b_{Co}}} \tag{13-2}$$

自然功率比

$$\frac{P_n}{P_{no}}=\frac{R_{Co}}{R_C}=\sqrt{\frac{b_C}{b_{Co}}}=\sqrt{\frac{b_{Co}+\Delta b_C}{b_{Co}}}=\sqrt{1+\frac{\Delta b_C}{b_{Co}}} \tag{13-3}$$

式中，Δb_C定义为由于并联补偿导致的 b_C的变化量。

因此，并联补偿程度$\boldsymbol{d}$ 可以定义为

$$\boldsymbol{d}=\frac{\Delta b_C}{b_{Co}}=\left(\frac{P_n}{P_{no}}\right)^2 \tag{13-4}$$

可以发现，通过对线路中加并联容性补偿，线角增加，特征阻抗减小，然而自然功率增加。这表明如果维持功率为特征阻抗负荷，那么线路的功率输送能力得到提高。另一方面，如果并联补偿是感性的，上述的等式可以用负的 Δb_C值来表示。

通过补偿自然功率从 P_{no}增加到 P_n，下文给出并联容性补偿器发出的无功功率 ΔQ_C的计算。

假设自然功率 P_n，需要增加为原来值的$\mathbb{R}$倍，为 P_{no}，那么由式（13-3）和式（13-4）可以得到

$$\frac{P_n}{P_{no}}=\mathbb{R}=\sqrt{1+\boldsymbol{d}} \tag{13-5}$$

且

$$\boldsymbol{d} = \mathbb{R}^2 - 1 \tag{13-6}$$

并联电纳增加值是初始值的（$\mathbb{R}^2-1$）倍。因此，增加的并联补偿装置提供的无功 ΔQ_C为

$$\Delta Q_C = \Delta b_C \ell V^2 = (\mathbb{R}^2 - 1) b_{Co} \ell V^2 \tag{13-7}$$

另外，ΔQ_C和 P_{no}的比为

$$\frac{\Delta Q_C}{P_{no}} = [(\mathbb{R}^2-1) b_{Co}\ell V^2]/[V^2\sqrt{b_{Co}/x_{Lo}}] = \ell(\mathbb{R}^2-1)\sqrt{b_{Co}x_{Lo}} \tag{13-8}$$

从式（13-2）和式（13-3）得出线角比为

$$\frac{\theta}{\theta_o} = \mathbb{R}^2 \tag{13-9}$$

【例13-1】 当使用并联补偿而非串联补偿时，重复例12-1。

解：

原先的 $\boldsymbol{Z}_C$、β 和 θ 分别为 285Ω、0.00129rad/km 和 −11.83°。它们和例11-1计算得到的结果相同。另外，三相波阻抗负荷 SIL = 417.63MW。

如果并联补偿线路，将 P_n增加至 1.5×417.63MW，那么由式（13-6）可以得到并联补偿度$\boldsymbol{d}$。故

$$\boldsymbol{d} = \mathbb{R}^2 - 1 = (1.5)^2 - 1 = 1.25$$

由式（13-7）可以得到无功功率补偿量为

$$\Delta Q_C = 1.25 \times 160 \times 4.518 \times 10^{-6} \times 345^2 = 107.55\text{MVA}$$

由式（13-9）可以得到线角 $=0.2064\times1.5=0.3096\text{rad}=17.75°$

对比例13-1和例12-1的结果，可以看到：①对于给定的自然功率，不管是并联补偿还是串联补偿所给系统无功增量的是一样的；②并联补偿的线路角是串联补偿的$\mathbb{R}^2$"等于2.25"倍。

13.1.2 经并联补偿无损线路暂态稳定性的提升 ★★★

图13-1给出的系统包括理想并联补偿器，即假设其在输电线路中间有足够的控制电压和快速响应的能力。假设并联补偿能够一直保证中点处的电压稳定。

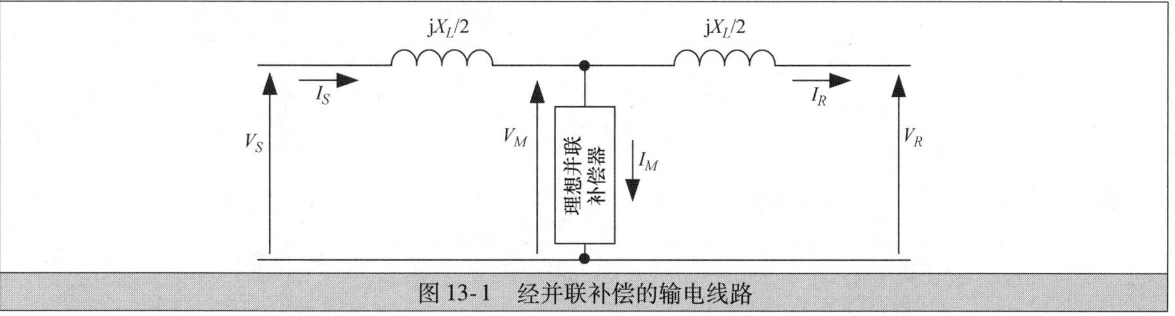

图13-1 经并联补偿的输电线路

图13-1中的电压可以表示为

$\boldsymbol{V}_S = V_S e^{\theta_S}$，$\boldsymbol{V}_M = V_M e^{\theta_M}$，$\boldsymbol{V}_R = V_R e^{\theta_R}$，这里电压相角可以以任何参考相量为参考。

送端和受端的电流（$\boldsymbol{I}_S$和$\boldsymbol{I}_R$）和功率（P_S，Q_S和P_R，Q_R）分别可以用下面的等式计算

$$\left.\begin{aligned} \boldsymbol{I}_S &= \frac{\boldsymbol{V}_S - \boldsymbol{V}_M}{\mathrm{j}X_L/2} = \frac{2(V_S\sin\theta_S - V_M\sin\theta_M)}{X_L} + \mathrm{j}\frac{2(V_M\cos\theta_M - V_S\cos\theta_S)}{X_L} \\ \boldsymbol{I}_R &= \frac{\boldsymbol{V}_M - \boldsymbol{V}_R}{\mathrm{j}X_L/2} = \frac{2(V_M\sin\theta_M - V_R\sin\theta_R)}{X_L} + \mathrm{j}\frac{2(V_R\cos\theta_R - V_M\cos\theta_M)}{X_L} \end{aligned}\right\} \tag{13-10}$$

$$\left.\begin{aligned} P_S + \mathrm{j}Q_S &= \boldsymbol{V}_S\boldsymbol{I}_S^* = \frac{2V_SV_M}{X_L}\sin(\theta_S - \theta_M) + \mathrm{j}\frac{2}{X_L}(V_S^2 - V_SV_M\cos(\theta_S - \theta_M)) \\ P_R + \mathrm{j}Q_R &= \boldsymbol{V}_R\boldsymbol{I}_R^* = \frac{2V_MV_R}{X_L}\sin(\theta_M - \theta_R) - \mathrm{j}\frac{2}{X_L}(V_R^2 - V_MV_R\cos(\theta_M - \theta_R)) \end{aligned}\right\} \tag{13-11}$$

补偿器的无功功率 Q_{comp} 可以定义为送端发出的无功 Q_S 与无功损耗 Q_{loss} 和受端无功 Q_R 之和的差。图13-1 给出的电流方向为正方向，认为是补偿器输入的方向。因此

$$Q_{comp} = Q_S - \sum(Q_{loss} + Q_R) \tag{13-12}$$

通过分别对线路的两个部分计算无功损耗得出 Q_{loss}，即

$$Q_{loss} = Q_{loss(S)} + Q_{loss(R)} \tag{13-13}$$

式中，

$Q_{loss(S)} = \boldsymbol{I}_S^2(X_L/2)$ 且 $Q_{loss(R)} = \boldsymbol{I}_R^2(X_L/2)$

由式（13-10）得

$$\left.\begin{aligned} Q_{loss(S)} &= \frac{2V_S^2}{X_L} + \frac{2V_M^2}{X_L} - \frac{4V_SV_M}{X_L}\cos(\theta_S - \theta_M) \\ Q_{loss(R)} &= \frac{2V_M^2}{X_L} + \frac{2V_R^2}{X_L} - \frac{4V_MV_R}{X_L}\cos(\theta_M - \theta_R) \end{aligned}\right\} \tag{13-14}$$

且 Q_S 由式（13-11）给出。因此

$$Q_{comp} = \frac{2V_SV_M}{X_L}\cos(\theta_S - \theta_M) + \frac{2V_MV_R}{X_L}\cos(\theta_M - \theta_R) - \frac{4V_M^2}{X_L} \tag{13-15}$$

因此，通过设定补偿器在系统中位置处的电压值，则可以用式（13-15）计算得到补偿器需要提供的无功，用式（13-11）确定送端和受端的无功。可以发现由于使用了并联补偿器，输电线的功率输送能力得到了提高，因此系统稳定性和安全性得到了提高。

【例 13-2】 图 13-1 的等效电路参数的标幺值为

$$V_S = 1.0\angle 14.15°,\quad V_R = 0.9\angle 0°,\quad X_L = 0.275$$

求下面两种情况下两端的功率：①系统未补偿，发出功率为 0.8pu；②中点处并联补偿，并将 V_R 的大小保持在 1.0∠0°，分析系统稳定性。

解：

对于未补偿系统，送端和受端的视在功率根据式（12-30）和式（12-31）可以计算为

$$P_{So} + jQ_{So} = 0.80 + j0.463\text{pu} \quad 和 \quad P_{Ro} + jQ_{Ro} = 0.80 + j0.228\text{pu}$$

P_S 和 δ 的关系为

$P_S = 3.27\sin\delta$（由图 13-2 给出）

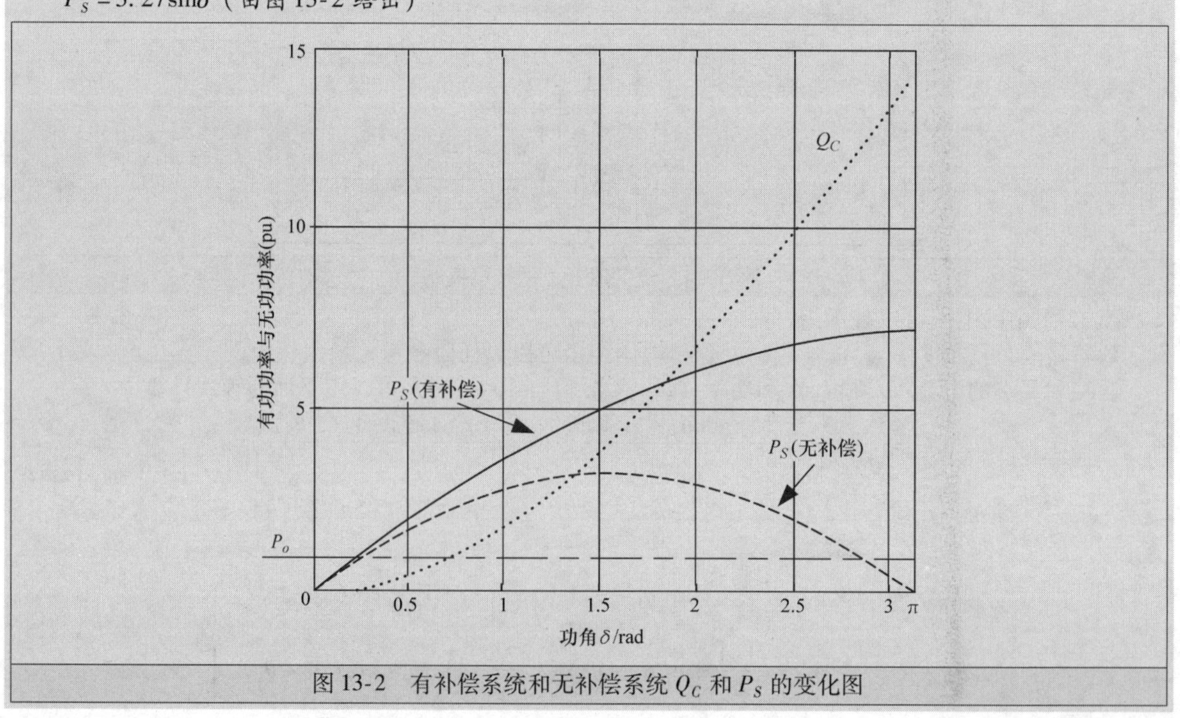

图 13-2 有补偿系统和无补偿系统 Q_C 和 P_S 的变化图

对于经并联补偿的系统，将受端电压 V_R 选定为参考相量，为了简化计算，设式（13-11）和式(13-15)中的角度和电压为 $\theta_R=0°$，$\theta_S \triangleq \delta = 14.15°$，$V_S=V_R=V$。那么，$\theta_M=(\delta/2)$，且上述等式变为

$$\left.\begin{aligned} P_S+\mathrm{j}Q_S &= \frac{2VV_M}{X_L}\sin(\delta/2)+\mathrm{j}\frac{2}{X_L}(V^2-VV_M\cos(\delta/2)) \\ P_R+\mathrm{j}Q_R &= \frac{2V_MV}{X_L}\sin(\delta/2)-\mathrm{j}\frac{2}{X_L}(V^2-VV_M\cos(\delta/2)) \end{aligned}\right\} \tag{13-16}$$

$$Q_{loss(S)}=Q_{loss(R)}=\frac{2V^2}{X_L}+\frac{2V_M^2}{X_L}-\frac{4VV_M}{X_L}\cos(\delta/2) \tag{13-17}$$

$$Q_{comp}=\frac{2VV_M}{X_L}\cos(\delta/2)+\frac{2VV_M}{X_L}\cos(\delta/2)-\frac{4V_M^2}{X_L} \tag{13-18}$$

为了绘制出等式中的变量对 δ 的曲线，进一步简化为设 V_M 等于 V，并大体上研究系统稳定性。如果系统电压为 $V_S=V_M=V_R=V_{pu}$，那么等式化简为如下的形式：

$$\left.\begin{aligned} P_S+\mathrm{j}Q_S &= \frac{2V^2}{X_L}\sin(\delta/2)+\mathrm{j}\frac{2V^2}{X_L}(1-\cos(\delta/2)) \\ P_R+\mathrm{j}Q_R &= \frac{2V^2}{X_L}\sin(\delta/2)-\mathrm{j}\frac{2V^2}{X_L}(1-\cos(\delta/2)) \end{aligned}\right\} \tag{13-19}$$

$$Q_{loss(S)}=Q_{loss(R)}=\frac{4V^2}{X_L}(1-\cos(\delta/2)) \tag{13-20}$$

$$Q_{comp}=\frac{4V^2}{X_L}(\cos(\delta/2)-1) \tag{13-21}$$

这种特殊情况下的系统相量图如图 13-3 所示。

补偿无功值 Q_C 是吸收无功功率的负值，即 $Q_C=-Q_{comp}$

可以从式（13-19）看出 $P_S=(2/0.275)\sin 14.15°=0.896\text{pu}$，且有补偿系统中 P_S 和 δ 的关系为

$P_S=7.27\sin(\delta/2)$　（见图 13-2）

$Q_{loss(S)}=Q_{loss(R)}=0.11\text{pu}$，$Q_M=-0.11\text{pu}$，$Q_C=0.11\text{pu}$

如图 13-2 所示，有补偿情况下 $P_S-\delta$ 曲线下方的面积比无补偿情况下的大得多。因此系统有更大的稳定裕度。

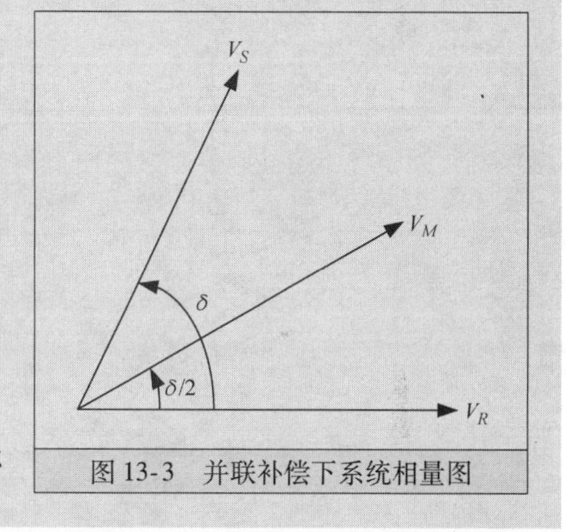

图 13-3　并联补偿下系统相量图

13.2　长距离输电线

用 **ABCD** 参数表示长距离输电线是很合理的。可以发现这些参数的值取决于并联补偿的位置。补偿器位于输电线路上某一点时，等效 **ABCD** 参数（见图 13-4）可以按如下等式计算：

$$\left.\begin{aligned} \boldsymbol{A}_{eq} &= \boldsymbol{A}_1\boldsymbol{A}_2+\boldsymbol{B}_1\boldsymbol{C}_2-\mathrm{j}X_C\boldsymbol{A}_2\boldsymbol{B}_1 \\ \boldsymbol{B}_{eq} &= \boldsymbol{A}_1\boldsymbol{B}_2+\boldsymbol{B}_1\boldsymbol{D}_2-\mathrm{j}X_C\boldsymbol{B}_1\boldsymbol{B}_2 \\ \boldsymbol{C}_{eq} &= \boldsymbol{A}_2\boldsymbol{C}_1+\boldsymbol{C}_2\boldsymbol{D}_1-\mathrm{j}X_C\boldsymbol{A}_2\boldsymbol{D}_1 \\ \boldsymbol{D}_{eq} &= \boldsymbol{B}_2\boldsymbol{C}_1+\boldsymbol{D}_1\boldsymbol{D}_2-\mathrm{j}X_C\boldsymbol{D}_2\boldsymbol{D}_1 \end{aligned}\right\} \tag{13-22}$$

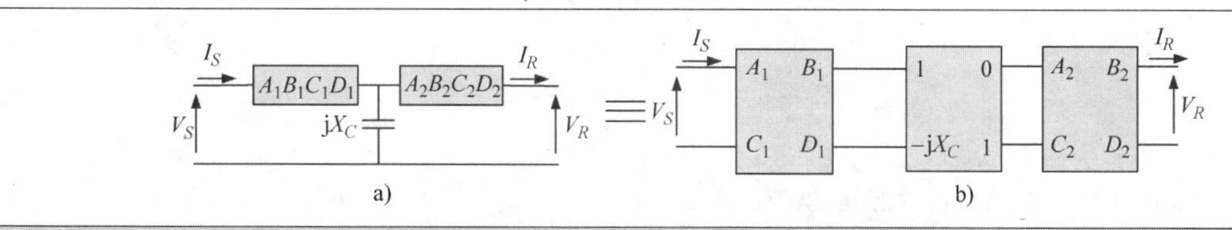

图 13-4　中点处有并联补偿的输电线及等效表示
a）中点处有并联补偿的输电线　b）等效表示

类似地，当线路送端和受端都经并联补偿时（见图13-5），系统的 **ABCD** 参数为

$$\left.\begin{aligned}\boldsymbol{A}_{eq}&=\boldsymbol{A}-\mathrm{j}X_{C2}\boldsymbol{B}\\\boldsymbol{B}_{eq}&=\boldsymbol{B}\\\boldsymbol{C}_{eq}&=\boldsymbol{C}-\mathrm{j}X_{C1}\boldsymbol{A}-\mathrm{j}X_{C2}\boldsymbol{D}-X_{C1}X_{C2}\boldsymbol{B}\\\boldsymbol{D}_{eq}&=\boldsymbol{D}-\mathrm{j}X_{C1}\boldsymbol{B}\end{aligned}\right\}\tag{13-23}$$

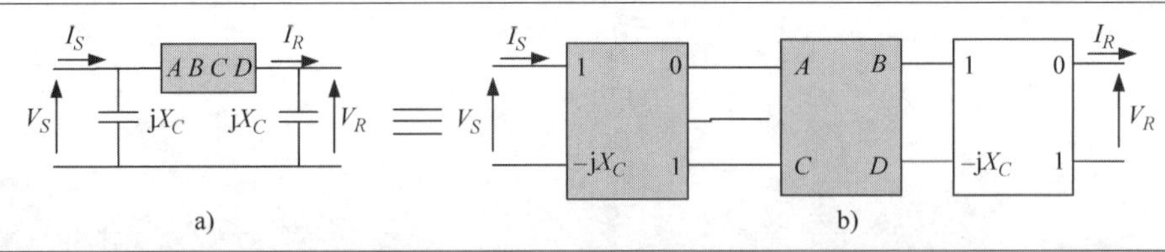

图13-5　送端和受端都有并联补偿的输电线及等效表示

a）送端和受端都有并联补偿的输电线　b）等效表示

【例13-3】　图13-6所示的系统由例12-4给出参数的输电线组成。机端电压和受端电压分别为1.2∠17°pu和0.9∠0°pu。求功率输送能力。如果系统在受端进行并联容性补偿，计算功率输送能力和要维持受端电压在1∠0°所需补偿的无功大小。

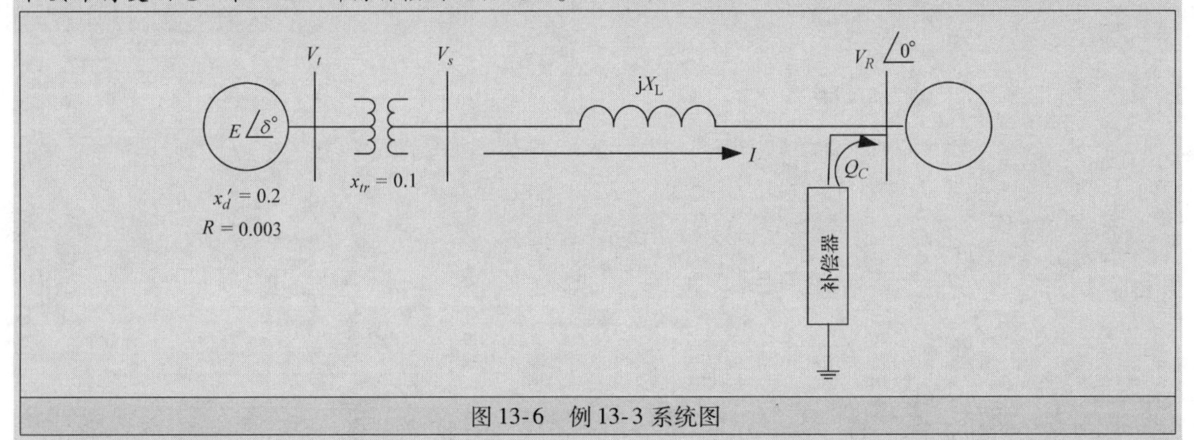

图13-6　例13-3系统图

解：

对于未补偿系统，**ABCD** 参数可以通过例12-4计算为

$\boldsymbol{A}=\boldsymbol{A}_L+\mathrm{j}0.3\boldsymbol{C}_L=0.916\angle0°$

$\boldsymbol{B}=\boldsymbol{B}_L+\mathrm{j}0.3\boldsymbol{D}_L=\mathrm{j}0.499\text{pu}$

$\boldsymbol{C}=\boldsymbol{C}_L=\mathrm{j}0.206\text{pu}$

$\boldsymbol{D}=\boldsymbol{D}_L=0.978$

$\boldsymbol{E}=E\mathrm{e}^{\mathrm{j}\delta}=1.2\mathrm{e}^{\mathrm{j}17°}$ 且 $\boldsymbol{V}_R=V_R\mathrm{e}^{\mathrm{j}0°}=0.9\angle0°$（将 $\boldsymbol{V}_R$ 作为参考相量）

$$P_S+\mathrm{j}Q_S=\boldsymbol{E}\boldsymbol{I}^*=\frac{EV_R}{X}\sin\delta+\mathrm{j}\frac{(E^2-EV_R\cos\delta)}{X}\tag{13-24}$$

$$P_R+\mathrm{j}Q_R=\boldsymbol{V}_R\boldsymbol{I}^*=\frac{EV_R}{X}\sin\delta-\mathrm{j}\frac{(V_R^2-EV_R\cos\delta)}{X}\tag{13-25}$$

$$Q_{loss}=\frac{1}{X}(E^2+V_R^2-2EV_R\cos\delta)\tag{13-26}$$

因此，可以计算下面的参数为

$P_R=(1.2\times0.9/0/499)\sin17°=2.16\sin17°=0.63\text{pu}$

$Q_R=(1/0.499)(1.2\times0.9\cos17°-0.81)=0.446\text{pu}$

$Q_{loss}=(1/0.499)(1.44+0.81-2\times1.2\times0.9\cos17°)=0.37\text{pu}$

对于有补偿系统，需要通过补偿将受端的电压升高到 $V_R = 1\angle 0°$。这时可以得到

$P_R = (1.2 \times 1/0.499)\sin 17° = 2.4\sin 17° = 0.70\text{pu}$

$Q_R = (1/0.499)(1.2 \times 1.0\cos 17° - 1.0) = 0.296\text{pu}$

$Q_{loss} = (1/0.499)(1.44 + 1.0 - 2 \times 1.2 \times 1.0\cos 17°) = 0.29\text{pu}$

可以看出受端线路中的无功潮流从0.446pu减少到0.296pu。因此，其差 Q_C 必须通过并联补偿提供，即 $Q_C = 0.15\text{pu}$。

无功损耗降低了27.6%。

未补偿和有补偿情况下的 $P-\delta$ 曲线如图13-7所示。可以发现 $P-\delta$ 曲线下的面积增加的部分为阴影部分的面积。因此，补偿提供系统更多的稳定裕度。

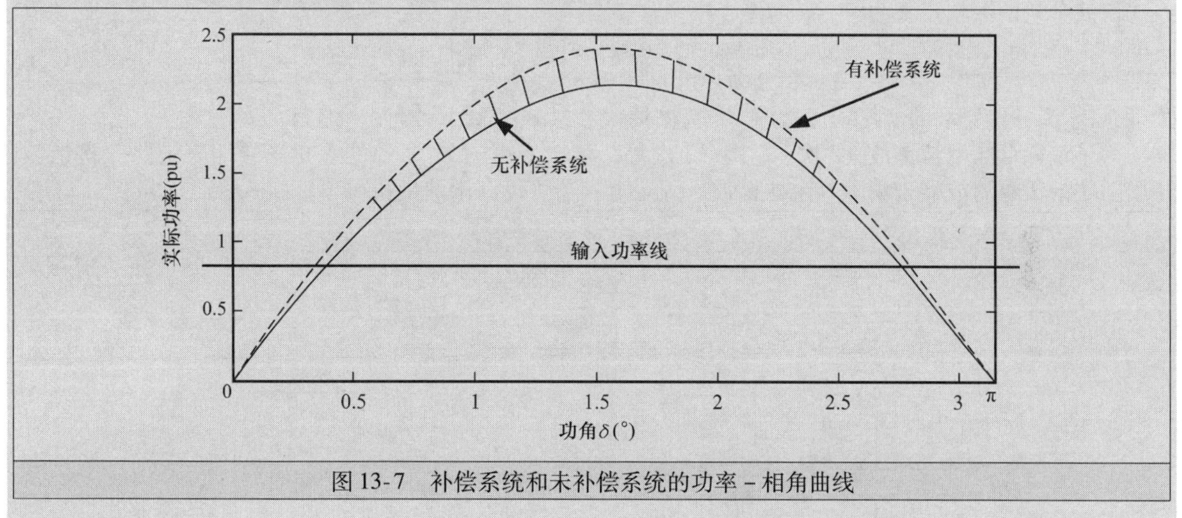

图13-7　补偿系统和未补偿系统的功率-相角曲线

13.3　静止无功补偿器

从上文已经可以知道，通过控制稳态电压和无功功率，并联容性补偿能提升电力系统稳定性。它部分提供或完全提供负荷所需的无功功率。因此，它能提升电力系统负载能力，并能减少线路电流和电压降。在系统运行在轻载下或者线路开路的状况下时，线路电压可能会升高。所以并联感性补偿可以通过持续控制无功来限制电压升高，这样可以减少输电损耗，并增加有功功率输送能力。因此，并联补偿常用来抵消输电系统重载或轻载造成的影响。并联补偿应该由一系列可以快速控制的电容和电抗组成。

静态无功补偿器（SVC）可以定义为一并联设备，它在合适的位置连接到系统中[5]。它由静态装置组成（电容器和电抗器），并且由半导体器件——晶闸管进行快速控制[6]。

SVC有不同配置，第14章将给出说明。基本配置“FC-TCR”如图13-8所示。这是一个包含固定电容器FC支路、晶闸管控制电抗器（TCR）支路以及一个针对各相低次谐波的滤波器的组合[7]。

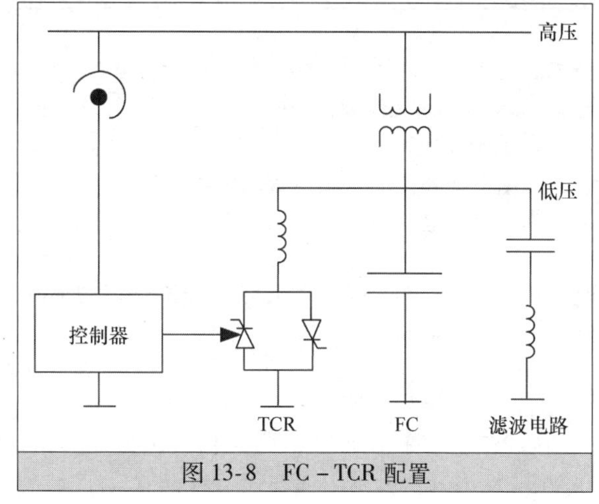

图13-8　FC-TCR配置

通过改变晶闸管触发延迟角 α，可以改变吸收无功功率的连续范围。但是控制过程中，电抗电流中会产生奇次谐波电流成分。当 α 等于90°时达到全导通状态。随着 α 的增加，电抗电流的基频成分

会减少，即电感增加导致电抗吸收的无功功率减少。要注意的是，电抗电流的变化可能只出现在离散时间点，即调整频率不会高于每半周一次。TCR类型的静态补偿器有能够持续控制的特点，并且最大延迟为半个周期，且没有暂态过程。此配置的主要缺点就是会产生低频谐波电流分量，当工作在感性区域时会产生更高的损耗[8,9]。但是，SVC也有很广的应用[10-12]。

使用傅里叶变换，电抗电流的基频分量 I_1 和触发延迟角 α 的关系为

$$
\begin{aligned}
I_1 &= \frac{V_{rms}}{\omega L}\frac{(2\pi-2\alpha+\sin(2\alpha))}{\pi} \\
&= \frac{V_{rms}}{X_L}\frac{\sigma-\sin\sigma}{\pi}
\end{aligned}
\tag{13-27}
$$

式中，$\sigma \triangleq$ 导通角 $=2(\pi-\sin\sigma)$。

各次谐波分量的振幅定义为

$$
I_h = \frac{4V_{rms}}{\pi X_L}\left[\frac{\sin(h+1)\alpha}{2(h+1)}+\frac{\sin(h-1)\alpha}{2(h-1)}-\cos(\alpha)\frac{\sin(h\alpha)}{h}\right]
\tag{13-28}
$$

式中，V_{rms} 为补偿器上的电压均方根值；h 为谐波次数；α 为晶闸管触发延迟角。

为了消除低频电流谐波，3次、5次、7次等，可以使用图13-9中的三角形接法来消除3次谐波，并用图中的无源滤波器来消除其余次谐波。固定电容器可以和限流电抗器串联接入。

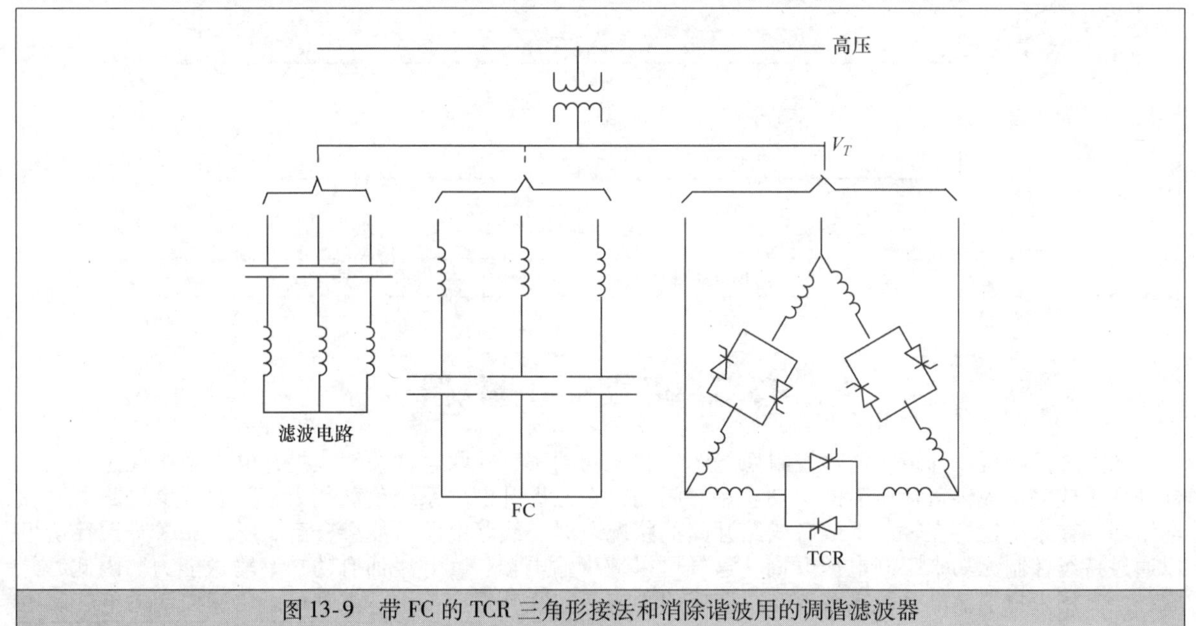

图13-9 带FC的TCR三角形接法和消除谐波用的调谐滤波器

13.3.1 FC－TCR补偿器的特征 ★★★

系统中互换的无功功率 Q_S 取决于外加电压 V_T。FC－TCR补偿器的稳态 V_T-Q_S 特征曲线如图13-10所示，此图表明补偿器发出或吸收的无功的大小（Q_C 或 Q_L）是外加电压的函数。在额定电压下，特征曲线是直线，且被电容器和电抗器的额定功率所限制。直线部分电压的极限 V_{max} 和 V_{min} 规定了控制范围。当外加补偿器的电压为额定电压时，补偿器和电力系统之间没有无功交换。此额定电压作为控制过程的参考量 V_{ref}。特征曲线的斜率表示补偿器电压随额定功率的变化，因此可以认为电压变化导致的SVC反应是由斜坡电抗 X_{SL} 造成的，其值为

$$
X_{SL} = \frac{\Delta V_{C\max}^2}{Q_{C\max}} = \frac{\Delta V_{L\max}^2}{Q_{L\max}}
\tag{13-29}
$$

如果超出了控制范围，那么 V_T-Q_S 特征曲线就是非线性的。假设补偿器是理想补偿器，超出范围的 Q_S 和 V_T 的关系可以用线性关系来近似。

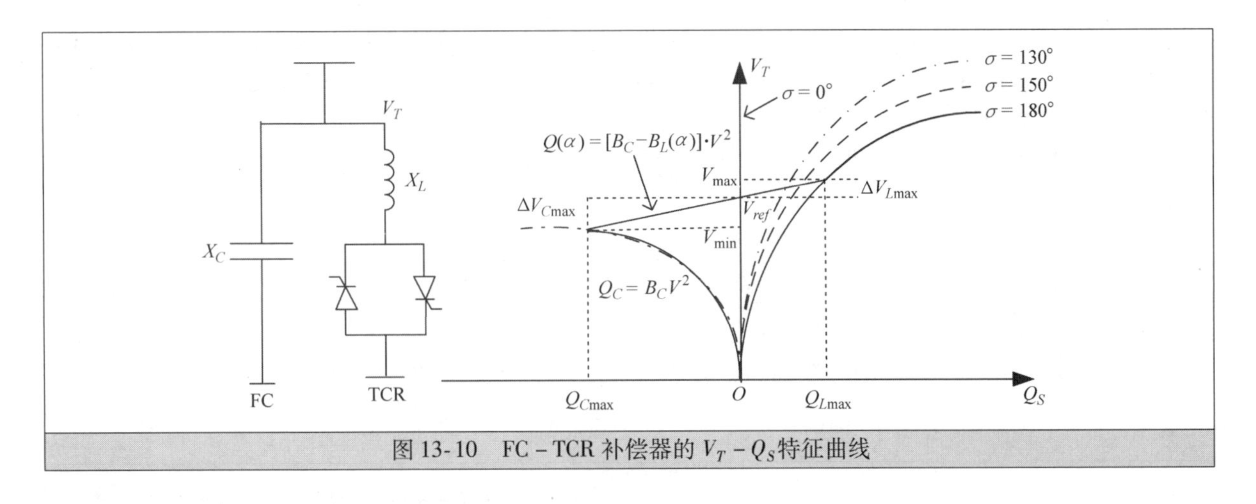

图 13-10　FC－TCR 补偿器的 V_T-Q_S 特征曲线

13.3.2　FC－TCR 补偿器的建模 ★★★

对电力系统进行潮流分析和稳定性研究，就需要对 SVC 用精确的数学表达式建模来表示其特性[12]。假设有一理想 SVC，稳态下的 $V-I$ 关系曲线如图13-11所示。

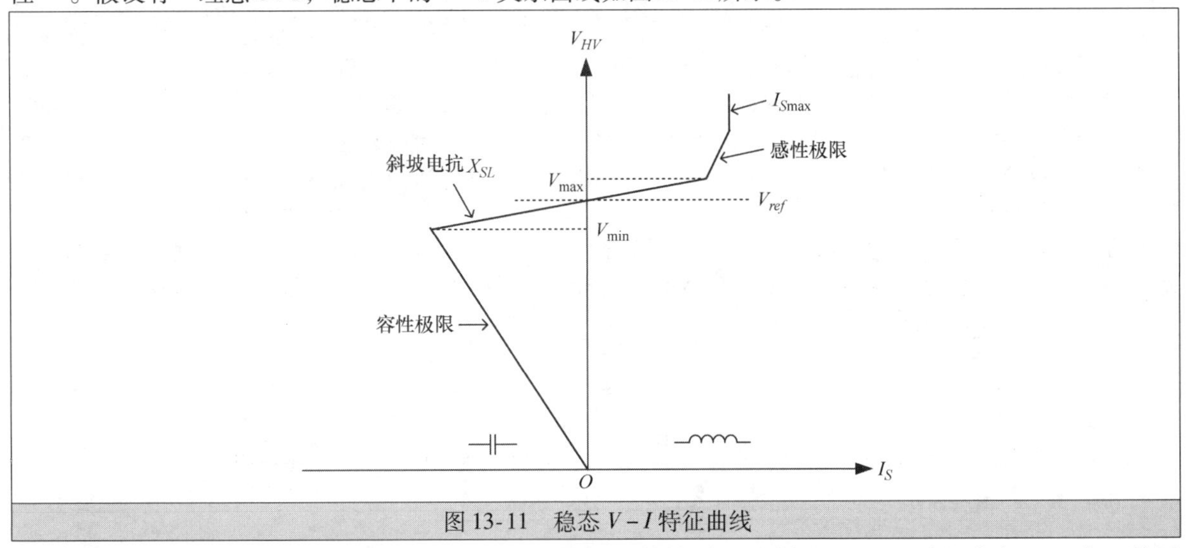

图 13-11　稳态 $V-I$ 特征曲线

（1）潮流分析：参考原理图（见图 13-8）和 $V-I$ 特性图（见图 13-11），可以看出 SVC 有三种运行模式：

1）正常运行模式：在控制范围内，SVC 可以等效为电压源 V_{ref}，并通过斜坡电抗 X_{SL}和高压母线相连（见图 13-12a）。

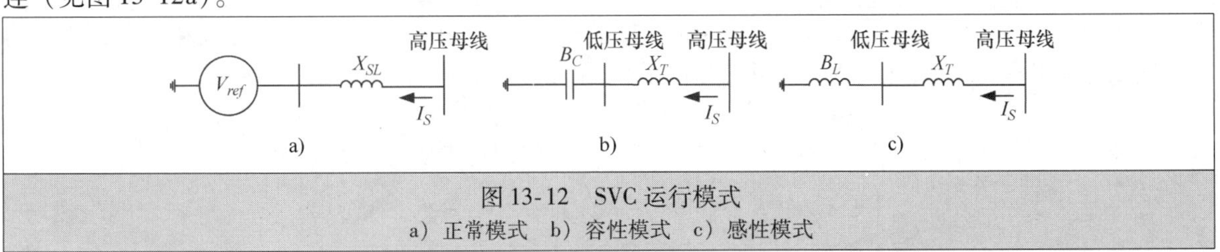

图 13-12　SVC 运行模式

a）正常模式　b）容性模式　c）感性模式

2）容性运行模式：SVC 运行达到容性极限，则它可以等效为恒定的容性电纳 B_C，并和低压母线相连。低压母线通过变压器漏抗 X_T和高压母线相连（见图 13-12b）。

3）感性运行模式：此种模式下，SVC 达到感性极限（见图 13-12c），并用恒值感性电纳 B_L表示。SVC 电流极限为 I_{Smax}。

在控制范围内有 $I_{\min} < I_{SVC} < I_{\max}$ 和 $V_{\min} < V < V_{\max}$，SVC 在辅助母线或隐母线处用 PV 节点表示，且有 $P=0$ 和 $V=V_{ref}$。斜坡电抗位于辅助母线和高压母线之间（故它是将系统连接起来的节点）。高压母线是 PQ 节点且有 $P=0$ 和 $Q=0$（见图 13-13a）。如果也要表示 SVC 变压器，那么从高压母线到辅助母线的电抗是变压器漏抗的一部分。低压母线是 PV 节点，能够远方调节辅助母线电压等于 V_{ref}（见图 13-13b）。

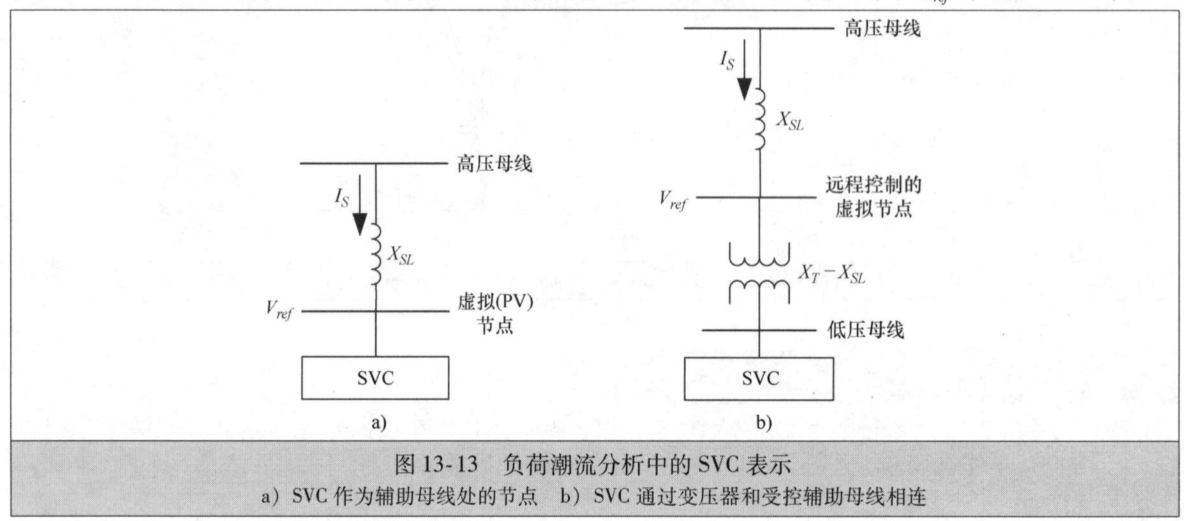

图 13-13　负荷潮流分析中的 SVC 表示

a）SVC 作为辅助母线处的节点　b）SVC 通过变压器和受控辅助母线相连

当 SVC 工作区间超出控制范围时，它可以用电纳为 B 的并联元件表示，定义为

$$\text{若 } V < V_{\min}, \text{则 } B = (1/X_C) \quad \text{且 若 } V > V_{\max}, \text{则 } B = (1/X_L) \tag{13-30}$$

（2）稳定性分析：对 FC－TCR 类型的 SVC 建模的一般方法如图 13-14 中的功能框图所示。它包含一个测量电路方框、稳压器方框和一个 TCR 方框。测量电路框包括仪用互感器、交直流转换器和整流器。它有传输延迟，但是时间常数很小。因此，测量电路可以用简单时间常数和单位增益来表示。稳压器方框表示可以使电流超前/滞后的比例式调节器（也可以用积分调节器）。TCR 方框表示不同的晶闸管触发延迟角。相应地，FC－TCR 补偿器的简化模型如图 13-15 所示。为防止系统故障后发生严重的系统稳定性问题，电压控制信号由快速功率振荡阻尼（POD）控制发出。

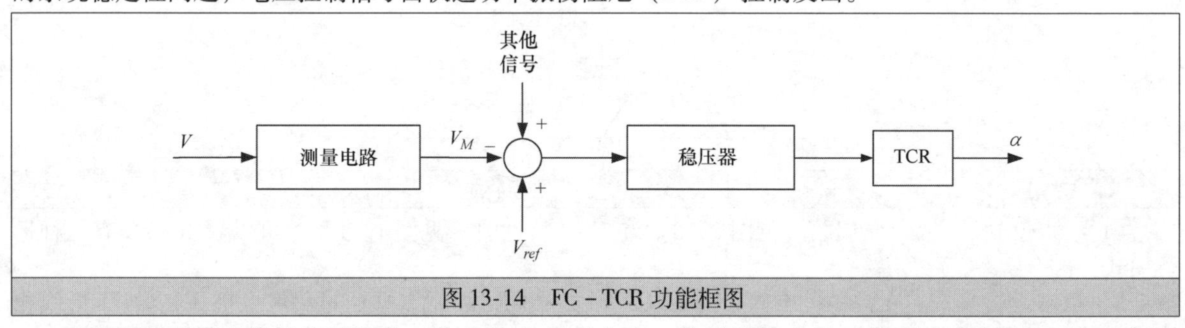

图 13-14　FC－TCR 功能框图

SVC 调节器模型将触发延迟角 α 作为输出考虑在内，并假设输出处于平衡态基频下运行。因此，模型可以根据正弦电压变化。它可以用两个由图 13-15 推导的关于 v_M 和 α 的微分方程和一个计算无功 Q 的代数方程表示[13]。因此，表达式可以写作

$$\left.\begin{aligned}
\dot{v}_M &= \frac{(K_M V - v_M)}{T_M} \\
\dot{\alpha} &= \frac{\left(-K_D\alpha + K\dfrac{T_1}{T_2 T_M}(v_M - K_M V) + K(V_{ref} + V_{POD} - v_M)\right)}{T_2} \\
Q &= -\frac{2\alpha - \sin 2\alpha - \pi\left(2 - \dfrac{X_L}{X_C}\right)}{\pi X_L}V^2 = -b_{SVC}(\alpha)V^2
\end{aligned}\right\} \tag{13-31}$$

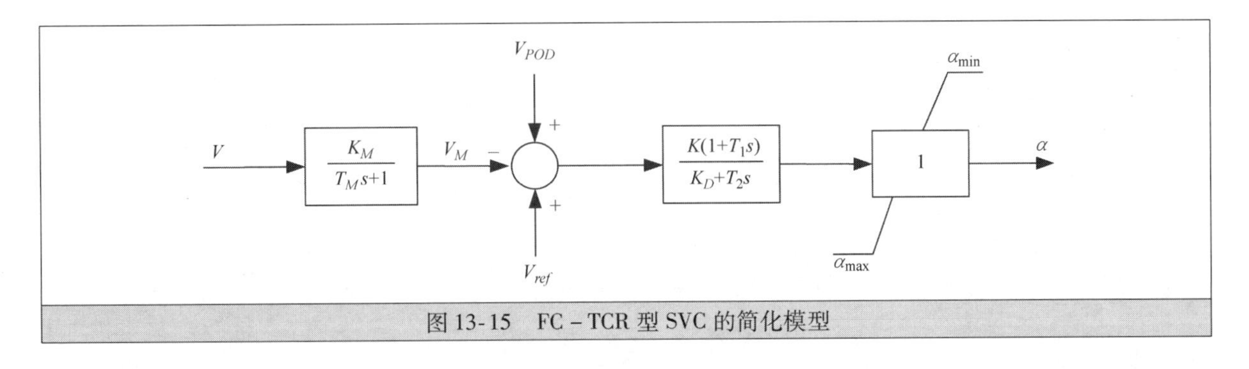

图 13-15　FC－TCR 型 SVC 的简化模型

晶闸管触发延迟角 α 允许在上限和下限之间变化。SVC 的状态变量在潮流求解后初始化。为了在补偿母线上施加所需的电压，潮流求解中要使用一个有功出力为零的 *PV* 发电机节点。潮流求解完成后，此 *PV* 节点移除，并使用 SVC 方程。状态变量初始化过程中要检查 SVC 极限值。

【例 13-4】 系统暂态稳定性已由例 8-1 的 9 节点测试系统得出，故障是节点 7、"线路 7－5 的始端"处发生的三相短路，故障持续时间为 0.08s 和 0.2s。故障通过切除线路#7－5 清除。请说明使用 FC－TCR 补偿器对系统稳定性的提升。系统数据在附录Ⅱ中给出。

解：

在系统不同位置使用 FC－TCR 并联补偿器时，图 13-15 和表 13-1 用 SAT/MATLAB® 工具箱和模型的典型控制系统参数来分析系统暂态稳定性。可以发现将补偿器连接到节点 7 时，可以得到最佳结果。故障持续时间为 0.08s 和 0.2s 时，各发电机的功角和角速度分别如图 13-16～图 13-18 和图 13-19～图 13-21 所示。

表 13-1　控制系统参数

变量	描述	单位	值
S	额定功率	MVA	100
V	额定电压	kV	230
f	额定频率	Hz	60
T_2	调节器时间常数	S	10
K	调节器增益	pu/pu	100
V_{ref}	参考电压	pu	1
α_{fmax}	最大触发延迟角	rad	1
α_{fmin}	最小触发延迟角	rad	－1
K_D	积分偏差	pu	0.001
T_1	暂态调节器时间常数	S	0
K_M	测量增益	pu/pu	1
T_M	测量时间延迟	S	0.01
x_L	电抗（感性）	pu	0.2
x_C	电抗（容性）	pu	0.1

故障持续时间为 0.08s

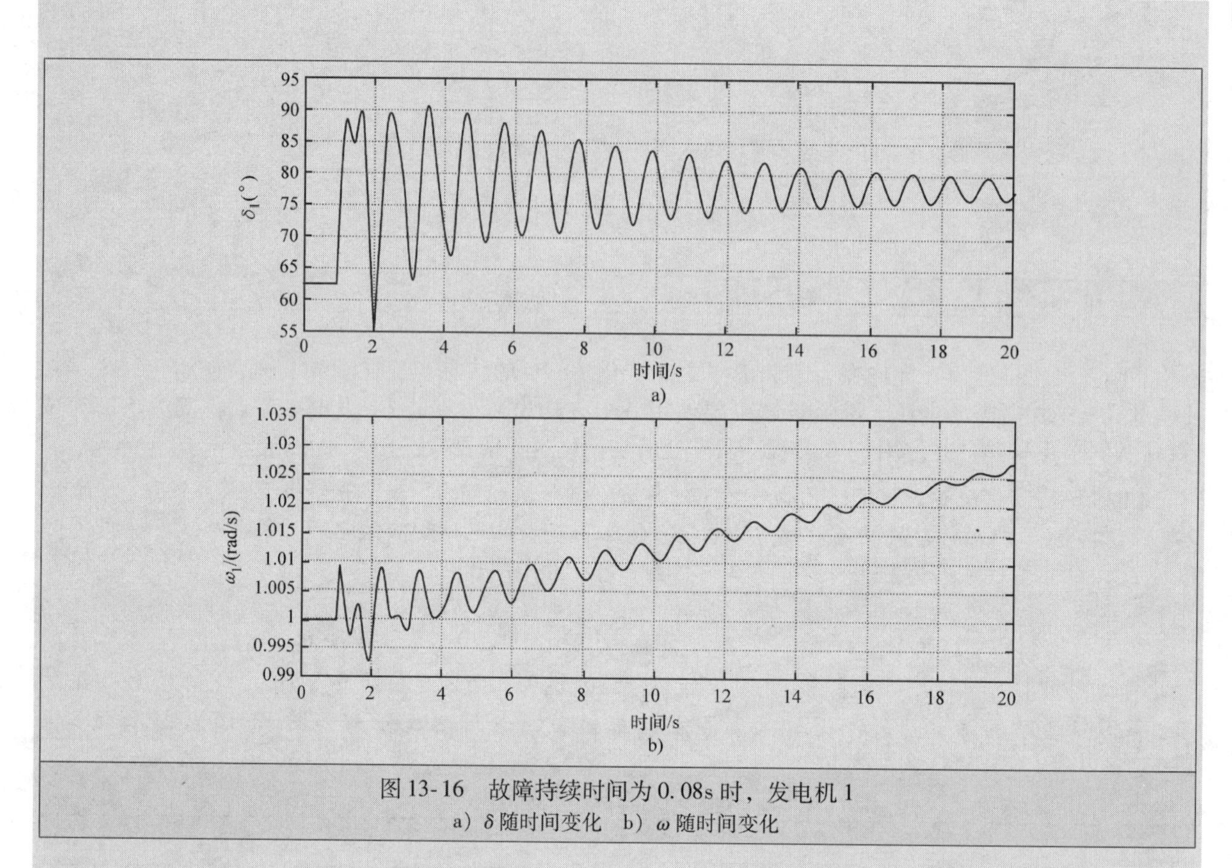

图 13-16　故障持续时间为 0.08s 时，发电机 1
a）δ 随时间变化　b）ω 随时间变化

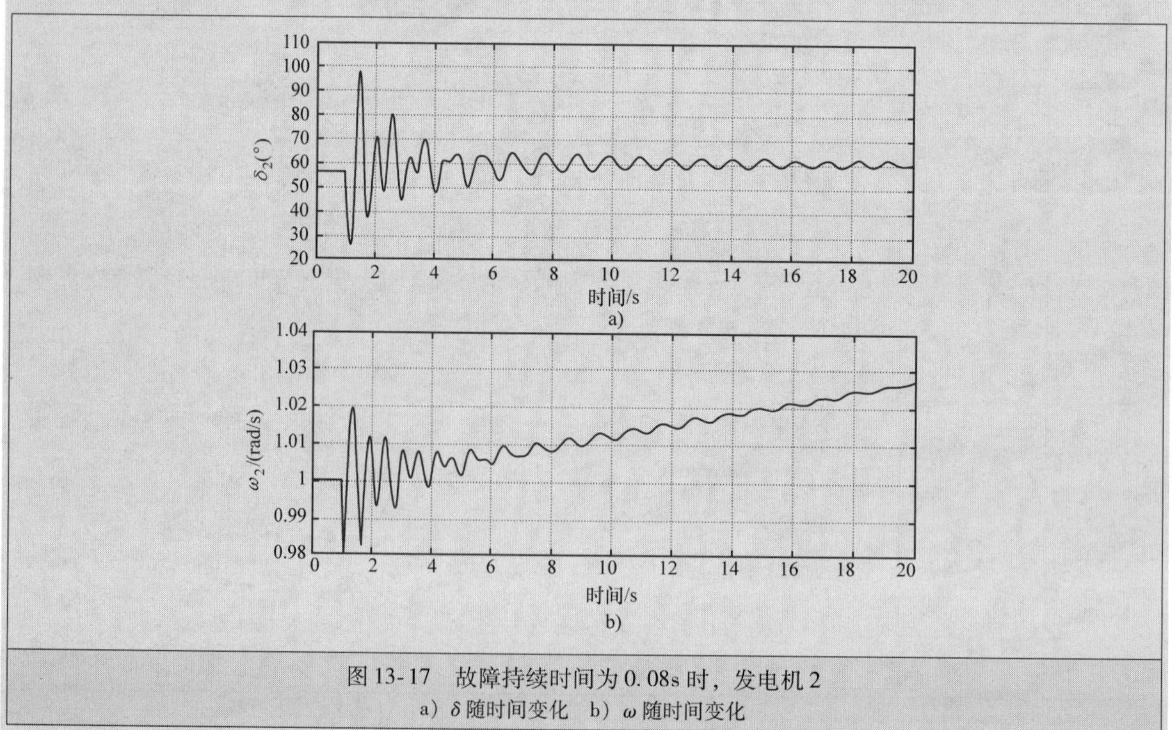

图 13-17　故障持续时间为 0.08s 时，发电机 2
a）δ 随时间变化　b）ω 随时间变化

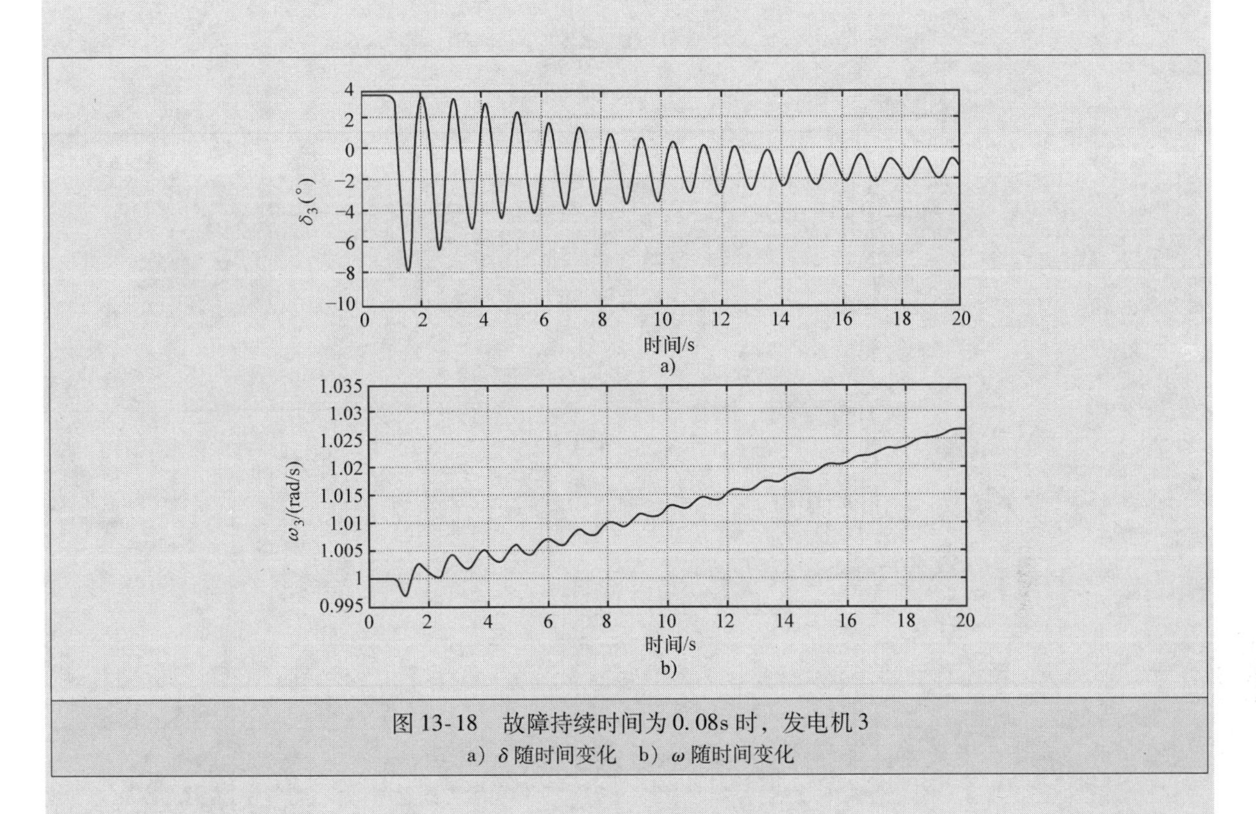

图 13-18 故障持续时间为 0.08s 时，发电机 3

a）δ 随时间变化 b）ω 随时间变化

故障持续时间为 0.2s

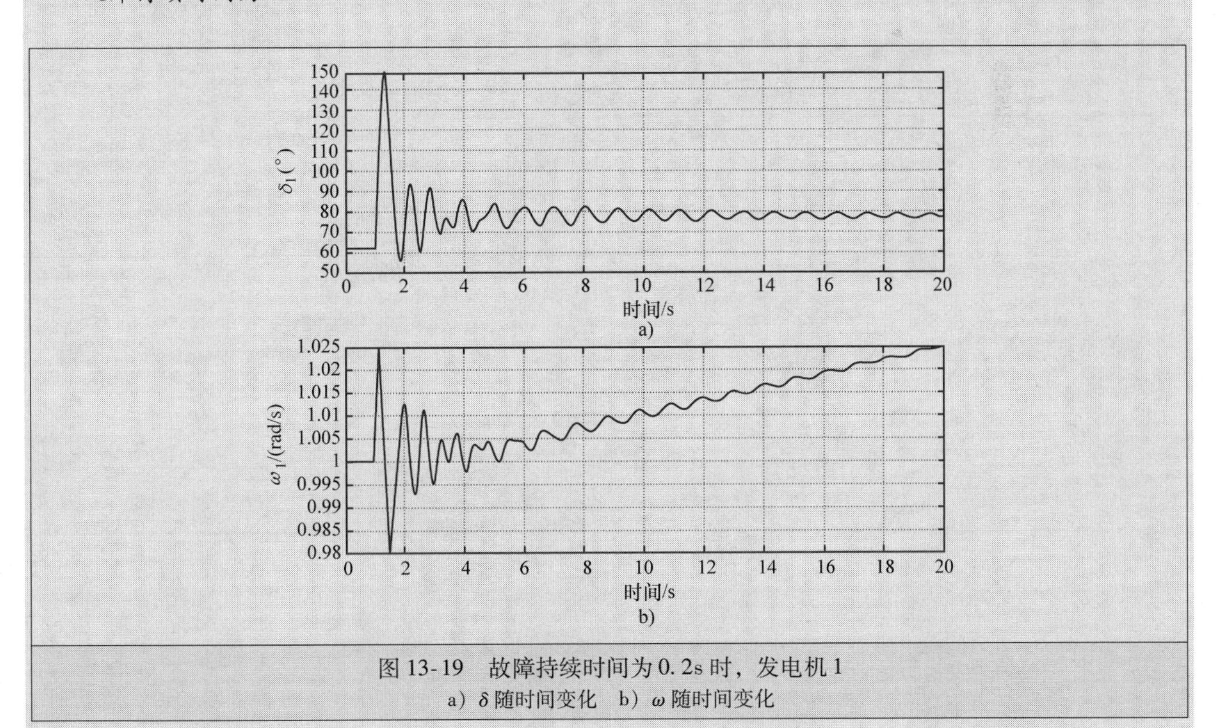

图 13-19 故障持续时间为 0.2s 时，发电机 1

a）δ 随时间变化 b）ω 随时间变化

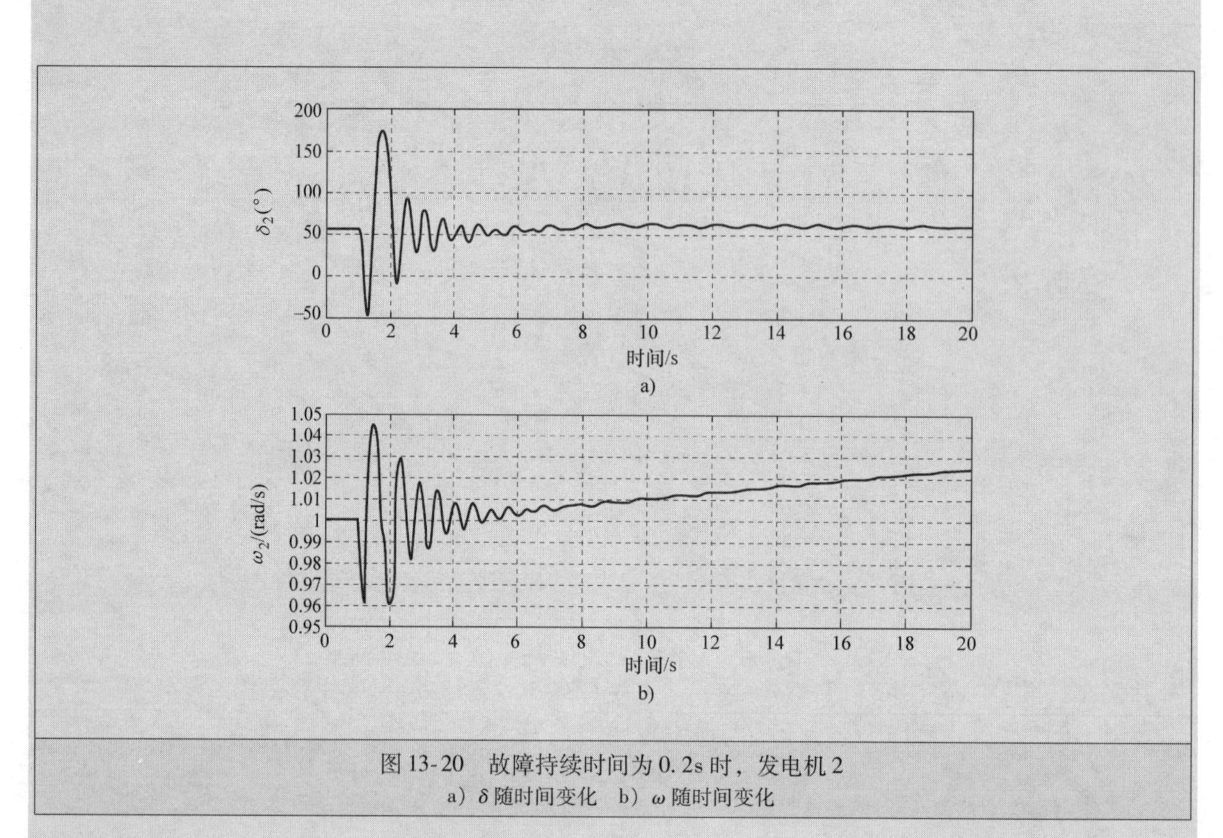

图 13-20 故障持续时间为 0.2s 时，发电机 2

a）δ 随时间变化 b）ω 随时间变化

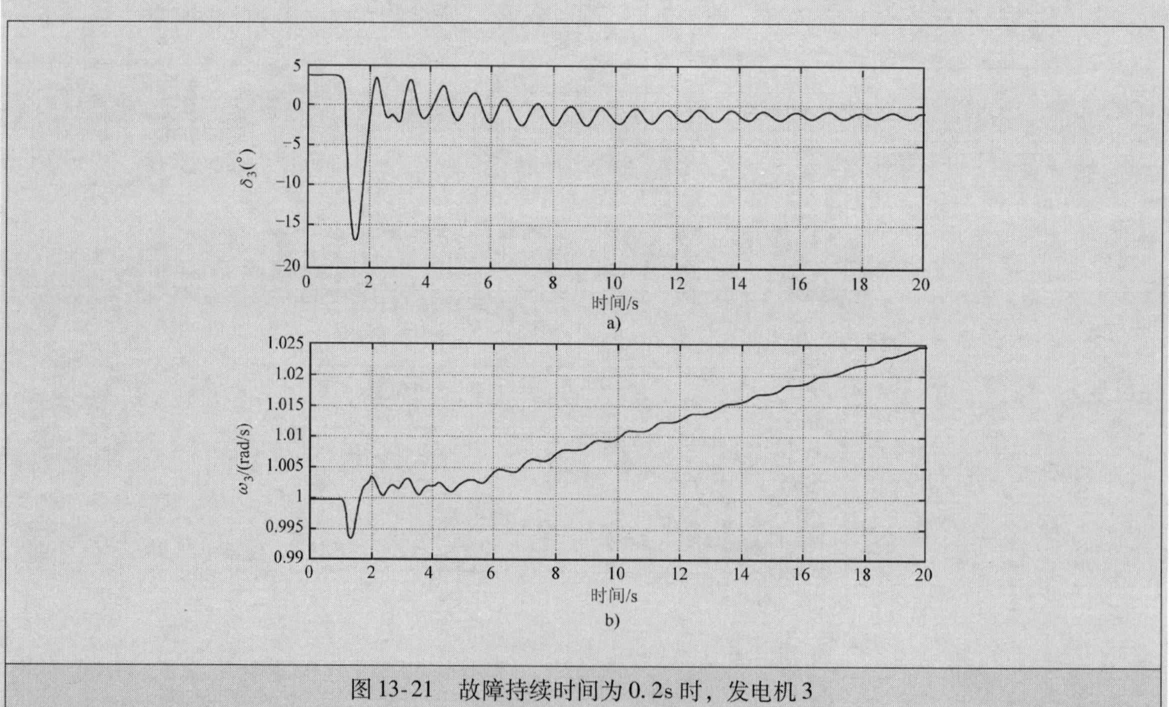

图 13-21 故障持续时间为 0.2s 时，发电机 3

a）δ 随时间变化 b）ω 随时间变化

13.4 静止同步补偿器（STATCOM）

与发出三相平衡的基频正弦电压且其幅值和相位可控的同步电机类似，静止补偿器STATCOM是作为固态同步电压源发挥其作用，但是这种装置没有惯性[14]。

运行原理：静止补偿器由电压源型变换器、耦合变压器及其控制器组成。此装置中，直流能源设备可以用直流电容器替代，因此静止补偿器和交流系统间的稳态功率交换中只有无功成分，如图13-22所示，图中I_q是变换器输出电流，和变换器电压V_i正交。变换器电压大小和变换器无功输出可以控制。如果V_i比端电压V_{HV}大，那么静止补偿器就向交流系统提供无功功率。如果V_i比端电压V_{HV}小，那么静止补偿器就吸收无功功率。

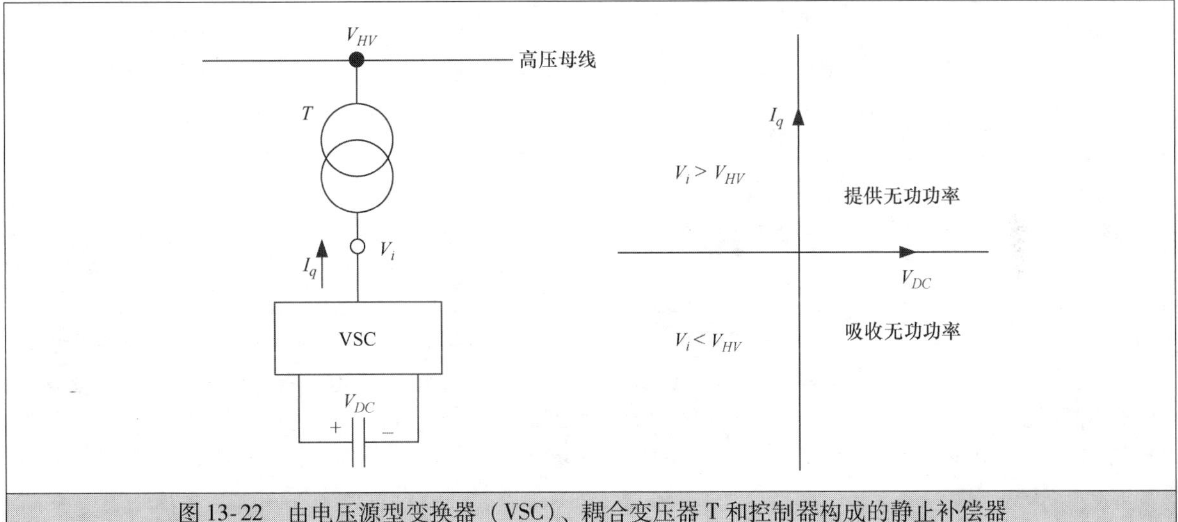

图13-22 由电压源型变换器（VSC）、耦合变压器T和控制器构成的静止补偿器

STATCOM模型：STATCOM模型是电流注入模型。STATCOM的电流总是保持和母线电压正交，因此交流系统和STATCOM之间只有无功功率交换。图13-23是动态模型，可以看出STATCOM构建了一个类似于SVC的单一时间常数调节器。STATCOM接入点的微分方程和注入的无功功率为

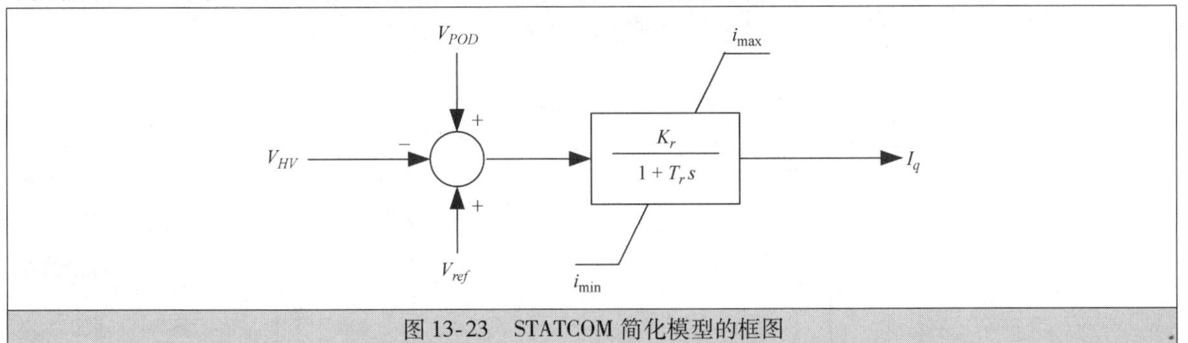

图13-23 STATCOM简化模型的框图

$$\left.\begin{aligned} \dot{I}_q &= \frac{[K_r(V_{ref}+V_{POD}-V_{HV})-I_q]}{T_r} \\ Q &= I_q V_{HV} \end{aligned}\right\} \tag{13-32}$$

式中，K_r为调节器增益；V_{ref}为STATCOM调节器的参考电压；V_{POD}为额外稳定信号，由功率振荡阻尼器发出；T_r为调节器时间常数。

【例 13-5】 将例 13-4 中的 SVC 换成 STATCOM 并重复此例。

解：

控制参数（见图 13-23）的典型数据在表 13-2 中给出。

表 13-2 控制系统参数

变量	描述	值	单位
S	额定功率	100	MVA
V	额定电压	13.8	kV
f	额定频率	60	Hz
T_r	调节器时间常数	50	s
K_r	调节器增益	0.1	pu/pu
I_{max}	最大电流	0.2	pu
I_{min}	最小电流	-0.2	pu

使用 PSAT/MATLAB® 工具箱，并将 STATCOM 作为并联补偿器并连接在系统的不同位置，最佳结果出现在补偿器并联在节点 8 处。故障持续时间为 0.08s 时 δ 和 ω 随时间的变化如图 13-24 ~ 图 13-26 所示，故障持续时间为 0.2s 时如图 13-27 ~ 图 13-29 所示。

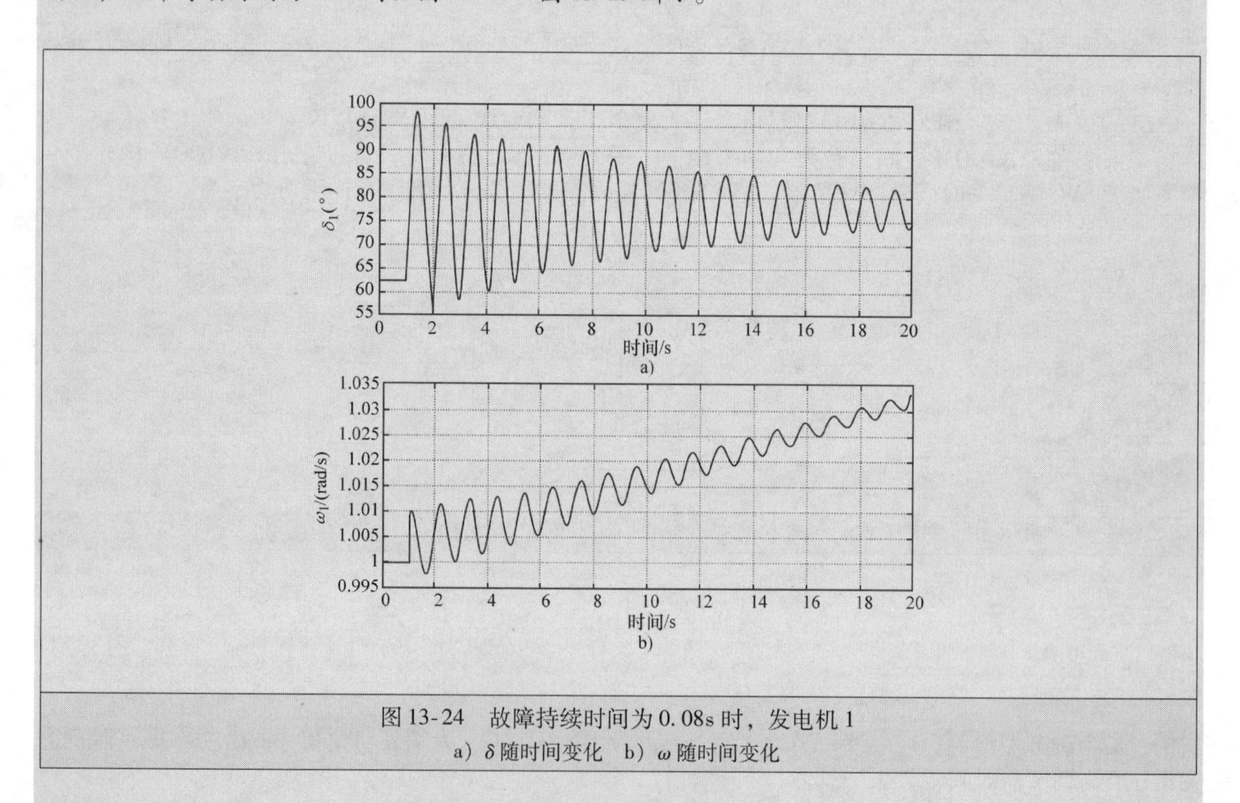

图 13-24 故障持续时间为 0.08s 时，发电机 1

a）δ 随时间变化 b）ω 随时间变化

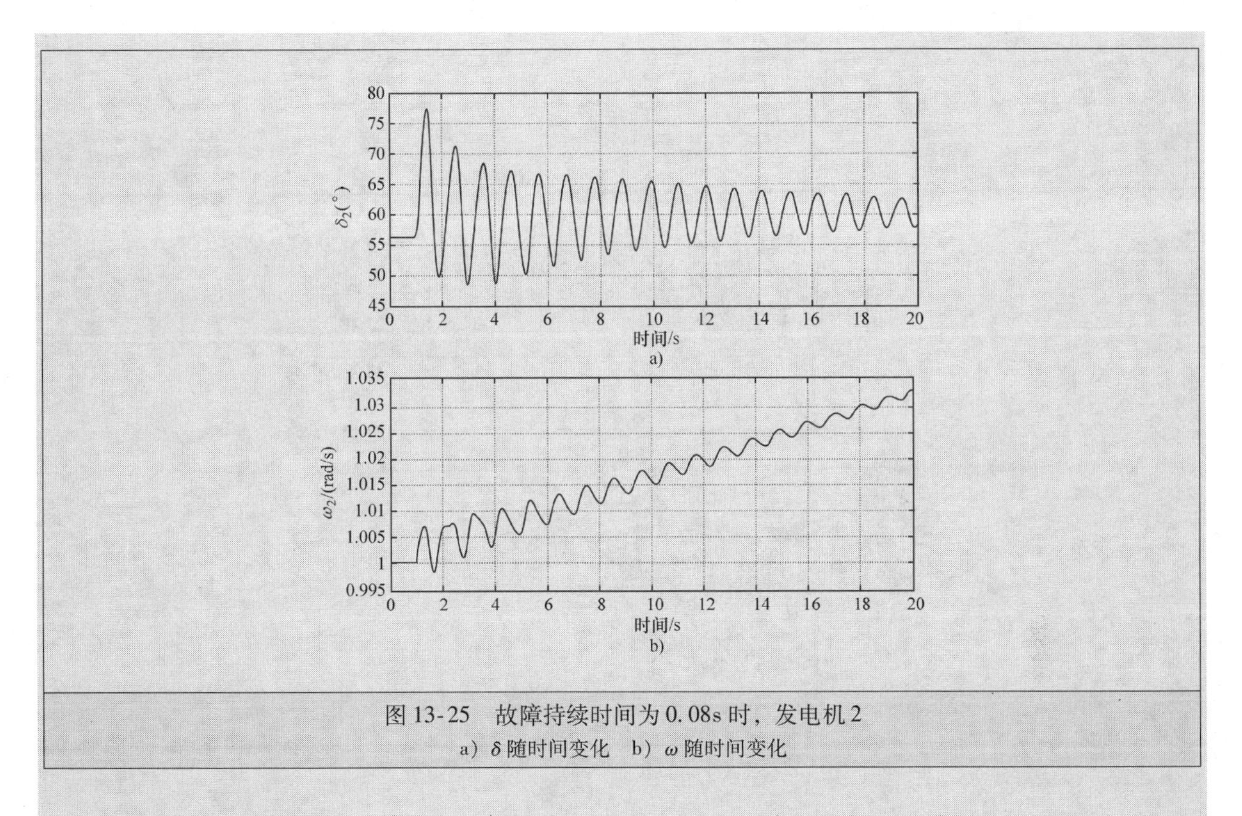

图 13-25 故障持续时间为 0.08s 时，发电机 2

a）δ 随时间变化 b）ω 随时间变化

故障持续时间为 0.08s

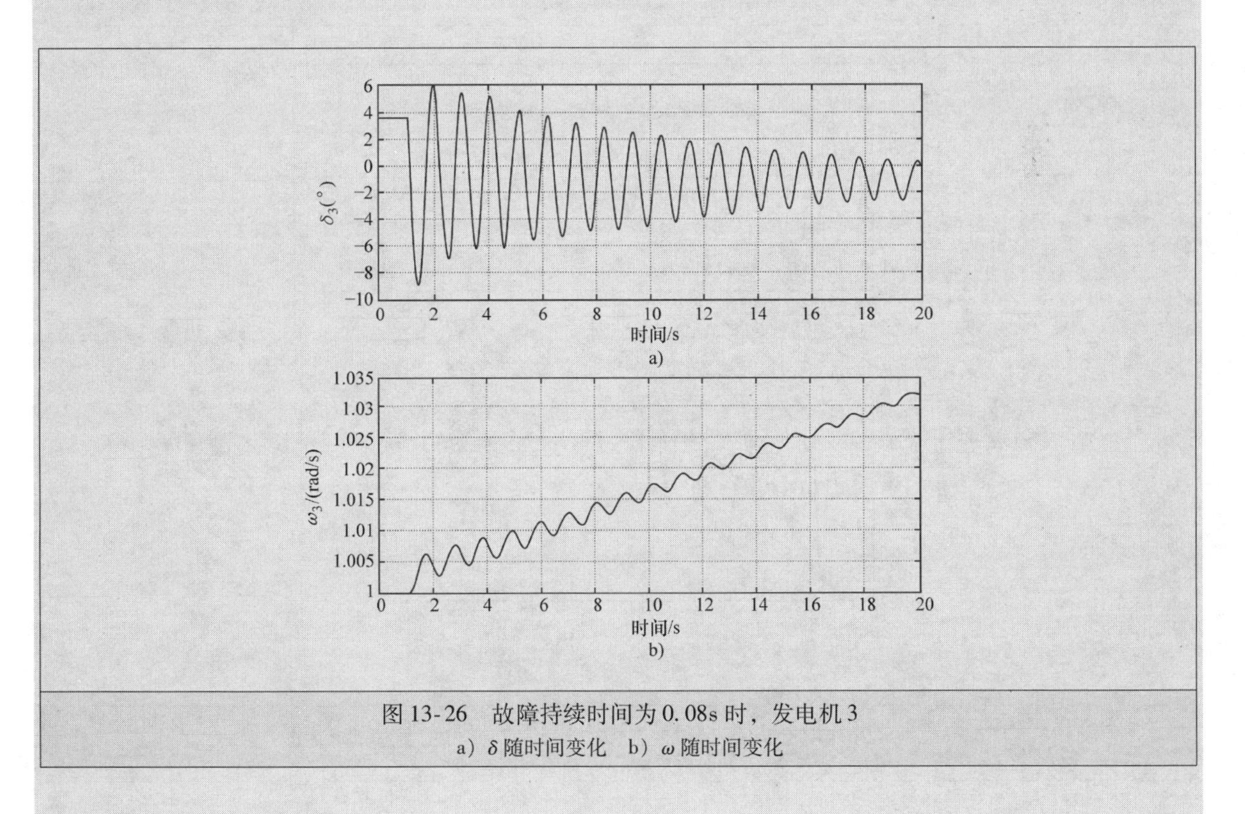

图 13-26 故障持续时间为 0.08s 时，发电机 3

a）δ 随时间变化 b）ω 随时间变化

故障持续时间为 0.2s

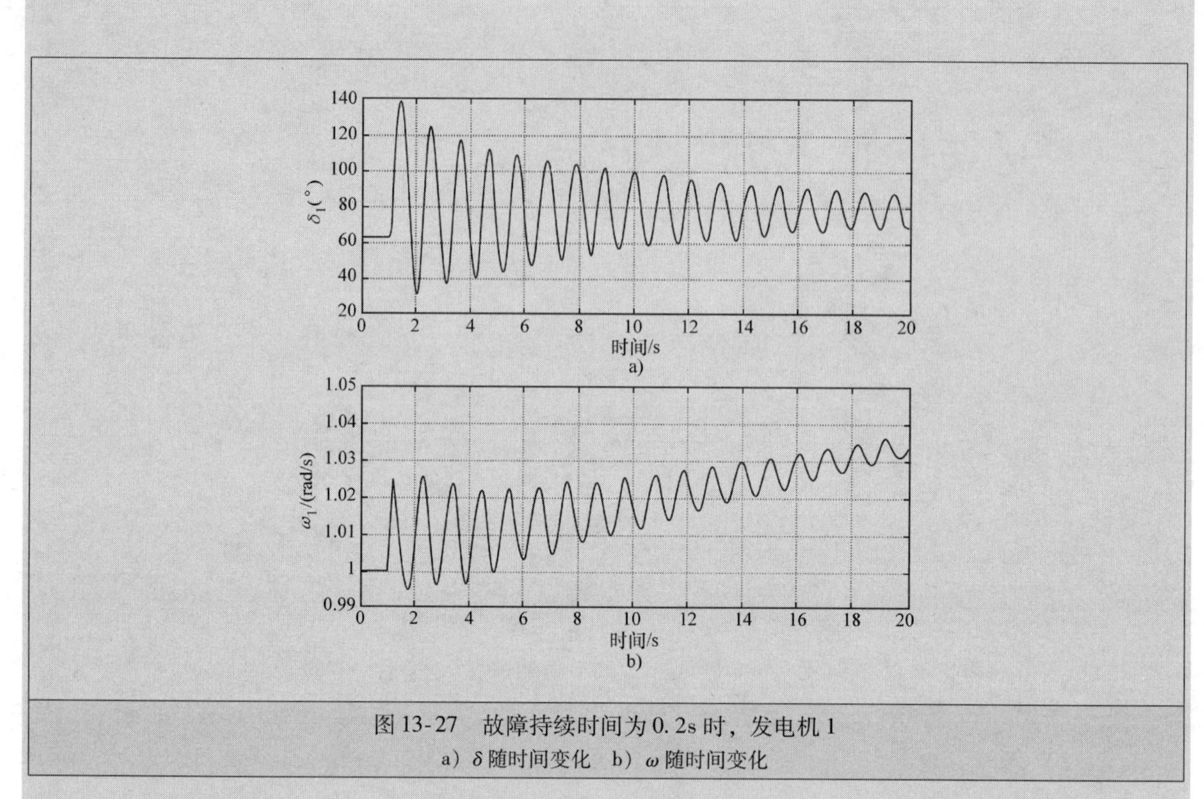

图 13-27　故障持续时间为 0.2s 时，发电机 1
a）δ 随时间变化　b）ω 随时间变化

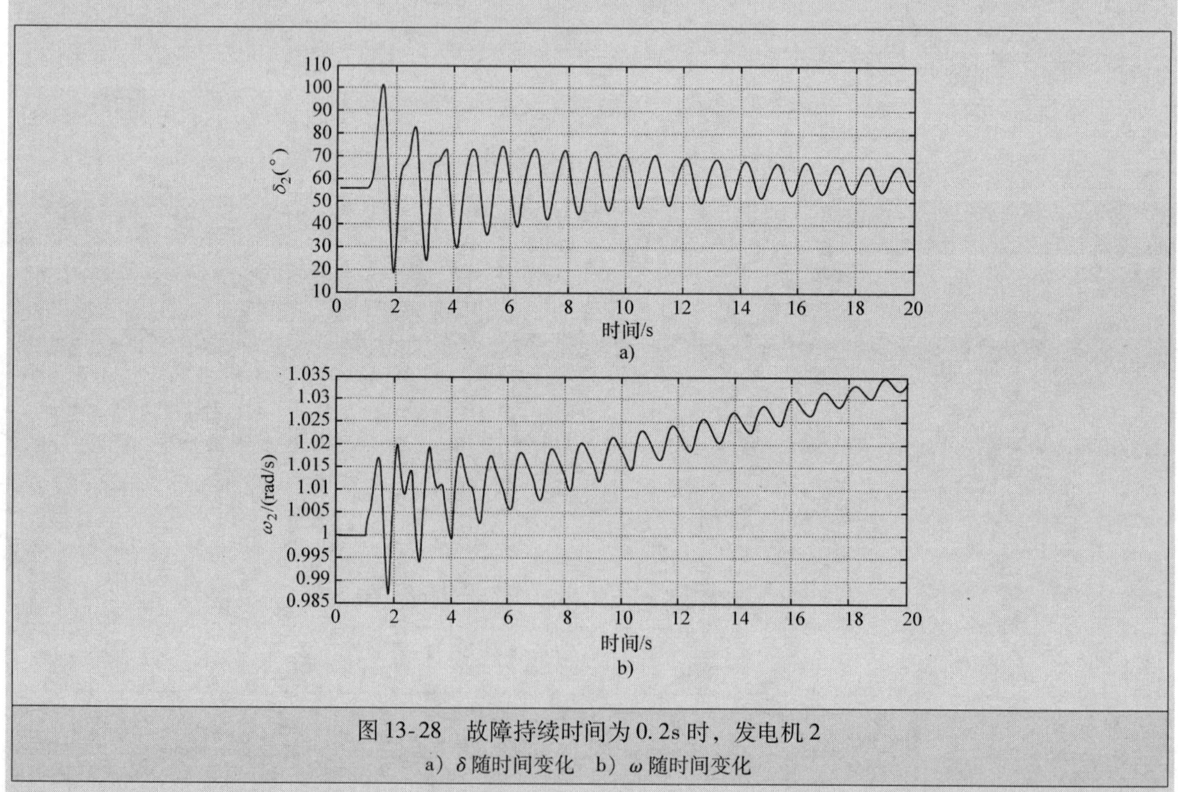

图 13-28　故障持续时间为 0.2s 时，发电机 2
a）δ 随时间变化　b）ω 随时间变化

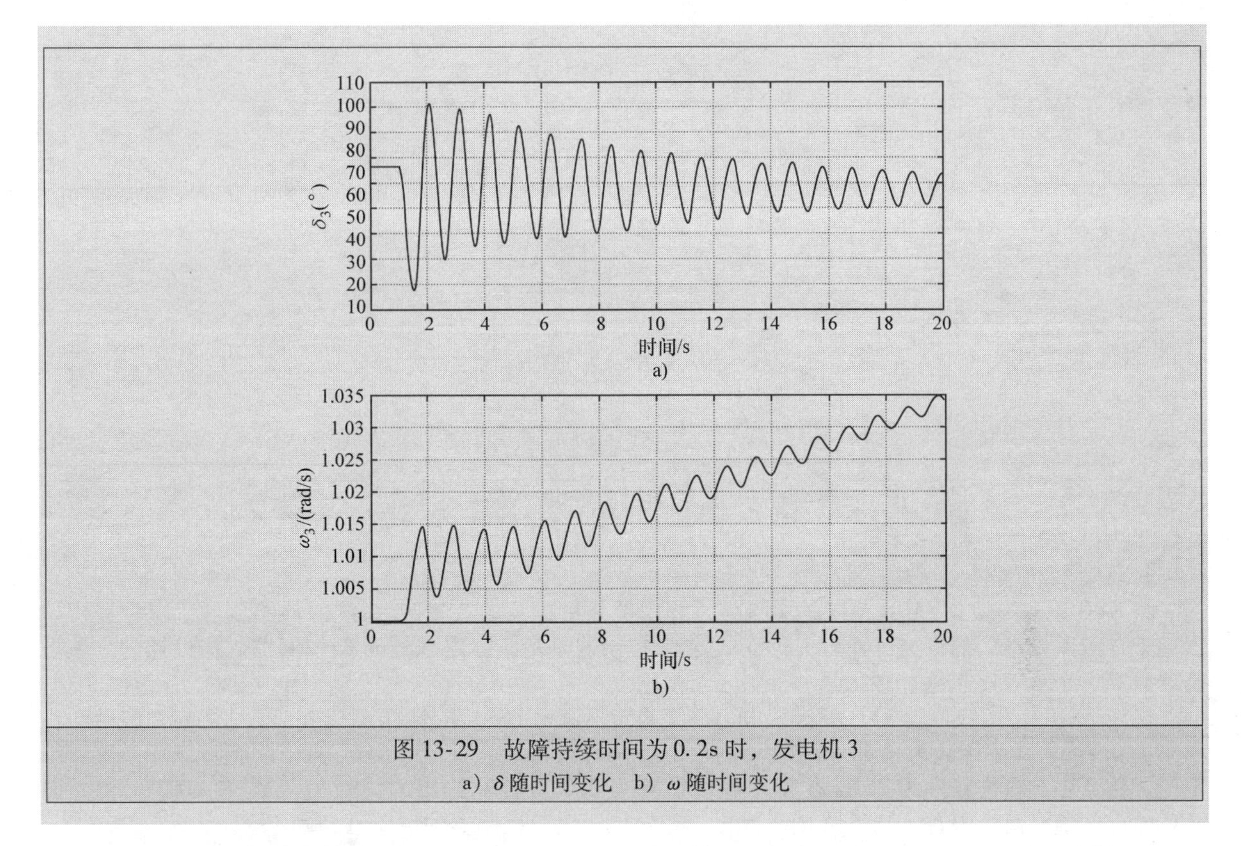

图 13-29 故障持续时间为 0.2s 时，发电机 3

a) δ 随时间变化 b) ω 随时间变化

要注意，无补偿的系统在发生持续时间为 0.2s 的故障时是不稳定的（例 8-2）。从上述例 13-4 和例 13-5 得到的结果中可以归纳出：

- 故障持续时间为 0.2s，用 SVC 和 STATCOM 补偿器时系统都是稳定的。
- 稳态下发生持续时间为 0.08s 的故障，使用并联补偿导致振荡阻尼增加。
- 补偿最佳位置和最佳效果取决于补偿的类型。可以看出如果用 STATCOM 那么最好在节点 8 处进行补偿，如果使用 SVC 最好在节点 7 处补偿。

在电力系统稳定性研究中，可能会同时使用串联补偿和并联补偿来增强系统稳定性，提高功率输送能力，改善不同节点的电压分布。通过分析补偿器的经济性，从而确定补偿器设计方案。

13.5 并联补偿电力系统中 ASNFC 的应用

在之前各节中，用时域分析对电力系统的动态性能进行研究。另一方面，自适应简化神经模糊控制器（ASNFC），可以用来设计 PSS，将其作为励磁系统辅助控制器来抑制发电机振荡，这些在第 10 章 10.5 节中已经做了说明。在本节中，前文所提的 ASNFC 作为人工智能控制器来控制并联补偿器 SVC 的运行。考虑到研究，所提到的自适应控制器性能的系统模型如图 13-30 所示。仿真在单机无穷大节点 SMIB 上进行，单机和无穷大电网通过长距离输电线连接，SVC 在输电线中间。图 13-30 中的 SVC 不是理想并联补偿器。其模型是在一定范围内变化的电纳，此范围取决于 SVC 调整器的控制情况[15,16]。

第 10 章 10.6 节给出了 ASNFC 系统的一般结构，并用于 SVC 以抑制电力系统振荡。控制结构分为两步：利用人工神经网络辨识器（ANI）在线估算系统参数，并用梯度下降法计算控制器参数。如果系统参数变化，辨识器会对这些参数做出估算，然后自适应机制再调整控制器参数。ASNFC 的输入量是 SVC 母线的功率偏移 $\Delta P_{SVC}(k)$ 及其导数 $\Delta\dot{P}_{SVC}(k)$，控制器的输出量是 $u(k)$。通过在标准输入空间定义从属函数，输入缩放模块 K_1 和 K_2 将真实输入映射到标准输入空间。输出框 K_3 用来将模糊推理系统的输出量映射为真实输出。

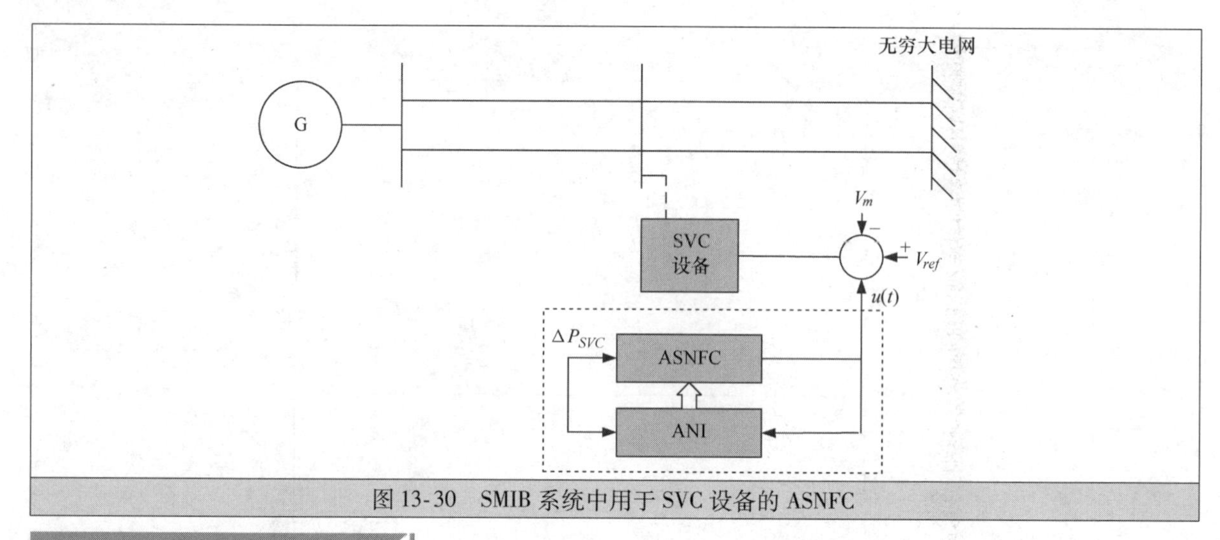

图 13-30　SMIB 系统中用于 SVC 设备的 ASNFC

13.5.1　仿真分析★★★

将 SVC 设备连接到 SMBI 系统的中点处，并用于分析提及的 ASNFC 系统的性能。自适应神经辨识器用于在线跟踪电厂的行为，并为 ASNFC 更新。控制器是基于零序 Sugeno 型模糊控制器设计的，该控制器只有一个 ANFIS 网络的输入量。

比较 ASNFC 和 ANFC、SVC 等传统电力系统稳定器（SCPSS）的性能。SCPSS 经过仔细调整后，在功率为 0.7pu、功率因数为 0.85（滞后）的额定负荷时获得最佳性能。测试 SVC 性能时，其参数保持不变。仿真中，取样频率为 25Hz 且学习速度设置为 0.08。控制输出的绝对值极限在 ±0.1pu 内，而 SVC 输出的绝对值极限在 ±0.15pu 内。发生三相对地短路时控制器的性能已经确定[15]。

①用于对发电机组进行仿真的七阶模型的微分方程；②输电线；③励磁机传输函数、调速器、SVC 装置、SCPSS 和发电机传统电力系统稳定器（GCPSS）等的参数都在附录Ⅳ中给出[17,18]。

13.5.2　三相对地短路测试 ★★★

三相接地短路测试期间，在发电机上使用 GCPSS。在测试中分析含有 ASNFC 的系统行为。正常运行状况下，连接发电机和中间母线的某条输电线中点处发生三相接地短路情况下，发电机速度偏移反应如图 13-31 所示。故障在 1.0s 时发生，80ms 后通过切除故障线路清除，并且在 5.0s 时成功重合闸。

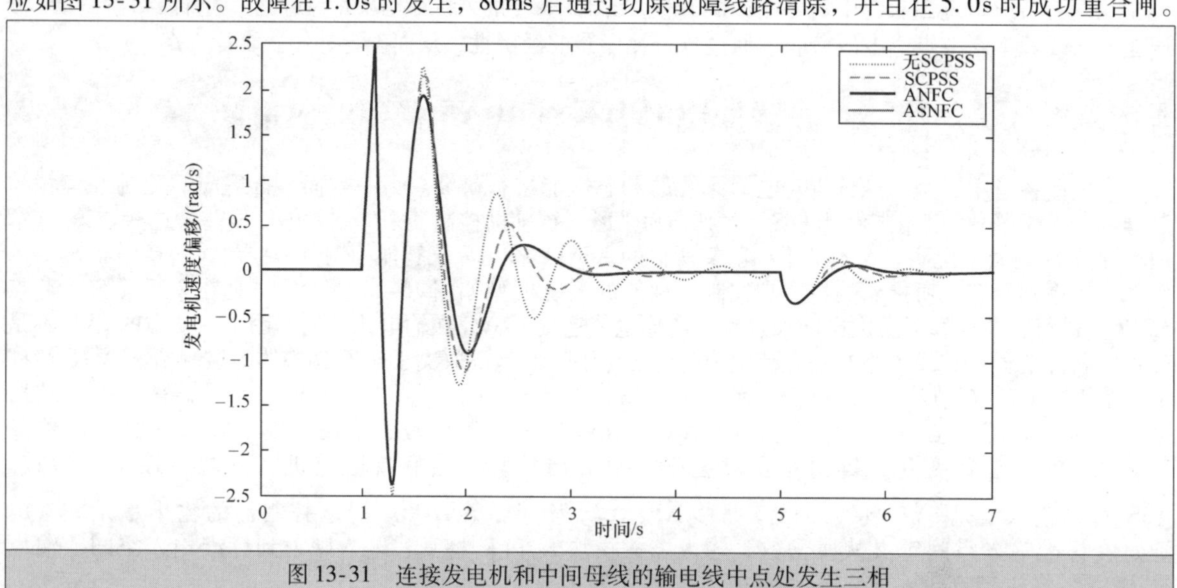

图 13-31　连接发电机和中间母线的输电线中点处发生三相故障并成功重合闸时的发电机速度偏移曲线

测试结果可以看出，ASNFC 减小了故障发生后的速度偏移，并使系统迅速达到新的运行点。更多的研究和说明在参考文献［19］中给出。

参考文献

1. Happ H.H., Wirgau K.A. 'Static and dynamic VAR compensation in system planning'. *IEEE Transactions on Power Apparatus and Systems*. Sept/Oct 1978;**97**(5):1564–78
2. Diaz U.A.R., Hermádez J.H.T. (eds.). 'Reactive shunt compensation planning by optimal power flows and linear sensitivities'. *2009 Electronics, Robotics and Automotive Mechanics Conference*; Cuernavaca, Mexico, Sept 2009. pp. 326–31
3. Mahdavian M., Shahgholian G., Shafaghi P., Bayati-Poudeh M. (eds.). 'Effect of static shunt compensation on power system dynamic performance'. *IEEE International Symposium on Industrial Electronics (ISIE), 2011*; Gdansk, Poland, Jun 2011. pp. 1029–32
4. Edris A.A. 'Controllable VAR compensator: a potential solution to load-ability problem of low capacity power systems'. *IEEE Transactions on Power Systems*. 1987;**2**(3):561–7
5. Goh S.H., Saha T.K., Dong Z.Y. (eds.). 'Optimal reactive power allocation for power transfer capability assessment'. *IEEE PES General Meeting*; Montreal, Canada, Jun 2006. pp. 1–7
6. Sahadat M.N., Al-Masood N., Hossain M.S., Rashid G., Chowdhury A.H. (eds.). 'Real power transfer capability enhancement of transmission lines using SVC'. *Power and Energy Engineering Conference (APEEC), 2011 Asia Pacific*; Wuhan, China, Mar 2011. pp. 104–7
7. Tyll H.K., Schettler F. (eds.). 'Historical overview on dynamic reactive power compensation solutions from the begin of AC power transmission towards present applications'. *Power Systems Conference and Exposition PSCE'09*; Seattle, WA, US, Mar 2009. pp. 1–7
8. Dixon J., Rodriguez J. 'Reactive power compensation technologies: state-of-art review'. *IEEE/JPROC*. 2005;**93**(2):2144–64
9. Hauth R.L., Miske S.A., Nozari F. 'The role and benefits of static VAR systems in high voltage power system applications'. *IEEE Transactions on Power Apparatus and Systems*. 1982;**101**(10):3761–70
10. Lajoie L.G., Larsen E.V. 'Hydro-Quebec multiple SVC application control stability study'. *IEEE Transactions on Power Delivery*. 1990;**5**(3):1543–51
11. Bronfeld J.D. (ed.). 'Utility application of static VAR compensation'. *Southern Tier Technical Conference, 1987, Proceedings of the 1987 IEEE*; Binghamton, NY, US, Apr 1987. IEEE; 1987. pp. 53–63
12. Jayabarathi R., Sindhu M.R., Devarajan N., Nambiar T.N.P. (eds.). 'Development of a laboratory model of hybrid static compensator'. *Power India Conference*; New Delhi, India, Apr 2006. IEEE: Curran Associates; 2007. pp. 377–82
13. Talebi N., Ehsan M., Bathaee S.M.T. (eds.). 'Effects of SVC and TCSC control strategies on static voltage collapse phenomena'. *IEEE Proceedings, Southeast Conference*; Greensboro, NC, US, Mar 2004. pp. 161–8
14. Tan Y.L. 'Analysis of line compensation by shunt connected FACTS controllers: A comparison between SVC and STATCOM'. *Power Engineering Review, IEEE*. 1999;**19**(8):57–8
15. Albakkar A. 'Adaptive simplified neuro-fuzzy controller as supplementary

stabilizer for SVC'. PhD Thesis. Alberta, Canada: University of Calgary; 2014

16. Albakkar A., Malik O.P. (eds.). 'Adaptive neuro-fuzzy controller based on simplified ANFIS network'. *IEEE Power Engineering Society General Meeting*. San Diego, CA, US, Jul 2012. pp. 1–6
17. Gokaraj R. 'Beyond gain-type scheduling controllers: new tools of identification and control for adaptive PSS'. PhD Dissertation. Alberta, Canada: Department of Electrical and Computer Engineering, University of Calgary; May 2000
18. IEEE Excitation System Model Working Group. 'Excitation system models for power system stability studies'. IEEE Standard 421.5. IEEE, 1992
19. Albakkar A.M. 'Adaptive simplified neuro-fuzzy system as a supplementary controller for an SVC device'. PhD Thesis. Alberta, Canada: University of Calgary; Sept 2014

第 14 章 补偿装置

14.1 综述

随着电力负荷的增加和电能传输容量的限制，电力系统运行压力越来越大，在受到扰动后存在失去稳定的风险。解决这种问题的方式之一是通过优化电力系统设备的性能以提高其利用率。输电网络是电力系统中的重要组成部分，一直吸引着电力工程师们提高其稳态和暂态性能。正如在第 12、13 章中介绍的，串联补偿、并联补偿或串并联组合补偿可以提高输电网络的性能。这两章同时还介绍了补偿方法的基本配置。

基于新型电力电子器件的补偿装置能够在保证系统稳定裕度的前提下，更加有效地利用现有输电网。我们把配备了这种装置的输电网叫作“柔性交流输电系统（FACTS）”。本章将对柔性交流输电的不同配置以及第 12、13 章提到的网络补偿控制器进行介绍[1]。

电压失稳是指系统电压崩溃，也就是说系统电压急剧下降以致无法恢复到正常水平。当系统负荷超过最大负载限度时就会发生电压崩溃。电压崩溃可能会导致整个系统或者部分系统断电[2]。最有效的处理电压崩溃的办法就是减少无功功率负荷或者在电压达到崩溃点之前额外增加无功功率。提高系统电压稳定性最有效的方法是在系统中适当的地方引入无功功率源，即并联电容器或加装柔性交流输电控制器。近期 FACTS 装置的发展和使用不仅推动了其在提高现有电网电压稳定性方面的应用，而且提高了电力系统运行的灵活性[3]。

14.2 柔性交流输电系统

FACTS 装置被 IEEE（美国电气和电子工程师协会）定义为一种“包含电力电子和其他静态控制器的交流输电系统，以提高可控性和功率传输能力”[4]。我们熟知的装置有六种，分别是晶闸管控制串联电容器（TCSC）、静止同步串联补偿器（SSSC）、静止无功补偿器（SVC）、静止同步补偿器（STATCOM）、移相变压器（PST）、统一潮流控制器（UPFC）。每个设备都有其特点和缺陷。从公用事业单位的角度来看，目标是采用最有效的 FACTS 装置来实现电压稳定。

14.2.1 晶闸管控制串联电容器 ★★★

14.2.1.1 工作原理

TCSC 的基本结构如图 14-1 所示，它由电容器组与受控电抗器并联组成。这种结构可以实现对基波电抗的大范围平滑调控。每一相的电容器组都分别安装在各自的平台上，以确保完全的对地绝缘。每个晶闸管阀都由一系列的大功率晶闸管组成，电感采用空芯型，电容器两端都并联有金属氧化物压敏电阻，以防止过电压。

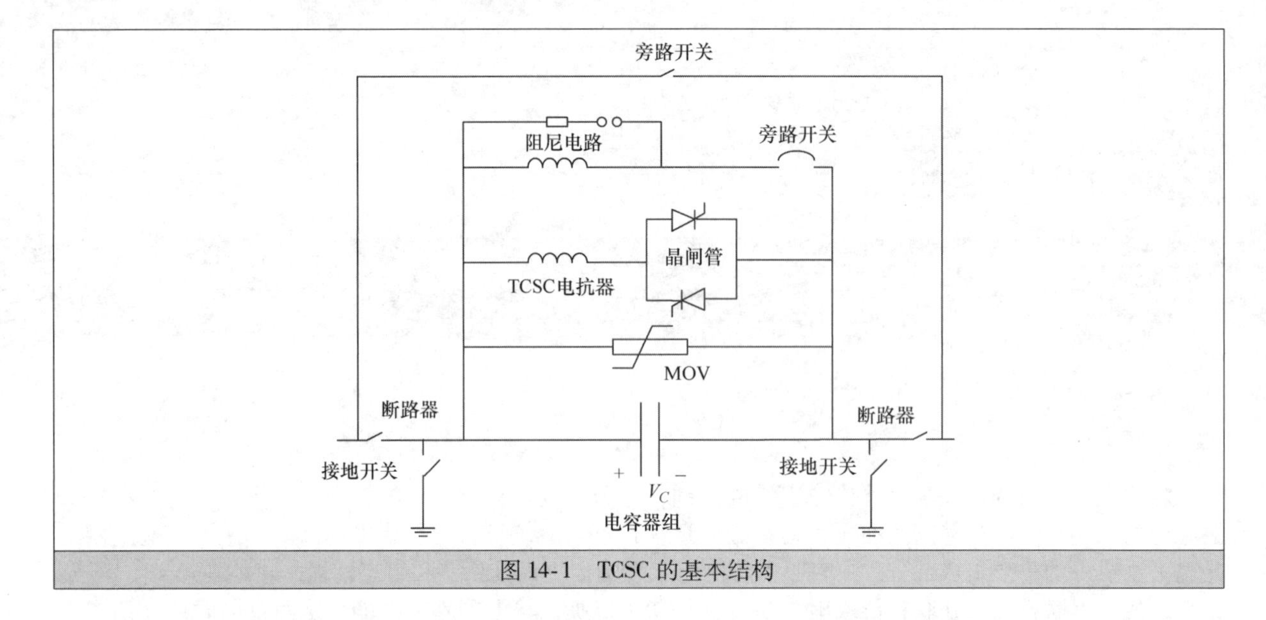

图 14-1 TCSC 的基本结构

TCSC 主电路的特点取决于电容器组和晶闸管的电抗值，$X_C = 1/\omega_n C$，$X_V = \omega_n L$，式中 ω_n 是自然角频率（rad/s）；C 是电容器组的电容值（F）；L 是并联电抗器中的电感值（H）。

通过改变 TCSC 的等效电抗值 X_{app}，可使其工作在不同的模式下。本书将 X_{app} 定义为电容电压基准值 V_{C1} 和额定频率下线路电流 I_{L1} 之比的虚部

$$X_{app} = \mathrm{Im}\left(\frac{V_{C1}}{I_{L1}}\right) \tag{14-1}$$

TCSC 的特点取决于电容器组和晶闸管的电抗值。在共振频率 ω_r 下，容性阻抗 X_C 与感性阻抗 X_L 相等，共振频率由下式表示

$$\left.\begin{aligned} X_C &= -\frac{1}{\omega_n C} \\ X_L &= \omega_n L \end{aligned}\right\} \tag{14-2}$$

因此

$$\omega_r = \frac{1}{\sqrt{LC}} = \omega_n \sqrt{\frac{-X_C}{X_L}} \tag{14-3}$$

为了实际需要，我们将等效电抗和实际电抗的比值定义为 TSCS 的提升因数 K_B

$$K_B = \frac{X_{app}}{X_C} \tag{14-4}$$

阻断模式：当晶闸管换流阀尚未触发，晶闸管还处于非导通状态，TCSC 此时工作于阻断模式下。线路电流只通过电容器组。电容电压向量 V_C 由线路电流向量 I_L 来决定。在这种模式下，TCSC 相当于一个固定串联电容器，其提升因数为 1。

旁路模式：晶闸管换流阀持续被触发，晶闸管将保持导通状态。此时 TCSC 相当于串联电容器组和与晶闸管换流阀串联电感的并联。

在相同的线路电流下，这种模式下的电容电压比阻断模式要低很多。因此，旁路模式通常用来在故障期间减小电容器的运行压力。

容性升压模式：如果在电容电压过零前给晶闸管一个触发脉冲并施加正向电压，电容器的放电电流脉冲将在并联电感支路流通。这个放电电流脉冲通过电容器组加在线路电流上形成一个电容电压，这将叠加在线路电流产生的电压上（见图 14-2）。因此，电容器的峰值电压将与晶闸管支路的充电程度成比例增加。基波电压也将随充电程度成比例增加。

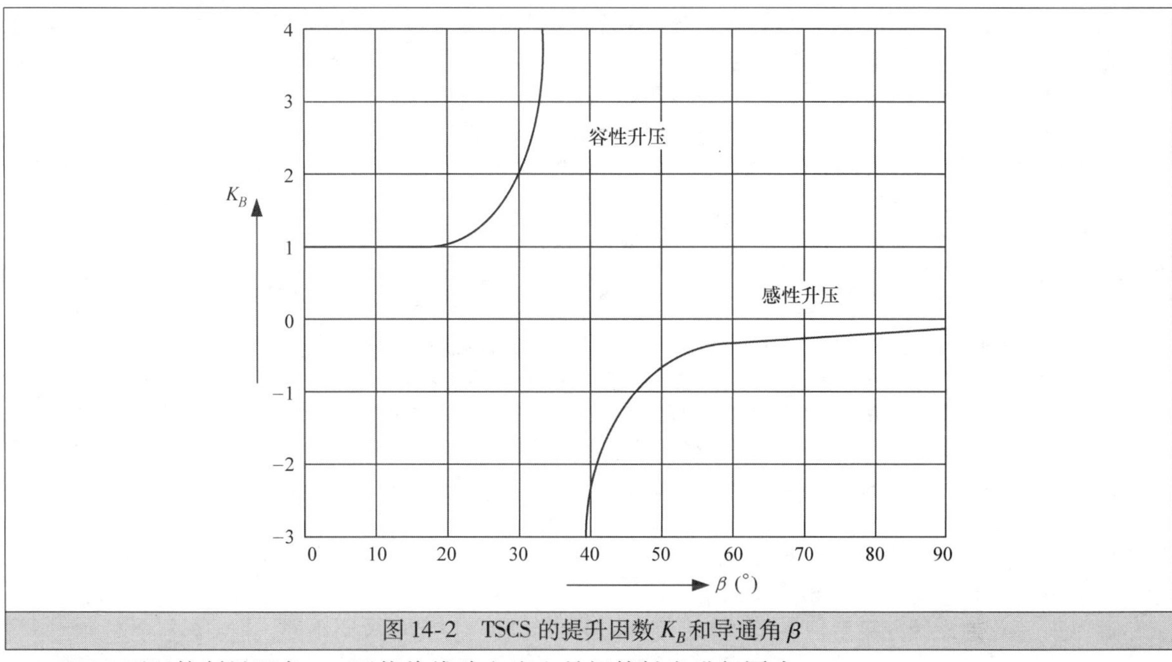

图 14-2　TSCS 的提升因数 K_B 和导通角 β

TCSC 可以控制导通角 β，还能将线路电流和晶闸管触发进行同步。

14.2.1.2　TCSC 在阻尼低频振荡中的应用

基本潮流方程表明，调整电压和电抗会影响线路有功功率的传输。原则上，TCSC 能够快速控制输电线路有功功率。TCSC 对传输功率的这种控制能力被用来阻尼电力系统中的机电振荡。这种阻尼作用的特点如下：

- TCSC 对功率振荡控制的有效性随功率传输水平的提高而提高；
- 在联网系统中，TCSC 的这种阻尼效应不会受其位置的影响；
- 这种阻尼效应对负载特性很敏感；
- 当 TCSC 被用来阻尼区间振荡时，它不会引起任何本地振荡。

14.2.2　静止同步串联补偿器 ★★★

在输电系统中串联接入一个电压源型变换器（VSC），这样的装置被称作静止同步串联补偿器（SSSC）。

14.2.2.1　工作原理

如图 14-3 所示，一个电压源型变换器通过变压器与输电线路串联。直流侧通过直流电源并联电容器以提供直流电压，并补偿 VSC 的损耗。

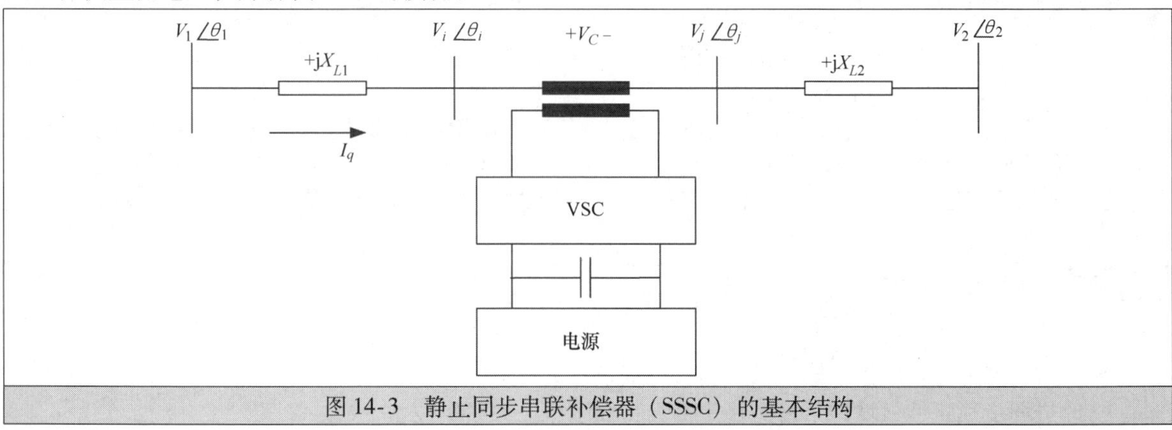

图 14-3　静止同步串联补偿器（SSSC）的基本结构

原则上，SSSC 可以实现有功功率和无功功率之间的相互转换。但如果只用作无功功率补偿，电源可能会很小。如果电源足够大，注入电压就可以根据其幅值和相位来控制。当 SSSC 用作无功补偿时，由于注入电压向量与线路电流向量垂直，所以只有电压幅值是可控量。

这种情况下，注入电压可能超前或滞后线路电流 90°。也就是说可以在 VSC 的工作范围内对 SSSC 进行平滑控制，取到超前或滞后的任意值。因此，SSSC 的运行类似于可控串联电容器和可控串联电抗器，区别在于 SSSC 产生的电压与线路电流无关并可以独立控制。正是由于 SSSC 的这一重要特性，不论是在高负荷还是低负荷的情况下，SSSC 都能很有效地发挥作用。

14.2.2.2 应用

对于可控串联电容器的基本应用也适用于 SSSC，如动态潮流控制、提高电压/功角稳定性。SSSC 可以在线路上产生容性或感性电压，这扩大了设备的运行范围。在潮流控制方面，SSSC 既可增大潮流也可以降低潮流。在稳定方面，它能够提供机电振荡阻尼。但由于高压变压器的使用使得它相对于可控串联电容器来说不够经济。另外，由于变压器的投入增加了额外的电抗值，一定程度上削弱了 SSSC 的性能。未来无变压器型 SSSC 将会克服这一缺陷。这种新型 SSSC 需要配备保护装置使得 SSSC 可以避开线路上的大故障电流。

14.2.3 静止无功补偿器 ★★★

近年来 SVC 的设计方案多种多样，但万变不离其宗，其可控元件大同小异，主要包括：

- 晶闸管控制电抗器（TCR）。
- 晶闸管投切电容器（TSC）。
- 晶闸管投切电抗器（TSR）。
- 机械投切电容器（MSC）。

14.2.3.1 工作原理

TCR 由固定电抗器（通常是铁心的）、双向导通晶闸管组成。通过晶闸管阀的相位控制改变基波电流。TSC 由电容器、双向导通晶闸管和阻尼电抗器串联组成。晶闸管开关的作用是在外施电压等于半周波的整数倍时控制电容器连接与否。电容器不是相控的，只有简单的通断两个状态。TSC 电路中的电抗器用于在异常条件下限制电流，以及调整电路使其工作在所需要的频率下[8]。

电容器、电抗器和变压器的阻抗决定了 SVC 的操作范围。对应的 $V-I$ 图中有两个不同的工作区域。在控制区域内，电压可以通过斜率来控制；控制区域外的特性则表现为低电压时的容性电抗和高电压时的恒定电流。低电压的性能可以通过加装额外的 TSC 来提高（仅限低电压条件下）[9]。

TSR 相当于一个无电流相位控制的 TCR，就像 TSC 一样只有通断两个状态。相比 TCR 而言，其优点是不会产生谐波电流，MSC 是电容器组和电抗器组成的调谐支路，它的通断由断路器控制，所以一天内的投切操作很少，其作用是为了满足稳态时的无功功率需求[7]。

14.2.3.2 SVC 结构

电力系统中的无功补偿控制通常由如图 14-4 所示的 SVC 结构实现。SVC 结构的进一步发展将会采用多电平变换器，多电平变换器的桥臂采用串联结构，这减少了 SVC 产生的谐波并使之具有更高的耐压能力。现在大多采用三电平变换器的配置（见图 14-5）。由于与周围系统的谐波交互作用减少，因此相比其他静止同步补偿器而言，基于多电平变换器的 SVC 需要的元器件更少且更容易与电力系统集成。此外，在相同的额定功率下，基于多电平变换器的 SVC 功率损耗远远低于其他 SVC，但仍略高于晶闸管式 SVC。

14.2.3.3 SVC 的应用

安装 SVC 的目的包括：

- 稳定动态电压：增加功率传输能力，降低电压波动。
- 改进同步稳定性：增加了暂态稳定性，提高了电力系统阻尼。

- 动态负载平衡。

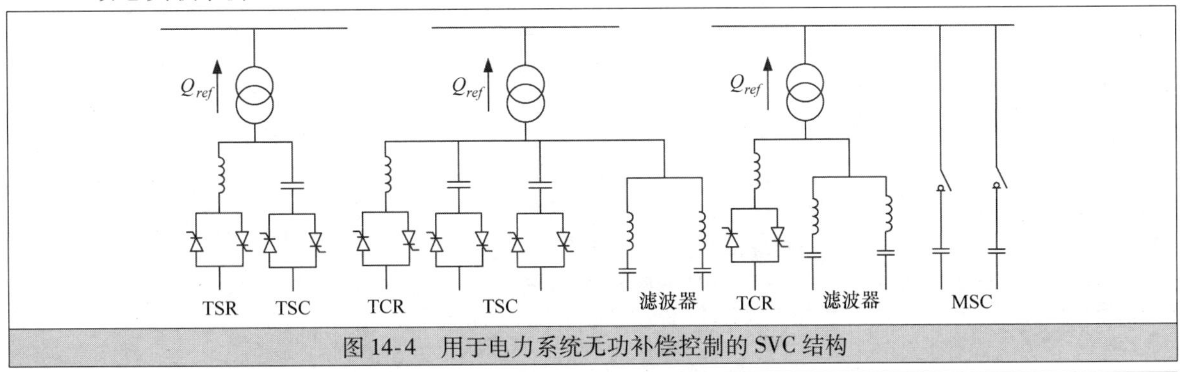

图 14-4 用于电力系统无功补偿控制的 SVC 结构

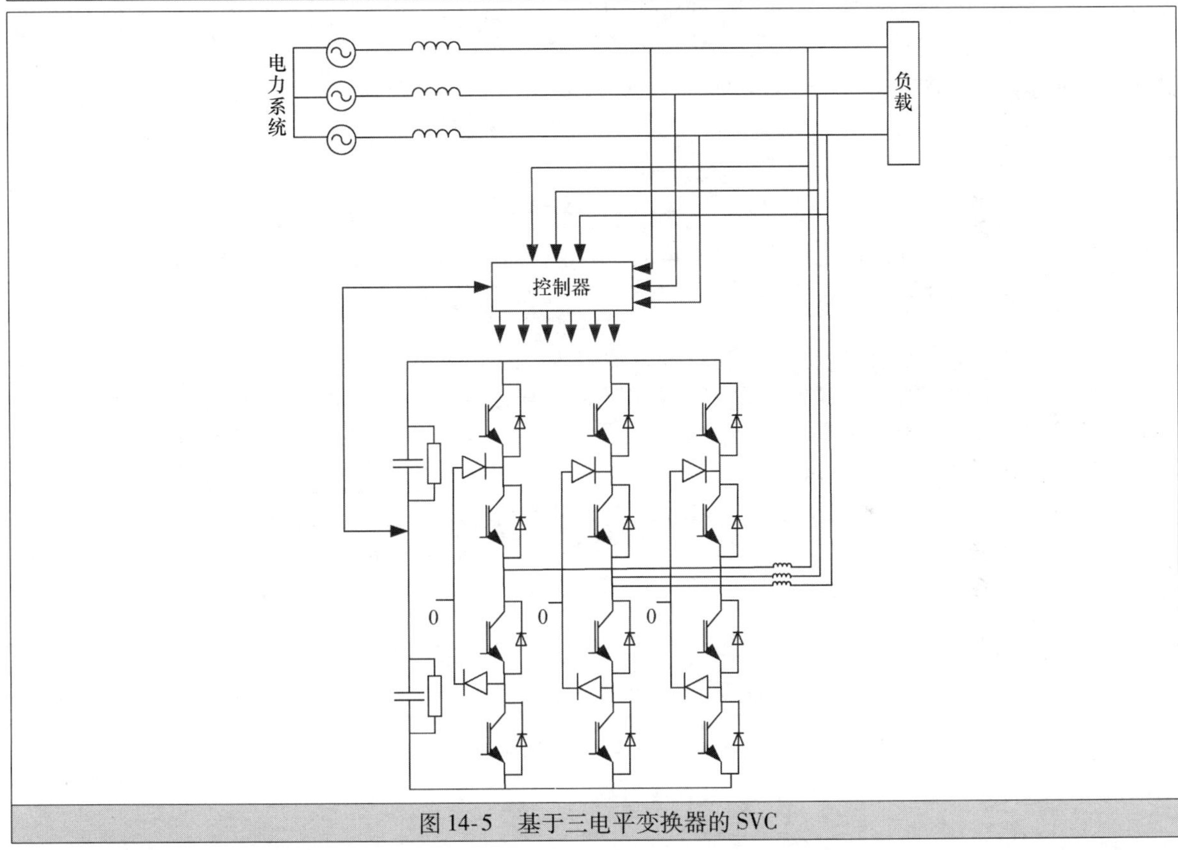

图 14-5 基于三电平变换器的 SVC

- 支撑稳态电压。

通常情况下，SVC 使得电压能在额定值 ±5% 的范围内波动。这意味着，动态工作范围一般是在公共连接点短路功率的 10% ~20%。SVC 适合安装在以下三个地方：一个是接近主要的负荷中心，如大的城市地区；另一个是在关键的变电站，通常在偏远的电网位置；第三个是向大工业或牵引负荷供电的位置。

这种并联控制器最常见的两种搭配是固定电容（FC）－晶闸管控制电抗（TCR）型 SVC 和晶闸管投切电容（TSC）－晶闸管控制电抗（TCR）型 SVC。在这两种配置中，其中第二种 TSC－TCR 型可以减小备用损耗；但在稳定情况下与 FC－TCR 型相差无几。如图 14-6 所示，本章将以 FC－TCR 型结构为例对 SVC 进行分析。

TCR 由固定电感 L 和双向晶闸管组成，其触发角与 SVC 电压相量的夹角范围为对称的 90°～180°。

在基准频率下，假设控制器的电压等于母线电压，并对电感电流波形进行傅里叶级数分析，此时的 TCR 可以看作是一个可变电感。其电感值由参考文献［9］给出：

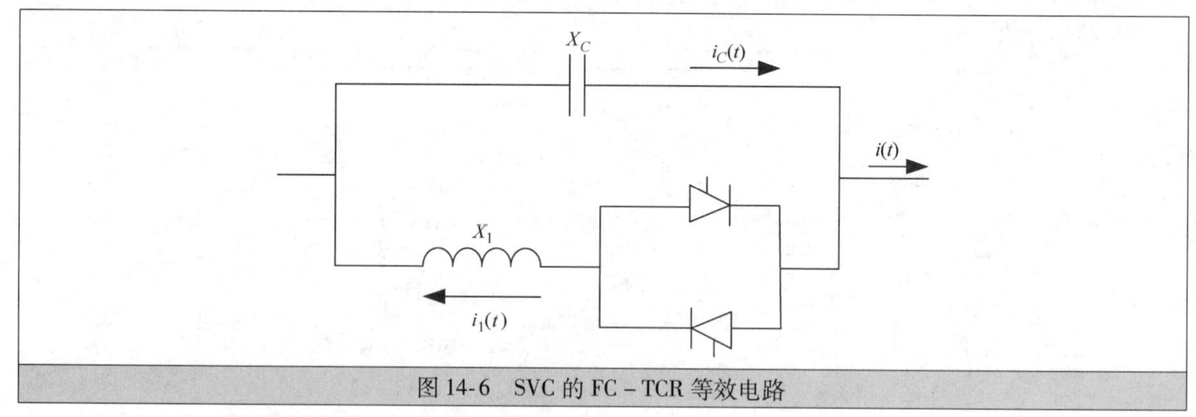

图 14-6 SVC 的 FC－TCR 等效电路

$$X_V = X_L \frac{\pi}{2(\pi-\alpha)+\sin 2\alpha} \tag{14-5}$$

式中，X_L是基频下无晶闸管触发时的电抗值，α 是触发角。因此，控制器总的等效阻抗可以表示为

$$X_{eq} = X_C \frac{\frac{\pi}{k}}{\sin 2\alpha - 2\alpha + \pi\left(2-\frac{1}{k}\right)} \tag{14-6}$$

式中，$k = X_C/X_L$。控制器的调整范围由触发角范围决定，而触发角范围由设计本身决定。

如图 14-7 所示，SVC 采用了典型的稳态控制法，且可以用以下电压－电流特性表示：

$$V = V_{ref} + X_{SL} I \tag{14-7}$$

式中，V、I 分别表示控制器总的电压有效值和电流幅值，V_{ref}表示参考电压。以 SVC 为基准而言，X_{SL}的斜率通常在 2%～5%范围内，这对于防止电压越限是很有必要的。V_{ref}的电压波动范围通常是 5%。由于触发角范围的限制，SVC 相当于一个固定电抗器。当然，改变 FC 组的电抗值（从 X_C 到 X_{C1} 或 X_{C2}）也会相应地改变容性区域。

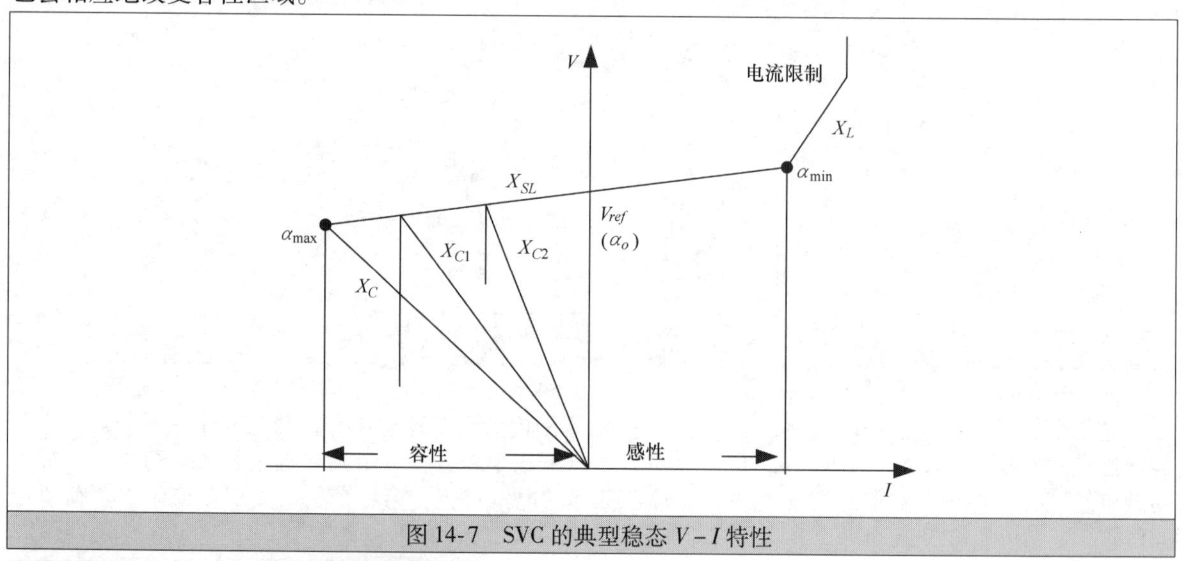

图 14-7 SVC 的典型稳态 $V-I$ 特性

14.2.4 静止同步补偿器 ★★★

静止补偿器基于固态同步电压源，相当于一个同步电机，可以产生平衡且幅值、相位可调的三相正弦基频电压，但它不具有惯性[10]。

14.2.4.1 工作机理

静止补偿器由 VSC、耦合变压器及其控制器组成。在此项应用中，直流电源可以用一个直流电容器代替，使得补偿器与交流系统间只有无功功率的交换，如图 14-8 所示。I_q是逆变器的输出电流，它垂直于逆变电压 V_i。由于逆变电压的幅值可控，因此逆变器的输出无功也是可控的。如果 V_i大于端电压 V_t，静态补偿器将向交流系统提供无功功率。如果 V_i小于端电压 V_t，静态补偿器将从交流系统吸收无功功率。

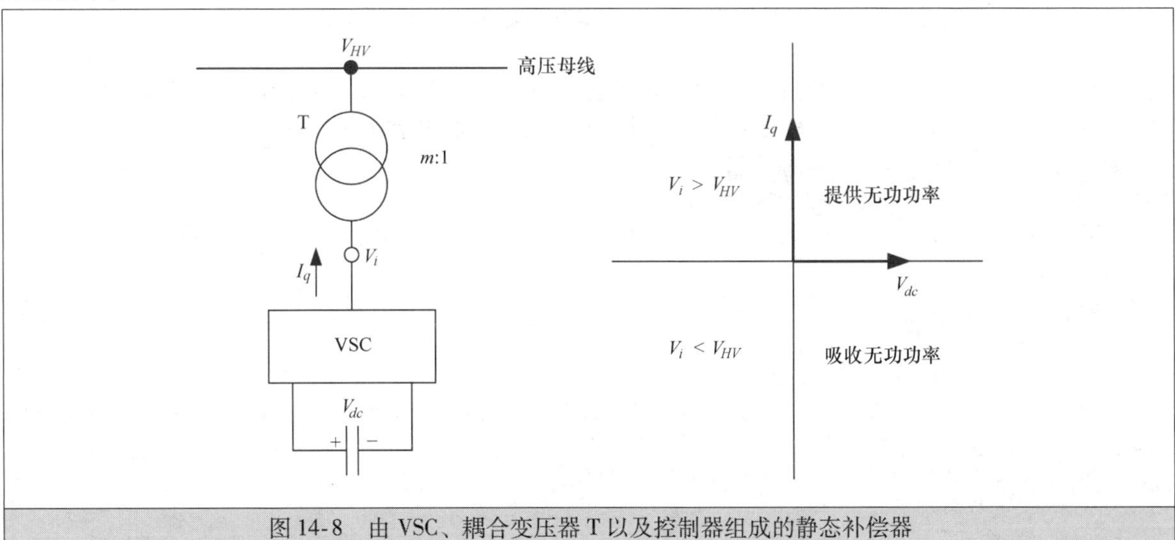

图 14-8　由 VSC、耦合变压器 T 以及控制器组成的静态补偿器

通常认为交流电路是稳定的，然而根据电容器电压 V_{dc}[11]，直流电路可以由微分方程表示。交流母线的注入功率有如下形式

$$\left.\begin{aligned}P &= V^2G - kV_{dc}VG\cos(\theta-\alpha) - kV_{dc}VB\sin(\theta-\alpha)\\ Q &= -V^2B + kV_{dc}VB\cos(\theta-\alpha) - kV_{dc}VG\sin(\theta-\alpha)\end{aligned}\right\} \tag{14-8}$$

式中，$k=\sqrt{3/8}m$。

14.2.4.2 应用

STATCOM 的功能如下[12-14]：

- 动态电压的稳定：提高功率传输能力，减少电压波动。
- 同步稳定性的改进：提高暂态稳定性，提高电力系统的阻尼和 SSR（次同步谐振）的阻尼。
- 动态负载的平衡。
- 电能质量的改进。
- 稳态电压支持。

14.2.5 移相变压器★★★

相位角调节变压器以及移相器都可用于输电线路的潮流控制。潮流的大小和方向控制都可以通过改变串联变压器的相移实现[15]（见图 14-9）。

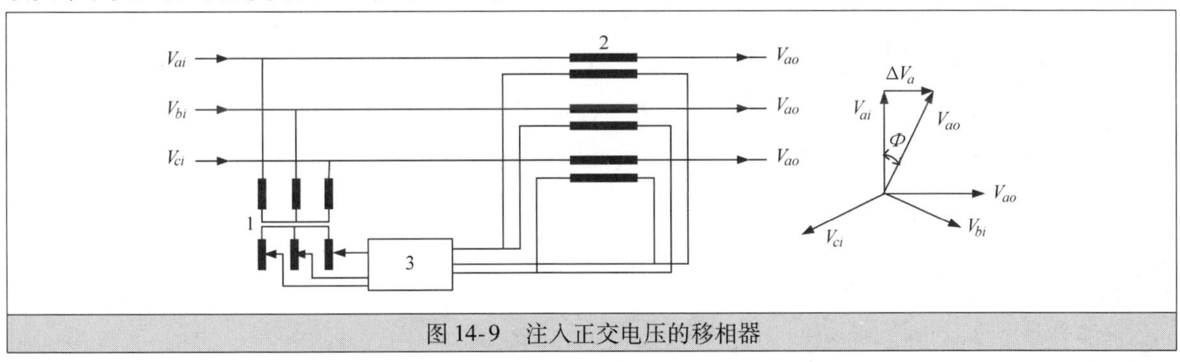

图 14-9　注入正交电压的移相器

14.2.5.1 工作原理

移相是通过提取其中一相的对地电压并将其一部分注入到其他相实现的。这可以通过两个变压器来实现：一个并联的调节变压器（或磁化变压器）和一个串联变压器。

采用星－星联结或星－三角联结以保证注入的串联电压与对地电压正交。

由开关网络提取一部分线电压再与线电压串联。附加电压与线电压正交，也就是说 a 相的附加电压（ΔV_a）与 V_{bc}垂直。移相器的相角通常由有载调压设备（LTC）调节。逐步调整 LTC 抽头调压绕组可以对串联电压进行调节。大功率电子器件领域的进展使晶闸管用于开关网络成为可能。

14.2.6 统一潮流控制器 ★★★

如图 14-10 所示，一个统一潮流控制器由两个连接在同一直流母线上的开关变换器组成。有时也被看作是 STATCOM 和 SSSC 的组合。

14.2.6.1 工作原理

图 14-10 中的变换器 2 用来实现 UPFC 的主要功能：通过一个串联变压器与输电线路串联，串联变压器注入幅值和相角都可控的电压。变换器 1 的基本功能是提供或吸收变换器 2 在公共直流侧所需的实际功率。它还可以产生或吸收可控的无功功率，并为线路提供独立的并联无功补偿。变换器 2 提供或吸收当地所需的无功功率，并交换来自于串联注入电压的有功功率[1]。

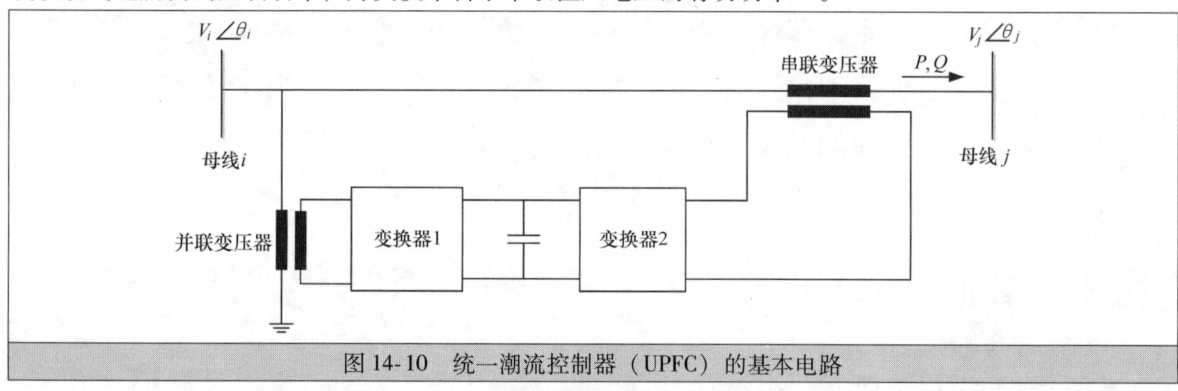

图 14-10 统一潮流控制器（UPFC）的基本电路

图 14-11 所示是 UPFC 的模型。由图可知，可以通过改变参数来维持电压水平和电网潮流。该模型

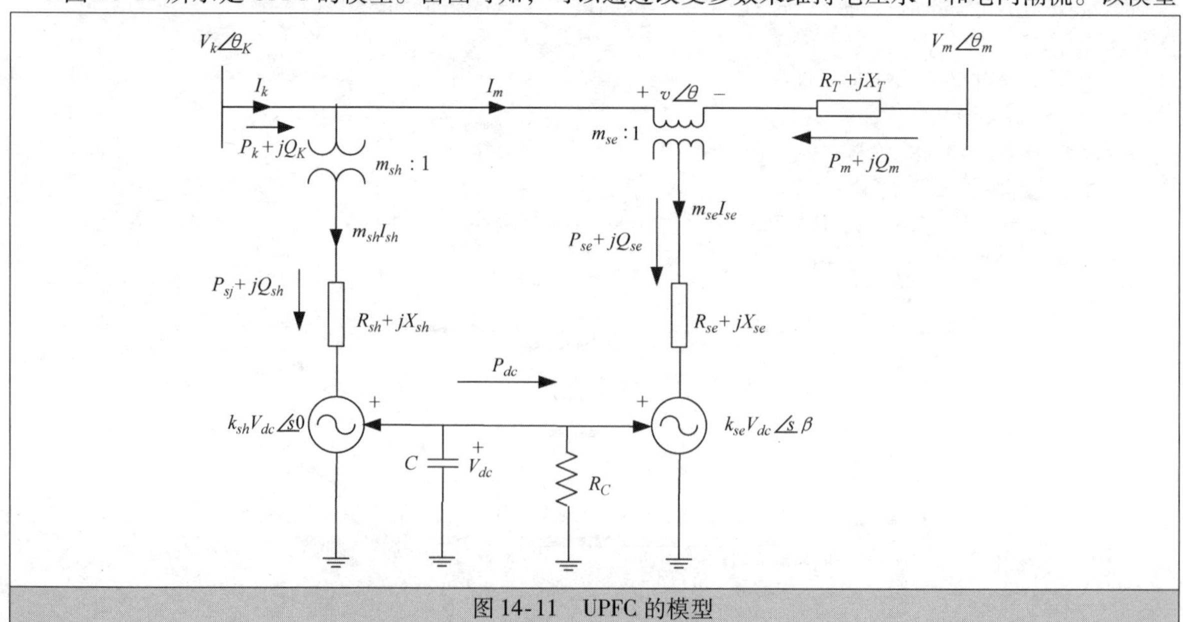

图 14-11 UPFC 的模型

可以根据相关的并联补偿器（如 STATCOM）或串联补偿器（如 SSSC）得到，其中两个补偿器的换流器还拥有共同的直流电压。下面介绍相关的潮流公式[16-18]：

$$\left.\begin{aligned}P_k &= P_{sh} + \mathrm{Re}(V_k I_m^*)\\ Q_k &= Q_{sh} + \mathrm{Im}(V_k I_m^k)\end{aligned}\right\} \tag{14-9}$$

$$\left.\begin{aligned}P_m &= -\mathrm{Re}(V_m I_m^*)\\ Q_m &= -\mathrm{Im}(V_m I_m^*)\end{aligned}\right\} \tag{14-10}$$

并联侧吸收的功率 P_{sh} 和 Q_{sh} 为

$$\left.\begin{aligned}P_{sh} &= V^2 G_{sh} - k_{sh}V_{dc}V_k G_{sh}\cos(\theta_k-\alpha) - k_{sh}V_{dc}V_k B_{sh}\sin(\theta_k-\alpha)\\ Q_{sh} &= V^2 B_{sh} - k_{sh}V_{dc}V_k B_{sh}\cos(\theta_k-\alpha) - k_{sh}V_{dc}V_k G_{sh}\sin(\theta_k-\alpha)\end{aligned}\right\} \tag{14-11}$$

串联补偿器产生的电流 I_m 和电压 V 由下式给出：

$$\left.\begin{aligned}\dot{I}_m &= \frac{(1-\alpha_1)(V_m - V) - \alpha_2 V_1}{R_T + \mathrm{j}X_T}\\ \dot{V} &= \alpha_1(V_m - V) + \alpha_2 V_1\end{aligned}\right\} \tag{14-12}$$

式中，

$$V_1 = k_{se}V_{dc}\mathrm{e}^{\mathrm{j}\beta}$$

$$\alpha_1 = -\frac{R_{se}+\mathrm{j}X_{se}}{(R_T - R_{se}) + \mathrm{j}(X_T - X_{se})}$$

$$\alpha_2 = -\frac{R_{sh}+\mathrm{j}X_{sh}}{(R_T - R_{sh}) + \mathrm{j}(X_T - X_{sh})}$$

$$k_{sh} = \sqrt{3/8m_{sh}}$$

$$k_{se} = \sqrt{3/8m_{se}}$$

直流电路的数学模型用如下微分方程表示：

$$\dot{V}_{dc} = \frac{P_{sh}}{CV_{dc}} + \frac{\mathrm{Re}(VI_m^*)}{CV_{dc}} - \frac{V_{dc}}{R_C C} - \frac{R_{sh}(P_{sh}^1 + Q_{sh}^1)}{CV_{dc}V_k^2} - \frac{R_{se}I_m^1}{CV_{dc}} \tag{14-13}$$

14.2.6.2 应用

统一潮流控制器可以同时调节有功功率和无功功率。一般情况下，它有三个控制变量，并可以运行在不同的模式下。并联变换器控制图 14-10 中的母线电压，串联变换器调节串联节点上的有功和无功功率或有功功率和电压。原则上，UPFC 可以实现前面提到的所有 FACTS 装置的功能，即电压稳定、潮流控制以及改善稳定性[19-24]。

参考文献

1. Hingorani N., Gyugyi L. *Understanding FACTS: Concepts and Technology of Flexible AC Transmission Systems*. Piscataway, NJ, US: Wiley-IEEE Press; 2000
2. Dobson I., Chiang H.D. ‘Towards a theory of voltage collapse in electric power systems’. *Systems & Control Letters.* 1989;**13**:253–62
3. Canizares C.A., Alvarado F.L. ‘Point of collapse and continuation methods for large AD/DC systems’. *IEEE Transactions on Power Systems.* 1993;**7**(1):1–8
4. IEEE-PES and CIGRE. ‘Facts overview’. IEEE Cat. #95TP108, 1995
5. Cañizares C.A. (ed.). ‘Power flow and transient stability models of FACTS controllers for voltage and angle stability studies’. *Proceedings of the 2000 IEEE/PES Winter Meeting*; Singapore, Jan 2000. pp. 1–8

6. Acharya N., Sode-Yome A., Mithulananthan N. 'Comparison of shunt capacitor, SVC and STATCOM in static voltage stability margin enhancement'. *International Journal of Electrical Engineering Education, UMIST*. 2004; **41**(3):1–6
7. Sode-Yome A., Mithulananthan N., Lee K.Y. (eds.). 'Static voltage stability margin enhancement using STATCOM, TCSC and SSSC'. *IEEE/PES Transmission and Distribution Conference & Exhibition, Asia and Pacific*; Dalian, China, 2005. pp. 1–6
8. Canizares C.A., Faur Z.T. 'Analysis SVC and TCSC controllers in voltage collapse'. *IEEE Transactions on Power Systems*. 1999;**14**(1):158–65
9. Boonpirom N., Paitoonwattanakij K. (eds.). 'Static voltage stability enhancement using FACTS'. *The 7th International Power Engineering Conference IPEC/IEEE*; Singapore, Nov/Dec 2005, vol. 2. pp. 711–15
10. Tyll H.K., Schettler F. (eds.). 'Historical overview on dynamic reactive power compensation solutions from the begin of AC power transmission towards present applications'. IEEE/PES Power Systems Conference and Exposition, 2009, PSCE'09; Seattle, Washington, US, Mar 2009. pp. 1–7
11. Natesan R., Radman G. (eds.). 'Effects of STATCOM, SSSC and UPFC on voltage stability'. *Proceedings of the System Theory Thirty – Sixth Southeastern Symposium*; Atlanta, GA, US, 2004. pp. 546–50
12. Talebi N., Ehsan M., Bathaee S.M.T. (eds.). 'Effects of SVC and TCSC control strategies on static voltage collapse phenomena'. *IEEE Proceedings, SoutheastCon;* Greensboro, NC, US, Mar 2004. pp. 161–8
13. Kazemi A., Vahidinasab V., Mosallanejad A. (eds.). 'Study of STATCOM and UPFC controllers for voltage stability evaluated by saddle-node bifurcation analysis'. *First International Power and Energy Conference PECon, IEEE*; Putrajaya, Malaysia, Nov 2006. pp. 191–5
14. Verboomen J., Hertem D.V., Schavemaker P.H., Kling W.L., Belmans R. (eds.). 'Phase shifting transformers: principles and applications'. *International Conference on Future Power Systems*, 2005; Amsterdam, Holland, Nov 2005. pp. 1–6
15. Mathur R., Varma R. *Thyristor-Based FACTS Controllers for Electrical Transmission Systems*. NJ, US: Wiley-IEEE Press; 2002
16. Sun H., Luo C. (eds.). 'A novel method of power flow analysis with unified power flow controller (UPFC)'. *PES Winter Meeting, IEEE;* Singapore, Jan 2000, vol. 4. pp. 2800–5
17. Kawkabani B., Pannatier Y., Simond J.J. (eds.). 'Modeling and transient simulation of unified power flow controllers (UPFC) in power system studies'. *IEEE Power Tech Conference 2007*; Lausanne, Jul 2007. pp. 1–5
18. Shu-jun Y., Xiao-yan S., Yu-xin Y., Zhi Y. (eds.). 'Research on dynamic characteristics of unified power flow controller (UPFC)'. *Electric Utility Deregulation and Restructuring and Power Technologies (DRPT), 2011, 4th Int. Conference on*; Weihai, Shandong, China, Jul 2011. pp. 490–3
19. Ande S., Kothari M.L. (eds.). 'Optimization of unified power flow controllers (UPFC) using GEA'. *IEEE Power Engineering Conference, IPEC* 2007; Singapore, Dec 2007. pp. 53–8
20. Saied E.M., El-Shibini M.A. (eds.). 'Fast reliable unified power flow controller (UPFC) algorithm'. *7th International Conference on IET, AC-DC Power Transmission, 2001*; Nov 2001. London: IET; 2001. pp. 321–6
21. Sedraoui K., Al-haddad K., Chandra A. (eds.). 'Versatile control strategy of

the unified power flow controller (UPFC)'. *IEEE, Electrical and Computer Engineering, 2000 Canadian Conference on*; Halifax, NS, Canada, May 2000, vol. 1. pp. 142–7
22. Balakrishnan F.G., Sreedharan S.K., Michael J. (eds.). 'Transient stability improvement in power system using unified power flow controller (UPFC)'. *4th International Conference on Computing, Communications, and Networking Technologies (ICCNT) 2013; Tiruchengode, India, Jul 2013*. Piscataway, NJ, US: IEEE; 2013. pp. 1–6
23. Sen K.K., Stacey E.J. 'UPFC-unified power flow controller: theory, modeling, and applications'. *IEEE Transactions on Power Delivery*. 1998;**13**(4):1453–60
24. Sharma N.K., Jagtap P.P. (eds.). 'Modeling and application of unified power flow controller (UPFC)'. *3rd International Conference on Energy Trends in Engineering and Technology (ICETET), 2010*; Goa, India, Nov 2010. pp. 350–5

第 15 章 最新技术

随着现代电力系统的不断发展，电力系统越来越复杂和庞大。长距离输电和广域互连成为其主要特征。这样的电力网络可能会因为负荷增加而出现传输阻塞，尤其在用电高峰期，还会引发低频振荡。这可能造成一些严重的问题，如输电线路传输能力降低，线损增加，发电机失步。系统在重载情况下面临扰动下失稳的风险。目前解决这些问题的方法已有了长足的发展，如①控制发电机和负荷的有功功率；②通过诸如 SSSC、SVC、STATCOM、UPFC 等补偿器控制无功功率等；③在发电机组中采用快速励磁调整控制和调速器控制[1,2]。

在电力系统中应用新技术，其目的在于提高系统运行性能、稳定性和效率。本章将介绍最新发展的储能系统和相量测量单元两项技术，以及这两项技术在电力系统的应用实例（特别是稳定性应用）和目前的研究趋势。储能在公用电力系统中的应用包括提高电力传输能力，抑制功率振荡，稳定动态电压，联络线控制，短期旋转备用，均衡负载，减少低频减载需求，允许宽松的断路器重合闸时间要求，抑制次同步谐振和提高电能质量。

15.1 储能系统

电能不能直接存储，存储电能需要将电能转化为其他形式的能量，当需要电能时，再将其从其他形式的能量转化为电能。可以存储的能量形式多种多样，常见的形式包括化学能（电池）、动能（飞轮或压缩空气）、引力势能（抽水蓄能）以及电磁形式的能量（电容）和磁场。这些储能方法在储蓄能量时相当于负荷，而在将能量转化为电能并输出至系统时相当于电源。

储能系统的常见结构如图 15-1 所示，一般由四个部分构成：①存储介质，它基本上可以决定系统存储能量的上限值；②充电系统，它将从电网中获取的电能转换为可存储到储能介质的能量；③放电系统，它将存储的能量转换回电能并将电能输送回公用电网；④控制系统，它用以管理装置的运行性能并控制电能以何种方式和何时在储能系统和电网间的传输。

大容量储能系统主要为抽水储能，其长期在电力系统中担任重要的角色，但是其容量有限。储能需求的持续增长使得其成为电力系统的重要组成部分[3]。储能技术的进步和电力负荷的增长使得储能系统将在电网中更加重要。以下是推动储能研究热潮的主要因素：

- 峰荷增加、发输电容量限制下的负荷变化要求快速有效的功率响应。
- 分布式、间歇性的新能源发电并网需求。
- 阻塞日益增加的输电系统和配电系统需要进行投资改造。
- 用于电网高效和可靠运行的电网关键辅助服务。
- 随着对功率波动敏感的电力电子产品、信息和通信系统的持续增长，对高质量、高可靠性的电能的需求增加。

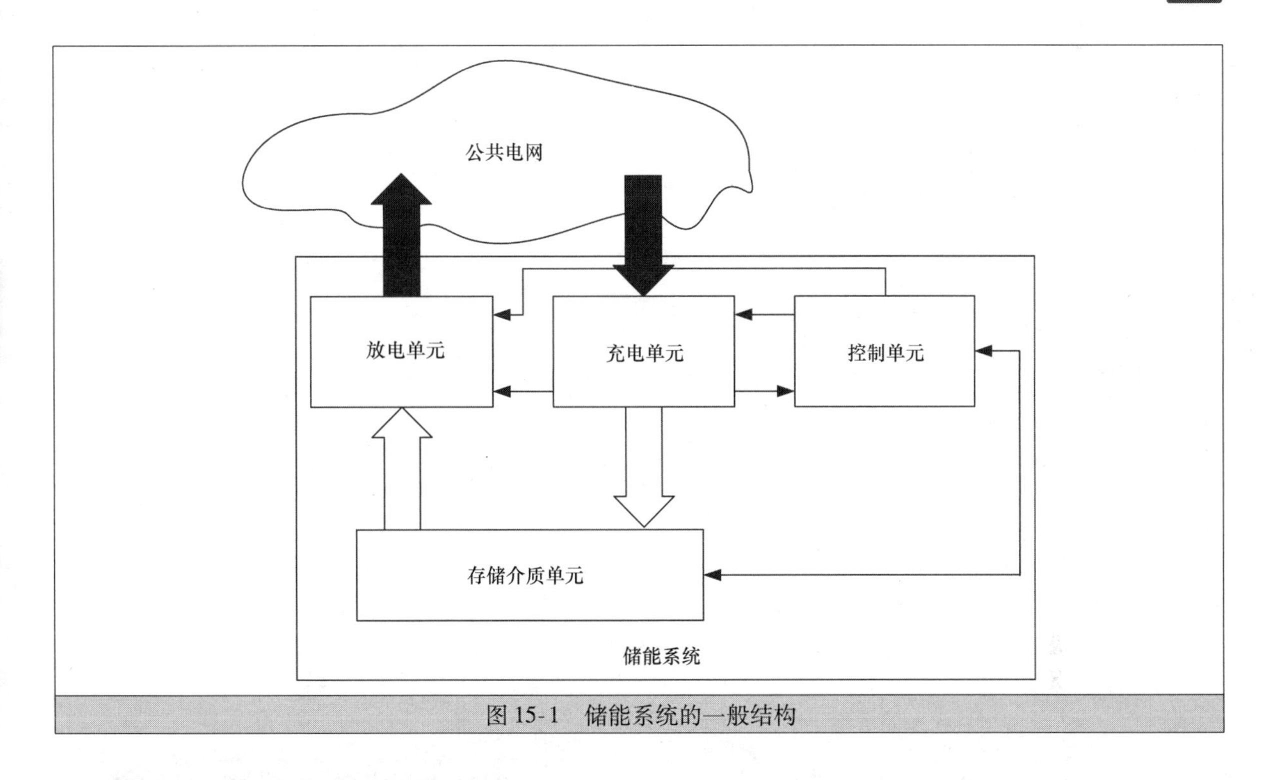

图 15-1 储能系统的一般结构

15.1.1 化学储能系统（电池）★★★

电池因其轻便性、易用性和容量可变性，在实际中具有广泛应用的潜力。尤其是电池能够通过快速提供额外的电能消除电压和频率波动，从而使电力系统保持稳定。现在，不少电池已投入商业应用，如铅酸电池、液流电池、钠硫电池和锂电池。然而，许多电池类型或因为价格昂贵，或因为充放电循环寿命过短，市场占有率十分有限[4]。致力于发展电池技术，提高电池的功率和能量密度、寿命周期等各方面的性能，将使电池在将来成为更好的储能选择。

15.1.2 飞轮储能★★★

飞轮储能（FES）将电能转化为转动的动能，以旋转质量块的动量形式存储能量。简单地说，飞轮就是一个旋转的具有一定质量和动能的圆盘。圆盘置于一个转子上以防止重力的影响。旋转质块、转子、圆盘以及支撑它们旋转的轴承系统共同包含在一个密闭室中，从而减少与周围环境中空气的摩擦，并减小运行过程中可能的危险。减少摩擦能够提高效率，因此，旋转质块在真空中旋转，即没有空气摩擦，并且有一个电磁轴承[3,5]。

飞轮储能有很多优点：维护费用低、取能快、无毒、无碳排放。然而，飞轮储能也有其缺点：与抽水蓄能相比，容量小且造价高。

由于飞轮能够快速频繁地充放电，因此可通过调节频率维持电能质量和电力系统的可靠性，并能在电力供应出现暂态扰动时提供保护。

飞轮模型最初由 Beacon Power 公司开发和提供[6]。此模型考虑了充放电损耗、浮动损耗和辅助功率，如图 15-2 所示。

15.1.3 压缩空气储能★★★

压缩空气储能系统（CAES）是一种将电能以高压压缩空气形式存储于地下“洞穴”的混合发电/储能技术。当系统所需电能增加时，高压空气从地下洞穴释放，推动燃气轮机发电机发电（见图 15-3）。加压空气能给燃气轮机提供发电所需的动能，从而大大减少天然气的使用。压缩空气储能系统的容量可以达到几百兆瓦，并且放电时间长（4 ~ 24h），因此可以使系统更好地适应不同功率等级的负载。

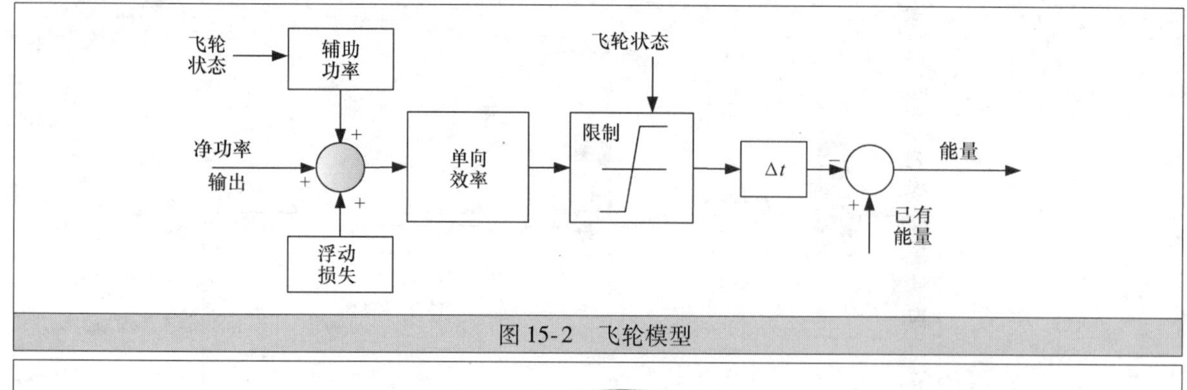

图 15-2　飞轮模型

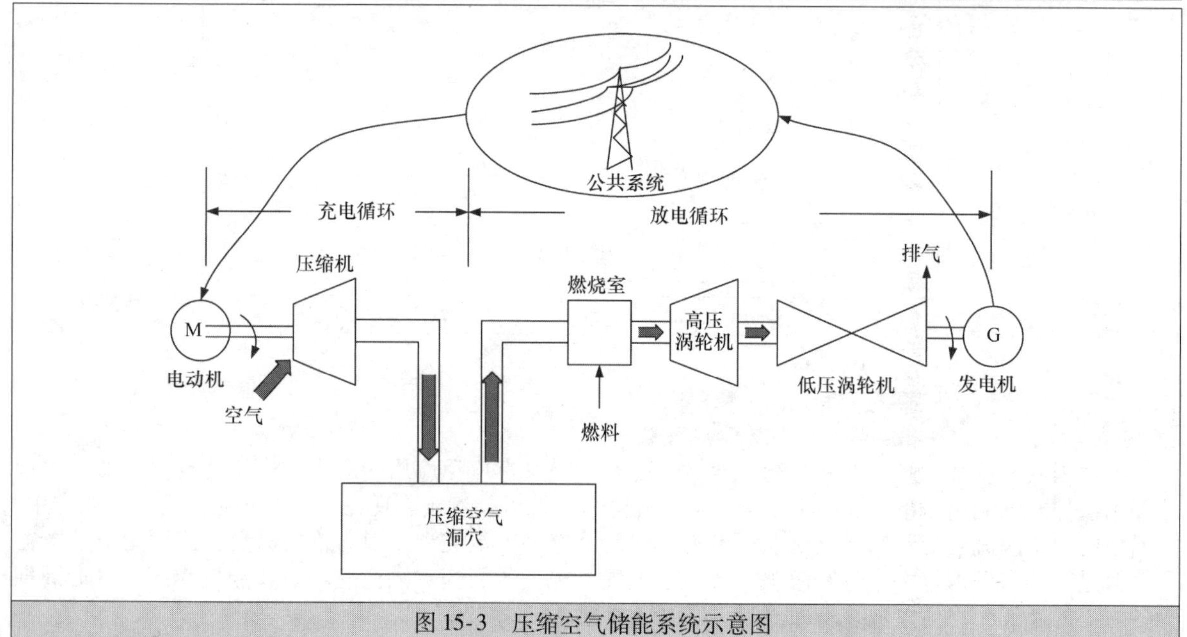

图 15-3　压缩空气储能系统示意图

15.1.4　抽水蓄能★★★

抽水蓄能的原理是在电能需求低的时段利用低成本电力，将水从低海拔蓄水池抽至高海拔蓄水池。在电力需求高时，将水从高处释放回低处，推动水轮机发电，类似于传统水电厂发电。抽水蓄能的容量可以达到几兆瓦到几十兆瓦，放电时间较长（4～10h），可以使系统适应不同功率等级的负载。

抽水蓄能被认为是能够在实现大量储能的同时，保持高效、经济运行、快速响应的蓄能方式之一。图 15-4 是一个抽水蓄能电站的示意图，它主要由两个海拔不同的蓄水池（一个高海拔蓄水池和一个低海拔蓄水池）组成。水泵将水从低海拔蓄水池抽至高海拔将电能以水势能的形式存储。当需要电能时，例如用电高峰或输电阻塞时，水将会经由水管流下再次通过水轮机发电。其输出功率 P 计算如下

$$P = hQ\eta\rho g \tag{15-1}$$

式中，h 是水位差；Q 是通过涡轮机的体积流量；η 是涡轮机效率；ρ 是水的密度；g 是重力加速度。

通常，卡普兰或法式水轮机会用来最大限度地提高效率。这两种水轮机是可逆的，能够处理抽水和发电两个过程。类似地，同步电机也能实现两个互逆过程，即能在抽水时用作电动机抽水，在发电时用作发电机发电。

图 15-5 是一个开发的水力发电厂模型，它包括用来模拟装置对调节信号变化延时响应的延时模块、死区模块、一阶装置响应模型、模拟实际装置响应与负载调整之间偏差的误差环节和由装置提供的限制最大、最小调节输出的限幅模块。

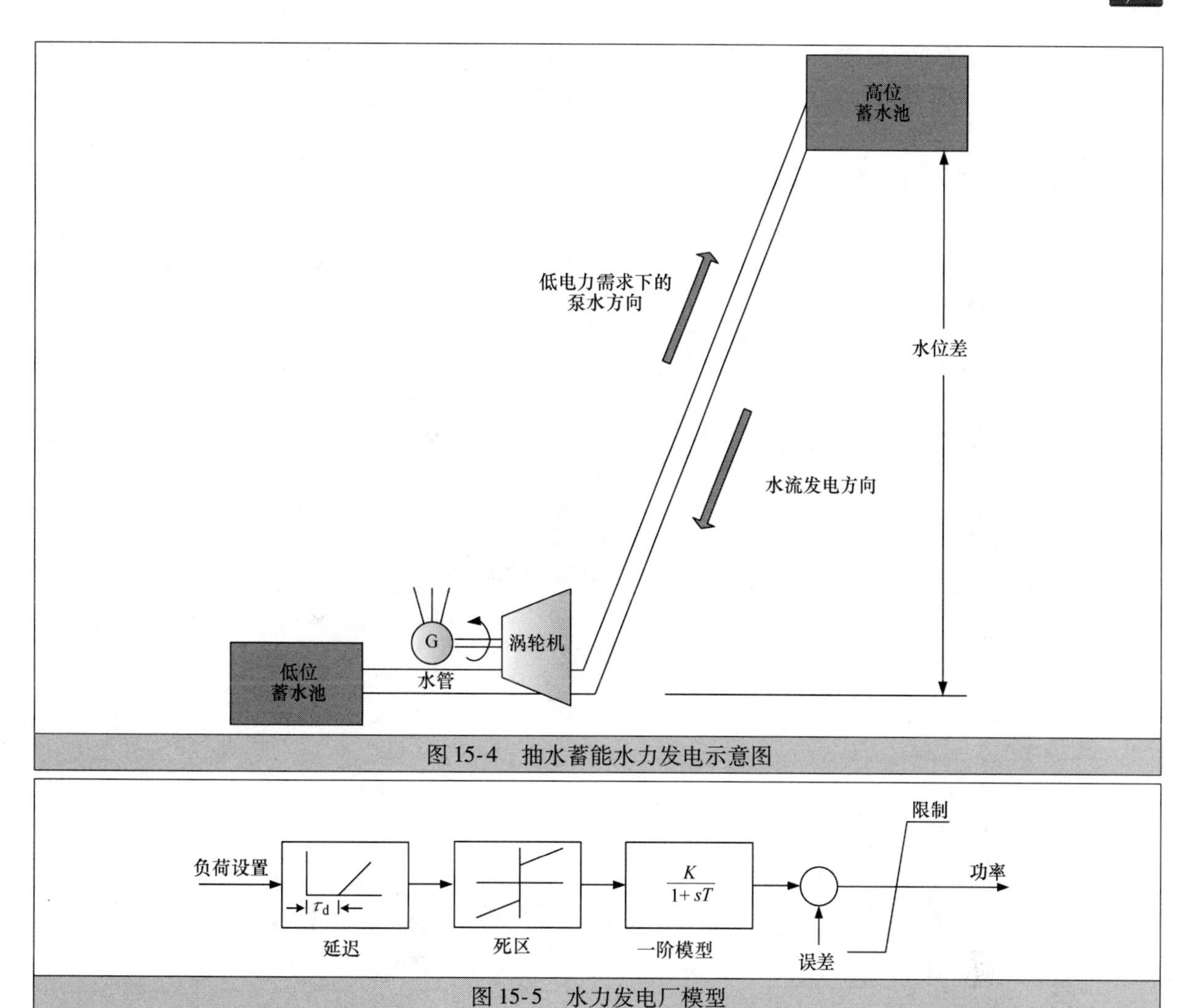

图 15-4 抽水蓄能水力发电示意图

图 15-5 水力发电厂模型

15.1.5 超级电容器★★★

超级电容器，类似于传统的介质电容器，通过增加两极金属板的电荷积累充电，通过释放金属板上的电荷放电。超级电容器的能量密度远高于传统电容器。由于其能快速提供短脉冲能量（1s 之内）且能在几分钟内完成储能，因此用来提高电能质量。目前，超级电容器一般在能量密度要求低的高脉冲功率场合应用，通常与电池或其他储能设备和电源组合使用。

15.1.6 超导储能★★★

首先，在了解什么是超导储能前，有必要先了解什么是超导体，以及超导电性的工作原理。超导现象是指某些材料出现电阻特性消失的现象。超导电性是指将某些物质冷却至特征温度以下，该物质电阻完全消失的特性（见图 15-6）[7]。这个

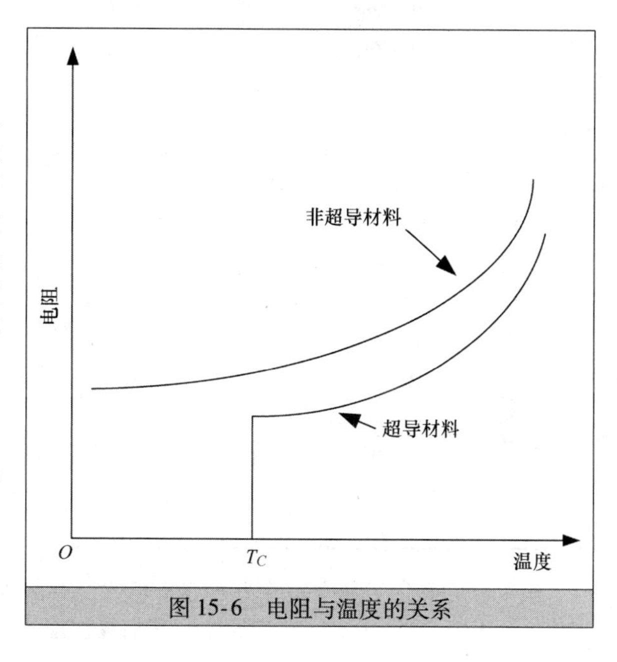

图 15-6 电阻与温度的关系

温度称为转变温度或临界温度（T_C）。因此，要将物质变为超导体，必须将其冷却至临界温度 T_C以下。T_C的大小只取决于物质的种类。这意味着，对于一种超导物质，一旦电流仅在包括该超导导线的闭合电路内流动，该电流将持续不断地流动。超导本质上是一种宏观量子现象。

15.1.6.1 超导体的分类

根据在磁场中表现出的不同特性，超导体可分为两类。第一类超导体由纯金属构成，第二类超导体主要由合金或金属化合物构成，这两类超导体有一个共同特征：温度低于 T_C时，电阻消失。

第一类超导体：这是最早被发现的一类超导体，一般为纯金属或金属合金。这种超导体通常也被称为传统超导体，由于第一类超导体最高的临界温度只有23.2K，也称低温超导体。第一类超导体在液氮中实现超导。Leon Cooper、John Bardeen 和 Robert Schrieffer 用 BCS 理论解释第一类超导体的超导原理[7]。BCS 理论提出了电子配对（库珀电子对）现象。在室温下，典型金属的电子能在整个金属的晶格结构中移动，使金属具有导电性。然而温度的变化会使得晶格内部发生变化，造成电子和晶格的碰撞，从而导致电阻和能量的损失。当某种金属过冷，晶格达到临界温度时，晶格停止有效振动并与库珀电子对一同克服一切束缚不再碰撞。库珀电子一起构成一个类似于汽车在高速公路上被半拖车在前拖行而产生的气流。表15-1 给出了部分第一类超导金属的临界温度。

表15-1 不同低温超导体材料的临界温度[7]

铅（Pb）	7.196K
镧（La）	4.88K
钽（Ta）	4.47K
汞（Hg）	4.15K
锡（Sn）	3.72K
铟（In）	3.41K
铊（Tl）	2.38K
铼（Re）	1.679K
镤（Pa）	1.40K
钍（Th）	1.38K
铝（Al）	1.175K
镓（Ga）	1.083K
钼（Mo）	0.915K
锌（Zn）	0.85K
锇（Qs）	0.66K
锆（Zr）	0.61K
镅（Am）	0.60K
镉（Cd）	0.517K
钌（Ru）	0.49K
钛（Ti）	0.40K
铀（U）	0.20K
铪（Hf）	0.128K
铱（Ir）	0.1125K
铍（Be）	0.023K（SRM 768）
钨（W）	0.0154K
锂（Li）	0.0004K
铑（Rh）	0.000325K

第二类超导体：通常被称为高温超导体，一般由陶瓷复合材料构成。最先发现和最常见的高温超导体是 YBCO（$YBa_2Cu_3O_7$）超导体，其临界温度为92K。这种超导体与第一类超导金属不同，其不具

备供库珀电子对流动的晶格结构。高温超导体能在更高温度（77K）的液氮中实现超导，因而为在不同领域实现超导应用提供了新动力。表15-2给出了部分高温超导体的临界温度，以及其晶体结构中的铜氧层的数量。从表15-2中可知，Bi－Sr－Ca－Cu－O、Tl－Ba－Ca－Cu－O和Hg－Ba－Ca－Cu－O这几类化合物的临界温度随铜氧层数量增加而增加[8]。

表15-2 部分高温超导体的临界温度

高温超导体		临界温度/K	铜氧层数
化学式	符号		
$La_{1.6}Ba_{0.4}CuO_4$	214	30	1
$La_{2-x}Sr_xCuO_4$	214	38	1
$YBa_2Cu_3O_7$	123	92	2
$YBa_2Cu_4O_8$	124	80	2
$Y_2Ba_2Cu_7O_{14}$	247	80	2
$Bi_2Sr_2CuO_6$	Bi－2201	20	1
$Bi_2Sr_2CaCu_2O_8$	Bi－2212	85	2
$Bi_2Sr_2Ca_2Cu_3O_{10}$	Bi－2223	110	3
$TlBa_2CuO_5$	Tl－1201	25	1
$TlBa_2CaCu_2O_7$	Tl－1212	90	2
$TlBa_2CaCu_3O_9$	Tl－1223	110	3
$TlBa_2Ca_3Cu_4O_{11}$	Tl－1234	122	4
$Tl_2Ba_2CuO_6$	Tl－2201	80	1
$Tl_2Ba_2CaCu_2O_8$	Tl－2212	108	2
$Tl_2Ba_2Ca_2Cu_3O_{10}$	Tl－2223	125	3
$HgBa_2CuO_4$	Hg－1201	94	1
$HgBa_2CaCu_2O_6$	Hg－1212	128	2
$HgBa_2Ca_2Cu_3O_8$	Hg－1223	134	3
$(Nd_{2-x}Ce_x)CuO_4$	T	30	1

15.1.6.2 超导材料的磁性

下面描述的实验可以用来识别超导材料的磁性：

1）准备一个由超导材料制成的环。

2）在正常状态下，即$T>T_C$时，在环外施加外部磁场，可见磁场能穿透环（见图15-7a）。

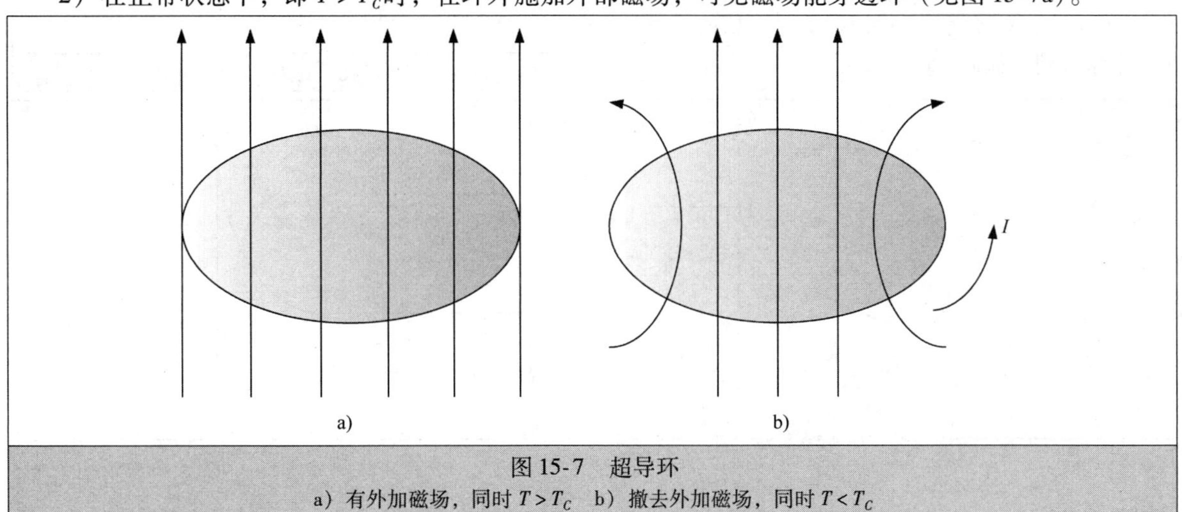

图15-7 超导环

a）有外加磁场，同时$T>T_C$ b）撤去外加磁场，同时$T<T_C$

3）将温度降至 $T<T_C$后，去除磁场。

4）可见，虽然在步骤2中施加的磁场在步骤3中已被撤除，但磁场仍然存在。因此，磁通在环的开口处被截留（见图15-7b）。

由法拉第电磁感应定律可得

$$\oint E dI = -\frac{d\phi}{dt} \tag{15-2}$$

式中，E 为沿闭环方向的电场，ϕ 是通过环的开口处的磁通 $=B^*$（面积）。撤除外加磁场前，环内有磁通。当超导体的温度降至 T_C以下，电阻变为零，使得超导体内的电场也变为0。因此

$$\oint E dI = 0 \tag{15-3}$$

因此，由式（15-2）可得

$$\frac{d\phi}{dt}=0，即\ \phi = B^*（面积）=常数 \tag{15-4}$$

由此可知，通过环的磁通 ϕ 必须为常数。因此，当外部磁场关闭后磁通仍然在环的开口中滞留。此外，外部磁场关闭在环内产生的感应电流也滞留在环内。这个感应电流被称为持续电流，由于此时电阻为零，感应电流不会衰减。

15.1.6.3 迈斯纳效应

这是一种普通导体在向超导体转变的过程中产生的磁通屏蔽现象。迈斯纳效应是指由超导体产生完全抗磁性，即无论外加磁场是否变化，超导体内的磁场均予以屏蔽。这是由于超导体中磁场的建立会创造超导电流来排斥所有磁场。

超导体的磁屏蔽效应：假设有一个超导体制成的球体，在 $T>T_C$时，其处于正常状态。当加入外界磁场时，外界磁场穿透球体。基于法拉第定律[式(15-2)]，可以预计在温度达到 $T<T_C$后，撤除外加磁场，磁场将留在球体中。实际上，由于迈斯纳效应，这种磁场并不存在，如图15-8所示。

超导体体内的磁场被在其表面产生的电流排斥。表面电流产生的磁场与外加的磁场在超导体内相互抵消。在 $T<T_C$产生的表面电流分布在超导体表层，使得超导体内 $B=0$。由于传输电流的层的厚度（λ）有限，部分外部磁场进入超导体内部，其值由式（15-5）计算得到，如图15-9a所示。

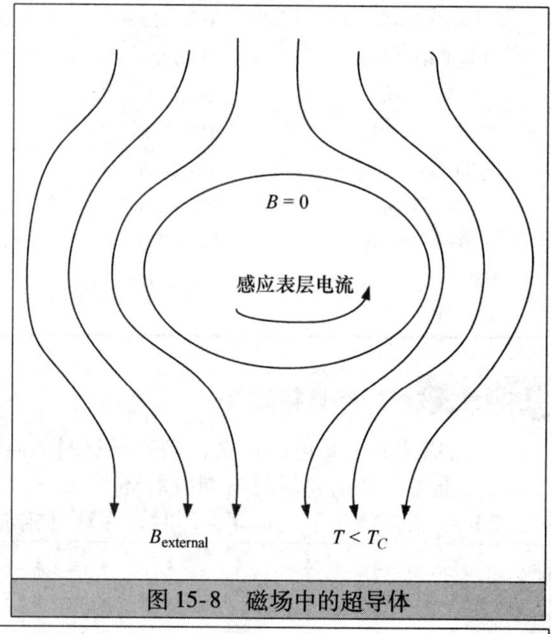

图15-8 磁场中的超导体

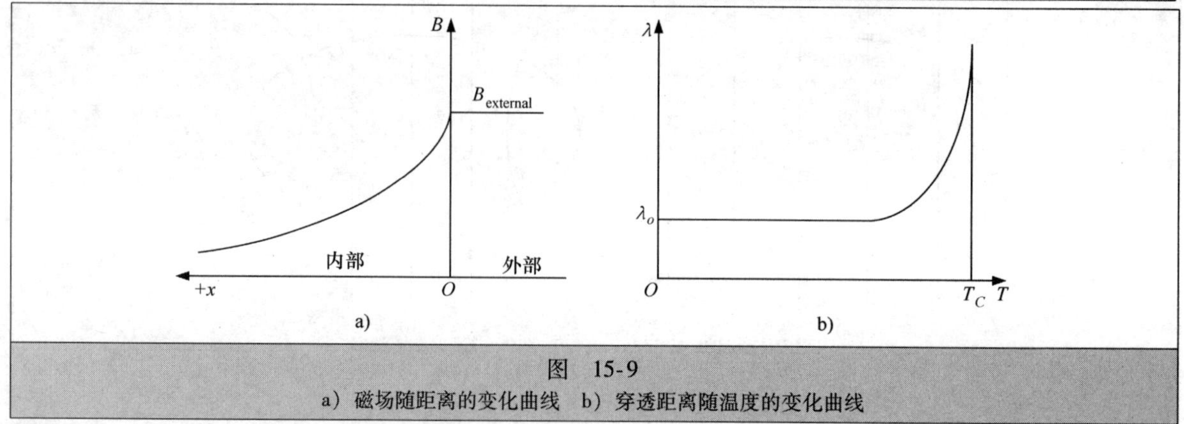

图 15-9
a）磁场随距离的变化曲线 b）穿透距离随温度的变化曲线

$$B(x)=B_{\text{external}}e^{-\frac{x}{\lambda}} \tag{15-5}$$

式中，x 为从超导体表面到内部的距离；λ 是给定的，其定义为在温度 T 下的穿透距离。

λ 的值的计算可通过温度 $T=0$ 时的 λ_o 值进行计算

$$\lambda=\frac{\lambda_o}{\sqrt{1-\left(\frac{T}{T_C}\right)^4}} \tag{15-6}$$

λ_o的取值范围为 30 ~ 130nm，取决于超导体的材料。图 15-9b 所示为 λ 随时间变化的曲线。

由前文所述可知，超导体除了具有零阻特性外，还具备防止外部磁场穿透超导体内部的特性。这种抗磁性发生在磁场小于临界磁场 B_C的条件下。外加磁场大于临界磁场 B_C将会破坏超导状态。因此，临界磁场被定义为在一定温度下能够施加在超导体上并不破坏其超导特性的最大磁场。由此可以得出结论，超导特性取决于三个条件：①温度 T_C；②磁场强度 B_C；③电流密度 J_C。其中[10]：T_C是不存在外部磁场且样品中无电流时的临界温度；B_C是温度 $T=0$，且无电流时的临界磁场强度；J_C是温度 $T=0$，无外部磁场强度时的临界电流密度。

T、B、J 的变化关系构成一个三维空间内的多面体，用以区分超导状态和正常状态，如图 15-10 所示。

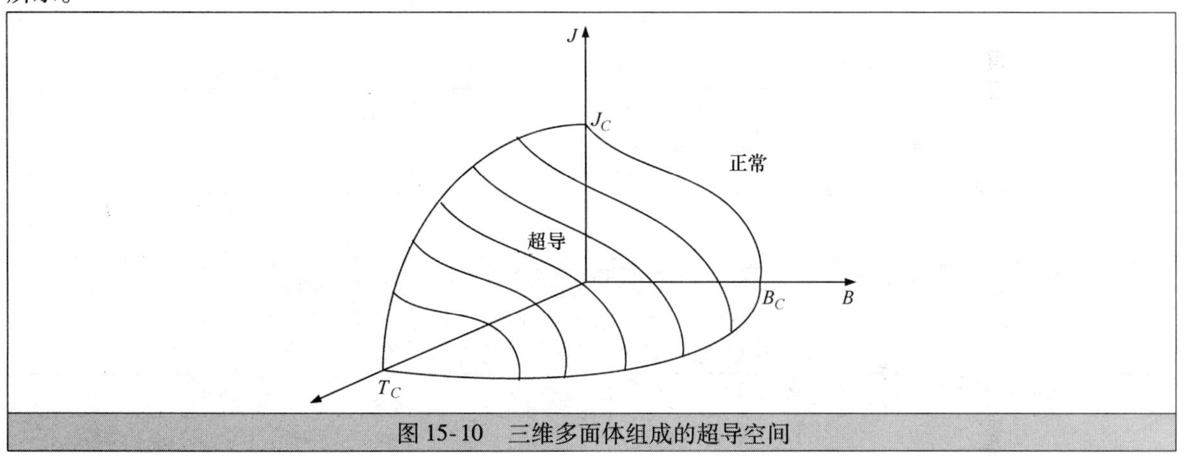

图 15-10 三维多面体组成的超导空间

临界磁场由温度相关的方程计算得到

$$B_C(T)=B_{Co}\left[1-\left(\frac{T}{T_C}\right)^2\right] \tag{15-7}$$

式中，B_{Co}为 $T=0$ 时的临界磁场。

图 15-11a ~ c 所示分别为 B_{Co}随温度变化的情况、电阻率 ρ 随外加磁场变化的情况、内部磁场随外部磁场变化的情况。

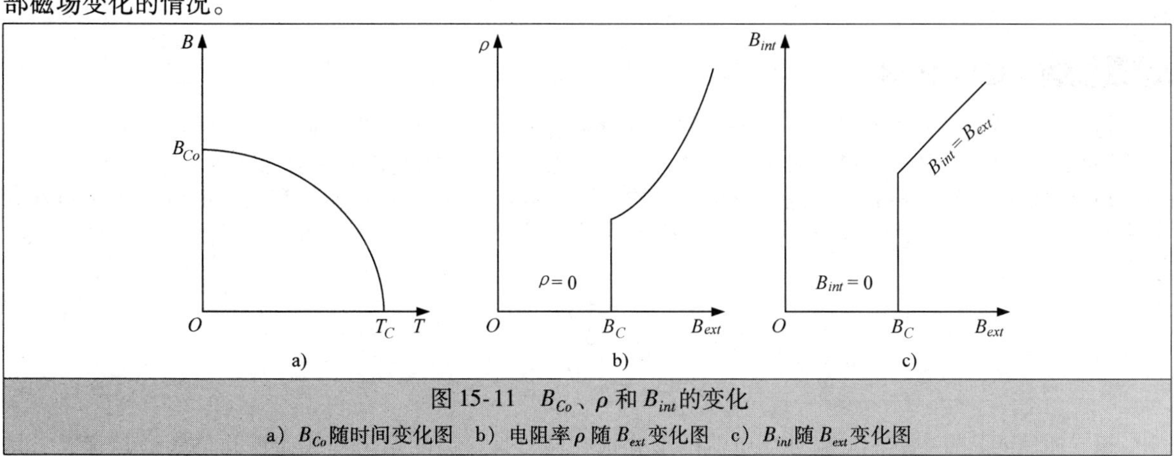

图 15-11 B_{Co}、ρ 和 B_{int} 的变化

a）B_{Co}随时间变化图 b）电阻率 ρ 随 B_{ext} 变化图 c）B_{int}随 B_{ext}变化图

超导体能传导的最大超导电流 I_C对应于临界磁场，根据 B_C求取超导体表面的 I_C的公式如下：

$$I_C = \frac{2\pi R B_C}{\mu_0} \tag{15-8}$$

因此，电流密度、磁场强度和 T_C是相互依赖的。增加这三个参数值到足够大，超导性就会被破坏，导体恢复正常，即处于非超导状态。

第一类超导体和第二类超导体对施加外部磁场的反应不同。第一类超导体在 $B<B_C$时，外部磁场被完全屏蔽。但是，第二类超导体在 $B_{C1}<B<B_{C2}$时，允许量子数量级的磁场穿透超导体，而当 $B<B_{C1}$时，外部磁场才被完全屏蔽，此时与第一类超导体相似。当 $B>B_{C2}$时，超导体恢复至正常状态，即外部磁场能够完全穿透（见图 15-12）。

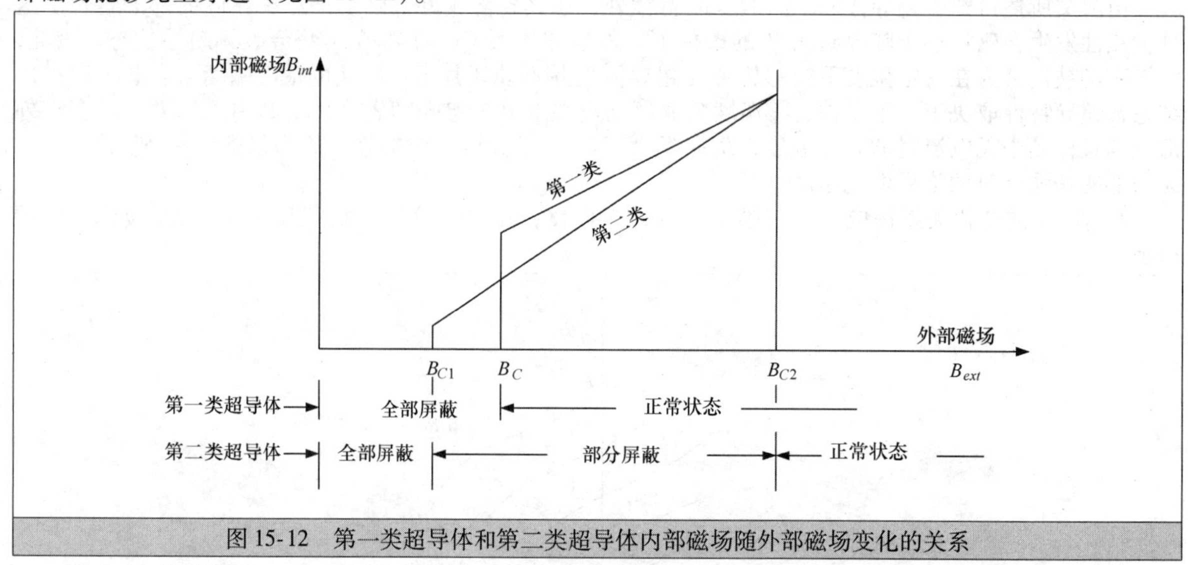

图 15-12　第一类超导体和第二类超导体内部磁场随外部磁场变化的关系

表 15-3 总结了表 15-2 罗列的部分高温超导体的临界电流 I_C和临界电流密度 J_C的值。

表 15-3　部分高温超导体材料的 I_C和 J_C值

材料	I_C/A	J_C/(kA/cm^2)	条件
Bi－2223/Ag 鞘	70	27.8	77K，114（m）长度
Bi－2212/Ag 鞘	500	490	4.2K，50（m）长度
Bi－2212 涂层	130	100	4.2K，450（m）长度
Tl－1223 涂层	18	8	77K，0.02（m）长度

基于上述对超导体超导性质和磁场性质的研究，电能可以直流磁场的形式存储，具体将在 15.1.6.4 节中详述。

15.1.6.4　超导磁储能

超导磁储能是一种将能量以直流电流的形式存储在直流磁场中的储能装置。导体在低温下工作处于超导状态，因此当其产生磁场时实际上没有电阻损耗。因此，能量在取用前能被持久地存储。

超导磁储能装置的核心元素是一个高电感的超导线圈 L_{coil}(H)。它将能量存储在由流过线圈的直流电流 I_{coil}（A）产生的磁场中。电感储能 E(J) 和额定功率 P(W) 是超导磁储能装置常用的规格参数，可表示为

$$E = \frac{1}{2} L I_{coil}^2 \tag{15-9}$$

$$P = \frac{\mathrm{d}E}{\mathrm{d}t} = L I_{coil} \frac{\mathrm{d}I_{coil}}{\mathrm{d}t} = V_{coil} I_{coil} \tag{15-10}$$

超导磁储能装置中的能量以循环电流的形式被存储，其存储能量与释放能量几乎能瞬时完成，其工作时间从几分之一秒到几小时不等[12]。

一个完整的超导磁储能单元包含四部分：①理想低温状态下的大型超导磁体；②连接交流电网和超导磁体的功率调节系统。电能通过功率调节系统由交流变为直流或由直流变为交流；③冷却超导磁体并使其温度维持在超导状态的低温系统；④超导磁储能系统的核心：监控系统，它能通过控制施加在电磁线圈上的电压实现充电、放电、备用模式的切换，控制低温系统，以及控制功率变换单元。一个典型的超导磁储能单元如图15-13所示。

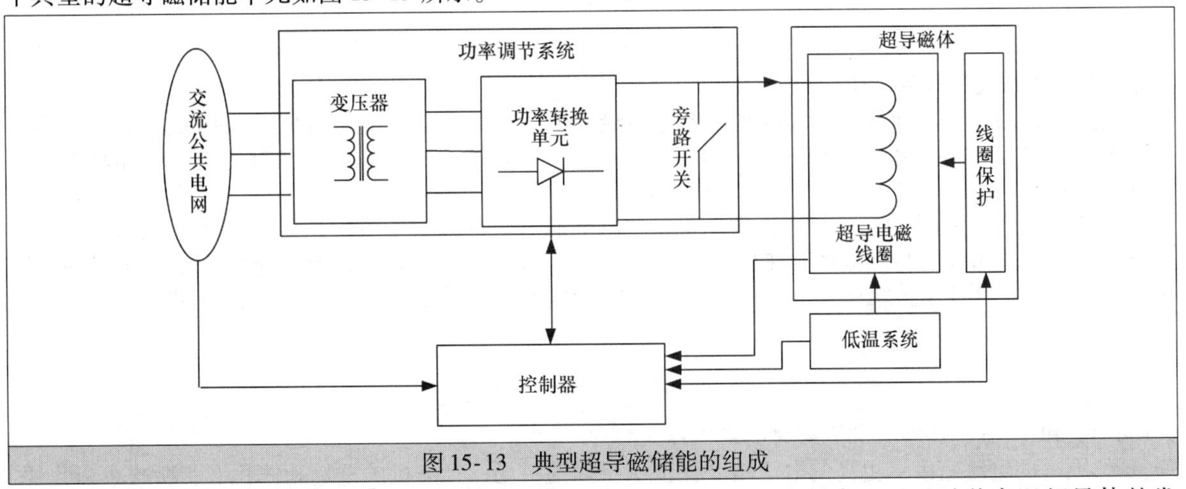

图15-13 典型超导磁储能的组成

超导磁储能技术需要制冷，因此相较于其他储能技术，它的成本较高。不过随着高温超导体的发展，超导磁储能的性价比有所提高。超导磁储能响应快速、灵活、可靠、高效的特性使其吸引了更多电力企业的关注。

15.2 超导的应用

15.2.1 超导同步发电机 ★★★

在交流电机中采用低温或高温超导体的主要目的是实现更高的电流密度，使导体截面积和励磁绕组的体积比普通的铜质转子小。减小绕组的体积能够减少电机整体的体积和重量。20世纪70年代，有人设计了一台由常温定子和超导转子组成的交流电机。然而这个设计存在着将制冷剂转移到旋转真空保温箱的问题[11]。

在一台交流电机中，交流电流用于为电枢提供一个磁通，与转子产生的磁通同步旋转。因此在同步转速情况下转子出现相位锁定，在负载平衡的条件下，电枢侧能够得到一个直流场。然而，电枢与电网相连，在静态和瞬态下均会受到与负荷相关的电气扰动。这些电气扰动反馈至电枢，产生影响转子的非同步效应。负荷变化还会造成直流励磁的快速变化。负荷不平衡是造成电枢扰动的主要因素，其产生的负序电流与负载的不平衡程度成正比，是反向同步转速的两倍。

系统故障产生的暂态事件也是引起转子交流异步影响的其他主要原因之一。这些电枢内时变场的频率与同步频率不同，引起电流在转子中流动使得直流超导线圈和支撑结构发热。这种交流影响可以通过将同心的内低温阻尼屏蔽层和外暖低温阻尼屏蔽层合并而实现最小化，从而减小两个线圈之间的交流场。外阻尼屏蔽层为系统转子相位的机械振荡提供阻尼。除了防止高频磁通，外阻尼屏蔽层还能保护整个低温区。内低温阻尼屏蔽层有助于将超导励磁绕组和时变磁场屏蔽开来。因此，屏蔽的设计需要考虑超导体热裕度的限制，以最小化励磁绕组的交流发热量，从而防止超导体的J_C和磁场强度的退化，甚至要防止超导体在极端暂态下恢复为正常导体[13,14]。

超导同步电机最重要的是保持励磁绕组的低温，这个低温保持过程经由制冷机加强。制冷机包括四部分：低温恒温器、低温泵、热交换机、液力耦合结。根据超导体种类的不同（低温超导体或高温超导体）选择不同的制冷剂，如氦或氮。最常用的制冷剂是Gifford - McMahon制冷剂。目前已知的超导体必须工作在4 ~ 80K的温度范围内[15,16]。

15.2.1.1 超导同步发电机的优势

- 稳态稳定性提升：超导同步发电机低同步电抗的特性可以提升输电线的传输能力。设与终端母线相连的电压源电压为 E。当发电机通过外部电抗为 X_e 的线路连接至无穷大母线时，其传输的最大功率可以计算如下：

$$P_{\max} = \frac{EV}{X_g + X_e} \tag{15-11}$$

式中，V 为无穷大母线的电压。

当发电机的电抗达到最小时，传输功率达到最大值。与相同容量的传统同步发电机相比，超导同步发电机每单元的同步电抗是传统同步发电机的 1/3 ~ 1/4。这意味着，系统具有更大的传输功率和更高的稳定裕度。

- 提高电压控制能力：超导同步发电机在空载和满载时的励磁电流较传统发电机大大减少。因此在额定容量内，超导同步发电机能在任何大小的功率因数下工作。此外，由于超导同步发电机同步阻抗低，其短路比远高于传统同步电机[17]。这使得超导同步电机能够供应任何类型的负载，其电压控制能力计算如下：

$$VR_{SSG} = \frac{V_{NL} - V_{FL}}{V_{FL}} \times 100 \tag{15-12}$$

式中，V_{NL} 和 V_{FL} 分别为空载和满载时的端电压。

- 更高的电流密度：更高的电流密度保证了更强的磁场，且电机的重量和体积都有所减小。此外，由于绕组的焦耳发热（I^2R）效应被消除，电机的效率得以提高。

15.2.2 超导电缆★★★

在电网中，输电环节在超导技术上受益最多。对于电网电能的传输，超导体可以发挥其最大的影响力。如果能马上将超导技术投入电网使用，就能在地下用液氮冷却电缆取代铜电缆。这些超导电缆与铜电缆相比，空间上的效率可以提升 7000%。这些新型输电线的电能损耗几乎可以忽略不计，从而减少了变电站升压的需求。与铜电缆相比，使用超导电缆的输电成本减小，其超大的电流密度使得传输电流能达到普通电线的 3 ~ 5 倍。唯一需要考虑的是前文所提的，数千米的地下超导电缆的冷却问题[11]。

Sumitomo Cable 公司自 1995 年起与日本东京电力公司一起开发高温超导输电电缆。其最佳性能体现在基础材料开发和电缆构造上。电缆构造的典型结构如图 15-14 所示，它由横截面为液氢（LH_2）的传输管道和高温超导电力电缆组成[18]。该管道包含多层绝缘体，液氮（LN_2）通道为其绝热层。高温超导带用来传导电流并屏蔽外部管传导电能所产生的磁场。

15.2.3 超导变压器★★★

传统的电力变压器在负载情况下，铜线圈的焦耳损耗（I^2R）占总能量损耗的比重很大。将近 80% 的负载损耗为焦耳损耗，20% 的负载损耗为杂散电流损耗和涡流损耗。因此，电力工程师致力于减少负载损耗。与铜和铝不同，超导体在电流流过时呈现无电阻特性，这使得焦耳损耗为零，从而极大减少了总损耗。之前开发的低温超导体由液氢（LH_2）冷却至 4.2K，采用先进的冷却技术不仅成本高，且低温恒温器每散单位热量的制冷功率费用也高。采用 LN_2 制冷的高温超导体的临界温度上升至 78K，制冷更简单，更经济，并减小了散热的制冷功率。即便增加了制冷成本，10MVA 及更高容量的高温超导变压器实际上比传统的变压器更高效且更便宜。此外，高温超导变压器的容量增加，因此能方便地替换电网现有的同体积油浸变压器，从而满足电力需求的增长[19]。

15.2.4 超导限流器★★★

随着电力需求的持续增长，电力系统的规模必须进一步扩大以满足这种负荷增长。系统扩张需要更换变压器和新建发电机来增加系统的功率容量。这会使得故障电流增大，但新的额定电流不是现有的母线和开关设备的额定参数。诸如分布式发电机、用以提升系统可靠性的并联馈线等也可以增大故障电流。因此，如何实现故障电流控制和母线容量的协调是目前电力系统工程师所面临的问题。

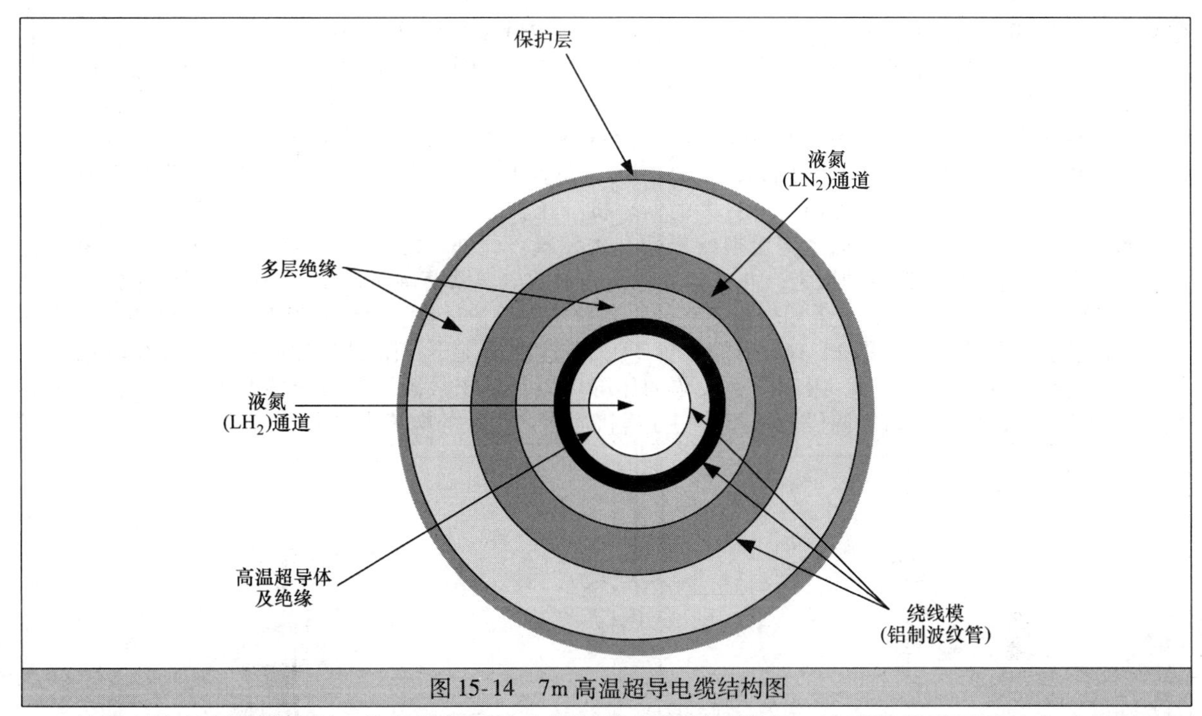

图 15-14 7m 高温超导电缆结构图

故障电流必须得到控制，使得设备更换和添置的投资得到限制。这可以采用不同的方式实现，如①采用高阻抗变压器，但这会削弱对母线上负载的电压调节能力；②采用母联断路器延长母线，每段母线接一个小型变压器；③在故障电流流过的路径上增加电抗器。

另一种克服传统故障电流控制所带来影响的替代方法是采用超导限流器（SFCL）。SFCL 具备在故障状况下呈高阻态而在正常状况下电阻消失的优点。因此，SFCL 相当于一个随运行条件变化的非线性电阻。SFCL 最初的设计采用以 LH_2冷却的低温超导体，但随着超导技术的发展，SFCL 采用以 LN_2冷却的高温超导体来降低其成本。

SFCL 在电力系统中应用的方式有两种：串联电阻限制器和电感应限制器。第一种方式是串联电阻限制器方式。在这种方式中，SFCL 以 2～3 倍满载电流的临界电流插入到电路中。在故障时，故障电流使得 SFCL 处于电阻状态，电阻 R 出现在电路中。为了限制 SFCL 吸收的能量，一个称为“触发线圈”的分流线圈用来使大部分的故障电流流过并联电阻和电感（见图 15-15a）。值得注意的是，SFCL 在正常状态下是一个铜电感元件间的短路。此外，限制电流限制器吸收的能量，使得电力系统设计者可以将电流限制器应用于电力传输线。

第二种方式是感应限制器方式，它使用了变压器。其一次铜绕组与电路串联，二次铜绕组与阻性的高温超导限制器串联，如图 15-15b 所示。正常运行时，限制器处于稳定状态，阻抗接近为 0，这使得阻抗为 0 的二次侧阻抗映射至一次侧阻抗也为 0。故障时，由于电路中的大电流造成二次侧产生大

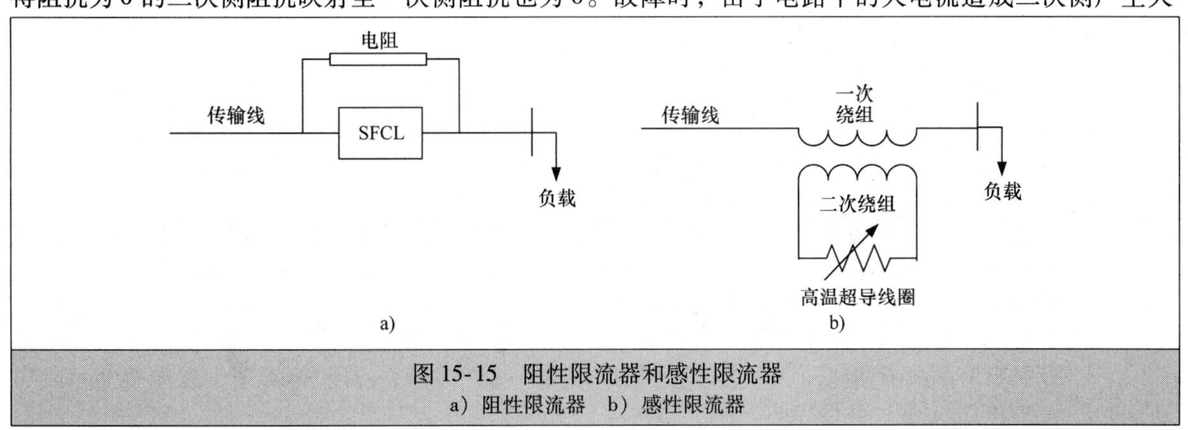

图 15-15 阻性限流器和感性限流器

a）阻性限流器 b）感性限流器

电流，从而使 SFCL 失去超导特性。由此，高温超导线圈产生的电阻映射至一次侧，从而限制了故障电流。这种方式适用于大电流电路。可见，无论使用哪种方式，采用 SFCL 都可以提供一个低故障电流水平的低阻抗系统。

为了说明在电力系统中应用 SFCL 的益处，人们对限制器接入变电站的可能位置进行了研究。当限制器接入供电变电站的主馈线时（例如，图 15-16a 中位置 1（在圆圈中标出）），母线发生故障时的故障电流将受到限制。这样可以使用一个更大的低阻抗变压器就能满足增大的电力负荷需求，并在新的功率水平保持电压调节能力，而无需更换或更新开关装置。此外，由于故障电流受到限制，避免了焦耳发热（I^2R）对变压器造成的损害，并且使故障期间上游电压跌落降至最小。当限制器位于输出馈路时（图 15-16a 中的位置 2），可采用较为便宜的限制器用来保护过载的设备，而无需更换设备。另外一种可能的位置为母联位置（图 15-16b 中的位置 3）。在这种情况下，限制器需要一个小负荷电流额定值。两段母线中的一段故障时，限制器上大幅的压降可以帮助未故障段母线保持电压稳定。在特殊情况下，两段母线同时故障时，两段母线能够相互连接而不产生大的电流增加值。

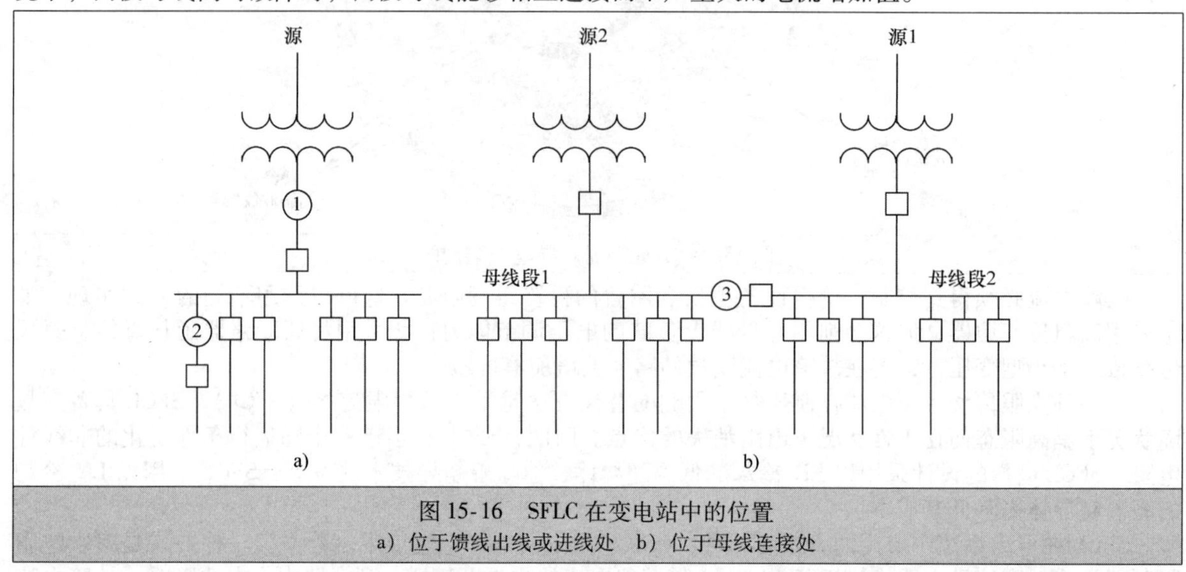

图 15-16　SFLC 在变电站中的位置

a）位于馈线出线或进线处　b）位于母线连接处

在电力系统中采用 SFCL 不仅能够提高发电机和输电设备的能力，还能提高系统的暂态稳定性[20]。如第 9 章 9.2 节所述，在如图 15-17 的系统中，每个断路器都带有 FSCL，当两条输电线中的一条线路的始端发生三相短路，断开故障线路来清除故障，其故障前、故障中，故障后的 $P-\delta$ 曲线如图 15-18 所示。忽略系统元件的电阻，发电机传送到无限大母线的功率与功角有关，其表达式为

$$P_e = \frac{EV_\infty}{X_{eq}}\sin\delta \tag{15-13}$$

式中，E 为发电机内电势，X'_d为暂态直轴电抗，X_{eq}为发电机与无限大母线间的等效电抗。

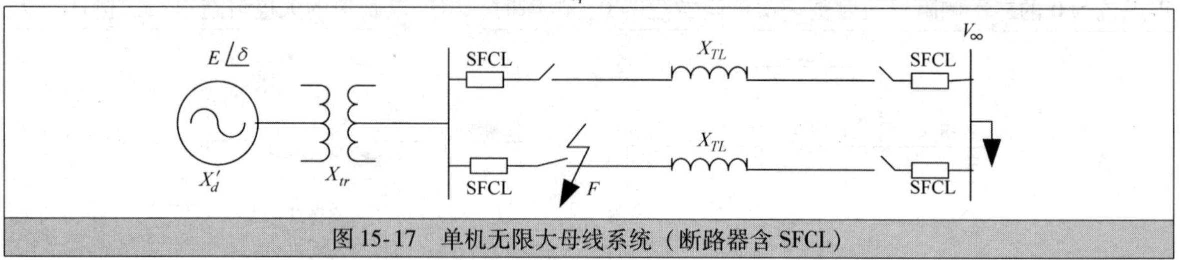

图 15-17　单机无限大母线系统（断路器含 SFCL）

故障前后，系统含和不含 SFCL 的功角曲线与系统不含任何阻抗时是一样的。X_{eq}值的计算如下：

$$X_{eq(pre-fault)} = X'_d + X_{tr} + \frac{X_{TL}}{2} \text{ 和 } X_{eq(post-fault)} = X'_d + X_{tr} + X_{TL} \tag{15-14}$$

在不使用 SFCL 的故障期间，发电机的输出功率为 0。另一方面，使用 SFCL 时，发电机功率具有与等效电抗相关的特定值，其推导如下：

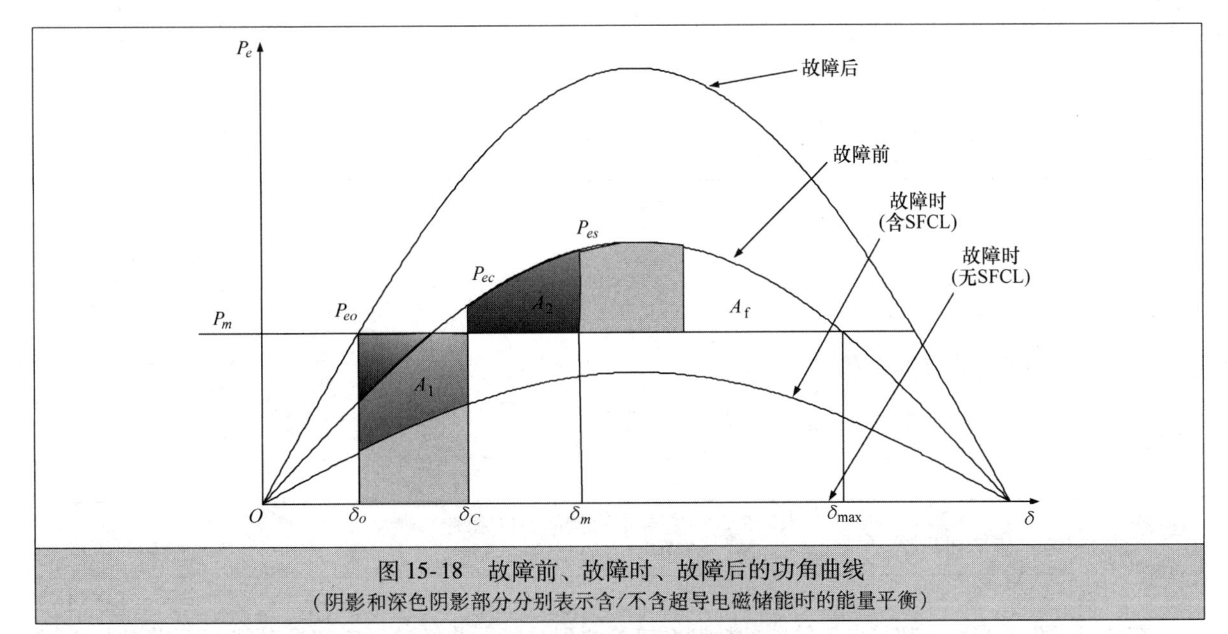

图 15-18 故障前、故障时、故障后的功角曲线
（阴影和深色阴影部分分别表示含/不含超导电磁储能时的能量平衡）

图 15-19 为系统的电抗图，其等效电抗 X_{eq} 由 Y－△转换获得

$$X_{eq} = \frac{1}{X_{TL}}[X_{TL}X_{FCL} + X_{FCL}(X'_d + X_{tr}) + (X'_d + X_{tr})X_{TL}]$$

$$= X_F + X'_d + X_{tr} + \frac{X_F}{X_{TL}}(X'_d + X_{tr}) \neq \infty \tag{15-15}$$

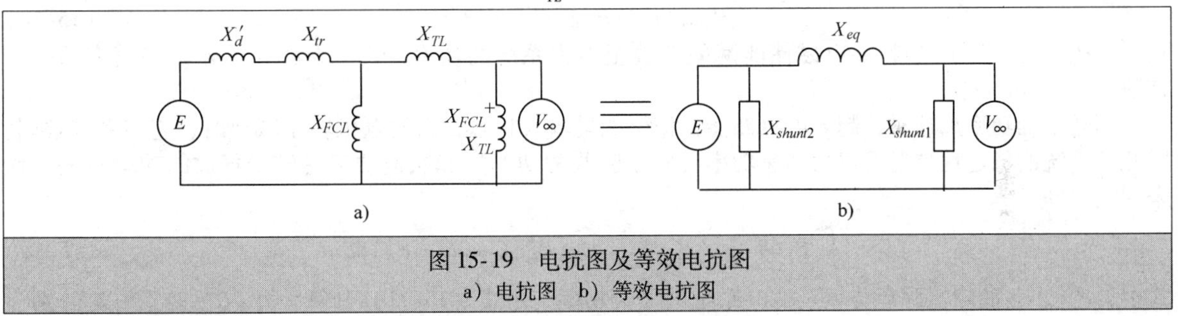

图 15-19 电抗图及等效电抗图
a）电抗图 b）等效电抗图

相应地，如图 15-18 所示，当采用 SFCL 时，输入功率线下的发电机转子加速面积减小为 A_1（深色阴影）。因此，为了实现能量平衡，输入功率线以上部分代表的减速能量也应减少，在这种情况下系统的稳定裕度更大。由此可见，电力系统变电站中采用 SFCL 可以提高电力系统稳定性，以及可以带来其他上面提到的好处。

15.2.5 超导电磁储能应用 ★★★

电力系统在扰动（元件故障、线路切换、负载变化、故障清除）之后的暂态过程中，需要在系统中配备能够提供足够振荡阻尼的设备。因此采用电力系统稳定器（PSS）、涡轮调速控制器和移相器等设备来防止因为失步或电压不稳定而造成的系统崩溃。

超导电磁储能在通过减小区域间模态振荡来提高输电容量方面，是一种可行的应用。它通过调制有功功率和无功功率主动减少这些系统振荡。超导电网的首次全面商业应用是 1981 年超导电磁储能在博纳维尔电力管理局的应用。这是美国采用超导储能系统来提高电能质量和电网稳定的案例。超导储能系统沿着连接美国加利福尼亚州和西北部的 500kV 太平洋互连电网安装。

以图 15-20 为例解释超导电磁储能改善电力系统暂态稳定性的原理[21,22]。该系统在一条输电线的始端发生三相短路故障。超导储能并联于发电机节点。在正常状态下即故障前，超导储能工作在能量输出模式（见图 15-20a）。此时，功率平衡关系为

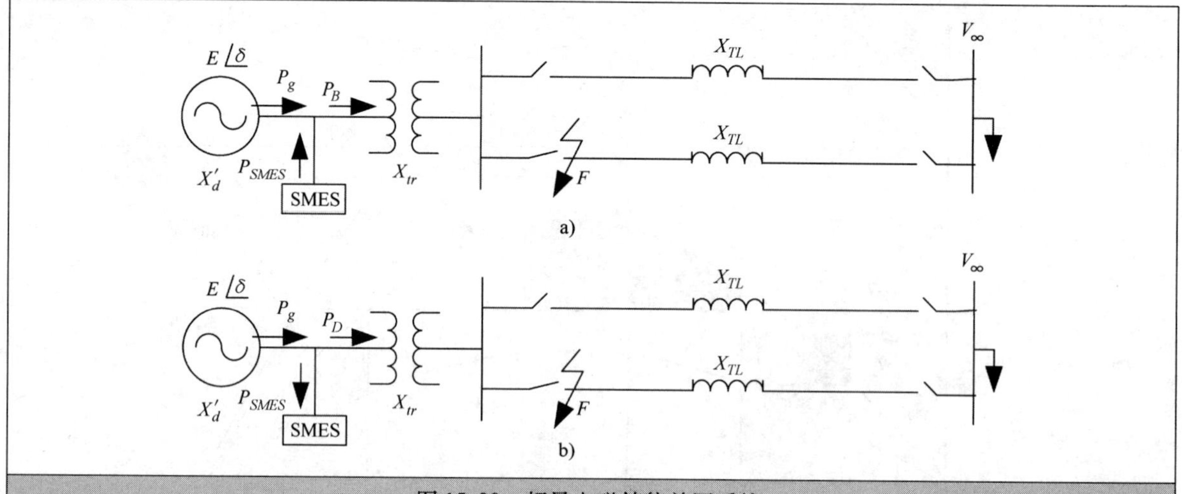

图 15-20 超导电磁储能并网系统

a）超导电磁储能处于能量输出模式 b）超导电磁储能处于能量输入模式

$$P_B = P_g + P_{SMES} \tag{15-16}$$

在故障发生的瞬间，超导电磁储能的控制系统检测到故障，并经过反向切换时间 t_{rev} 后将超导电磁储能切换至能量输入模式。对于发电机而言，此时超导电磁储能相当于一个保持系统稳定并防止失步所需的额外负荷。此时，发电机节点的功率平衡方程为

$$P_D = P_g - P_{SMES} \tag{15-17}$$

超导电磁储能功率和时间的关系为

$$P_{SMES}(t) = P_{SMES}\mathrm{e}^{-(t+t_{rev}/T_{SEMS})} \tag{15-18}$$

式中，P_{SMES} 为 $t=0$ 时刻超导电磁储能瞬间释放至电力系统的功率，T_{SMES} 为超导电磁储能模型的时间常数。

当转子的功率加速时，超导电磁储能工作于能量输入状态，当发电机转子减速时，它与系统解列。因此，系统的稳定性情况可以由加速功率（转子吸收的功率）和减速功率（转子释放的功率）的平衡来判断，即

$$\int_{\delta_o}^{\delta_{rev}} P_B \mathrm{d}\delta + \int_{\delta_{rev}}^{\delta_{dsc}} P_B \mathrm{d}\delta = \int_{\delta_{dsc}}^{\delta_m} (P_{\max(A)}\sin\delta - P_D)\mathrm{d}\delta \tag{15-19}$$

式中，$P_{\max(A)}$ 为故障清除后传输至输电系统的最大功率，由式（15-11）计算。δ_o、δ_{rev}、δ_{dsc} 和 δ_m 分别为转子在正常运行状态下的相对转角、超导电磁储能并网瞬间的相对转角、故障清除瞬间的相对转角和转子振荡出现的最大角度。

式（15-19）的解为

$$P_D = \frac{P_{\max(A)}(\cos\delta_{dsc} - \cos\delta_m) - P_B(\delta_{rev} - \delta_o)}{(\delta_m - \delta_{rev})} \tag{15-20}$$

因此，超导电磁储能解列和故障清除时的角度可由下式获得

$$\cos\delta_{dsc} = \frac{P_D(\delta_m - \delta_{rev}) + P_B(\delta_{rev} - \delta_o) + P_{\max(A)}\cos\delta_m}{P_{\max(A)}} \tag{15-21}$$

式（15-16）减式（15-17）得

$$P_{SMES} = 0.5(P_B - P_D) \tag{15-22}$$

当系统受到暂态扰动时，超导电磁储能参数（t_{rev}、δ_{dsc}、P_{SMES} 等）可以通过上述关于系统稳定的关系式获得。超导电磁储能系统结合了超导技术和电力电子技术，因而具有诸如快速响应（毫秒级）、大功率、高效率和四象限控制的优势。因此，超导电磁储能能够提供灵活、可靠且快速的功率补偿。超导技术是一项在未来具有良好前景的技术。发展这项技术对电力工程师和研究者而言具有很大吸引力。更多对超导技术的关注和研究将促进这项技术获得更多的实际应用。

15.2.6 储能系统的特征 ★★★

前文提及的储能系统的部分特征在表15-4中罗列[6]。

表15-4 储能系统的特征[6]

储能系统	优点	缺点	放电时间	持续时间	技术成熟度
电池（铅酸电池）	大功率容量；能量密度低；低成本；使用寿命长	效率低；对环境存在潜在的负面影响	瞬时放电	额定功率放电持续时间为几秒到几小时	商业应用有限
飞轮	大功率容量；响应时间短；使用寿命长；维护费用低；对环境影响小	能量密度低	毫秒级	全功率持续放电时间为15min	商业应用有限
CAES	能量和功率容量很大；使用寿命长	效率低；对环境存在潜在的负面影响	全启动9min；紧急启动6min	额定功率放电持续时间较长	商业应用
PHES	能量和功率容量很大；使用寿命长；响应时间适中	有特殊现场要求；对环境存在潜在的负面影响；效率适中	几秒到1~3min	额定功率放电持续时间较长	商业应用
超级电容器	高效；使用寿命长	能量密度低；在电力系统中应用少	小于1min	额定功率放电持续时间较长从几秒到几分钟	商业应用
SMES	大功率容量；响应时间短；使用寿命长；高效	能量密度低；成本高；对健康存在潜在的负面影响	毫秒级	大功率下持续时间为几秒	商业应用

15.3 同步相量测量单元

持续增长的负荷使得增加输电网容量成为必要之举。否则，将出现输电线路阻塞、电力系统重载，电力系统运行状态将可能更接近其稳定极限。而且，可再生能源并网是不可避免的，它们增加了电网的不确定性，这要求更严苛的运行条件。为了实现灵活的运行，应考虑电力系统监控[23]。这就需要在广域电力系统的不同位置安装大量的测量设备检测有功功率、无功功率、母线电压和频率。广域意味着不同的毗邻地区属于不同的公用单位。数据采集与监控系统（SCADA），采样间隔在2~4s，已经被用于这些区域的本地电网监测和控制。如第11章所述，人们耗费巨大的努力设计PSS等控制器，以减少电磁振荡。它们为发电机励磁系统提供辅助控制动作，从而提高电力系统稳定性[24]。

基于测量参数有效值的广域测量系统（WAMS）能够与负责估计电压和电流相角的状态估计器（SE）结合。当然，更先进的做法是同时测量电压/电流的幅值和相角，毕竟估计不如直接测量精确。此外，在所有测量点测量的电压和相角必须由毫秒级精度的同步时间确定[25]。值得庆幸的是，全球定位系统（GPS）和通信系统的发展使得快速传输和大数据传输能够满足远距离的不同地区测量参数的同步性，并帮助控制器实现实时决策。在GPS和通信系统的辅助下，同步相量测量单元（PMU）不仅能够测量相量电压，并且能够有效地确定相量参考值，这使得广域测量系统在电力系统监测中成为一项颇具前景的技术。

15.3.1 广域测量系统的结构 ★★★

同步相量测量单元（PMU）位于广域电力系统中不同的测量点上。通过离线分析可以确定同步相量测量单元最优的位置设置和数量设置[26-30]。每个同步相量测量单元测量后的数据由相量数据集中器（PDC）通过窄带信号通信网络汇集起来。每个相量数据集中器从多个PMU中接收数据，并按照帧进行分类。集中的数据在本地存储，可以通过使用包括同步GPS时间的标准格式与属于其他公用事业的

PDC进行数据交换。一个高效的服务器接收通过宽带通信网络传输的所有集中数据，用来处理、分析和应用，如监测、状态估计、保护、实时控制、紧急事件分析、振荡检测和稳定性估计[23,31]。

如图15-21所示，广域包括电力系统中属于不同公用事业公司的毗邻区域（区域1，2，…，n）。每个区域都有一批PMU安装在预先设定的测量点中。相量测量的采样频率为每秒30次或以上。也可以采用时间戳，使其在广阔的地理范围内具有非常高的精确度和毫秒级的分辨率[32]。区域中由PMU测量的所有数据以标准数据格式被收集和发送至PDC。这些巨大的数据由不同区域的PDC分类，并由一个服务器通过宽带信道通信网络收集处理，以给出系统性能改进所需的信息。不同区域PDC之间的信息交换可以通过用来同步时间的GPS卫星实现，并确定时间参考值。例如，PMU测量故障前、中、后的频率、电压和电流的幅值和相角以及电压/电流的相量差值，经过处理并发送至实时控制器后，被用于在线决策，以保持电力系统稳定。通过PDC之间的信息交换能够判断哪些区域是可控的，哪些区域是可观测的。

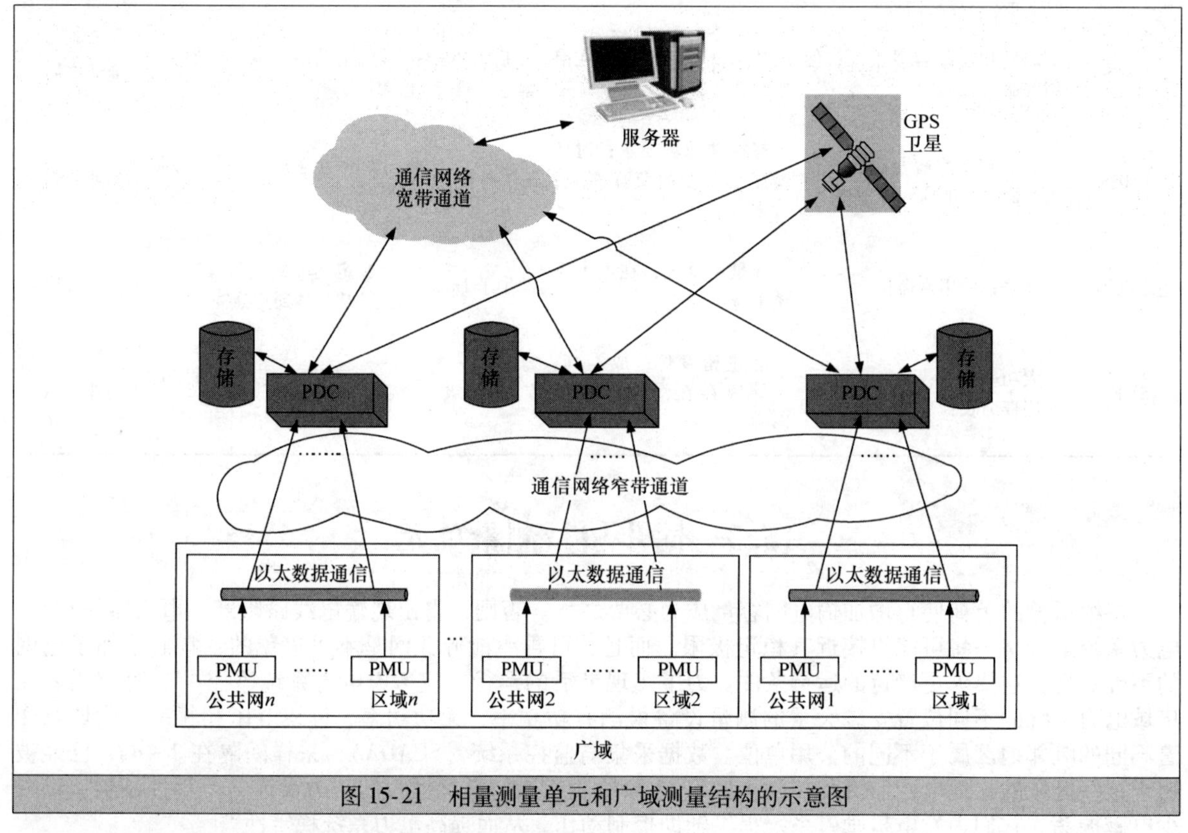

图15-21　相量测量单元和广域测量结构的示意图

15.3.2　广域测量系统的优点 ★★★

对于电力系统实时运行来讲，尤其是广域电力系统，基于离线分析和SCADA数据的传统安全评估越来越不可靠。广域测量系统和同步相量测量单元允许实时监控、评估并采取控制动作，从而能够防止或减轻电力系统的问题。广域系统不同位置的参数幅值和相角的同步测量能力可以带来以下好处：

- 为直接测量系统状态而不是通过状态估计技术来估计系统状态提供可能。
- 实时监控可以向运行人员提供实时信息，这些信息可以提高正常情况下的运营效率，并帮助他们在异常情况下发现问题。
- 避免大规模扰动。
- 最大化利用现有网络。
- 增加电力传输能力。
- 在系统受到扰动时，提供机电振荡阻尼。
- 建设一个互连的PMU网络可以使得公用事业公司更密切的监测电力系统稳定性，以及与邻近公用事业公司一起提供校正措施，从而提高暂态稳定和电压稳定性[33,34]。

- 避免系统阻塞。
- 提高 SE 的精确性，这个反过来可以提供网络模型的一个有效最佳估计，这个模型可以为无功优化、约束发电再调度及紧急事件分析等实时应用提供初始点[35]。
- 提高继电保护性能和保护方案，因为采用同步相量测量，可以使得某些继电保护（自适应继电器）自适应主要的系统条件[36]。

15.3.3 案例分析★★★

芬兰由 Fingrid 公司于 2006 年启动了一个广域测量系统项目。Fingrid 公司是输电系统的所有者和经营者（TSO）。它启动这个项目是为了获得区域间 0.3Hz 机电振荡阻尼的实时信息。这个机电振荡通常是限制从南芬兰到北芬兰进一步到南斯堪的纳维亚的电能传输能力的主要因素。后来，这个项目得到进一步发展。在 2011 年，系统部署了 12 个 PMU 和一个 PDC。PMU 的测量数据同时在挪威和丹麦的广域测量中流动。除了广域测量系统外，PMU 也已经成功地应用于电力系统规划、分析和控制等其他目的。例如，安装两个 PMU 作为 SVC 的 POD 控制的组成部分用来提供本地频率控制以及提供 POD 控制所需的正序电压信号。有关此项目的更多细节可参阅参考文献［31］。

在巴西，巴西互连电网（BIPS）发生了一次大规模停电事故，造成了 40% 的负荷损失，该事故就是由于 Itaipu 交流输电系统的一个故障引起。在低电压等级，该事件被同步相量测量样机 LVPMS（包括安装在巴西九所大学内的 PMU）记录。记录的数据包含停电事故的起因和 BIPS 恢复供电的相关信息。其他许多国家，如奥地利、中国、加拿大、美国、瑞典和瑞士，也开发了 PMU 样机装置。

参考文献

1. Ham W.K., Hwang S.W., Kim J.H. ‘Active and reactive power control model of superconducting magnetic energy storage (SMES) for the improvement of power system stability’. *Journal of Electrical Engineering & Technology*. 2008;**3**(1):1–7
2. Elamana S., Rathinam A. ‘Interarea oscillation damping by unified power flow controller-superconducting magnetic energy storage integrated system’. *International Journal of Engineering and Advanced Technology (IJEAT)*. 2013;**2**(3):221–5
3. Carnegie R., Gotham D., Nderitu D., Preckel P.V. *Utility scale energy storage systems: benefits, applications, and technologies*. Report of State Utility Forecasting Group, Jun 2013
4. APS Panel on Public Affairs, Committee on Energy and Environment (US). *Challenges of electricity storage technologies* [online]. Report, May 2007. Available from www.aps.org/policy/reports/popa-reports/upload/Energy_2007_Report_ElectricityStorageReport.pdf [Accessed Oct 2014]
5. Oberhofer A., Meisen P. *Energy storage technologies & their role in renewable integration*. Report, Global Energy Network Institute (GENI), Jul 2012
6. Makarov Y.V., Nyeng P., Yang B., DeSteese J.G., Ma J., Hammerstorm D.J., Lu S., *et al. Wide-area energy storage and management system to balance intermittent resources in the Bonneville power administration and California ISO control areas*. Report, prepared by Pacific Northwest National Laboratory for U.S. Department of Energy, Jun 2008
7. Science Educators. *Type 1 Superconductors* [online]. May 2007. Available from http://superconductors.org/Type1.htm [Accessed 12 Nov 2014]
8. Science Educators. *Type 2 Superconductors* [online]. Oct 2014. Available from http://superconductors.org/Type2.htm [Accessed 12 Nov 2014]
9. Khare N. *Handbook of High-Temperature Superconductor Electronics*. New York, NY, US: Marcel Dekker, Inc.; 2003

10. *Superconductor Terminology and the Naming Scheme* [online]. Available from http://superconductors.org/terms.htm [Accessed 23 Sept 2014]
11. World Technology Evaluation Center (WTEC) Panel. *Power applications of superconductivity in Japan and Germany*. Report, International Technology Research Institute, Loyola College in Maryland, Sept 1997
12. Ribeiro P., Johnson B., Crow M., Arsoy A., Steurer M., Liu Y. 'Energy Storage Systems'. *Encyclopedia of Life Support Systems (EOLSS), Electrical Engineering*. 2012;**3**:1–11
13. Lawrenson P.J., Miller T.J.E., Stephenson J.M., Ula A.H.M.S. 'Damping and screening in the synchronous superconducting generator'. *Electrical Engineers, Proceedings of the Institution of*. 1976;**123**(8):787–94
14. Takao T., Tsukamoto O., Hirao T., Morita M., Ikeda B. 'Quench characteristics of rotor winding of superconducting generator in static and rotating conditions'. *IEEE Transactions on Magnetics*. 1996;**32**(4):2365–8
15. Singh K.S. *Applications of High Temperature Superconductors to Electric Equipment*. NJ, US: Wiley-IEEE Press; 2011
16. Lynn R.W. *High Temperature Superconductors: Materials, Properties, and Applications*. Dordrecht, Netherlands: Kluwer Academic Publisher; 1998
17. Suryanarayana T., Bhattacharya J.L., Raju K.S.N., Durga Prasad K.A. 'Development and performance testing of a 200 kVA damperless superconducting generator'. *IEEE Transactions on Energy Conversion*. 1997; **12**(4):330–6
18. Nakayama T., Yagai T., Tsuda M., Hamajima T. 'Micro power grid system with SMES and superconducting cable modules cooled by liquid hydrogen'. *IEEE Transactions on Applied Superconductivity*. 2009;**19**(3):2062–5
19. Sykulski J. (eds.). 'Superconducting transformers'. *Advanced Research Workshop on Modern Transformers*; Vigo, Spain, Oct 2004. pp. 1–44
20. Kopylov S.I., Palashov N.N., Ivanov S.S., Veselovsky A.S., Zhemerikin V.D. (eds.). 'Joint operation of the superconducting fault current limiter and magnetic energy storage system in an electric power network'. *9th European Conference on Applied Superconductivity (EUCAS 09)*; Dresden, Germany, Sept 2009. pp. 912–17
21. Xue X.D., Cheng K.W.E., Sutanto D. (eds.). 'Power system applications of superconducting magnetic energy storage systems'. *Industrial Applications Conference 2005, Fortieth IAS Annual Meeting*; Kowloon, Hong Kong, Oct 2005, vol. 2. pp. 1524–9
22. Torre W.V., Eckroad S. (eds.). 'Improving power delivery through the application of superconducting magnetic energy storage (SMES)'. *IEEE Power Engineering Society Winter Meeting Conference*; Colombus, OH, US, Jan/Feb 2001, vol. 1. pp. 81–7
23. Bevrani H., Watanabe M., Mitani Y. *Power System Monitoring and Control*. Hoboken, NJ, US: John-Wiley Press; 2014
24. Ma J., Wang T., Wu J., Thorp J.S. (eds.). 'Design of global power systems stabilizer to damp inter-area oscillations based on wide-area collocated control technique'. *IEEE Power and Energy Society General Meeting*; Detroit, MI, US, Jul 2011
25. Giri J. (eds.). 'Enhanced power grid operations with a wide-area synchrophasor measurement & communication network'. *IEEE Power and Energy Society General Meeting*; San Diego, CA, US, Jul 2012
26. Kulkarni S., Allen A., Santoso S., Grady W.M. (eds.). 'Phasor measurement unit placement algorithm'. *IEEE Power and Energy Society General Meeting*; Calgary, AB, Canada, Jul 2009

27. Li Q., Negi R., LLić M.D. (eds.). 'Phasor measurement units placement for power system state estimation: a greedy approach'. *IEEE Power and Energy Society General Meeting*; Calgary, AB, Canada, Jul 2009
28. Bahabadi H.B., Mirzaei A., Moallem M. (eds.). 'Optimal placement of phasor measurement units for harmonic state estimation I unbalanced distribution system using genetic algorithms'. *21st International Technical Conference on Industrial & Commercial Power Systems (ICPS) IEEE*; Newport Beach, CA, US, May 2011. pp. 100–05
29. Zadeh A.K., Masshadi H.R., Abadi M.E.H. (eds.). 'Optimal placement of a defined number of phasor measurement units in power systems'. *2nd Iranian Conference on Smart Grids (ICSG) 2012*; Iran, May 2012
30. Gao Y., Hu Z., He X., Liu D. (eds.). 'Optimal placement of PMUs in power systems based on improved PSO algorithm'. *3rd IEEE Conference on Industrial Electronics and Applications (ICIEA) 2008*; Harbin, China, Jun 2008. pp. 2464–69
31. Rauhala T., Saarinen K., Latvala M., Laasonen M., Uusitalo M. (eds.). 'Applications of phasor measurement units and wide-area measurement system in Finland'. *Power Tech. 2011 IEEE Trondheim*, 2011. pp. 1–8
32. Carty D., Atanacio M. (eds.). 'PMUs and their potential impact on real-time control center operations'. *IEEE Power and Energy Society General Meeting*; Minneapolis, MN, US, Jul 2010
33. Alsafih H.A., Dunn R. (eds.). 'Determination of coherent clusters in a multi-machine power system based on wide-area signal measurements'. *IEEE Power and Energy Society General Meeting*; Minneapolis, MN, US, Jul 2010
34. Glavic M., Custem T.V. (eds.). 'Detecting with PHUs the onset of voltage instability caused by a large disturbance'. *IEEE Power and Energy Society General Meeting, Conversion and Delivery of Electrical Energy in the 21st century 2008 IEEE*; Pittsburgh, PA, US, Jul 2008. pp. 1–8
35. Liu Z, Llić D. (eds.). 'Toward PMU-based robust automatic voltage control (AVC) and automatic flow control (AFC)'. *IEEE Power and Energy Society General Meeting*; Minneapolis, MN, US, Jul 2010. pp. 1–8
36. Skok S., Ivankovic I., Cerina Z. (eds.). 'Applications based on PMU technology for improved power system utilization'. *IEEE Power and Energy Society General Meeting*; Tampa, FL, US, Jun, 2007. pp. 1–8
37. Decker I.C., Agostini M.N., e Silva A.S., Dotta D. (eds.). 'Monitoring of a large scale event in the Brazilian power system by WAMS'. *2010 IREP Symposium-Bulk Power System Dynamics and Control-VIII (IREP)*; Buzios, RJ, Brazil, Aug 2010

附　　录»

附录 I　同步电机计算中参数的标幺化形式

I.1　标幺值 ★★★

I.1.1　定子的基准值

通常为定子变量选择以下三个基准值：

S_{B} ≜ 基准容量 = 三相定子额定功率（VA_{rms}）

V_{B} ≜ 基准电压 = 定子额定线电压，V_{L-L}（V_{rms}）

t_{B} ≜ 基准时间（s）

其他基准量可定义为

I_{B} ≜ 基准电流 $=\dfrac{S_{B}}{V_{B}}=\sqrt{3}\times$ 额定线电流 I_{L}

ω_{B} ≜ 发电机额定转速 ω_{o}（rad/s）$=\dfrac{1}{t_{B}}$

Z_{B} ≜ 基准阻抗 $=\dfrac{V_{B}}{I_{B}}=\dfrac{V_{L-L}}{\sqrt{3}I_{L}}$

Ψ_{B} ≜ 基准磁链 $=L_{B}I_{B}=V_{B}t_{B}=\dfrac{V_{B}}{\omega_{B}}$

L_{B} ≜ 基准电感 $=\dfrac{\Psi_{B}}{I_{B}}=\dfrac{Z_{B}}{\omega_{B}}$

为了保证以上提到基准值的有效性，三相定子中的总功率 P_{abc} 必须和 $d-q$ 回路中的总功率相等。证明如下：

$$P_{abc}=v_{a}i_{a}+v_{b}i_{b}+v_{c}i_{c}=v_{abc}^{t}i_{abc} \tag{I-1}$$

运用 Park 变换：$v_{abc}^{t}=v_{dqo}^{t}\boldsymbol{P}^{t}$，$i_{abc}=\boldsymbol{P}i_{dqo}$

由于 $\boldsymbol{P}$ 是正交矩阵（功率不变），即 $\boldsymbol{P}^{t}=\boldsymbol{P}^{-1}$，假设零序功率为 0，则式（I-1）变为

$$P_{abc}=v_{dq}^{t}i_{dq}=v_{d}i_{d}+v_{q}i_{q} \tag{I-2}$$

则 $d-q$ 轴电压可写成

$v_{d}=V\sin\delta$，$v_{q}=V\cos\delta$，其中 V 是线电压（pu）。

$v_{du}=V_{u}\sin\delta$，$v_{qu}=V_{u}\cos\delta$，其中下标 u 表示标幺值。

因此

$$v_{du}^{2}+v_{qu}^{2}=V_{u}^{2} \tag{I-3}$$

从式（I-3）可以看出，$d-q$ 轴电压在数值上等于线电压。

类似地，$d-q$ 轴电流有

$i_{d}=I\sin\gamma$，$i_{q}=I\cos\gamma$（其中 I 为线电流），

标幺值形式为

$i_{du}=I_u\sin\gamma$，$i_{qu}=I_u\cos\gamma$

将标幺值形式的 $d-q$ 轴电压和电流代入式（Ⅰ-2），则三相定子功率可以写为

$$\begin{aligned}P_{abc}&=V_uI_u(\sin\delta\sin\gamma+\cos\delta\cos\gamma)\\&=V_uI_u\cos(\delta-\gamma)\end{aligned}$$

基于以上基准值，$d-q$ 轴电压的标幺值形式为

$$\left.\begin{aligned}v_{du}&=-\frac{1}{\omega_{\mathrm{B}}}\frac{\mathrm{d}\Psi_{du}}{\mathrm{d}t}-\frac{\omega}{\omega_{\mathrm{B}}}\Psi_{qu}-R_{au}i_{du}\\v_{qu}&=-\frac{1}{\omega_{\mathrm{B}}}\frac{\mathrm{d}\Psi_{qu}}{\mathrm{d}t}+\frac{\omega}{\omega_{\mathrm{B}}}\Psi_{du}-R_{au}i_{qu}\end{aligned}\right\}\tag{Ⅰ-4}$$

用实际值除去基准值得到标幺值

$$i_{qu}=\frac{i_q}{I_B},\ i_{du}=\frac{i_d}{I_B},\ v_{du}=\frac{v_d}{V_B},\ \Psi_{du}=\frac{\Psi_d}{\Psi_B}$$

更多公式的标幺化将在Ⅰ.2 节中给出。

Ⅰ.1.2 转子基准值

电枢的基准功率 S_{B}是其额定容量。电枢的时间基准值由额定角频率确定。因为转子和定子是经过电磁耦合的，所以它们的基准值必须保持一致。为了满足这个条件，转子基准值的数值需要很小，因此定子的基准容量比转子回路的额定功率大得多。

因此，只有转子选择了合适的基准容量，定子才能选择到合适的基准容量。转子基准值选择的主要依据是等互磁通链。这意味着转子回路基准电流 d 轴分量（基准励磁电流或基准阻尼电流）与 d 轴定子绕组中基准定子电流产生相同的基频间隙磁通。

式（2-20）可以扩展为以下形式

$$\begin{bmatrix}\Psi_d\\\Psi_q\\\Psi_o\\\Psi_f\\\Psi_{kd}\\\Psi_{kq}\end{bmatrix}=\begin{bmatrix}L_d&0&0&kM_f&kM_{kd}&0\\0&L_q&0&0&0&kM_{kq}\\0&0&L_o&0&0&0\\kM_f&0&0&L_f&L_{fkd}&0\\kM_{kd}&0&0&L_{fkd}&L_{kd}&0\\0&kM_{kq}&0&0&0&L_{kq}\end{bmatrix}=\begin{bmatrix}i_d\\i_q\\i_o\\i_f\\i_{kd}\\i_{kq}\end{bmatrix}\tag{Ⅰ-5}$$

在式（Ⅰ-5），将电流 $i_d=I_{\mathrm{B}}$，$i_f=I_{f\mathrm{B}}$，$i_{kd}=I_{kd\mathrm{B}}$的值设置为 1，同时将其他电流设置为 0，由于各 d 轴绕组之间的磁链（Ψ_{md}，Ψ_{mf}，Ψ_{mkd}）相等，所以可以得到下面的方程

$$(L_d-\ell_d)I_{\mathrm{B}}=kM_fI_{f\mathrm{B}}=kM_{kd}I_{kd\mathrm{B}}\tag{Ⅰ-6}$$

式中，ℓ_d 是 d 轴电枢的漏感；$I_{f\mathrm{B}}$和 $I_{kd\mathrm{B}}$分别是转子磁场和阻尼绕组基准电流。

因此

$$I_{f\mathrm{B}}=\frac{L_{md}}{kM_f}I_{\mathrm{B}},\ I_{kd\mathrm{B}}=\frac{L_{md}}{kM_{kd}}I_{\mathrm{B}}\tag{Ⅰ-7}$$

式中，$L_{md}=L_d-\ell_d$

转子回路基准磁链选择方式如下：

$$\Psi_{\mathrm{B}}I_{\mathrm{B}}=\Psi_{f\mathrm{B}}I_{f\mathrm{B}}=\Psi_{kd\mathrm{B}}I_{kd\mathrm{B}},\ \Psi_{f\mathrm{B}}=\frac{I_{\mathrm{B}}}{I_{f\mathrm{B}}}\Psi_{\mathrm{B}},\ \Psi_{kd\mathrm{B}}=\frac{I_{\mathrm{B}}}{I_{kd\mathrm{B}}}\Psi_{\mathrm{B}}\tag{Ⅰ-8}$$

同样，对于 q 轴转子回路（KQ 绕组），基准电流和基准磁链给出方式如下：

$$I_{kq\mathrm{B}}=\frac{Lmq}{kM_{kq}}I_{\mathrm{B}},\ \Psi_{kq\mathrm{B}}=\frac{I_{\mathrm{B}}}{I_{kq\mathrm{B}}}\Psi_{\mathrm{B}}\tag{Ⅰ-9}$$

式中，$L_{mq}=L_q-\ell_q$，ℓ_q 是 q 轴电枢绕组的漏感。

通常情况下，$\ell_d=\ell_q$ 并且将它们写作ℓ_a。

由于定子的基准容量 S_{B} 和转子的基准容量 S_{B} 相同，所以可得到下面的关系式：

$$\left.\begin{aligned}\frac{V_{fB}}{V_B}=\frac{I_B}{I_{fB}}=\frac{kM_f}{L_{md}}\\ \frac{V_{kdB}}{V_B}=\frac{I_B}{I_{fB}}=\frac{kM_{kd}}{L_{md}}\\ \frac{V_{kqB}}{V_B}=\frac{I_B}{I_{fB}}=\frac{kM_{kq}}{L_{mq}}\end{aligned}\right\} \tag{Ⅰ-10}$$

Ⅰ.1.3 将转子基准值用定子电动势的形式表示

在同步电机方程中，通常将转子电流、磁链和电压用含定子电动势的多项式表示。

在稳定状态且开路条件下，励磁电流与定子电动势之间的关系为$\sqrt{2}E=\omega_o M_f i_f$，其中 E 为定子相电压的有效值。前文已经提到，d 轴定子与转子绕组之间耦合系数 $\sqrt{3/2}$，关系式可以写为

$$\omega_o kM_f i_f=\sqrt{3}E \text{ 或者 } \omega_o kM_f i_f=E_l \tag{Ⅰ-11}$$

式中，E_l 为线电压有效值。

遵照美国国家标准化协会（ANSI）和国际电工委员会（IEC）对于符号的规定，将公式写为 $\omega_o kM_f i_f=E_q$。但值得注意的是，对于一个特定的电机，ω_o 和 M_f 是常数。因此，E_l 和 i_f 都是标幺值。

磁通 Ψ_f 也有和定子电动势的对应关系。在稳定状态且开路条件下，$i_f=\dfrac{\Psi_f}{L_f}$，i_f 乘以 $\omega_o kM_f$ 得到定子电动势，所以 E'_q（线电压有效值）和 Ψ_f 之间的关系为

$$\omega_o kM_f\frac{\Psi_f}{L_f}=E'_q \tag{Ⅰ-12}$$

式中，E'_q 为次暂态电动势的正交分量。

类似地，在稳定状态下，励磁电压 v_f 与 i_f 的关系为 $i_f=\dfrac{v_f}{R_f}$。因此，它对应于定子电动势峰值为 $i_f\omega_o M_f=(v_f/R_f)\omega_o M_f$。如果它的线电压有效值来源于 E_{fd}，那么 d 轴定子电动势与励磁电压 v_f 的对应关系为

$$(v_f/R_f)\omega_o kM_f=E_{fd} \tag{Ⅰ-13}$$

值得注意的是，在式(Ⅰ-11)~式(Ⅰ-13)中，定子电动势的值为线电压有效值，并且基本电压 V_B 也是线电压有效值（见Ⅰ.1.1节）。在一些文献中，V_B 为相电压有效值，导致在Ⅰ.3节中公式中使用了因数$\sqrt{3}$。

Ⅰ.2 标幺化的同步电机电压方程 ★★★

由于标幺化后的电压与电流具有相同的阶数，因此可以选择合适的基准值电压方程进行标幺化，以使得电压方程便于使用。对所有的标幺值加下标 u，该下标在对所有量标幺化后被省略。由于实际值＝标幺值×基准值，式（2-32）可以写为

$$
\begin{bmatrix} v_{du}V_B \\ v_{qu}V_B \\ v_{ou}V_B \\ -v_{fu}V_{fB} \\ 0 \\ 0 \end{bmatrix} = \begin{bmatrix} R_a & \omega L_a & 0 & 0 & 0 & \omega kM_{ka} \\ -\omega L_d & R_a & 0 & -\omega kM_f & - & 0 \\ 0 & 0 & R_a+3R_n & 0 & \omega kM_{kd} & 0 \\ 0 & 0 & 0 & R_f & 0 & 0 \\ 0 & 0 & 0 & 0 & R_{kd} & 0 \\ 0 & 0 & 0 & 0 & 0 & R_{ka} \end{bmatrix} \begin{bmatrix} i_{du}I_B \\ i_{qu}I_B \\ i_{ou}I_B \\ i_{fu}I_{fB} \\ i_{kdu}I_{kdB} \\ i_{kqu}I_{kqB} \end{bmatrix}
$$

$$
- \begin{bmatrix} L_d & 0 & 0 & kM_f & kM_{kd} & 0 \\ 0 & L_q & 0 & 0 & 0 & kM_{kq} \\ 0 & 0 & L_o+3L_n & 0 & 0 & 0 \\ kM_f & 0 & 0 & L_f & L_{fkd} & 0 \\ kM_{kd} & 0 & 0 & L_{fkd} & L_{kd} & 0 \\ 0 & kM_{kq} & 0 & 0 & 0 & L_{kq} \end{bmatrix} \begin{bmatrix} (pi_{du})I_B \\ (pi_{qu})I_B \\ (pi_{ou})I_B \\ (pi_{fu})I_{fB} \\ (pi_{kdu})I_{kdB} \\ (pi_{kqu})I_{kqB} \end{bmatrix} \tag{Ⅰ-14}
$$

将 ω 写成 $\omega=\omega_u\omega_o$ 后（额定角速度 ω_o 作为基准值 ω_B），该方程组可写成如下展开形式：

$$
v_{du} = -R_a\frac{I_B}{V_B}i_{du} - \omega_u\omega_o L_q\frac{I_B}{V_B}i_{qu} - \omega_u\omega_o kM_{kq}\frac{I_{kqB}}{V_B}i_{kqu} - L_d\frac{I_B}{V_B}pi_{du}
$$

$$
-kM_f\frac{I_{fB}}{V_B}pi_{fu} - kM_{kd}\frac{I_{kdB}}{V_B}pi_{kdu}pu \tag{Ⅰ-15}
$$

于是，

$$
v_{du} = -\frac{R_a}{R_B}i_{du} - \omega_u\frac{L_q}{L_B}i_{qu} - \omega_u\frac{\omega_o I_{kqB}}{V_B}kM_{kq}i_{kqu} - \frac{L_d}{\omega_o L_B}pi_{du} - \frac{kM_f}{\omega_o}\frac{\omega_o I_{fB}}{V_B}pi_{fu}
$$

$$
-\frac{kM_{kd}}{\omega_o}\frac{\omega_o I_{kdB}}{V_B}pi_{kdu} \tag{Ⅰ-16}
$$

定义如下：

$R_u=R_a/R_B$，$L_{du}=L_d/L_B$，$M_{fu}=M_f\,\omega_o I_{fB}/V_B$，$L_{kdu}=L_{kd}/L_B$，$M_{kdu}=M_{kd}\omega_o I_{kdB}/V_B$，$M_{kqu}=M_{kq}\omega_o I_{kqB}/V_B$

然后，将其代入式（Ⅰ-16），得到

$$
v_{du} = -R_u i_{du} - \omega_u L_{qu}i_{qu} - \omega_u kM_{kqu}i_{kqu} - \frac{L_{du}}{\omega_o}pi_{du} - k\frac{M_{fu}}{\omega_o}pi_{fu} - k\frac{M_{kdu}}{\omega_o}pi_{kdu} \tag{Ⅰ-17}
$$

运用类似分析，q 轴电压方程标幺值形式为

$$
v_{qu} = -R_u i_{du} + \omega_u L_{du}i_{du} + \omega_u kM_{fu}i_{fu} + \omega_u kM_{kdu}i_{kdu} - \frac{L_{qu}}{\omega_o}pi_{qu} - k\frac{M_{kqu}}{\omega_o}pi_{kdu} \quad \text{pu} \tag{Ⅰ-18}
$$

在平衡条件下，v_{ou}的方程如下：

$$
v_{ou} = -\frac{R_a+3R_n}{R_B}i_{ou} - \frac{L_o+3L_n}{\omega_o L_B}pi_{ou}
$$

因此

$$v_{ou} = -(R_a + 3R_n)_u i_{ou} - \frac{1}{\omega_o}(L_o + 3L_n)_u p i_{ou} \quad \text{pu} \tag{Ⅰ-19}$$

对转子方程式进行标幺化，励磁电压标幺值为

$$v_{fu} = R_f \frac{I_{fB}}{V_{fB}} i_{fu} + k\frac{M_f}{\omega_o}\frac{\omega_o I_B}{V_{fB}} p i_{du} + \frac{L_f}{\omega_o}\frac{\omega_o I_{fB}}{V_{fB}} p i_{fu} + \frac{L_{fkd}}{\omega_o}\frac{\omega_o I_{kdB}}{V_{fB}} p i_{kdu} \quad \text{pu} \tag{Ⅰ-20}$$

最后两个方程通过基准转子电感进行标幺化

$$L_{fu} = L_f / L_{fB}, \ L_{fkdu} = L_{fkd} / L_{fkdB}$$

因此，标幺化的励磁电压方程为

$$v_{fu} = R_{fu} i_{fu} + k\frac{M_{fu}}{\omega_o} p i_{du} + \frac{L_{fu}}{\omega_o} p i_{fu} + \frac{L_{fkdu}}{\omega_o} p i_{kdu} \tag{Ⅰ-21}$$

对阻尼绕组回路 KD 和 KQ 采取相同的步骤，得到如下方程

$$v_{kdu} = 0 = R_{kdu} i_{kdu} + k\frac{M_{kdu}}{\omega_o} p i_{du} + \frac{L_{fkdu}}{\omega_o} p i_{fu} + \frac{L_{kdu}}{\omega_o} p i_{kdu} \tag{Ⅰ-22}$$

$$v_{kqu} = 0 = R_{kqu} i_{kqu} + k\frac{M_{kqu}}{\omega_o} p i_{qu} + \frac{L_{kqu}}{\omega_o} p i_{kqu} \tag{Ⅰ-23}$$

在平衡条件下，并将标幺化后的方程转化为矩阵形式，其中前三行表示的是 d 轴电压关系，其中第四行和第五行表示的是 q 轴电压关系，可写成如下形式

$$\begin{bmatrix} v_d \\ -v_f \\ 0 \\ v_q \\ 0 \end{bmatrix} = -\begin{bmatrix} R_a & 0 & 0 & \omega L_q & \omega k M_{kq} \\ 0 & R_f & 0 & 0 & 0 \\ 0 & 0 & R_{kd} & 0 & 0 \\ -\omega L_d & -\omega k M_f & -\omega k M_{kd} & R_a & 0 \\ 0 & 0 & 0 & 0 & R_{kq} \end{bmatrix} \begin{bmatrix} i_d \\ i_f \\ i_{kd} \\ i_q \\ i_{kq} \end{bmatrix} - \begin{bmatrix} L_d & kM_f & kM_{kd} & 0 & 0 \\ kM_f & L_f & L_{fkd} & 0 & 0 \\ kM_{kd} & L_{fkd} & L_{kd} & 0 & 0 \\ 0 & 0 & 0 & L_q & kM_{kq} \\ 0 & 0 & 0 & kM_{kq} & L_{kq} \end{bmatrix} \begin{bmatrix} pi_d \\ pi_f \\ pi_{kd} \\ pi_q \\ pi_{kq} \end{bmatrix} \tag{Ⅰ-24}$$

在式（Ⅰ-24）中，下标 u 表示所有数据都是标幺值形式，这种形式在时域（时间以 s 为单位）分析时也同样适用。

Ⅰ.3 一种替代的标幺值系统 ★★★

在一些文献中将每一相的量作为基准值。因此，定子基准值选择方式如下。

Ⅰ.3.1 定子基准值

$S_B \triangleq$ 基准容量 = 定子额定功率/相（VA_{rms}）

$V_B \triangleq$ 基准电压 = 定子额定相电压 V_{L-N}（V_{rms}）

$t_B \triangleq$ 基准时间（s）

其他基本量可定义为

$I_B \triangleq$ 基准电流 $= \dfrac{S_B}{V_B}$ = 额定相电流，星形连接线电流，I_L

$\omega_B \triangleq$ 发电机额定转速 $\omega_o(\text{rad/s}) = \dfrac{1}{t_B}$

$Z_B \triangleq$ 基准阻抗 $= \dfrac{V_B}{I_B} = \dfrac{V_{L-N}}{\sqrt{3} I_L}$

$\Psi_B \triangleq$ 基准磁链 $= L_B I_B = V_B t_B = V_{L-N} t_B = \dfrac{V_{L-N}}{\omega_B}$

$L_B \triangleq$ 基准电感 $= \dfrac{\Psi_B}{I_B} = \dfrac{Z_B}{\omega_B}$

在平衡状态下，$d-q$ 轴标幺值，如 v_{dqo}、i_{dqo} 和三相定子总功 P_{abc}，获得方式如下。

假设如下形式的定子电压

$$\left.\begin{aligned} v_a &= V_{\max}\sin(\delta+\alpha) = \sqrt{2}V\sin(\delta+\alpha) \\ v_b &= \sqrt{2}V\sin\left(\delta+\alpha-\frac{2\pi}{3}\right) \\ v_c &= \sqrt{2}V\sin\left(\delta+\alpha+\frac{2\pi}{3}\right) \end{aligned}\right\} \tag{I-25}$$

式中，$V\angle\alpha$ 是相电压有效值。

应用派克变换得出 v_{dqo}

$$\begin{bmatrix} v_d \\ v_q \\ v_o \end{bmatrix} = \begin{bmatrix} \sqrt{3}V\sin\alpha \\ \sqrt{3}V\cos\alpha \\ 0 \end{bmatrix} \tag{I-26}$$

因此，$d-q$ 轴参考系下电压的标幺值为

$$\left.\begin{aligned} v_{du} &= v_d/V_B = \sqrt{3}(V/V_B)\sin\alpha = \sqrt{3}V_u\sin\alpha \\ v_{qu} &= v_q/V_B = \sqrt{3}(V/V_B)\cos\alpha = \sqrt{3}V_u\cos\alpha \end{aligned}\right\} \tag{I-27}$$

因此

$$v_{du}^2 + v_{qu}^2 = 3V_v^2 \tag{I-28}$$

式（Ⅰ-27）表明 d 轴和 q 轴电压在数值上等于 $\sqrt{3}$ 倍的标幺值电压。

类似地，假设相电流有效值是 $I\angle\gamma$。$d-q$ 轴参考系下定子电流为

$$\begin{bmatrix} i_d \\ i_q \\ i_o \end{bmatrix} = \begin{bmatrix} \sqrt{3}I\sin\gamma \\ \sqrt{3}I\cos\gamma \\ 0 \end{bmatrix} \tag{I-29}$$

因此，就可得到电流的标幺值

$$i_{du} = \sqrt{3}I_u\sin\gamma，\ i_{qu} = \sqrt{3}I_u\cos\gamma \tag{I-30}$$

应用式（Ⅰ-27）和式（Ⅰ-30），可得到三个定子相的总功率 P_{abc}

$$P_{abc} = i_{du}v_{du} + i_{qu}v_{qu} = 3I_uV_u(\sin\alpha\sin\gamma + \cos\alpha\cos\gamma) = 3I_uV_u\cos(\alpha-\gamma) \quad \text{pu} \tag{I-31}$$

由式（Ⅰ-31）可以看出 $d-q$ 回路的功率和三相定子的功率相同。

表Ⅰ-1　在系统Ⅰ.1和Ⅰ.3中基本量的标幺化

基本量	标幺化系统	
	系统Ⅰ.1	系统Ⅰ.3
定子基本量		
S_B	$\sqrt{3}V_{L-L}I_L$	$V_{L-N}I_L$
V_B	V_{L-L}	V_{L-N}
I_B	$(S_B/V_B) = \sqrt{3}I_L$	I_L
Z_B	$(V_B/I_B) = V_{L-L}/(\sqrt{3}I_L)$	$(V_B/I_B) = V_{L-N}/(I_L)$
L_B	Z_Bt_B	Z_Bt_B

（续）

基本量	标幺化系统	
	系统 Ⅰ.1	系统 Ⅰ.3
Ψ_B	$V_B t_B$	$V_B t_B$
转子基本量		
I_{fB}	$(L_{md}/kM_f)I_B$	$(L_{md}/kM_f)I_B$
I_{kdB}	$(L_{md}/kM_{kd})I_B$	$(L_{md}/kM_{kd})I_B$
I_{kqB}	$(L_{md}/kM_{kq})I_B$	$(L_{md}/kM_{kq})I_B$
Ψ_{fB}	$(I_B/I_{fB})\Psi_B$	$(I_B/I_{fB})\Psi_B$
Ψ_{kdB}	$(I_B/I_{kdB})\Psi_B$	$(I_B/I_{kdB})\Psi_B$
Ψ_{kqB}	$(I_B/I_{kqB})\Psi_B$	$(I_B/I_{kqB})\Psi_B$
V_{fB}	$(kM_f/L_{md})V_B$	$(kM_f/L_{md})V_B$
V_{kdB}	$(kM_{kd}/L_{md})V_B$	$(kM_{kd}/L_{md})V_B$
V_{kqB}	$(kM_{kq}/L_{md})V_B$	$(kM_{kq}/L_{md})V_B$

Ⅰ.3.2 转子基准值

基于每个 d 轴绕组的磁链（Ψ_{md}，Ψ_{mf}，Ψ_{mkd}）均相等的原则，利用式(Ⅰ-7)、式（Ⅰ-9)、式（Ⅰ-10）可用于计算转子基准量 I_{fB}、I_{kdB}、I_{kqB}。

在Ⅰ.1 节中我们已经提到，定子基准值取三相额定功率和额定电压，而在替代单位系统，Ⅰ.3 节中，额定功率/相电压作为定子基准值。计算出每一个系统基准值的过程，总结在表Ⅰ-1。

在表Ⅰ-1 中，需要注意：

系统Ⅰ.1 中基准额定值是系统Ⅰ.3 中的 3 倍。

系统Ⅰ.1 中基准电压和基准电流是系统Ⅰ.3 中的$\sqrt{3}$倍。

对系统Ⅰ.1 、Ⅰ.3 来说，基准阻抗和电感的基准值是相同的。

在系统Ⅰ.3 中，定子磁链比实际值大$\sqrt{3}$倍。

在系统Ⅰ.3 中，转子回路中 $d-q$ 轴基准电流，磁链和电压比实际值大$\sqrt{3}$倍。

用标幺值表示，在系统Ⅰ.1 中，$v_{du}^2+v_{qu}^2=V_u^2$，在系统Ⅰ.3 中 $v_{du}^2+v_{qu}^2=3V_u^2$。

用标幺值表示，在系统Ⅰ.1 中，三相定子功率为 $V_uI_u\cos(\delta-\gamma)$，在系统Ⅰ.3中，三相定子功率为 $3V_uI_u\cos(\alpha-\gamma)$。

附录Ⅱ　9 节点测试系统

单线图

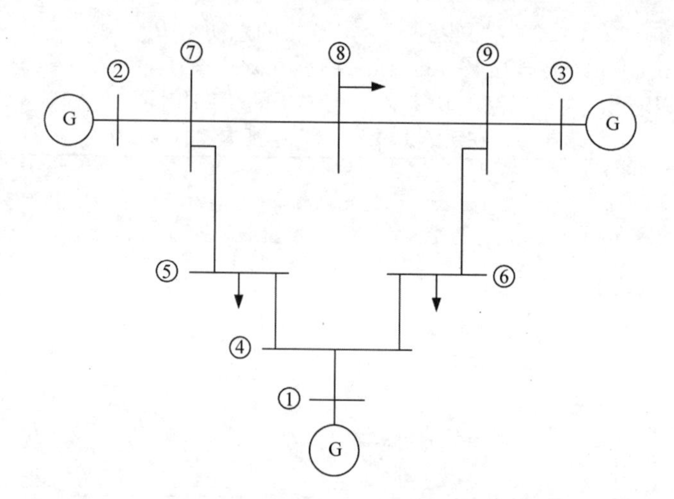

系统数据

表Ⅱ-1　基准容量为 100MVA 时的线路参数

首节点	末节点	串联电阻 R_s(pu)	串联电抗 X_s(pu)	导纳 B(pu)
1	4	0	10.0576	0
14	6	0.0170	0.0920	0.1580
6	9	0.0390	0.17	0.3580
9	3	0	0.0586	0
9	8	0.0119	0.1008	0.2090
8	7	0.0085	0.0720	0.1490
7	2	0	0.0625	0
7	5	0.0329	0.1610	0.3060
5	4	0.0100	0.0850	0.1760

表Ⅱ-2　系统节点数据

节点编号	节点类型	发电机出力（pu）		负荷（pu）		电压幅值
		P_G	Q_G	P_L	Q_L	
1	平衡节点	–	–	0	0	1.04
2	PV	1.63	–	0	0	1.025
3	PV	0.85	–	0	0	1.025
4	PQ	0	0	0	0	–
5	PQ	0	0	1.25	0	–
6	PQ	0	0	0.9	0	–
7	PQ	0	0	0	0	–
8	PQ	0	0	1	0	–
9	PQ	0	0	0	0	–

表Ⅱ-3　发电机数据

发电机	1	2	3
额定容量/MVA	247.5	192	128
电压/kV	16.5	18	13.8
功率因数	1	0.85	0.85
类型	水电	蒸汽	蒸汽
转速/(r/min)	180	3600	3600
X_d	0.1460	0.8958	1.3125
X'_d	0.0608	0.1198	0.1813
X_q	0.0969	0.8645	1.2578
X'_q	0.0969	0.1969	0.25
X_l（漏抗）	0.0336	0.0521	0.0742
T'_{d0}	8.96	6	5.89
T'_{q0}	0	0.535	0.6
额定转速时存储的能量/MW · s	2364	640	301
H/(MW · s/MVA)	9.55	3.33	2.35

附录Ⅲ　数值积分技术

考虑一阶非线性微分方程（Ordinary Different Equation，ODE），$y'=f(x,y), y(x_o)=y_o$。$y=u(x)$在区间$I_o=[x_o,b]$上有唯一解。$u(x)$是在区间I上的函数，因此找到非线性微分方程的解，就是找到$y=u(x)$在区间I上的解。

一般来说，$u(x)$在任一点的求解都会涉及大量的数学运算。又因为I上有无数个点，计算出$u(x)$在每个点上的值是不可行的。因此，我们需要找到I的一个有限子集。子集内的元素用x_0，x_1，…，x_m表示。为了便于计算，等间隔地取这些点。因此，计算$x_i=x_o+ih(i=0,1,\cdots,m)$时$u(x)$的值。$h$称为步长，$m$是整数并且$x_m\leqslant b$，$x_m+h>b$。

对于不同的方程，x_i处的精确解通常写为$y(x_i)$，对应的近似解写成y_i。因此，目标就是要找到y_1，y_2，…，y_m来近似$y(x_1)$，$y(x_2)$，…，$y(x_m)$。在以下各节中给出了求解 ODE 的不同方法。

Ⅲ.1　欧拉法 ★★★

欧拉法也许是最简单的数值计算方法。了解它的应用可以帮助理解 ODE 方程求解的基本思想。

假设$f(x,y)$、x_o、y_o、h和m已知，x_1，…，x_m和y_1，y_2，…，y_m获得方式如下：

$$x_{i+1}=x_i+h$$

$$y_{i+1}=y_i+hf(x_i,y_i)\quad i=1,2,\cdots,m-1$$

图Ⅲ-1 为描述欧拉法的几何图形。初始点（x_o，y_o）在解曲线中已经给出。某点的斜率可以由式$f(x_o,y_o)$给出。因此，解曲线在初始点的斜率可以确定。欧拉方法包括通过切线逼近解的函数。

$$\tan\theta=f(x_o,y_o)=\frac{y_1-y_o}{h}$$

这可以容易得到y_1：

$$y_1=y_o+hf(x_o,y_o)$$

误差为$y_1-y(x_1)$。

这是欧拉算法中的一步。

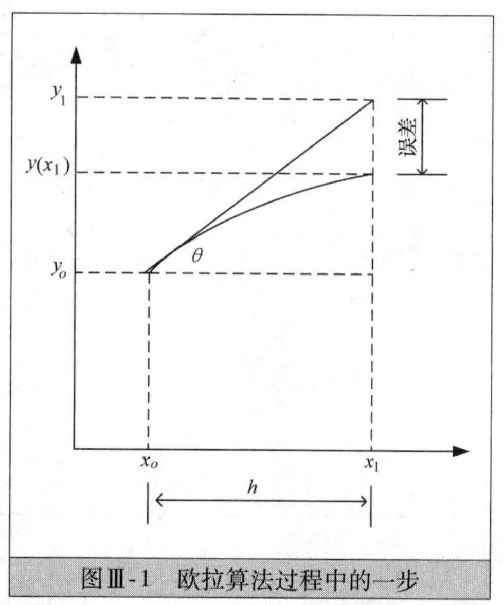

图Ⅲ-1　欧拉算法过程中的一步

如果将（x_1，y_1）作为起始点，并且重复整个过程，结果将会是（x_2，y_2）。从第一步开始就会存在计算值y_1与实际值$y(x_1)$的差值，即误差。然后，后续步骤都是基于不正确的假设（解的曲线是一个线性函数）和斜率，从错误的点开始。

可以对欧拉算法进行扩展，用来解一阶非线性微分方程组。假设方程组的给出方式如下：

$$y'_1=f_1(x,y_1,y_2,\cdots,y_n)y_1(x_o)=y_{1o}$$

$$y'_2=f_2(x,y_1,y_2,\cdots,y_n)y_2(x_o)=y_{2o}$$

$$\vdots$$

$$y'_n=f_n(x,y_1,y_2,\cdots,y_n)y_n(x_o)=y_{no}$$

上述方程组的问题是对于未知的方程$y_1(x),y_2(x),\cdots,y_n(x)$，如何在点$x_0$，$x_1$，…，$x_m$找到近似的值。对于特定的方程，如$y_j(x)$，正确的解用$y_j(x_o),y_j(x_1),\cdots,y_j(x_m)$表示，近似解用$y_{jo}$，$y_{j1}$，…，$y_{jm}$表示。

假设x_o，y_{1o}，y_{2o}，…，y_{no}，h，m已知，$y_{ji}(j=1,2,\cdots,m)$组成方式如下：$x_{i+1}=x_i+h$

$$y_{1,i+1}=y_{1i}+hf_1(x_i,y_{1i},y_{2i},\cdots,y_{ni})$$

$$y_{2,i+1}=y_{2i}+hf_2(x_i,y_{1i},y_{2i},\cdots,y_{ni})$$

$$\vdots$$

$$y_{n,i+1}=y_{ni}+hf_n(x_i,y_{1i},y_{2i},\cdots,y_{ni})\quad i=0,1,\cdots,m-1$$

算法经过修正后被称为修正欧拉－柯西法，所使用的规则如下：

$$y_{i+1}=y_i+hf(x_i+\frac{h}{2},y_i+\frac{h}{2}f(x_i,y_i))$$

一般来说，如果已知一个常微分方程的解具有许多导数，那么可以通过更复杂的方法提供更精确的近似解，这些方法，具体将在下一节中解释。

Ⅲ.2　梯形法 ★★★

这个方法是由威亨提出的，所以有时称为“威亨法”。对于 ODE 的求解来说，它得到的解比欧拉法更为精确。给定不同形式的方程 $y'_1=f(x,y),y(x_o)=y_o$。如果 $x_{i+1}=x_i+h$，整理方程两边得到

$$\int_{x_o}^{x_1}y'(x)\mathrm{d}x=\int_{x_o}^{x_1}f(x,y(x))\mathrm{d}x$$

对左边化简后得到

$$y(x_1)=y(x_o)+\int_{x_o}^{x_1}f(x,y(x))\mathrm{d}x$$

右边的积分通过梯形法进行近似后，得到

$$y(x_1)=y(x_o)+\frac{h}{2}[f(x_o,y(x_o))+f(x_1,y(x_1))]+\text{余项}$$

最后，如果右边的 $y(x_1)$ 通过欧拉法进行近似，并且忽略所有余项，结果为

$$y_1=y_o+\frac{h}{2}[f(x_o,y_o)+f(x_o,y_o+hf(x_o,y(x_o)))]$$

上述结果可以通过如下算法进行阐释。

Ⅲ.2.1　算法

假设 $f(x,y)$、x_o、y_o、h、m 已知，x_1，x_2，…，x_m 和 y_1，y_2，…，y_m 获得方式如下：

$x_{i+1}=x_i+h$

$y_{i+1}=y_i+\frac{h}{2}[f(x_i,y_i)+f(x_{i+1},y_i+hf(x_i,y_i))]\quad i=0,1,\cdots,m-1$

值得注意的是，每一步都涉及函数 $f(x,y)$ 的两次计算。为了得到 y_{i+1}，需要计算出 $f(x,y)$ 在 (x_i,y_i) 和 $(x_{i+1},y_i+hf(x_i,y_i))$ 两个点的函数值。假设第一次计算的值将会被保存，因此它不用进行第二次计算。

Ⅲ.3　龙格－库塔法 ★★★

在数学上，存在采用 $y_{i+1}=y_i+h\phi(x_i,y_i;h)$ 的形式的不同算法求解 ODE：

$$y'=f_1(x,y),y(x_o)=y_o\quad x\in[x_o,b]$$

以为了获得 $y(x_{i+1})$ 的近似值 y_{i+1}，$i=0$，1，…，$m-1$。

Ⅲ.3.1　二阶龙格－库塔法

可采用以下形式：

$$y_{i+1}=y_i+\frac{h}{2}[K_1+K_2]$$

式中，

$K_1=f(x_i,y_i),K_2=f\left(x_i+\frac{h}{2},y_i+\frac{h}{2}K_1\right)$

图Ⅲ-2 为描述二阶龙格－库塔法的几何图形。初始点（x_o，y_o）在解曲线中已经给出。曲线中初始点的斜率可以由式 $K_1=f(x_o,y_o)$ 给出。根据点 $\left(x_o+\frac{h}{2},y_o+K_1h/2\right)$ 的切线得到解曲线的 K_2。因此，在起始点解曲线的切线为 $K_1+K_2/2$。

高阶龙格－库塔法的基本思想相同，但如下所述，它们在每一步计算初始点的斜率时方法有所不同。

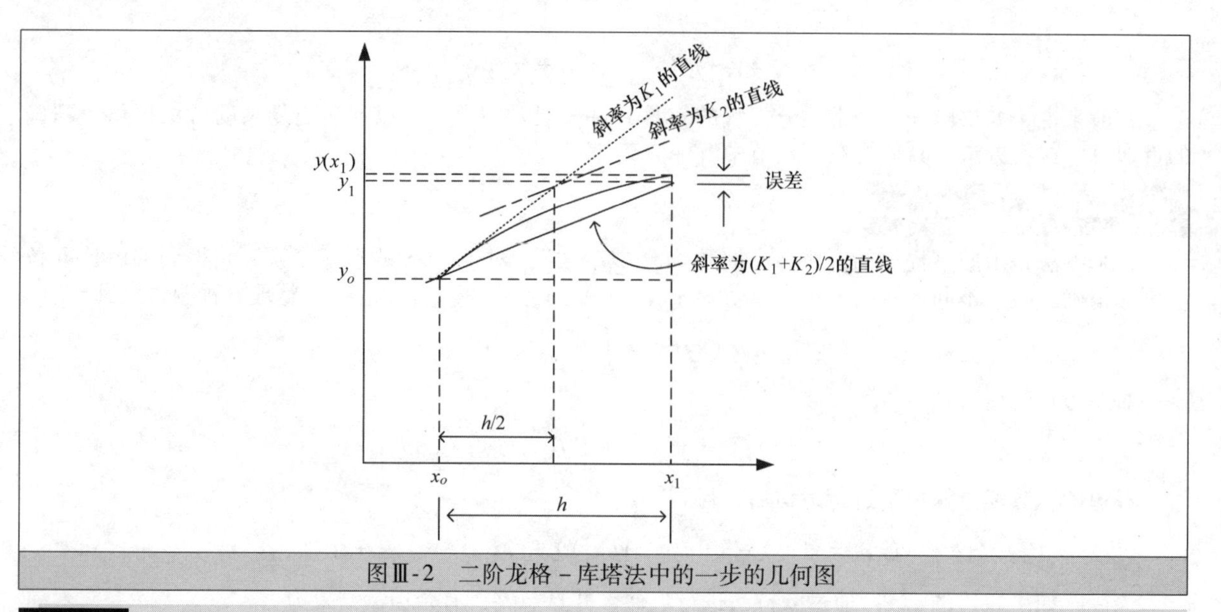

图Ⅲ-2　二阶龙格－库塔法中的一步的几何图

Ⅲ.3.2　三阶龙格－库塔法

应用以下形式

$$y_{i+1}=y_i+\frac{h}{6}[K_1+4K_2+K_3]$$

式中，

$$K_1=f(x_i,y_i),\ K_2=f(x_i+\frac{h}{2},y_i+\frac{h}{2}K_1),K_3=f(x_i+h,y_i+hK_1)$$

Ⅲ.3.3　四阶龙格－库塔法

应用以下形式

$$y_{i+1}=y_i+\frac{h}{6}[K_1+2K_2+2K_3+K_4]$$

式中，

$$K_1=f(x_i,y_i),\ K_2=f\left(x_i+\frac{h}{2},y_i+\frac{h}{2}K_1\right),$$

$$K_3=f\left(x_i+\frac{h}{2},y_i+\frac{h}{2}K_2\right),K_4=f(x_i+h,y_i+hK_3)$$

这个方法可以延伸到解决一阶非线性微分方程组。例如，假设下面两个方程已知。

$$y'_1=f_1(x,y_1,y_2)y_1(x_o)=y_{1o}$$

$$y'_2=f_2(x,y_1,y_2)y_2(x_o)=y_{2o}\quad x\in[x_o,b]$$

将$x_i=x_o+ih$，$y_{1,i}$，$y_{2,i}$在数值上逼近$y_1(x_i),y_2(x_i)$。

$$y_{1,i+1}=y_{1,i}+h\phi_1(x_i,y_{1,i},y_2,i;h)$$

$$y_{2,i+1}=y_{2,i}+h\phi_2(x_i,y_{1,i},y_2,i;h)$$

式中，

$$\phi_1(x_i,y_{1,i},y_2,i;h)=\frac{1}{6}[K_{11}+2K_{12}+2K_{13}+K_{14}]$$

$$\phi_2(x_i,y_{1,i},y_2,i;h)=\frac{1}{6}[K_{21}+2K_{22}+2K_{23}+K_{24}]$$

$$K_{11}=f(x_i,y_{1,i},y_2,i)$$

$$K_{21}=f(x_i,y_{1,i},y_2,i)$$

$$K_{12}=f_1\left(x_i+\frac{h}{2},\ y_{1,i}+\frac{h}{2}K_{11},\ y_2,\ i+\frac{h}{2}K_{21}\right)$$

$$K_{22}=f_1\left(x_i+\frac{h}{2},\ y_{1,i}+\frac{h}{2}K_{11},\ y_2,\ i+\frac{h}{2}K_{21}\right)$$

$$K_{13}=f_1\left(x_i+\frac{h}{2},\ y_{1,i}+\frac{h}{2}K_{12},\ y_2,\ i+\frac{h}{2}K_{22}\right)$$

$$K_{23}=f_1\left(x_i+\frac{h}{2},\ y_{1,i}+\frac{h}{2}K_{12},\ y_2,\ i+\frac{h}{2}K_{22}\right)$$

$$K_{14}=f_1(x_i+h,\ y_{1,i}+hK_{13},\ y_2,\ i+hK_{23})$$

$$K_{24}=f_2(x_i+h,\ y_{1,i}+hK_{13},\ y_2,\ i+hK_{23})$$

附录Ⅳ　含15节点、4发电机的系统数据

单线图

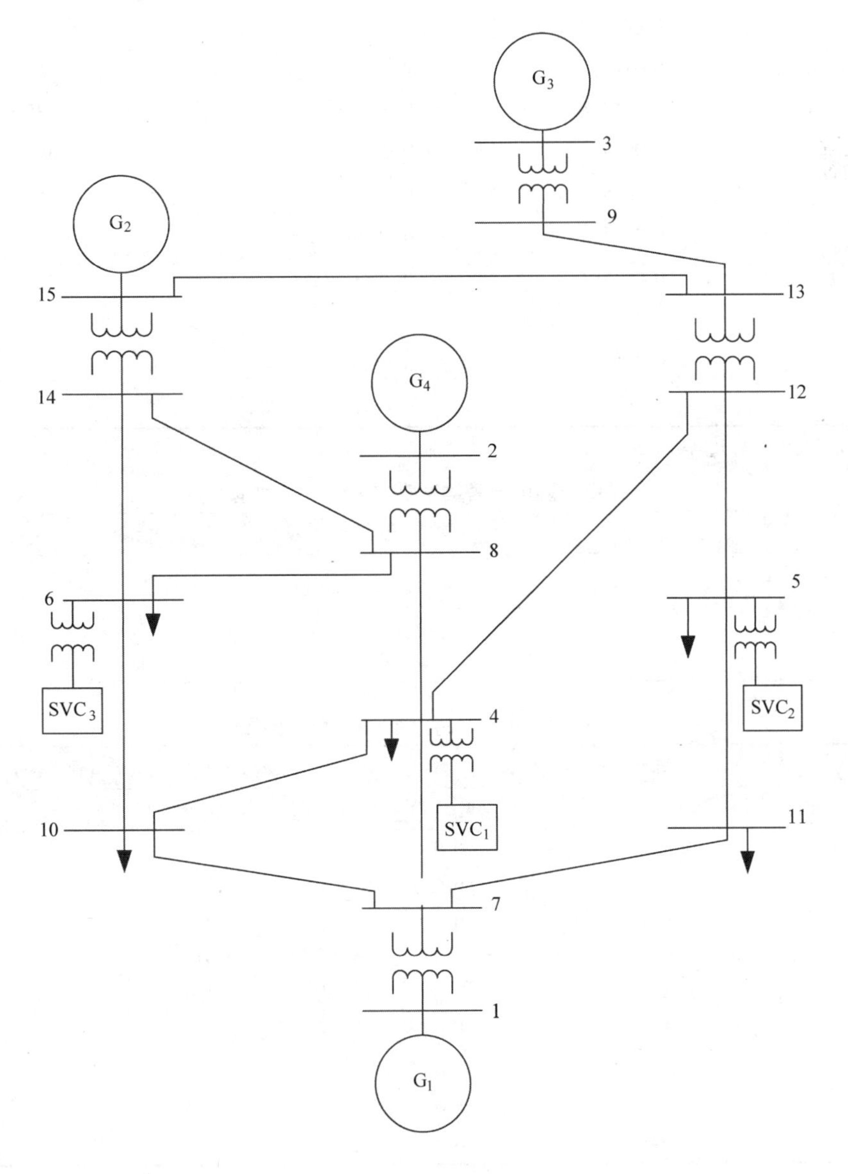

系统数据

表Ⅳ-1　阻抗和线路充电功率的数据（400MVA 为基准）

线路代号	R(pu)	X(pu)	线路充电功率[①](pu)
1-7	0	0.085	0
2-8	0	0.110	0
3-9	0	0.095	0
4-7	0.0364	0.3925	0.0265
4-8	0.0276	0.2983	0.0201
4-10	0.0334	0.3611	0.0243
4-12	0.0290	0.3140	0.0212
5-11	0.0262	0.2826	0.0190
5-12	0.0378	0.4082	0.0275
6-8	0.0233	0.2512	0.0169
6-10	0.0116	0.1256	0
6-14	0.0349	0.3768	0.0254
7-10	0.0029	0.0314	0
7-11	0.0035	0.0377	0
8-14	0.0262	0.2826	0.0190
9-13	0.0026	0.0283	0
12-13	0	0.1000	0
13-15	0.0116	0.1256	0
14-15	0	0.1000	0

① 线路充电功率是线路总充电功率的一半。

表Ⅳ-2　静电电容器数据（400MVA 为基准）

节点编号	导纳(pu)
4	0.463
5	0.295
6	0.419

表Ⅳ-3　运行条件（400MVA 为基准）

节点编号	发电机（pu）		阻抗负载（pu）	
	有功功率	无功功率	有功功率	无功功率
1	0.850	0.080	0	0
2	0.720	0.050	0	0
3	0.680	0.039	0	0
4	0	0	0.950	0.400
5	0	0	0.700	0.200
6	0	0	0.800	0.320
10	0	0	0.180	0.090
11	0	0	0.210	0.110
15	0.800	0.011	0	0

表Ⅳ-4　发电机数据（400MVA为基准）

发电机	H s	D pu（MWs/rad）	X_d pu	X_q pu	X_{md} pu	X'_d pu	T_{do} pu
1	3	0.0121	1.73	1.73	1.61	0.26	7.0
2	3.3	0.0110	1.82	1.82	1.68	0.31	6.4
3	2.95	0.0117	1.80	1.80	1.68	0.31	6.0
4	3.10	0.0113	1.75	1.75	1.70	0.29	6.6

图书在版编目（CIP）数据

电力系统稳定性：建模、分析与控制/(埃及) 阿布德哈伊·撒拉姆（Abdelhay A. Sallam），(加) 欧姆·马利克（Om P. Malik）著；李勇等译.—北京：机械工业出版社，2018.8

（国际电气工程先进技术译丛）

书名原文：Power System Stability：Modelling，analysis and control

ISBN 978-7-111-60240-8

Ⅰ.①电…　Ⅱ.①阿…②欧…③李…　Ⅲ.①电力系统稳定－稳定控制　Ⅳ.①TM712

中国版本图书馆 CIP 数据核字（2018）第 134364 号

机械工业出版社（北京市百万庄大街 22 号　邮政编码 100037）
策划编辑：张俊红　责任编辑：闾洪庆
责任校对：樊钟英　封面设计：马精明
责任印制：常天培
北京铭成印刷有限公司印刷
2018 年 9 月第 1 版第 1 次印刷
184mm×260mm · 19 印张 · 595 千字
标准书号：ISBN 978-7-111-60240-8
定价：99.00 元

凡购本书，如有缺页、倒页、脱页，由本社发行部调换

电话服务
服务咨询热线：010－88361066
读者购书热线：010－68326294
　　　　　　　010－88379203
封面无防伪标均为盗版

网络服务
机 工 官 网：www.cmpbook.com
机 工 官 博：weibo.com/cmp1952
金 书 网：www.golden－book.com
教育服务网：www.cmpedu.com